U1051396

绝杀18招说明

联考逻辑对考生的要求不仅仅是“会做题”，更是要求考生在有限时间内寻找最优的方法来快速解题。然而，大多数考生在掌握了考点和解题方法之后，欠缺对解题技巧的梳理和归纳，导致做不到“又快又对”地解题。

针对此问题，我们严格参照最新考试大纲和近十年真题，深入研究最新的命题趋势，并总结多年考试辅导经验，归纳出“绝杀18招”，招招实用，旨在帮助大家解决上述症结，全面提升解题的速度和正确率。

◇ 每部分都配有一张思维导图，通过思维导图可以帮助大家系统梳理各题型的解题思想，打破固有的单一思维局限，多角度解题。

◇ 针对每个绝招，我们归纳了对应的题型特征、技巧点拨，并编写了相应的例题，让大家学练结合，快速掌握。

◇ 在试题解析中，注重强调如何快速准确地找到正确答案、识别干扰项。

◇ 试题册精心编选26套模拟题，足够多的题量和足够高的试题质量，能有效检测和巩固“绝杀18招”的学习效果。

总的来说，“绝杀18招”的目的，就是让每个人在考场上都能够“快速且正确”地答题。另外，想提醒大家的是，“绝杀18招”属于强化阶段的内容，建议大家先认真学习完《逻辑精点》，在掌握知识点和考点后再学习本部分，必能如虎添翼。

目录

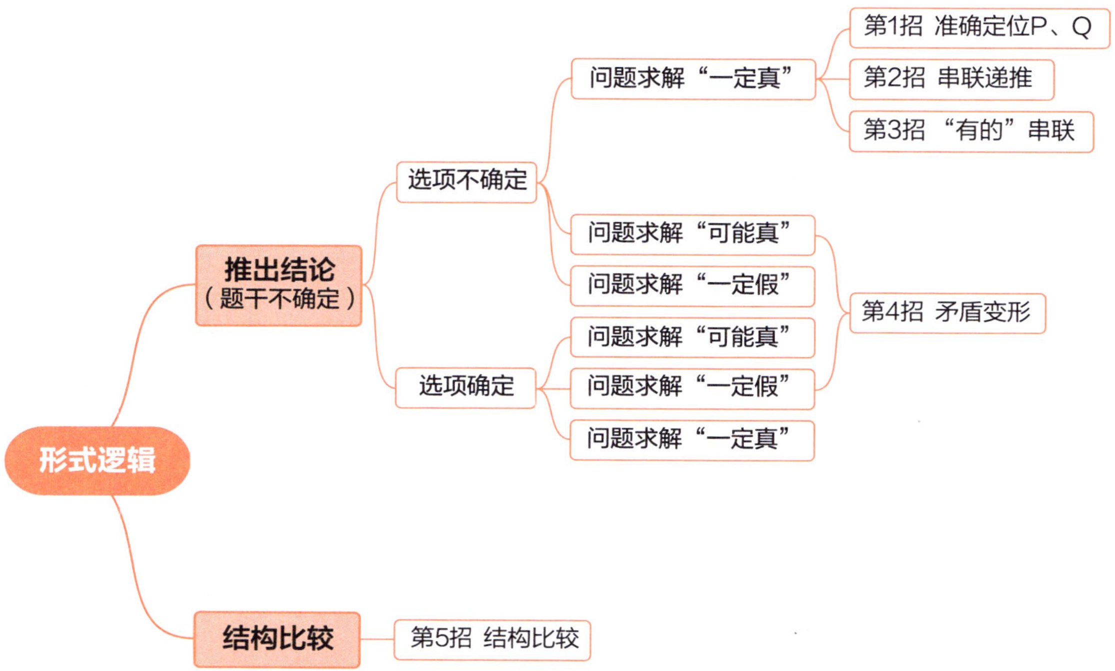
形式逻辑
推出结论
（题干不确定）
选项不确定
问题求解“一定真”
第1招 准确定位P、Q
第2招 串联递推
第3招 “有的”串联
问题求解“可能真”
问题求解“一定假”
第4招 矛盾变形
选项确定
问题求解“可能真”
问题求解“一定假”
问题求解“一定真”
结构比较
第5招 结构比较

形式逻辑

第 1 招 准确定位 P、Q

题型特征	1. 题干和选项通常为假言判断表述，属于不确定信息； 2. 题干中通常不会出现重复或矛盾的概念，无法有效串联； 3. 问题求解为“一定真”（也会表示为：最符合题干断定、最能得出以下哪项）。
适用考点	《逻辑精点》基础篇知识点 18、19、20 以及强化篇考点 07、08 和 09。
技巧点拨	1. 符号化技巧。利用假言判断的标志词及标准式（即：充分→必要），将题干信息符号化。牢记充分条件式、必要条件式、充要条件式以及关于“除非”的标准式符号化，详细内容考生可回头复习《逻辑精点》基础篇知识点 19 的内容。 2. 易错点“除非”处理技巧。 （1）“除非”与其他标志词同时出现时，作为炮灰词，可忽略。 ①若 P，除非 Q=P→Q。（遇见“若”时，以之为标志词判定，可忽略“除非”） ②除非 Q，才 P=P→Q。（遇见“才”时，以之为标志词判定，可忽略“除非”） ③除非 Q，否则 P=¬ P→Q=¬ Q→P。（遇见“否则”时，以之为标志词判定，可忽略“除非”） （2）“除非”单独出现时，等同“否则”的结构。 P，除非 Q=¬ P→Q。（此时将“除非”等同“否则”进行推理） （3）“除非”与多个标志词同时出现时，要将“除非”之外的剩余部分整体看作“P”进行理解，此时推理规则与（2）一致，这种结构在早年真题中考查过，近几年的真题中考查较少。 例如：如果 M，那么 N，除非 Q=¬（M→N）→Q=（M∧¬ N）→Q=（¬ M∨N）∨Q（此时由于结构比较复杂，故优先考虑将“推”变“或”，再利用“否定必肯定”的原则寻找正确答案）。如题 7。 3. 正确答案优选技巧。优先寻找与题干构成逆否等价的选项；其次寻找与题干推理一致的选项。 （1）若题干表述均属于肯定，此时优先寻找“双否（即含有两个否定表述的选项）”。如题 1~3、5。 （2）若题干表述均属于否定，此时优先寻找“双肯（即含有两个肯定表述的选项）”。 （3）若题干表述均属于一肯一否，此时优先寻找“一肯一否（即含有一个肯定，一个否定表述的选项）”。 4. 干扰项快速淘汰技巧。对照题干推理形式，从左向右推理时，选项若否定 P 位，无法有效推理，此时无须看剩余内容，可直接淘汰；对照题干推理形式，从右向左推理时，选项若肯定 Q 位，无法有效推理，此时无须看剩余内容，可直接淘汰。

1. 中国特色社会主义进入新时代，我们要坚定不移推动解放思想再出发，为切实担负起新时代党的历史使命奠定坚实的思想基础。对此，某学者指出：除非不把理论当作教条，否则就会束缚思想；除非锤炼品格同时强化忠诚，才能实干担当促进发展，才能廉洁奉公；若要带头践行为民造福，除非时刻秉承以学铸魂、以学增智、以学正风、以学促干的要求。

   根据上述断定，最能得出以下哪项？

   A. 只要束缚思想，就是把理论当作了教条。

   B. 如果没有锤炼品格，就不能廉洁奉公。

   C. 只有实干担当促进发展，才能强化忠诚。

   D. 如果没有带头践行为民造福，就没有时刻秉承以学铸魂、以学增智、以学正风、以学促干的要求。

   E. 只要时刻秉承以学铸魂、以学增智、以学正风、以学促干的要求，就能实干担当促进发展。

2. 面对新生儿出生率持续下跌，某国全面开放二胎政策，但某“一胎宝妈”依然表示：我不生二胎，除非给我一次性补贴 100 万元，同时奖励一套三居室的住房。

   根据上述“一胎宝妈”断定，可以得出以下哪项？

   A. 只要奖励一套三居室的住房，她就会生二胎。

   B. 只要一次性补贴 100 万元，她就会生二胎。

   C. 若一次性只补贴 50 万元，则她不会生二胎。

   D. 只有她生二胎，才会一次性给她补贴 100 万元，同时奖励一套三居室的住房。

   E. 除非她生二胎，才会一次性给她补贴 100 万元，同时奖励一套三居室的住房。

3. 企业要坚持推进与高校、科研院所的合作，这样才能激发自主创新的活力。一个企业只有搭建服务科技创新发展战略的平台、科技创新与经济发展对接的平台以及聚集创新人才的平台，才能催生重大科技成果。

   根据上述信息，可以得出以下哪项？

   A. 如果企业没有搭建聚集创新人才的平台，就无法催生重大科技成果。

   B. 如果企业搭建了服务科技创新发展战略的平台，就能催生重大科技成果。

   C. 如果企业推进与高校、科研院所的合作，就能激发其自主创新的活力。

   D. 如果企业搭建科技创新与经济发展对接的平台，就能激发其自主创新的活力。

   E. 能否推进与高校、科研院所的合作决定企业是否具有自主创新的活力。

4. 张教授：利益并非只是物质利益，应该把信用、声誉、情感甚至某种喜好等都归入利益的范畴。根据这种对“利益”的广义理解，如果每一个体在不损害他人利益的前提下，尽可能满足其自身的利益需求，那么由这些个体组成的社会就是一个良善的社会。

   根据张教授的观点，可以得出以下哪项？

   A. 如果一个社会不是良善的，那么其中肯定存在个体损害他人利益或自身利益需求没有尽可能得到满足的情况。

   B. 尽可能满足每一个体的利益需求，就会损害社会的整体利益。

   C. 只有尽可能满足每一个体的利益需求，社会才可能是良善的。

   D. 如果有些个体通过损害他人利益来满足自身的利益需求，那么社会就不是良善的。

   E. 如果某些个体的利益需求没有尽可能得到满足，那么社会就不是良善的。

5. “欲筑室者，先治其基。”基层党组织是党执政大厦的地基，地基固则大厦坚，地基松则大厦倾。只有持之以恒抓基层、打基础，发挥基层党组织战斗堡垒作用和党员先锋模范作用，机关党建工作才能落地生根。只有与时俱进、改革创新，勇于探索实践、善于总结经验，机关党建工作才能不断提高质量、充满活力。

   根据以上陈述，可以得出以下哪项结论？

   A. 如果不能持之以恒抓基层、打基础，发挥基层党组织战斗堡垒作用和党员先锋模范作用，机关党建工作就不能不断提高质量、充满活力。

B. 只要持之以恒抓基层、打基础，发挥基层党组织战斗堡垒作用和党员先锋模范作用，机关党建工作就能落地生根。
C. 如果不能与时俱进、改革创新，勇于探索实践、善于总结经验，机关党建工作就不能不断提高质量、充满活力。
D. 只要与时俱进、改革创新，勇于探索实践、善于总结经验，机关党建工作就能不断提高质量、充满活力。
E. 如果机关党建工作能不断提高质量、充满活力，那么机关党建工作就能落地生根。

6. 领导干部对于各种批评意见应采取有则改之、无则加勉的态度，营造言者无罪、闻者足戒的氛围。只有这样，人们才能知无不言、言无不尽。领导干部只有从谏如流并为说真话者撑腰，才能做到“兼听则明”或做出科学决策。只有乐于和善于听取各种不同意见，才能营造风清气正的政治生态。
根据以上信息，可以得出以下哪项？
A. 领导干部必须善待批评，从谏如流，为说真话者撑腰。
B. 大多数领导干部对于批评意见能够采取有则改之、无则加勉的态度。
C. 领导干部如果不能从谏如流，就不能做出科学决策。
D. 只有营造言者无罪、闻者足戒的氛围，才能形成风清气正的政治生态。
E. 领导干部只有乐于和善于听取各种不同意见，人们才能知无不言、言无不尽。

7. 某学者在“经济论坛”的报告中指出，如果要推动实体经济高质量发展，就要持续提升国家科技创新能力，除非能提升实体企业创新链整体效能。
根据以上信息，可以得出以下哪项？
A. 如果要推动实体经济高质量发展同时持续提升国家科技创新能力，就能提升实体企业创新链整体效能。
B. 只要能提升实体企业创新链整体效能，就能推动实体经济高质量发展，或者持续提升国家科技创新能力。
C. 或者要推动实体经济高质量发展，或者要持续提升国家科技创新能力，或者能提升实体企业创新链整体效能。
D. 如果要推动实体经济高质量发展，但却无法提升实体企业创新链整体效能，就要持续提升国家科技创新能力。
E. 只有提升实体企业创新链整体效能同时持续提升国家科技创新能力，才能推动实体经济高质量发展。

精点解析

1. 答案 B

解题步骤	
第一步	观察题目特征，锁定技巧。题干和选项均属于“假言判断”表述，且题干条件中没有“重复”的元素，问题求解“一定真”，因此要进行正确的公式化转化。
第二步	根据标志词将题干符号化。 根据“除非 Q，否则 P” =¬ P→Q，条件①=把理论当作教条（P1）→束缚思想（Q1）。 根据“除非 Q，才 P” =P→Q，条件②=能实干担当促进发展（P2）→锤炼品格（Q2）∧强化忠诚（Q3）；能廉洁奉公（P3）→锤炼品格（Q2）∧强化忠诚（Q3）。 根据“若 P，除非 Q=P→Q”，条件③=要带头践行为民造福（P4）→时刻秉承以学铸魂、以学增智、以学正风、以学促干的要求（Q4）。

（续）

解题步骤	
第三步	题干表述均为“两肯”，故优先寻找“两否”的结构，即优先验证 B 和 D。B 选项 =¬ Q2→¬ P3，考生注意对 Q2∧Q3 取否定，只需按照“一假则假”的原则进行判定，故选项符合“逆否”的规则，一定为真；D 选项 =¬ P4→¬ Q4，从左向右推理时，否定 P 位什么也得不出，可快速淘汰。答案选 B。

2. 答案 C

解题步骤	
第一步	观察题目特征，锁定技巧。题干和选项均属于“假言判断”表述，问题求解“一定真”，因此要进行正确的公式化转化。
第二步	根据标志词“P，除非 Q”=¬ P→Q，将题干符号化。 条件 = 生二胎（P）→一次性补贴 100 万元（Q1）∧奖励一套三居室的住房（Q2）。
第三步	题干表述均为“两肯”，故优先寻找“两否”的结构，选项没有“双否”的结构，故优先验证含有“否定词”的选项，即 C 选项。C 选项 =¬ Q1→¬ P，考生注意对 Q1∧Q2 取否定，只需按照“一假则假”的原则进行判定，故选项符合“逆否”的规则，一定为真，答案选 C。

3. 答案 A

解题步骤	
第一步	观察题目特征，锁定技巧。题干和选项均属于“假言判断”表述，且题干条件中没有“重复”的元素，问题求解“一定真”，要进行正确的公式化转化。
第二步	根据标志词“只有 Q，才 P”=P→Q，将题干符号化。 条件①= 能激发自主创新的活力（P1）→坚持推进与高校、科研院所的合作（Q1）。 条件②= 催生重大科技成果（P2）→搭建服务科技创新发展战略的平台（Q2）∧搭建科技创新与经济发展对接的平台（Q3）∧搭建聚集创新人才的平台（Q4）。
第三步	题干表述均为“两肯”，故优先寻找“两否”的结构，验证 A 选项。A 选项 =¬ Q2→¬ P2，考生注意对 Q2∧Q3∧Q4 取否定，只需按照“一假则假”的原则进行判定，故选项符合“逆否”的规则，一定为真，答案选 A。

4. 答案 A

解题步骤	
第一步	观察题目特征，锁定技巧。题干和选项均属于“假言判断”表述，问题求解“一定真”，要进行正确的公式化转化。
第二步	根据标志词“如果 P，那么 Q”=P→Q，将题干符号化。 条件 = 每一个体不损害他人利益（P1）∧尽可能满足其自身的利益需求（P2）→良善的社会（Q）。
第三步	题干表述为“两肯”以及“一肯一否”的结构，故优先验证含有“否定词”的选项，即 A、D、E 三个选项。A 选项 =¬ Q→¬ P1∨¬ P2，符合逆否等价的原则，故答案选 A。D 选项 =¬ P1∧P2→¬ Q，从左向右推理时，否定 P 位什么也得不出，可快速淘汰；E 选项 =¬ P2→¬ Q，从左向右推理时，否定 P 位什么也得不出，可快速淘汰。

5. 答案 C

解题步骤	
第一步	观察题目特征，锁定技巧。题干和选项均属于“假言判断”表述，同时题干中的条件无法有效串联，问题求解“能得出以下哪项”，即一定真，要进行正确的公式化转化。
第二步	符号化题干条件： ①机关党建工作落地生根（P1）→持之以恒抓基层、打基础，发挥基层党组织战斗堡垒作用和党员先锋模范作用（Q1）。 ②机关党建工作不断提高质量、充满活力（P2）→与时俱进、改革创新，勇于探索实践、善于总结经验（Q2）。
第三步	题干表述为“两肯”，故优先寻找“两否”的结构，即优先验证 A 和 C。由于信息①②无法串联，故 A 选项得不出。C 选项=¬ Q2→¬ P2，与信息②逆否等价，故一定为真。答案选 C。

6. 答案 C

解题步骤	
第一步	观察题目特征，锁定技巧。题干属于“假言判断”表述，选项以“假言判断”表述为主，同时题干中的条件无法有效串联，问题求解“能得出以下哪项”，要进行正确的公式化转化。
第二步	根据标志词“（只有）Q，才 P”=P→Q，将题干符号化。即： ①人们知无不言、言无不尽（P1）→领导者对批评意见应采取有则改之、无则加勉的态度，营造言者无罪、闻者足戒的氛围（Q1）。 ②领导干部做到“兼听则明”∨做出科学决策（P2）→从谏如流∧为说真话者撑腰（Q2）。 ③领导干部营造风清气正的政治生态（P3）→乐于和善于听取各种不同意见（Q3）。
第三步	题干表述为“两肯”，故优先寻找“两否”的结构，即优先验证 C。根据 P→Q=¬ Q→¬ P，结合②可得：不能从谏如流∨不为说真话者撑腰（¬ Q2）→领导干部不能做到“兼听则明”∧不能做出科学决策（¬ P2），选项恰好符合该推理。故答案选 C。（考生注意，P∨Q，满足一个肢判断为真时，即为真，故由“不能从谏如流”即可满足¬ Q2；而 M∧N 为真时，可得出 M 为真、N 为真，即由“领导干部不能做到‘兼听则明’∧不能做出科学决策”可得“领导干部不能做出科学决策”。）

7. 答案 D

解题步骤	
第一步	观察题目特征，锁定技巧。题干和选项均属于“假言判断”表述，问题求解“能得出以下哪项”，要进行正确的公式化转化。
第二步	根据标志词“如果 M，那么 N，除非 Q=¬（M→N）→Q=（M∧¬ N）→Q”，将题干符号化。即：（要推动实体经济高质量发展∧不能持续提升国家科技创新能力）→能提升实体企业创新链整体效能。
第三步	由于题干推理关系较复杂，故可优先利用“P→Q=¬ P∨Q”将题干等价变形。可将题干进一步转化为：不要推动实体经济高质量发展（¬ M）∨能持续提升国家科技创新能力（N）∨能提升实体企业创新链整体效能（Q）。
第四步	利用相容选言判断“否定必肯定”的推理规则，逐一验证选项。

（续）

选项	解释	结果
A	题干 = ¬ M∨N∨Q，根据相容选言判断的规则，正确推理为：否定∧否定→肯定，选项 = M∧N→Q，显然不符合推理规则。	淘汰
B	选项肯定 Q，无法有效推理。	淘汰
C	选项 = M∨N∨Q，由题干无法判断真假。	淘汰
D	选项 = M∧¬ Q→N，属于“否定∧否定→肯定”的形式，符合相容选言判断的推理规则，故能得出。	正确
E	选项 = M→N∧Q，由题干只能得出“M→N∨Q”，由于 N∨Q 为真时，无法得出 N∧Q 为真，故选项无法得出。	淘汰

第 2 招　串联递推

题型特征

1. 题干中存在多个假言判断条件，或者选言判断条件。
2. 题干条件之间存在关联，即条件肢项存在重复的或矛盾的概念。
3. 大多数情况下，选项以假言判断表述。

适用考点

《逻辑精点》基础篇知识点 20 以及强化篇考点 10。

技巧点拨

1. “重复概念”和“矛盾概念”的串联递推技巧。如题 1~3。
   ①题干中存在重复的概念。如：前提：A→B，B→C，可得结论：A→B→C。
   【识记技巧】重复的概念位于箭头的不同方向，也就是一左一右。
   ②题干中存在矛盾的概念。如：前提：A→B，¬ A→C，可得结论：¬ C→A→B。
   【识记技巧】矛盾的概念位于箭头的同一方向，也就是同左/同右。
   精点提示：遇见选言判断表述时，可将之转化为假言判断（也就是利用“P∨Q = ¬ P→Q”将题干的“或”变“推”。将 P∀Q 转化为：①¬ P→Q；②P→¬ Q。）
2. “反对关系”及“包含关系”的串联递推技巧，这是近几年的重要考点。如题 4~6。
   ①如果 A，那么 B；B 与 C 不可同真，此时可得：C→¬ B→¬ A。
   ②如果 A 或 B，那么 C；如果 D，那么 A，此时可得：D→A→A∨B→C。
   ③如果 A，那么 B 且 C；如果 C，那么 D，此时可得：A→B∧C→C→D。
   精点提示：考生认真理解上述示例，结合“反对关系”和“包含关系”的推理规则，即可掌握这个难点。
3. 正确选项优选技巧。
   正确选项通常为同时含有串联关系的“首”“尾”的选项，可优先验证。
4. 快选消项，并锁定“首”“尾”。
   由于正确选项通常为同时含有串联关系的“首”“尾”的选项，而“首”“尾”元素只出现一次，所以可将重复出现的“中间搭桥项”快速消掉，再根据每种表达公式化原则迅速确定“首”“尾”。
5. 干扰项快速淘汰技巧。
   构建串联关系后，从左向右推理时，“箭头”左边的概念作否定推理时，可快速淘汰；从右向左推理时，“箭头”右边的概念作肯定推理时，可快速淘汰。

1. 如果不在大都市实施更严格的机动车限行制度，就难以缓解日益严重的城市交通拥堵状况。如果不能有效缓解日益严重的城市交通拥堵状况，就会影响市民的正常生活与工作。如果在大都市实施更严格的机动车限行制度，就会造成许多机动车主倾其所有购买的商品不能物尽其用，这是一种必须接受的社会不公。

如果上述断定为真，除以下哪项外，其余各项都一定为真？

A. 在大都市，要缓解日益严重的城市交通拥堵状况，就必须实施更严格的机动车限行制度。

B. 在大都市，要维持市民的正常生活与工作，就必须实施更严格的机动车限行制度。

C. 在大都市，要维持市民的正常生活与工作，就必须接受某种社会不公。

D. 在大都市，如果每个车主都坚持所购买的机动车必须物尽其用，则更严格的机动车限行制度就无法实施。

E. 在大都市，如果能有效地缓解交通拥堵状况，就能确保市民的正常生活与工作。

2. 上海欢乐谷全园共有七大主题区：阳光港、欢乐时光、上海滩、香格里拉、欢乐海洋、金矿镇和飓风湾。赵甲、钱乙、孙丙、李丁四位同学相约一起去游玩，他们的想法如下：

（1）赵甲：如果游玩阳光港，就要游玩欢乐时光。

（2）钱乙：金矿镇和飓风湾至多有一个不游玩。

（3）孙丙：香格里拉和飓风湾至少有一个不游玩。

（4）李丁：除非不游玩欢乐时光，否则游玩香格里拉。

如果上述四个人的想法都要实现，则以下哪项最符合题干断定？

A. 只有游玩阳光港，才游玩金矿镇。

B. 如果不游玩飓风湾，那么也游玩欢乐时光。

C. 只要游玩金矿镇，就要游玩香格里拉。

D. 除非游玩金矿镇，否则不游玩阳光港。

E. 若不游玩阳光港，则游玩飓风湾。

3. 优秀的男青年一定是注意细节的人，一个懂得基本礼仪的人可以得到他人的尊重；但是喜欢八卦的男青年一定不会得到他人的尊重；邱丽丽参加了省总工会举办的秋季“鹊桥会”，她只会拒绝那些不注重细节的人。

根据以上信息，可以得出以下哪项？

A. 邱丽丽不会拒绝懂得基本礼仪的人。

B. 邱丽丽拒绝了一些男青年。

C. 邱丽丽不可能拒绝得到他人尊重的男青年。

D. 作为一名优秀的男青年一定不会被邱丽丽拒绝。

E. 喜欢八卦的男青年一定会被邱丽丽拒绝。

4. 某大学统计本校学生的校园生活发现：若爱好踢足球，则一定爱好打网球；只有爱好下围棋，才会爱好打网球；除非住在男生宿舍 1 号楼，否则不会爱好下围棋；爱好打羽毛球的一定爱好跑步；爱好跑步的同学一定住在女生宿舍 3 号楼。

若上述统计为真，则最能得出以下哪项？

A. 不爱好踢足球的同学一定不爱好打羽毛球。

B. 爱好打羽毛球的同学一定不爱好踢足球。

C. 住在女生宿舍 3 号楼的都爱好打羽毛球。

D. 住在男生宿舍 1 号楼的都爱好踢足球。

E. 不爱好打羽毛球的一定不爱好下围棋。

5. 北京植物园迎来赏花的时节，某宿舍的甲、乙、丙、丁四位同学，相约一起去赏花，他们的想法如下：

甲：如果观赏桃花或观赏郁金香，那么就要观赏海棠但不观赏丁香；

乙：除非不观赏月季，否则不观赏海棠；

丙：只有观赏桃花，才观赏玫瑰；

丁：只要观赏芍药，就要观赏玫瑰。

如果上述四个人的想法都要实现，则以下哪项最符合题干断定？

A. 只要观赏月季，就不要观赏芍药。
B. 若观赏芍药，就要观赏郁金香。
C. 若不观赏丁香，则要观赏玫瑰。
D. 只有观赏月季，才不观赏芍药。
E. 若不观赏桃花，就不观赏月季。

6. 某科研单位 2023 年新招聘的研究人员，或者是具有副高以上职称的“引进人才”，或者是有北京户籍的应届毕业的博士研究生。应届毕业的博士研究生都居住在博士后公寓，“引进人才”都居住在“牡丹园”小区。

关于该单位 2023 年新招聘的研究人员，以下哪项判断是正确的？

A. 居住在博士后公寓的都没有副高以上职称。
B. 具有博士学位的都是具有北京户籍的。
C. 居住在“牡丹园”小区的都没有博士学位。
D. 不住在博士后公寓的都居住在“牡丹园”小区。
E. 有些具有副高以上职称的“引进人才”不具有博士学位。

精点解析

1. 答案 E

解题步骤		
第一步	观察题目特征，锁定技巧。题干和选项均为“假言判断”表述，并且存在重复的概念和互为矛盾的概念，故可优先采用“串联递推”的方法进行解题。	
第二步	整理题干条件： ①不在大都市实施更严格的机动车限行制度→不能缓解日益严重的城市交通拥堵状况。 ②不能有效缓解交通拥堵的状况→影响市民的正常生活与工作。 ③在大都市实施更严格的机动车限行制度→必须接受社会不公。	
第三步	将①②逆否后串联得出：④不影响市民的正常生活与工作（P1）$\xrightarrow{②}$能有效缓解交通拥堵的状况（Q1/P2）$\xrightarrow{①}$在大都市实施更严格的机动车限行制度（Q2/P3）$\xrightarrow{③}$必须接受社会不公（许多机动车主倾其所有购买的商品不能物尽其用）（Q3）。	
第四步	本题要求寻找与题干推理不一致的选项，故只能逐一验证选项。	
选项	**解释**	**结果**
A	选项=P2→Q2，符合假言推理规则，一定为真。	淘汰
B	选项=P1→Q2，符合假言推理规则，一定为真。	淘汰
C	选项=P1→Q3，符合假言推理规则，一定为真。	淘汰
D	选项=¬ Q3→¬ P3，与信息④逆否等价，故一定为真。	淘汰
E	选项=Q1→P1，肯定 Q 位时，推理无效。	正确

2. 答案 D

解题步骤	
第一步	观察题目特征，锁定技巧。题干均为“假言判断”以及“选言判断”表述，选项均为“假言判断”表述，并且存在重复的概念，故可优先采用“串联递推”的方法进行解题。

（续）

解题步骤	
第二步	整理题干条件： ①游玩阳光港→游玩欢乐时光。 ②游玩金矿镇∨游玩飓风湾＝不游玩金矿镇→游玩飓风湾（考生注意，此时利用 P∨Q＝¬ P→Q 将“或”变“推”）。 ③不游玩香格里拉∨不游玩飓风湾＝游玩香格里拉→不游玩飓风湾 ④游玩欢乐时光→游玩香格里拉。
第三步	串联得出：⑤游玩阳光港（P1）$\xrightarrow{①}$游玩欢乐时光（Q1/P2）$\xrightarrow{④}$游玩香格里拉（Q2/P3）$\xrightarrow{③}$不游玩飓风湾（Q3/P4）$\xrightarrow{②}$游玩金矿镇（Q4）。
第四步	优先验证含有“首”和“尾”的选项，即优先验证 A 和 D，A 选项＝Q4→P1，肯定 Q 位时，推理无效；D 选项＝¬ Q4→¬ P1，与信息⑤逆否等价，一定为真，故答案选 D。

3. 答案 D

解题步骤	
第一步	观察题目特征，锁定技巧。题干均为“假言判断”表述，选项大多为“假言判断”表述，并且存在矛盾的概念，故可优先采用“串联递推”的方法进行解题。
第二步	整理题干条件： ①优秀的男青年→注意细节的人。 ②懂得基本礼仪的人→可以得到他人的尊重。 ③喜欢八卦的男青年→不会得到他人的尊重。 ④被邱丽丽拒绝→不注重细节的人。（易错，注意找准 P、Q）
第三步	联合①和④得：⑤被邱丽丽拒绝（P1）→不注重细节的人（Q1/P2）→不是优秀的男青年（Q2）。 联合②和③得：⑥喜欢八卦的男青年（P1）→不会得到他人的尊重（Q1/P2）→不懂基本礼仪（Q2）。
第四步	观察选项发现，“被邱丽丽拒绝”只能跟“不是优秀的男青年”建立推理关系，故可直接锁定答案 D。

4. 答案 B

解题步骤	
第一步	观察题目特征，锁定技巧。题干和选项均为“假言判断”表述，并且存在重复的概念和互为反对关系的概念，故可优先采用“串联递推”进行解题。
第二步	整理题干条件： ①爱好踢足球→爱好打网球→爱好下围棋→住在男生宿舍 1 号楼。 ②爱好打羽毛球→爱好跑步→住在女生宿舍 3 号楼。
第三步	由于一个同学不可能同时住在男生宿舍和女生宿舍，故①和②可串联得出：③爱好踢足球（P1）→爱好打网球（Q1/P2）→爱好下围棋（Q2/P3）→住在男生宿舍 1 号楼（Q3/P4）→不住在女生宿舍 3 号楼（Q4/P5）→不爱好跑步（Q5/P6）→不爱好打羽毛球（Q6）。

（续）

	解题步骤
第四步	优先验证含有“首”和“尾”的选项，即优先验证 A 和 B，A 选项 =¬ P1→Q6，否定 P 位时，推理无效；B 选项 =¬ Q6→¬ P1，与信息③逆否等价，一定为真，故答案选 B。

5. 答案 A

	解题步骤
第一步	观察题目特征，锁定技巧。观察题干和选项均为“假言判断”表述，并且存在重复的概念和互为矛盾关系的概念，故可优先采用“串联递推”的方法进行解题。
第二步	整理题干条件： ①观赏桃花∨观赏郁金香→观赏海棠∧不观赏丁香。 ②观赏月季→不观赏海棠； ③观赏玫瑰→观赏桃花； ④观赏芍药→观赏玫瑰。
第三步	联合①②③④可得：⑤观赏芍药（P1）$\xrightarrow{\text{④}}$观赏玫瑰（Q1/P2）$\xrightarrow{\text{③}}$观赏桃花（Q2/P3）$\xrightarrow{\text{相容选言判断相关规则}}$观赏桃花∨观赏郁金香（Q3/P4）$\xrightarrow{\text{①}}$观赏海棠∧不观赏丁香（Q4/P5）$\xrightarrow{\text{联言判断相关规则}}$观赏海棠（Q5/P6）$\xrightarrow{\text{②}}$不观赏月季（Q6）。
第四步	优先验证含有“首”和“尾”的选项，即优先验证 A 和 D 选项，A 选项 =¬ Q6→¬ P1，与信息⑤逆否等价，故一定为真，答案选 A。

6. 答案 D

	解题步骤
第一步	观察题目特征，锁定技巧。题干均为“假言判断”表述，并且存在重复的概念，而选项大多为假言判断表述，故可优先采用“串联递推”的方法进行解题。
第二步	整理题干条件： ①具有副高以上职称的“引进人才”∨北京户籍的应届毕业的博士研究生 = 不是北京户籍的应届毕业的博士研究生→具有副高以上职称的“引进人才”。 ②应届毕业的博士研究生→居住在博士后公寓。 ③“引进人才”→居住在“牡丹园”小区。
第三步	联合①②③可得：④不是居住在博士后公寓（P1）$\xrightarrow{\text{②}}$不是应届毕业的博士研究生（Q1/P2）→不是北京户籍的应届毕业的博士研究生（Q2/P3）$\xrightarrow{\text{①}}$具有副高以上职称的“引进人才”（Q3/P4）→“引进人才”（Q4/P5）$\xrightarrow{\text{③}}$居住在“牡丹园”小区（Q5）。（考生注意，本题考查的是概念间的包含关系，需要结合包含关系进行推理，这是考试的易错点。）
第四步	优先验证含有“首”和“尾”的选项，即优先验证 D 选项，D 选项 = P1→Q5，与信息④一致，故一定为真，答案选 D。

第 3 招 “有的”串联

题型特征	1. 题干有多个前提，并且题干和选项均含有“所有”“有的”等直言判断表述； 2. 题干中的条件存在“矛盾”“重复”的概念。
适用考点	《逻辑精点》基础篇知识点 01 ~05 以及强化篇考点 03 和 04。
技巧点拨	1. 题干条件均含“所有”表述的串联技巧及优选技巧。 （1）串联时，只需满足重复的概念“首尾相连”即可，遇见互为矛盾的概念，优先逆否含“所有”的条件。 （2）寻找符合题干推理的选项时： ①若选项含“所有”，优先寻找含串联后“首”“尾”的选项，观察是否与题干推理一致，或与题干构成逆否等价，考生可参考题 1。 ②若选项含“有的”，优先寻找串联后，S、P 与题干内容一致的选项。 ③若选项含“有的”，但题干含“所有”的条件无法全部串联，则此时需先利用含“所有”的条件推出“有的”，然后再进行串联，考生可参考题 6。 不常考的结构：前提：A→B，A→C，可得结论：有的 B⇒A⇒C。 **精点提示：**此时由前提 A→B，可得：有的 B⇒A。再结合前提 A→C，即可得结论：有的 B⇒A⇒C。 2. 题干条件既含有“有的”又含有“所有”的串联技巧及优选技巧。 （1）串联时，先将含“所有”的条件进行串联，再从“有的”出发，结合含“所有”的相关信息，构造重复的概念位于“有的”尾部和“所有”首部时才可进行串联。若出现矛盾的概念，则需先将含“所有”的条件进行逆否，变成重复的概念之后再进行串联。 （2）寻找符合题干推理的选项时： ①若选项的概念涉及题干里“有的”条件中的概念，则一定要利用“有的”+“所有”串联后的结论进行判定，优先寻找含有“首”“尾”，并且 S、P 的内容与题干内容一致的选项，考生可参考题 2 ~5。 ②若选项的概念不涉及题干里“有的”条件中的概念，则优先利用“所有”+“所有”串联后的结论进行判定。

1. 某大学顾老师在回答有关招生问题时强调：“我们学校招收一部分免费师范生，也招收一部分一般师范生。一般师范生不同于免费师范生。没有免费师范生在毕业时可以选择留在大城市工作，而一般师范生在毕业时都可以选择留在大城市工作，任何非免费师范生在毕业时都需要自谋职业，没有免费师范生在毕业时需要自谋职业。”

   根据顾老师的陈述，可以得出以下哪项？

   A. 该校需要自谋职业的大学生都可以选择留在大城市工作。

   B. 不是一般师范生的该校大学生都是免费师范生。

   C. 该校需要自谋职业的大学生都是一般师范生。

   D. 该校所有一般师范生都需要自谋职业。

   E. 该校可以选择留在大城市工作的唯一一类毕业生是一般师范生。

2. 在清北中学初二（3）班，有些喜欢舞蹈的同学数学成绩不优秀，所有逻辑思维能力强的学生都善于思考，所有数学成绩不优秀的学生都不善于思考。

   如果上述断定是真的，则以下哪项关于该班级的断定必然是真的？

A. 所有喜欢舞蹈的同学都是逻辑思维能力强的学生。
B. 有些喜欢舞蹈的同学是善于思考的。
C. 有些喜欢舞蹈的同学的逻辑思维能力不强。
D. 并非所有逻辑思维能力强的学生都喜欢舞蹈。
E. 某些数学成绩不优秀的学生是逻辑思维能力强的。

3. 某市旗下有 7 家连锁超市的集团今年共计新招募员工 25 人，他们要么将被安排在总部工作，要么将被安排在超市工作。在该集团中，新招募来的管培生都将被安排在总部工作，而学历为本科的新员工都会被安排在超市工作。新员工中有一部分学历为本科的是从学校直接招募来的。
根据以上陈述，可以得出以下哪项？
A. 有的管培生不是从学校直接招募来的。
B. 有的从学校直接招募来的新员工在总部工作。
C. 有的从学校直接招募来的新员工不是管培生。
D. 有的本科学历的新员工是管培生。
E. 该集团将会有一半的员工被安排在总部工作。

4. 为希望工程捐款的动机，大都出于社会责任，但也有出于个人功利的时候，当然出于社会责任的行为并不一定都不考虑个人功利，对希望工程的每一项捐助，都是利国利民的善举。
如果上述断定为真，以下哪项不可能为真？
A. 有的出于社会责任的行为是善举。
B. 有的行为出于社会责任，但不是利国利民的善举。
C. 所有考虑个人功利的行为，都不是利国利民的善举。
D. 有的行为虽然不是出于社会责任，但却是善举。
E. 对于希望工程的有些捐助，既不是出于社会责任，也不是处于个人功利，而是有其他原因，例如服从某种摊派。

5. 某知名跨国公司总经理在年终汇报中说道：总部员工中所有精通业务的无一不精通英语，所有总部员工或者精通法语或者精通西班牙语，没有一个精通西班牙语的不精通韩语，有的精通业务的精通德语，但所有精通韩语的都不精通德语。
以下哪项如果为真，最能质疑总经理的汇报？
A. 有的精通英语的不精通业务。
B. 所有精通韩语的都精通西班牙语。
C. 所有精通法语的都精通英语。
D. 所有精通法语的都不精通英语。
E. 所有精通法语的都精通德语。

6. 根据最近一次的人口调查分析：所有单身者都具有独立经济能力；所有具有独立经济能力的人都具有强烈的竞争意识；所有赋闲在家的人都不具有独立经济能力；所有高中辍学者都是赋闲在家的人。
如果上述断定为真，以下哪项不一定为真？
A. 所有高中辍学者都不是单身者。
B. 所有具有独立经济能力的人都不是高中辍学者。
C. 有些具有强烈的竞争意识的人不是高中辍学者。
D. 有些具有强烈的竞争意识的人不是赋闲在家的人。
E. 有些高中辍学者不是具有强烈的竞争意识的人。

精点解析

1. 答案 D

解题步骤	
第一步	观察题目特征，锁定技巧。题干和选项均为“直言判断”表述，并且存在重复以及互为矛盾的概念，故可优先采用“有的”串联技巧进行解题。
第二步	整理题干条件： ①一般师范生→非免费师范生（考生注意，一般师范生和免费师范生在题干中属于反对关系，还可能有其他类别学生）。 ②免费师范生→毕业时不可以选择留大城市工作（考生注意，没有 S 是 P=所有 S 都不是 P）。 ③一般师范生→毕业时可以选择留大城市工作。 ④非免费师范生→毕业时需要自谋职业。 ⑤免费师范生→毕业时不需要自谋职业（考生注意，没有 S 是 P=所有 S 都不是 P）。
第三步	“观察发现，题干条件均属于“所有”的表述，而选项也属于“所有”的表述，故优先考虑将重复的元素”构成“首尾相连”，此时可联合①和④可得：一般师范生→非免费师范生→需要自谋职业。故答案选 D。

2. 答案 C

解题步骤	
第一步	观察题目特征，锁定技巧。题干和选项均为“直言判断”表述，并且存在重复和互为矛盾的概念，故可优先采用“有的”串联技巧进行解题。
第二步	整理题干条件： ①有的喜欢舞蹈的同学⇒数学成绩不优秀。 ②逻辑思维能力强的学生→善于思考。 ③数学成绩不优秀→不善于思考。
第三步	先串联含“所有”的条件，联合②和③可得：④数学成绩不优秀→不善于思考→逻辑思维能力不强。 再联合“有的”+“所有”进行串联，联合①和④可得：⑤有的喜欢舞蹈的同学⇒数学成绩不优秀⇒不善于思考⇒逻辑思维能力不强。
第四步	题干条件中含有“有的”，故优先寻找表述为“有的”，同时含有“首”“尾”的选项，即 C、D 两个选项。 C 选项=有的喜欢舞蹈的同学⇒逻辑思维能力不强，可直接由⑤得出，故一定为真。 D 选项=有的逻辑思维能力强的同学⇒不喜欢舞蹈，由于“有的”为真时，只能换位，不能逆否，故选项不确定。 因此，答案选 C。

3. 答案 C

解题步骤	
第一步	观察题目特征，锁定技巧。题干和选项大多为“直言判断”表述，并且存在重复的概念，故可优先采用“有的”串联技巧进行解题。

（续）

解题步骤	
第二步	整理题干条件： ①在总部工作∀在超市工作，可得：在超市工作→不在总部工作（考生注意，遇见不相容选言判断时，优先将“要么”变“推”）。 ②管培生→在总部工作。 ③学历为本科的新员工→在超市工作。 ④有的学历为本科的新员工⇒从学校直接招募来的。
第三步	先串联含“所有”的条件，故联合条件①②③可得：⑤学历为本科的新员工→在超市工作→不在总部工作→不是管培生（条件②需要先逆否）。 再联合“有的”+“所有”进行串联，故联合④⑤可得：⑥有的从学校直接招募来的⇒学历为本科的新员工⇒在超市工作⇒不在总部工作⇒不是管培生（条件④需要先换位）。
第四步	题干条件中含有“有的”，故优先寻找表述为“有的”，同时含有“首”“尾”的选项，即A、C两个选项。 A选项=有的管培生⇒不是从学校直接招募来的，由⑥可得：有的从学校直接招募来的⇒不是管培生，由于“有的”只能换位，不能逆否，故选项不确定。 C选项=有的从学校直接招募来的⇒不是管培生，由⑥可直接得出，故一定为真。故答案选C。

4. 答案 **C**

解题步骤	
第一步	观察题目特征，锁定技巧。题干和选项均为“直言判断”表述，并且存在重复的概念，故可优先采用“有的”串联技巧进行解题。
第二步	整理题干条件： ①有的为希望工程捐款⇒出于社会责任。 ②有的为希望工程捐款⇒出于个人功利。 ③为希望工程捐款→利国利民的善举。
第三步	联合①和③可得：④有的出于社会责任⇒为希望工程捐款⇒利国利民的善举（此时①需先换位）。 联合②和③可得：⑤有的出于个人功利⇒为希望工程捐款⇒利国利民的善举（此时②需先换位）。
第四步	问题求解“不可能为真”，即寻找矛盾。由于上一步联合得出的结论均为“有的”，矛盾的形式即“所有”，故可优先验证C选项，观察发现C选项恰好与⑤构成矛盾关系，一定为假。答案选C。

5. 答案 **D**

解题步骤	
第一步	观察题目特征，锁定技巧。题干和选项大多为“直言判断”表述，并且存在重复和互为矛盾的概念，故可优先采用“有的”串联技巧进行解题。

（续）

解题步骤	
第二步	整理题干条件： ①精通业务→精通英语。 ②精通法语∨精通西班牙语=不精通法语→精通西班牙语（考生注意，遇见选言判断时，优先将“或”变“推”）。 ③精通西班牙语→精通韩语。 ④有的精通业务⇒精通德语。 ⑤精通韩语→不精通德语。
第三步	先串联含“所有”的条件，故联合条件②③⑤可得：⑥不精通法语→精通西班牙语→精通韩语→不精通德语（⑥与①没有重复的概念，无法串联）。 再联合“有的”+“所有”进行串联，故联合④⑥可得：⑦有的精通业务⇒精通德语⇒不精通韩语⇒不精通西班牙语⇒精通法语（条件⑥需要先逆否）。 再联合①和⑦可得：⑧有的精通法语⇒不精通西班牙语⇒不精通韩语⇒精通德语⇒精通业务⇒精通英语（条件⑦需要先换位）。
第四步	问题要求“质疑”，即寻找与题干矛盾的选项，由于联合得出的结论⑧是“有的”，故可优先寻找表述为“所有”，同时含有“首”“尾”的选项，即 C 和 D 选项，C 不与结论⑧构成矛盾，而 D 恰好与结论⑧构成矛盾，故答案选 D。

6. 答案 **E**

解题步骤	
第一步	观察题目特征，锁定技巧。题干和选项均为“直言判断”表述，并且存在重复的概念，故可优先采用“有的”串联技巧进行解题。
第二步	整理题干条件： ①单身者→具有独立经济能力。 ②独立经济能力的人→有强烈的竞争意识。 ③赋闲在家的人→不具有独立经济能力。 ④高中辍学者→赋闲在家的人。
第三步	联合①③④得：⑤高中辍学者→赋闲在家的人→不具有独立经济能力→不是单身者。 联合①和②得：⑥单身者→具有独立经济能力→有强烈的竞争意识。
第四步	选项出现了三个“有的”，两个“所有”，问题求解“不一定为真”，此时含“所有”的选项，要么与⑤和⑥推理一致，要么是⑤和⑥的逆否等价变形，更易判定真假，可优先验证 A 和 B 选项。观察发现 A 选项与⑤的推理一致，B 选项与⑤互为逆否等价，可淘汰 A 和 B 选项。 考生注意，基于⑤和⑥无法直接串联得出“强烈竞争意识”和“赋闲在家的人”以及“高中辍学者”的关系，故只能先利用“所有”得出“有的”，然后再进行串联。 由②可得：有的有强烈的竞争意识⇒具有独立经济能力的人。再联合⑤（需逆否）可得：有的有强烈的竞争意识⇒具有独立经济能力的人⇒不是赋闲在家的人⇒不是高中辍学者。根据“有的”能换位，但不能逆否，可得 C 和 D 均一定为真，E 选项无法判断真假，因此答案选 E。

第 4 招 矛盾变形

题型特征
1. 问题求解为“不可能为真”“一定为假”等。
2. 题干用形式语言表达，问题虽要求削弱题干，但此时需要按照寻找形式逻辑矛盾形式的思路解题。

适用考点 《逻辑精点》基础篇知识点 03、06、18、21 以及强化篇考点 08。

技巧点拨
1. 要准确理解矛盾公式的逻辑含义，熟练记忆相应的推理规则。

精点提示：要准确区分联言判断和选言判断的矛盾关系与反对关系，这是一个易错点。

①$P \wedge Q$ 的矛盾是 $\neg P \vee \neg Q$，而 $P \wedge Q$ 和 $\neg P \wedge \neg Q$ 由于二者可同假，但不可同真，故属于至少有一假的关系。

②$P \vee Q$ 的矛盾是 $\neg P \wedge \neg Q$，而 $P \vee Q$ 和 $\neg P \vee \neg Q$ 由于二者可同真，但不可同假，故属于至少有一真的关系。

2. 熟练掌握 $P \rightarrow Q$ 的矛盾形式为：$P \wedge \neg Q$。许多题目只需从如下三个角度把握：①联言判断形式，即“$\wedge$”；②P 位肯定；③Q 位否定。考生要明确 $P \rightarrow Q$ 和 $P \rightarrow \neg Q$ 不矛盾，而 $P \rightarrow Q$ 和 $P \wedge \neg Q$ 是矛盾关系。

精点提示：矛盾的考查形式有三种：（1）利用矛盾规则寻找一定为假的选项，如题 1~5；（2）利用矛盾规则对题干进行削弱，如题 6；（3）利用矛盾规则指出题干漏洞，常见于混淆充分必要条件，如题 7~8。

1. 世界级的马拉松选手每天跑步不少于两小时，除非是元旦、星期天或得了较严重的疾病。若以上断定为真，以下哪项所描述的人不可能是世界级马拉松选手？

A. 某人连续三天每天跑步仅一个半小时，并且没有任何身体不适。

B. 某运动员几乎每天都要练习吊环。

C. 某人在脚伤已经痊愈的一周内每天跑步至多一小时。

D. 某运动员在某个星期三没有跑步。

E. 某运动员瘦高，别人都说他像跳高运动员，他的跳高成绩相当不错。

2. 委员会决定，除非是来自西部的贫困生，否则不能获得特别奖学金。以下哪项如果为真，说明校务委员会的上述决定没有得到贯彻？

Ⅰ. 张珊是来自西部的贫困生，没有获得特别奖学金。

Ⅱ. 李思是来自东部的学生，获得了特别奖学金。

Ⅲ. 王武不是贫困生，获得了特别奖学金。

A. 只有Ⅰ。 B. 只有Ⅰ和Ⅱ。 C. 只有Ⅱ和Ⅲ。

D. 只有Ⅰ和Ⅲ。 E. Ⅰ、Ⅱ和Ⅲ。

3. 某自助餐厅进口了一批昂贵的深海海鲜用以吸引顾客，由于数量有限，自助餐厅规定，只能选择一种深海海鲜作为主菜，其余只能作为副菜，并且包括主菜在内，深海海鲜最多只能选择 2 种。按照餐厅的规定，顾客甲的拿取需要符合如下要求：

（1）只有副菜选择孔雀鲍或皇帝蟹，主菜才能选择帝王鲑；

（2）只有副菜选择皇帝蟹，主菜才能选择孔雀鲍；

（3）如果主菜选择皇帝蟹，则副菜选择北极甜虾或者孔雀鲍；

（4）如果主菜选择北极甜虾，则副菜选择皇帝蟹或帝王鲑。

根据上述要求，顾客甲不可能选择以下哪种海鲜组合？

A. 帝王鲑、北极甜虾。 B. 孔雀鲍、帝王鲑。 C. 北极甜虾、孔雀鲍。

D. 皇帝蟹、帝王鲑。 E. 皇帝蟹、孔雀鲍。

4. “抓周”是周岁礼中一项很重要的仪式。田妈妈按照习俗，为自己女儿的“抓周”准备的物品满足如下要求：

（1）算盘、钱币、首饰至少准备 2 种；

（2）钱币、花朵、首饰至多准备 2 种；

（3）若准备钱币，则算盘和花朵要么都准备，要么都不准备。

根据以上陈述，以下哪项是不可能的？

A. 钱币和花朵都不准备。 B. 钱币和花朵都准备。 C. 准备钱币、不准备花朵。

D. 花朵和首饰都不准备。 E. 花朵和首饰都准备。

5. 某研究团队有宋、方、刘、王、孙、罗 6 人，其中有 3 名女性、3 名博士、4 名工程师。已知：

（1）工程师中只有方、孙 2 人是男性；

（2）若刘、王中至少有 1 人是博士，则宋、罗均是女工程师。

根据以上信息，以下哪项是不可能的？

A. 至少有 1 人是男博士。

B. 王、孙中至少有 1 人是博士。

C. 刘、方中至少有 1 人是博士。

D. 罗、王均不是博士，王是工程师。

E. 宋、孙均不是博士，刘是工程师。

6. 已知某班共有 32 位同学，某次考试当中，女生中分数最高者与最低者相差 32 分，男生中分数最高者与最低者相差 26 分。小明认为，根据已知信息，再知道男生和女生分数最高者的分数，同时也得知道男生、女生的平均分数，才能确定全班同学中分数最高者与最低者之间的差距。

以下哪项如果为真，最能构成对小明观点的反驳？

A. 根据已知信息，如果不能确定全班同学中分数最高者与最低者之间的差距，则也不能知道男生、女生分数最高者的具体分数。

B. 根据已知信息，确定了全班同学中分数最高者与最低者之间的差距，但不能知道男生、女生的平均分数。

C. 根据已知信息，如果不能确定全班同学中分数最高者与最低者之间的差距，则既不能知道男生、女生分数最高者的具体分数，也不能知道男生、女生的平均分数。

D. 根据已知信息，确定了男生、女生的平均分数，却不能确定全班同学中分数最高者与最低者之间的差距。

E. 根据已知信息，仅仅再知道男生、女生最高者的具体分数，就能确定全班同学中分数最高者与最低者之间的差距。

7. 教授：如果父母都是 O 型血，其子女的血型也只能是 O 型，这是遗传规律。

学生：这不是真的，我的父亲是 B 型血，而我是 O 型血。

学生最有可能把教授的陈述理解为以下哪项？

A. 只有 O 型血的人才会有 O 型血的孩子。

B. O 型血的人不可能有 B 型血的孩子。

C. B 型血的人永远都会有 O 型血的孩子。

D. 如果父母都是 B 型血，其孩子也会是 B 型血。

E. 以上都不正确。

8. 要成为某种乐器演奏家，一个人必须练习。如果一个人每天练习某种乐器 3 个小时，他们将最终成为这种乐器的演奏家。所以，如果一个人是某一种乐器的演奏家，那么这个人必然至少每天练习 3 个小时。

以下哪项最恰当地描述了上述推理的缺陷？

A. 它的结论没有把每天练习 3 小时而没有成为乐器演奏家的人考虑在内。
B. 它的结论没有把每天练习不到 3 小时也有可能成为乐器演奏家的人考虑在内。
C. 这个结论没有考虑如果一个人每天不至少练习 3 个小时的话，这个人就不能成为演奏家。
D. 这个结论没有考虑到并不是所有的音乐教师都主张每天练习 3 个小时。
E. 这个结论没有考虑到很少有人有足够的空余时间每天花 3 小时来练习。

精点解析

1. 答案 A

解题步骤	
第一步	观察题目特征，锁定技巧。题干属于“形式语言”表述，并且问题求解“不可能为真”，故可采用**“矛盾变形”的方法**进行解题。
第二步	根据“P，除非 Q=¬ P→Q”，可将题干条件符号化为： 每天跑步少于两小时（P）→元旦∨星期天∨严重疾病（Q）
第三步	“不可能为真”也就是题干的矛盾命题，即：P∧¬ Q=每天跑步小于两小时∧（不是元旦∧不是星期天∧没有严重疾病）。分析选项可知，A 选项恰好与题干矛盾形式一致。 考生注意，连续三天显然至少有一天不是元旦也不是星期天，故 A 项正确。而 C 选项属于易错选项，“脚伤痊愈”不等于“没有得病”。

2. 答案 C

解题步骤		
第一步	观察题目特征，锁定技巧。题干属于“形式语言”表述，并且问题求解“没有得到贯彻”，相当于“一定为假”，故可采用**“矛盾变形”的方法**进行解题。	
第二步	根据“除非 Q，否则 P=¬ P→Q”，可将题干条件符号化为：能获得特别奖学金（P）→来自西部的贫困生（Q）。	
第三步	寻找题干的矛盾命题，即：能获得特别奖学金（P）∧不是来自西部的贫困生（¬ Q）。逐一验证选项即可锁定正确答案为 C。	
选项	**解释**	**结果**
Ⅰ	选项=Q∧¬ P，与 P→Q 不构成矛盾关系，故选项无法证明题干一定为假。	淘汰
Ⅱ	选项=P∧¬ Q，与题干构成矛盾关系，故能说明题干一定为假。（考生注意，东部的学生一定不是西部的学生，进而可得：一定不是西部的贫困生。）	**正确**
Ⅲ	选项=P∧¬ Q，与题干构成矛盾关系，故能说明题干一定为假。（考生注意，不是贫困生一定不是西部的贫困生。）	**正确**

3. 答案 C

解题步骤	
第一步	观察题目特征，锁定技巧。题干属于“形式语言”表述，并且“不可能=一定为假”，故可采用“矛盾变形”的方法进行解题。
第二步	整理题干条件： ①主菜选帝王鲑→副菜选择孔雀鲍∨选择皇帝蟹。 ②主菜选孔雀鲍→副菜选择皇帝蟹。 ③主菜选皇帝蟹→副菜选择北极甜虾∨孔雀鲍。 ④主菜选北极甜虾→副菜选择皇帝蟹∨帝王鲑。
第三步	观察发现，题干条件中没有完全重复的概念（考生注意区分“主菜”“副菜”），而问题求解一定为假，故只能逐一验证选项是否与题干存在矛盾。
第四步	验证条件①中的 P 位，若主菜选帝王鲑，则可排除 B 和 D 选项； 验证条件②中的 P 位，若主菜选孔雀鲍，则可排除 E 选项； 剩余的 A 和 C 都涉及“主菜选北极甜虾”，故可结合条件④排除 A 选项； 故答案选 C。

4. 答案 D

解题步骤		
第一步	观察题目特征，锁定技巧。题干属于“形式语言”表述，并且问题要求“不可能=一定为假”，故可采用“矛盾变形”的方法进行解题。	
第二步	整理题干条件： ①算盘、钱币、首饰至少准备 2 种。 ②钱币、花朵、首饰至多准备 2 种。 ③准备钱币→（准备算盘∧准备花朵）∀（不准备算盘∧不准备花朵）。	
第三步	观察发现，题干条件无法有效串联，并且每个条件均至少有 2 种以上的可能，正向推理很困难；而问题求解“一定为假”，选项是确定的表述，故只能逐一验证选项是否与题干存在矛盾。	
选项	**解释**	**结果**
A	若钱币和花朵都不准备，则结合①可知，准备算盘和首饰；此时与②③均不矛盾，故选项可能为真。	淘汰
B	若钱币和花朵均准备，则结合②可知，不准备首饰；再联合①可得，准备算盘；此时与③不矛盾，故选项可能为真。	淘汰
C	若准备钱币且不准备花朵，则结合③可知，不准备算盘；再联合①可知，准备首饰；此时与②不矛盾，故选项可能为真。	淘汰
D	若花朵和首饰均不准备，则结合①可知，准备算盘和钱币，此时与③矛盾，故选项一定为假。	正确
E	若花朵和首饰都准备，则结合②可知，不准备钱币；再联合①可知，准备算盘；此时与③不矛盾，故选项可能为真。	淘汰

5. 答案 **E**

解题步骤	
第一步	观察题目特征，锁定技巧。题干属于“形式语言”表述，并且问题要求“不可能=一定为假”，故可采用“矛盾变形”的方法进行解题。
第二步	整理题干条件： ①6个人中，有3名女性、3名博士、4名工程师（方和孙是男性，剩余2人是女性）。 ②刘、王中至少有1人是博士（P）→宋∧罗是女工程师（Q）。
第三步	由于问题求解一定为假，故可以先验证含有“P”和“非Q”的选项，由E可知，若宋和孙都不是博士，剩余的刘、王、方、罗中有3个博士，也就是刘、王中至少有1人是博士（即P），故可优先验证。此时，由②可知宋和罗是女工程师+由①可知方和孙是男工程师+由E选项可知刘是工程师，此时有5名工程师，超过了题干边界条件，矛盾，故E选项不可能为真。

6. 答案 **B**

解题步骤	
第一步	观察题目特征，锁定技巧。题干属于“形式语言”表述，并且问题求解“最能反驳=寻找一定为假的选项进行质疑”，故可采用“矛盾变形”的方法进行解题。
第二步	根据“（只有）Q，才P=P→Q”，可将题干条件符号化为： 确定全班同学中分数最高者与最低者之间的差距（P）→知道男生和女生分数最高者的分数（Q1）∧知道男生、女生的平均分数（Q2）
第三步	分析选项，寻找与题干矛盾的形式作为正确答案。 A、C、E三个选项都为“→”的形式，不与题干构成矛盾，可快速淘汰选项。 D选项=¬P∧Q2，与题干信息不矛盾，排除。 B选项=P∧¬Q2，由¬Q2可推出¬Q1∨¬Q2为真，即P∧（¬Q1∨¬Q2）为真，与题干信息构成矛盾，最能反驳。B选项为正确答案。

7. 答案 **A**

解题步骤	
第一步	观察题目特征，锁定技巧。题干属于“形式语言”表述的对话形式，并且问题求解“推理漏洞”，此类试题的命题思路一般为利用推理规则和矛盾规则分析题干推理，故可采用“矛盾变形”的方法进行解题。
第二步	整理题干的推理。教授：父母都O型血（P）→子女O型血（Q）。学生：不对，父母不都O型血（¬P）∧子女O型血（Q）。
第三步	分析学生的推理，学生试图反驳教授的推理，但是¬P∧Q的正确的矛盾是Q→P，学生显然将教授观点中的P→Q误认为是Q→P，也就是“子女O型血→父母都O型血”，故答案选A。

8. 答案 B

解题步骤	
第一步	观察题目特征，锁定技巧。题干属于“形式语言”表述的对话形式，并且问题求解“推理漏洞”，此类试题的命题思路一般为利用推理规则和矛盾规则，分析题干推理中存在的谬误，故可采用“矛盾变形”的方法进行解题。
第二步	整理题干的推理。前提：每天练习某种乐器 3 个小时（P）→成为某种乐器的演奏家（Q）。结论：某一种乐器的演奏家（Q）→至少每天练习 3 个小时（P）。
第三步	显然题干论证混淆了充分条件和必要条件，题干前提中“每天练习某种乐器 3 个小时”是“成为某种乐器的演奏家”的充分条件，结论中却变成了必要条件，此时结论忽略了每天练习不到 3 小时也可能成为乐器演奏家，即 B 选项。

第 5 招 结构比较

题型特征	1. 问题求解“以下哪项与上述推理结构一致，或最不一致?” 2. 问题求解“以下哪项与上述论证方法最相似，或者最不相似?”
适用考点	《逻辑精点》强化篇考点 11。
技巧点拨	1. 若属于推理一致的结构比较题型，则优先将题干的推理符号化，若选项的推理形式与题干一致，则注意判定选项的核心概念，重点观察是否存在偷换概念的谬误，若选项的推理形式与题干不一致，则可快速淘汰。如题 1 ~3。 2. 若属于论证一致的结构比较题型，则优先寻找题干的结论和前提，判定题干从前提推出结论时使用的论证方法，或者识别题干由前提到结论时是否存在明显的逻辑谬误，然后寻找与题干论证方法一致（如题 4 ~5）或者是谬误一致（如题 6 ~8）的选项。

1. 甲：温饱是谈道德的先决条件。

乙：温饱绝不是谈道德的先决条件。古往今来，没有解决衣食之困的社会也在谈道德。

以下哪项与题干的论证方法最相似?

A. 甲：人类是由猿猴进化而来的。

乙：人类不可能是由猿猴进化而来的。从古至今，没有见过一只猴子变成了人。

B. 甲：天不生仲尼，万古如长夜。

乙：天不生仲尼，人类的万古也不可能是长夜。古往今来，没有仲尼以前人也不是都生活在黑暗中的。

C. 甲：人性的自私是社会进步的前提。

乙：人性的自私不可能是社会进步的基础。在没有私有财产的原始社会中，人类社会也在不断进步。

D. 甲：人性本善。

乙：如果真的人性本善，那么社会道德规范又有何作用呢?

E. 甲：接受学校教育是创新的基础。
乙：接受学校教育不可能是创新的前提。从古至今，没有接受过教育却有创新的人比比皆是。

2. 一首歌曲，只有在北京和上海都流行时，藏族歌手苏阿里亚娜才会演唱。藏族歌手苏阿里亚娜没有演唱《高山》这首歌，所以北京一定没有流行《高山》这首歌，而且上海也没有流行这首歌。
以下哪项与题干的推理结构最为相似？
A. 只有学习好，并且和同学保持良好的关系，才能评上奖学金。小张学习好，并且与同学关系也好，所以他一定能够评上奖学金。
B. 只有学习好，并且和同学保持良好的关系，才能评上奖学金。小张没有评上奖学金，所以他学习一定不好。
C. 只要学习好，并且和同学保持良好的关系，就能评上奖学金。小张没有评上奖学金，所以他学习一定不好，并且与同学关系不好。
D. 只有学习好，并且和同学保持良好的关系，才能评上奖学金。小张学习不好，并且和同学关系也不大好，所以小张没有评上奖学金。
E. 只有学习好，并且和同学保持良好的关系，才能评上奖学金。小张没有评上奖学金，所以他肯定学习不好，并且与同学关系紧张。

3. 如果一个人具备丰富的阅历，就能更好地理解生活。一旦他更好地理解生活，说明他一定热爱生活并且对世界充满善意。因此，一个具备丰富阅历的人，必将对世界充满善意。
以下哪项推理的结构和题干最为类似？
A. 所有的技术骨干一定都认真学习。如果一个人是技术骨干，那他一定脚踏实地并且虚心请教。所以，认真学习的人都会虚心请教。
B. 所有的犯罪行为都是违法的行为，违法的行为都应该受到社会的谴责和法律的制裁。所以，犯罪的行为要受到法律制裁。
C. 如果一个摄影师的经验不丰富，那么他不能够捕捉到美好的瞬间。如果捕捉到了美好的瞬间，那他一定有着专业的摄影技术同时善于发现生活中的美好。所以，一名经验丰富的摄影师，一定善于发现生活中的美好。
D. 杰出的管理者一定具有创新思维。如果具有创新思维，那么他或者会有前瞻性的目光或者会有国际化的视野。所以，杰出的管理者一定具有国际化视野。
E. 一部电影如果要获得高票房，或者要打动人心，或者有丰富的故事情节，或者有新颖的题材。如果故事情节丰富，那一定会有新颖的题材。所以一部获得高票房的电影一定会获得媒体的好评。

4. 研究人员将角膜感觉神经断裂的兔子分为两组：实验组和对照组。他们给实验组兔子注射一种从土壤霉菌中提取的化合物。3 周后检查发现，实验组兔子的角膜感觉神经已经复合；而对照组兔子未注射这种化合物，其角膜感觉神经没有复合。研究人员由此得出结论：该化合物可以使兔子断裂的角膜感觉神经复合。
以下哪项与上述研究人员得出结论的方式最为类似？
A. 科学家在北极冰川地区的黄雪中发现了细菌，而该地区的寒冷气候与木卫二的冰冷环境有着惊人的相似。所以，木卫二可能存在生命。
B. 绿色植物在光照充足的环境下能茁壮成长，而在光照不足的环境下只能缓慢生长。所以，光照有助于绿色植物的生长。
C. 一个整数或者是偶数，或者是奇数。0 不是奇数，所以，0 是偶数。
D. 昆虫都有三对足，蜘蛛并非三对足。所以，蜘蛛不是昆虫。
E. 年逾花甲的老王戴上老花眼镜可以读书看报，不戴则视力模糊。所以，年龄大的人要戴老花眼镜。

5. 注重对孩子的自然教育，让孩子亲身感受大自然的神奇与美妙，可促进孩子释放天性，激发自身潜能；而缺乏这方面教育的孩子容易变得孤独，道德、情感与认知能力的发展都会受到一定的影响。

以下哪项与以上论证方式最为类似？

A. 老百姓过去“盼温饱”，现在“盼环保”；过去“求生存”，现在“求生态”。

B. 脱离环境保护搞经济发展是“竭泽而渔”；离开经济发展抓环境保护是“缘木求鱼”。

C. 注重调查研究，可以让我们掌握第一手资料；闭门造车，只能让我们脱离实际。

D. 只说一种语言的人，首次被诊断出患阿尔茨海默症的平均年龄约为 71 岁；说双语的人首次被诊断出患阿尔茨海默症的平均年龄约为 76 岁；说三种语言的人，首次被诊断出患阿尔茨海默症的平均年龄约为 78 岁。

E. 如果孩子完全依赖电子设备来进行学习和生活，将会对环境越来越漠视。

6. 小李将自家护栏边的绿地毁坏，种上了黄瓜。小区物业人员发现后，提醒小李：护栏边的绿地是公共绿地，属于小区的所有人。物业为此下发了整改通知书，要求小李限期恢复绿地。小李对此辩称：“我难道不是小区的人吗？护栏边的绿地既然属于小区的所有人，当然也属于我。因此，我有权在自己的土地上种黄瓜。”

以下哪项与小李得出结论的方式最为相似？

A. 所有人都要为他的错误行为负责，小梁没有对他的错误行为负责，所以小梁的这次行为没有错误。

B. 所有参展的兰花在这次博览会上被定购一空，李阳花大价钱买了一盆花，由此可见，李阳买的必定是兰花。

C. 没有人能够一天读完大仲马的所有作品，没有人能够一天读完《三个火枪手》，因此，《三个火枪手》是大仲马的作品之一。

D. 所有莫尔碧骑士组成的军队在当时的欧洲是不可战胜的，翼雅王是莫尔碧骑士之一，所以翼雅王在当时的欧洲是不可战胜的。

E. 任何一个人都不可能掌握当今世界的所有知识，地心说不是当今世界的知识，因此，有些人可以掌握地心说。

7. 母亲对女儿说：“你今天要是进不了前一百，你就进不了重点高中；你进不了重点高中，你就进不了重点大学，你这辈子就完了。”

下列与题干中所犯的逻辑错误最相似的是？

A. 如果你们对学校的午休规则提出修改意见，那么校规将受到很大质疑，学校从此将失去良好的秩序。

B. 我向你借 100 元，你只借了 50 元给我，还欠 50 元。但既然借了 50 元给我，于是我也欠你 50 元。由于各欠对方 50 元，所以我们扯平了，谁也不欠谁。

C. 一个秃头的男人对理发师说：“如果能够让我的头发看起来像你的一样，我就付给你 1000 块钱。”“没问题。”理发师一边回答，一边飞快地给自己剃了个光头。

D. 某同学在一次“我还是我”的讲演中，当众把一张崭新的人民币使劲地揉搓了几下后又铺展开，然后说：“我就像这张纸币，虽然历尽生活揉搓，但我还是我。”

E. 一个数若能被 3 整除且能被 5 整除，则这个数能被 15 整除，因此，一个数若能被 3 整除但不能被 5 整除，则这个数一定不能被 15 整除。

8. 在谈到反恐战争时，小孙说：“如果你不支持反恐战争，你就是支持恐怖分子。”

下列选项中与小孙所犯的逻辑错误相似的是？

A. 小王认为吃草药肯定比吃人工制造的药更加有效，因为草药更加“自然”。

B. 小张老师认为学生只有两种，如果不是听话的学生，那就一定是调皮的学生。

C. 小李在被问到成为三好学生的秘诀时，小李回答道：“因为学习成绩好，所以我能成为三好学生”，当被问到学习好的秘诀时，小李回答道：“因为我是三好学生，所以我学习成绩好”。

D. 小赵对小林说：“如果你不能证明外星人不存在，那么外星人就是存在的”。

E. 幼儿园的小钱知道，儿童是祖国的花朵，因此小钱确定，自己一定是祖国的花朵。

精点解析

1. 答案 E

解题步骤		
第一步	观察题目特征，锁定技巧。问题要求“论证方法最相似”的选项，故可采用“结构比较”技巧进行解题。	
第二步	整理题干推理结构： 甲：谈道德（P）→温饱（Q）。 乙：不温饱（¬ Q）∧谈道德（P）。	
第三步	分析选项，寻找与题干推理一致的选项作为正确答案。	
选项	解释	结果
A	选项不涉及充分必要条件关系，故与题干不一致。	淘汰
B	甲：天不生仲尼（P）→万古如长夜（Q）。乙：没有仲尼（P）∧人也不是都生活在黑暗中的（A）。（考生注意，“长夜”和“黑暗”不完全一致。）	淘汰
C	甲：社会进步（P）→人性自私（Q）。乙：社会进步（P）∧没有私有财产的原始社会中（A）。（考生注意，“没有私有财产”，不意味着“人性不自私”。）	淘汰
D	甲：人性本善（A）。乙：人性本善（A）→社会道德规范没有作用。选项使用的是归谬法，与题干推理不一致。	淘汰
E	甲：创新（P）→接受学校教育（Q）。乙：没有接受过学校教育（¬ Q）∧创新（P）。与题干推理是一致的。	正确

2. 答案 E

解题步骤		
第一步	观察题目特征，锁定技巧。问题要求“推理结构最相似”的选项，故可采用“结构比较”技巧进行解题。	
第二步	整理题干推理结构：P→Q1∧Q2，因为¬ P，所以¬ Q1∧¬ Q2。	
第三步	分析选项，寻找与题干推理一致的选项作为正确答案。	
选项	解释	结果
A	选项推理结构为：P→Q1∧Q2，因为 Q1∧Q2，所以 P。与题干推理不一致。	淘汰
B	选项推理结构为：P→Q1∧Q2，因为¬ P，所以¬ Q1。与题干推理不一致。	淘汰
C	选项推理结构为：P1∧P2→Q，因为¬ Q，所以¬ P1∧¬ P2。与题干推理不一致。	淘汰
D	选项推理结构为：P→Q1∧Q2，因为¬ Q1∧¬ Q2，所以¬ P。与题干推理不一致。	淘汰
E	选项推理结构为：P→Q1∧Q2，因为¬ P，所以¬ Q1∧¬ Q2。与题干推理一致。	正确

3. 答案 B

解题步骤		
第一步	观察题目特征，锁定技巧。问题要求“推理结构最相似”的选项，故可采用“结构比较”技巧进行解题。	
第二步	整理题干推理结构：A→B，B→C∧D。因此 A→D。	
第三步	分析选项，寻找与题干推理一致的选项作为正确答案。	
选项	**解释**	**结果**
A	选项推理形式为：A→B，A→C∧D。因此 B→D。与题干推理形式不一致。	淘汰
B	选项推理形式为：A→B，B→C∧D。因此 A→D。与题干推理形式一致。	正确
C	选项推理形式为：A→B，¬ B→C∧D。因此¬ A→D。与题干推理形式不一致。	淘汰
D	选项推理形式为：A→B，B→C∨D。因此 A→D。与题干推理形式不一致。	淘汰
E	选项推理形式为：A→B∨C∨D，C→D。因此 A→E。与题干推理形式不一致。	淘汰

4. 答案 B

解题步骤		
第一步	观察题目特征，锁定技巧。问题要求“论证方法最相似”的选项，故可采用“结构比较”技巧进行解题。	
第二步	整理题干论证方法：前提差异：是否注射化合物的差异→结果差异：角膜感觉神经是否复合的差异。属于求异法。	
第三步	分析选项，寻找与题干论证方法一致的选项作为正确答案。	
选项	**解释**	**结果**
A	选项属于类比法，与题干方法不一致。	淘汰
B	前提差异：光照是否充足的差异→结果差异：绿色植物能否茁壮生长的差异，选项属于求异法，与题干方法一致。	正确
C	选项推理方式为：P∨Q，M 不是 P，因此 M 是 Q。属于排除法，与题干方法不一致。	淘汰
D	选项推理方式为：P→Q，M 不是 Q，因此 M 不是 P。属于假言三段论，与题干方法不一致。	淘汰
E	选项从老王推出一般性结论，属于归纳法，与题干方法不一致。	淘汰

5. 答案 C

解题步骤	
第一步	观察题目特征，锁定技巧。问题要求“论证方法最相似”的选项，故可采用“结构比较”技巧进行解题。
第二步	整理题干论证结构：P→……，非 P→……。
第三步	分析选项，寻找与题干推理一致的选项作为正确答案。

（续）

选项	解释	结果
A	该项列出对比现象，是并列关系而非因果关系。	淘汰
B	该项陈述方式为：非 P∧Q→……，非 Q∧P→……。与题干不一致。（注：非 P∧Q 与非 Q∧P 二者不矛盾，不是 P 与非 P 的形式）。	淘汰
C	该项陈述方式为：P→……，非 P→……。与题干一致。	正确
D	该项采用“共变法”求因果关系。	淘汰
E	该项陈述方式为：P→Q。与题干不一致。	淘汰

6. 答案 **D**

解题步骤	
第一步	观察题目特征，锁定技巧。问题要求“论证方法最相似”的选项，故可采用“结构比较”技巧进行解题。
第二步	找到题干的谬误：小李犯了集合体性质误用的错误，小区的绿地属于小区的“所有人”，指的是“小区的居民”这个集合整体，而小李是小区的“人”这句话中的“人”仅仅指的是小李。
第三步	分析选项，寻找与题干谬误一致的选项作为正确答案。D 选项属于“集合体性质误用”的谬误，前面“莫尔碧骑士组成的军队是不可战胜的”指的是这个军队集合整体不可战胜，指的是集合概念；而后面的“莫尔碧骑士”只是指其中一个人（翼雅王），指的是个体概念。其余选项均不涉及“集合体性质误用”。答案选 D。

7. 答案 **A**

解题步骤		
第一步	观察题目特征，锁定技巧。问题要求寻找“逻辑错误最相似”的选项，故可采用“结构比较”技巧进行解题。	
第二步	找到题干的逻辑错误：题干使用一连串的因果推论，却夸大了每个环节的因果强度，而得到不合理的结论。属于“滑坡谬误”。	
第三步	分析选项，寻找与题干谬误一致的选项作为正确答案。	
选项	**解释**	**结果**
A	选项也属于“滑坡谬误”。与题干推理一致。	正确
B	选项犯了“偷换概念”的谬误，第一个“欠 50 元”指的是还应借给我 50 元；第二个“欠 50 元”指的是我应该还你 50 元。	淘汰
C	选项犯了“偷换概念”的谬误，秃头男人说的像你一样，指的是像理发师一样的发型；而理发师理解的像你一样，指的是像秃头男人一样的发型。	淘汰
D	选项犯了“不当类比”的谬误，纸币揉搓后不影响它的价值，而人被生活揉搓后，跟之前就不完全一样了。	淘汰
E	选项属于形式推理，与题干明显不一致。	淘汰

8. 答案 **B**

解题步骤		
第一步	观察题目特征，锁定技巧。问题要求寻找“逻辑错误最相似”的选项作为答案，故可采用“结构比较”技巧进行解题。	
第二步	找到题干的逻辑错误：除了支持反恐战争和支持恐怖分子，还可能保持中立，故题干犯了“非黑即白”的谬误。	
第三步	分析选项，寻找与题干谬误一致的选项作为正确答案。	
选项	**解释**	**结果**
A	选项犯了“诉诸自然”的谬误。	淘汰
B	除了听话的学生和调皮的学生，还可能存在不听话也不调皮的学生，故选项犯了“非黑即白”的谬误。	**正确**
C	选项犯了“循环论证”的谬误。	淘汰
D	选项犯了“诉诸无知”的谬误。	淘汰
E	选项犯了“集合体性质误用”的谬误。	淘汰

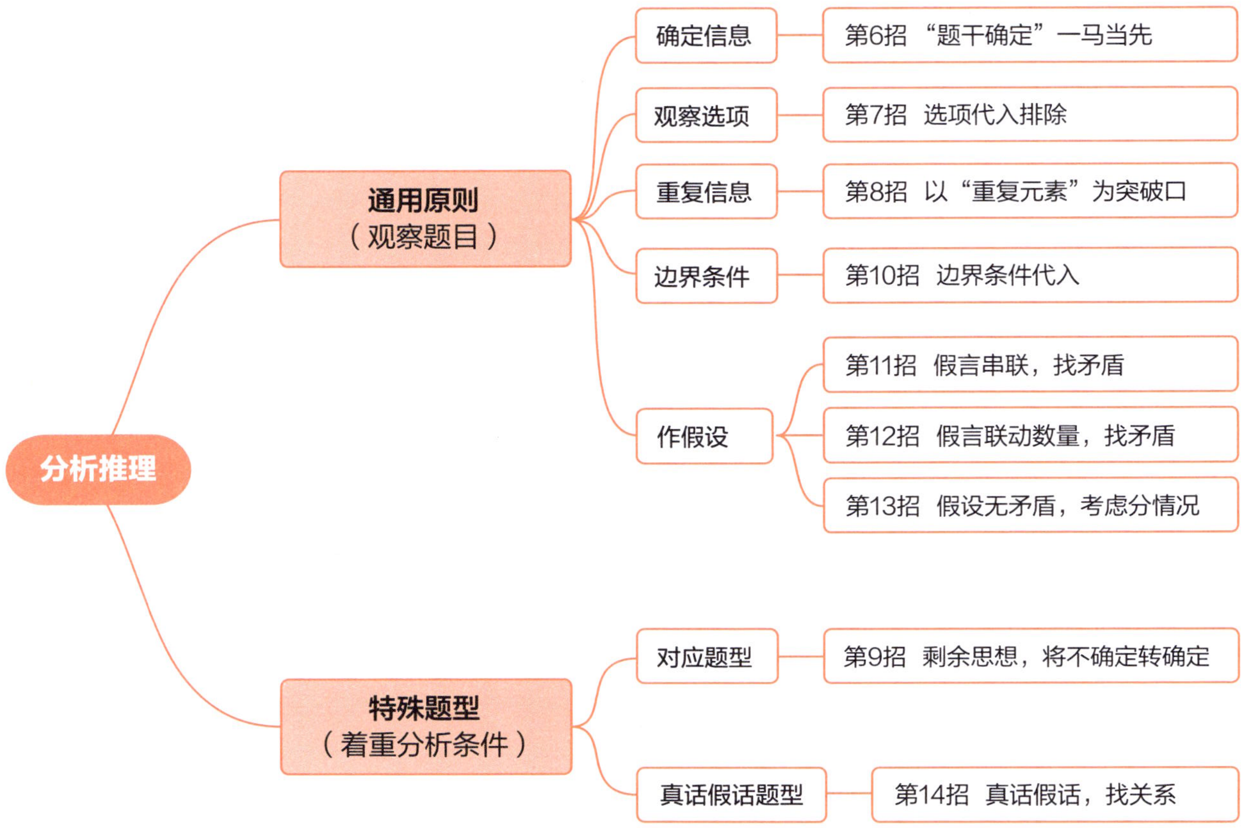
分析推理
通用原则
（观察题目）
确定信息
第6招 “题干确定”一马当先
观察选项
第7招 选项代入排除
重复信息
第8招 以“重复元素”为突破口
边界条件
第10招 边界条件代入
作假设
第11招 假言串联，找矛盾
第12招 假言联动数量，找矛盾
第13招 假设无矛盾，考虑分情况
特殊题型
（着重分析条件）
对应题型
第9招 剩余思想，将不确定转确定
真话假话题型
第14招 真话假话，找关系

分析推理

第6招 “题干确定”一马当先

题型特征	题干条件或者问题中的附加条件处有确定信息，且可以代入时。
适用考点	《逻辑精点》基础篇知识点23及强化篇考点12。
技巧点拨	1. 根据“公共话题”快速判断某确定信息能够代入哪个条件。 比如：已知“甲在周三值班”这个确定信息，在代入时一定要找提到“甲”或者“周三”的条件。 2. 代入时，要“边代边验选项”，每代入一步，检查是否有对应选项，而不是一直代入到最后再寻找答案。并不是每道题都需要“刨根问底”，也并不是所有题目都能“刨根问底”。 3. 推理过程中，如遇否定信息比较多时，考生需结合排除、剩余的思想，利用已知条件得出确定信息，然后再继续推理。 4. 在处理对应题和分组题进行“确定信息”代入时，经常需要借助表格。

1. 某电影院制定未来一周的排片计划。他们决定，周二至周日（周一休息），每天放映动作片、悬疑片、科幻片、记录片、战争片、历史片六种类型中的一种，各不重复。已知排片还有以下要求：
①如果周二或周五放映悬疑片，则周三放映科幻片；
②如果周四或周六放映悬疑片，则周五放映战争片；
③战争片必须在周三放映。
根据以上信息，可以得出以下哪项结论？
A. 周六放映科幻片。　B. 周日放映悬疑片。　C. 周五放映动作片。
D. 周二放映记录片。　E. 周四放映历史片。

2. 某校研究生院拟定在甲、乙、丙、丁、戊、己、庚、辛8名同学中录取其中5名同学。根据他们的条件，研究生院做出如下决策：
(1) 乙、丙和己三人中录取其中两人；
(2) 如果录取甲或庚，则也录取辛；
(3) 如果录取丁，则不录取己或庚；
(4) 如果录取戊，则不录取乙。
若录取了乙和庚，则以下哪项所列出的两个人也可能都被录取？
A. 丁、戊。　B. 甲、戊。　C. 丁、己。　D. 戊、己。　E. 甲、丙。

3. 现在提倡健康运动，赵义、钱仁礼、孙智、李信、周戊5位好友决定选择瑜伽、有氧舞蹈、健美操、普拉提、乒乓球和游泳6种室内运动项目中的5种进行运动。已知，每人只能选择一个运动项目，每个人选择的运动项目互不相同，且满足如下条件：

（1）若孙智选择的不是普拉提，则周戊选择的是健美操；

（2）赵义、钱仁礼这两人选择的是瑜伽、有氧舞蹈、健美操中的 2 种项目；

（3）若孙智或李信有一人选择乒乓球，则周戊均不选择健美操和游泳。

如果李信选择的是普拉提，则可以得出以下哪项？

A. 赵义选择的是瑜伽。

B. 赵义选择的是乒乓球。

C. 钱仁礼选择的是健美操。

D. 孙智选择的是有氧舞蹈。

E. 孙智选择的是游泳。

4~5 题基于以下题干：

上古时期，道德天尊为了镇压万魔，使用先天五方旗（青、赤、白、黑、黄）镇压万魔。万魔窟中除了西方之外，其余的东方、南方、北方和中央都要放置旗子。这 5 个旗子的阵法满足如下条件：

（1）如果东方放置黑旗或东方放置青旗，则南方不放置白旗；

（2）除非南方放置白旗，否则北方不放置黄旗；

（3）如果青旗在中央，那么它与黄旗不相邻；

（4）黄旗与青旗相邻，形成了强大的气场。

4. 根据以上信息，可以得出以下哪项？

A. 黄旗不在中央。

B. 青旗不在中央。

C. 黄旗在中央。

D. 青旗在中央。

E. 赤旗不在中央。

5. 如果北方放置黄旗，则可以得出以下哪项？

A. 南方放置青旗。

B. 东方放置白旗。

C. 东方放置赤旗。

D. 东方放置黑旗。

E. 南方放置赤旗。

6~7 题基于以下题干：

在夏季转会窗口开启后，现有六位世界级球星，他们是梅西、巴乔、卡卡、菲戈、欧文、贝尔，分别转会至英超、西甲、意甲、德甲、法甲 5 个联赛，每个联赛至少去一个球员，已知：

（1）若巴乔、欧文、贝尔至少有 1 个人去了英超或西甲联赛，则梅西去了德甲联赛且菲戈去了法甲联赛；

（2）若卡卡、菲戈至少有 1 人去了英超或西甲联赛，则巴乔去了意甲联赛且欧文去了法甲联赛。

6. 若梅西去了意甲联赛，则可以得出以下哪项？

A. 卡卡去了英超联赛。

B. 菲戈去了西甲联赛。

C. 欧文去了意甲联赛。

D. 贝尔去了德甲联赛。

E. 巴乔去了法甲联赛。

7. 若欧文去了德甲联赛，则以下哪项是不可能的？

A. 巴乔去了英超联赛。

B. 巴乔去了西甲联赛。

C. 卡卡去了意甲联赛。

D. 梅西去了德甲联赛。

E. 卡卡去了法甲联赛。

精点解析

1. 答案 B

解析	条件③为确定信息。故此题从确定信息出发：战争片在周三，代入①得到悬疑片不在周二，且不在周五；代入②得到悬疑片不在周四，且不在周六。所以悬疑片只能在周日。

2. 答案 E

解析	从确定信息出发：录取了乙和庚，根据④录取乙，那么不录取戊，排除 A、B、D。根据③，录取丁，就不录取己，C 矛盾，排除。正确答案为 E。

3. 答案 E

解析	该题附加条件中给出了确定信息，即：李信选择的是普拉提，故将之代入题干条件进行推理即可。李信（选择普拉提）$\xrightarrow{④}$孙智（不选择普拉提）$\xrightarrow{①}$周戊（选择健美操）$\xrightarrow{③}$孙智∧李信（不选择乒乓球），由于周戊（选择健美操）$\xrightarrow{②}$赵义+钱仁礼=瑜伽+有氧舞蹈，此时结合“排除剩余思想”可知：孙智（选择游泳）。故答案选 E。

4. 答案 B

5. 答案 C

解题步骤	
第一步	观察题干，发现题干信息中存在确定信息，故可优先采用“确定信息代入”进行解题。
第二步	整理题干信息： ①南方放置白旗→东方不能放置黑旗∧东方不能放置青旗； ②南方不放置白旗→北方不放置黄旗； ③青旗在中央→青旗与黄旗不相邻； ④黄旗与青旗相邻（确定信息）。
第三步	观察发现，条件④属于确定信息，与条件③中的“Q 位”内容互为矛盾，可优先将之代入推理，即：黄旗与青旗相邻$\xrightarrow{③}$青旗不在中央。比对选项，第 4 题答案选 B。
第四步	第 5 题问题的附加条件给出了确定信息“北方放置黄旗”，将之代入①和②推理。即：北方放置黄旗$\xrightarrow{②}$南方放置白旗$\xrightarrow{①}$东方不放置黑旗∧东方不放置青旗→东方放置赤旗。比对选项，第 5 题答案选 C。

6. 答案 D

解题步骤

第一步

六位球星去五个联赛，那么每位球星只去一个联赛，且其中有某个联赛有两位球星去。附加条件中给出了确定信息“梅西去了意甲联赛”，将其代入（1）逆否可得：巴乔、欧文、贝尔均没有去英超和西甲联赛。

	英	西	意	德	法
梅西	×	×	√	×	×
巴乔	×	×			
卡卡					
菲戈					
欧文	×	×			
贝尔	×	×			

（续）

解题步骤

第二步

根据每个联赛至少要去一个人，此时英超和西甲必须选择剩下的卡卡和菲戈。所以（2）的前件一定为真，可推出巴乔去了意甲、欧文去了法甲为真。此时意甲已有两人去，其他人无法去意甲。

	英	西	意	德	法
梅西	×	×	√	×	×
巴乔	×	×	√	×	×
卡卡			×		×
菲戈			×		×
欧文	×	×	×	×	√
贝尔	×	×	×		×

此时贝尔不可能被英超和西甲选择，也不可能被意甲和法甲选择，所以贝尔只能被德甲选择，D 选项正确。

7. 答案 E

解题步骤

第一步

附加条件中给出了确定信息“欧文去了德甲”，意味着欧文不可能被其他联赛选择，即欧文≠法甲为真，代入（2）逆否可得：卡卡和菲戈均没有被英超和西甲选择。

	英	西	意	德	法
梅西					
巴乔					
卡卡	×	×			
菲戈	×	×			
欧文	×	×	×	√	×
贝尔					

第二步

那么英超和西甲只能在巴乔、贝尔、梅西这三人中选择两个人，所以英超和西甲至少有一人会选择巴乔或贝尔，即（1）的前件一定为真，可推出梅西去了德甲和菲戈去了法甲。

	英	西	意	德	法
梅西	×	×	×	√	×
巴乔				×	×
卡卡	×	×		×	×
菲戈	×	×	×	×	√
欧文	×	×	×	√	×
贝尔				×	×

此时可确定：德甲选了欧文和梅西，那就不可能选其他人。而法甲选了菲戈，不可能选其他人。英超和西甲在巴乔、贝尔中选择，卡卡只能被意甲选择。所以 E 不可能为真。

第 7 招 选项代入排除

题型特征	1. 题干没有确定信息或者有确定信息但无法代入，正向推理困难。 2. 问题要求“可能真”“符合题干要求”，或者“一定为假（没有确定信息）”。 3. 选项是具体的、充分的（通常穷举出题干所有的可能）。 **注意：**只要满足以上 3 条中至少一条，考生即可尝试使用代入排除法。
适用考点	《逻辑精点》基础篇知识点 23 及强化篇考点 12。
技巧点拨	1. “一票否决”原则：选项与题干任一条件相矛盾时，就属于一定假，无须与全部的条件产生矛盾。 2. 具体排除方式： ①若选项充分（穷举所有可能），优先考虑“上代下”，即从题干各个条件出发，逐一排除选项，只要有一个条件不符合，即可排除。 ②若题干信息与选项都不充分（没有穷举所有可能），或者题目为真话假话题，优先考虑“下代上”，即将各个选项代回题干，看是否推出矛盾或冲突。 **注意：**多数情况下，考虑第①种，第②种情况相对较少。

1. 六一儿童节，某小学给所有学生准备了礼物，每个学生可在铅笔、橡皮、笔记本、套尺、巧克力、棒棒糖、薯片 7 种商品中选择其中的 4 种进行组合，且每种组合还需满足如下要求：

(1) 如果套尺、巧克力、薯片 3 种至少选择 2 种，那么不选择铅笔；

(2) 只有选择橡皮且不选择巧克力，笔记本、棒棒糖才至少选 1 种。

以下哪项组合符合上述要求？

A. 铅笔、套尺、巧克力、棒棒糖。

B. 橡皮、笔记本、套尺、巧克力。

C. 铅笔、橡皮、巧克力、薯片。

D. 橡皮、套尺、巧克力、薯片。

E. 铅笔、笔记本、套尺、棒棒糖。

2. 某实习生在安排办公室座位时，要摆出合格的座位搭配模式。已知：

(1) 共有三类员工供选择，分别为经理、技术员和助理；

(2) 经理编号分别为：a、b、c，技术员编号为：X、Y、Z，助理编号为：1、2、3；

(3) 经理之间不可相邻；

(4) 每个办公室中至少要有一个技助对（即技术员与助理相邻成为技助对）；

(5) 当出现多个技助对时，这些技助对之间必须要以某个经理相隔。

根据以上信息，以下哪个座位排列是合格的？

A. cbX12Ya3

B. aXYb12cZ

C. X1Y23aZc

D. cX3a2YZb

E. c2Y13Zb

3. 最近上映了一部很受欢迎的电影，小刘购买了 4 张座位连在一起的电影票，邀请小马、小杨、小廖一同去观看。四人各自随机拿了一张电影票，此时他们分别猜了一下座位情况：

小刘说：“我好像是坐在小马旁边。”

小马说：“我的左手边不是小刘就是小杨。”

小杨说：“我肯定是坐在小廖旁边。”

小廖说：“小刘应该是坐在我的左手边。”

假如他们四人都猜错了，那么他们面向银幕从左到右的正确座位可能是？

A. 小廖、小马、小杨、小刘。
B. 小刘、小杨、小廖、小马。
C. 小马、小廖、小杨、小刘。
D. 小杨、小刘、小廖、小马。
E. 小廖、小马、小刘、小杨。

4. 某市外卖 APP 排行第一的轻食店最近推出了一系列超高人气的轻食套餐，这几款轻食套餐包含了 9 种蔬菜。3 种叶菜类：菠菜、白菜、油菜，3 种有机菜：青椒、红椒、黄椒，3 种瓜类：黄瓜、冬瓜、苦瓜。每一种套餐都恰好包括上述 5 种蔬菜，这五种蔬菜的选择要求如下：

（1）每一个套餐只能包含最多两种叶菜类蔬菜；
（2）有机菜类有且只能出现其中一种；
（3）如果不选黄椒，那就不选菠菜；
（4）如果选苦瓜，就不选菠菜；
（5）如果选红椒和黄瓜，那就不选白菜；
（6）冬瓜不被选用，除非油菜和青椒被选用。

以下哪项列出的 3 种蔬菜可以共同被选用？

A. 菠菜、青椒、黄瓜。　B. 菠菜、黄椒、苦瓜。　C. 白菜、红椒、冬瓜。
D. 白菜、冬瓜、苦瓜。　E. 以上都不可以。

5. 在一次有六支队伍，法国队、美国队、德国队、韩国队、英国队、泰国队参赛的足球比赛中，四个球迷在赛前进行了谁将获得冠军的猜测。

球迷甲说：“法国队、美国队、德国队都不可能得冠军。”
球迷乙说：“冠军不是韩国队，就是英国队。”
球迷丙说：“冠军不可能是泰国队。”
球迷丁说：“如果冠军不是法国队，就是美国队。”

比赛结果证明这四个人的猜测只有一个人是对的，那么下面哪个结论可能真？

A. 冠军是法国队。　B. 冠军是美国队。　C. 冠军是韩国队。
D. 冠军是英国队。　E. 冠军是德国队。

精点解析

1. 答案 **D**

解题步骤	
第一步	观察本题属于“题干信息不充分，但选项信息充分”，同时，问题求解“符合要求”，故可优先考虑“上代下”进行解题。
第二步	满足条件（1）假言箭头前（即：套尺、巧克力、薯片 3 种至少选择 2 种）的选项有 A、B、C、D 四个选项，此时不能选择铅笔，但 A 和 C 选项均有铅笔，可排除 A 和 C。此时，不再需要考虑 A 和 C 选项，满足条件（2）假言箭头前（即：笔记本、棒棒糖至少选 1 种）的选项有 B 和 E，此时应选择橡皮且不选择巧克力，B 选项选择巧克力可排除；E 选项没有橡皮，若加上橡皮则为 5 种，与题干矛盾，可排除。故答案选 D。

2. 答案 D

解题步骤	
第一步	题干信息不充分，而选项信息充分，所以采用代入排除法。
第二步	A 项，违反了条件（3），cb 相邻。 B 项，违反了条件（4），该项未出现技助对。 C 项，违反了条件（5），该项技助对之间未用经理隔开。 D 项，符合。 E 项，同 C，违反了条件（5）。

3. 答案 A

解题步骤	
第一步	观察本题属于“题干不充分，而选项充分”，且问题问的是“可能是”，故可优先考虑“上代下”进行解题。
第二步	由于四人都猜错了，故先将四人的猜测都转化为“真”，方可继续推理。此时题干信息为： ①小刘与小马不相邻； ②小马的左手边不是小刘也不是小杨； ③小杨和小廖不相邻； ④小廖的左手边不是小刘。 由①可排除 E；由②无法排除选项；由③可排除 B 和 C；由④可排除 D。故答案选 A。

4. 答案 D

解题步骤	
第一步	此题题干信息明显不充分，无法正向推出 5 种蔬菜，且选项也不充分，只给出了 3 种。在这种情况下，优先采用“下代上”的排除法。即将选项逐个代入题干验证，排除一定假的选项。
第二步	A 项，根据（3）选菠菜，就选黄椒，该项还出现了青椒，与（2）矛盾，排除； B 项，“苦瓜”和“菠菜”同时出现，不符合条件（4），排除； C 项，根据（6），有冬瓜，就有油菜和青椒，本项已有白菜和红椒，与（2）矛盾，排除； D 项，未出现矛盾，可以共同选用。

5. 答案 E

解题步骤	
第一步	观察题干属于“真话假话题型”，无法判断已知条件的真假，由于冠军只有一个，所以选项信息充分，同时，问题求解“可能真”，故可优先采用“下代上”进行解题。
第二步	整理题干信息： ①甲：法国队不是冠军∧美国队不是冠军∧德国队不是冠军； ②乙：韩国队是冠军∨英国队是冠军； ③丙：泰国队不是冠军； ④丁：法国队是冠军∨美国队是冠军； ⑤边界条件：四人猜测应满足 1 真 3 假。

（续）

	解题步骤
第三步	将选项逐一代入题干验证，观察是否满足“1 真 3 假”，若符合即为正确答案；若不符合则可淘汰。 将选项 A 代入题干信息，发现条件①②为假、③④为真，此时“2 真 2 假”，与⑤矛盾，排除。 将选项 B 代入题干信息，发现条件①②为假、③④为真，此时“2 真 2 假”，与⑤矛盾，排除。 将选项 C 代入题干信息，发现条件④为假、①②③为真，此时“3 真 1 假”，与⑤矛盾，排除。 将选项 D 代入题干信息，发现条件④为假、①②③为真，此时“3 真 1 假”，与⑤矛盾，排除。 将选项 E 代入题干信息，发现条件①②④为假，③为真，此时符合“1 真 3 假”，正确。

第 8 招　以“重复元素”为突破口

题型特征　题干各个条件中存在重复的元素，或者多个条件涉及相同的话题。

适用考点　《逻辑精点》基础篇知识点 23。

技巧点拨

对于“重复元素”的具体使用方法，可以细分为以下几个场景。

1. 当“重复元素”出现的条件都为日常表达，且条件都为真时。
   具体方法：以“重复元素”为“桥梁”，寻找条件之间的关联，推出确定性结论，顺藤摸瓜，寻找答案。
2. 当“重复元素”出现的条件都为日常表达，但条件中的信息有真有假时。
   具体方法：基于重复元素的真假属性相同，结合题干真假总数，判定重复元素的真假，或者通过判定重复元素的真假，灵活做减法，判定其他元素的真假。
3. 当“重复元素”出现的条件都为命题表达（多为“→”和“∨”）时。
   具体方法：从“重复元素”入手做假设，通过反证假设法或者分情况讨论假设法得到确定性结论。

1. 在某公司的招聘会上，公司行政部、人力资源部和办公室拟各招聘一名工作人员，来自中文系、历史系和哲学系的三名毕业生前来应聘这三个不同的职位。招聘信息显示，历史系毕业生比应聘办公室的年龄大，哲学系毕业生和应聘人力资源部的着装颜色相近，应聘人力资源部的比中文系毕业生年龄小。

   如果以上论述为真，能够得到以下哪个选项？

   A. 哲学系毕业生比历史系毕业生年龄大。

   B. 中文系毕业生比哲学系毕业生年龄大。

   C. 历史系毕业生应聘行政部。

   D. 中文系毕业生应聘办公室。

   E. 应聘办公室的比应聘行政部的年龄大。

2. 周薇、蔡文、王军三个考生来自北京、上海和深圳，其中一个考会计，一个考审计，一个考物流。已知：

   （1）周薇不考会计，蔡文不考物流；

   （2）考会计的不是来自上海；

   （3）考物流的来自北京；

(4) 蔡文不是来自深圳。

根据上述断定，能得出以下哪项？

A. 周薇考物流，蔡文考审计，王军考会计。
B. 周薇考审计，蔡文考物流，王军考会计。
C. 周薇考会计，蔡文考审计，王军考物流。
D. 周薇考物流，蔡文考会计，王军考审计。
E. 周薇考会计，蔡文考物流，王军考审计。

3. 一家有四兄弟，老大、老二、老三、老四。大学毕业后，他们各自成了家，而且一个成了教师，一个成了编辑，一个成了记者，一个成了律师。已知下面的情况：

(1) 老大和老二是邻居，每天一起骑车去上班；
(2) 老大比老三长得高；
(3) 老大和老四业余一同练武术；
(4) 教师每天步行上班；
(5) 编辑的邻居不是律师；
(6) 律师和记者平时很少见面；
(7) 律师比编辑和记者长得高。

根据以上断定可以推出以下哪项？

A. 老三是编辑。
B. 老大是编辑。
C. 老二是律师。
D. 老四是记者。
E. 老三是记者。

4. 小张、小王、小李三人从政法大学毕业后，一个当上了律师，一个当上了法官，一个当上了检察官。但究竟每个人担任什么工作，并不清楚。因此，就有了如下猜测：

甲：小张当上了律师，小王当上了法官。
乙：小张当上了法官，小李当上了律师。
丙：小张当上了检察官，小王当上了律师。

后来证实，甲、乙、丙三个的猜测都只是对了一半。以下哪项是对三人工作的正确描述？

A. 小张是法官，小王是律师，小李是检察官。
B. 小张是法官，小王是检察官，小李是律师。
C. 小张是律师，小王是检察官，小李是法官。
D. 小张是律师，小王是法官，小李是检察官。
E. 小张是检察官，小王是法官，小李是律师。

5. 某公司有甲、乙、丙、丁四人，他们分别住在北京的二环、三环、四环、五环。一日，四人在谈论他们各自的地址。

甲说：“我和乙都不住在三环，丙住在四环。”
乙说：“我住在三环，丙住在四环，丁不住在二环。”
丙说：“甲不住在三环，我住在五环，丁住在二环。”
丁说：“我和丙都不住在二环，甲住在五环。”

假定他们每个人都说了两句真话，一句假话，则以下说法哪项是正确的？

A. 甲和乙都不住在三环。
B. 甲住在五环，乙住在三环，丙住在四环。
C. 丙和丁都不住在二环。
D. 甲和乙住在三环，丙住在四环。
E. 由题干条件无法判断四人的地址。

6. 大华帮黄小厨跑腿买东西，到了超市他开始回忆黄小厨的话：①买瓜子或者买花生，②买栗子或者买花生，③买山楂或者买核桃，④买核桃或者买栗子。

如果以上回忆只有一个是正确的，则以下哪项是正确的？

A. 不买瓜子、花生和栗子。
B. 不买花生、栗子和山楂。
C. 不买瓜子、核桃和山楂。
D. 不买栗子、核桃和山楂。
E. 不买花生、栗子和核桃。

7. 有五支球队参加比赛，对于比赛结果，观众有如下议论：

（1）冠军队不是山南队，就是江北队；

（2）冠军队既不是山北队，也不是江南队；

（3）冠军队只能是江南队；

（4）冠军队不是山南队。

比赛结果显示，只有一条议论是正确的，那么获得冠军的球队是：

A. 山南队。　B. 江南队。　C. 山北队。　D. 江北队。　E. 江东队。

8. 在一个面临重大变革的未来社会中，有七位杰出的科学家倪、毕、考、尚、岩、灸、升，他们被选派到七个关键的科研领域，分别是量子科技、人工智能、生物技术、新能源、太空探索、材料科学、生态保护之中的一个。每个人只能被分配到一个科研领域，每个科研领域也只能有一个人。已知：

（1）如果毕不去生态保护领域，则倪去生物技术领域；

（2）如果考或灸去量子科技领域，则尚去太空探索领域；

（3）如果倪不去生物技术领域，则考去量子科技领域；

（4）如果尚不去新能源领域，则岩或升去生态保护领域。

根据上述信息，可以得出以下哪项？

A. 倪不去生物技术领域。　B. 倪去生物技术领域。　C. 考去量子科技领域。

D. 考不去量子科技领域。　E. 岩去生态保护领域。

精点解析

1. 答案 B

<table>
<tr><th colspan="2">解题步骤</th></tr>
<tr><td>第一步</td><td>观察发现，本题属于“二维对应+1 对 1”的题目。由于题干都是日常语言表述，可先将信息整理如下：
①历史系毕业生年龄>应聘办公室的年龄（历史系毕业生≠应聘办公室）；
②哲学系毕业生≠应聘人力资源部；
③应聘人力资源部的年龄<中文系毕业生年龄（应聘人力资源部≠中文系毕业生）。</td></tr>
<tr><td>第二步</td><td>题干信息存在重复的元素，可优先利用搭桥得出确定的对应关系。由于“应聘人力资源部”重复了 2 次，并且属于“两句否定”的表述，故可联合相同话题的②和③，由“哲学系毕业生≠应聘人力资源部”+“应聘人力资源部≠中文系毕业生”，利用“排除剩余法”，可得：历史系毕业生应聘人力资源部。</td></tr>
<tr><td>第三步</td><td>此时观察题干条件存在相同的话题“年龄”，故可联合①和③，由“历史系毕业生年龄（即应聘人力资源部）>应聘办公室的年龄”+“应聘人力资源部的年龄<中文系毕业生年龄”，可知中文系毕业生不应聘办公室，结合上一步结论“历史系毕业生应聘人力资源部（即中文系毕业生不应聘人力资源部）”，可得：中文系毕业生应聘行政部。</td></tr>
<tr><td>第四步</td><td>由前几步的结论，结合年龄排序可得：<table><tr><td></td><td>年龄最大</td><td>年龄居中</td><td>年龄最小</td></tr><tr><td>毕业院系</td><td>中文系</td><td>历史系</td><td>哲学系</td></tr><tr><td>应聘岗位</td><td>行政部</td><td>人力资源部</td><td>办公室</td></tr></table>观察可知，答案选 B。</td></tr>
</table>

2. 答案 A

解题步骤	
第一步	观察发现，本题属于“三维对应+1 对 1”的题目。由于题干都是日常语言表述，可先将信息整理如下： ①周薇不考会计∧蔡文不考物流； ②考会计的不是来自上海； ③考物流的来自北京； ④蔡文不是来自深圳。
第二步	题干信息存在重复的元素，可优先利用重复项搭桥得出确定的对应关系。由于“考物流”重复了 2 次，并且属于“一肯一否”的表述，故可联合不同话题的①和③，由“蔡文不考物流”+“考物流的来自北京”，可得：⑤蔡文不来自北京。
第三步	此时“蔡文”重复了 2 次，并且属于“两句否定”的表述，可联合相同话题的④和⑤，由“蔡文不来自北京”+“蔡文不是来自深圳”，利用“排除剩余法”，可得：⑥蔡文来自上海。
第四步	此时“上海”重复了 2 次，并且属于“一肯一否”的表述，可联合不同话题的②和⑥，由“蔡文来自上海”+“考会计的不是来自上海”，可得：⑦蔡文不考会计。
第五步	此时“蔡文”出现了 2 次，并且属于“两句否定”的表述，可联合相同话题的①和⑦，由“蔡文不考会计”+“蔡文不考物流”，利用“排除剩余法”，可得：⑧蔡文考审计。此时可排除 B、D、E 三个选项，由①可知“周薇不考会计”，可排除 C，故答案选 A。

3. 答案 B

解题步骤	
第一步	观察发现，本题属于“二维对应+1 对 1”的题目。由于题干都是日常语言表述，可先将信息整理如下： ①老大和老二是邻居，每天一起骑车去上班； ②老大比老三长得高； ③老大和老四业余一同练武术； ④教师每天步行上班； ⑤编辑的邻居不是律师； ⑥律师和记者平时很少见面； ⑦律师比编辑和记者长得高。
第二步	题干无法直接得出确定的对应关系，但存在“重复的元素”和“相同的话题”，故可利用重复项搭桥得出确定的对应关系。 由相同的话题“上班的方式”，联合①④可知：⑧（老大+老二）≠教师。 由相同的话题“邻居”，联合①⑤可得：⑨（老大+老二）≠（编辑+律师）。 由相同的话题“见面次数”，联合①⑥可得：⑩（老大+老二）≠（律师+记者）。 由相同的话题“见面次数”，联合③⑥可得：⑪（老大+老四）≠（律师+记者）。
第三步	由上一步结论可知，“老大+老二”重复了三次，故可联合⑧⑨⑩进行推理。由⑧可知，老大和老二都不是教师，那只可能是（律师+记者）、（编辑+律师）、（编辑+记者），由⑨和⑩可知，（老大+老二）=（编辑+记者）。此时可排除 A、C、D、E，答案选 B。 考生切记，考试时，没必要推出最后的结果再去寻找正确答案，而应养成边推边寻找正确答案的习惯，找到答案，推理即止。

（续）

解题步骤	
第四步	为帮助考生强化推理能力，剩余的推理过程如下： 由相同的话题“身高”，可联合②和⑦，由“老大>老三”+“律师>老大+老二”，可知：老三≠律师。由上一步可知，老三≠编辑，老三≠记者。由于四个人与四个职业属于“一一对应”的关系，根据“排除剩余法”，排除三个即可确定剩余的一个，故可知：老三=教师。进一步可知：老四=律师。 再由⑪（老大+老四）≠（律师+记者）+老四=律师，可知：老大≠记者。此时可知：老大=编辑。根据剩余法可知：老二=记者。

4. 答案 E

解题步骤	
第一步	观察发现，题干给出了确定的真假个数，题干条件均用日常语言表述，条件之间无明显的真假关系，但存在重复的元素，故可从该重复项进行解题。
第二步	整理题干信息： 甲：①小张是律师；②小王是法官。 乙：③小张是法官；④小李是律师。 丙：⑤小张是检察官；⑥小王是律师。 ⑦三人的判断均为 1 真 1 假，共 3 真 3 假。
第三步	观察题干信息，发现三人对于小张的判断均不同，并且三个判断包含了小张的所有可能，因此条件①③⑤的真假情况一定为 1 真 2 假，进而可得：条件②④⑥的真假情况为 2 真 1 假。由于条件②⑥均是对于小王的判断，故条件②⑥至少有 1 假，结合真假情况可知，条件②⑥为 1 真 1 假，故剩余的条件④一定为真（即小李是律师）。故可排除 A、C、D。由于乙的猜测是“1 真 1 假”，故可排除 B，因此答案选 E。

5. 答案 B

解题步骤	
第一步	观察发现，题干给出了确定的真假个数，题干条件均用日常语言表述，条件之间无明显的真假关系，但存在重复的元素，故可从重复元素入手进行解题。
第二步	整理题干信息，将题干信息标准化： ①甲、乙、丙、丁四人，他们分别住在北京的二环、三环、四环、五环。 ②甲：甲不住在三环，乙不住在三环，丙住在四环。 ③乙：乙住在三环，丙住在四环，丁不住在二环。 ④丙：甲不住在三环，丙住在五环，丁住在二环。 ⑤丁：丁不住在二环，丙不住在二环，甲住在五环。 ⑥他们每个人都说了两句真话，一句假话。
第三步	比对条件②③可知，“乙不住在三环”和“乙住在三环”必定一真一假，由于条件⑥每人都是两真一假，那么②③中重复的元素“丙住在四环”一定为真。 （提示：若“丙住在四环”为假，那么此时甲、乙中一定有一人说了两句假话，与条件⑥矛盾）

（续）

解题步骤	
第四步	由“丙住在四环”可知，丙一定不住在五环，结合④可得：丁住在二环。 由“丁住在二环”可知，丁不住在二环为假，结合③可知：乙住在三环。结合⑤可知：甲住在五环。比对选项，B 选项为正确答案。

6. 答案 E

解题步骤	
第一步	观察发现，题干给出了确定的真假个数，题干条件虽然用形式语言表达，但条件之间的真假关系无法确定，故此时只能考虑利用“重复的元素”。
第二步	观察发现，条件①②存在重复的元素“买花生”，条件②④存在重复的元素“买栗子”，条件③④存在重复的元素“买核桃”，由于题干条件均为“或”判断，满足一真则真，但题干真假个数约定“只有 1 真”，可知，重复的元素均不能为真，需一定为假才行，即：一定不买花生、不买栗子和不买核桃。比对选项，E 选项为正确答案。

7. 答案 C

解题步骤	
第一步	观察发现，题干给出了确定的真假个数，题干条件虽然用形式语言表达，但也可考虑利用“重复的元素”作为解题突破口。
第二步	整理题干信息，将题干信息标准化： ①冠军是山南队 ∨ 冠军是江北队； ②冠军不是山北队 ∧ 冠军不是江南队 = 冠军是山南队 ∨ 冠军是江北队 ∨ 冠军是江东队 ③冠军是江南队； ④冠军不是山南队 = 冠军是山北队 ∨ 冠军是江南队 ∨ 冠军是江北队 ∨ 冠军是江东队 重复的元素均为假，即：冠军不是江南队 ∧ 冠军不是江北队 ∧ 冠军不是江东队 ∧ 冠军不是山南队。故冠军为山北队，C 选项为正确答案。

8. 答案 B

解题步骤	
第一步	观察发现，题干所给信息都为假言推理条件。“倪和生物”与“考和量子”各自都出现了两次。因此可以从这两项入手做假设。
第二步	方法 1：假设倪不去生物技术，依次串联条件（2）、（4）、（1）可得，“倪不去生物技术领域”和“倪去生物技术领域”同时成立。故而矛盾，证明（3）的前件为假，即倪去生物技术领域，选项 B 正确。 方法 2：分别假设“考去量子科技领域”和“考不去量子科技领域”。 假设考去量子科技领域，依次串联（2）（4）（1）可得：倪去生物技术领域。 假设考不去量子科技领域，代入（3），可得：倪去生物技术领域。 故而选 B。

第 9 招 剩余思想，将不确定转确定

题型特征 在综合推理题目所给条件中，有些条件本身并不是确定信息，但是却可以通过剩余思想将其转化为确定信息，并以此作为解题突破口。

适用考点 《逻辑精点》强化篇考点 14

技巧点拨

1. 在对应题目中，有些肯定形式的“或命题条件”和“范围条件”，往往可以进行否定形式的转化，形成确定信息。
   例如：甲、乙、丙、丁分别对应四种身份会计、法官、画家、老师。
   若已知：甲是会计或乙是会计。那么，可得丙、丁不是会计。
   若已知：甲是会计或者法官。那么，可得甲不是画家，也不是老师。
2. 在选人问题中，看到“至多”条件，也要立刻想到“其他元素必须选”或者“至少选几个”。
   例如：从甲、乙、丙、丁、戊 5 人中选出 3 人。
   已知甲、乙、丙 3 人中至多选 1 人。
   考生须立刻想到剩余的丁、戊必须选。
   再比如：从甲、乙、丙、丁、戊 5 人中选出 3 人。
   已知甲、乙、丙 3 人中至多选 2 人。
   考生须立刻想到剩余的丁、戊至少选 1 人。

1. 在某个风景园林中的东、南、西、北 4 个庭院栽种有棕竹、橘树、铁树、槐树 4 种植物，每个庭院只栽种一种植物，每种植物只在一个庭院中栽种。已知：
(1) 栽种棕竹和橘树的庭院是东、西、南 3 个庭院中的 2 个；
(2) 栽种橘树和铁树的庭院是南、西、北 3 个庭院中的 2 个；
(3) 栽种槐树的庭院是东、西 2 个庭院中的 1 个。
根据以上陈述，可以得出以下哪项？
A. 棕竹栽种在东庭院中。 B. 橘树栽种在南庭院中。 C. 槐树栽种在西庭院中。
D. 铁树栽种在北庭院中。 E. 棕竹栽种在西庭院中。

2. 赵、钱、孙、李、周计划在元旦去游览东岳泰山、中岳嵩山、西岳华山、南岳衡山、北岳恒山五个景点中的一个。由于时间和路程限制，每个人只能游览一个景点，每个景点只有一个人游览。他们的游览还需要满足如下条件：
(1) 五个人游览的景点互不重复，也没有遗漏；
(2) 赵、钱、孙三个人只能在东岳泰山、中岳嵩山、西岳华山、南岳衡山四个景点中选择；
(3) 孙和周游览的景点只能从南岳衡山和北岳恒山二选一。
根据上述陈述，可得出以下哪项？
A. 赵游览东岳泰山。 B. 钱游览西岳华山。 C. 孙游览北岳恒山。
D. 周游览北岳恒山。 E. 李游览西岳华山。

3. 在某个舞蹈学院中，甲、乙、丙、丁、戊五人，准备参加一次弘扬中国传统文化为主题的比赛，本题比赛五人准备以“五行”为基础创作舞蹈，现五人需要确定每人自己所对应的五行，由于每人所擅长的内容不同，为了实现完美的演绎效果，五人做出了如下的约定：
(1) 根据丙所学习的专业所限，丙不是选择火，就是选择金；
(2) 如果甲不选择木，或者丁不选择水，那么丙选择土；

（3）如果甲选择木，那么丁选择火，或者乙选择土；

（4）如果丁选择水，那么甲选择火，或者戊选择火。

根据以上信息，以下哪项一定为真？

A. 丙选择金。　B. 乙选择木。　C. 甲选择水。　D. 乙选择火。　E. 戊选择土。

4. 在某外国语大学的一次聚餐中，四位留学生甲、乙、丙、丁分别点了牛肉、羊肉、鸡肉、鱼肉和蟹肉中的两种，且上述五种肉类均至少有一人点，至多有两人点，已知：

（1）甲和乙分别点了牛肉和羊肉的一种，又分别点了鸡肉和鱼肉的一种；

（2）如果点羊肉的人数或者鸡肉的人数是两人，则乙一定点了蟹肉。

根据以上信息，以下哪项一定为真？

A. 甲点了羊肉。　B. 乙点了牛肉。　C. 丙点了蟹肉。

D. 丁点了鸡肉。　E. 丁点了鱼肉。

5. 有四名研究生甲、乙、丙、丁要选导师，可供选择的导师有赵、钱、孙、李四人。每名研究生只能选择一个导师，每个导师只有一人选择。已知：

（1）甲或者乙选择了钱；

（2）若丙选择孙，则乙选择钱；

（3）若丙选择孙，则甲选择钱；

（4）若丙选择赵或李，则丁不选择赵或李。

根据以上陈述，可以得出以下哪项？

A. 丙选择李。　B. 丙不选择李。　C. 丁选择孙。

D. 丁不选择孙。　E. 丁选择赵。

6. 某市音乐节设立了流行、民谣、摇滚、民族、电音、说唱、爵士这 7 大类的奖项评选。在入围提名中，已知：

（1）至少有六类入围；

（2）流行、民谣、摇滚中至多有 2 类入围；

（3）如果摇滚和民族类都入围，则电音和说唱中至少有一类没有入围。

根据上学信息，可以得出以下哪项？

A. 流行类没有入围。　B. 民谣类没有入围。　C. 摇滚类没有入围。

D. 爵士类没有入围。　E. 电音类没有入围。

精点解析

1. 答案 D

解题步骤	
第一步	题干信息均属于“肯定表述”的“范围条件”，可尝试将之转化为“否定表述”的确定信息： ①=棕竹和橘树不在北庭院栽种（确定信息）； ②=橘树和铁树不在东庭院栽种（确定信息）； ③=槐树不在南、北 2 个庭院栽种（确定信息）。
第二步	观察上述确定信息可发现，棕竹、橘树和槐树均不在北庭院栽种，利用排除剩余法可知铁树在北庭院栽种，D 选项为正确答案。

2. 答案 D

解析	题干信息均属于“范围条件”，可尝试将之转化为“确定信息”： ②=赵、钱、孙都不游览北岳恒山；③=孙和周均不游览东岳泰山、中岳嵩山、西岳华山。 由于此时孙已有 4 个景点不游览，根据边界条件①可知，孙游览南岳衡山。再联合③可知，周游览北岳恒山，观察选项可知，D 选项为正确答案。

3. 答案 A

解题步骤	
第一步	观察发现，条件①可转化为确定信息，此时可将不确定转化为确定，即：①=丙不选择土∧不选择水∧不选择木。再将这个确定信息代入剩余条件推理。
第二步	将“丙不选择土”代入题干信息②③④可得：丙不选择土②→甲选择木∧丁选择水③④→（丁选择火∨乙选择土）∧（甲选择火∨戊选择火）。再由“甲选择木（甲不选择火）+甲选择火∨戊选择火”，可得戊选择火；再由“丁选择水”（丁不选择火）+丁选择火∨乙选择土，可得乙选择土。根据排除剩余法可知丙选择金。 比对选项，A 选项为正确答案。

4. 答案 C

解题步骤	
第一步	整理题干信息： ①甲和乙分别点了牛肉和羊肉的一种，又分别点了鸡肉和鱼肉的一种。（不确定信息） ②如果点羊肉的人数或者鸡肉的人数是两人，则乙一定点了蟹肉。 ③边界条件：每个人点了 2 种；每种肉类点的人数是 1~2 人。
第二步	观察发现，条件①可结合边界条件转化为确定信息，此时可将不确定转化为确定，即：乙只能选牛肉和羊肉的一种+鸡肉和鱼肉的一种，此时可得确定信息：乙一定没有点蟹肉。同理，甲也没点蟹肉。再结合②和边界条件可知，羊肉和鸡肉均只有一个人点。
第三步	根据上述步骤，由于每个人均点了 2 种肉，故加起来应该是：8 个√，由于羊肉和鸡肉只能是 1√，故剩余的牛肉、鱼肉、蟹肉都是 2√，填表如下：

	牛肉（2）	羊肉（1）	鸡肉（1）	鱼肉（2）	蟹肉（2）
甲	1√1×		1√1×		×
乙	1√1×		1√1×		×
丙		×	×		√
丁		×	×		√

比对选项，C 选项为正确答案。

5. 答案 C

解析	本题为对应题，并且观察发现，题干出现了“或条件”，即（1）甲选钱∨乙选钱。 此时尝试不确定转确定，即可得到：丙和丁都不选钱。 联立（2）（3）构造二难推理可得：丙不选孙。 因此，丙只能选赵或李，此时（4）的前件为真，则可推出：丁不选赵、丁不选李。 那么丁只能选孙。选 C。

6. 答案 C

解析	此题未出现确定信息，所以可考虑通过“至多”条件转化确定信息。 根据条件（1）至少有 6 类入围+条件（2）流行、民谣、摇滚中至多有 2 类入围， 考生须立刻想到：其他 4 类（民族、电音、说唱、爵士）必须入围。 即可代入条件（3），得到摇滚不入围∨民族不入围。 又因为已经确定民族入围，则“摇滚不入围”为真。

第 10 招 边界条件代入

题型特征	题干未出现确定信息，但出现了边界条件（数量限制条件或数量关系条件），且此数量条件可以直接代入某个假言条件中时。
技巧点拨	1. 当出现上述边界条件时，考生须仔细观察该条件能否直接或间接说明某个假言条件前件真或后件假。有时，需要考生将此边界条件进行适当转化或推理，方能代入假言条件。 2. 通常情况下，数量越大的条件，越容易与边界条件产生矛盾，考生可优先思考。

1. 甲、乙、丙、丁、戊 5 人是某校美学专业研究生，第一学期结束后，他们在张、陆、陈 3 位教授中选择导师，每人只选择 1 人作为导师，每位导师都有 1 至 2 人选择，并且得知：

（1）选择陆老师的研究生比选择张老师的多；

（2）若丙、丁中至少有 1 人选择张老师，则乙选择陈老师；

（3）若甲、丙、丁中至少有 1 人选择陆老师，则只有戊选择陈老师。

根据以上信息，可以得出以下哪项？

A. 甲选择陆老师　B. 乙选择张老师　C. 丁、戊选择陆老师

D. 乙、丙选择陈老师　E. 丙、丁选择陈老师

2~3 题基于以下题干：

甲、乙、丙、丁 4 位厨师对 4 种食材 A、B、C、D 进行了烹饪实验。每次实验均是 1 对 1 进行，每位厨师至少烹饪了 1 种食材，每种食材均被至少 1 位厨师烹饪过，实验共进行了 6 次。已知：

（1）若甲、丙至少有 1 人烹饪了 B，则乙分别烹饪了 C、D 各 2 次；

（2）若乙、丁至少有 1 人烹饪了 B，则 C 只分别被丙、丁各烹饪 1 次。

2. 根据以上信息，可以得出以下哪项？

A. 甲至少烹饪了 A、D 中的 1 种。　B. 乙至少烹饪了 B、D 中的 1 种。

C. 乙至少烹饪了 A、C 中的 1 种。　D. 丁至少烹饪了 B、A 中的 1 种。

E. 丁至少烹饪了 D、A 中的 1 种。

3. 若丙烹饪了 A 和 D，则可以得出以下哪项？

A. A 只被烹饪了 1 次。　B. 丙只烹饪了 2 次。　C. B 只被烹饪了 1 次。

D. 丁只烹饪了 2 次。　E. D 只被烹饪了 1 次。

4~5 题基于以下题干：

德勤会计师事务所要对某大型上市集团下属的 6 个子公司天安、大地、金城、飞驰、海纳、尚德进行年终报表审计，由甲、乙、丙、丁、戊、己、庚 7 位注册会计师负责。每位会计师负责 2 家公司，且

每家公司由 2~3 位会计师负责。此外：

(1) 若丙或戊或己至少有一人负责飞驰或海纳，则甲负责的审计单位在天安、海纳、尚德之中；

(2) 若丙或已至少有一人负责大地、金城或尚德，则甲、丁、戊负责的审计单位均在天安、大地、尚德之中；

(3) 若甲或丙或戊至少有一人负责天安或飞驰，则甲、丙、戊、己都负责审计大地与海纳。

4. 根据上述信息，可以得出以下哪项？

A. 乙审计天安。 B. 己审计大地。 C. 庚审计飞驰。

D. 丁审计尚德。 E. 戊审计海纳。

5. 若丙审计尚德，可以得出以下哪项？

A. 乙审计飞驰、天安。 B. 丁审计天安、大地。 C. 己审计大地、天安。

D. 丙审计金城、大地。 E. 庚审计天安、飞驰。

精点解析

1. 答案 E

解题步骤	
第一步	此题并未出现任何确定信息，也无法将某个信息不确定转确定，因此可以从边界条件入手，尝试代入假言条件。
第二步	观察发现，此题出现了非常明显的数量关系条件：选择陆老师的研究生比选择张老师的多，结合题干边界信息：每位导师有 1~2 人选择，可得：陆老师 2，张老师 1，那么陈老师也为 2。 2 个学生选了陈老师，那么说明条件（3）的后件为假，则推出：甲、丙、丁都不选陆老师，所以只能是乙和戊选陆老师，此时又说明了（2）的后件为假，则可继续推出：丙和丁都不选张老师，那么丙和丁只能选陈老师。该题答案为 E。

2. 答案 A

<table>
<tr><th colspan="2">解题步骤</th></tr>
<tr><td>第一步</td><td>观察可知，本题未出现确定信息，所给条件都为假言条件。但出现了边界条件“每种食材均被至少 1 位厨师烹任过，实验共进行了 6 次”。</td></tr>
<tr><td>第二步</td><td>此边界条件直接说明了（1）的后件为假（若乙分别烹饪了 C、D 各 2 次，则乙一共烹饪了 4 次，那么甲、丙、丁只剩 2 次烹饪次数，至少有 1 人无法烹饪，违背了“每位厨师至少烹饪了 1 种食材”这个边界条件），则可推出（1）的前件为假，即：甲、丙都没有烹饪 B。根据下表可知：乙、丁此时至少 1 人烹饪 B，即（2）的前件为真，则可推出（2）的后件为真，即“C 只分别被丙、丁各烹饪 1 次”，那么 C 没有被甲、乙烹饪。
<table>
<tr><th></th><th>A</th><th>B</th><th>C</th><th>D</th></tr>
<tr><td>甲</td><td></td><td>×</td><td>×</td><td></td></tr>
<tr><td>乙</td><td></td><td></td><td>×</td><td></td></tr>
<tr><td>丙</td><td></td><td>×</td><td>√</td><td></td></tr>
<tr><td>丁</td><td></td><td></td><td>√</td><td></td></tr>
</table>
观察上表可知，甲没有烹饪 B，甲没有烹饪 C，那么甲至少烹饪了 A、D 之一。本题选 A。</td></tr>
</table>

3. 答案 C

解题步骤

第一步

由于上题并未给出附加信息，所以上题的结论可继续用于本题。

	A	B	C	D
甲		×	×	
乙			×	
丙		×	√	
丁			√	

第二步

由于丙烹饪了 A 和 D，所以丙烹饪了 3 种食材。所以甲、乙、丁各烹饪 1 种食材。补齐表格如下：

	A	B	C	D
甲		×	×	
乙	×	√	×	×
丙	√	×	√	√
丁	×	×	√	×

由上表可知：A 和 D 两种食材不确定，B 只被乙烹饪，答案选 C。

4. 答案 C

解题步骤

第一步

观察题干信息，本题并未出现明显的确定信息，所以可以观察是否存在“重复出现的元素”找到解题突破口。

第二步

根据题干的数量限制条件，每位会计师负责 2 家公司，因此（3）的后件：“甲、丙、戊、己都负责审计大地与海纳”一定为假，代入（3）可得：甲、丙、戊均不审计天安，也均不审计飞驰。

由于丙不负责天安，也不负责飞驰，此时剩余的 4 家公司，丙一定负责其中 2 个，因此说明（2）的前件必真（丙审计大地、金城或尚德），推出（2）后件为真，即甲、丁、戊负责的审计单位均在天安、大地、尚德之中。

根据以上结论可知，甲和戊均负责大地和尚德。

由于甲负责大地公司，否定了条件（1）的后件，可得出丙、戊、己均不审计飞驰和海纳。

此题条件较为复杂，列表如下：

	天安	大地	金城	飞驰	海纳	尚德
甲	×	√	×	×	×	√
乙	×	×	×	√	√	×
丙	×		√	×	×	
丁	√		×	×	×	
戊	×	√	×	×	×	√
己	√	×	√	×	×	×
庚	×	×	×	√	√	×

答案选 C。

5. 答案 B

解析

观察题干信息，发现本题所给附加信息为确定信息，因此只需将此确定信息代入表格即可。

	天安	大地	金城	飞驰	海纳	尚德
甲	×	√	×	×	×	√
乙	×	×	×	√	√	×
丙	×	×	√	×	×	√
丁	√	√	×	×	×	×
戊	×	√	×	×	×	√
己	√	×	√	×	×	×
庚	×	×	×	√	√	×

由表可知，答案选 B。

第 11 招 假言串联，找矛盾

题型特征 题干未出现确定信息，都为命题表达的不确定信息，各个条件可以串联。并且，选项为确定性表达。

适用考点 《逻辑精点》基础篇知识点 23 及强化篇考点 13 和 14。

技巧点拨

1. 从某个条件出发，将题干各条件串联起来，并且在串联的过程中产生自相矛盾（归谬），那么可以得到：推理起点为假，从而得到某个确定事实。
2. 若条件众多而导致难以找到串联的起点，也可以从重复次数最多的元素入手，从其出发进行合理假设，构造矛盾，得出确定事实。

1. 清明三天假期，赵、钱、孙、李、周、吴、郑 7 个人要去往杭州、厦门和成都三个地方进行旅行。并且，由于时间短暂，每个人都只能去一个地方。已知：

（1）如果李和孙至多有一人去杭州，那么赵和周都去了杭州；

（2）只要赵、吴、郑中至少有一人不去成都，那么周就去厦门而且孙去了成都。

根据上述信息，可以得出以下哪项？

A. 赵和李都去了杭州。　　B. 钱和周都去了厦门。　　C. 钱和孙都去了厦门。

D. 李和孙都去了杭州。　　E. 郑和周都去了成都。

2. 近年来，流失海外百余年的圆明园 7 尊兽首铜像“鼠首、牛首、虎首、兔首、马首、猴首和猪首”，通过“华商捐赠”“国企竞拍”“外国友人返还”这 3 种方式陆续回归中国。每种方式均回归 2~3 尊兽首铜像，且每种方式回归的兽首铜像各不相同。已知：

（1）如果牛首、虎首和猴首中至少有一尊是通过“华商捐赠”或者“外国友人返还”回归的，则通过“国企竞拍”回归的是鼠首和马首；

（2）如果马首、猪首中至少有一尊是通过“国企竞拍”或者“外国友人返还”回归的，则通过“华商捐赠”获得的是鼠首和虎首。

根据以上信息，以下哪项是通过“外国友人返还”回归的兽首铜像？

A. 鼠首、兔首。　　B. 马首、猴首。　　C. 兔首、猪首。

D. 鼠首、马首。　　E. 马首、兔首。

3. 某高校研究小组给学生分配“工程管理”“生产管理”“物流管理”三门选修课，共有赵、钱、孙、李、周、吴、郑、王八个学生，一个学生只能选修一门课程，且每门课程选择的人数最多只能有三个，已知：

（1）如果赵没有选修“工程管理”或者钱没有选修“物流管理”，那么孙选修“物流管理”并且李选修“生产管理”；

（2）如果李没有选修“物流管理”或者吴选修“工程管理”，则孙和钱都会选修“生产管理”；

（3）孙和吴必须安排在同一个课程；

（4）周和郑必须安排在同一个课程。

根据上述信息，以下哪项一定为真？

A. 钱选修“生产管理”课程。　B. 郑选修“工程管理”课程。

C. 王选修“物流管理”课程。　D. 李不选修“物流管理”课程。

E. 周和孙选修同一个课程。

4. 东方理工大学有赵、钱、孙、李、周、吴、郑、王、冯、陈 10 名应届本科毕业生去某公司应聘，要应聘的部门是财务部、生产部、网络部、销售部和研发部，每人只能应聘其中的一个部门。已知：

（1）若赵、孙、冯、陈中至多有 3 人应聘生产部，则李、郑、王 3 人均应聘网络部；

（2）若钱、周、吴中至多有 2 人应聘财务部，则赵、孙、郑、王 4 人应聘的部门各不相同。

根据上述信息，应聘部门相同的毕业生是？

A. 钱、周、吴。　B. 赵、冯、陈。　C. 孙、李、陈。

D. 孙、周、吴。　E. 李、郑、王。

5. 某公司有五位员工：张伟、李强、王芳、赵敏、刘洋。他们需要在以下四个项目中选择一个参与：市场营销项目、产品研发项目、客户服务项目、财务管理项目。每位员工只能参与其中一个项目，每个项目有 1~2 位员工参与。已知：

（1）如果张伟和李强中至少有一人参与市场营销项目，那么赵敏参与财务管理项目，但刘洋不参与财务管理项目；

（2）如果李强参与市场营销项目或者赵敏参与财务管理项目，那么刘洋参与财务管理项目，并且张伟不参与客户服务项目；

（3）如果赵敏不参与财务管理项目或者刘洋不参与财务管理项目，那么张伟参与市场营销项目。

根据以上信息，可以得出以下哪项？

A. 张伟参与产品研发项目，李强参与市场营销项目。

B. 李强参与客户服务项目，王芳参与市场营销项目。

C. 王芳参与市场营销项目，赵敏参与产品研发项目。

D. 赵敏参与市场营销项目，刘洋参与财务管理项目。

E. 张伟参与产品研发项目，刘洋参与市场营销项目。

6. 为了提升游客的旅行体验，星途旅行社计划将多个特色旅游项目以套餐的形式推荐给游客。他们制定了以下规划：

（1）如果套餐中包含沙漠探险或极地探险，那么也会包含热带海岛游；

（2）如果套餐中包含文化古迹游和热带海岛游中的至少一个，那么也会包含极地探险；

（3）除非包含沙漠探险，否则套餐中会包含文化古迹游；

（4）如果套餐中包含热带海岛游，那么也会包含城市观光游。

根据上述规划，可以推断出以下哪项结论？

A. 套餐中不会包含沙漠探险。　B. 套餐中会包含城市观光游。

C. 套餐中不会包含极地探险。　D. 套餐中不会包含文化古迹游。

E. 套餐中会包含沙漠探险。

精点解析

1. 答案 D

解析	此题未给出任何确定信息，但给了两条假言推理关系。故考虑将（1）（2）进行串联。 从（1）出发：李不去杭州∨孙不去杭州→赵去杭州∧周去杭州（赵、吴、郑中至少有一人不去成都）→周去厦门∧孙去成都。观察发现，由于每人只去一个城市，所以此推理后面得到的“周去杭州”和“周去厦门”自相矛盾，所以推理起点为假，即事实为：李去杭州∧孙去杭州。此题选 D。 同理，从（2）出发，也会出现自相矛盾。并且得到“赵、吴、郑都去成都”这一事实。

2. 答案 A

解题步骤	
第一步	观察题干属于“分组题”，分组情况为：3、2、2。题干信息均为形式语言表达的不确定信息，条件之间存在相同的概念，并且选项均为确定信息，故可优先采用串联找矛盾进行解题。
第二步	整理题干信息： ①牛首、虎首和猴首中至少有一尊是通过“华商捐赠”∨“外国友人返还”回归的→通过“国企竞拍”回归的是鼠首∧马首。 ②马首、猪首中至少有一尊是通过“国企竞拍”∨“外国友人返还”回归的→通过“华商捐赠”回归的是鼠首∧虎首。 ③边界条件：每种方式回归的兽首铜像各不相同，每种方式均回归 2~3 尊兽首铜像。
第三步	联合条件①②可得：牛首、虎首和猴首中至少有一尊是通过“华商捐赠”或者“外国友人返还”回归的 $\xrightarrow{①}$ 通过“国企竞拍”回归的是鼠首∧马首→通过“国企竞拍”回归的是鼠首（由 P∧Q 为真，可得 P 为真）→鼠首不通过“华商捐赠”回归（由③可知）$\xrightarrow{②}$ 马首和猪首不是通过“国企竞拍”∧马首和猪首不是“外国友人返还”回归→马首和猪首是通过“华商捐赠”回归的。 此时，出现了“马首通过国企竞拍回归”和“马首通过华商捐赠回归”，与边界条件③矛盾，构造了“他相矛盾”结构，故可得确定信息：牛首、虎首和猴首均不是通过“华商捐赠”和“外国友人返还”回归，即牛首、虎首和猴首通过“国企竞拍”回归。
第四步	将确定信息“虎首是通过‘国企竞拍’回归”代入条件②可知，马首和猪首不是通过“国企竞拍”回归的∧马首和猪首不是“外国友人返还”回归的，即：马首和猪首是通过“华商捐赠”回归的。
第五步	由上述步骤，结合剩余法思想可知：鼠首和兔首是通过“外国友人返还”回归的。比对选项，A 选项为正确答案。

3. 答案 B

解题步骤	
第一步	整理题干信息： ①赵没有选修“工程管理”∨钱没有选修“物流管理”→孙选修“物流管理”∧李选修“生产管理”。 ②李没有选修“物流管理”∨吴选修“工程管理”→孙选修“生产管理”∧钱选修“生产管理”。 ③孙和吴必须安排在同一个课程。 ④周和郑必须安排在同一个课程。 ⑤边界条件：每门课程的选修人数为 2~3 人。

（续）

<table>
<tr><th></th><th>解题步骤</th></tr>
<tr><td>第二步</td><td>联合条件①②③可得：赵没有选修“工程管理”∨钱没有选修“物流管理”$\xrightarrow{\text{①}}$孙选修“物流管理”∧李选修“生产管理”→李没有选修“物流管理”（由 P∧Q 为真，可得 P 为真）$\xrightarrow{\text{②}}$孙选修“生产管理”∧钱会选修“生产管理”$\xrightarrow{\text{③}}$吴选修“生产管理”。
观察发现，该推理中选修“生产管理”课程的有李、孙、钱和吴 4 人，与边界条件⑤矛盾，故假设前提一定不成立，可得确定信息，即：赵选修“工程管理”∧钱选修“物流管理”。</td></tr>
<tr><td>第三步</td><td>将确定信息“钱选修‘物流管理’”代入条件②可知，李选修“物流管理”∧吴不选修“工程管理”。根据条件③，由于吴和孙选修同一课程，若吴选修“物流管理”，此时选修“物流管理”的就有 4 个人，与边界条件⑤矛盾，故吴不能选修“物流管理”，结合吴不选修“工程管理”，故可得：吴和孙选修“生产管理”。
根据条件④，由于周和郑选修同一课程，同理可知，周和郑选修“工程管理”。</td></tr>
<tr><td>第四步</td><td>整理分组情况可知：
<table>
<tr><td>课程名称</td><td>工程管理（3 人）</td><td>物流管理（2~3 人）</td><td>生产管理（2~3 人）</td></tr>
<tr><td>学生</td><td>赵、周、郑</td><td>钱、李</td><td>孙、吴</td></tr>
</table>
（提示：王无法确定，可能选修“物流管理”，也可能选修“生产管理”）
比对选项，B 选项为正确答案。</td></tr>
</table>

4. 答案 **A**

	解题步骤
第一步	观察题干属于“分组题”，要求 10 人分五组，但不确定分组情况。题干信息均为形式语言表达的不确定信息，条件之间存在相同的概念，并且选项均为确定信息，故可优先采用假言串联找矛盾进行解题。
第二步	整理题干信息： ①赵、孙、冯、陈中至多有 3 人应聘生产部→李、郑、王 3 人均应聘网络部。 ②钱、周、吴中至多有 2 人应聘财务部→赵、孙、郑、王 4 人应聘的部门各不相同。 ③边界条件：每人只能应聘其中的一个部门。
第三步	观察发现，条件①②的 Q 位为反对关系，故联合①②可得： 钱、周、吴中至多有 2 人应聘财务部$\xrightarrow{\text{②}}$赵、孙、郑、王 4 人应聘的部门各不相同→李、郑、王 3 人不同时应聘网络部$\xrightarrow{\text{①}}$赵、孙、冯、陈中 4 人同时应聘生产部。此时，“赵、孙应聘的部门各不相同”（提示：由“赵、孙、郑、王 4 人应聘的部门各不相同”可知，赵和孙的应聘部门不同，故赵和孙不能同时应聘生产部）和“赵、孙同时应聘生产部”构造了“他相矛盾”结构，故可得确定信息：钱、周、吴同时应聘财务部。A 选项为正确答案。

5. 答案 **B**

	解题步骤
第一步	观察题干信息，发现并无确定信息，因此考虑“假言串联找矛盾”。
第二步	（1）（2）串联可得：张伟参与市场营销∨李强参与市场营销→赵敏参与财务管理∧刘洋不参与财务管理→刘洋参与财务管理∧张伟不参与客户服务项目。 在此推理过程中得到了“刘洋不参与财务管理”与“刘洋参与财务管理”这一组矛盾概念，所以推理的前件为假。可得到事实：张伟不参与市场营销∧李强不参与市场营销。

（续）

	解题步骤
第三步	再将“张伟不参与市场营销”这一事实代入条件（3），得到“赵敏参与财务管理∧刘洋参与财务管理”，再代入（2），可得“刘洋参与财务管理项目∧张伟不参与客户服务项目”，进而推出：张伟只能参与产品研发项目，那么李强只能参与客户服务项目，王芳只能参与市场营销项目。答案选B。

6. 答案 B

	解题步骤
第一步	“热带海岛游”重复出现次数较多，可从该项入手做假设。 假设包含热带海岛游，可代入（2）（4）得到也包含极地探险和城市观光游。 假设不包含热带海岛游，可代入（1）得到不包含沙漠探险且不包含极地探险。
第二步	再把不包含沙漠探险代入（3）得到包含文化古迹游，再代入（2）得到包含极地探险游。此时“包含极地探险游”和“不包含极地探险游”自相矛盾。 所以事实为：包含热带海岛游。 再代入（2）（4）分别得到也包含极地探险和城市观光游。 正确答案为B项。

第12招 假言联动数量，找矛盾

题型特征 题干未出现确定信息，出现某些特定形式的假言命题及明确边界条件的数量限定，且二者可以产生联动。

适用考点 《逻辑精点》基础知识点23及强化篇知识点13和14。

技巧点拨

题干存在明确边界条件的数字限定，结合假言命题的推理规则，构造矛盾，得出确定的事实。出现矛盾的形式常见有两种：①超出边界条件约定的最大值；②达不到边界条件的约定最小值。防止这两种矛盾形式出现，往往可以得到假言的前件假或者后件真。

【简例说明】甲、乙、丙、丁四人各自精通中文、英语、法语、德语四种语言中的一种或几种。

（一）每个人都只精通一种语言，每种语言也只有一人精通。

（1）如果甲精通中文，甲也精通英语。

此时得到事实：甲不精通中文（若甲精通中文，则甲也精通英语，此时超过了边界条件）。

（2）如果丙精通法语，那么丁也精通法语。

此时得到事实：丙不精通法语（若丙精通法语，则丁也精通法语，此时超过了边界条件）。

（二）每个人都精通三种语言，每种语言也都有三人精通。

（1）如果甲精通中文，甲也精通英语。

此时得到事实：甲精通英语（若甲不精通英语，则甲也不精通中文，此时达不到边界条件）。

（2）如果丙精通法语，那么丁也精通法语。

此时得到事实：丁精通法语（若丁不精通法语，则丙也不精通法语，此时达不到边界条件）。

1. 清北大学经管学院有赵甲、钱乙、孙丙、李丁四名财务专业应届本科毕业生，在会计、出纳、资金、税务四个岗位实习。学校的要求是每位同学要选择三个岗位，根据四位同学的意愿，每个岗位恰好有三位同学选择。此外，还知道：
(1) 除非赵甲选择出纳岗，否则赵甲不选择会计岗；
(2) 如果孙丙选择资金岗，那么也他选择出纳岗；
(3) 钱乙和孙丙是铁哥们，只有孙丙选择税务岗，钱乙才选择税务岗；
(4) 李丁不选资金岗，除非赵甲不选出纳岗。
根据以上陈述，可以推出以下哪项结论？
A. 赵甲选会计岗。 B. 赵甲选税务岗。 C. 钱乙不选税务岗。
D. 孙丙选会计岗。 E. 李丁选资金岗。

2. 某市举办了一场沙滩排球赛，以学校为单位，每个学校要派出 4 人。华西大学决定从壮壮、胖胖、牛牛、柱柱、锤锤、赛赛 6 人中选拔。根据每个人的技术特点，选拔要求如下：
(1) 如果选择壮壮，则不选择胖胖而选择牛牛；
(2) 如果选择牛牛，则不选择柱柱而选择赛赛；
(3) 只有选锤锤，才会选赛赛。
根据以上信息，以下哪一项一定为假？
A. 选了壮壮。 B. 选了牛牛。 C. 没选胖胖。 D. 选了赛赛。 E. 没选锤锤。

3. 某部门拟在甲、乙、丙、丁、戊 5 个乡镇中选择 3 个进行调研。调研要求如下：
(1) 乙、丁至多调研其一；
(2) 若选择丙，则选择乙而不选择甲；
(3) 若甲、戊中至少有一个不选择，则不选择丙。
根据以上信息，可以得出以下哪项？
A. 甲、戊均不选。 B. 甲、戊恰选其一。 C. 乙、丙均不选。
D. 乙、丙、丁恰选其一。 E. 乙、丙、丁恰选其二。

4~5 基于以下题干：
一年一度的水果采摘节开放了，采摘现场提供了樱桃、草莓、桑葚、酸枣四种水果，某幼儿园四位小朋友开开、心心、欢欢、西西去采摘园进行采摘。后来发现，每位小朋友都只采摘了自己爱吃的两种水果，并且每种水果都有两位小朋友采摘。而且，心心和欢欢采摘的水果不一样。已知：
(1) 如果开开采摘樱桃，则西西也采摘樱桃；
(2) 只有西西采摘桑葚，欢欢才采摘桑葚；
(3) 开开最讨厌吃桑葚。

4. 如果上述信息为真，则可以得出以下哪项为真？
A. 开开采摘的草莓和酸枣。
B. 心心采摘的草莓和桑葚。
C. 欢欢采摘的樱桃和草莓。
D. 西西采摘的樱桃和酸枣。
E. 根据题干信息无法推出确定结论。

5. 如果心心没有采摘樱桃，则可以得出以下哪项？
A. 开开采摘的樱桃或桑葚。
B. 心心采摘的草莓或桑葚。
C. 欢欢采摘的桑葚或酸枣。
D. 西西采摘的草莓或酸枣。
E. 以上选项均不正确。

精点解析

1. 答案 A

<table>
<tr><th colspan="2">解题步骤</th></tr>
<tr><td>第一步</td><td>此题未给出任何确定信息，但是给出了明确的数量限制条件（每人选 3 岗，每岗都有 3 人选），以及假言条件，所以此题解题思路一定是将此二类条件结合起来推出确定信息。</td></tr>
<tr><td>第二步</td><td>根据条件（1）赵不选出纳→赵不选会计=赵选会计→赵选出纳，可知：
赵必须选出纳（否则也不选会计，赵选择的岗位就最多两种了，与题干数量限制信息矛盾），再代入（4）可得：李丁不选资金。同理，根据（2）可得：孙必须选出纳；根据（3）可得：孙必须选税务。然后将刚刚得到的 4 个确定信息整理至表格，再根据“每人选 3 岗，每岗有 3 人选”补齐表格即可。
<table><tr><th></th><th>会计</th><th>出纳</th><th>资金</th><th>税务</th></tr><tr><td>赵甲</td><td>√</td><td>√</td><td>√</td><td>×</td></tr><tr><td>钱乙</td><td>√</td><td>×</td><td>√</td><td>√</td></tr><tr><td>孙丙</td><td>×</td><td>√</td><td>√</td><td>√</td></tr><tr><td>李丁</td><td>√</td><td>√</td><td>×</td><td>√</td></tr></table>由表格可知，答案选 A。</td></tr>
</table>

2. 答案 E

解析	①+②+③=选壮壮→不选胖胖∧选牛牛→不选柱柱∧选赛赛→锤锤。 根据以上逻辑关系，可以看出：如果不选赛赛，则牛牛和壮壮也不选，导致 6 人有 3 人不选，从而与“6 选 4”相矛盾，因此赛赛必须选；同理，锤锤也必须选，否则赛赛、牛牛、壮壮也都无法选。因此，本题选 E。

3. 答案 D

解析	本题为典型的选人问题，解题时须注意数量条件。 由于本题为 5 选 3，根据条件（1）乙、丁至多调研其一，根据剩余思想可得：甲、丙、戊至少调研 2 个。此时观察可发现，条件（3）提到的也为甲、丙、戊。 条件（3）：不选甲∨不选戊→不选丙。 则甲必须选，且戊必须选（否则将推出不选丙，达不到此题的数量限制条件）。 因此，还需从乙、丙、丁中再选 1 人。本题答案为 D 项。

4. 答案 A

<table>
<tr><th colspan="2">解题步骤</th></tr>
<tr><td>第一步</td><td>此题给定了（3）“开开不采摘桑葚”这个确定信息，因此考虑从它入手。由于“开开不采摘桑葚”，所以根据条件（2）可知：西西必须采摘了桑葚（否则欢欢也不采摘桑葚，采摘桑葚的人次就不足 2 人了）。再根据条件（1）开开采摘樱桃→西西采摘樱桃，可知：西西必须采摘樱桃，否则开开和西西都不采摘樱桃，就只能心心和欢欢都采摘樱桃（与题干“心心和欢欢采摘的水果不一样”相矛盾），然后将以上得到的信息填入表格，如下：
<table><tr><th></th><th>樱桃</th><th>草莓</th><th>桑葚</th><th>酸枣</th></tr><tr><td>开开</td><td></td><td></td><td>×</td><td></td></tr><tr><td>心心</td><td></td><td></td><td></td><td></td></tr><tr><td>欢欢</td><td></td><td></td><td></td><td></td></tr><tr><td>西西</td><td>√</td><td>×</td><td>√</td><td>×</td></tr></table></td></tr>
</table>

（续）

解题步骤

第二步

又因为心心和欢欢不能采摘一样的水果，因此在西西不采摘草莓，不采摘酸枣的情况下，开开必须采摘草莓和酸枣，否则只能心心和欢欢采摘草莓和酸枣，又出现冲突。再将表格相应信息补齐，如下：

	樱桃	草莓	桑葚	酸枣
开开	×	√	×	√
心心				
欢欢				
西西	√	×	√	×

因此，此题选 A。

5. 答案 B

解析	心心如果没有采摘樱桃，那么就必须在草莓和桑葚中至少采摘一种，否则不满足题干“每个小朋友采摘两种水果”这个条件了。其他选项都得不到。

第 13 招 假设无矛盾，考虑分情况

题型特征	题干推理存在岔路口，并且假设未得到矛盾，无法得出确定结论时，可考虑分情况讨论做假设。
适用考点	《逻辑精点》基础篇知识点 23。
技巧点拨	1. 选取假设对象时，要考虑分情况讨论的所有可能要构成全集，不能遗漏。若存在 3 种以内的可能性时，可考虑该技巧；若超过 3 种以上的可能性，则说明此题不适用该方法。 2. 分两种情况讨论时，须得出相同的结论，才可得到确定结论。 3. 当出现元素较多时，可考虑从重复次数最多的一项入手做假设。

1. 某健身房大厅门口贴着一张通知：欢迎来到健身房！只要你愿意，并且通过推理出的一张申请表，就可以获得一周的免费体验资格！走进大厅看到左右各有一个箱子，左边的箱子上写着一句话：“申请表不在此箱中。”右边的箱子上也写着一句话：“这两句话中只有一句话是真的。”

   假设介入此活动的人都具有正常的思维水平，则可以推出以下哪项是真的？

   A. 申请表在左边的箱子里。 B. 申请表在右边的箱子里。 C. 左边箱子上的话是真的。
   D. 右边箱子上的话是真的。 E. 这两句话都是假的。

2. 有一个人在一个森林里迷路了，他想看一下时间，可是又发现自己没带表。恰好他看到前面有两个小女孩在玩耍，于是他决定过去打听一下。不幸的是这两个小女孩有一个毛病，姐姐上午说真话，下午就说假话，而妹妹与姐姐恰好相反。但他还是走近去问她们：“你们谁是姐姐？”胖的说：“我是姐姐。”瘦的也说：“我是姐姐。”他又问：“现在是什么时候？”胖的说：“上午。”“不对，”瘦的说，“应该是下午。”

根据以上信息，能推出下面哪项？

A. 此时是下午，胖的是姐姐。　B. 此时是下午，胖的是妹妹。　C. 此时是下午，瘦的是姐姐。
D. 此时是上午，瘦的是妹妹。　E. 此时是上午，瘦的是姐姐。

3. 某地只住着红、蓝两个部落的人，红部落的人从来不说假话，蓝部落的人从来不说真话。一天，某旅行者来到这里，遇见一个当地人甲，旅行者就问甲："你是哪个部落的?"甲回答他是红部落的。这时候又过来一个当地人乙，旅行者就请甲去问乙相同的问题，乙回答后，甲告诉旅行者，乙回答他是红部落的。

根据以上情况，我们可以确定以下哪项？

A. 甲和乙都是红部落的。
B. 甲和乙都是蓝部落的。
C. 甲是红部落的，乙是蓝部落的。
D. 甲是红部落的，不清楚乙的情况。
E. 甲和乙的情况都无法确定。

4. 甲、乙、丙、丁、戊五个人只有两种身份，要么是足球队员，要么是篮球队员。虽然他们知道自己的职业，但是别人却并不了解，在一次聚会活动中，他们就自己的职业出了一个谜题：

①甲对乙说：你是足球队员。
②乙对丙说：你和丁都是足球队员。
③丙对丁说：你和乙都是篮球队员。
④丁对戊说：你和乙都是足球队员。
⑤戊对甲说：你和丙都不是足球队员。

如果规定对同队的人（即足球对足球，篮球对篮球）说真话，对异队的人说假话，那么足球队员是哪几个？

A. 甲、乙、丙。　B. 甲、乙、丁。　C. 丙、丁、戊。
D. 甲、丙、戊。　E. 甲、丙、丁。

精点解析

1. 答案 A

解题步骤	
第一步	观察题干属于"真话假话题"，并且没有确定的真假个数，同时题干存在"特殊元素"影响真假关系，故可优先采用假设法进行解题。
第二步	整理题干信息： ①左侧箱子：申请表不在此箱中。 ②右侧箱子：这两句话中只有一句话是真的。
第三步	由于条件②提到了真假情况，故可假设条件②。 假设Ⅰ：若条件②为真，则条件①②只有一真，故条件①为假，即申请表在左侧箱子。 假设Ⅱ：若条件②为假，则两个条件同真或同假，由于条件②为假，故条件①为假，即申请表在左侧箱子中。 由于两次假设均得出"申请表在左侧箱子中"，故"申请表在左侧箱子中"一定为真，A 选项为正确答案。

2. 答案 D

解题步骤	
第一步	本题属于“真话假话题”，题目中未给出确定的真假个数，故可优先考虑“作假设”寻找矛盾进行求解，但发现无法构造矛盾。故只能从岔路口（“上午”“下午”）出发，利用分情况讨论得出确定信息。
第二步	情况一：若现在是上午，当问题问“谁是姐姐”时，由于姐姐上午说真话，故姐姐会说“我是姐姐”，而妹妹上午说假话，故妹妹会说“我是姐姐”，与题干中的回答一致。 情况二：若现在是下午，当问题问“谁是姐姐”时，由于姐姐下午说假话，故姐姐会说“我是妹妹”，而妹妹下午说真话，故妹妹会说“我是妹妹”，与题干中的回答不一致。 考生可结合下表进行理解：

时间	上午	下午
姐姐回答	我是姐姐（说真话）	我是妹妹（说假话）
妹妹回答	我是姐姐（说假话）	我是妹妹（说真话）

第三步	整理上述信息可知：现在是上午。而当问题问“现在是什么时候”时，由于姐姐上午说真话，故姐姐会说“现在是上午”，妹妹上午说假话，故妹妹会说“现在是下午”，根据题干中的回答可知，胖的是姐姐，瘦的是妹妹，故答案选 D。

3. 答案 D

解题步骤	
第一步	先判断甲的身份，此时甲的回答是真还是假，取决于甲是红部落的还是蓝部落的，此时无法构造矛盾，故只能从岔路口（“红部落”“蓝部落”）出发，利用分情况讨论得出确定信息。
第二步	分情况讨论。若一个人是红部落的，则他从不说假话（即说真话），此时他会回答“我是红部落的”；若一个人是蓝部落的，则他从不说真话（即说假话），此时他会回答“我是红部落的”。因此，无论是红部落的，还是蓝部落的，都会回答“我是红部落的”。此时旅行者问甲，通过甲的回答，暂时无法判断甲的身份。
第三步	当甲问乙时，无论乙是哪个部落的，也只能回答“我是红部落的”，故此时甲转述乙的回答乙回答“他是红部落的”一定为真，即此时甲说了真话，故可知甲是红部落的，乙的情况无法判断。故答案选 D。

4. 答案 B

解题步骤	
第一步	本题属于真话假话题型，题目中未给出确定的真假个数，故可优先“作假设”寻找矛盾进行求解，但发现无法构造矛盾。故只能从岔路口（“同队”“异队”）出发，利用分情况讨论得出确定信息。

（续）

	解题步骤
第二步	情况一：若甲乙同队，结合①②③④⑤可推知：甲乙同队 $\xrightarrow{①}$ 甲乙均为足球队员 $\xrightarrow{⑤}$ 戊对甲说假话（戊是篮球队员）$\xrightarrow{④}$ 丁对戊说假话（丁是足球队员）$\xrightarrow{③}$ 丙对丁说假话（丙是篮球队员）$\xrightarrow{②}$ 乙对丙说假话（乙是足球队员），与题干信息均不矛盾。 情况二：若甲乙不同队，结合①②③④⑤可推知：甲乙不同队 $\xrightarrow{①}$ 甲是足球队员∧乙是篮球队员（另一种情况不成立）$\xrightarrow{⑤}$ 戊对甲说假话（戊是篮球队员）$\xrightarrow{④}$ 丁对戊说假话（丁是足球队员）$\xrightarrow{③}$ 丙对丁说假话（丙是篮球队员）$\xrightarrow{②}$ 乙对丙说假话（乙是足球队员），此时乙既是篮球队员又是足球队员，与题干信息矛盾。
第三步	整理上述步骤可得：足球队员是甲、乙、丁；篮球队员是丙、戊。故答案选 B。

第 14 招 真话假话，找关系

题型特征

1. 题干用形式语言表述，但真假不定，无法直接进行推理。
2. 题干的真假个数是确定的（即明确告知有几真几假）。

适用考点 《逻辑精点》强化篇考点 13。

技巧点拨

1. 一真多假时，优先考虑“矛盾关系”和“下反对关系（至少一真）”，最后考虑“包含关系”。

   注意：为更快识别判断间的关系，可优先将“推”变“或”（即：$P\to Q=\neg P\vee Q$），进而更快观察出各个条件之间的真假关系。
2. 一假多真时，优先考虑“矛盾关系”和“上反对关系（至少一假）”，最后考虑“包含关系”。
3. 多真多假时，寻找关系的数量与真话的数量相一致，也就是如果题干属于 2 真 2 假，那么就需要寻找 2 组关系；3 真 3 假时，那么就需要寻找 3 组关系，以此类推。
4. 若题干条件都能确定出真假，此时需要将全部的假话都转化为真；若无法判断真假，则需结合问题要求，灵活作假设。

1. 在某次财务清查后，四个注册会计师针对辖区内企业的税费申报情况有如下结论：

甲：所有企业的应交税费都没申报。

乙：大通公司的应交税费没申报。

丙：企业的应交税费不都没申报。

丁：有的企业的应交税费没申报。

如果四人中只有一人的话断定属实，则以下哪项是真的？

A. 甲断定属实，大通公司的应交税费没有申报。

B. 丙断定属实，大通公司的应交税费申报了。

C. 丙断定属实，大通公司的应交税费没有申报。

D. 丁断定属实，大通公司的应交税费申报了。
E. 甲断定属实，大通公司的应交税费申报了。

2. 关于今年会计硕士考研的录取情况，有三个人做出如下三个预测：
（1）如果甲被录取，乙就不被录取；
（2）只要乙不被录取，甲就被录取；
（3）甲被录取。
已知这三个判断只有一个真，则以下哪项一定为真？
A. 甲乙都被录取。 B. 甲乙都未被录取。 C. 甲被录取，乙未被录取。
D. 甲未被录取，乙被录取。 E. 无法判断二者的录取情况。

3. 国际篮联篮球世界杯即将开赛，由于使用的是单场淘汰赛，故此次比赛的排名没有并列的情况出现。关于这次比赛的结果，有几位著名篮球评论员分别作出预测如下：
（1）如果西班牙队第二，则中国队第一；
（2）如果美国队第三，则中国队第一；
（3）中国队是第一，或者美国队是第三；
（4）阿根廷队不是第四。
比赛结果出来后，只有一位篮球评论员的预测符合事实，由此可得出以下哪项？
A. 中国队第一。 B. 西班牙队第一。 C. 阿根廷队第二。
D. 阿根廷队第一。 E. 美国队第一。

4. 甲、乙、丙、丁 4 人在一起议论本班 MBA 同学申请哈佛大学交流项目的情况。
甲说："我班有人没有申请哈佛大学交流项目。"
乙说："班长没申请哈佛大学交流项目。"
丙说："除非班长申请哈佛大学交流项目，否则学习委员不申请哈佛大学交流项目。"
丁说："我班所有同学都已申请了哈佛大学交流项目。"
已知 4 人中只有一人说假话，则可推出以下哪项结论？
A. 甲说假话，学习委员申请了。 B. 乙说假话，班长没申请。
C. 丙说假话，学习委员没申请。 D. 丁说假话，学习委员没申请。
E. 丁说假话，班长申请了。

5. 小王参加了某公司招工面试，不久，他得知以下消息：
（1）公司已决定，他与小华至少录用一人。
（2）公司可能不录用他。
（3）公司一定录用他。
（4）公司已录用小华。
其中两条消息为真，两条消息为假。如果上述断定为真，则以下哪项为真？
A. 公司已录用小王，未录用小华。 B. 公司未录用小王，已录用小华。
C. 公司既录用小王，又录用小华。 D. 公司既未录用小王，也未录用小华。
E. 不能确定录用结果。

6. 陈佳、李硕、汪蕾和李华是从小玩到大的亲密朋友，她们每次聚会前都要商量下穿什么，已知下次聚会时她们遵循的原则是：
陈佳说：我还不了解李硕嘛，除非我出门戴围巾，李硕才会跟着戴。
李华说：汪蕾不穿大衣，我就不穿大衣。
李硕说：我戴了围巾，陈佳却不会戴。
汪蕾说：我不穿大衣，并且李华不会穿大衣。
已知四人中只有两人说真话，则以下哪项一定为真？

A. 李硕戴围巾。　B. 陈佳不戴围巾。　C. 陈佳戴围巾。
D. 李硕穿大衣。　E. 汪蕾穿大衣。

7. 研究生入学考试结束后，西北大学的几位同学对参加考试的几位同学的考试情况进行了推测：
甲说：如果赵瑛没有考上计算机系，那一定会考上软件学院。
乙说：汪兵一定会考上机械系。
丙说：如果刘云没有考上通信工程系，那么邱丽会考上材料系。
丁说：赵瑛考不上计算机系，也考不上软件学院。
戊说：汪兵能考上自动化系。
己说：邱丽考不上材料系。
录取工作结束后发现，两个人的推测与事实不符。根据上述情况，以下哪项必定是正确的？
A. 赵瑛没有考上计算机系，但是考上了软件学院。
B. 汪兵考上了自动化系，但没有考上机械系。
C. 刘云考上了通信工程系，赵瑛可能考上了计算机系。
D. 赵瑛没有考上软件学院，刘云考上了通信工程系。
E. 邱丽没考上材料系，刘云没考上通信工程系。

精点解析

1. 答案 B

解题步骤	
第一步	本题属于真话假话题，由于题干有确定的真假个数，且各个条件之间存在明确的真假关系，故可采用“找关系”的方法进行解题。
第二步	真假情况：四个判断中一个为真，三个为假。
第三步	判断真假： Ⅰ. 标准化题干信息： ①甲：所有企业都没申报。②乙：大通公司没申报。 ③丙：有的企业申报了。④丁：有的企业没申报。 Ⅱ. 找关系：①和③为矛盾关系，必一真一假。 Ⅲ. 做减法：一真三假减去一真一假，剩下两个判断都为假。
第四步	推出事实： 由②假可知：大通公司申报了。由④假可知：所有企业都申报了。 根据事实可知，③为真，①为假。故答案选 B。

2. 答案 B

解题步骤	
第一步	本题属于真话假话题，由于存在明确的真假情况且各个条件之间存在明确的真假关系，故可采用“找关系”的方法进行解题。
第二步	真假情况：三个判断中一个为真，两个为假。

（续）

解题步骤	
第三步	判断真假： Ⅰ. 标准化题干信息： ①甲不录取∨乙不录取（注意：优先将“推”变“或”）。 ②乙录取∨甲录取。 ③甲录取。 Ⅱ. 找关系：①和③属于至少一真的关系，由于三个判断只有一个为真，故①和③一真一假。 Ⅲ. 做减法：一真两假减去一真一假，故②一定为假。
第四步	推出事实： 由②假可得：乙不录取∧甲不录取。故答案选 B。

3. 答案 E

解题步骤	
第一步	本题属于真话假话题，由于存在明确的真假情况且各个条件之间存在明确的真假关系，故可采用“找关系”的方法进行解题。
第二步	真假情况：四个判断中一个为真，三个为假。
第三步	判断真假： Ⅰ. 标准化题干信息： ①西班牙队不是第二∨中国队第一。 ②美国队不是第三∨中国队第一。 ③中国队第一∨美国队第三。 ④阿根廷队不是第四。 Ⅱ. 找关系：②和③属于至少一真的关系，由于四个判断只有一个为真，故②和③一真一假。 Ⅲ. 做减法：一真三假减去一真一假，故①和④一定为假。
第四步	推出事实： 由①假可得：西班牙队第二∧中国队不是第一。由④假可得：阿根廷队第四。
第五步	整理上述信息：西班牙队第二，阿根廷队第四，中国队第三，美国队第一。故答案选 E。

4. 答案 D

解题步骤	
第一步	本题属于真话假话题，由于题干有确定的真假个数，且各个条件之间存在明确的真假关系，故可采用“找关系”的方法进行解题。
第二步	真假情况：四个判断中一个为假，三个为真。
第三步	判断真假： Ⅰ. 标准化题干信息： ①甲：有人没申请。②乙：班长没申请。 ③丙：班长申请∨学委没申请。④丁：所有人都申请。 Ⅱ. 找关系：①和④属于矛盾关系，必一真一假。 Ⅲ. 做减法：三真一假减去一真一假，剩下两个判断都为真。

（续）

解题步骤	
第四步	推出事实： 由②真可得：班长没申请。 由②真③真可得：学委没申请。 根据事实可知：④为假，①为真。故答案选 D。

5. 答案 **A**

解题步骤	
第一步	本题属于真话假话题，由于存在明确的真假情况且各个条件之间存在明确的真假关系，故可采用“找关系”的方法进行解题。
第二步	真假情况：四个判断中两个为真，两个为假。
第三步	判断真假： Ⅰ. 标准化题干信息： ①录用小王∨录用小华。②可能不录用小王。③一定录用小王。④已录用小华。 Ⅱ. 找关系：②和③属于矛盾关系，必一真一假。 Ⅲ. 做减法：两真两假减去一真一假，故①和④为一真一假。因为①和④属于包含关系，若④为真，则①为真，故④为假，①为真。
第四步	推出事实： 由④假可得：没有录用小华。 由①真④假可得：录用小王。故答案选 A。

6. 答案 **E**

解题步骤	
第一步	本题属于真话假话题，由于存在明确的真假情况且各个条件之间存在明确的真假关系，故可采用“找关系”的方法进行解题。
第二步	真假情况：四个判断中两个为真，两个为假。
第三步	判断真假： Ⅰ. 标准化题干信息： ①李硕不戴围巾∨陈佳戴围巾。 ②汪蕾穿大衣∨李华不穿大衣。 ③李硕戴围巾∧陈佳不戴围巾。 ④汪蕾不穿大衣∧李华不穿大衣。 Ⅱ. 找关系：①和③属于矛盾关系，必一真一假。 Ⅲ. 做减法：两真两假减去一真一假，故②和④为一真一假。因为②和④属于包含关系，若④为真，则②为真，故④为假，②为真。
第四步	推出事实： 由④假可得：汪蕾穿大衣∨李华穿大衣=李华不穿大衣→汪蕾穿大衣。 由②真可得：汪蕾穿大衣∨李华不穿大衣=李华穿大衣→汪蕾穿大衣。 此时符合“分情况讨论”模型，故可知“汪蕾穿大衣”一定真，故答案选 E。

7. 答案 C

解题步骤	
第一步	本题属于真话假话题，由于存在明确的真假情况且各个条件之间存在明确的真假关系，故可采用“找关系”的方法进行解题。
第二步	真假情况：六个判断中四个为真，两个为假。
第三步	判断真假： Ⅰ. 标准化题干信息： ①赵瑛考上计算机系∨赵瑛考上软件学院。②汪兵考上机械系。③刘云考上通信工程系∨邱丽考上材料系。④赵瑛考不上计算机系∧赵瑛考不上软件学院。⑤汪兵考上自动化系。⑥邱丽考不上材料系。 Ⅱ. 找关系：①和④属于矛盾关系，必一真一假；②和⑤属于至少一假的关系，由于六个判断四真两假且①④一真一假，故②和⑤为一真一假的关系。 Ⅲ. 做减法：四真两假减去两真两假，故③和⑥一定为真。
第四步	推出事实： 由⑥真可得：邱丽考不上材料系。由③真⑥真可得：刘云考上通信工程系。
第五步	得出结论：由于根据题干信息无法得出“赵瑛”和“汪兵”的情况，故答案选 C。

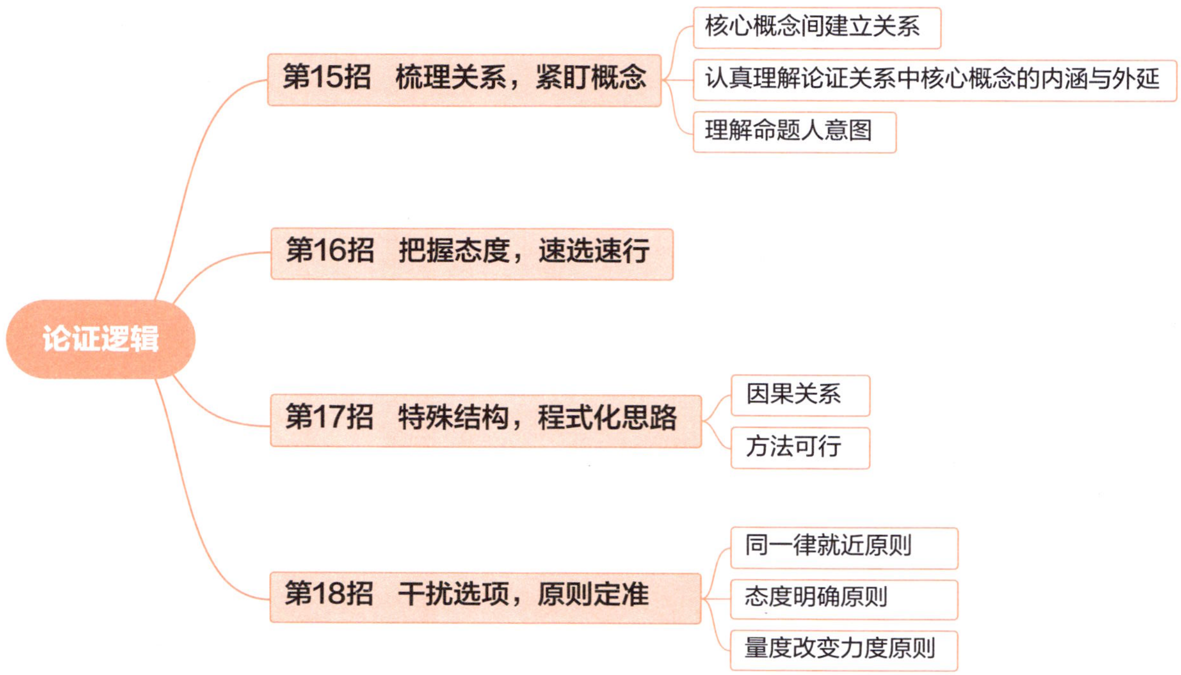
论证逻辑
第15招　梳理关系，紧盯概念
核心概念间建立关系
认真理解论证关系中核心概念的内涵与外延
理解命题人意图
第16招　把握态度，速选速行
第17招　特殊结构，程式化思路
因果关系
方法可行
第18招　干扰选项，原则定准
同一律就近原则
态度明确原则
量度改变力度原则

论证逻辑

第 15 招 梳理关系，紧盯概念

技巧点拨	1. 核心概念间建立关系。 通常在前提和结论中的核心概念之间建立关系，并根据题目要求进行分析。如题 1~5。 2. 认真理解论证关系中核心概念的涵义，准确判断选项。如题 6~9。 3. 理解命题人意图。 （1）识别题干信息的论证意图。如题 10。 （2）识别选项针对的论证关系。如题 11。

1. 长天汽车制造公司的研究人员发现，轿车的减震系统越“硬”，驾驶人员越是在驾驶中感到刺激。因此，他们建议长天汽车制造公司把所有新产品的减震系统都设计得更“硬”一些，以提高产品的销量。

   下面哪一项如果为真，能削弱该研究人员的建议？

   A. 长天公司原来生产的轿车的减震系统都比较“软”。

   B. 驾驶汽车的刺激感越大，车就容易开得越快，越容易出交通事故。

   C. 大多数人买车是为了便利和舒适，而“硬”的减震系统让人颠得实在难受。

   D. 目前“硬”减震系统逐步流行起来，尤其是在青年开车族中。

   E. 买车的人中有些年长者不是为了追求驾驶的刺激感。

2. 当前，越来越多的网络作品将枯燥的文字转化成轻松的视听语言，不时植入段子、金句或评论，让年轻人乐此不疲，逐渐失去忍耐枯燥的能力，进入不了深度学习的状态。但是，能真正滋养一个人的著述往往都带着某种枯燥，需要读者投入专注力去穿透抽象。由此有专家建议，年轻人读书要先克服前 30 页的阅读痛苦，这样才能获得知识与快乐。

   以下哪项如果为真，最能支持上述专家的观点？

   A. 读书本身就很枯燥，学习就是学习，娱乐就是娱乐，所谓“娱乐式学习”并不存在。

   B. 有些人拿起任何一本书都能津津有味地读下去，即使连续读 30 页，也不会感到枯燥乏味。

   C. 一本书的前 30 页往往是该书概念术语的首次展现，要想获得阅读的愉悦，就要越过这个门槛。

   D. 那些让人很舒服、不断点头的轻松阅读，往往只是重复你既有认知的无效阅读，哪怕读再多页也无益处。

   E. 有些书即使硬着头皮读了前 30 页，后面的文字仍不能让人感到快乐并有所收获，读者将其弃置一边也不奇怪。

3. 水在温度高于 374℃、压力大于 22MPa 的条件下，称为超临界水。超临界水能与有机物完全互溶，同时还可以大量溶解空气中的氧，而无机物特别是盐类在超临界水中的溶解度很低。由此，研究人员认为，利用超临界水作为特殊溶剂，水中的有机物和氧气可以在极短时间内完成氧化反应，把有机物彻底“秒杀”。

以下哪项如果为真，最能支持上述研究人员的观点？

A. 有机物在超临界水中通过分离装置可瞬间转化为无毒无害的水、无机盐以及二氧化碳等气体，并最终在生产和生活中得到回收利用。

B. 超临界水氧化技术具有污染物去除率高、二次污染小、反应迅速等特征，被认为是废水处理技术中的“杀手锏”，具有广阔的工业应用前景。

C. 超临界水只有兼具气体与液体的高扩散性、高溶解性、高反应活性及低表面张力等优良特性，才能把有机物彻底“秒杀”。

D. 超临界水氧化技术对难以降解的农化、石油、制药等有机废水尤为适用。

E. 如果超临界水氧化技术成功应用于化工、制药等行业的污水处理，可有效提升流域内重污染行业的控源减排能力。

4. 2020 年全球碳排放量减少大约 24 亿吨，远远大于之前创纪录降幅，例如第二次世界大战结束时下降 9 亿吨，2009 年金融危机最严重时下降 5 亿吨。非政府组织全球碳计划（GCP）在其年度评估报告中说，由于各国在新冠肺炎疫情期间采取了封锁和限制措施，汽车使用量下降了一半左右，2020 年的碳排放量同比下降了创纪录的 7%。

以下哪项如果为真，最能支持 GCP 的观点？

A. 2020 年碳排放量下降最明显的国家或地区是美国和欧盟。

B. 延缓气候变化的办法不是停止经济活动，而是加速向低碳能源过渡。

C. 根据气候变化《巴黎协定》，2015 年之后的 10 年全球每年需减排 10~20 亿吨。

D. 2020 年在全球各行业减少的碳排放总量中，交通运输业所占比例最大。

E. 随着世界经济的持续复苏，2021 年全球碳排放量同比下降可能不超过 5%。

5. 胃底腺息肉是所有胃息肉中最为常见的一种良性病变。最常见的是散发型胃底腺息肉，它多发于 50 岁以上人群。研究人员在研究 10 万人的胃镜检查资料后发现，有胃底腺息肉的患者无人患胃癌，而没有胃底腺息肉的患者中有 178 人发现有胃癌。他们由此断定，胃底腺息肉与胃癌呈负相关。

以下哪项为真，最支持上述研究人员的断定？

A. 有胃底腺息肉的患者绝大多数没有家族癌症史。

B. 在研究人员研究的 10 万人中，50 岁以下的占大多数。

C. 在研究人员研究的 10 万人中，有胃底腺息肉的人仅占 34%。

D. 有胃底腺息肉的患者罹患萎缩性胃炎、胃溃疡的概率显著降低。

E. 胃内一旦有胃底腺息肉，往往意味着没有感染致癌物“幽门螺杆菌”。

6. 东部地区地方政府的平均财政收入远远高于西部地区地方政府，但财政支出却少得多。因为，仅仅去年，东部地区地方政府批准的财政支出项目平均是 177 个，而在西部地区，这一数字却是 323，接近东部地区的 2 倍。

以下哪项如果为真，最能质疑上述论证？

A. 不同的财政支出项目所涉及的财政支出额度是不同的，西部地区往往缺少大型的基建项目，因此平均每个财政支出项目的额度远小于东部地区。

B. 西部开发政策使西部地区的地方政府承担比东部更多的建设职能，因此，地方政府财政支出比较大。

C. 财政支出项目有许多涉及公务员的收入、福利等，东西部地方政府在这方面差距很大。

D. 政府的开支预算需要由人民代表大会来批准，不同地区人民代表大会与其政府的关系会影响到财政支出预算的批准。

E. 尽管存在一些差别，但是近年来，东西部地区地方政府收入都随着各地开发房地产的开发热潮而明显增多。

7. 我国多数软件开发工作者的“版权意识”十分淡薄，不懂得通过版权来保护自己的合法权益。最近对 500 多位软件开发者的调查表明，在制定开发计划时也同时制定了版权申请计划的仅占 20%。

以下哪项如果为真，最能削弱上述结论？

A. 制定了版权申请计划并不代表有很强的“版权意识”，是否有“版权意识”要看实践。

B. 有许多软件开发者事先没有制定版权申请计划，但在软件完成后申请了版权。

C. 有些软件开发者不知道应该到什么地方去申请版权，有些版权受理机构服务态度也不怎么样。

D. 版权意识的培养需要有一个好的法制环境，人们既要保护自己的版权，也要尊重他人的版权。

E. 在被调查的 500 多名软件开发者以外还有上万名计算机软件开发者，他们的“版权意识”如何，有待进一步调查。

8. “君问归期未有期，巴山夜雨涨秋池。何当共剪西窗烛，却话巴山夜雨时。”这首《夜雨寄北》是晚唐诗人李商隐的名作，一般认为这是一封“家书”，当时诗人身处巴蜀，妻子在长安，所以说“寄北”，但有学者提出，这首诗实际上是寄给友人的。

以下哪项如果为真，最能支持以上学者的观点？

A. 李商隐之妻王氏卒于大中五年，而该诗作于大中七年。

B. 明清小说戏曲中经常将家庭塾师或官员幕客称为“西席”“西宾”。

C. 唐代温庭筠的《舞衣曲》中有诗句“回颦笑语西窗客，星斗寥寥波脉脉”。

D. 该诗另一题为《夜雨寄内》，“寄内”即寄怀妻子。此说得到了许多人的认同。

E. “西窗”在古代专指客房、客厅，起自尊客于西的先秦古礼，并被后世习察日用。

9. 某研究团队研究了大约 4 万名中老年人的核磁共振成像数据、自我心理评估等资料，发现经常有孤独感的研究对象和没有孤独感的研究对象在大脑的默认网络区域存在着显著差异。默认网络是一组参与内心思考的大脑区域，这些内心思考包括回忆旧事、规划未来、想象等。孤独者大脑的默认网络联结更为紧密，其灰质容积更大。研究人员由此认为，大脑默认网络的结构和功能与孤独感存在正相关。

以下哪项如果为真，最能支持上述研究人员的观点？

A. 人们在回忆过去、假设当下或预想未来时会使用默认网络。

B. 有孤独感的人更多地使用想象、回忆过去和憧憬未来以克服社交隔离。

C. 感觉孤独的老年人出现认知衰退和患上痴呆症的风险更高，进而导致部分脑区萎缩。

D. 了解孤独感对大脑的影响，拓展我们在这个领域的认知，有助于减少当今社会的孤独现象。

E. 穹窿是把信号从海马体输送到默认网络的神经纤维束，在研究对象的大脑中，这种纤维束得到较好的保护。

10. 一个部落或种族在历史的发展中灭绝了，但它的文字会留传下来。“亚里洛”就是这样一种文字。考古学家是在内陆发现这种文字的。经研究“亚里洛”中没有表示“海”的文字，但有表示“冬”“雪”“狼”的文字。因此，专家们推测，使用“亚里洛”文字的部落或种族在历史上生活在远离海洋的寒冷地带。

以下哪项如果为真，最能削弱上述专家的推测？

A. 蒙古语中有表示“海”的文字，尽管古代蒙古人从没见过海。

B. “亚里洛”中有表示“鱼”的文字。

C. “亚里洛”中有表示“热”的文字。

D. “亚里洛”中没有表示“山”的文字。

E. “亚里洛”中没有表示“云”的文字。

11. 政府应该不允许烟草公司在其营业收入中扣除广告费用。这样的话，烟草公司将会缴纳更多的税金。它们只好提高自己的产品价格，而产品价格的提高正好可以起到减少烟草购买的作用。

以下哪个选项是上述论点的前提？

A. 烟草公司不可能降低其他方面的成本来抵消多缴的税金。

B. 如果它们需要付高额的税金，烟草公司将不再继续做广告。

C. 如果烟草公司不做广告，香烟的销售量将受到很大影响。

D. 政府从烟草公司的应税收入增加所得的收入将用于宣传吸烟的害处。

E. 烟草公司由此所增加的税金应该等于价格上涨所增加的盈利。

精点解析

1. 答案 C

解题步骤		
第一步	阅读问题指示，即削弱研究人员的建议。迅速从研究人员建议处发现论证结构。 前提：把所有的新产品的减震系统都设计得更“硬”一些。→结论：提高产品的销量。	
第二步	分析论证关系。前提强调的核心概念是“硬”，结论强调的核心概念是“销量”，故最好的削弱便是割裂“硬”与“销量”的关系。	
选项	**解释**	**结果**
A	选项强调的是“原来生产的轿车”，而题干强调的是“新产品”，属于无关选项。	淘汰
B	选项强调的论证关系是“刺激越大→越容易出事故”，对题干“硬”→“销量”关系作用不明。	淘汰
C	选项直接割裂了“硬”与“销量”的关系，力度最强。考生注意，“大多数”这个量度词，也增加了削弱的力度。	正确
D	选项指出“硬”有利于提高销量，有支持的作用。	淘汰
E	选项强调的论证关系是“刺激”无法提高“销量”，但不同于题干强调的“硬”与“销量”的关系；加上选项强调的“有的”，量度较弱，削弱的力度有限；再者选项强调的“年长者”，也缩小了论证的范围，也降低了削弱的力度。	淘汰

2. 答案 C

解题步骤		
第一步	支持观点题。根据“有专家建议”，找到本题专家观点。观点处有论证关系，直接针对论证关系分析便可。 观点：年轻人读书要先克服前 30 页的阅读痛苦，才能获得知识与快乐。	
第二步	解题预判：“前 30 页”“阅读痛苦”“知识与快乐”为本题观点的关键词。只有 C 项卡准了这几个关键词，并且与本题观点态度一致，并且解释了题干的观点，可秒选。	
选项	**解释**	**结果**
A	质疑。该项指出读书就是枯燥，“娱乐性学习”并不存在，说明没有快乐。与观点态度不一致。	淘汰
B	质疑。“即使读 30 页，也不会感到枯燥乏味”，与题干“要先克服前 30 页的阅读痛苦”态度不一致。	淘汰

（续）

选项	解释	结果
C	支持了题干的观点，且与题干态度一致。	正确
D	无关项。题干并未提到阅读是否有效以及有益处。	淘汰
E	质疑。该项指出了即使读完 30 页也不会让人快乐，与题干态度不一致。	淘汰

3. 答案 **A**

题干信息	锁定研究人员的观点，通过“利用”可判定本题属于“方法可行”的论证关系。 方法：利用超临界水作为特殊溶剂，水中的有机物和氧气可以在极短时间内完成氧化反应。 目的：彻底“秒杀”有机物。	
解题预判	紧扣“超临界水”“有机物”“秒杀”三个核心概念分析选项。	
选项	解释	结果
A	选项直接说明方法可行，支持。“超临界水”“有机物”“瞬间”紧扣题干论证核心概念。	正确
B	选项不涉及能否彻底“秒杀”有机物，态度不明确。	淘汰
C	选项说明要实现“秒杀”有机物的目的，还需要其他条件，有削弱的作用。	淘汰
D	选项不涉及能否“秒杀”有机物，态度不明确。	淘汰
E	选项不涉及能否“秒杀”有机物，态度不明确。	淘汰

4. 答案 **D**

题干信息	GCP 的观点：前提：2020 年汽车使用量下降了一半左右。→结论：2020 年的碳排放量同比下降了创纪录的 7%。	
解题预判	紧扣“汽车使用量”“碳排放量”核心概念分析选项。	
选项	解释	结果
A	选项不涉及“汽车使用量”对“碳排放量”的影响，故无法支持。	淘汰
B	选项不涉及题干论证关系，故选项属于无关选项。	淘汰
C	选项强调的是“《巴黎协定》”对于“碳排放量”的影响，不涉及“汽车使用量”对“碳排放量”的影响，故无法支持。	淘汰
D	选项指出“交通运输业”在“减少碳排放总量”中占比最大，也就是建立了“汽车使用量”与“碳排放量减少”的关系，支持的力度最强。	正确
E	选项以“2021 年”的情形，无法支持题干 2020 年状况。	淘汰

5. 答案 **E**

题干信息	前提差异：有胃底腺息肉的患者无人患胃癌（有则少）；没有胃底腺息肉的患者有 178 人患胃癌（无则多）。→结果差异：胃底腺息肉与胃癌呈负相关。	
解题预判	针对“胃底腺息肉”与“胃癌”“负相关”关系分析选项。	
选项	解释	结果
A	选项指出可能“存在他因”，很可能是没有家族遗传的因素使得有胃底腺息肉的患者没有患癌症，削弱研究人员的断定。	淘汰

（续）

选项	解释	结果
B	选项不涉及“患胃癌”的情况，故无法支持。	淘汰
C	选项不涉及“患胃癌”的情况，故无法支持。	淘汰
D	选项不涉及“患胃癌”的情况，故无法支持。	淘汰
E	选项直接搭桥构建关系，即：胃底腺息肉→没有幽门螺杆菌→不会致癌，直接指出二者呈现负相关，支持力度最强。	正确

6. 答案 A

解题步骤	
第一步	根据结构词“因为”，找到论证关系。 前提：东部地区批准的财政支出项目比西部少。→结论：东部地区的财政支出比西部少。
第二步	解题预判。前提核心概念强调的是“财政支出项目数量”，而结论核心概念强调的是“财政支出总额”，二者之间有明显区别，即：项目数量×单个项目的金额=支出总额。 故此时针对“概念不同”进行削弱力度最强。A 选项直接指出东部比西部单个项目的支出金额更大，尽管数量少，但支出总额仍然可能会比西部高，针对关系的削弱力度很强。再者，“远小于”这个量度词也增加了削弱的力度。而其余选项均不涉及论证关系，可快速淘汰。

7. 答案 B

解题步骤		
第一步	前提（事实）：在制定开发计划时也同时制定了版权申请计划的仅占 20%。→结论（评价）：软件开发工作者的“版权意识”十分淡薄。	
第二步	解题预判。前提核心概念强调的是“制定开发计划时同时制定版权申请计划”，结论强调的核心概念是“版权意识”，显然，题干论证关系并非是：“版权意识”→“制定版权申请计划”。 考生需注意前提核心概念中的范围限定词“制定开发计划时”，我们可迅速反应，考虑除“制定开发计划时”，其他时间段，如：制定开发计划后的版权意识状况。	
选项	**解释**	**结果**
A	选项扩大了题干的论证范围，考生注意，若题干信息中没有针对“在制定开发计划时”，故该选项实际未能涉及题干的论证关系。	淘汰
B	直接指出“在制定开发计划时没有同时制定了版权申请计划”不等于“版权意识淡薄”，完全可以在制定开发计划之后制定版权申请计划，削弱论证关系，力度最强。考生注意比较 A 项，深刻理解“概念”及其限定对论证的影响。	正确
C	选项指出版权开发者在维权时遇到的障碍，这与自身的“版权意识”无关。	淘汰
D	选项没有涉及题干论证。	淘汰
E	削弱的是背景信息，力度较弱，另“他们版权意识如何”，属于无态度选项，即没有对题干论证（特别是结论）明确表达意见。	淘汰

8. 答案 E

题干信息	学者的观点：李商隐的《夜雨寄北》是寄给友人的，而非寄给妻子的。	
解题预判	紧扣“友人”确定选项。	
选项	解释	结果
A	选项支持力度较弱，即便是妻子已经去世，但也可能写诗寄托哀思，故很难确定是否是寄给妻子的。	淘汰
B	明清小说戏曲中的约定与“唐朝”的习俗关系有待明确，故无法支持。	淘汰
C	选项与“寄北”所代表的含义无关。	淘汰
D	选项削弱题干结论，直接指出是寄给妻子的。	淘汰
E	选项通过“西窗”专指客房和客厅，并被后世沿用，直接说明“西窗”指的是“友人”，因为妻子不会使用客房、客厅，故选项支持力度最强。	正确

9. 答案 B

题干信息	前提：默认网络的内心思考包括回忆旧事、规划未来、想象等。→结论：大脑默认网络的结构和功能与孤独感存在正相关。	
解题预判	紧扣“默认网络”与“孤独感”的关系评价选项。	
选项	解释	结果
A	选项不涉及“孤独感”的相关信息，故对论证关系无法支持。	淘汰
B	选项直接搭桥建立关系，也就是指出更多使用“回忆旧事、规划未来、想象”，能克服社交隔离，进而更少孤独感，从而构建两个“核心概念”间的论证关系。	正确
C	选项不涉及“大脑默认网络的结构和功能”的相关信息，故无法支持。	淘汰
D	选项强调的是如何减少孤独感，而题干强调的是谁对“孤独感”的影响，属于无关选项。	淘汰
E	选项不涉及“孤独感”的相关信息，故无法支持。	淘汰

10. 答案 E

题干信息	前提：“亚里洛”没有表示“海”的文字，但有“冬”“雪”等文字。→结论：使用“亚里洛”文字的部落或种族历史上生活在远离海洋的寒冷地带。 题干论证的意图是“文字”反映“生活环境”。	
解题预判	本题难度在于没有直接构建核心概念间的关系，而且考查概念表层下隐藏的意图。	
选项	解释	结果
A	选项论证文字不能反映生活环境，但类比削弱，力度较弱。	淘汰
B	内陆也有鱼，因此不能削弱题干论证意图。	淘汰
C	“热”支持题干论证意图。	淘汰
D	选项指出没有“山”的文字，可能“亚里洛”的生活环境有山，也可能没山，故不能削弱题干论证意图。	淘汰
E	没有“云”显然是不符合自然规律的，任意气候地域都会有“云”，直接削弱题干论证意图。生活环境不能完全依赖文字反映，即是最强的削弱。	正确

11. 答案 **A**

解题步骤	
第一步	利用结构词"这样的话"，锁定题干论证结构。此时题干的论证关系可整理为： 禁止扣除广告费用 —①→ 公司缴纳更多税金 —②→ 只好产品提价 —③→ 减少烟草购买。
第二步	解题预判。本题的论证关系较多，共有三个，每个都可以作为考点。此时，考生应根据选项涉及的核心概念，来判断选项针对的论证关系，进而识别命题人意图。此技巧对于处理题干存在多个论证关系时，非常重要。
第三步	分析选项。A 选项核心概念有"税金"，涉及题干①或②论证关系，并且从题干"只好"出发，识别出该项为隐藏前提。B、C 选项不涉及题干论证（题干论证核心是广告费用）。D、E 选项论证主体是"政府"（注意，E 选项涉及税金，故主体可判定为政府），题干为"烟草公司"，故可视为无关选项。

第 16 招 把握态度，速选速行

技巧点拨 态度，即论证的观点、结论。选项的态度如果和题干一致（同步支持、或同步反对），则起支持作用，如题 1~4；相反，则起削弱作用，如题 5~9。

1. 瘦肉精是一种牲畜饲料添加剂的统称，现在主要指莱克多巴胺。它通过模拟肾上腺素的功能来抑制饲养动物的脂肪生长，从而增加瘦肉含量。从现实来看，食用瘦肉精含量极低的肉类仍是安全的，但科学还无法证明瘦肉精对人体完全无害。目前，全球有 160 多个国家禁止在本国销售含有瘦肉精的肉类。有专家就此指出，全球多数国家对莱克多巴胺采取零容忍政策，是一项正确合理的决策。
   以下哪项如果为真，最能支持上述专家的观点？
   A. 喂了瘦肉精的动物更容易疲劳、受伤，其死亡的概率也会增加。
   B. 目前，全球有 20 多个国家不允许在饲养中使用瘦肉精，但允许进口含有瘦肉精的肉类。
   C. 某国食品法典委员会规定，市场销售的肉类中莱克多巴胺的最高残留量不得超过亿分之一。
   D. 一项科学实验显示，摄入微量莱克多巴胺对人体无害，但该实验仅招募了 6 名志愿者，样本量严重不足。
   E. 如果允许瘦肉精合法使用，无法保证饲养者会严格按照使用指南喂养牲畜，而政府有关部门检查起来技术复杂、成本高昂。

2. 近年来，一些地方修改了本地见义勇为相关条例，强调对生命的敬畏和尊重，既肯定大义凛然、挺身而出的见义勇为，更鼓励和倡导科学、合法、正当的"见义智为"。有专家由此指出，从鼓励见义勇为到倡导"见义智为"，反映了社会价值观念的进步。
   以下各项如果为真，则除了哪项均能支持上述专家的观点？
   A. "见义智为"强调以人为本、合理施救，表明了科学理性、互帮互助的社会价值取向。
   B. 有时见义勇为需要专业技术知识，普通民众如果没有相应的知识，最好不要贸然行事，应及时报警求助。
   C. 所有的生命都是平等的，救人者与被救者都具有同等的生命价值，救人者的生命同样应得到尊重和爱护。

D. 我国中小学正在引导学生树立应对突发危机事件的正确观念，教育学生如何在保证自身安全的情况下“机智”救助他人。

E. 倡导“见义智为”容易给一些自私懦弱的人逃避社会责任制造借口，见死不救的惨痛案例可能会增多，社会道德水平可能因此而下滑。

3. 最近一项科学观测显示，太阳产生的带电粒子流即太阳风，含有数以千计的“滔天巨浪”，其时速会突然暴增，可能导致太阳磁场自行反转，甚至会对地球产生有害影响。但目前我们对太阳风的变化及其如何影响地球知之甚少。据此有专家指出，为了更好保护地球免受太阳风的影响，必须更新现有的研究模式，另辟蹊径研究太阳风。

以下哪项如果为真，最能支持上述专家的观点？

A. 最新观测结果不仅改变了天文学家对太阳风的看法，而且将改变其预测太空天气事件的能力。

B. 目前，根据标准太阳模型预测太阳风变化所获得的最新结果与实际观测相比，误差约为 10~20 倍。

C. 对太阳风的深入研究，将有助于防止太阳风大爆发时对地球的卫星和通信系统乃至地面电网造成的影响。

D. 太阳风里有许多携带能量的粒子和磁场，而这些磁场会发生意想不到的变化。

E. “高速”太阳风源于太阳南北极的大型日冕洞，而“低速”太阳风则来自太阳赤道上的较小日冕洞。

4. 酸奶作为一种健康食品，既营养丰富又美味可口，深受人们的喜爱，很多人饭后都不忘来杯酸奶。他们觉得，饭后喝杯酸奶能够解油腻、助消化。但近日有专家指出，饭后喝酸奶其实并不能帮助消化。

以下哪项如果为真，最能支持上述专家的观点？

A. 足量膳食纤维和维生素 B_1 被人体摄入后可有效促进肠胃蠕动，进而促进食物消化，但酸奶不含膳食纤维，维生素 B_1 的含量也不丰富。

B. 酸奶中的益生菌可以维持肠道消化系统的健康，但是这些菌群大多不耐酸，胃部的强酸环境会使其大部分失去活性。

C. 酸奶含有一定的糖分，吃饱了饭再喝酸奶会加重肠胃负担，同时也使身体增加额外的营养，容易导致肥胖。

D. 人体消化需要消化酶和有规律的肠胃运动，酸奶中没有消化酶，饮用酸奶也不能纠正无规律的肠胃运动。

E. 酸奶可以促进胃酸分泌，抑制有害菌在肠道内繁殖，有助于维持消化系统健康，对于食物消化能起到间接帮助作用。

5. 我国有些传统村落已有数百年历史，具有较高的历史文化价值。政府相继发布一批中国传统村落名录，对有些传统村落给予了有效的保护。但是，大量未纳入保护范围的传统村落仍处于放任自流的状态，其现状不容乐观。有专家就此指出，随着社会的快速发展和新生活方式的兴起，这些传统村落走向衰亡是一种必然趋势。

以下哪项如果为真，最能质疑上述专家的观点？

A. 中国拥有高度发达的农耕文明，乡土中国的精神和文化现在仍是我们文化身份、民族情感的重要来源。

B. 有些城里人自愿来到农村居住，他们养鸡种菜、耕读垂钓，全然不顾想去城市生活的乡邻们异样的眼光。

C. 欧洲国家在工业化、城市化进程中，对一些传统村落进行了较好的保护，使其乡村文化、乡村生活方式延续至今。

D. 我国有些传统村落虽未纳入保护名录，但也被重新规划、修缮，宜居程度显著提高，美丽乡村既留住了村民，也迎来了游客。

E. 基于资源、环境、公共服务等方面的考虑，某些地方开启乡村合并模式，部分传统村落已经消失在合并的过程中。

6. 近年来，网络美图和短视频热带动不少小众景点升温。然而许多网友发现，他们实地探访所见的小众景点与滤镜照片中的同一景点形成强烈反差，而且其中一些体验项目也不像网络宣传的那样有趣美好、物有所值。有专家就此建议，广大游客应远离小众景点，不给他们宰客的机会。

以下哪项如果为真，最能质疑上述专家的建议？

A. 有些专家的建议值得参考，而有些专家的建议则可能存在偏狭之处。

B. 旅游业做不了“一锤子买卖”，好口碑才是真正的“流量密码”，靠“照骗”出位无异于饮鸩止渴。

C. 一般来说，在拍照片或短视频时相机或手机会自动美化，拍摄对象也是拍摄者主观选取的局部风景。

D. 随着互联网全面进入“光影时代”，越来越多的景点通过网络营销模式进行推广和宣传，即使那些著名景点也不例外。

E. 如今很多乡村景点虽不出名，但他们尝试农旅结合，推出“住农家屋、采农家菜、吃农家饭”的乡村游项目，让游客在美丽乡村流连忘返。

7. 进入移动互联网时代，扫码点餐、在线挂号、网购车票、电子支付等智能化生活方式日益普及，人们的生活越来越便捷。然而，也有很多老年人因为不会使用智能手机等设备，无法进入菜场、超市和公园，也无法上网娱乐与购物，甚至在新冠疫情期间无法从手机中调出健康码而被拒绝乘坐公共交通。对此，某专家指出，社会在高速发展，不可能“慢”下来等老年人；老年人应该加强学习，跟上时代发展。

以下哪项如果为真，最能质疑该专家的观点？

A. 老年人也享有获得公共服务的权利，为他们保留老办法，提供传统服务，既是一种社会保障，更是一种社会公德。

B. 有些老年人学习能力较强，能够熟练使用多种电子产品，充分感受移动互联网时代的美好。

C. 目前中国有 2 亿多老年人，超 4 成的老年人存在智能手机使用障碍，仅会使用手机打电话。

D. 社会管理和服务不应只有一种模式，而应更加人性化和多样化，有些合理的生活方式理应得到尊重。

E. 有些老年人感觉自己被时代抛弃了，内心常常充斥着窘迫与挫败感，这容易导致他们与社会的加速脱离。

8. 当前，不少教育题材影视剧贴近社会现实，直击子女升学、出国留学、代际冲突等教育痛点，引发社会广泛关注。电视剧一阵风，剧外人急红眼，很多家长触“剧”生情，过度代入，焦虑情绪不断增加，引得家庭“鸡飞狗跳”，家庭与学校的关系不断紧张。有专家由此指出，这类教育影视剧只能贩卖焦虑，进一步激化社会冲突，对实现教育公平于事无补。

以下哪项如果为真，最能质疑上述专家的主张？

A. 当代社会教育资源客观上总是有限且分配不平衡，教育竞争不可避免。

B. 父母过度焦虑则导致孩子间暗自攀比，重则影响亲子关系、家庭和睦。

C. 教育影视剧一旦引发广泛关注，就会对国家教育政策走向产生重要影响。

D. 教育影视剧提醒学校应明确职责，不能对义务教育实行“家长承包制”。

E. 家长不应成为教育焦虑的“剧中人”，而应该用爱包容孩子的不完美。

9. 近年来，越来越多的机器人被用于在战场上执行侦察、运输、拆弹等任务，甚至将来冲锋陷阵的都不再是人，而是形形色色的机器人。人类战争正在经历自核武器诞生以来最深刻的革命。有专家据此分析指出，机器人战争技术的出现可以使人类远离危险，更安全、更有效率地实现战争目标。

以下哪项如果为真，最能质疑上述专家的观点？

A. 现代人类掌控机器人，但未来机器人可能会掌控人类。
B. 全球化时代的机器人战争技术要消耗更多资源，破坏生态环境。
C. 因不同国家之间军事科技实力的差距，机器人战争技术只会让部分国家远离危险。
D. 掌握机器人战争技术的国家为数不多，将来战争的发生更为频繁也更为血腥。
E. 机器人战争技术有助于摆脱以往大规模杀戮的血腥模式，从而让现代战争变得更为人道。

精点解析

1. 答案 E

解题步骤		
第一步	态度型支持题。根据“有专家就此指出”锁定专家观点。（注意：前面内容都为现象描述，为背景信息，并非论据。所以本题注意力集中在专家观点即可） 专家观点：全球多数国家对莱克多巴胺（瘦肉精）零容忍，是正确的决策。	
第二步	解题预判：紧扣“零容忍”的专家态度分析选项。快速锁定 E 项。	
选项	**解释**	**结果**
A	无关项。题干论述的是瘦肉精对人的危害，本项说明的是对动物的危害。	淘汰
B	态度不明确。题干明确的态度为“禁止食用瘦肉精”，而该项前半句说“不允许使用”，后半句说“允许进口”，非“零容忍”。	淘汰
C	无法支持。首先，该项“不超过亿分之一”≠“零容忍”，况且“某国”与题干范围不一致，数量太少。	淘汰
D	无法支持。“摄入微量多巴胺对人体无害”与题干“零容忍”态度不一致。	淘汰

2. 答案 E

解题步骤	
第一步	锁定专家的观点：从鼓励见义勇为到倡导“见义智为”，反映了社会价值观念的进步。
第二步	解题预判。E 选项指出倡导“见义智为”会导致社会道德水平下滑，与题干态度相反，不能支持；其余选项均与题干态度一致，能支持。故答案选 E。

3. 答案 B

题干信息	整体题干信息：根据结构词“为了”，可确定本题题型为“方法可行”类题型。 方法：必须更新现有的研究模式。→目的：更好保护地球免受太阳风的影响。	
解题预判	首先采用方法可行思路，即观察支持“方法→目的”的选项。根据选项设计，命题者紧扣“必须更新”这一态度设计选项，故选择与该论点匹配的选项。	
选项	**解释**	**结果**
A	选项不涉及专家态度。	淘汰
B	考生注意，由“必须”一词可将思路定位于“方法有必要”，即：①至今没有相应方法，故方法有必要；②至今，相应的方法尚不能很好地解决问题，故方法有必要。选项思路符合②。	正确

（续）

选项	解释	结果
C	选项指出“对太阳风深入研究的好处”，不涉及“题干态度必要性”。	淘汰
D	选项不涉及“题干态度必要性”，故不能支持。	淘汰
E	选项强调的是“太阳风形成的原因”，不涉及“题干态度必要性”，故不能支持。	淘汰

4. 答案 D

解题步骤		
第一步	明确专家的观点：饭后喝酸奶其实并不能帮助消化。	
第二步	紧盯专家观点，选择支持的选项。	
选项	**解释**	**结果**
A	维生素 B_1 的含量“不丰富”≠维生素 B_1“不足量”，故支持力度较弱。考生注意，论证关系与题干接近时，要严格去抓“量度词”所代表的力度。	淘汰
B	胃部的强酸环境会使“大部分”益生菌失去活性，不等于“所有”失去活性。另外，考生请理解 A、B 选项“不等于”的含义。	淘汰
C	选项与帮助消化无关，故支持力度较弱。	淘汰
D	选项指出人体消化的必要条件，酸奶均不具备，故支持力度最强。	正确
E	选项指出酸奶能帮助消化，削弱了专家的观点。	淘汰

5. 答案 D

解题步骤		
第一步	态度型削弱题。根据“有专家就此指出”锁定本题结论。（注意：前面内容都为客观现象描述，为背景信息。因此本题将注意力置于专家结论处即可，为典型态度题。） 专家观点：社会的快速发展和新生活方式会使传统村落走向衰亡成为必然趋势。	
第二步	解题预判：“新生活方式”“传统村落”“衰亡”是本题专家观点的关键词，正确选项须提到这几个关键词并与本题态度相反，即指出传统村落不会衰亡，反而可以进步、发展。可快速锁定 D 项。	
选项	**解释**	**结果**
A	无关项。“乡土精神”“民族情感”等与“传统村落”是否会衰亡没有必然关系。	淘汰
B	无态度选项。该项也未能明确指出传统村落是否会衰亡。而且，“有些城里人”，力度较弱。	淘汰
C	无关项。题干论证的是“我国”，该项说的是“欧洲”，论证主体不一致。	淘汰
D	削弱项。“重新规划、修缮”使得“留住村民，吸引游客”，即指出了新的生活方式不会让传统村落衰亡，甚至会得到发展，有力地质疑了题干观点。	正确
E	支持项。“消失在合并过程中”，说明传统村落确实会走向衰亡，支持了题干观点。	淘汰

6. 答案 **E**

解题步骤	
第一步	削弱观点题。根据“有专家就此建议”锁定专家论证。 论据：小众景点实地探访与滤镜照片形成强烈反差，体验项目不像网络宣传那样有趣美好。 论点：广大游客应远离小众景点。
第二步	解题预判：紧扣“远离”这一态度分析选项。
第三步	分析选项。

选项	解释	结果
A	无态度选项。该项对于专家的“建议”是否正确并没有明确态度。	淘汰
B	支持项。该项支持了题干的论据。	淘汰
C	无关项。该项指出的是拍的照片和视频为相机自动美化，主观选取，并非主观有意欺诈。但不管主观上是否有意，也改变不了客观上景点实地景色确实与照片存在巨大反差，该项无法削弱。	淘汰
D	无关项。题干论述的是“小众景点”，该项说的是“著名景点”。	淘汰
E	该项指出了小众景点虽然存在题干所说的问题，但也具备一些优势的乡村游项目，让游客流连忘返，有力质疑了结论中的“远离”和“宰客”，力度较强。	正确

7. 答案 **A**

题干信息	整理专家的观点：老年人应该加强学习（使用智能手机等设备），跟上时代发展（适应移动互联网的生活方式）。
解析预判	本题属于典型的“态度题”，考生紧扣态度与题干相反，即可削弱。

选项	解释	结果
A	选项指出老年人熟悉的传统方式需要保留，因此不用学习新的移动互联网的生活方式，与题干态度相反，直接削弱。	正确
B	选项指出，确实存在有的老年人是可以学习进步，跟上时代发展的，其他老年人应该向他们看齐，与题干的态度一致，支持。	淘汰
C	选项仅陈述了老年人不会使用手机的事实，但不涉及老年人是否应该改变现状，学习新的生活方式，态度不明确。	淘汰
D	选项指出“有些合理的生活方式理应得到尊重”，但题干强调的“老年人熟悉的传统生活方式”是否应当得到尊重，无法判断。	淘汰
E	选项仅指出有些老年人的心理状态和后果，与题干的态度无关。	淘汰

8. 答案 **C**

题干信息	专家的主张：教育类影视剧只能贩卖焦虑，对实现教育公平于事无补。	
解题预判	紧扣专家主张中的核心概念“教育影视剧”锁定选项 C、D，紧扣“实现教育公平”，淘汰 D。	
选项	**解释**	**结果**
A	选项没有针对题干的论证关系，也就是不涉及“教育类影视剧”对“实现教育公平”的影响，故无法削弱。	淘汰
B	选项强调的论证关系是：“父母焦虑”对“家庭和孩子”的影响，不涉及“对教育公平的影响”，故无法削弱。	淘汰
C	选项指出“教育影视剧”对“国家教育政策”产生重要影响，而“国家教育政策”可能对教育公平产生很大影响，因此选项能够说明“教育影视剧”能够影响教育公平，而非“于事无补”，直接削弱题干的论证关系。	**正确**
D	选项强调的是“教育影视剧”对“家长和学校责任划分”的影响，但不涉及题干的论证关系，故无法削弱。	淘汰
E	选项强调的是“家长应对教育焦虑的策略和态度”，但不涉及题干论证关系，故无法削弱。	淘汰

9. 答案 **D**

题干信息	整理题干论证关系 机器人战争技术的出现→使人类远离危险，更安全、更有效率地实现战争目标	
解题预判	紧扣核心概念，“远离危险”“更安全”锁定选项。	
选项	**解释**	**结果**
A	即使未来机器人掌握人类，结果如何？危险？安全？考生不能推测态度，通常此类选项（没有明确的态度）的削弱力度有限。	淘汰
B	“破坏生态环境”与专家观点中针对的结论无关。	淘汰
C	只让部分国家远离危险，并不意味着人类远离危险，支持或削弱力度有限。	淘汰
D	该项指出，（前提）掌握机器人技术的国家很少，（结论）战争更为频繁，更血腥。选项直接割裂题干论证关系。考生注意 C 与 D 项的比较，C 项的量度词部分国家拉低了选项削弱力度。	**正确**
E	支持专家的观点。	淘汰

第 17 招 特殊结构，程式化思路

技巧点拨

一、因果关系

因果关系是指一个事件（因）直接导致另一个事件（果）发生的关系。它不仅是时间上的先后顺序，更强调内在的作用机制。例如，吸烟（因）增加肺癌风险（果）。

1. 常见表示因果的标志词

（1）显性因果标志词

直接表达“原因→结果”关系的词汇或短语，通常分为两类：

①原因指向结果

词汇：

因此、所以、因而、于是、从而、故而、由此可见、正因如此

例：全球变暖导致冰川融化。

句式：

“由于 A，B 发生”：由于暴雨，道路被淹。

“A 的结果是 B”：坚持锻炼的结果是身体强壮。

②结果指向原因

词汇：

因为、由于、源于、归因于、鉴于、基于、起因于

例：森林火灾源于人为疏忽。

句式：

“之所以 B，是因为 A”：之所以迟到，是因为交通堵塞。

“B，因为 A”：植物枯萎，因为长期缺水。

（2）隐性因果标志词

不直接使用因果连词，但隐含因果逻辑的表达：

动词：促进、推动、抑制、削弱、加剧、改善、致使、导致、引发、造成、使得

例：新技术促进了生产效率的提升。

名词：根源、后果、影响、效应、诱因、导火索

例：过度捕捞是海洋生态破坏的根源。

2. 因果关系的削弱与支持

因果关系	支持	削弱
X→Y	因果不倒置：Y 不导致 X	因果倒置：Y→X
	排除他因：没有其他因素→Y	存在他因：其他因素→Y
	无因无果：没有 X 没有 Y	有因无果：有 X 无 Y
		有果无因：无 X 有 Y

3. 因果关系的评价力度

通常支持没有力度区别，削弱力度排序如下：因果倒置>存在他因>有因无果>有果无因。

（续）

技巧点拨	二、方法可行 方法可行是指一个事件（方法）是否引起另一个事件（目的）发生的关联性。 1. 常见结构词 通过、凭借、依靠（表手段→结果）：通过练习，他掌握了技能。 为了、以便、以免（表行为→目的）：为了健康，她开始锻炼。 2. 方法可行性问题。评价时可考虑：（1）方法能否找得到；（2）方法是否有效，能否达到目的。特别要关注“目的”，选项有“目的”指向的，可优先考虑。如题 9~10。 3. 方法必要性问题。评价时主要考虑方法是否有必要。如题 11~12。 4. 方法可行转化为因果关系进行分析。评价时需将“方法”转化为“因”，“目的”转化为“果”。如题 13~14。

1. 近年来，立氏化妆品的销量有了明显的增长，同时，该品牌用于广告的费用也有同样明显的增长。业内人士认为，立氏化妆品销量的增长，得益于其广告的促销作用。
以下哪项如果为真，最能削弱上述结论？
A. 立氏化妆品的广告费用，并不多于其他化妆品。
B. 立氏化妆品的购买者中，很少有人注意到该品牌的广告。
C. 注意到立氏化妆品广告的人中，很少有人购买该产品。
D. 消协收到的对立氏化妆品的质量投诉，多于其他化妆品。
E. 近年来，化妆品的销售总量有明显增长。

2. 一项调查显示，某班参加挑战杯比赛的同学与那些未参加此项比赛的同学相比，学习成绩一直保持较高的水平。此项调查得出结论：挑战杯比赛通过开拓学生的视野，增加学生的学习兴趣，激发学生的创造潜力，有效地提高了学生的学习成绩。
以下哪项如果为真，最能加强上述调查结论的说服力？
A. 没有参加挑战杯比赛的同学如果通过其他活动开拓视野，也能获得好成绩。
B. 整天在课室内读书而不参加课外科技活动的学生，他们的视野、学习兴趣和创造力都会受到影响。
C. 没有参加挑战杯比赛的同学大都学习很努力。
D. 参加挑战杯比赛并不以学习成绩好为条件。
E. 参加挑战杯比赛的同学约占全班的半数。

3. 补充胶原蛋白已经成为当下很多女性抗衰老的手段之一。她们认为：吃猪蹄能够补充胶原蛋白，为了美容养颜，最好多吃些猪蹄。近日有些专家对此表示质疑，他们认为多吃猪蹄其实并不能补充胶原蛋白。
以下哪项如果为真，最能质疑上述专家的观点？
A. 猪蹄中的胶原蛋白会被人体的消化系统分解，不会直接以胶原蛋白的形态补充到皮肤中。
B. 人们在日常生活中摄入的优质蛋白和水果、蔬菜中的营养物质，足以提供人体所需的胶原蛋白。
C. 猪蹄中胶原蛋白的含量并不多，但胆固醇含量高、脂肪多，食用过多会引起肥胖，还会增加患高血压的风险。
D. 猪蹄中的胶原蛋白经过人体消化后会被分解成氨基酸等物质，氨基酸参与人体生理活动，再合成人体必需的胶原蛋白等多种蛋白质。
E. 胶原蛋白是人体皮肤、骨骼和肌腱中的主要结构蛋白，它填充在真皮之间，撑起皮肤组织，增加皮肤紧密度，使皮肤水润而富有弹性。

4. 一般认为，出生地间隔较远的夫妻所生子女的智商较高。有资料显示，夫妻均是本地人，其所生子女的平均智商为 102.45；夫妻是省内异地的，其所生子女的平均智商为 106.17；而隔省婚配的，其所生子女的智商则高达 109.35。因此，异地通婚可提高下一代的智商水平。
以下哪项如果为真，最能削弱上述结论？
A. 统计孩子平均智商的样本数量不够多。
B. 不难发现，一些天才儿童的父母均是本地人。
C. 不难发现，一些低智商儿童的父母的出生地间隔较远。
D. 能够异地通婚者是智商比较高的，他们自身的高智商促成了异地通婚。
E. 一些情况下，夫妻双方出生地间隔很远，但他们的基因可能接近。

5. 某国统计发现，该国 18 岁到 24 岁之间的年轻人和父母居住在一起的百分比从 2010 年的 48% 上升到 2020 年的 53%。某学者指出，这很可能是由于在 2020 年这个年龄组的人更加难以负担独立生活。
该学者的论证依赖以下哪个假设？
A. 这个年龄组中不能够自己养活自己的人宁愿与他们的同龄人居住在一起，而不是父母。
B. 这个年龄组的人不是因为父母年老希望他们与自己住在一起的。
C. 与父母居住在一起的这个年龄组的人对于家庭花费不做任何补偿。
D. 在 2010 年至 2020 年间，适合于单身生活的出租房屋的数目下降了。
E. 这个年龄组的有些人，尽管在调查期间与父母居住在一起，但在此之前是独立生活的。

6. 随着互联网的飞速发展，足不出户购买自己心仪的商品已经成为现实。即使在经济发展水平较低的国家和地区，人们也可以通过网络购物来满足自己对物质生活的追求。
以下哪项最能质疑上述观点？
A. 随着网购销售额的增长，相关税费也会随之增加。
B. 即使在没有网络的时代，人们一样可以通过实体店购买心仪的商品。
C. 网络上的商品展示不能完全反映真实情况。
D. 便捷的网络购物可能耗费人们更多的时间和精力，影响人们的交流。
E. 人们对物质生活追求的满足仅仅取决于所在地区的经济发展水平。

7. 科学家发现，一种名为“SK3”的蛋白质在不同年龄的实验鼠脑部的含量与其记忆能力密切相关：老年实验鼠脑部 SK3 蛋白质的含量较高，年轻实验鼠含量较少；而老年实验鼠的记忆力比年轻实验鼠差。因此，科学家认为，脑部 SK3 蛋白质含量增加会导致实验鼠记忆力衰退。
以下哪项如果为真，最能支持科学家的结论？
A. 在年轻的实验鼠中，也发现脑部 SK3 蛋白质含量较高的情况。
B. 已经发现人类的脑部也含有 SK3 蛋白质。
C. 当科学家设法降低老年实验鼠脑部 SK3 蛋白质的含量后，它们的记忆力出现了好转。
D. 科学家已经弄清了 SK3 蛋白质的分子结构。
E. 实验鼠随着年龄的增长，脑部 SK3 蛋白质的含量不断增加。

8. 在我国北方严寒冬季的夜晚，车辆前挡风玻璃会因低温而结冰霜。第二天对车辆发动预热后玻璃上的冰霜会很快融化。何宁对此不解，李军解释道：因为车辆仅有除霜孔位于前挡风玻璃，而车辆预热后除霜孔完全开启，因此，是开启除霜孔使车辆玻璃冰霜融化。
以下哪项为真，最能质疑李军对车辆玻璃迅速融化的解释？
A. 车辆一侧玻璃窗没有出现冰霜现象。
B. 尽管车尾玻璃窗没有除霜孔，其玻璃上的冰霜融化速度与前挡风玻璃没有差别。
C. 吹在车辆玻璃上的空气气温增加，其冰霜的融化速度也会增加。
D. 车辆前挡风玻璃除霜孔的暖气流排出后可能很快冷却。
E. 即使启用车内空调暖风功能，除霜孔的功能也不能被取代。

9. 某市私家车泛滥，加重了该市的空气污染，并且在早高峰和晚高峰期间常常造成多个路段出现严重的拥堵现象。为了解决这一问题，该市政府决定对私家车实行全天候单、双号限行，即奇数日只允许尾号为单数的私家车出行，偶数日只允许尾号为双数的私家车出行。

以下哪项最能质疑该市政府的决定？

A. 该市有一家大型汽车生产企业，限行令必将影响该企业的汽车销售。

B. 该市私家车拥有者一般都有两辆或者两辆以上的私家车。

C. 该市私家车车主一般都比较富有，他们不在乎违规罚款。

D. 该市正在大力发展轨道交通，这将有助于克服拥堵现象。

E. 私家车的运行是该市的税收来源之一，税收减少将影响公共交通的进一步改善。

10. 有专家指出，我国城市规划缺少必要的气象论证，城市的高楼建得高耸而密集，阻碍了城市的通风循环。有关资料显示，近几年国内许多城市的平均风速已下降10%。风速下降，意味着大气扩散能力减弱，导致大气污染物滞留时间延长，易形成雾霾天气和热岛效应。为此，有专家提出建立“城市风道”的设想，即在城市里建造几条畅通的通风走廊，让风在城市中更加自由地进出，促进城市空气的更新循环。

以下哪项如果为真，最能支持上述建立“城市风道”的设想？

A. 城市风道形成的“穿街风”，对建筑物的安全影响不大。

B. 风从八方来，“城市风道”的设想过于主观和随意。

C. 有风道但没有风，就会让城市风道成为无用的摆设。

D. 有些城市已拥有建立“城市风道”的天然基础。

E. 城市风道不仅有利于“驱霾”，还有利于散热。

11. 番茄红素、谷胱甘肽、谷氨酰胺是有效的抗氧化剂，这些抗氧化剂可以中和人体内新陈代谢所产生的自由基。体内自由基过量会加速细胞的损伤从而加速人的衰老。因而为了延缓衰老，人们必须在每天饮食中添加这些抗氧化剂。

以下哪项如果为真，最能削弱上述论证？

A. 体内自由基不是造成人衰老的唯一原因。

B. 每天参加运动可有效中和甚至清除体内的自由基。

C. 抗氧化剂的价格普遍偏高，大部分消费者难以承受。

D. 缺乏锻炼的超重者在体内极易出现自由基过量。

E. 吸烟是导致体内细胞损伤的主要原因之一。

12. 当奶油中的脂肪被认为是有营养的和有益健康时，国家就颁布了一条法律，要求所有的生产商使用“仿制奶油”的术语来说明他们的被水稀释的奶油中的奶油脂肪含量。今天，众所周知，奶油脂肪中较高的胆固醇含量使其有害于人类健康。既然鼓励公众吃低奶油脂肪含量而不是高奶油脂肪含量的食物，既然“仿制”一词所具有的假的含义阻止了人们购买那些希望降低奶油脂肪含量的厂家生产的如此命名的产品，就应该使用更具吸引力的名字，“清淡奶油”。

下面哪项如果正确，最能驳斥以上论述？

A. 喜欢用“清淡”一词代替“仿制”的厂商主要是被他们股东的财政上的利益所驱使。

B. 希望用“清淡奶油”称呼他们的产品的厂商计划改变他们产品的成分，以使它比现在含有更多的水分。

C. 一些需要减少胆固醇摄入量的人，并不因为稀释奶油产品具有“仿制”一词的负面含义而停止其购买。

D. 胆固醇仅是导致多种通常与过量消耗胆固醇相联系的健康问题的多种因素之一。

E. 大多数因“仿制奶油”的名字而不敢吃“仿制奶油”的人选择使用的替代品中的奶油含量比“仿制奶油”低。

13. 美国的一些科学家经过研究发现，有过暴力犯罪的人其基因较没有犯过罪的人有缺陷。因此，对暴力犯罪不应给予法律制裁而应通过基因工程加以解决。

上述结论以下列哪项补充假设作为前提？

A. 基因缺陷是造成犯罪的原因。

B. 基因缺陷与造成暴力犯罪有必然的因果关系。

C. 基因工程可以修复人的基因。

D. 科学家发现的只是一种巧合的联系。

E. 法律制裁在解决犯罪问题上有不容忽视的作用。

14. 研究人员报告说，一项超过 1 万名 70 岁以上老人参与的调查显示，每天睡眠时间超过 9 小时或少于 5 小时的人，他们的平均认知水平低于每天睡眠时间为 7 小时左右的人。研究人员据此认为，要改善老年人的认知能力，必须使用相关工具检测他们的睡眠时间，并对睡眠进行干预，使其保持适当的睡眠时间。

以下哪项如果为真，最能质疑上述研究人员的观点？

A. 尚没有专业的医疗器具可以检测人的睡眠时间。

B. 每天睡眠时间为 7 小时左右的都是 70 岁以上的老人。

C. 每天睡眠时间超过 9 小时或少于 5 小时的都是 80 岁以上的老人。

D. 70 岁以上的老人一旦醒来就很难再睡着。

E. 70 岁以上的老人中，有一半以上失去了配偶。

精点解析

1. 答案 C

<table>
<tr><td>题干信息</td><td colspan="2">根据结构词“得益于”，将题干锁定为“因果关系”。“因”：广告的促销→“果”：立氏化妆品销量的增长。</td></tr>
<tr><td>解题预判</td><td colspan="2">根据选项设计的因果关系，判断对题干的作用及力度，注意比较 B、C 解析，从而理解本知识点。</td></tr>
<tr><td>选项</td><td>解释</td><td>结果</td></tr>
<tr><td>A</td><td>选项不能削弱题干论证，立氏化妆品的广告费用不多于其他化妆品，并不意味着立氏化妆品广告费不高（考生理解一下），更不能削弱广告促销对产品销量的影响。</td><td>淘汰</td></tr>
<tr><td>B</td><td>选项是无因有果，但是“很少有人注意到广告”≠“广告没作用”，削弱力度有限。</td><td>淘汰</td></tr>
<tr><td>C</td><td>选项直接割裂了因果关系，说明广告并没有多大的作用（有因无果），力度最强。考生比较一下“有因无果”和“无因有果”，即 C、B 两项削弱力度。</td><td>正确</td></tr>
<tr><td>D</td><td>选项指出质量投诉多于其他化妆品，不意味着立氏化妆品的质量投诉绝对数量就很多，也不能削弱题干因果关系。</td><td>淘汰</td></tr>
<tr><td>E</td><td>他因削弱，“化妆品销量总量增长”，不排除本因“广告促销”作用，不如 C 选项割裂关系力度更强。未排除本因的他因，力度弱于割裂因果的 C 项：有因无果。</td><td>淘汰</td></tr>
</table>

2. 答案 D

题干信息	根据结论中的“有效地”可确定本题为“因果关系”的论证结构。 参加挑战杯比赛（因）→学习成绩好（果）。
解题预判	根据选项构建关系与题干关系比较。

（续）

选项	解释	结果
A	选项属于“无因有果”的削弱，“也能”则含有未排除本因的意向。	淘汰
B	选项近似“无因无果”，支持题干论证，但不涉及结论核心概念“学习成绩”，态度不明确。	淘汰
C	选项态度不明确，很努力≠成绩好，态度不明确。	淘汰
D	参加挑战杯不以学习成绩好为条件，说明学习成绩好不是参加挑战杯的原因，保证了果不导致因，即因果不倒置，是最强的支持。	正确
E	选项与题干的因果关系无关。	淘汰

3. 答案 **D**

题干信息	专家的观点：吃猪蹄并不能补充胶原蛋白，即“猪蹄”与“胶原蛋白”因果无关。	
解题预判	题干是割裂因果关系，质疑项则构建因果关系。专家的观点属于“因果无关”的表述，故优先利用“因果相关”去质疑。	
选项	**解释**	**结果**
A	选项支持题干专家的观点，也就是吃猪蹄不会补充胶原蛋白。	淘汰
B	选项不涉及“吃猪蹄”对于胶原蛋白的影响，属于无关选项。	淘汰
C	选项指出猪蹄中的胶原蛋白的量不多，但是否可以被人体所吸收，进而补充胶原蛋白呢？选项属于无态度选项。	淘汰
D	选项指出“吃猪蹄”能够帮助人体补充“胶原蛋白”，直接指出因果相关，削弱力度最强。	正确
E	选项不涉及“吃猪蹄”对于胶原蛋白的影响，属于无关选项。	淘汰

4. 答案 **D**

题干信息	根据结构词“因此”，找准论证结构。题干从事实关系中得出观点，但观点处有论证关系，故可优先分析该论证关系，即：异地通婚（因）→提高下一代的智商水平（果）。	
解题预判	针对题干论证关系，按照相关技巧，割裂关系。	
选项	**解释**	**结果**
A	质疑样本量，相当于质疑背景信息，其力度较弱。	淘汰
B	选项指出无因有果，但“一些”这个量度词力度不强，故削弱力度有限。	淘汰
C	选项指出有因无果，但“一些”这个量度词力度不强，故削弱力度有限。	淘汰
D	选项指出题干“致果为因”（即一个原因导致两个不同结果，把其中一个结果当成另一个结果的原因，属于致果为因），说明很可能是：高智商<（下一代智商高；异地通婚），即异地通婚和下一代智商高，都是高智商导致的结果，进而割裂题干的因果关系，削弱力度最强。	正确
E	基因接近，对下一代智商水平影响如何，缺少合理的逻辑关系，故选项态度不明确。	淘汰

5. 答案 B

题干信息	论证关系为：年轻人难以负担独立生活（因）→和父母居住在一起的比例上升（果）。	
解题预判	根据应试技巧，选择对应的割裂因果关系选项。	
选项	解释	结果
A	选项指出年轻人不愿意跟父母住在一起，削弱结论。	淘汰
B	选项属于排除他因。考生试想，若“父母年老希望孩子与自己住在一起（他因）→和父母居住在一起的比例上升（果）”，此时便削弱了题干的因果关系，故选项便是很好的假设。	正确
C	“不做补偿”≠难以负担生活，选项态度不明确。	淘汰
D	选项指出了“存在他因”，即“出租房数量减少（他因）→和父母居住在一起的比例上升（果）”，削弱题干论证关系。	淘汰
E	选项针对结论，但态度不明确。	淘汰

6. 答案 E

题干信息	题干观点：网络购物（因）→满足人们对物质生活的追求（果）。	
解题预判	根据割裂因果方法，判断选项。	
选项	解释	结果
A	选项与题干论证无关。	淘汰
B	选项属于“他因削弱”，但与 D 项比力度较弱，因为选项并没有否定“网络购物”的作用。注意“一样”一词相当于支持网络购物。该项属于典型的“未排除本因”。	淘汰
C	选项与题干论证无关。	淘汰
D	选项与题干论证无关。	淘汰
E	选项否定了“网络购物”与“满足人们对物质生活的追求”的关系。考生注意：“存在他因”含义有二：①根本不是原因，有其他原因；②是原因，但不充分，还有其他原因。显然①完全否定论证关系，②的力度弱于①。该选项为典型的“排除本因的他因”，考生可结合选项 B，认真理解。	正确

7. 答案 C

题干信息	根据结论中的结构词“导致”，可确定本题“因果关系”的论证结构： 实验鼠脑部 SK3 蛋白质含量增加（因）→实验鼠记忆力衰退（果）。	
解题预判	根据支持因果方法，判断选项。	
选项	解释	结果
A	该项属于个例削弱，不能支持题干结论。	淘汰
B	没有涉及结论处论证关系，故不能支持结论。	淘汰
C	老年鼠 SK3 含量降低后，记忆力产生好转。该项属于“无因无果”，支持题干结论。	正确

（续）

选项	解释	结果
D	明显无关选项，不能对结论起到支持作用。	淘汰
E	“随着年龄的增加，SK3 的含量不断增加”对题干的一部分信息起到支持的作用，但该项未涉及“记忆力”，即无态度选项，故不能支持结论。	淘汰

8. 答案 **B**

题干信息	根据结构词“因此”，找准李军的论证结构。 分析李军的论证结构可知，李军的论证属于因果关系，即：开启除霜孔（因）→使车辆玻璃冰霜融化（果）。	
解题预判	根据削弱因果方法，判断选项。	
选项	**解释**	**结果**
A	与题干论证的因果关系无关。	淘汰
B	没有除霜孔，产生了一样的结果，采用“无因有果”方法割裂因果关系，力度较强。	**正确**
C	选项指出存在他因，即温度增加会增加冰霜融化的速度，并不能否认除霜孔的作用，未排除本因，故削弱力度有限。	淘汰
D	无法从选项判断冰霜是否融化，选项态度不明确，故削弱力度有限。	淘汰
E	选项支持了题干中的结论。	淘汰

9. 答案 **B**

题干信息	根据“为了”确定本题属于“方法可行”的论证结构。 方法：对私家车实行全天候单、双号限行。→目的：解决私家车泛滥导致的多个路段拥堵。	
解题预判	本题的“目的”有明确的指向性，即私家车造成的拥堵是否能够解决是评价的关键。根据“方法可行”削弱方法选择选项。	
选项	**解释**	**结果**
A	选项不针对题干论证关系，无法判断方法是否可行。	淘汰
B	说明方法不可行，无法解决私家车泛滥。选项直接割裂假设，即车主拥有不只一辆车，即便“限号”，也无法“限车”上路。（考生注意：思考选项，不能极端设计，比如有考生考虑，如果私家车主的多辆车尾号一样呢？这种概率是多少？你可以自己算算！）	**正确**
C	“不在乎罚款”没有针对题干论证关系，题干提出的方法并非是“罚款”。考生不要主观臆断。	淘汰
D	用其他方法来解决这一问题，并不能否定题干中的方法对于目的的可行性。	淘汰
E	影响公共交通的进一步改善，未能质疑题干目的是否可行，题干解决问题是“私家车泛滥”，考生要紧扣这一目的。	淘汰

10. 答案 E

题干信息	根据“提出……设想”确定本题属于“方法可行”的论证结构。 方法：在城市里建造通风走廊。→目的：解决雾霾天气和热岛效应。	
解题预判	本题的“目的”有明确的指向性，即雾霾天气和热岛效应是否能够解决是评价的关键。	
选项	**解释**	**结果**
A	“建筑物是否安全”与目的无关。	淘汰
B	选项指出“方法不可行”，削弱论证关系。	淘汰
C	选项指出“方法有缺陷”，即是否可行还需要考虑其他因素，削弱论证关系。	淘汰
D	有“天然基础”，也未必有建城市风道的必要。	淘汰
E	选项直接指出方法可行，即目的能有效实现，最能支持。	正确

11. 答案 B

	解题步骤
第一步	通过结构词“为了”，可锁定本题属于“方法可行”类试题。整理论证关系为： 方法：必须在每天饮食中添加能中和人体内自由基的抗氧化剂。 目的：延缓衰老。
第二步	解题预判。由于在方法中强调了“必须”，那么此时就属于方法必要性问题，此时削弱的思路便是方法不必要，可采用其他方法，故答案选 B。选项 A 迷惑性较大，考生试想，即便自由基不是唯一原因，未否认其是原因的可能性，针对原因，方法亦可行，削弱力度较小。

12. 答案 E

题干信息	方法：使用更具吸引力的名字——“清淡奶油”。→目的：鼓励公众吃低奶油脂肪含量而不是高奶油脂肪含量的食物。	
解题预判	根据结构词“应该……”，本题可归为“方法可行”类削弱试题，按照削弱方法判断选项。	
选项	**解释**	**结果**
A	选项不能削弱，题干论证的是奶油的名字对于公众态度的影响，而不涉及厂商的态度。	淘汰
B	选项不涉及奶油脂肪含量的多少，与题干论证无关。	淘汰
C	选项削弱力度较弱，一些人不会因为名字停止购买行为不能说明其他人是否会因为名字停止购买行为，说明改名字的方法只适用于部分人群。考生注意，方法有缺陷的削弱力度小于方法不可行，毕竟后者直接涉及论证关系。	淘汰
D	选项不涉及奶油脂肪含量的多少，与题干论证无关。	淘汰
E	不用改名，人们也会选择奶油含量更低的产品，目的完全可以实现，即方法无必要。直接削弱论证关系，力度最强。	正确

13. 答案 **C**

题干信息	方法：利用基因工程改变人的基因。目的：解决暴力犯罪。	
解题预判	观察题干结构词“通过……加以解决”可判定本题属于方法可行类问题。根据题型，判断选项。	
选项	**解释**	**结果**
A	题干论证的是暴力犯罪，而不是犯罪，考生注意核心词。	淘汰
B	选项过度假设，只需要证明暴力犯罪和基因二者之间存在相关性即可，不需要保证必然存在因果关系。	淘汰
C	需要假设，保证题干方法可行。如果基因工程不能解决基因缺陷导致的暴力犯罪，那么基因工程和解决暴力犯罪的关系就不成立。	正确
D	选项质疑题干论证，说明基因缺陷和暴力犯罪的因果关系不成立，那么通过基因工程解决基因缺陷进而解决暴力犯罪就更是无从谈起了。	淘汰
E	选项试图说明“方法达不到目的”，即如果没有法律制裁，单靠基因工程也无法解决暴力犯罪问题，但选项扩大了题干的论证范围（题干核心词为“暴力犯罪”，而非犯罪），故其削弱力度有限。	淘汰

14. 答案 **C**

题干信息	方法：①必须使用相关工具检测他们的睡眠时间；②对睡眠进行干预，使其保持适当的睡眠时间。 目的：改善老年人的认知能力。	
解题预判	通过结构词“要……必须……”可判定本题属于方法可行类问题。针对题型，判断选项。	
选项	**解释**	**结果**
A	选项迷惑性较大，考生试想，不用“专业医疗器具”，而是就用“普通工具”检测是否可以呢？如果可以，那么专业医疗器具就并非必要，很难起到削弱的作用。	淘汰
B	选项与题干论证无关。	淘汰
C	选项指出了存在他因，此时题干的“方法可行”问题转化成了“因果关系”问题，故此时题干的论证关系为：睡眠时间过长或过短（因）→老年人的认知能力差（果）。该选项恰好指出是由于“年龄更大”导致认知能力差，存在他因，很有力地削弱了题干的论证关系。	正确
D	该选项看似在针对方法②，但考生试想，“醒来就很难睡着”，那么睡眠时长如何？睡了多久之后醒来的呢？无从得知，故对题干的削弱力度有限。	淘汰
E	选项与题干论证无关。	淘汰

第 18 招 干扰选项，原则定准

技巧点拨

一、同一律就近原则

1. 紧扣核心概念。选择正确选项时，优先考虑选项“核心概念”与题干保持一致的。如题 1。
2. 紧扣论证的话题。选择正确选项时，优先考虑选项涉及话题与题干话题一致的。如题 2。

二、态度明确原则

1. 区分有无态度。选项结论未能表达题干结论，可视为无态度选项。如题 3。
2. 紧扣态度。态度指选项对题干结论的针对性，若选项中论证直接表达题干结论，可视为态度明确。选项中若无直接表达题干结论，则和题干结论越接近者可视为态度明确。如题 4~5。

三、量度改变力度原则

准确识别论证逻辑试题中的“限定词”，能够通过限定词表达的范围和程度来区分选项对题干评价的力度。如题 6。

1. 某市推出一项月度社会公益活动，市民报名踊跃。由于活动规模有限，主办方决定通过摇号抽签的方式选择参与者。第一个月中签率为 1∶20，随后连创新低，到下半年的 10 月份已达 1∶70，大多数市民屡摇不中，但从今年 7 月到 10 月，“李祥”这个名字连续 4 个月中签，不少市民据此认为有人作弊，并对主办方提出质疑。

以下哪项如果为真，最能消除市民质疑？

A. 已经中签的申请者中，叫“张磊”的有 7 人。
B. 曾有一段时间，家长给孩子取名不回避重名。
C. 在报名市民中，名叫“李祥”的近 300 人。
D. 摇号抽签全过程是在有关部门监督下进行的。
E. 在摇号系统中，每一位申请人都被随机赋予了一个不重复的编码。

2. 为迎接 APEC 会议的召开，北京、天津、河北等地实施“APEC 治理模式”，采取了有史以来最严格的减排措施。果然，令人心醉的“APEC 蓝”出现了。然而，随着会议的结束，“APEC 蓝”也渐渐消失了。对此，有些人士表示困惑，既然政府能在短期内实施“APEC 治理模式”取得良好效果，为什么不将这一模式长期坚持下去呢？

以下哪项如果为真，最能解释人们的困惑？

A. 短期严格的减排措施只能是权宜之计，大气污染治理仍需从长计议。
B. 如果 APEC 会议期间北京雾霾频发，就会影响我们国家的形象。
C. 任何环境治理都需要付出代价，关键在于付出的代价是否超出收益。
D. 如果近期将“APEC 治理模式”常态化，将会严重影响地方经济和社会的发展。
E. 最严格的减排措施在落实过程中已产生很多难以解决的实际困难。

3. 要求60个成年人对他们的饮食记日记，日记的内容包括他们吃什么、在什么时候以及和多少人一起吃。结果发现，他们在含有酒精饮料的饮食中从非酒精类食物来源中摄入的热量，比他们在不含酒精饮料的饮食中摄入的热量多175卡。

以下哪项如果为真，最有助于解释摄入的热量的不同？

A. 就餐者在有酒时吃饭用的时间比没酒时用的时间长。

B. 一天中，吃得较晚的饭倾向于比吃得较早的饭丰富，且吃得较晚的饭包含酒的可能性大。

C. 在一餐饭中，吃饭的人越多，人吃得就越多。而且倾向于桌上有酒，吃饭的人就多；桌上没酒，吃饭的人就少。

D. 那些精心制作的且最具吸引力的饭菜倾向于与含有酒精的饮料同时提供。

E. 在有酒的饭菜中，总的热量摄入中有相对较多的热量来自碳水化合物，相对较少的热量来自脂肪和蛋白质。

4. “节食族”是指那些早餐吃水果、午餐吃蔬菜，几乎不吃高热量食物的人。在这个物品丰盛的时代，过度节食，就像把一个5岁的孩子带进糖果店，却告诉他只能吃一个果冻。营养专家指出，这种做法既不科学也不合乎情理。

如果以下哪项陈述为真，能给专家的观点以最有力的支持？

A. 科学家发现，使老鼠的卡路里摄入量减少30%，就会降低老鼠罹患癌症的可能性。

B. 科学家发现，采用限制卡路里的饮食方法，可以降低血压，减少动脉栓塞的可能性。

C. 有专家警告说，限制卡路里的摄入，有造成骨质疏松和生育困难的风险。

D. 冲绳岛是世界上百岁老人比例最高的地区，那里的居民信奉“八分饱”的饮食哲学。

E. 科学家发现，经常让肠胃保持一定的空间有助于增强肠胃动力，提高免疫力。

5. 英国有家小酒馆采取客人吃饭付费“随便给”的做法，即让顾客享用葡萄酒、蟹柳及三文鱼等美食后，自己决定付账金额。大多数顾客均以公平或慷慨的态度结账，实际金额比那些酒水菜肴本来的价格高出20%。该酒馆老板另有4家酒馆，而这4家酒馆每周的利润与付账“随便给”的酒馆相比少5%。这位老板因此认为，“随便给”的营销策略很成功。

以下哪项如果为真，最能解释老板营销策略的成功？

A. 部分顾客希望自己看上去有教养，愿意掏足够甚至更多的钱。

B. 如果客人所付低于成本价格，就会受到提醒而补足差价。

C. 另外4家酒馆位置不如这家“随便给”酒馆。

D. 客人常常不知道酒水菜肴的实际价格，不知道该付多少钱。

E. 对于过分吝啬的顾客，酒馆老板常常也无可奈何。

6. 有研究发现，冬季在公路上撒盐除冰，会让本来要成为雌性的青蛙变成雄性，这是因为这些路盐中的钠元素会影响青蛙的受体细胞并改变原可能成为雌性青蛙的性别。有专家据此认为，这会导致相关区域青蛙数量的下降。

以下哪项如果为真，最能支持上述专家的观点？

A. 大量的路盐流入池塘可能会给其他水生物造成危害，破坏青蛙的食物链。

B. 如果一个物种以雄性为主，该物种的个体数量就可能受到影响。

C. 在多个盐含量不同的水池中饲养青蛙，随着水池中盐含量的增加，雌性青蛙的数量不断减少。

D. 如果每年冬季在公路上撒很多盐，盐水流入池塘，就会影响青蛙的生长发育过程。

E. 雌雄比例会影响一个动物种群的规模，雌性数量的充足对物种的繁衍生息至关重要。

精点解析

1. 答案 C

题干信息	市民的质疑：主办方有人作弊（因）→在中签率较低的情况下，“李祥”这个名字连续 4 个月中签（果）。	
解题预判	考生紧扣题干论证的核心概念“李祥”这个名字来准确识别选项对题干的作用。	
选项	**解释**	**结果**
A	题干论证的是“李祥”的中签情况是否是有人作弊造成的，与“张磊”何干？	淘汰
B	“不回避重名”，但“李祥”重复的数量无法确定，属无态度选项。	淘汰
C	选项利用数量关系进行质疑，若有 300 个名叫“李祥”的参与者，按照这个基数乘以最低的中签率（即 1∶70），正常概率下，也有超过 4 个名叫“李祥”的人中签，直接说明“李祥”这个名字连续出现 4 次（很可能是李祥 1 号、2 号、3 号、4 号在这 4 个月中签），不等于“李祥”这个人连续中签 4 次，主办方根本就没有作弊，能消除市民质疑。	正确
D	选项不能消除市民质疑，很可能是作弊手段很高明，那即便是在监督的情况下，也完全可能作弊。	淘汰
E	选项迷惑性较大，即便每个人的编码是随机不重复的，但很可能多个编码对应一个人（1 号、2 号、3 号、4 号可能都是用“李祥”这个“名字”获取的编号），此时就完全存在作弊的可能，故选项力度较弱。	淘汰

2. 答案 D

	解题步骤
第一步	人们的困惑：“APEC 治理模式”短期效果好，为何不长期坚持“APEC 治理模式”？考生紧扣长期坚持“APEC 治理模式”弊大于利寻找正确选项即可。
第二步	解题预判，B 选项涉及的是“APEC 会议期间”，属于短期，C 选项不直接涉及“长期”还是短期，话题与题干要解释的对象不一致时，可首先淘汰。 考生对比 A 选项核心概念“短期严格的减排措施”、D 选项核心概念“APEC 治理模式”，E 选项核心概念“最严格的减排措施”，便会发现 D 选项的核心概念与题干是完全一致的，故按照“同一律”原则，答案选 D。

3. 答案 C

	解题步骤
第一步	需解释的现象：从“含酒精饮料的饮食”比“不含酒精饮料的饮食”摄取的热量更高。考生紧扣态度和类比结构，即可快速找到答案。
第二步	解题预判，A、B、C、D 项都涉及“有酒”和“没酒”的对比，而 E 选项只强调“有酒”，却不涉及“没酒”，属于无态度选项，可首先淘汰。 A 选项强调的是“吃的时间长”，B 选项强调的是“吃饭的丰富程度”，C 选项强调的是“吃的多”，D 选项强调的是“精心制作和最具吸引力”，此时通过对比会发现“吃得多”与结论“摄入热量”的关系最接近，态度最明确，故 C 选项最能解释。

4. 答案 **C**

解题步骤	
第一步	紧扣专家的观点：过度节食既不科学也不合乎情理。考生紧扣态度（过度节食对人体不利），即可快速找到答案。
第二步	解题预判。观察发现，A、B、D、E 项都与题干的态度不一致，而 C 选项与题干的态度一致，故能支持，答案选 C。

5. 答案 **B**

解题步骤	
第一步	老板营销策略成功从而“利润更高”，故解释时须紧扣这个态度。而大多数“随便给”的顾客结账的金额高出酒水菜肴价格的 20%，其他人支付的金额却不得而知，故要解释便要说明其他人具体的支付金额。
第二步	解题预判。A 选项迷惑性较大，考生试想，此类顾客的占比如何？假如只占极小的一部分，那如何确保“利润”，此时态度就不够明确。B 选项直接说明，无论什么情况下，都能不亏本，态度更明确，故答案选 B。本题只需抓住基本原理，在“收入增加”时，能确保“利润更高”最直接的影响因素就是“成本因素”，故可优先锁定 B 选项。

6. 答案 **E**

解题步骤	
第一步	整理专家的观点：撒盐除冰 $\xrightarrow{①}$ 雌性青蛙变成雄性 $\xrightarrow{②}$ 青蛙数量的下降。 由于论证关系②与结果最相关，故针对论证关系②的评价力度更强。
第二步	解题预判。A 选项（青蛙食物链）、C 选项（雌性青蛙数量）、D 选项（生长发育）的核心概念与题干不一致，可快速淘汰；只剩下 B 选项和 E 选项强调的是“雌雄比例”与“青蛙数量”的关系，此时紧扣量度词“可能”和“至关重要”，便可判定 E 选项的力度更强。

目 录

逻辑模拟试卷（一）

建议测试时间：55-60 分钟　　实际测试时间（分钟）：________　　得分：________

本测试题共 30 小题，每小题 2 分，共 60 分，从下面每小题所列的五个备选答案中选取出一个，多选为错。

1. 日本一项 10 年追踪研究（样本量>4 万人）发现，每日饮用≥5 杯绿茶的人群，心血管疾病死亡率比不饮茶者低 26%（校正吸烟、饮食等混杂因素后）。中国 CKB 研究（50 万人队列）显示，每周饮茶≥3 次的人群，缺血性心脏病风险降低 8%。由此，某研究团队声称“定期饮用绿茶可显著降低患心血管疾病的风险”。

   以下哪一选项最能支持这一结论？

   A. 调查显示，饮用绿茶的人群中，心血管疾病发病率比不饮用者低 30%。

   B. 实验发现，绿茶中的茶多酚能抑制血管炎症反应（已知炎症是心血管疾病的致病机制之一）。

   C. 饮用绿茶的人群普遍收入较高，且更注重健康饮食和定期体检。

   D. 在跟踪 10 年的队列研究中，停止饮用绿茶的人患心血管疾病的比例逐年上升。

   E. 饮用绿茶与心血管疾病风险的负相关性在男性中更显著，女性中则不明显。

2. 有时为了医治一些危重病人，医院允许使用海洛因作为止痛药。其实，这样做是应当禁止的，因为毒品贩子会通过这种渠道获取海洛因，对社会造成严重危害。

   以下哪项为真，最能削弱以上的论证？

   A. 有些止痛药可以起到和海洛因一样的止痛效果。

   B. 贩毒是严重犯罪的行为，已经受到法律的严惩。

   C. 用于止痛的海洛因在数量上与用作非法交易的比起来是微不足道的。

   D. 海洛因如果用量过大就会致死。

   E. 在治疗过程中，海洛因的使用不会使病人上瘾。

3. 成品油生产商的利润很大程度上受国际市场原油价格的影响，因为大部分原油是按国际市场价购进的。今年来，随着国际原油市场价格的不断提高，成品油生产商的运营成本大幅度增加，但某国成品油生产商的利润并没有减少，反而增加了。

   以下哪项如果为真，最有助于解释上述看似矛盾的现象？

   A. 原油成本只占成品油生产商运营成本的一半。

   B. 该国成品油价格根据市场供需确定，随着国际原油市场价格的上涨，该国政府为成品油生产商提供相应的补贴。

   C. 在国际原油市场价格不断上涨期间，该国成品油生产商降低了个别高薪雇员的工资。

   D. 在国际原油市场价格上涨之后，除进口成本增加外，成品油生产的其他成本也有所提高。

   E. 该国成品油生产商的原油有一部分来自国内，这部分受国际市场价格波动影响较小。

4. 某市计划在市中心修建一条新的地铁线路，以缓解交通拥堵。然而，一些市民反对这一计划，认为修建地铁会破坏市中心的历史风貌。为了回应这一反对意见，市政府提出了一项新的方案：在地铁建设过程中，将采用先进的地下施工技术，以最大限度地减少对地面建筑和历史遗迹的影响。市政府认为，这种技术的应用能够有效解决市民的担忧，从而证明修建地铁并不会破坏市中心的历史风貌。

   以下哪项如果为真，最能削弱市政府的论证？

   A. 这种先进的地下施工技术在其他城市的应用中也曾出现过意外情况，导致部分历史遗迹受损。

   B. 市中心的历史建筑大多建于 19 世纪，具有极高的文化价值。

   C. 地铁线路的规划经过了严格的环境评估，被认为对市中心的生态环境影响较小。

   D. 市民对地铁建设的反对意见不仅仅是因为担心破坏历史风貌，还包括对噪音和施工期间交通不便的担忧。

   E. 市政府在过去的项目中曾承诺保护历史遗迹，但最终未能完全兑现承诺。

5. 研究人员分析了美国南加州将近 4000 名亚裔和非亚裔胃癌患者的病例资料，他们发现亚洲人的存活率远高于其他种族患者。一般而言，5 年期的存活率，亚裔有 20% 的比例，拉丁裔是 12%，而白人和黑人则是 10%。一些研究人员推测，这可能是由于生物学上的差异导致亚裔人体内肿瘤较不具有侵害性。

下列哪项对上述研究人员的推测最不能构成质疑？

A. 亚裔人的饮食习惯和其他种族不同，而饮食习惯对胃癌影响很大。

B. 亚裔人普遍重视体检，可以早期发现胃癌。

C. 亚裔肿瘤患者除接受西医治疗外，还常常接受中医疗法。

D. 亚裔人胃癌发病率比其他种族低。

E. 亚裔人从小更多接受来自父母的言传身教，有很好的肠胃保护意识。

6. 野生动物之间因病毒入侵会暴发传染病。最新研究发现，热带、亚热带或低海拔地区的动物，因生活环境炎热，一直面临着罹患传染病的风险。生活在高纬度或高海拔等低温环境的动物，过去因长久寒冬可免于病毒入侵，但现在冬季正变得越来越温暖，持续时间也越来越短。因此，气温升高将加剧野生动物传染病的暴发。

以下哪项如果为真，最能支持上述观点？

A. 无论气候如何变化，生活在炎热地带的动物始终面临着患传染病风险。

B. 适应寒带和高海拔栖息地的动物物种遭遇传染病暴发的风险正在升高。

C. 在东非大草原炎热的气候条件下，野生羚羊的传染病一旦发作，便一发不可收拾，迅速蔓延至整个草原。

D. 寒冷气候可能让野生动物免受病毒入侵，炎热气候却更易导致野生动物感染病毒。

E. 气温高低与低温环境生活的野生动物患传染病风险之间存在正相关性，即气温越高患病风险越高。

7. 长久以来，科学家对研究人类正常的信息遗忘有着浓厚兴趣。传统观点认为，特定的记忆保存于特定的神经突触连接中，随着时间推移，神经突触连接发生改变，人们就会忘掉一些事情。最新研究认为，遗忘可能并不是因为神经突触连接改变，而是多巴胺神经元在未破坏记忆本身的情况下阻断了记忆的提取。

以下哪项如果为真，最能质疑最新研究观点？

A. 多巴胺是一种神经调质，能为大脑的不同区域传递全局信息。

B. 童年时期的很多经历会随着长大逐渐忘记，可能无法再想起。

C. 阿尔茨海默症等会影响记忆力的疾病往往与淀粉样蛋白有关。

D. 研究证实，多巴胺神经元在神经突触连接发生改变时才活跃。

E. 颞叶如果受损将会引发与语意记忆和场景记忆相关的记忆障碍。

8. 某公司计划推出一款新的智能手表，主打健康监测功能，包括心率、睡眠质量和运动数据追踪。为了推广这款产品，公司进行了一系列的市场调研和产品测试，并得出结论：这款智能手表将受到年轻消费者（18~35 岁）的广泛欢迎。

以下哪项如果为真，最能支持该公司的结论？

A. 在产品测试中，该智能手表的心率监测功能比市场上其他品牌的产品更准确。

B. 公司的市场调研显示，超过 70% 的年轻消费者表示对健康监测功能感兴趣。

C. 该智能手表的设计风格简约时尚，适合不同场合佩戴。

D. 公司计划在产品上市后，与知名健身品牌合作进行推广。

E. 近年来，智能手表的市场份额逐年增长，尤其是健康监测功能的需求不断增加。

9. 对基础研究投入大量经费似乎作用不大，因为直接对生产起作用的是应用型技术。但是，应用技术发展需要基础理论研究作后盾。今天，纯理论研究可能暂时看不出有什么用处，但不能肯定它将来也不会带来巨大效益。

上述论证的前提假设是：

A. 发展应用型新技术比搞纯理论研究见效快、效益高。

B. 纯理论研究耗时耗资，看不出有什么用处。

C. 纯理论研究会造福后代，而不会利于当代。

D. 发现一种新的现象与开发出它的实际用途之间存在时滞。

E. 发展应用型新技术容易，搞纯理论研究难。

10. 随着“二孩政策”的实施，母乳喂养越来越多地成为广大年轻女性在生儿育女过程中不可回避的话题。医学专家建议，婴儿出生后最初6个月最好进行纯母乳喂养，而父母也都希望为孩子提供最好的营养。但统计显示，近年来我国0~6个月婴儿的纯母乳喂养率却明显偏低，婴儿6个月内的纯母乳喂养率在农村为30%，在城市仅为16%。

以下各项如果为真，则除了哪项，均能解释上述统计结果？

A. 职场女性往往因工作压力大、工作环境不允许等原因而陷入母乳喂养困境。

B. 现代饮食营养不良，导致很多哺乳期的女性奶水量不足，不少宝妈表示“心有余而力不足”。

C. 很多母亲并不了解母乳喂养的种种优势，反而把配方奶粉想象得过于美好。

D. 母亲因为夜晚哺乳而影响睡眠质量，她们的工作生活节奏被哺乳完全打乱。

E. 母乳喂养可降低儿童患病率，给孩子健康带来的益处可一直延续到成人期。

11. 某科技公司宣称：“人形机器人未来将广泛取代人类从事重复性劳动。因为它们能模仿人类动作，适应现有工作环境，无需改造基础设施，这将大幅降低企业成本。”

以下哪项如果为真，最能削弱上述观点？

A. 人形机器人研发需要巨额资金投入，且核心零部件成本短期内难以降低。

B. 部分工厂已使用非人形的专用机械臂完成流水线工作，效率远超人类。

C. 调查显示，80%的受访者认为人形机器人外形过于逼真会引发心理不适。

D. 人形机器人需频繁调试才能适应不同场景，维护成本比专用设备高30%。

E. 某国立法规定，人形机器人必须配备紧急制动装置以防止意外伤害。

12. 某影评人预测：“《哪吒2》票房必将超越前作《哪吒之魔童降世》。因为该系列IP已有庞大粉丝基础，且主创团队完全保留，制作预算翻倍，特效技术也全面升级。”

以下哪项如果为真，最能削弱上述预测？

A. 续集电影普遍存在“口碑滑坡”现象，高投入未必能带来高回报。

B. 同期将上映另一部国产神话IP电影，其宣发规模和预售票房已超过《哪吒2》。

C.《哪吒2》点映期间，部分观众批评剧情老套，缺乏前作的新鲜感与深度。

D. 前作导演和编剧因理念分歧已退出核心团队，实际创作由新人主导。

E. 近年来动画电影市场趋于饱和，观众更倾向于现实主义题材作品。

13. 某国政府为遏制青少年吸烟，将烟草税提高20%，并禁止便利店向未成年人售烟。然而一年后调查显示，青少年吸烟率较政策实施前上升了5%。

以下哪项最能解释这一矛盾现象？

A. 烟草公司推出廉价迷你包装香烟，价格低于提税前的标准包装。

B. 提税后，青少年通过非法渠道购买走私香烟，其价格因免税比正规渠道低30%。

C. 学校开展的“吸烟危害”教育项目因资金不足被暂停。

D. 社交媒体流行将吸烟与“反叛精神”关联，使青少年吸烟行为获得群体认同。

E. 便利店加强年龄核实的成本过高，导致实际执行率不足40%。

14. 某公司决定从小明、小华、小黄、小红、小李、小邓6个人中选取3个人进行录取。关于他们的录用情况，应遵循以下要求：

（1）如果录取小明，就录取小华并且不录取小黄；

（2）小红和小李至少录取一人；

（3）除非小黄被录取，否则小邓被录取。

根据上述要求，以下哪项所列的人员是最终可以被录取的？

A. 小明、小华、小红。　　B. 小华、小黄、小红。　　C. 小明、小华、小黄。

D. 小明、小华、小李。　　E. 小红、小李、小明。

15～16 题基于以下题干：

日月五星，合称“七曜”，即太阳、月亮、太白、岁星、辰星、荧惑、镇星。小王最近正在读《史记》，就想将诸子百家中的“孔子”“孟子”“荀子”“庄子”“老子”“墨子”“韩非子”7 个人物与这“七曜”对应起来。

（1）每个人物都只能对应“七曜”中的一个，“七曜”中的每一个也只能对应 7 个人物中的一个。

（2）如果“孔子不对应岁星”或者“老子不对应太白”，那么“荀子对应月亮”并且“韩非子对应太阳”。

（3）“荧惑”对应“老子”和“墨子”之一。

（4）“孟子”和“韩非子”分别对应“月亮”或“镇星”。

15. 如果上述断定为真，则以下哪项一定为真？

A. 孔子对应太阳。 B. 韩非子对应月亮。 C. 孟子对应月亮。

D. 墨子对应辰星。 E. 老子对应太白。

16. 如果太阳不对应庄子，则以下哪项一定为真？

A. 辰星对应庄子。 B. 太阳对应墨子。 C. 孟子对应月亮。

D. 韩非子对应镇星。 E. 墨子对应岁星。

17. 如果你爬山，你就不会长寿。但是，除非你爬山，否则你会感到活得厌烦。所以，如果你长寿，你将会感到活得厌烦。

以下哪项中的推理与上述论证中的结构最相似？

A. 如果你不试着游泳，你就不能学会游泳。但是，如果你不会游泳，你在船上就不安全。所以，你一定要试着游泳。

B. 如果你不打高尔夫球，你在周末就会不愉快。但是，除非你周末放松，否则你下周就会感到很疲惫。所以，若要有一个愉快的周末，就必须通过打高尔夫球来放松。

C. 如果你为你的候选人工作，就不会提高你的吉他演奏技巧。但是，除非你为你的候选人工作，否则你就会忽视你的工作职责。所以，如果你提高了你的吉他演奏技巧，你就会忽视你的工作职责。

D. 如果你不训练，你就不会成为一个优秀的运动员。但是，除非你训练，否则你会易于感到疲劳。所以，如果你训练，你就不会易于感到疲劳。

E. 如果你花光了你的钱，你就不会变得富有。但是，除非你花光了所有的钱，否则你会饿肚子。所以，如果你变得富有，你就不会饿肚子。

18. 右侧是一个 4×4 的图形，共有 16 个小方格。每个小方格中均可填入一个字。要求图形的每行、每列均填入“东”“西”“南”“北”4 个字，不能重复，也不能遗漏。

①	②	③	④
北		西	
南	北		
			东

根据以上信息，依次填入图形中①②③④处的 4 个字应是：

A. 东、西、南、北。 B. 东、南、西、北。

C. 南、北、东、西。 D. 北、东、西、南。

E. 西、南、北、东。

19. 如果今年油价持续上涨，那么将会有人放弃开车而选择公共交通。如果有人放弃开车而选择公共交通，那么北京的雾霾会有很大改善。今年油价除非持续上涨，否则小幅下跌。

如果上述断定为真，下列哪项陈述一定为真？

A. 如果今年油价不持续上涨，那么不会有人放弃开车而选择公共交通。

B. 如果北京的雾霾没有很大改善，那么今年油价小幅下跌。

C. 北京的雾霾有很大改善，除非今年的油价没有小幅下跌。

D. 如果有人放弃开车而选择公共交通，那么今年油价持续上涨。

E. 如果今年油价没有小幅下跌，那么大部分人会放弃开车而选择公共交通。

20. 国际关系学家指出，推动更加普惠的全球发展已然成为主旋律。要推动普惠的全球发展，必须建立开放型世界经济。而各国只有具备包容意识，才有建立全球开放型经济的可能。除非各国求同存异，否则无法培养包容意识。各国要求同存异，首先应打破意识形态壁垒。

以下哪项陈述是这位国际关系学家论述的逻辑结论？

A. 各国如果没有相互尊重，求同存异，说明没有打破意识形态壁垒。

B. 如果各国没有推动普惠的全球发展，则没有相互尊重，求同存异。

C. 各国无法打破意识形态壁垒。

D. 各国或者打破了意识形态壁垒，或者未能推动普惠的全球发展。

E. 各国或者没打破意识形态壁垒，或者推动了普惠的全球发展。

21～22 题基于以下题干：

一次画展安排 6 种绘画形式进行展览，展览分为上午场次和下午场次，并分别展览 3 种绘画。6 种绘画形式分别为宗教画、历史画、军事画、风俗画、人物画和风景画。

已知画展安排规则如下：

（1）历史画和风景画不能在同一个场次展出；

（2）军事画和风俗画至多有一个在上午场次展出；

（3）如果人物画在下午场展出，那么军事画也要在下午场展出；

（4）如果风俗画在上午场展出，那么宗教画要在上午场展出。

21. 如果宗教画在下午场展出，以下哪个选项一定为真？

A. 历史画在上午场展出。　　B. 风景画在下午场展出。　　C. 军事画在下午场展出。

D. 风俗画在上午场展出。　　E. 人物画在上午场展出。

22. 如果历史画和军事画在上午场展出，那么在下午场展出的三种绘画是？

A. 宗教画、军事画和人物画。　　B. 宗教画、风俗画和风景画。

C. 宗教画、人物画和风景画。　　D. 风俗画、人物画和风景画。

E. 历史画、风俗画和人物画。

23. 经常使用电脑的人比不经常使用电脑的人更容易出现脱发现象。但是，在经常使用电脑的人群中，脱发者所占比例其实很低。因此，无需过多地强调经常使用电脑这个对脱发的诱因。

上述论证中的逻辑漏洞，与以下哪项中出现的最为类似？

A. 喝咖啡对于喝茶来说，更易导致心率不齐。但是，喝咖啡的人毕竟在人群中占比是极低的。因此，对于喝咖啡的人，不必过度担心经常喝咖啡会导致心律不齐的问题。

B. 瘦人相较于肥胖者更容易出现低血糖的症状。但也有很多肥胖者经常出现低血糖的症状。因此，不必绝对地认为体瘦与低血糖之间的关系。

C. 经常熬夜的选手比不经常熬夜的选手更容易出现注意力不集中的问题。但是，在经常熬夜的人群中，注意力不集中者依然是少数。因此，没有必要强调经常熬夜对注意力不集中的影响。

D. 一种普遍认可的观点是，吃粗粮比吃细粮对于身高的增长更有帮助。调查发现，身高较高者在吃粗粮人群中的比例确实大于吃细粮人群中的比例。因此，这种观点是正确的。

E. 多数人认为，亚洲人相比于欧洲人性格更内敛含蓄。但在实际上，很多亚洲人性格也很奔放，很多欧洲人却很内敛。因此，将亚洲人和内敛含蓄建立必然关系是没有道理的。

24. 赵、钱、孙、李、周五人到北京、上海、天津、重庆四个直辖市考察，每人只去一个城市，每个城市至少去一人。已知：

（1）若赵或钱至少有一人去北京，则李去重庆并且周不去重庆；

（2）若钱去北京或李去重庆，则周去重庆而赵不去天津；

（3）若李、周不都去重庆，则赵去北京。

根据以上信息，可以得出以下哪项？

A. 赵去上海，钱去北京。　　B. 钱去天津，孙去北京。　　C. 孙去北京，李去上海。

D. 李去北京，周去重庆。　　E. 赵去上海，周去北京。

25~26 题基于以下题干：

某校准备在婉安、扶苏、长卿、北陌、彩寻、纸鸢、星辰、雄鹿 8 支辩论队伍中选择 5 支队伍参加国际辩论赛，选择条件如下：

（1）如果选择婉安或星辰，那么就选择雄鹿；

（2）只有不选择纸鸢，也不选星辰，才会选择北陌；

（3）除非不选择扶苏，否则不选择彩寻；

（4）在扶苏、长卿和纸鸢这 3 支队伍中，恰好有 2 支队伍入选。

25. 以下哪种选择方案符合上述断定？

A. 扶苏、婉安、长卿、彩寻、星辰。　B. 长卿、北陌、纸鸢、彩寻、雄鹿。

C. 扶苏、长卿、彩寻、纸鸢、星辰。　D. 扶苏、长卿、婉安、雄鹿、纸鸢。

E. 长卿、彩寻、雄鹿、纸鸢、星辰。

26. 若不选纸鸢，则以下哪项一定为真？

A. 不选择雄鹿。　B. 不选择北陌。　C. 选择星辰。

D. 不选择长卿。　E. 选择婉安。

27. 贾平凹说过："一个作家实际上一直在写自己。"一个作家如果写到社会上不好的东西，那么他实际上是想揭露人性的恶，并给这个社会进行排毒；除非一个作家想宣扬人性里真善美的东西，否则他会写到这个社会上不好的东西。

如果以上陈述为真，以下哪项陈述一定为真？

A. 一个作家，一定会写到社会上不好的东西。

B. 一个作家不会给这个社会进行排毒，但是他会宣扬人性里真善美的东西。

C. 如果一个作家不会想去揭露人性的恶，并不给这个社会进行排毒，那他一定想宣扬人性里真善美的东西。

D. 一个作家既会想揭露人性的恶，并给这个社会进行排毒，又想宣扬人性里真善美的东西。

E. 一个作家不会写社会上不好的东西，但是他会给这个社会进行排毒。

28. 甲、乙、丙、丁和戊被安排到某医院的外科、心内科、肾内科、循环科、急诊科五个科室进行实习，每人只能去一个科室，并且每个科室只分到了一人。已知：

（1）只有乙去心内科，甲才去外科；

（2）如果甲或丁去循环科，则丙去心内科或肾内科；

（3）如果丁不去心内科，那么戊就去肾内科；

（4）戊、甲、丁中有一人去循环科。

如果丙去急诊科，则可以得出以下哪项？

A. 乙去了外科。　B. 甲去了外科。　C. 戊去了肾内科。

D. 丁去了循环科。　E. 甲去了心内科。

29~30 题基于以下题干：

作为艺术世家，小李祖孙三人（小李、大李和老李）都十分擅长乐器。已知：三人中两人擅长古筝，两人擅长长笛，两人擅长小提琴，两人擅长单簧管；每人都擅长上述 4 种乐器的 2~3 种，还知道：

（1）若小李擅长长笛，则老李也擅长长笛。

（2）若老李擅长长笛，则老李也擅长小提琴。

（3）若小李擅长小提琴，则大李也擅长小提琴。

29. 根据以上信息，可以得出以下哪项？

A. 小李擅长古筝。　B. 大李擅长长笛。　C. 老李擅长单簧管。

D. 小李不擅长小提琴。　E. 大李不擅长小提琴。

30. 如果小李不擅长单簧管，则可以得出以下哪项？

A. 老李擅长古筝。　B. 大李擅长长笛。　C. 小李不擅长长笛。

D. 小李不擅长古筝。　E. 大李擅长古筝。

逻辑模拟试卷（二）

建议测试时间：55-60 分钟　　实际测试时间（分钟）：________　　得分：________

本测试题共 30 小题，每小题 2 分，共 60 分，从下面每小题所列的五个备选答案中选取出一个，多选为错。

1. 某城市最近推出了一项新的政策，计划在全市范围内推广共享单车，以减少机动车的使用，缓解交通拥堵。市政府认为，共享单车的普及将有效降低城市交通拥堵程度。

   以下哪项如果为真，最能削弱这一结论？

   A. 共享单车的使用需要良好的天气条件，而该城市每年有超过 100 天的雨天。

   B. 市政府计划在全市范围内建设更多的自行车道，以方便共享单车的使用。

   C. 该城市的公共交通系统已经非常发达，市民对共享单车的需求并不高。

   D. 共享单车的推广将增加城市的就业岗位，促进经济发展。

   E. 该城市的人口密度较低，且居住区与商业区分布较为分散，通勤距离较远。

2. 一项关于人工智能在医疗诊断领域应用的研究指出，人工智能系统在对某种罕见疾病的诊断中，误诊率仅为 1%。因此，该研究得出结论，人工智能在医疗诊断领域具有极高的准确性，可以大幅提高医疗诊断的效率和质量，未来应该在医疗领域广泛推广。

   以下哪项最能削弱这一论证？

   A. 该研究仅选取了少数几种常见疾病进行测试，而未涵盖大部分罕见疾病。

   B. 在实际应用中，医生通常会结合多种诊断方法和患者的具体情况进行综合判断。

   C. 该人工智能系统在诊断常见疾病时的误诊率比对罕见疾病时更高。

   D. 该研究没有考虑在实际应用中，人工智能系统可能因数据更新不及时而导致误诊率上升。

   E. 医疗数据的隐私和安全问题一直是限制人工智能在医疗领域应用的重要因素。

3. 一所大学的经济系最近做的一次调查表明，教师的加薪常伴随着全国范围内平均酒类消费量的增加。从 1980 年到 1985 年，教师工资人均上涨 12%，酒类销售量增加 11.5%。从 1985 年到 1990 年，教师工资平均上涨 14%，酒类销售量增加 13.4%。从 1990 年到 1995 年，酒类销售量增加 15%，而教师平均工资也上涨 15.5%。

   以下哪项最为恰当地说明了文中引用的调查结果？

   A. 当教师有了更多的可支配收入，他们喜欢把多余的钱花费在饮酒上。

   B. 教师所得越多，花在买书上的钱就越多。

   C. 由于教师增加了，人口也就增加了，酒类消费者也会因此而增加。

   D. 在文中所涉及的时期里，乡镇酒厂增加了很多。

   E. 从 1980 年至 1995 年，人民生活水平提高了，酒类消费量和教师工资也增加了。

4. 某学校正在考虑引入线上学习平台，以辅助课堂教学，提高学生的学习效率。学校管理层认为，引入线上学习平台将有助于学生更好地掌握课程内容，并提升学习积极性。

   以下哪项如果为真，最能支持学校管理层的观点？

   A. 线上学习平台提供了丰富的互动功能，学生可以通过讨论区和在线测验与老师和同学交流。

   B. 部分家长担心线上学习会分散学生的注意力，影响学习效果。

   C. 学校已经在部分班级进行了线上学习平台的试用，结果显示学生的学习成绩有所提高。

   D. 线上学习平台的费用较高，学校需要额外投入资金进行维护。

   E. 线上学习平台提供了大量的课外拓展资源，但这些资源与课程大纲的关联性不强。

5. 《周易》有言："形而上者谓之道，形而下者谓之器。"哲学和自然科学具有不同的思维特征，哲学是在"问道"，自然科学旨在"求器"。辩证思维作为哲学思维的核心内容，旨在寻找万事万物背后的对立统一关系。因此，对于一个人的长远发展来说，学习辩证思维比学习自然科学更重要一些。

以下哪项如果为真，最能支持上述论述？

A. 面对具体事情的时候，人们需要掌握一定的技能来应对日常的工作。

B. 辩证思维需要长时间的体会领悟，比较难学，而自然科学相对容易学习。

C. 对于一个人的发展来说，长期目标比短期目标更重要。

D. 掌握辩证思维能够让人更加理性，只有在理性的方向指导下，具体做的事才有价值和意义。

E. 哲学辩证思维的更新速度要比自然科学更新的速度慢很多。

6. 研究员让流行音乐爱好者听一组流行歌曲，同时用功能磁共振成像监测他们的大脑活动。在进行扫描前，研究员通过经颅磁刺激间接刺激或抑制大脑的奖赏回路。结果发现，在听音乐之前刺激奖赏回路会增加被试听音乐时的愉悦感，而抑制它则会降低愉悦感。因此，研究员认为，大脑的奖赏回路会影响人们对音乐的喜欢程度。

以下哪项如果为真，最能支持上述结论？

A. 大脑奖赏回路的活动很强时，会使人感到兴奋，进而增加听音乐时的愉悦感。

B. 人们在享受美食时，也会出现大脑奖赏回路活动性升高。

C. 不喜欢流行音乐的人在听流行歌曲时，也会出现大脑奖赏回路的活动。

D. 音乐家喜欢的音乐，对“乐盲”而言可能是噪音，因为两者的大脑活动机制不同。

E. 一个人越喜欢音乐，检测时候的大脑的奖赏回路越兴奋。

7. 如同许多别的技术发明那样，要精确地确定冶金诞生的地点和日期，是个虚无缥缈的幻想。毫无疑问，我们可以设想最初使用铜和黄金的人偶然发现了把这些矿石放在陶器制造者的窑里融化，并利用其特性锻打成首饰，此外还做什么别的东西呢？显然金和铜具有可锻性，因此，不允许制造工具和武器。

以下哪项如果成立，最能支持题干论证？

A. 早在公元前 3000 年初期，埃及人和美索不达米亚人就认识到了金和铜的可锻性。

B. 对于金属，只要具有可锻性，就不允许制造工具和武器。

C. 从古至今，金和铜都不被允许制造工具或武器。

D. 如果某种金属不被允许制造工具或武器，那么这种金属一定具有可锻性。

E. 只有具有可锻性的金属才能允许被制造工具和武器。

8. 某国今年新能源汽车销量同比下降 15%，但同期新能源汽车零售价却普遍下调了 10%。已知该国居民购买力未下降，且新能源汽车质量保持稳定。

以下哪项最能解释这种矛盾现象？

A. 传统燃油车的价格在同期上涨了 20%。

B. 消费者普遍预期政府将在明年推出更大力度购车补贴。

C. 新能源汽车的充电桩覆盖率在今年首次超过加油站数量。

D. 某头部新能源车企因电池技术突破使生产成本降低 25%。

E. 该国今年新能源汽车广告投放量同比减少 40%。

9. 北京体育大学的研究团队曾经对比了超过 200 名高水平体操、举重、游泳、篮球等项目运动员，发现身高在不同项目之间有明显的差别：篮球运动员普遍高于游泳运动员，游泳运动员普遍高于体操运动员。据此，该团队建议想让孩子长高的家长可以给孩子选篮球或游泳这类运动项目。

以下哪项如果为真，最能削弱该团队的建议？

A. 运动可以使刺激骨骼生长的激素水平升高，骨骼受到冲击力或肌肉牵拉力也对生长有益。

B. 多数研究者认为对于营养均衡的健康儿童和青少年，设计合理的足量运动不会影响成年后的身高。

C. 研究发现身高差距早在 2~4 岁就出现了，而那时队员们还没开始针对自己项目的训练。

D. 体操运动员需要控制饮食从而保持较轻的体重，导致生长相关激素水平降低，最终影响长高、发育和骨密度。

E. 篮球运动不同于游泳运动，运动本身就对身高有较高的要求。

10. 一个解决机场拥挤问题的节省成本的方案是在间距200到500英里的大城市间提供高速的地面交通。成功地实施这项计划的花费远远少于扩建现有的机场，并且能减少阻塞在机场和空中的飞机的数量。

以下哪项如果为真，将最有利于支持上述计划的正确性？

A. 一个有效的高速地面交通系统要求对许许多多的高速公路进行大修，并改善主干道。

B. 在全国最忙的机场，一半的离港班机是飞往一个225英里以外的大城市。

C. 从乡村地区机场出来的旅行者，大多数飞往600英里以外的城市。

D. 在目前由高速公路地面交通系统提供服务的地区，修建了很多新机场。

E. 乘坐飞机旅行的人中很大一部分是乘坐长途航班的度假者。

11. 某半导体企业宣称："新一代光刻机将彻底解决高端芯片产能不足的问题。因为其光源波长缩短至极紫外（EUV）波段，可一次性曝光更复杂的电路图案，且每小时晶圆处理量提升50%。"

以下哪项如果为真，最能削弱上述论断？

A. 该光刻机的研发成本高达数十亿美元，单台售价远超多数芯片厂商的预算。

B. 极紫外光源对生产环境的洁净度要求极高，需配套建设超净车间，导致企业综合成本激增。

C. 现有芯片制造工艺中，光刻环节仅占总耗时的30%，其他环节（如蚀刻、沉积）仍是瓶颈。

D. 部分厂商已研发出多光束电子束光刻技术，可在无掩膜条件下实现纳米级精度。

E. 极紫外光刻机的核心光学元件寿命不足2000小时，频繁更换将大幅降低实际生产效率。

12. 某国在推行"全民健身计划"后，国民肥胖率从28%降至22%。卫生部门宣称该计划显著改善了国民健康水平。与此同时，该国食品监管部门实施了"含糖饮料分级标签制度"，要求高糖饮料包装必须标注红色警示标志。

以下哪个选项如果为真，最能支持"全民健身计划"是肥胖率下降的主因？

A. 同期全国健身房会员数量增长120%，健身APP使用时长增加87%。

B. 邻国未实施任何健康政策，同期肥胖率自然下降3%。

C. 含糖饮料销量在警示标签实施后暴跌45%，但代糖饮料销量激增200%。

D. 追踪数据显示，参与健身计划人群的体脂下降速度是未参与者的2.3倍。

E. 该国农业部门统计显示主食作物产量保持稳定，进口精制糖减少12%。

13. 某国自两年前起实施"芯片产业振兴计划"，对本土芯片企业提供税收减免和低成本贷款。至今年，国产芯片总产量增长60%，但行业平均利润率从12%暴跌至4%。工信部认为这是"规模化效应初期的正常波动"。

以下哪项如果为真，最能解释产量激增与利润骤降的矛盾？

A. 政策导致低端芯片企业数量翻倍，同质化竞争引发价格战。

B. 国际芯片原材料价格同期上涨200%，大幅推高生产成本。

C. 80%的新增产能需支付高额专利费，核心部件依赖进口。

D. 政府强制要求国有企业优先采购国产芯片，但验收标准降低。

E. 补贴政策刺激企业虚报产能，实际库存积压率达45%。

14. 实现法制金融是防范金融风险的根本保障，只有克服立法不全、执法漏洞、监督不力等阻力和障碍，才能实现法制金融。而要克服立法不全、执法漏洞、监督不力等阻力和障碍，就要加快金融立法步伐、强化监督、深化金融法治教育。

如果上述断定为真，则以下哪项一定为真？

A. 克服了立法不全、执法漏洞、监督不力等阻力和障碍，就能防范金融风险。

B. 如果没有实现法制金融，则没有加快金融立法步伐、强化监督、深化金融法治教育。

C. 克服立法不全、执法漏洞、监督不力等阻力和障碍，否则不可能加快金融立法步伐、强化监督、深化金融法治教育。

D. 除非实现法制金融，才能克服立法不全、执法漏洞、监督不力等阻力和障碍。

E. 要防范金融风险，就要加快金融立法步伐、强化监督、深化金融法治教育。

15. 四张卡片上分别写着努、力、学、习四个字（一张上写一个字），取出其中三张覆盖在桌面上，甲、乙、丙分别猜每张卡片上是什么字，具体如下表：

	第一张	第二张	第三张
甲	力	努	习
乙	力	学	习
丙	学	努	力

如果每一张上的字至少有一个人猜中，所猜三次中，有人一次也没猜中，有两个人分别猜中二次和三次，根据以上事实，则以下哪项一定为真？

A. 第一个字是学。　B. 第二个字是力。　C. 第三个字是学。
D. 第三个字是力。　E. 第二个字是学。

16. 从赵、张、孙、李、周、吴六个工程技术人员中选出三位组成一个特别攻关小组，集中力量研制开发公司下一步准备推出的高技术拳头产品。为了使工作更有成效，我们了解到以下情况：

（1）赵、孙两个人中至少要选上一位；
（2）张、周两个人中至少要选上一位；
（3）孙、李两个人中的每一个都绝对不要与张共同入选。

根据以上条件，若周没有被选上，则以下哪两位必同时入选？

A. 赵、吴。　B. 张、李。　C. 赵、孙。　D. 赵、李。　E. 孙、李。

17. 北清大学 100 年校庆即将举行，学校为此专门成立了校庆工作委员会。委员会对于三天校庆学术报告做了以下具体安排：

（1）如果某一天哲学和地理的学术报告都没有做，那么就不做会计学的学术报告；
（2）某一天只有同时做了会计学和管理学的学术报告，那一天才不做心理学的报告；
（3）心理学和政治学的学术报告不能放在同一天；
（4）地理学和政治学的学术报告也不能放在同一天。

根据以上安排，校庆第一天安排了政治学报告，由此可以得出以下哪项为真？

A. 第一天仅有政治报告，没有其他报告。
B. 第一天有会计学报告，但没有管理学报告。
C. 第一天有管理学报告，但没有会计学报告。
D. 第一天一共有三种学术报告。
E. 第一天一共至少有四种学术报告。

18~19 题基于以下题干：

中华医学会为了研究某种抗癌药物，组织了 7 名专家甲、乙、丙、丁、戊、己、庚进行研究实验，这 7 名专家被分成两个小组。第一组有 3 名成员，第二组有 4 名成员，专家的分组必须符合以下要求：

（1）甲和丙不能在同一个小组；　（2）如果乙在第一组，那么丁必须在第一组；
（3）如果戊在第一组，那么丙必须在第二组；　（4）己必须在第二组。

18. 如果戊和丙在同一组，那么以下除了哪项，都可能在同一组？

A. 甲和乙。　B. 乙和庚。　C. 丙和庚。　D. 丁和庚。　E. 乙和丁。

19. 若丁和庚在同一组，那么以下哪一项一定是真的？

A. 甲在第一组。　B. 乙在第一组。　C. 戊在第二组。
D. 庚在第二组。　E. 丙在第一组。

20. 在某届全国学科竞赛中，有若干名同学参加了物理、化学和生物竞赛，已知：

（1）甲参加物理竞赛，当且仅当乙和丁参加化学竞赛；
（2）如果乙参加化学竞赛，则戊参加生物竞赛；
（3）如果丁参加化学竞赛，则丙参加生物竞赛；
（4）戊和丙至少有一个人不参加生物竞赛。

根据上述陈述，可以得出以下哪项？

A. 甲不参加物理竞赛。　B. 乙参加化学竞赛。　C. 丙参加生物竞赛。

D. 戊不参加生物竞赛。　E. 丁不参加物理竞赛。

21. 小吴准备在大学城附近开一家汉堡店，为了尽可能满足顾客的要求，小吴制作的菜单如下：

	主食	小食	饮品
套餐一	麦辣鸡腿堡	麦辣鸡翅	可口可乐
套餐二	板烧鸡腿堡	脆薯饼	拿铁雪冰
套餐三	芝士蛋堡	甜香玉米杯	可口可乐
套餐四	田园鸡腿堡	脆薯饼	草莓奶昔

关于上述4个套餐的具体情况，以下哪项陈述是正确的？

A. 每个套餐中均含有鸡腿堡或者脆薯饼。

B. 每个套餐中均含有可口可乐或者脆薯饼。

C. 若某套餐中的主食是鸡腿堡，则其小食为脆薯饼。

D. 若某套餐中的饮品为可口可乐，则其主食为鸡腿堡。

E. 若某套餐中的小食不是脆薯饼或者玉米杯，则其饮品不是可口可乐。

22. 安达信会计师事务所应客户要求，派彭山、谢海、甘生、朱希和宗敬五人去沈阳、北京、上海和杭州出差，这五人中每人都去2个城市出差，且每个城市都有2~3人去。已知：

（1）若彭山去北京，则甘生不去上海；

（2）甘生和宗敬的专业互补，因此总是一起出差；

（3）朱希和谢海只去南方城市出差。

根据以上信息，可以得出以下哪项？

A. 彭山去沈阳和北京。　B. 谢海去沈阳和上海。　C. 甘生去北京和上海。

D. 朱希去沈阳和杭州。　E. 宗敬去沈阳和北京。

23. 某机关举行职工秋季田径运动会。已知：所有报名参加短跑比赛的职工都报名参加铅球比赛，所有报名参加跳远比赛的职工都没有报名参加铅球比赛，报名参加跳高比赛的职工也都报名参加了跳远比赛，而没有报名参加跳高比赛的职工也都没有报名参加长跑比赛。

根据以上陈述，可以得出以下哪项？

A. 有的报名参加铅球比赛的职工没有报名参加短跑比赛。

B. 有的报名参加跳高比赛的职工没有报名参加长跑比赛。

C. 所有报名参加跳远比赛的职工都报名参加长跑比赛。

D. 所有报名参加长跑比赛的职工都没有报名参加短跑比赛。

E. 所有没有报名参加跳远比赛的职工都报名参加短跑比赛。

24~25题基于以下题干：

某学校成立了戏剧、话剧、音乐社，参加的同学有赵、钱、孙、李、周、吴、郑、楚。已知：

（1）每人只能参加1个社团，每个社团至少有2人参加；

（2）李与吴、周与楚参加的社团不相同；

（3）参加话剧社和音乐社的人数相同；

（4）只有钱参加话剧社，李才参加戏剧社；

（5）如果赵、钱中有人参加话剧社，那么周、吴、楚都参加音乐社；

（6）孙参加了音乐社。

24. 根据上述陈述，可以得出以下哪项？

A. 周不参加音乐社。　B. 李不参加戏剧社。　C. 楚不参加音乐社。

D. 钱不参加戏剧社。　E. 郑不参加话剧社。

25. 如果话剧社有 2 人参加且郑参加话剧社，则以下哪项一定为真？

A. 李参加话剧社。　B. 吴参加音乐社。　C. 楚参加音乐社。

D. 周参加话剧社。　E. 赵参加戏剧社。

26~27 题基于以下题干：

因工作需要，某单位决定从本单位的 3 位女性（小王、小李、小孙），和 5 位男性（小张、小金、小吴、小孟、小余）中选出 4 人组建谈判小组参与一次重要谈判，选择条件如下：

（1）小组成员既要有女性，也要有男性；

（2）小张与小王不能都入选；

（3）小李与小孙不能都入选；

（4）如果选小金，则不选小吴。

26. 如果小张一定要入选，可以得出以下哪项？

A. 如果选小吴，则选小余。　B. 如果选小金，则选小孟。　C. 要么选小余，要么选小孟。

D. 要么选小李，要么选小孙。　E. 要么选小王，要么选小李。

27. 如果小王和小吴入选，可以得出以下哪项？

A. 或者选小余，或者选小孟。　B. 或者选小李，或者选小孙。　C. 如果选小李，那么选小张。

D. 如果选小孙，那么选小金。　E. 如果选小孙，那么选小李。

28. 夏季到来，各种时令水果陆续上市，周末采摘游受到欢迎。甲、乙、丙三个人一起去“经贸水果园”采摘黄桃、荔枝、樱桃、杨梅等水果，三个人每人只能采摘一种水果。采摘前，三人就采摘水果的种类约定如下：

（1）甲非常喜欢吃黄桃，如果乙采摘黄桃，那么甲会跟着一起去采摘黄桃；

（2）乙对水果没要求，吃什么都行，如果采摘樱桃比采摘杨梅容易，那么乙就采摘樱桃；

（3）丙的出游意愿强烈，除非预报有沙尘天气，否则丙就采摘杨梅；

（4）如果能一起拼车回家，那么乙和丙就一起采摘荔枝；

（5）甲和丙周末要去看望高中老师，如果时间允许，甲和丙就一起采摘樱桃。

如果上述三个人的约定都得到满足，则可以得出以下哪项？

A. 如果甲采摘黄桃，那么乙会和甲一起采摘黄桃。

B. 如果三人都采摘杨梅，则说明采摘杨梅比采摘樱桃容易。

C. 如果三人都采摘荔枝，则说明预报没有沙尘天气。

D. 如果三人都采摘杨梅，则说明时间不允许。

E. 如果三人都采摘樱桃，则说明有沙尘天气。

29~30 题基于以下题干：

有六个不同民族的人，他们分别是甲、乙、丙、丁、戊和己；他们的民族分别是汉族、苗族、满族、回族、维吾尔族和壮族（名字顺序与民族顺序不一定一致）。现已知：

（1）甲和汉族人是医生；

（2）戊和维吾尔族人是教师；

（3）丙和苗族人是技师；

（4）乙和己曾经当过兵，而苗族人从没当过兵；

（5）回族人比甲年龄大，壮族人比丙年龄大；

（6）乙和汉族人下周要到满族聚居地去旅行，丙和回族人下周要到瑞士去度假。

29. 可以确定苗族人是？

A. 甲　B. 丙　C. 丁　D. 己　E. 乙

30. 下面关于六个人民族的说法不正确的是？

A. 甲或乙是维吾尔族人。　B. 如果甲是回族，那么乙是汉族人。

C. 只有戊是汉族时丁才是苗族。　D. 丙是满族或回族。

E. 乙是维吾尔族且己是汉族。

逻辑模拟试卷（三）

建议测试时间：55-60 分钟　　　　实际测试时间（分钟）：________　　　　得分：________

本测试题共 30 小题，每小题 2 分，共 60 分，从下面每小题所列的五个备选答案中选取出一个，多选为错。

1. 某公司计划在市中心新建一座大型购物中心，预计会带来巨大的经济收益。然而，反对者认为，该购物中心的建设会对周边社区产生诸多负面影响，因此应该取消该项目。

以下哪项如果为真，最能削弱反对者的观点？

A. 周边社区居民对购物中心的建设普遍持支持态度，认为它会增加就业机会和改善生活质量。

B. 市中心的交通状况已经非常拥堵，购物中心的建设可能会进一步加剧交通压力。

C. 该购物中心的建设将占用一片公共绿地，导致周边居民失去休闲空间。

D. 购物中心的建设会吸引大量游客，可能会导致周边房价上涨，使一些居民难以承受。

E. 周边已有多个小型商业设施，购物中心的建设可能会对这些设施的生意造成冲击。

2. 有研究人员指出，近年来电动汽车的普及率显著提高，对减少空气污染起到了积极作用。然而，另一个研究团队发现，随着电动汽车数量的增加，某些地区的能源消耗也相应上升，尤其是在电力主要来源于传统化石燃料的地区，这种能源消耗的增加可能会抵消电动汽车在环保方面的优势。因此，有人认为电动汽车的普及并不一定能有效减少空气污染。

以下哪项如果为真，最能削弱上述结论？

A. 在一些可再生能源发电占比高的地区，电动汽车的使用确实减少了整体碳排放。

B. 电动汽车的生产过程中会产生一定的污染，但相较于传统燃油汽车，其全生命周期的污染排放仍较低。

C. 电动汽车的普及带动了相关充电设施的建设，促进了城市基础设施的升级。

D. 随着技术进步，未来电动汽车的能量转换效率将进一步提高。

E. 传统燃油汽车的保有量仍然庞大，其尾气排放仍是当前空气污染的主要来源之一。

3. “冬季是鼻出血高发的季节，与干燥、上火、鼻腔本身疾病都有一定的关系。”有专家介绍说，一方面冬季室外天气寒冷、气候干燥，室内暖气或空调的环境中空气亦干燥。黏膜干燥极易引起破裂出血。若伤及血管较大，则出血较多。内燥也是诱因之一，冬天天冷，人们喜食辛辣香燥之品，火热内生，鼻腔黏膜易干燥而破裂出血，还有些人群由于感染风寒，风寒化热，肺热化火，灼伤鼻腔血络或迫血妄行，而见鼻出血。此外，鼻腔本身疾病也会引起鼻出血，如鼻中隔偏曲、鼻腔血管瘤、鼻腔外伤和肿瘤等疾病。专家强调，孩子和老年人尤其要当心鼻腔出血。

下列哪项如果为真，不能支持上述专家的论点？

A. 儿童冬天鼻炎频发，鼻涕多且反复擦鼻，本身鼻部肌膜娇嫩，故易破损而出血。

B. 老年人动脉硬化，血管弹性差，冬天易血压增高，鼻腔局部的出血机会增大。

C. 冬季鼻子容易出血，如果不及时采取适当的急救措施，不仅对控制病情没有帮助，还可能会贻误病情。

D. 年轻人生活不规律，会导致人的免疫系统功能下降，鼻腔内部会更容易受到感染，从而导致流鼻血。

E. 不论什么人群，无论什么季节，当鼻腔出血时，会造成慢性贫血，从而引起头痛、头晕、注意力下降。

4. 某城市计划在市中心设立一个大型无车区，禁止私家车进入，仅允许公共交通、自行车和行人通行。支持者认为，这一措施将显著改善市中心的环境和居民生活质量。

以下哪项如果为真，最能支持支持者的观点？

A. 市中心的公共交通系统已经非常完善，能够满足市民的出行需求。

B. 无车区的设立可能会导致市中心周边的停车场收入减少。

C. 市中心的交通拥堵问题一直较为严重，高峰时段车辆平均时速不到 15 公里/小时。

D. 一些市民担心无车区的设立会增加他们前往市中心的时间和成本。

E. 市中心的空气质量在过去一年中已经有所改善，但主要污染源仍然是机动车尾气。

5. 某军事专家指出，随着信息技术在军事领域的广泛应用，信息战已成为现代战争的重要作战样式。谁能掌握战场信息优势，谁就能在战争中占据主动。因此，该专家认为，各国应大力发展信息技术在军事中的应用，以提升在信息战中的作战能力。

以下各项如果为真，最能支持上述专家观点的是哪一项？

A. 在历史上的战争中，情报的获取和利用程度往往影响战争的胜负。

B. 信息技术的发展使得武器装备的自动化和智能化水平不断提高。

C. 近年来，全球各国在军事信息技术研发方面投入了大量的人力、物力和财力。

D. 在现代战争中，信息战能力的强弱直接决定了武器装备效能的发挥和作战指挥的效率。

E. 信息战涵盖了电子战、网络战、心理战等多个方面。

6. 通常认为人的审美判断是主观的，短时间内的确如此，人们对当代艺术作品的评价就经常出现较大分歧。但是，随着时间的流逝，审美中的主观因素逐渐消失。当一件艺术作品历经几个世纪还能持续给人带来愉悦和美感，如同达·芬奇的绘画和巴赫的音乐那样，我们就可以相当客观地称它为伟大的作品。

以上陈述最好地支持了以下哪项断定？

A. 对于同一件艺术作品，不同时代人们的评价有很大差异。

B. 如果批评家对一件当代艺术作品一致予以肯定，这件作品就是伟大的作品。

C. 达·芬奇、巴赫在世时，人们对其作品的评价是不同的。

D. 对于当代艺术作品的价值很难做出客观的认定。

E. 艺术作品持续给人带来愉悦和美感在每个世纪是不同的。

7. 一家饲料厂需要去一座城市采购豆粕、玉米和木薯 3 种原料中的一种，根据采购计划，除非价格合适，否则去伊宁市采购，另外还知道：

（1）若采购豆粕，则去池州市；

（2）只有去漳州市，才能采购玉米；

（3）若价格合适，则去开平市采购。

根据上述信息，以下哪项可能为真？

A. 去开平市采购木薯。　　B. 去漳州市采购木薯。　　C. 去漳州市采购玉米。

D. 去池州市采购豆粕。　　E. 去伊宁市采购豆粕。

8. 近年来，一些旅游目的地开始推广“生态旅游”模式，强调保护自然环境、促进当地社区可持续发展，并为游客提供更贴近自然的体验。支持者认为，生态旅游是未来旅游业发展的必然趋势，并且对旅游目的地和游客双方都有益处。

以下哪项如果为真，最能支持支持者的观点？

A. 生态旅游目的地的游客数量在过去五年中增长了近 30%，显示出其巨大的市场需求。

B. 传统旅游模式中，许多热门景点因过度开发导致自然环境退化和文化景观破坏。

C. 生态旅游的费用通常比传统旅游更高，可能会限制普通游客的参与。

D. 当地居民对生态旅游的支持率仅为 50%，因为他们担心这种模式会减少传统旅游带来的经济收益。

E. 生态旅游项目通过与当地社区合作，帮助改善基础设施，促进当地经济发展，同时保护了自然环境。

9. 人类对甜食的热衷曾一度是对人体有益的：因为喜欢甜食，人们更乐于去吃那些有益健康的食品（如成熟的水果），而不吃无益的食品（如不成熟的水果）。然而，现在的糖都经过了提炼，因此对甜食的热衷不再是有益的，因为精制的糖是不利健康的。

下列哪项如果正确，将支持以上观点？

A. 一些食物即使生吃时不利健康，但做熟了吃，就对健康有好处。

B. 一些喜欢吃甜食的人更愿意吃成熟的水果，而不是糖块。

C. 喜欢吃甜食的人会更愿意吃含有精炼糖的食品，而不是吃成熟的水果这类自然的甜食品。

D. 史前时期的人类可能不依靠味觉，就无法辨别出健康食品和非健康食品。

E. 某些没有精炼过的食品不比其精炼后的产物更有营养。

10. 心理学家观察一家大型商厦停车场时发现，当一辆车离开所占车位时，如果注意到有车在安静地等候，则离开的平均用时为 39 秒；如果等候进入的车不耐烦地按喇叭催促，则离开的平均用时为 51 秒；而如果没有车等候进入，则离开的平均用时为 25 秒。这说明，在停车场，车主对所使用的车位具有占有意识，越是意识到有其他车也要使用这一车位，这种占有意识越强。

以下哪项如果为真，最能削弱上述推理？

A. 当车主下意识认为自己拥有某个车位时，会不自主地想要保护自己的车位使用权。

B. 有的大型商厦停车场是免费的，有的则收费；后者更能使大多数驾车者对所使用的车位产生占有感。

C. 个别驾车者有不健康的恶作剧心理，越是发现有人要使用，特别是急于要使用自己将要离开的车位，越是故意放慢离开车位。

D. 当车辆在进入车位时，如果驾车者发现有其他车辆也想进入这一车位，则会明显缩短进入车位的时间。

E. 知道有人在等候使用自己将要离开的车位，会使大多数驾车者产生精神压力；这种压力越大，离开车位的操作越费时间。

11. 某国为振兴本土动画产业，自 2019 年起实施“动画电影振兴政策”，对票房超过 1 亿元的国产动画电影制作方给予 30%成本补贴。至今年，国产动画电影年产量从 12 部增至 28 部，总票房从 15 亿攀升至 42 亿。文化部宣称这是政策刺激了优质内容生产。

以下哪项如果为真，最能削弱该结论？

A. 动画渲染引擎等核心技术突破，使单部电影平均制作周期缩短 40%。

B. 国际流媒体平台同期大量采购该国动画版权，采购价可达本土票房的 3 倍。

C. 为争取补贴，78%的动画公司将核心编剧业务外包给收费低廉的 AI 写作工作室。

D. 第三方评分显示，国产动画电影平均豆瓣评分从 7.2 分降至 6.1 分。

E. 政策实施后，儿童向动画占比从 35%飙升至 82%，成人向题材近乎消失。

12. 某国 Z 古城入选《世界遗产名录》后，政府实施“保护性旅游开发”政策：设置每日游客上限（从 3 万人次降至 1.5 万），同时门票价格从 80 元涨至 300 元。至今年，官方数据显示游客总量下降 20%，但旅游总收入增长 15%。文化遗产局宣称该政策“成功实现遗产保护与经济效益双赢”。

以下哪项问题的答案对评价该结论最为关键？

A. 是否因价格门槛提升，导致高消费游客占比从 35%升至 68%。

B. 古城周边民宿、手工艺品等衍生消费是否被纳入旅游总收入统计。

C. 未被限流的非核心区（如新建仿古商业街）游客是否激增 300%。

D. 文物保护部门是否将 80%的门票收入用于古建筑修复。

E. 同省其他未限流的历史景区同期是否出现游客量下降。

13. 某高校 2021 年启动“学业预警帮扶计划”，对绩点低于 2.0 的学生提供一对一导师辅导和专项补习。至今年，受帮扶学生平均绩点从 1.8 提升至 2.4，挂科率下降 60%。校方认为该计划显著改善了学业困难学生的学术能力。

以下哪项如果为真，最能支持校方的结论？

A. 2021 年后全校教师人均教学工作量增加 30%，普遍反映备课时间不足。

B. 第三方测评显示，同期未受帮扶学生的平均绩点从 2.9 微降至 2.8。

C. 图书馆数据显示，受帮扶学生每周自习时长从 4 小时增至 10 小时。

D. 教务处抽查发现，帮扶导师中有 45%未按规定提交辅导记录。

E. 校友基金会同期增设“进步奖学金”，奖励绩点提升 0.5 以上的学生。

14. 某动物园中，小红、小黄、小蓝、小橙、小绿 5 个小朋友正在讨论各自想要观察的动物，他们决定每人在犀牛、鸵鸟、熊猫、羚羊、猎豹中选择一种，每种动物都有一个小朋友来观察且不能重复。另外还知道：

（1）如果小黄观察羚羊，则小橙观察鸵鸟；

(2) 除非小红或小绿观察犀牛，否则小黄观察羚羊；
(3) 小橙或者观察熊猫，或者观察猎豹。
如果小绿观察熊猫，可以得出以下哪项？
A. 小黄观察羚羊。 B. 小黄观察犀牛。 C. 小蓝观察羚羊。
D. 小橙观察犀牛。 E. 小红观察羚羊。

15. 如果我们做到“三个确保”（即确保高致病性禽流感不通过车船等交通工具扩散传播；确保交通通畅，不得以防治为由阻断交通；确保防治禽流感的各种医疗设备、药品、疫苗等应急物资的及时、快速运输），那么高致病性禽流感就能得到防治。
如果上述断定为真，以下哪项就一定是真的？
A. 如果高致病性禽流感不能得到防治，那么说明防治禽流感的应急物资没有及时、快速运输。
B. 如果高致病性禽流感不能得到防治，那么说明禽流感通过交通工具扩散传播了。
C. 或者高致病性禽流感得到防治，或者我们没有做到“三个确保”。
D. 如果高致病性禽流感不能得到防治，那么说明我们没有确保交通通畅。
E. 如果高致病性禽流感能得到防治，那么说明我们确保了交通通畅。

16~17 题基于以下题干：
某公司安排赵、钱、孙、李、周、吴、郑 7 名员工在国庆七天值班，每人值一天班，每天只有一人值班。值班情况安排如下：
(1) 除非赵在 2 日值班，否则钱在 1 日值班；
(2) 如果孙或吴在 4 日值班，则李在 7 日值班；
(3) 钱在 1 日值班，或者孙在 4 日值班；
(4) 只有郑或周在 2 日值班，李才不在 6 日值班。

16. 根据上述信息，可以得出以下哪项？
A. 赵在 2 日值班。 B. 钱在 1 日值班。 C. 孙在 4 日值班。
D. 李在 7 日值班。 E. 周在 6 日值班。

17. 若赵 2 日值班，郑 5 日值班，则可以得出以下哪项？
A. 孙在 3 日值班。 B. 孙在 7 日值班。 C. 李在 3 日值班。
D. 周在 4 日值班。 E. 周在 6 日值班。

18. 所有喜欢吃西红柿的人都不喜欢吃土豆。
从以上命题可以推知以下各项，除了哪项？
A. 所有不喜欢吃土豆的人都喜欢吃西红柿。
B. 不喜欢吃土豆的人不都不喜欢吃西红柿。
C. 有些不喜欢吃土豆的人喜欢吃西红柿。
D. 有些喜欢吃西红柿的人不喜欢吃土豆。
E. 所有喜欢吃土豆的人不喜欢吃西红柿。

19. 学校组织春游，现将甲、乙、丙、丁、戊、己、庚、辛 8 人分成 A、B、C 3 组，已知：
(1) 若甲、乙、己 3 人中至少一人未被分到 B 组，则丙、辛均被分到 A 组。
(2) 若甲、丁中至少一人未被分到 A 组，则乙或辛被分到 C 组。
(3) 要么甲、庚、辛均被分到 B 组，要么乙在 A 组且戊不在 C 组。
根据上述信息，可以得出以下哪项？
A. 甲、丁在 A 组。 B. 乙、辛在 C 组。 C. 甲、乙在 B 组。
D. 乙、己在 B 组。 E. 甲、庚在 B 组。

20~21 题基于以下题干：
节假日来临，甲、乙、丙 3 名同学分别给物理系、化学系、生物系、艺术系、管理系、文学系、建筑系 7 个系发节日慰问品。一个系只能由一个人负责分发，其中物理系、艺术系在 1 楼，化学系、文学系在 2 楼，生物系、管理系、建筑系在 3 楼。已知：

（1）每人至少负责分发两个系；
（2）物理系和化学系不是由同一个人负责分发；
（3）乙不负责分发在 3 楼的系，甲只负责分发两个系；
（4）物理系、文学系、管理系其中的一个系由丙负责分发；
（5）艺术系、管理系、建筑系其中的一个系由乙负责分发。

20. 以下哪项分组情况符合上述要求？
A. 甲：生物系、化学系、管理系。乙：建筑系、文学系。丙：艺术系、物理系。
B. 甲：文学系、管理系。乙：艺术系、生物系。丙：物理系、化学系、建筑系。
C. 甲：文学系、管理系。乙：艺术系、物理系。丙：生物系、化学系、建筑系。
D. 甲：物理系、文学系。乙：艺术系、化学系。丙：生物系、建筑系、管理系。
E. 甲：文学系、艺术系。乙：化学系、物理系。丙：生物系、管理系、建筑系。

21. 若乙只负责分发艺术系和文学系，甲负责生物系，则以下哪项不符合上述断定？
A. 甲负责物理系。　B. 丙负责管理系。　C. 丙负责建筑系。
D. 丙负责化学系。　E. 丙负责物理系。

22. 某机关举行职工秋季田径运动会。已知：所有报名参加短跑比赛的职工都报名参加铅球比赛，所有报名参加跳远比赛的职工都没有报名参加铅球比赛，报名参加跳高比赛的职工也都报名参加了跳远比赛，而没有报名参加跳高比赛的职工也都没有报名参加长跑比赛。
根据以上陈述，可以得出以下哪项？
A. 有的报名参加铅球比赛的职工没有报名参加短跑比赛。
B. 有的报名参加跳高比赛的职工没有报名参加长跑比赛。
C. 所有报名参加跳远比赛的职工都报名参加长跑比赛。
D. 所有报名参加长跑比赛的职工都没有报名参加短跑比赛。
E. 所有没有报名参加跳远比赛的职工都报名参加短跑比赛。

23. 已知：只要甲和乙都是肇事者，丙就不是肇事者；除非丁不是肇事者，否则乙是肇事者；甲和丙都是肇事者。
如果上述断定都是真的，以下哪项也一定是真的？
A. 乙和丁都是肇事者。　B. 并非或者乙是肇事者或者丁是肇事者。
C. 乙是肇事者但丁不是肇事者。　D. 乙不是肇事者但丁是肇事者。
E. 不能确定乙和丁到底谁是肇事者。

24～25 题基于以下题干：
达丽卡公司近年来经营稳定、业绩良好，公司在航运、农业、环保、汽车、旅游等多个领域都有不错的表现。在最近召开的董事会上，高层主管经过激烈的讨论，达成以下共识：
（1）如果今年公司的利润没有达到历史最好水平，那么公司在航运和环保两个领域上至少有一个不能盈利；
（2）只有今年的公司利润是历史最差水平时，公司在环保和汽车两个领域中才至少会有一个不能盈利；
（3）只有公司在环保领域不盈利，公司在农业和旅游两个领域才会都不盈利；
（4）如果公司在农业领域不盈利，那么公司在旅游领域就不能盈利。

24. 如果上述共识是真的，又知道达丽卡公司今年公司利润不是历史最差，由此可以确定以下哪项为假？
A. 环保领域盈利。　B. 汽车领域盈利。　C. 旅游领域盈利。
D. 旅游领域不盈利。　E. 农业领域不盈利。

25. 如果上述共识是真的，又知道达丽卡公司今年公司利润不是历史最差，也不是历史最好，由此可以确定以下哪项为真？
A. 航运领域不盈利。　B. 环保领域不盈利。　C. 旅游领域不盈利。
D. 旅游领域盈利。　E. 航运领域盈利。

26. 某学校新来了三位年轻老师，蔡老师、朱老师、孙老师，他们每个人分别教生物、物理、英语、政治、历史和数学六科中的两科课程。其中，三个人有以下关系：

（1）物理老师和政治老师是邻居；

（2）蔡老师在三人中年龄最小；

（3）孙老师、生物老师和政治老师三人经常一起从学校回家；

（4）生物老师比数学老师年龄要大些；

（5）在双休日，英语老师、数学老师和蔡老师三人经常一起打排球。

根据以上条件，可以推出孙老师教哪两科？

A. 历史和生物。　B. 物理和数学。　C. 英语和生物。

D. 政治和数学。　E. 政治和历史。

27. 所有储蓄账户都是有息账户，有些有息账户的利息是免税的，所以，一定有一些储蓄账户的利息是免税的。

以下哪项在论证方式上的错误与上文中的最相似？

A. 所有的艺术家都是知识分子，有些伟大的摄影师是艺术家，所以，有些伟大的摄影师必定是知识分子。

B. 所有伟大的摄影师都是艺术家，所有艺术家都是知识分子，所以，一些伟大的摄影师必定是知识分子。

C. 所有伟大的摄影师都是艺术家，有些艺术家是知识分子，所以，有些伟大的摄影师是知识分子。

D. 所有伟大的摄影师都是艺术家，有些伟大的摄影师是知识分子，所以，有些艺术家必定是知识分子。

E. 所有伟大的摄影师都是艺术家，没有艺术家是知识分子，所以，有些伟大的摄影师必定不是知识分子。

28. 二十八星宿是中国古代天文学家为观测日、月、五大行星运行而划分的二十八个星区，是我国本土天文学创作。古时人们为了方便于观测日、月和五大行星（金、木、水、火、土）的运转，便将黄、赤道附近的星座选出二十八个作为标志，合称二十八星座或二十八星宿。已知：

（1）土在第三位；

（2）水在土的后面；

（3）水在奇数的位置；

（4）日、月、火三个相邻。

根据以上陈述，以下哪项可能为真？

A. 日在第七位。　B. 水在第五位。　C. 金在第二位。

D. 月在第一位。　E. 火在第二位。

29~30 题基于以下题干：

一个宿舍六个人，分别是沈佳、泰熙、秦灿、武晗、张丽、郑伟，决定商量暑期的出游计划。有四个出游城市供她们选择，分别为沈阳、武汉、泰安、郑州。限于条件，每人去两个地方，每个地方只有三人选择，并且每人所选择城市名称的第一个字与自己的姓氏均不相同。已知：

（1）除非沈佳和秦灿有且只有一人选择武汉，秦灿才会选择泰安；

（2）沈佳如果选择泰安，也会选择沈阳；

（3）没有人既选择郑州，又选择泰安；

（4）除非张丽和郑伟不选择武汉，否则秦灿选择武汉。

29. 根据上述信息，可以得出以下哪项？

A. 武晗选择泰安和郑州。　B. 泰熙选择武汉。

C. 张丽不选择郑州也不选择泰安。　D. 郑伟选择的两个城市可能是沈阳和武汉。

E. 泰熙不可能既选择沈阳，又选择武汉。

30. 若对于张丽要选择的两个城市来说，或者是沈阳和武汉，或者是泰安和武汉，那么以下哪项一定为真？

A. 郑伟不选择武汉，也不选择沈阳。　B. 泰熙可能选择武汉。

C. 张丽或者选择沈阳，或者选择郑州。　D. 张丽不选择沈阳，但是选择了武汉。

E. 沈佳不可能同时选择武汉和郑州。

逻辑模拟试卷（四）

建议测试时间：55-60 分钟　　实际测试时间（分钟）：________　　得分：________

本测试题共 30 小题，每小题 2 分，共 60 分，从下面每小题所列的五个备选答案中选取出一个，多选为错。

1. 某大学计划在校园内推广“无手机日”活动，鼓励学生在每周的特定一天放下手机，参与线下社交、学术交流或户外活动。校方认为这一活动有助于提升学生的心理健康和社交能力，同时增强校园的学术氛围。

   以下哪项如果为真，最能支持校方的观点？

   A. 近年来，该校学生因沉迷手机导致的视力问题和睡眠不足现象日益严重。

   B. 在“无手机日”期间，学校将组织丰富的线下活动，包括学术讲座、户外运动和社团交流。

   C. 调查显示，超过 80%的学生表示愿意尝试“无手机日”活动。

   D. 研究表明，长时间使用手机与孤独感、焦虑感的增加有显著相关性。

   E. 该校的网络信号覆盖良好，学生在校园内随时随地都可以使用手机。

2. 电视是现代文明的产物，但也给人们带来很多麻烦。对于有孩子的家庭，来自电视节目正反两方面的诱惑力都很大。电视看久了，也会影响学习。更使家长担心的是电视中的暴力片等的副作用。因此，家长应对孩子看电视给以指导与约束。

   以下哪种做法与以上观点不符？

   A. 为保护孩子的视力，对孩子看电视的时间加以限制。

   B. 教会孩子对各种电视节目做出正确的选择。

   C. 看电视影响孩子的学习，索性把电视机关掉。

   D. 只要不影响学习和身心健康，让孩子适当看电视，会达到长知识的目的。

   E. 教育孩子对电视节目要有分析，即使是好节目，也不能什么都模仿。

3. “生酮饮食”不仅可以达到减肥的效果，而且因为燃烧脂肪取代葡萄糖，身体可以得到更持续、稳定的供能。通常，在摄取食物（主要是碳水化合物）之后，人体内的血糖含量会达到一个峰值。随着能量被消耗，血糖供应不足，身体会发送饥饿信号，催促人吃东西。一般情况下，脂肪是很难被转化为能量的。“生酮饮食”是通过断绝碳水化合物的摄入，迫使身体燃烧脂肪来供能，将脂肪转化为“酮”，作为生命的养料，相比葡萄糖只能提供几小时的供能，由燃烧脂肪产生的“酮”可以提供几周甚至几个月稳定、不间断的能量。

   以下哪项如果为真，最能质疑上述研究结论？

   A. “生酮饮食”容易造成营养不良，它可能对女性的内分泌产生间接影响。

   B. 不少坚持“生酮饮食”的人在半年以后会出现代谢异常、肠道菌群失衡而复胖。

   C. “生酮饮食”要求实行者依循饿就吃、不饿不吃的原则。只要是依此原则生活的健康人都不会胖。

   D. “生酮饮食”初期，各个器官还没有适应新的变化，会有注意力无法集中、情绪烦躁易怒等状况出现。

   E. “生酮饮食”能够使身体可以得到更持续、稳定的供能的这一说法尚未被运动医学专家所证实。

4. 某老旧小区计划加装电梯，社区居委会认为这是一项重要的民生工程，能够显著改善居民的生活质量。

   以下哪项如果为真，最能支持社区居委会的观点？

   A. 加装电梯后，社区内老年人上下楼更加方便，生活品质得到显著提升。

   B. 电梯加装过程中，社区通过引入专业资源，解决了居民对政策和技术的疑问。

   C. 部分低楼层居民担心电梯加装后会影响采光和通风。

   D. 政府对老旧小区加装电梯提供资金补贴，减轻了居民的经济负担。

   E. 加装电梯后，社区的整体形象得到提升，吸引了更多居民和商家入驻。

5. 某家私人公交公司通过增加班次、降低票价、开辟新线路等方式，吸引了顾客，增加了利润。为了继续这一经营方向，该公司决定更换旧型汽车，换上新型大客车，包括双层客车。
该公司的上述计划假设了以下各项，除了：
A. 在该公司经营的区域内，客流量将有增加。
B. 更换汽车的投入费用将在预期的利润中得到补偿。
C. 新汽车在质量、效能等方面足以保证公司获得预期的利润。
D. 驾驶新汽车将不比驾驶旧汽车更复杂、更困难。
E. 新换的双层大客车在该公司经营的区域内将不会受到诸如高度、载重等方面的限制。

6. 王大妈上街买东西，看见有个地方围了一群人。凑过去一看，原来是中国高血压日的宣传活动。王大妈转身就要走，一位年轻的白衣大夫叫住了她："大妈，让我帮你测测血压好吗？"王大妈连忙挥手说："我又不胖，算了吧。"
根据以上信息，以下哪项最可能是王大妈的回答所隐含的前提？
A. 只有患高血压病的人才需要测血压，我不用。
B. 只有胖人才可能得高血压病，经常测血压。
C. 虽然测血压是免费的，可给我开药方就要收钱了。
D. 你们这么忙，还是先给身体比较胖的人们测吧。
E. 让我当众测血压，多难为情，不好意思。

7. 近年来，乡村旅游作为一种新兴的旅游模式，逐渐受到游客的青睐。支持者认为，乡村旅游不仅能为游客提供独特的体验，还能促进乡村经济的发展，是乡村振兴战略的重要组成部分。
以下哪项如果为真，最能支持支持者的观点？
A. 乡村旅游的兴起使得一些乡村地区的传统手工艺得以复兴，吸引了大量游客前来体验。
B. 乡村旅游的开发可能会对乡村的自然环境造成一定的破坏。
C. 乡村旅游的游客数量在过去三年中增长了 50%，显示出其巨大的市场潜力。
D. 乡村旅游项目通常需要大量的资金投入，这可能会给乡村地区带来一定的经济压力。
E. 乡村旅游的发展带动了乡村餐饮、住宿和农产品销售等相关产业的繁荣。

8. 他汀类药物的最主要作用就是降血脂，通俗一点就是去除身体内的坏胆固醇，还可以间接抑制血小板聚集，影响凝血系统的促凝效果，还有一定的抗炎效果，能够减少血管内部的炎性反应，稳定血管壁上沉积的斑块，防止斑块破裂和血栓形成。他汀类药物可降低心脑血管疾病的发病率和死亡率。某专家指出，在服用他汀药物期间，应避免食用西柚。因为西柚中含有呋喃香豆素类化合物以及柚苷，可减弱肝药酶活性，此类酶正好参与大部分他汀类药物代谢。
以下哪项如果为真，最能支持上述专家的论证？
A. 他汀类药物的抗炎效果在年轻人身上比在老年人身上更显著。
B. 他汀类药物的分子代谢也在肝脏，如果长期饮酒，会干扰他汀类药物的正常吸收，降低疗效，增加脂肪肝、肝硬化等肝病，进一步损害代谢系统。
C. 若肝药酶活性减弱，他汀类药物就不能进行代谢清除，使得药物成分在体内蓄积，从而导致药物无法发挥正常药效。
D. 患上了心脑血管疾病，就需要长期服用他汀类药物，这是心脑血管疾病最基础的用药，而这些人喜欢吃西柚。
E. 西柚成分中含有一种对人体肠道酶具有抑制作用的活性物质，若大量食用西柚，将会干扰多种药物的代谢，进而导致肝脏受损。

9. 人类历史上持续的技术发展和历次大规模的人口移动似乎都没有显著改变人类的气候生态位，人类一直集中分布于一个较为狭窄的气候区间内。但越来越多的研究表明，全球气候变暖会对生物多样性、生态系统服务、农业生产活动、人体健康等带来一系列负面影响。按当前气候变化的发展趋势，研究人员据此推测，未来气候变化的加剧可能会导致大规模气候移民的风险上升。
以下哪项如果为真，最能支持上述研究人员的推测？

A. 气候移民的风险难以进行综合评估，且未来的技术发展有望放缓气候变化的速度。

B. 人类生存需要适宜的气候条件，气候变化将导致适宜气候条件发生快速的地理偏移。

C. 以当前温度为基准，全球温度上升 1 摄氏度就可能导致某些地区的人口偏离气候生态位。

D. 按当前气候变化轨迹的发展，到 2070 年高温区域将扩展到 19%的全球地表。

E. 全球气候变暖在某种程度上加速了某些传染病的扩散，对人们的健康产生了恶劣的影响。

10. 宇树科技（Unitree）是一家专注于四足机器人研发和生产的高科技企业。有人认为，宇树机器人的出现不仅展示了前沿科技的进步，还将在未来的工业、教育、救援等多个领域发挥重要作用。

以下哪项如果为真，最能支持这一观点？

A. 宇树机器人的运动灵活性和适应性使其能够在复杂地形上稳定行走，甚至在崎岖山地和废墟环境中也能保持平衡。

B. 宇树科技在机器人的研发过程中投入了大量资金，但目前市场占有率仍然较低。

C. 宇树机器人的价格相对较高，主要面向高端市场和专业用户。

D. 宇树科技的四足机器人已经成功应用于一些高校的科研和教学项目中，帮助学生和研究人员更好地理解机器人技术。

E. 宇树机器人的续航能力有限，需要频繁充电，这限制了其在某些场景下的应用。

11. 当灾难发生的时候，一个直觉看法是，只有亲身经历灾难现场的人，才会有创伤后应激障碍之类的心理健康问题，并且在距离上离现场越远，它造成的心理影响理应会越小。但心理学家们的研究发现，人们的实际反应与这种直觉大相径庭：因为电视与社交媒体拉近了我们心理上与那些灾祸的距离，即使没有亲历现场，人们依然会因为远方的灾难感到压力而焦虑不安。

以下哪项如果为真，最能支持上述心理学家们的观点？

A. 经历过创伤的人可能会不由自主地回忆或以噩梦的形式反复体验创伤事件，出现难以入睡或集中注意力、过度警觉等障碍。

B. 人类先天地就对负面信息更为敏感，对负面情绪记得更牢，也更容易从负面的角度去解读一个事件。

C. 研究者统计了一些人 2020 年疫情初期在媒体上访问与疫情有关信息的平均总时长，并测量了他们与疫情有关的压力源指标，发现二者存在正相关。

D. 那些在脑部杏仁核有特定大脑反应的青少年，受到媒介信息的影响最大，更容易受负面信息影响。

E. 观看与灾难相关的电视节目也有可能导致各种心理困扰。

12. 龙卷风是大气中最强烈的涡旋现象，经过之处，常会发生拔起大树、掀翻车辆、摧毁建筑等现象，它往往使成片庄稼、成万株果木瞬间被毁，令交通中断、房屋倒塌、人畜生命和经济遭受损失。分析数据显示，每年爆发龙卷风的平均次数逐渐升高，过去 60 年龙卷风平均次数增多了 1.5 倍，与此同时，人类活动激增，全球气候明显变暖，有人据此认为，气候变暖导致龙卷风爆发次数增加。

以下哪项如果为真，可以支持上述结论？

A. 龙卷风有多旋涡龙卷、水龙卷、火龙卷等多种类型，在全球变暖后，各种龙卷风出现的次数并没有明显的变化。

B. 气候温暖是龙卷风形成的一个必要条件，几乎所有龙卷风的形成都与当地较高的温度有关。

C. 尽管全球变暖，龙卷风依然最多地发生在夏季的雷雨天气时，发生时间和环境没有变化。

D. 龙卷风是雷暴天气（即伴有雷击和闪电的局地强对流天气）的产物，只要在雷雨天气下出现极强的空气对流，就容易发生龙卷风。

E. 美国是世界上遭受龙卷风侵袭次数最多的国家，平均每年遭受 100000 个雷暴、1200 个龙卷风的袭击，有 50 人因此死亡。

13. 纵观近年来在创新表达中有突破、赢得大众认可和喜爱的影视作品，无不是从普通百姓故事中提炼真情实感，从火热现实生活中汲取素材养分。因此，如果综艺节目要想取得进步，就要加大转型的步伐。从过去的看重流量，到现在的关注普通百姓的生活，综艺节目在迭代转型中要更加关注大众人群的兴趣点。

以下哪项陈述是上述论述所必须依赖的假设？

A. 综艺节目要具有时效性，这样才能和当下热点相结合。

B. 综艺节目和影视作品的目标受众群体是相同的。

C. 我国传统文化也应该根据时代的改变，进行推陈出新。

D. 我国文艺工作者的意愿就是创作出与时代相结合的作品，他们会为此不断探索追求。

E. 影视作品要反映出人民群众对于美好生活的向往，因此要不断地从生活中提取灵感。

14. 出身平平，也没有智力、天赋、遗传等方面的优势，到底是什么让少数人逆天成长？任何形式的成就，都源自心理成熟；任何形式的社会竞争，都是心理战；任何社会领域的优势，都源自心理上的优势。

根据以上信息，以下除哪项外都一定为真？

A. 只有是心理战，才是社会竞争。

B. 除非源自心理上的优势，才有社会领域的优势。

C. 你不能取得任何形式的成就，除非源自心理成熟。

D. 如果不是心理战，就不是任何形式的社会竞争。

E. 除非是心理战，否则就是社会竞争。

15. 只要精神富足并且物质丰盈，就说明人们已经达到财富自由状态。但只有灾祸来临时，人们才会沉思过去并且真正悔过。在某些时刻，人们物质丰盈且能沉思过去。

如果以上断定是真的，那么以下哪项也一定是真的？

A. 在某些时刻，人们财务自由的同时也面临灾祸。

B. 如果人们达到财富自由状态但没有沉思过去，那么说明物质是丰盈的。

C. 如果人们物质丰盈且财富自由，那么人会真正悔过。

D. 如果人们沉思过去并且灾祸已经来临，那么人能够真正悔过。

E. 如果人们沉思过去，但灾祸从未来临，那么人们一定没有真正悔过。

16~17 题基于以下题干：

大通公司业务员钱多多负责七个省的售后服务，他的工作需要在江西、安徽、浙江、湖北、湖南、江苏、福建巡回。为了能更好地完成售后服务工作，他每个月对于各省的巡回路线有以下安排：

（1）一个月内如果去了江苏，那么就去安徽或者浙江；

（2）一个月内如果去湖南，那么就要去湖北；

（3）一个月内，湖南和湖北不能都不去；

（4）一个月内只有去江西或者福建，才去湖北；

（5）一个月内只有不去安徽，才会去江西。

16. 根据以上路线安排，以下哪项一定为假？

A. 某个月钱多多安徽和江苏都没有去。

B. 某个月钱多多湖南和湖北都去了。

C. 某个月钱多多江西和安徽都没有去。

D. 某个月钱多多江西和福建都没有去。

E. 某个月钱多多湖南和江西都没有去。

17. 若钱多多九月没有去福建，由此可以确定以下哪项为真？

A. 钱多多九月去了浙江。

B. 钱多多九月没有去江苏。

C. 钱多多九月没有去安徽。

D. 钱多多九月去了湖南。

E. 钱多多九月没有去江西。

18. 某次花艺课上，需要将玫瑰、百合、水仙、雏菊和腊梅放在甲、乙、丙、丁、戊 5 个花瓶中，每种鲜花只能放在一个花瓶里，并且每个花瓶仅能放一种鲜花。已知：

（1）只有乙花瓶放百合，丁花瓶才不放玫瑰；

（2）要想甲花瓶不放雏菊，丁花瓶就必须放水仙；

（3）如果戊花瓶不放腊梅，那么丙花瓶放雏菊；

（4）乙花瓶放水仙。

根据上述信息，可以得出以下哪项？

A. 百合在丙花瓶。

B. 玫瑰在甲花瓶。

C. 百合在丁花瓶。

D. 雏菊在戊花瓶。

E. 腊梅在丁花瓶。

19～20 题基于以下题干：

北京某歌舞剧监制公司，新签约了7名专业舞台剧演员赵、钱、孙、李、周、吴、郑，准备排练两部新剧。为了平衡两部剧的人员，也为了让每个演员都专心投入一部剧的创作当中，这7名舞台剧演员被分组到2部舞台剧中：《明月几时有》，3名成员；《基督山伯爵》，4名成员。分组必须符合以下要求：

（1）赵和孙不能排练同一种舞台剧；

（2）如果钱在《明月几时有》，那么李必须在《明月几时有》；

（3）如果周在《明月几时有》，那么孙必须在《基督山伯爵》；

（4）吴必须在《基督山伯爵》。

19. 如果赵在《基督山伯爵》，那么以下哪位也一定在《基督山伯爵》？

A. 钱　B. 孙　C. 李　D. 周　E. 郑

20. 如果周和孙排练同一种舞台剧，那么以下除了哪项都可能在同一组？

A. 赵和钱　B. 钱和郑　C. 孙和郑　D. 李和郑　E. 李和赵

21. 如果某种行为动机正确且客观条件允许，那么该行为就是合乎逻辑的。

根据以上判断，以下哪几种情况是可能出现的？

Ⅰ. 行为合乎逻辑且动机正确，但客观条件不允许。

Ⅱ. 客观条件允许且行为合乎逻辑，但动机不正确。

Ⅲ. 动机不正确并且客观条件不允许，但行为合乎逻辑。

Ⅳ. 动机不正确且客观条件不允许，行为也不合乎逻辑。

A. Ⅰ，Ⅱ，Ⅲ和Ⅳ　B. 仅仅Ⅰ和Ⅳ　C. 仅仅Ⅰ，Ⅱ和Ⅳ

D. 仅权Ⅰ，Ⅲ和Ⅳ　E. 仅权Ⅳ

22. A单位新招聘到了7名应届毕业生，甲、乙、丙、丁、戊、己、庚，并且给他们提供了7个岗位，分别是：会计、出纳、复核、后勤、人力、行政、网络。由于是定向培养，所以每个人只负责一个岗位，每个岗位也只由一人负责。根据每个毕业生的性格，安排如下：

（1）如果甲不负责出纳，则乙负责会计；

（2）只有丁负责网络，丙或已才负责后勤；

（3）如果乙不负责会计，则丙负责后勤；

（4）如果丁不负责行政，则庚或戊负责出纳。

根据上述信息，可以得出以下哪项？

A. 甲负责出纳。　B. 乙负责会计。　C. 丙负责后勤。

D. 丁负责网络。　E. 戊负责行政。

23. 推荐小组确定了援疆干部人选。党办、人事处和业务处的推荐意见分别是：

党办：从甲、乙、丙3人中选派出一至两人。

人事处：如果不选派甲，就不选派乙且不选派丙。

业务处：只有不选派乙并且不选派丙，才选派甲。

在下列选项中，能够同时满足三个部门的意见的方案是哪一项？

A. 选派甲和乙，不选派丙。　B. 不选派乙且不选派丙，选派甲。

C. 选派乙，不选派甲和丙。　D. 选派丙，不选派甲和乙。

E. 选派乙和丙，不选派甲。

24～25 题基于以下题干：

2018年12月，上海市长宁区程家桥街道42个小区全部实现生活垃圾定时定点分类投放，每天早晨7至9点、傍晚6点至8点半开放，由150名党员、楼组长等组成的志愿者队伍轮流执勤，指导居民分类投放。程家桥街道的王阿姨，虽然经过多期的垃圾分类培训，但是在今天扔垃圾的时候还是有以下甲、乙、丙、丁、戊、己、庚、辛共8种垃圾没能区分明白。王阿姨知道这8种垃圾之间：

（1）丙和丁是同一类垃圾；

（2）甲和己不是同一类垃圾；

(3) 庚和辛不是同一类垃圾；

(4) 如果己是干垃圾，那么乙必须也是干垃圾。

垃圾投放点的志愿者小王，看见王阿姨拿的这 8 样物品后说："王阿姨你这是 4 个干垃圾，4 个其他垃圾。"王阿姨瞬间对垃圾分类有了头绪。

24. 如果己是干垃圾，那么以下哪个物品一定是其他垃圾？

A. 乙　B. 丙　C. 戊　D. 庚　E. 辛

25. 如果己和乙是不同种类的垃圾，那么以下哪两个物品一定也是不同的垃圾种类？

A. 乙和戊　B. 丙和戊　C. 丁和己　D. 丁和庚　E. 丙和辛

26. 在一种网络游戏中，如果一位玩家在 A 地拥有一家旅馆，他就必须同时拥有 A 地和 B 地。如果他在 C 花园拥有一家旅馆，他就必须拥有 C 花园以及 A 地和 B 地两者之一。如果他拥有 B 地，则他还拥有 C 花园。

假如该玩家不拥有 B 地，可以推出下面哪一项结论？

A. 该玩家在 A 地拥有一家旅馆。

B. 该玩家在 C 花园拥有一家旅馆。

C. 该玩家拥有 C 花园和 A 地。

D. 该玩家在 A 地不拥有旅馆。

E. 该玩家拥有 A 地但不拥有 C 花园。

27. 大多数为老百姓做过好事的干部都是好干部。但有些做过错事的干部仍不失为一个好干部。所有的好干部都有一个共同特点，那就是不以权谋私。

如果上述断定为真，以下哪项一定为真？

A. 所有不以权谋私的干部都是好干部。

B. 有些干部虽然不以权谋私，但并不是好干部。

C. 有些干部并不以权谋私，但做过错事。

D. 对于一个干部来说，以权谋私是最大的错事。

E. 任何一个干部，即使不以权谋私，也不可能不做错事。

28. 小赵、小钱、小孙、小李四人为了学习更多的知识，相约在"经济管理""企业管理""成功心理学""幸福心理学"中选择不同的选修课，学完回来共同分享笔记和心得，并且每人只能选择一门选修课程。已知：

(1) 小钱和小李只喜欢心理学，所以他们只选择有关心理学的科目；

(2) 如果小孙不会选择"企业管理"，那么小钱选择"经济管理"；

(3) 或者小赵不选择"经济管理"，或者小钱选择"幸福心理学"。

根据以上信息，可以得出以下哪项？

A. 小赵选择的是"企业管理"。

B. 小孙选择的是"经济管理"。

C. 小钱选择的是"企业管理"。

D. 小李选择的是"成功心理学"。

E. 小李选择的是"幸福心理学"。

29～30 题基于以下题干：

甲、乙、丙、丁四位大学新生准备分别选择报名参加外语社、轮滑社、街舞社、吉他社和羽毛球社中的几个。已知：每个社团都有人报名，五个社团总共被报名了 10 次，每个人至少报名一个社团并且报名的社团数量各不相同，且丙和丁没有报名同一个社团。已知：

(1) 甲只报名轮滑社或吉他社中的至少一个；

(2) 丙报名的社团，乙都会报名；

(3) 如果甲报名吉他社，那么乙、丙和丁都没有报名外语社。

29. 根据以上信息可知，乙报名了几个社团？

A. 1 个。　B. 2 个。　C. 3 个。　D. 4 个。　E. 无法确定。

30. 若乙没报名吉他社，则轮滑社、街舞社、吉他社和羽毛球社的报名人数之比是多少？

A. 2∶2∶2∶2。　B. 3∶2∶1∶2。　C. 2∶3∶1∶2。

D. 2∶1∶3∶2。　E. 3∶3∶2∶2。

逻辑模拟试卷（五）

建议测试时间：55-60分钟　　　　实际测试时间（分钟）：________　　　　得分：________

本测试题共30小题，每小题2分，共60分，从下面每小题所列的五个备选答案中选取出一个，多选为错。

1. 近年来，我国电子垃圾产生量增长迅猛。若要实现建设生态文明的目标，除非电子垃圾问题得到妥善解决。因此，必须多管齐下，综合治理。除了建立生产者责任延伸制度和加大打击电子垃圾进口走私力度外，还要大力促进电子垃圾拆解处理领域的技术创新。如果这样，那么电子垃圾就不再会是令人头痛的污染源，而能成为填补短缺的“新矿山”。

   如果上述断定为真，则以下哪项一定为真？

   A. 如果不能实现建设生态文明的目标，那么电子垃圾问题就不能得到妥善解决。

   B. 如果能够实现电子垃圾拆解处理领域的技术创新，就能彻底解决电子垃圾问题。

   C. 如果建立生产者责任延伸制度，就能从设计开始尽量降低电子垃圾产生量。

   D. 除非电子垃圾不是令人头痛的污染源，否则一定是打击电子垃圾进口走私力度不够。

   E. 只有妥善解决电子垃圾问题，才能实现建设生态文明的目标。

2. 某科学家提出，基因编辑技术（如CRISPR-Cas9）在未来可以广泛应用于人类胚胎的基因改造，以预防遗传疾病的发生，并提高人类的健康水平。然而，一些伦理学家和科学家对此表示担忧，认为这种技术的应用可能会带来严重的伦理和社会问题。

   以下哪项如果为真，最能削弱支持基因编辑技术应用于人类胚胎的观点？

   A. 基因编辑技术在动物实验中已经取得了显著的成果，证明其具有较高的安全性和有效性。

   B. 基因编辑技术可能导致不可预测的基因突变，这些突变可能会在后代中传播，引发新的遗传疾病。

   C. 基因编辑技术的应用可以有效预防一些严重的遗传疾病，如地中海贫血症和囊性纤维化。

   D. 基因编辑技术的应用可能会加剧社会不平等，因为只有富裕家庭能够负担得起这种昂贵的技术。

   E. 基因编辑技术的推广可能会引发“设计婴儿”的现象，导致人类基因库的单一化。

3. 当前，随着数字化技术的发展，数字化阅读越来越流行。更多的人愿意利用电脑、手机及各种阅读器来阅读电子图书，而且电子图书具有存储量大、检索快捷、便于保存、成本低廉等优点。因此，王研究员认为，传统的纸质图书终将会被电子图书所取代。

   以下哪项如果为真，最能削弱王研究员的观点？

   A. 阅读电子图书虽然有很多方便之处，但相对于阅读纸质图书，更容易损害视力。

   B. 有些读者习惯阅读纸质图书，不愿意采用数字化方式阅读。

   C. 许多畅销书刚一出版，短期内就会售完，可见，纸质图书还是有很大市场的。

   D. 通常情况下，只有在纸质图书出版的前提下才允许流通相应的电子图书。

   E. 电脑、手机及各种阅读器所发出的蓝光及辐射对眼睛有很大的伤害。

4. 某单位今年招录了8名应届毕业生，其中甲和乙是文科生，丙、丁、戊是理科生，己、庚、辛是工科生。8人中，甲、丙、己是女士。单位拟从中选出5人组成一个研发团队，团队中文科生、理科生和工科生至少各有1人，并且至少要有1名女士参加。此外，还要满足下列条件：

   （1）丙和庚至多有1人参加；

   （2）若乙参加，则丁也参加；

   （3）戊和辛要么都参加，要么都不参加。

   以下哪项符合上述题干的要求？

   A. 甲、丙、丁、己、庚。　　B. 甲、丁、戊、己、辛。　　C. 乙、丙、戊、己、辛。

   D. 乙、丁、戊、己、庚。　　E. 丙、己、戊、辛、庚。

5. 调查显示，79.8%的糖尿病患者对血糖监测的重要性认识不足，即使在进行血糖监测的患者中仍然有62.2%的人对血糖监测的时间和频率缺乏正确的认知，73.6%的患者不了解血糖控制的目标。这组数据足以表明目前我国血糖监测应用现状不尽如人意。有专家表示，近八成的糖尿病患者不重视血糖监测，这说明大部分患者还不知道应该如何管理糖尿病。

以下哪项如果为真，最能支持上述专家的观点？

A. 如果不测血糖，就不知道自身血糖水平是高还是低，从而使饮食、锻炼、治疗方面的努力都会变得徒劳。

B. 血糖监测是糖尿病综合治疗中的重要环节。

C. 除非重视血糖监测，否则不能对糖尿病进行科学有效的管理。

D. 除非不重视血糖监测，否则就能对糖尿病进行科学有效的管理。

E. 血糖监测是控制糖尿病的基础。

6. 妈妈准备在超市大减价活动日去购物，但她忘记活动的具体日期，于是她分别询问了如下五人，他们的回答分别是：

爷爷：我没有记错，就是周末中的某一天。

奶奶：是星期二、星期四或星期六中的一天。

爸爸：反正不是星期一。

儿子：是星期一、星期三、星期五或星期日中的一天。

女儿：是星期五。

如果这五个人中只有一个人说对了，那么超市大减价活动日是哪天？

A. 星期一。 B. 星期三。 C. 星期五。 D. 星期六。 E. 星期日。

7. 一个国家必须提供多元化服务供给，才能发展出多样化的人群、足够的人群规模和合理的职业结构。因为有不同角色才能提供不同的供给；有不同的供给，才能让社会健康发展。已知 A 国没有多元化服务的供给，但是有多样化的人群。

根据以上论述，以下哪个选项一定为真？

A. 如果 A 国家有足够的人群规模，那么它一定没有合理的职业结构。

B. 如果 A 国家没有足够的人群规模，那么它一定有合理的职业结构。

C. 如果 A 国家没有遇到战争，那么社会可以健康发展。

D. 如果 A 国家有不同的角色，那么它可以健康发展。

E. 如果 A 国家没有多样化人群，说明人群规模还不够。

8. 某研究机构发布报告称，近年来青少年近视率的上升与长时间使用电子设备有直接因果关系。报告指出，青少年每天使用电子设备的时间越长，近视的可能性越高。因此，减少电子设备的使用时间是预防青少年近视的关键措施。

以下哪项如果为真，最能削弱该研究机构的观点？

A. 近年来，青少年的户外活动时间显著减少，而户外活动已被证实对预防近视有积极作用。

B. 研究发现，即使每天使用电子设备时间较短的青少年，近视率也在逐年上升。

C. 青少年使用电子设备时，大部分时间是在进行学习相关的活动，而非娱乐。

D. 许多青少年在使用电子设备时会佩戴护眼设备，但近视率仍然上升。

E. 该研究未考虑家族遗传因素对青少年近视的影响，而遗传因素已被证实是近视的重要原因之一。

9~10 题基于以下题干：

某公司从张华、王军、赵静、刘刚、孙涛、李明和郭凯这 7 名生产部门员工中挑选 4 名参加生产技术研讨会，挑选必须符合下列条件：

（1）张华或王军有一人参加，但二人不能都参加；

（2）孙涛或李明有一人参加，但二人不能都参加；

（3）如果孙涛参加，则赵静参加；

（4）除非王军参加，否则郭凯不参加。

9. 如果刘刚不参加该研讨会，则参加该研讨会的员工必然包括以下哪项？

A. 王军和赵静。 B. 张华和郭凯。 C. 王军和李明。

D. 赵静和李明。 E. 孙涛和郭凯。

10. 公司挑选以下哪两名员工参加该研讨会，能使参会的四人组合成为唯一的选择？

A. 刘刚和郭凯。 B. 王军和刘刚。 C. 赵静和郭凯。

D. 赵静和孙涛。 E. 赵静和王军。

11. 人体在晚上分泌的镇痛荷尔蒙比白天多，因此在晚上进行手术的外科病人需要较少的麻醉剂。既然较大量的麻醉剂对病人的风险更大，如果经常在晚上做手术，手术的风险也就可以降低了。

下列哪项如果为真，最能反驳上述结论？

A. 医院晚上能源的费用比白天低。

B. 多数的新生儿在半夜和早上七点之间出生。

C. 晚上的急症病人比白天多，包括那些急需外科手术的病人。

D. 护士和医疗技师晚上每小时薪金比白天高。

E. 手的灵巧和脑的警觉晚上比白天低，即使对习惯晚上工作的人也如此。

12. 烟草业仍然是有利可图的。在中国，尽管今年吸烟者中成人的人数减少，烟草生产商销售的烟草总量还是增加了。

以下哪项不能用来解释烟草销售量的增长和吸烟者中成人人数的减少？

A. 今年开始吸烟的妇女数量多于戒烟的男子数量。

B. 今年开始吸烟的少年数量多于同期戒烟的成人数量。

C. 今年非吸烟者中咀嚼烟草及嗅鼻烟的人多于戒烟者。

D. 今年和往年相比，那些有长年吸烟史的人平均消费了更多的烟草。

E. 今年中国生产的香烟中用于出口的数量高于往年。

13. 某民间收藏家仿制了圆明园十二生肖铜兽首中的子鼠、卯兔、寅虎、辰龙、申猴和亥猪，分别放置在圆形展台的六个方位上供人参观。已知：

（1）子鼠不能与寅虎相邻；

（2）卯兔不能和辰龙相邻；

（3）申猴不能和寅虎相邻，也不能和亥猪相邻。

如果辰龙不能与寅虎相邻，则下列哪项一定为真？

A. 亥猪和卯兔相邻。 B. 亥猪和辰龙相邻。 C. 卯兔和申猴相邻。

D. 卯兔和寅虎相邻。 E. 申猴和子鼠相邻。

14～15 题基于以下题干：

某医院的外科病区有甲、乙、丙、丁、戊 5 位护士，她们负责病区 1、2、3、4、5、6、7 号共 7 间病房的日常护理工作，每间病房只由一位护士来护理，每位护士至少护理一间病房。在多年的护理过程中，她们已经形成特定的护理习惯和经验。已知：

（1）甲护理 1、2 号两间病房，不护理其他病房；

（2）乙和丙都不护理 6 号病房；

（3）如果丁护理 6 号病房，则乙护理 3 号病房；

（4）如果丙护理 4 号病房，则乙护理 6 号病房；

（5）戊只护理 7 号病房。

14. 根据以上信息，可以得出以下哪项？

A. 乙护理 3 号病房。 B. 丙护理 4 号病房。 C. 丁护理 5 号病房。

D. 乙护理 5 号病房。 E. 丁护理 4 号病房。

15. 如果丁只护理一间病房，则得不出以下哪项？

A. 乙护理 4 号病房。 B. 丙护理 5 号病房。 C. 丁护理 6 号病房。

D. 乙护理 5 号病房。 E. 乙护理 3 号病房。

16. 如果早上空气好，则会跑步；如果早上空气不好，则会心情不好。如果晚上运动过量，则会影响睡眠；而如果晚上不运动或者运动太少，也会心情不好。

以上陈述为真，又知老王的心情好，则可以推出以下结论，除了哪项？

A. 老王跑步。　B. 早上空气好。　C. 老王晚上运动。
D. 老王的睡眠受到了影响。　E. 老王做了足够的运动。

17. DeepSeek 是一款由杭州深度求索人工智能基础技术研究有限公司开发的人工智能模型，旨在通过先进的技术推动人工智能的普惠发展。有人认为，DeepSeek 的出现将彻底改变人工智能领域的格局，成为推动社会进步的重要力量。

以下哪项如果为真，最能削弱这一观点？

A. DeepSeek 的技术架构仍然依赖于现有的 Transformer 架构，并未实现完全的自主创新。
B. DeepSeek 在某些复杂任务上的表现不如其他成熟的人工智能模型，例如在多模态融合任务中存在明显不足。
C. DeepSeek 的开发团队表示，其模型已经在多个领域展现出卓越的性能，例如在数学推理和代码生成方面达到国际领先水平。
D. DeepSeek 的训练过程需要大量的计算资源，这限制了其在一些资源有限的场景中的应用。
E. DeepSeek 的模型在处理涉及极端主义、性别歧视等敏感内容时存在识别偏差，暴露出其在伦理和安全性方面的不足。

18. 古代文人墨客常常借花明志，寄花于情。现有水仙、桂花、山茶、杜鹃和梅花，它们被赋予的雅号分别是“花中仙客”“花中之魁”“花中珍品”“花中雅客”和“花中西施”（顺序不定），已知：

（1）只有桂花的雅号不是“花中仙客”，梅花的雅号才不是“花中之魁”；
（2）桂花的雅号是“花中雅客”和“花中仙客”中的一个；
（3）如果山茶的雅号是“花中珍品”，那么梅花的雅号是“花中西施”，或者桂花的雅号不是“花中雅客”；
（4）如果山茶的雅号不是“花中珍品”，或者杜鹃的雅号不是“花中西施”，那么桂花的雅号是“花中之魁”。

根据上述信息，以下哪项诗句对应的是“花中雅客”的花卉名称？

A. 此意自佳君不会，一杯当属水仙王。　B. 人闲桂花落，夜静春山空。
C. 一枕春眠到日斜，梦回喜对小山茶。　D. 杜鹃花上杜鹃啼，自有归心似见机。
E. 梅须逊雪三分白，雪却输梅一段香。

19～20 题基于以下题干：

钱云、朱敏、黄宏、刘青和赵明五人组成学习小组，互相帮助。已知他们彼此之间：

（1）如果钱云的成绩最好，那么他会帮助朱敏；
（2）朱敏不会帮助所有黄宏帮助的人；
（3）如果刘青或者赵明的成绩最好，那么黄宏会帮助钱云。

19. 根据以上陈述，又已知刘青的成绩最好，由此可以推出以下哪项为真？

A. 钱云不会帮助朱敏。　B. 钱云帮助朱敏。　C. 朱敏不会帮助钱云。
D. 朱敏帮助钱云。　E. 没有人帮助刘青。

20. 根据以上陈述，又已知朱敏和钱云互相帮助，由此可以推知以下哪项为假？

A. 钱云的成绩最好。　B. 刘青的成绩最好。　C. 朱敏的成绩最好。
D. 赵明的成绩不是最好。　E. 钱云的成绩不是最好。

21. 无论从全球范围，还是从我国的实际情况来看，人类文明都发展到了这样的一个阶段，既保证生态环境，又确保人与自然的和谐，是经济能够得到可持续发展的必要前提，也是人类文明得以延续的重要保障。

以下哪项如果为真，最能质疑上述观点？

A. 如果不能保证生态环境或者确保人与自然的和谐，则经济就不能够得到可持续发展，人类文明也就得不到延续的保障。
B. 如果不能保证生态环境，就不能确保人与自然的和谐，经济就不能够得到可持续发展。
C. 不能保证生态环境，也不能确保人与自然的和谐，经济也能够得到可持续发展，人类文明的延续也是可以保障的。

D. 保证了生态环境或者保证了人与自然的和谐，经济也不能够得到可持续发展，人类文明的延续也不能得以保障。

E. 保证了生态环境，但仍然不能确保人与自然的和谐，经济也不能够得到可持续发展，人类文明的延续也得不到保障。

22. 聚苯乙烯泡沫塑料广泛用于制造一次性咖啡杯等用品，但其原料来自石油等不可再生能源，生成的聚苯乙烯高温条件下可能产生对人体有害成分，且无法自然降解，燃烧时还会造成环境污染。研究人员开发出一种源自特定植物的环保材料，这种环保材料质量较轻，可支撑自身重量 200 倍的物体而不变形，还可自然降解，燃烧不会产生污染性烟尘。研究人员认为，这种环保材料有望成为制造一次性咖啡杯等用品的重要材料。

以下哪项如果为真，最能削弱上述结论？

A. 这种环保材料不具有一次性咖啡杯所需的良好隔热性能，盛装液体后也很难具有聚苯乙烯泡沫塑料的耐久性。

B. 这种环保材料大规模投入生产后，会挤垮生产聚苯乙烯泡沫塑料的厂家，减少市场上一次性咖啡杯等用品的供应量。

C. 对该植物有过敏反应的人群使用这种环保材料会产生过敏反应，该环保材料不适用于这类过敏人群。

D. 这种环保材料还不能完全替代聚苯乙烯泡沫材料，还有很多用品仍然需要使用聚苯乙烯泡沫材料生产。

E. 这种环保材料目前的成本较高，一些低成本的咖啡店不会选择用这种环保材料制作的咖啡杯。

23. 可以端菜、扫地、唱歌跳舞，可以跟孩子做游戏、陪老人谈天说地……在本届机器人世界杯上，各式各样的服务机器人成为最吸引眼球的明星。多位业内专家预测，面向家庭和个人的服务机器人，将超越工业机器人，成为我国下一个爆发式增长的市场。

以下哪项如果为真，最能质疑上述专家的预测？

A. 由于一些关键硬件仍依赖进口，导致有些国内的服务机器人的价格居高不下。

B. 在我国，目前服务机器人进入家庭只是"看上去很美"，有的产品尚未量产。

C. 目前的服务机器人技术行的，实现成本却太高；方案成本低的，技术却不行。

D. 机器人产业中，中国的主要差距在硬件，而硬件差距对机器人性能影响很小。

E. 中国和其他国家相比，主要差距在机器人相关软件的开发上。

24. 有一 6×6 的方阵，它所含的每个小方格中可以填入一个汉字，已有部分汉字填入。现要求该方阵中的每行每列均含有礼、乐、射、御、书、数 6 个汉字，不能重复也不能遗漏，并且对角线上的汉字也不能重复。

乐		射			
	御	书			
				御	数
		乐	御	礼	书
		御			射

根据上述要求，以下哪项是方阵第一列 5 个空格中从上至下应填入的汉字？

A. 射、御、数、书、礼。

B. 礼、射、御、书、数。

C. 御、书、礼、数、射。

D. 礼、御、射、数、书。

E. 数、御、礼、射、书。

25. 研究人员在正常的海水和包含两倍二氧化碳浓度的海水中分别培育了某种鱼苗，鱼苗长大后被放入一个迷宫。每当遇到障碍物时，在正常海水中孵化的鱼都会选择正确的方向避开。然而那些在高二氧化碳浓度下孵化的鱼却会随机地选择左转或右转，这样在遇到天敌时生存机会就会减少。因此，研究人员认为在高二氧化碳环境中孵化的鱼，生存的能力将会减弱。

以下哪项如果为真，最不能支持该项结论？

A. 人类燃烧化石燃料产生的二氧化碳大约有三分之一都被地球上的海洋吸收了，这使得海水逐渐酸化，会软化海洋生物的外壳和骨骼。

B. 在二氧化碳含量高的海洋区域，氧气含量较低。氧气少使海洋生物呼吸困难，觅食、躲避掠食者以及繁衍后代也变得更加困难。

C. 二氧化碳是很多海洋生物的重要营养物质，它们在日光照射下把叶子吸收的二氧化碳和根部输送来的水分转变为糖、淀粉以及氧气。

D. 将小丑鱼幼鱼放在二氧化碳浓度较高的海水中饲养，并播放天敌发出的声音，结果这组小鱼听不到声音。

E. 将鲟鱼幼鱼分别放在正常海水和二氧化碳较高的海水中饲养，结果发现，在二氧化碳高的水中的幼鱼体质远远比不上正常海水中的幼鱼。

26. 只要是高中毕业生，就不可能不想考上一所重点大学，并且选择一个自己心仪的专业。

如果以上陈述为真，则以下哪项必假？

A. 所有的高中毕业生都想考上重点大学并选择自己心仪的专业。

B. 有的高中毕业生只想选择自己喜欢的重点大学。

C. 小王是某重点高中的毕业生，但是他只想报一所重点大学。

D. 小王是某重点高中的毕业生，但是他只想上一所高职学校。

E. 任何一名高中生都想上重点大学的重点专业。

27. 笔迹，广义上讲，是运用各种工具在已定界面上书写的带有文字规范限制的痕迹。狭义上讲，就是指在自然状态下由书写人留在纸张上的带有文字规范限制的书写痕迹。因为书写者的性格和心理特性是不同的，由此可以推测，研究人的笔迹可以分析书写者的性格特点和心理状态。

以下哪项如果为真，最能支持上述推测？

A. 不同笔迹的连笔程度和笔画结构是不同的。

B. 近代以来，很多先进的理论和仪器被用来进行笔迹鉴定。

C. 据调查，现在很多公司在招聘员工时加入笔迹分析这一项。

D. 人的性格特点和心理状态往往能通过人的日常行为展示出来。

E. 书写的压力、笔画结构和字体大小等能反映出人的自我意识和对外部世界的态度。

28. 一个人智力的高低，百分之九十取决于他的思维能力，只有百分之十取决于他的知识拥有量。现代人虽然在知识的拥有量上已远远超过古人，但却还是达不到孔子和苏格拉底的智慧高度，原因就在这里。

如果上述断定为真，最能支持以下哪项结论？

A. 一个智力较高的人和另一个智力较低的人相比，其知识拥有量较少。

B. 现代人思维能力的增长幅度，低于知识拥有量的增长幅度。

C. 学习知识不利于提高一个人的智力。

D. 学习知识有利于提高一个人的思维能力。

E. 孔子和苏格拉底奠定了现代人知识的基础。

29～30 题基于以下题干：

某高校有甲、乙、丙 3 个学生，他们每个人都要学习 4 门功课。其中有 2 人学习物理，2 人学习代数，2 人学习英语，2 人学习历史，2 人学习法语，2 人学习日语。

甲：如果我学习代数，那也会学历史。如果我学习历史，就不会学英语。如果我学习英语，就不会学日语。

乙：如果我学习英语，我也会学日语。如果我学习日语，我就不会学代数。如果我学习代数，我就不会学习法语。

丙：如果我学习法语，我就不会学代数。如果我不学习代数，我也不会学日语。如果我学习日语，我就不会学英语。

29. 根据上述陈述，甲一定要学习的其中两门功课是？

A. 物理和代数。　　B. 英语和历史。　　C. 物理和英语。

D. 英语和法语。　　E. 法语和日语。

30. 根据上述陈述，可知乙不学的两门功课是？

A. 历史和代数。　　B. 英语和物理。　　C. 物理和日语。

D. 英语和历史。　　E. 法语和代数。

逻辑模拟试卷（六）

建议测试时间：55-60 分钟　　　　实际测试时间（分钟）：________　　　　得分：________

本测试题共 30 小题，每小题 2 分，共 60 分，从下面每小题所列的五个备选答案中选取出一个，多选为错。

1. 钩端螺旋体病主要是因为人们被带有病菌的跳蚤叮咬后传染的。一般来说跳蚤并不会直接产生这种细菌，它们往往是因为在幼虫时期，寄生在携带了钩端螺旋体病的灰鼠身上，从而携带具有传染性的病菌。所以，如果在该区域放生一些没有寄生细菌的老鼠，这样跳蚤在幼虫时期寄生在带有病菌的灰鼠身上的几率就会降低，从而也降低了人们被跳蚤叮咬以后感染钩端螺旋体病的几率。

   以下哪项如果为真，最能支持上述论述？

   A. 跳蚤本身的健康不会被钩端螺旋体病菌影响。

   B. 目前没有例子证明，人们会直接被带有钩端螺旋体病的灰鼠所传染。

   C. 幼虫时期没有生长在患病灰鼠身上的跳蚤，即使以后接触患病老鼠，也不会有传染性。

   D. 除了跳蚤，还有其他的方式会导致人们被钩端螺旋体病感染。

   E. 带有钩端螺旋体病的跳蚤也会叮咬猫狗等小动物，但是猫和狗并不像人那么容易受到这种病毒的影响。

2. 最近德国科学家发明了一种皮肤传感器，并找到了一种将其用于医疗目的的方法。这种传感器类似于“纹身墨水”，可以植入人体皮肤并以纹身图案的方式体现在皮肤上，同时对人体没有明显的副作用和影响。科学家指出，这项发明可能会对那些经常需要采集血液样本的人，比如那些患有糖尿病或肾病的人提供非常大的便利。

   以下哪个选项为真，最能支持上述科学家的论述？

   A.“纹身墨水”可以像传统纹身一样，根据个人喜好纹在身体的各个位置。

   B.“纹身墨水”提供的信息并不能直接作为医生诊断的依据。

   C.“纹身墨水”除了医疗以外，还可以有很多其他的用途。

   D.“纹身墨水”的有效期非常长，一般可以持续超过 10 年。

   E.“纹身墨水”会根据人的血液 pH 值、血糖值和钠含量改变皮肤的颜色。

3. 澳大利亚研究人员称，桉树在吸收水分的同时，会将水中微量的金元素吸收进树体。通过分析桉树落叶中金的含量，可指示金矿的位置，不用钻探就能了解地表以下是否有矿藏。因此，“桉树探矿法”对矿产勘探具有重要意义。

   以下哪项如果为真，最能质疑上述结论？

   A. 金矿一般都埋藏于砂石层之下，普通土壤层在砂石层上面，植物的根生长在土壤层。

   B. 澳大利亚西南部的新南威尔士州富含金矿，当地的桉树叶中的含金量与其他地区并无显著差异。

   C. 桉树探矿法的实施周期较长，需要等待桉树成材之后才能有效。

   D. 澳大利亚西南部有大片的桉树林，澳大利亚最早发现的金矿也在那里。

   E. 通过对桉树中微量放射性的研究，美国在科罗拉多高原先后发现了 5 个铀矿。

4. 吴大成教授：各国的国情和传统不同，但是对于谋杀和其他严重刑事犯罪实施死刑，至少是大多数人可以接受的。公开宣判和执行死刑可以有效地阻止恶性刑事案件的发生，它所带来的正面影响比可能存在的负面影响肯定要大得多，这是社会自我保护的一种必要机制。

   史密斯教授：我不能接受您的见解。因为在我看来，对于十恶不赦的罪犯来说，终身监禁是比死刑更严厉的惩罚，而一般的民众往往以为只有死刑才是最严厉的。

   以下哪项是对上述对话的最恰当评价？

   A. 两人对各国的国情和传统有不同的理解。

   B. 两人对什么是最严厉的刑事惩罚有不同的理解。

C. 两人对执行死刑的目的有不同的理解。
D. 两人对产生恶性刑事案件的原因有不同的理解。
E. 两人对是否大多数人都接受死刑有不同的理解。

5. 左撇子的人比右撇子的人更容易患某些免疫失调症，如过敏。然而，左撇子也有优于右撇子的地方，如左撇子更擅长于由右脑半球执行的工作。而人的数学推理工作一般是由右脑半球执行的。
从上述断定能推出以下哪个结论？
Ⅰ. 患有过敏或其他免疫失调症的人中，左撇子比右撇子多。
Ⅱ. 在所有数学推理能力强的人当中左撇子的比例，高于所有数学推理能力弱的人中左撇子的比例。
Ⅲ. 在所有左撇子中，数学推理能力强的比例高于数学推理能力弱的比例。
A. 仅Ⅰ。 B. 仅Ⅱ。 C. 仅Ⅲ。 D. 仅Ⅰ和Ⅲ。 E. Ⅰ、Ⅱ和Ⅲ。

6. 爱尔兰有大片泥煤蕴藏量丰富的湿地。环境保护主义者一直反对在湿地区域采煤。他们的理由是，开采泥煤会破坏爱尔兰湿地的生态平衡，其直接严重后果是会污染水源。然而，这一担心是站不住脚的。据近 50 年的相关统计，从未发现过因采煤而污染水源的报告。
以下哪项如果为真，最能加强题干的论证？
A. 在爱尔兰的湿地采煤已有 200 年的历史，其间从未因此造成水源污染。
B. 在爱尔兰，采煤湿地的生态环境和未采煤湿地没有实质性的不同。
C. 在爱尔兰，采煤湿地的生态环境和未开采前没有实质性的不同。
D. 爱尔兰具备足够的科技水平和财政支持来治理污染，保护生态。
E. 爱尔兰是世界上生态环境最佳的国家之一。

7. 葡萄干是鲜葡萄经阳光烘干制成的。在烘制过程中，鲜葡萄中的糖变为焦糖，此外，除了蒸发的水分外，没有失去当然也没有增加任何东西。蒸发的水分中是不包含卡路里和任何营养素的。但令人费解的是，每卡路里鲜葡萄（即能产生一卡路里热量的鲜葡萄）中的铁元素含量，明显低于每卡路里葡萄干（即能产生一卡路里热量的葡萄干）。
以下哪项如果为真，最有助于解释上述看似费解的现象？
A. 葡萄有不同的品种，不同品种葡萄的卡路里和铁元素的平均含量不尽相同。
B. 焦糖不能被人消化，因此，其中的卡路里含量不计入葡萄干。
C. 鲜葡萄有较多的水分，这使得其中的铁和其他营养素较之葡萄干更容易被人体吸收。
D. 葡萄干的制作有不同的工艺。有的葡萄干商家宣称，他们的工艺能最大限度地减少鲜葡萄中卡路里和营养素的流失。
E. 葡萄干通常和含有铁元素的其他食物一起食用，而鲜葡萄通常是单独食用。

8. 研究人员在十年间采集了 600 多名 60 岁以上老年人的身高、血压和饮食习惯等多项数据，随后，又对研究对象进行了神经心理评估和认知障碍评定，在排除吸烟、饮酒等风险因素后发现，那些每周吃两次、每次吃约 150 克蘑菇的老年人，比每周吃蘑菇少于一次的老年人患轻度认知障碍的风险低 20%。研究人员解释说，这是因为蘑菇中含有一种特殊化合物——麦角硫因，因此，食用蘑菇有助于降低老年人患轻度认知障碍的风险。
以下哪项如果为真，最能支持研究人员的观点？
A. 研究发现，每周食用两次以上蘑菇的年轻人患心脏病的风险降低。
B. 轻度认知障碍老年患者血浆中麦角硫因的水平明显低于同龄健康人。
C. 上述研究中老年人主要食用的是金针菇、平菇等 6 种常见蘑菇。
D. 人体实际上无法自行合成麦角硫因，只能从食物中获取。
E. 许多没食用蘑菇的老年人，也未患有不同程度的认知障碍。

9. 未来人工智能将取代旅游行业内的服务类工作，带来巨大变革。人工智能不是要模仿人类，而是要超越人类。未来的十年一定是人工智能的时代，我们可以通过人工智能的技术解决旅游行业的很多问题。要促进人工智能在旅游行业的深入发展，技术变革和创新型人才必不可少，而高薪和福利将成为招纳人才的关键。

由此可以推出以下哪项？

A. 如果不实行技术变革，人工智能难以在旅游行业深入发展。

B. 未来是人工智能的时代，人工智能的发展必会颠覆传统旅游行业。

C. 若能招募到创新型人才，人工智能在旅游行业的变革将会成功实现。

D. 高薪和福利是当前创新型人才在择业时首先考虑的问题。

E. 只要实现技术变革和创新型人才，那么人工智能就能在旅游行业得到深入发展。

10. w-12是一种严重危害谷物生长的病毒，每年会造成谷物的大量减产。科学家们发现，把一种从w-12中提取的基因，植入易受其感染的谷物基因中，可以使该谷物产生对w-12的抗体，从而大大减少损失。

以下各项如果为真，都能加强上述结论，除了？

A. 经验证明，在同一块土地上相继种植两种谷物，如果第一种谷物不易感染某种病毒，则第二种谷物通常也如此。

B. 病毒的感染能力越强，则其繁衍越强，反之，则越弱。

C. 植物通过基因变异获得的抗体会传给后代。

D. 植物通过基因变异获得对某种病毒的抗体的同时，会增加对其他某些病毒的抵抗力。

E. 植物通过基因变异获得对某种病毒的抗体的同时，会改变其某些生长特性。

11. 土豆线囊虫是土豆作物的一种害虫。这种线虫能在保护囊中休眠好几年，除了土豆根散发的化学物质之外，它不会出来。一个已确认了相关化学物质的公司正计划把这种化学物质投放市场，让农民把它喷洒在没有种土豆的地里，这样所有出来的线虫不久就会被饿死。

下面哪个如果正确，最能支持这个公司的计划获得成功？

A. 从囊中出来的线虫能被普通的杀虫剂杀死。

B. 线虫只吃土豆的根。

C. 一些通常存在于土豆根里的细菌能消化那些导致线虫从囊中出来的化学物质。

D. 试验显示，在土豆田里喷洒少量的化学物质可以使存在的9/10的线虫从囊中出来。

E. 能使线虫从囊中出来的化学物质并不是在土豆生长的所有时间都能被释放出来。

12. 一个人不可能相信东西方历史都是按照某种确定的规律发展的，除非他对社会必然性有明确的信念。但是，随着社会历史知识的增进，一个人对社会必然性的信念会随之减弱。

上述断定最能支持以下哪项结论？

A. 一个对社会历史无知的人，不可能对社会必然性有明确的信念。

B. 一个人对社会必然性的信念属于信仰，和他的社会历史知识没有关系。

C. 随着社会历史知识的增进，一个人更有理由相信历史是按照某种确定的规律发展的。

D. 一个相信历史是按照某种确定的规律发展的人，往往缺少足够的社会历史知识。

E. 如果一个人对社会必然性有明确的信念，那么他一定不会相信历史的规律。

13. 2020年疫情肆虐，但电商直播逆势崛起，一季度全国电商直播超过400万场，“万物可播、全民可播”成为一个响亮的口号。一项针对消费者和商家的调查显示，在电商直播中，许多消费者能以优惠的价格购买到心仪的商品，商家也能提升其销售额。有专家据此推断，电商直播的商业模式在疫情过后仍会受到商家和消费者的追捧。

以下各项如果为真，则除哪项外均能削弱上述专家的观点？

A. 低价促销已经成为当前直播带货的常态，这种价格竞争让商家无利润可赚。

B. 直播带货往往造成线上线下的价格不一致，不利于商家维护企业品牌形象。

C. 许多消费者购买直播销售的商品后遇到了以次充好、售后维权困难等情况。

D. 个别带货主播为了利益常常夸大自己的销售数据，而消费者对此并不知情。

E. 许多消费者已经了解直播销售的商品只不过是涨价后再降价，对直播销售的热情已经下降。

14. 党的十八大以来，以习近平同志为核心的党中央坚持以人民为中心的发展思想，把逐步实现全体人民共同富裕摆在更加重要的位置上。但要认识到，共同富裕是一个长远目标，如果不解决我国目前面临的突出问题，如城乡、区域、社会群体之间收入差距较大，就无法实现共同富裕。而只有提高思想认识，并且把握内在要求，才能稳扎稳打、循序渐进地向共同富裕前进。

根据上述陈述，可以得出以下哪项？

A. 如果我国目前面临的突出问题都解决了，就可以实现共同富裕。

B. 只要提高思想认识，就能解决我国目前面临的突出问题。

C. 如果不把握内在要求，就无法稳扎稳打、循序渐进地向共同富裕前进。

D. 只有解决我国目前面临的突出问题，才能缩小社会群体之间的收入差距。

E. 是否能实现共同富裕取决于是否可以稳扎稳打、循序渐进地向共同富裕前进。

15. 某项测试有 5 道题，每道题给出 A、B、C、D、E 五个选项，其中只有一项是正确答案。现有甲、乙、丙、丁四人参加了测试，他们的答题情况和测试结果如下：

答题者	第一题	第二题	第三题	第四题	第五题	结果
甲	A	C	B	B	E	答对 0 题
乙	B	C	A	D	D	答对 1 题
丙	D	B	B	E	D	答对 2 题
丁	E	D	C	A	A	答对 3 题

已知：

（1）每道题的正确答案各不相同。

（2）丙与丁答对的题目均不相同。

根据上述信息，可以得出以下哪项？

A. 第五题的正确答案是 A。　B. 第三题的正确答案是 B。　C. 第一题的正确答案是 D。

D. 第四题的正确答案是 A。　E. 第二题的正确答案是 D。

16～17 题基于以下题干：

在一次历史课上，某班级开展“评选你心目中最具历史底蕴的花卉”活动，赵、钱、孙、李、周、吴、郑 7 名同学投票选出“牡丹、月季、山茶、荷花”共 4 种花卉，已知：

（1）每名同学只能投选一种花卉；

（2）每种花卉至少有一名同学投选，但最多不超过 3 名。

（3）若赵和李投选了同一种花卉，则孙、吴和郑都投选荷花。

（4）如果钱没单独投选山茶，那么钱和周一同投选荷花。

（5）李和吴不喜欢牡丹，也不会投选牡丹。

16. 如果赵和李投选了同一种花卉，则周投选了哪种花卉？

A. 牡丹。　B. 月季。　C. 山茶。　D. 荷花。　E. 以上各项均不确定。

17. 如果只有赵投选了月季，同时周没有投选荷花，则以下除哪项外，均一定为真？

A. 周投选牡丹。　B. 钱投选山茶。　C. 郑投选牡丹。

D. 李投选荷花。　E. 吴投选荷花。

18. 如下是某届奥林匹克运动会跳水项目的选手评分表：

选手姓名	助跑	起跳动作	空中动作	入水动作
甲	连贯	难	难	难
乙	平稳	中等	简单	中等
丙	流畅	简单	简单	中等
丁	连贯	中等	中等	简单
戊	流畅	简单	简单	简单

以下哪项对上述五名选手的概括最为准确？

A. 助跑流畅的选手在空中动作和入水动作上的难度都被评为简单。

B. 所有助跑连贯的选手在其他三个动作评分上不会都被评为难。

C. 若某位选手至少两个方面的动作被评为简单，则其助跑一定被评为流畅。

D. 若某位选手三个方面的动作都没有被评为难，则其助跑一定没有被评为连贯。

E. 若某位选手在起跳动作和空中动作两个方面都没有被评为难，则其助跑一定被评为流畅。

19. 某学院有甲、乙、丙和丁四位副教授应聘教授岗位。对应聘结果有如下四个预测。

预测一：丙被聘用。

预测二：甲被聘用。

预测三：甲和丙都被聘用。

预测四：如果甲被聘用，则乙或丁被聘用。

已知四个预测中只有一个预测与结果不符，聘用结果符合哪项？

A. 甲未被聘用。　　B. 乙未被聘用。　　C. 丙未被聘用。

D. 丁被聘用。　　E. 四人都被聘用。

20. 有一块挂衣板上有 6 个小孔，同在一个平面上，从左至右用 1~6 编号。5 个衣钩的颜色分别为黄、绿、红、白、蓝，需嵌入挂衣板的小孔内，一个衣钩嵌入一个孔内，只有一个孔不挂衣钩。衣钩必须按以下条件嵌入孔内：

① 绿衣钩必须离红衣钩近，离蓝衣钩远；

② 黄衣钩必须紧挨在蓝衣钩左边；

③ 白衣钩不能与蓝衣钩相邻；

④ 红衣钩不能嵌入 1 号孔内。

如果绿衣钩必须紧邻黄衣钩左边，那么下列哪种从左至右的安排可能是符合条件的？

A. 绿衣钩、红衣钩、黄衣钩、蓝衣钩、余孔、白衣钩。

B. 白衣钩、红衣钩、余孔、绿衣钩、黄衣钩、蓝衣钩。

C. 余孔、红衣钩、绿衣钩、黄衣钩、蓝衣钩、白衣钩。

D. 余孔、白衣钩、红衣钩、绿衣钩、黄衣钩、蓝衣钩。

E. 白衣钩、红衣钩、绿衣钩、余孔、黄衣钩、蓝衣钩。

21. 某省妇女、儿童占全省总人口的 2/3。如果妇女是指所有女性人口，儿童是指所有非成年人口，并且对任一年龄段，该省男女人口数量持平，则上述断定能推出以下哪项结论？

A. 该省男性成年人口和儿童人口持平。　　B. 该省男性成年人口多于儿童人口。

C. 该省男性成年人口少于儿童人口。　　D. 该省女性成年人口和男性儿童人口持平。

E. 该省男性成年人口和女性儿童人口持平。

22~23 题基于以下题干：

在某地的中秋节灯会上，游客甲、乙、丙、丁、戊、己正在挑选花灯，可供选择的花灯品种有芝麻灯、蛋壳灯、刨花灯、稻草灯、鱼鳞灯、谷壳灯，已知：

（1）每个人只能挑选一种花灯，每种花灯只能有一人挑选。

（2）若乙选择刨花灯，则丙不选稻草灯且己不选芝麻灯。

（3）若丁不选择鱼鳞灯或者戊不选择刨花灯，则己选择鱼鳞灯且丙选择稻草灯。

22. 根据上述信息，可以得出以下哪项？

A. 甲不选芝麻灯。　　B. 乙不选刨花灯。　　C. 丙不选稻草灯。

D. 丁不选谷壳灯。　　E. 戊不选芝麻灯。

23. 若甲、丙、己各自选择芝麻灯、稻草灯和谷壳灯中的一种，则可以得出以下哪项？

A. 戊选择鱼鳞灯。　　B. 己选择谷壳灯。　　C. 丁选择刨花灯。

D. 乙选择蛋壳灯。　　E. 丙选择刨花灯。

24. 在报考研究生的应届考生中，除非学习成绩名列前三位，并且有两位教授推荐，否则不能成为免试推荐生。钱仁礼、赵义、孙智这三位考生都是应届生，都报考了研究生。

以下哪项如果为真，说明上述规定没有得到贯彻？

Ⅰ. 钱仁礼学习成绩名列第一，并且有两位教授推荐，但未能成为免试推荐生。

Ⅱ. 赵义成为免试推荐生，但只有一位教授推荐。

Ⅲ. 孙智成为免试推荐生，但学习成绩不在前三名。

A. 只有Ⅰ。　B. 只有Ⅰ和Ⅱ。　C. 只有Ⅱ和Ⅲ。

D. Ⅰ、Ⅱ和Ⅲ。　E. 以上都不是。

25~26 题基于以下题干：

参加某公司歌唱比赛的共有 7 个人。其中，3 个人力资源部员工：张强、刘军、马亮。3 个财务部员工：李军、赵敏、彭惠。1 个生产部员工：夏雨。每次只能一个人上场，7 个人上场的顺序必须符合下列条件：

（1）人力资源部员工不能连续上场，财务部员工也不能连续上场。

（2）除非第三个上场的是李军，否则彭惠不能在李军之前上场。

（3）彭惠必须在夏雨之前上场。

（4）马亮必须在张强之前上场，张强必须在赵敏之前上场。

25. 以下列出的是从第一到第七的上场顺序，哪项符合条件？

A. 彭惠、马亮、夏雨、李军、张强、赵敏、刘军。

B. 李军、马亮、夏雨、彭惠、张强、赵敏、刘军。

C. 刘军、彭惠、马亮、李军、夏雨、张强、赵敏。

D. 李军、马亮、彭惠、刘军、夏雨、张强、赵敏。

E. 马亮、李军、张强、刘军、彭惠、夏雨、赵敏。

26. 如果夏雨是第四个上场，以下哪项陈述必然为真？

A. 李军是第一个上场。　B. 马亮是第二个上场。　C. 李军是第三个上场。

D. 马亮是第三个上场。　E. 张强是第三个上场。

27. 长城公司规定，只有在本公司连续工作 20 年以上或者具有突出业绩的职工，才能享受公司发放的特殊津贴。小周虽然只在长城公司工作了 3 年，但现在却享受公司发放的特殊津贴，因此他一定是做出了突出业绩。

以下哪项推理方式和上述题干最为类似？

A. 要想取得好成绩，既要勤奋学习，又要方法得当。汪洋虽然勤奋，但成绩不太好，看来他的学习方法不当。

B. 一个罪犯要实施犯罪，必须既有作案动机，又有作案时间。在某案中，A 嫌疑人有作案动机，但却无作案时间（即不在现场），因此，A 嫌疑人不是该案的作案者。

C. 如果既经营无方又铺张浪费，那么一个企业必将严重亏损。大鹏公司虽经营无方，但并未出现严重亏损，这说明它至少没有铺张浪费。

D. 法制的健全或者执政者强有力的社会控制能力是维持一个国家社会稳定必不可少的条件。某国社会稳定，但法制尚不健全，因此，其执政者一定具有强有力的社会控制能力。

E. 一个论证不能成立，当且仅当，或者它的论据虚假，或者它的推理错误。小刘论文之论证尽管逻辑严密，推理无误，但还是被认定不能成立。因此，他的论证至少有部分论据虚假。

28. 现有甲、乙、丙、丁和戊 5 名干部对某孤儿院的赵、钱、孙、李、冯 5 个孩子进行一对一帮扶。已知他们的帮扶情况如下：

（1）只有乙帮扶赵，甲才会帮扶孙；

（2）如果戊不帮扶孙，那么甲帮扶孙；

（3）或者丁帮扶冯，或者戊帮扶冯；

（4）除非戊帮扶冯，否则乙帮扶李；

（5）丙帮扶赵。

根据以上信息，可以得出以下哪项？

A. 乙帮扶孙。　B. 甲帮扶钱。　C. 丁帮扶李。　D. 戊帮扶冯。　E. 丙帮扶钱。

29～30 题基于以下题干：

甲、乙、丙、丁、戊 5 人去超市采购菠菜、胡萝卜、土豆、白菜、西红柿 5 种蔬菜。每种蔬菜恰好有 3 人采购，且甲、乙两人采购的蔬菜均不相同。已知：

（1）若丙购买了胡萝卜，则丁和戊分别购买了白菜、西红柿中的 1 种；

（2）若丁购买土豆或戊购买胡萝卜，则他们中 1 人购买了菠菜；

（3）若甲、乙、丙至少 2 人购买菠菜，则他们都购买了土豆；

（4）各人购买的蔬菜均不完全相同，每人至少购买 1 种蔬菜。

29. 根据上述信息，可以得出以下哪项？

A. 甲购买了土豆。　　B. 丁购买了西红柿。　　C. 丙购买了白菜。

D. 戊购买了西红柿。　　E. 乙购买了白菜。

30. 若甲购买蔬菜的种类大于丁，可以得出以下哪项？

A. 甲购买了胡萝卜。　　B. 丙购买了菠菜。　　C. 丁购买了西红柿。

D. 乙购买了胡萝卜。　　E. 甲购买了菠菜。

逻辑模拟试卷（七）

建议测试时间：55-60 分钟　　实际测试时间（分钟）：________　　得分：________

本测试题共 30 小题，每小题 2 分，共 60 分，从下面每小题所列的五个备选答案中选取出一个，多选为错。

1. 伟大的科学家不仅要自己能够发明创造，更要能培养出能够发明创造的学生。汤姆逊教授就是这样一位伟大的科学家。他是电子的发现者和诺贝尔物理学奖获得者，并且培养了许多物理学家，其中有 7 人获得诺贝尔奖，32 人成为伦敦皇家学会成员，83 人成为物理学教授。这表明创造性研究所需要的技巧是能够教授和学习的。

   以下哪项是上述论证所必须假设的？

   A. 汤姆逊是国际上知名的学者，世界各地的学者都来与他一起工作。

   B. 所有由汤姆逊培养的科学家都以他们创造性的科学研究而著称。

   C. 至少有一位由汤姆逊培养过的科学家在见到汤姆逊之前不是一位有创造性的研究者。

   D. 物理学中的创造性研究所需要的研究习惯不必是其他科学的创造性研究所需要的。

   E. 那些最有研究成就的科学家通常都受过著名科学家的专业培养。独立性越大，他所取得的教育进步就越大。

2. 张医生能确定，一个急症病人所患的病不是 X 就是 Y，但无法确定是哪一种。张医生有十分的把握治疗 X 病，但没有把握治疗 Y 病。因此，对张医生来说，一种合理的处置是，假设该病人患的是 X 病，并依据这一假设进行治疗。

   以下哪项如果为真，最能加强上述论证？

   A. X 是一种比 Y 严重得多的疾病。

   B. 上述病人所患的，只可能是 X 或 Y，不可能是其他疾病。

   C. 一个 Y 病患者如果接受针对 X 病的治疗，他的病情不会因此受到不利影响。

   D. 一个 X 病患者如果接受针对 Y 病的治疗，他的病情肯定会因此受到不利影响。

   E. 张医生是治疗 X 病的知名专家。

3. 食品安全监管部门最近发布了一项新规定，要求所有食品生产企业必须定期对其生产的产品进行抽检，并在发现不合格产品时立即召回。有反对者认为，这种抽检和召回制度并不能有效解决食品安全问题，因为大多数食品安全问题源于食品生产过程中的不规范操作，而抽检只能发现部分已经流入市场的问题产品，无法预防问题的发生。

   以下各项如果为真，最能削弱反对者观点的是哪一项？

   A. 抽检制度可以有效提高企业的生产成本，从而促使企业更加注重生产过程的规范性。

   B. 历史数据显示，实施抽检和召回制度后，市场上不合格食品的比例有所下降。

   C. 食品生产过程中的不规范操作很难被完全杜绝，需要通过多种手段进行监管。

   D. 消费者对食品安全的关注度不断提高，对不合格产品的容忍度越来越低。

   E. 食品安全监管部门在实施抽检和召回制度的同时，也在加强对食品生产过程的监管。

4. 1989 年以前，我国文物被盗情况严重，国家主要的博物馆中也发生了多起文物被盗案件，丢失珍贵文物多件。1989 年后，国家主要的博物馆安装了技术先进的多功能防范系统，结果此类重大盗窃案发案数显著下降，这说明多功能防范系统对于保护文物安全起到了重要作用。

   以下哪项如果为真，最能加强上述结论？

   A. 20 世纪 90 年代被窃的文物中包括一件珍贵的传世工艺品。

   B. 从 20 世纪 90 年代早期开始，私人收藏和小展馆中发生的文物失盗案件数量明显上升。

   C. 上述多功能防范系统经过国家级的技术鉴定。

   D. 在 1989 年到 1999 年之间，主要博物馆为馆内重要的珍贵文物所付的保险金有了较大幅度的增加。

   E. 在 20 世纪 90 年代初，文物失盗案件北方比南方严重，因为南方经济较发达，保护文物方法较先进。

5. DeepSeek（一种假设的大语言模型）在多领域知识处理方面表现出色，能够快速理解和生成各种主题的文本内容，并通过持续的模型训练和优化不断提升其性能。有学者认为，DeepSeek 的这些能力使其在未来的学术研究和技术创新中具有巨大的潜力，能够推动多领域的发展。
以下各项如果为真，最能支持上述学者观点的是哪一项？
A. DeepSeek 的多领域知识处理能力可以显著提高研究者获取和理解专业知识的效率，加速研究进程。
B. 当前的学术研究和技术创新中，多领域交叉融合的趋势日益明显，对知识整合和创新的需求不断增加。
C. DeepSeek 的训练数据包含了大量来自不同领域的高质量文献和信息，能够不断优化其知识结构和表达能力。
D. 通过与人类研究人员的协作，DeepSeek 可以扩展人类的认知边界，发现新的研究方向和解决方案。
E. DeepSeek 的基础架构设计允许其不断进行自我迭代和升级，以适应不断变化的知识和信息需求。

6. 科学研究证明，非饱和脂肪酸含量高和饱和脂肪酸含量低的食物有利于预防心脏病。鱼通过食用浮游生物中的绿色植物使得体内含有丰富的非饱和脂肪酸“奥米加·3”。而牛和其他反刍动物通过食用青草同样获得丰富的非饱和脂肪酸“奥米加·3”。因此，多食用牛肉和多食用鱼对于预防心脏病都是有效的。
以下哪项如果为真，最能削弱题干的论证？
A. 在单位数量的牛肉和鱼肉中，前者非饱和脂肪酸“奥米加·3”的含量要少于后者。
B. 欧洲疯牛病的风波在全球范围内大大减少了牛肉的消费者，增加了鱼肉的消费者。
C. 牛和其他反刍动物在反刍消化的过程中，把大量的非饱和脂肪酸转化为饱和脂肪酸。
D. 实验证明，鱼肉中含有的非饱和脂肪酸“奥米加·3”比牛肉中含有的非饱和脂肪酸更易被人吸收。
E. 统计表明，在欧洲内陆大量食用牛肉和奶制品的居民中患心脏病的比例，要高于在欧洲沿海大量食用鱼类的居民中的比例。

7~8 题基于以下题干：
张教授：智人是一种早期人种。最近在百万年前的智人遗址发现了烧焦的羚羊骨头碎片的化石。这说明人类在自己进化的早期就已经知道用火来烧肉了。
李研究员：但是在同样的地方也同时发现了被烧焦的智人骨头碎片的化石。

7. 以下哪项最可能是李研究员所要说明的？
A. 百万年前森林大火的发生概率要远高于现代。
B. 百万年前的智人不可能掌握取火用火的技能。
C. 上述被发现的智人骨头不是被人控制的火烧焦的。
D. 羚羊并不是智人所喜欢的食物。
E. 研究智人的正确依据是考古学的发现，而不是后人的推测。

8. 以下哪项最可能是李研究员的议论所假设的？
A. 包括人在内的所有动物，一般不以自己的同类为食。
B. 即使在发展的早期，人类也不会以自己的同类为食。
C. 上述被发现的智人骨头碎片的化石不少于羚羊骨头碎片的化石。
D. 张教授并没有掌握关于智人研究的所有考古资料。
E. 智人的主要食物是动物而不是植物。

9. 某种在污水中新发现的极其有害的细菌难以直接探测到。在海水中对一种毒性较小类型的细菌伊克利的测试，可能是一个可靠地确定这些更有毒的细菌是否存在的方法，因为除非海水遭到含有此种有毒细菌的污水污染，海水中才会含有伊克利。
下列哪一项，假如正确，最能反对上面的论述？
A. 有许多种不同种类的伊克利细菌，并且这些种类中只有一些有毒。
B. 一些在污水中被发现的细菌既不是导致疾病的，也不是难以直接探测的。
C. 一些被发现在污水中与伊克利共存的细菌对人无害，除非这些细菌被大量消化。
D. 伊克利比污水中更有害的细菌死得更快，并且不再容易被探测到。
E. 一些被发现在污水中与伊克利共存的细菌复制的速度比伊克利慢。

10. 棕榈树在亚洲是一种外来树种，长期以来，它一直靠手工授粉，因此棕榈果的生产率极低。1994 年，一种能有效地对棕榈花进行授粉的象鼻虫引进了亚洲，使得当年的棕榈果生产率显著提高，在有的地方甚至提高了 50%以上，但是到了 1998 年，棕榈果的生产率却大幅度降低。
以下哪项如果为真，最有助于解释上述现象？
A. 在 1994~1998 年期间，随着棕榈果产量的增加，棕榈果的价格在不断下降。
B. 1998 年秋季，亚洲的棕榈树林区开始出现象鼻虫的天敌赤蜂。
C. 在亚洲，象鼻虫的数量在 1998 年比 1994 年增加了一倍。
D. 果实产量连年不断上升会导致孕育果实的雌花无法从树木中汲取必要的营养。
E. 在 1998 年，同样是外来树种的椰果的产量在亚洲也大幅度低于往年的水平。

11. 研究显示，大多数有创造性的工程师，都有在纸上乱涂乱画，并记下一些看来稀奇古怪想法的习惯。他们的大多数最有价值的设计，都直接与这种习惯有关。而现在的许多工程师都用电脑工作，在纸上乱涂乱画不再是一种普遍的习惯。一些专家担心，这会影响工程师的创造性思维，建议在用于工程设计的计算机程序中匹配模拟的便条纸，能让使用者在上面涂鸦。
以下哪项最可能是上述建议所假设的？
A. 在纸上乱涂乱画，只可能产生工程设计方面的灵感。
B. 计算机程序中匹配的模拟便条纸，只能用于乱涂乱画，或记录看来稀奇古怪的想法。
C. 所有用计算机工作的工程师都不会备有纸笔以随时记下有意思的想法。
D. 工程师在纸上乱涂乱画所记下的看来稀奇古怪的想法，大多数都有应用价值。
E. 乱涂乱画所产生的灵感，并不一定通过在纸上的操作获得。

12. 中国自周朝开始便实行同姓不婚的礼制。《曲礼》说：“同姓为宗，有合族之义，故系之以姓……虽百世，婚姻不得通，周道然也。”《国语》说：“娶妻避其同姓。”又说：“同姓不婚，恶不殖也。”由此看来，我国古人早就懂得现代遗传学中优生优育的原理，否则就不会意识到近亲结婚的危害性。
如果以下哪项陈述为真，最能削弱作者对“同姓不婚”的解释？
A. 异族通婚的礼制为国与国的政治联姻奠定了礼法性的基础。
B. 我国古人基于同姓婚姻导致乱伦和生育不良的经验而制定同姓不婚的礼制。
C. 秦国和晋国相互通婚称为秦晋之好，秦晋之好是同姓不婚的楷模。
D. 同姓不婚的礼制鼓励异族通婚，异族通婚促进了各族之间的融合。
E. 古人通婚的原则更多的是“父母之命，媒妁之言”，近亲结婚的现象很平常。

13. “新药”一般指刚上市不久的药物，而“老药”则是指已经在市场存在很长时间的药物。自 2011 年起，德国开展了一项针对欧洲上市的 216 种新药物的研究。他们研究的数据表明只有 1/4 的药物超越了现有的治疗措施，带来了更显著的健康效益。而剩下 3/4 的药物只有微小效益，甚至没有效益。从而实验者宣称，患者应该根据自己的需求选择合适的药物，而不应该仅仅依靠“新旧”来做出判断。
除了哪个选项之外，都可以支持实验者的论述？
A. 一些改良换代的药物与老药相比，效果更好、不良反应更小、特异性更强。这是科学进步的结果。
B. 有些新药，其实就是一些常用的老药，只是改换了药名，或改换了包装，或由国产变成了中外合资冠以“洋名”，其有效成分完全相同。
C. 研发新药主要的目标是老药难以解决的病症，大多数普通的病症已经有很成熟的解决方案。
D. 新药临床使用的时间并不长，使用者数量有限，潜在的不良反应有可能还没有被发现。
E. “新药”不等于“科技创新”，很多新药物使用的还是多年以前的科研成果。

14. 某省承办了一次全国大学生科技大赛，决定将赛事分配给该省的 4 所高校筹办。现有甲、乙、丙、丁、戊、己、庚 7 所候选高校通过了初选。根据要求最终负责筹办的高校还需符合以下条件：
（1）甲高校入选当且仅当乙高校入选。
（2）并非丙高校与丁高校同时入选。
（3）如果丙高校没入选，那么甲高校入选。
（4）戊高校和丁高校至多有一个没入选。
如果戊高校没入选，则能得出以下哪项？

A. 甲高校和己高校入选。 B. 乙高校和庚高校没入选。 C. 丙高校和丁高校入选。
D. 丁高校和己高校没入选。 E. 乙高校和丁高校入选。

15. 甲、乙、丙，丁、戊、己 6 人应聘公司的人事部、技术部、行政部、销售部、企划部、财务部这 6 个岗位，每个人只能应聘一个岗位，并且每个岗位也只录取一名候选人。他们录取情况符合以下的规则：
（1）只有甲被评选为优秀员工，他才会应聘行政部。
（2）如果丁应聘行政部或者己应聘销售部，那么乙应聘企划部并且甲应聘行政部。
（3）如果乙不应聘人事部，或者戊不应聘技术部，那么丁应聘行政部。
（4）如果戊没有应聘行政部，那么丙也不会应聘行政部。
事实上，甲没有被评为优秀员工，则以下哪个选项一定为真？
A. 己应聘行政部。 B. 乙应聘企划部。 C. 甲应聘财务部。
D. 丙应聘技术部。 E. 戊应聘销售部。

16. 张教授说："除非所有的疾病都必然有确定的诱因，否则有些疾病可能难以预防。"
李研究员说："我不同意你的看法。"
以下哪项断定，能准确表达李研究员的看法？
A. 有些疾病必然没有确定的诱因，但所有的疾病都可能加以预防。
B. 所有的疾病都必然有确定的诱因，但有些疾病可能难以预防。
C. 有些疾病可能没有确定的诱因，但所有疾病都必然可以预防。
D. 所有的疾病都可能没有确定的诱因，但有些疾病可能加以预防。
E. 有些疾病可能没有确定的诱因，但有些疾病可能加以预防。

17. 某实习生在学习菜品摆盘时，要摆出合格的菜品搭配模式。已知：
（1）共有三类菜品供选择，分别为刺身、水果和蔬菜。
（2）刺身编号分别为 a、b、c，水果编号为 X、Y、Z，蔬菜编号为 1、2、3。
（3）刺身之间不可相邻。
（4）每份拼盘中至少要有一个果蔬对（即水果与蔬菜相邻成为果蔬对）。
（5）当出现多个果蔬对时，这些果蔬之间必须要以某个刺身相隔。
根据以上信息，以下哪种拼盘是合格的？
A. cbX12Ya3 B. aXYb12cZ C. X1Y23aZc D. cX3a2YZb E. c2Y13Zb

18～19 题基于以下题干：
六位电影评论家，甲、乙、丙、丁、戊和己在即将举行的电影节上将要看 4 部电影，分别是《哪吒传奇》《熊出没》《大圣归来》和《白蛇缘起》，要求如下：
（1）每个评论家恰好看一部电影，每一部电影至少要被一个评论家看；
（2）丙和甲同看一部电影；
（3）己恰好和另一个评论家同看一部电影；
（4）乙看《哪吒传奇》；
（5）丁如果不看《哪吒传奇》，就要看《白蛇缘起》。

18. 若己看了《大圣归来》，则下面哪一项一定正确？
A. 丙看《熊出没》。 B. 乙看《大圣归来》。 C. 戊看《哪吒传奇》。
D. 戊看《熊出没》。 E. 甲看《白蛇缘起》。

19. 若戊没看《大圣归来》，则下面哪一项一定正确？
A. 己和乙一起看《哪吒传奇》。 B. 己和丁一起看《白蛇缘起》。 C. 己和戊一起看《熊出没》。
D. 甲和丙看《大圣归来》。 E. 戊与乙看同一部电影。

20. 所有的娱乐节目都以取悦观众为目的，所有以取悦观众为目的的行为都是商业行为，一切商业行为的背后都有相关产业利益驱动，但仍存在一些商业行为是以公益扶助为目的的。
如果以上陈述为真，以下哪项一定为真？
A. 有的以公益扶助为目的的行为是以取悦观众为目的的。
B. 有的有相关产业利益驱动的行为不是娱乐节目。

C. 有的商业行为不以取悦观众为目的。
D. 有的以公益扶助为目的的行为是受相关产业利益驱动的。
E. 有的以取悦观众为目的的行为不受相关产业利益驱动。

21. 从 2020 年开始，“姐姐”就成了很热门的词，一大波聚焦女性的节目让人见识到了综艺世界里的“她力量”。实际上，在商业世界中，“她力量”同样不容忽视。如果一家上市公司的董事会由一半以上的女性构成，那么该上市公司在决策过程中就会保持理性。如果该上市公司在决策过程中保持理性，那么其股价就会保持稳定。

根据上述信息，可以得到以下哪项？

A. 若一家上市公司的董事会由一半以上的女性构成，则该公司的股价就会大幅上涨。
B. 若一家上市公司的董事会由一半以上的女性构成，则该公司的股价就会不断衰减。
C. 若某上市公司的股价不断衰减，则说明该公司的董事会是由一半以上的女性构成。
D. 若某上市公司的股价不断衰减，则说明该公司的董事会不是由一半以上的女性构成。
E. 若某上市公司的股价保持稳定，则说明该公司的董事会是由一半以上的女性构成。

22~23 题基于以下题干：

新学期开学伊始，某宿舍的甲、乙、丙、丁、戊、己、庚、辛八个人准备开始在线选课，他们分别从哲学、历史学、物理、化学、生物、计算机、艺术学、新闻学等八门课中各选一门，每门课程都只有一个人选择。已知：

（1）丙选修生物；
（2）戊选修文科类的课程；
（3）如果己选修物理，则乙和丁只能在新闻学和哲学中各选一门；
（4）若己不选修物理，或者庚不选修艺术学，则戊选修计算机。

22. 根据上述信息，可以得出以下哪项？

A. 戊选修历史学。　　B. 乙选修新闻学。　　C. 丁选修哲学。
D. 己不选修物理。　　E. 庚不选修艺术学。

23. 若甲和乙只能在计算机和哲学中任选一门，则可以得出以下哪项？

A. 甲选修哲学。　　B. 乙选修新闻学。　　C. 丁选修哲学。
D. 庚选修物理。　　E. 辛选修化学。

24. 新学期即将开始，甲、乙、丙、丁四位同学选择新学期的科目，一共有以下六门科目可供选择：管理学、社会学、经济学、心理学、美学、创业基础。四位同学的选择符合如下条件：

（1）甲由于要参加社会实践，这学期只能选择一门课程。
（2）如果丙选择了管理学，那么丁会选择社会学和经济学。
（3）乙既不选心理学，也不选美学。
（4）每门课程都有人选，并且每门课程都只有一个人选择。
（5）每个人都要选择课程，但最多只能选择 2 门课程。

已知丙选择了管理学，那么甲最可能选择哪一门学科？

A. 社会学。　B. 管理学。　C. 美学。　D. 创业基础。　E. 经济学。

25. 语言不能生产物质财富，如果语言能够生产物质财富，那么夸夸其谈的人就会成为世界上最富有的人。下面哪项论证在方式上与上述论证最类似？

A. 人在自己的生活中不能不尊重规律，如果违背规律，就会受到规律的无情惩罚。
B. 加强税法宣传十分重要，这样做可以普及税法知识，增加人们的纳税意识，增加国家财政收入。
C. 有些近体诗是要求对仗的，因为有些近体诗是律诗，而所有律诗都要求对仗。
D. 风水先生惯说空，指南指北指西东，倘若真有龙虎地，何不当年葬乃翁。
E. 金属都具有导电的性质，因为，我们研究了金、银、铜、铁、铝这些金属，发现它们都能导电。

26~27 题基于以下题干：

某节目一周内每天只安排 3 场演出。演出者从以下 9 位歌手中选择，其中赵、钱和孙 3 位流行歌手，李、陈和吴 3 位说唱歌手，郑、王和冯 3 位民谣歌手。在演出安排上需要满足以下条件：

（1）每天至少有 1 位流行歌手演出，每天至少有 1 位说唱歌手演出；
（2）一周中的任意一天，如果孙演出，则陈不能演出；
（3）一周中的任意一天，只有王演出，李才会演出；
（4）每位歌手一周内演出的次数不能超过 3 场。

26. 如果孙在周五、周六、周日连续演出三天，李在周一、周二、周三连续演出三天，而赵只在周四演出，则陈可以在哪几天演出？

A. 仅在周二演出。
B. 仅在周四演出。
C. 仅在周一和周三演出。
D. 仅在周四和周五演出。
E. 周一到周四的任意两天。

27. 如果每位说唱歌手都在一周内演出 3 场，则民谣歌手在这一周内最多可以演出多少天？

A. 4。 B. 5。 C. 6。 D. 7。 E. 8。

28. 暑假即将来临，赵、钱、孙 3 个人计划好好放松一下，他们只能从端游、手游两类游戏中选择。每人只选择一种游戏进行放松，同时要求：

（1）如果赵选择端游，那么钱就要选择手游。
（2）赵、孙中至少有一个人要选择端游，但不会两个人同时选择端游。
（3）钱、孙两人不会都选择手游。

根据以上论述，以下哪个选项一定为真？

A. 赵选择端游。
B. 钱选择端游。
C. 钱选择手游。
D. 孙选择端游。
E. 孙选择手游。

29～30 题基于以下题干：

甲、乙、丙、丁、戊、己是同一宿舍的室友，如今面临大四的到来，六人分别选择了不同的方向。其中四人选择了实习，申请了四大会计师事务所，分别是普华永道、德勤、安永、毕马威，一人保研，一人考研。已知：

（1）戊和丁都没有申请普华永道会计师事务所，否则乙申请毕马威会计师事务所。
（2）己没有保研，也没有申请普华永道会计师事务所。
（3）甲和丙都没有申请毕马威会计师事务所，也没有申请安永会计师事务所。
（4）乙要么考研，要么保研。
（5）如果丁没有申请毕马威会计师事务所，则甲和丙都没有申请普华永道会计师事务所。
（6）如果丁申请了毕马威会计师事务所或安永会计师事务所，则己没有申请毕马威会计师事务所或安永会计师事务所。

29. 根据上述信息，可以得到以下哪项一定为真？

A. 丁申请了安永会计师事务所。
B. 戊申请了安永会计师事务所。
C. 甲申请了普华永道会计师事务所。
D. 乙选择了考研。
E. 丙选择了考研。

30. 已知丙向四大会计师事务所递交了申请，且没有申请普华永道会计师事务所，则下列哪项为真？

A. 乙选择了考研，己选择了保研。
B. 甲申请了德勤会计师事务所，丙申请了普华永道会计师事务所。
C. 戊申请了毕马威会计师事务所，己申请了普华永道会计师事务所。
D. 甲申请了普华永道会计师事务所，己选择了考研。
E. 丁申请了毕马威会计师事务所，甲申请了德勤会计师事务所。

逻辑模拟试卷（八）

建议测试时间：55-60 分钟　　实际测试时间（分钟）：________　　得分：________

本测试题共 30 小题，每小题 2 分，共 60 分，从下面每小题所列的五个备选答案中选取出一个，多选为错。

1. 近年来，某地交通状况日趋恶化，相关部门在调研之前开了一次碰头会讨论相关事宜，有人提议，应在早上 6 点到 9 点与晚上 5 点到 8 点间禁止大货车通行，这样能极大缓解交通拥堵状况。

   以下哪项如果为真，最能支持上述论断？

   A. 通常情况下大货车的车速都比较快。

   B. 大货车主要在这两个时间段里行驶。

   C. 大货车的车身比较宽，而该地区的道路相对狭窄。

   D. 大货车的司机相对其他车辆驾驶员更不注意交通安全。

   E. 交通拥堵状况更多取决于城市总体设计规划以及人们行车时候的素质。

2. 当一辆疾驰的汽车需要马上刹住时，几毫秒的反应时间是非常关键的。有时，区区几米的距离就决定着人的生死。最近有研究者利用模拟驾驶系统、眼球追踪技术等手段，让五组受试者面对动感不同的交通标志，然后测试他们做出反应的速度。结果发现，动感较强的交通标志确实能让受试者更快做出反应。由此，他们建议有关部门，应该将原有的交通警告标示牌全部置换为动感较强的标示牌，以便提高司机反应速度。

   以下哪项如果为真，最能表明上述研究者的建议难以实现预期目标？

   A. 置换原有的交通警告标示牌是一项庞大、繁琐的工程，需要投入巨额成本。

   B. 在研究者选取的五组受试者中，有的人驾龄并不长，有的人甚至还不会开车。

   C. 当司机了解到较强动感交通警告标示牌的实际意义后，其反应速度又会降到从前的水平。

   D. 如果画面上的人看起来在跑，就容易让人联想到行人急匆匆从你车前经过的画面。

   E. 更换动感较强的指示牌，会分散路人的注意力，使其更容易发生危险。

3. 实质上，所有租金管理政策都包含规定一个房东可向房客索要的最高租金。租金管理的基本原理是在对房子的需求增加而房子的供给有限致使租金急剧增加的情况下，来保护房客的利益。然而，尽管租金管理从短期来看能帮助房客，但是从长期来看它会对出租房屋市场造成负面影响。这是因为房东将会不情愿维持他们现有房地产的质量，甚至更不愿意额外再建一些供出租的房子。

   下面哪项如果正确，能最好地解释上面描述的房东的不情愿的行为？

   A. 房客喜欢租金管理下的低质量的住宿设施，而不喜欢没有租金管理下的高质量的住宿设施。

   B. 租金管理使房东很难从维护或建筑新房的任何投资中取得公正合理的收益。

   C. 租金管理是一种常见的习惯做法，尽管它对缓和租房紧张毫无作用。

   D. 租金管理一般是由于政治原因而被引进的，因此它需要政治行为来解除它。

   E. 房客们喜欢租金管理，而不喜欢直接从政府那里接受津贴来补偿他们付不起的租金。

4. 伦敦某研究团队使用结构性磁共振成像技术，对 18 名 16 岁至 21 岁的吸烟青少年和此年龄段 24 名不吸烟的青少年的大脑进行了检测，结果发现，吸烟者的右脑岛比非吸烟者的右脑岛体积要小，脑岛周围被大脑皮层包裹，与大脑的记忆、意识和语言功能区彼此相连。研究者认为，吸烟改变了大脑发育过程，这一改变将对青少年产生终身影响。

   下列哪项最能够质疑研究者的结论？

   A. 右脑岛有大量尼古丁感受体，脑岛受到破坏后，烟瘾会戒除。

   B. 吸烟的青少年其大脑发育明显受到激素水平的影响。

   C. 先天右脑岛体积小的人，更容易对吸烟产生兴趣并导致依赖。

   D. 青少年因好奇而吸烟，随着年龄增长会逐渐失去对烟草的兴趣。

   E. 吸烟者对香烟产生的渴望程度与脑岛的活动情况之间有着强烈的关联。

5. 由于人口老龄化，德国政府面临困境：如果不改革养老体系，将出现养老金不可持续的现象。解决这一难题的政策包括提高养老金缴费比例、降低养老金支付水平、提高退休年龄。其中提高退休年龄所受阻力最大，实行这一政策的政府可能会在下次选举时丢失大量选票。但德国政府于 2007 年完成法定程序，将退休年龄从 65 岁提高到 67 岁。

   如果以下哪一项陈述为真，能够最好地解释德国政府为什么冒险采用了这一政策？

   A. 为减轻压力，德国政府规定从 2012 年起用 20 年的过渡期来实现退休年龄从 65 岁提高到 67 岁。

   B. 2000 年德国以法律形式确定了养老金缴费上限，2004 年确定了养老金支付下限，两项政策已经用到极致。

   C. 现在德国人的平均寿命大大提高，退休者领取养老金的年限越来越长。

   D. 延迟一年退休，所削减的养老金可达 GDP 的近 1%。

   E. 有部分民众到了 67 岁时依然精力旺盛，可以从事的工作并不比年轻人差。

6. 同卵双生子的大脑在遗传上是完全相同的。当一对同卵双生子中的一个人患上精神分裂症时，受感染的那个人的大脑中的某个区域比没受感染的那个人的大脑的相应区域小。当双胞胎中的两个人都没有患精神分裂症时，两人就没有这样的差异。因此，这个发现为精神分裂症是由大脑的物质结构受损而引起的理论提供了确定的证据。

   下面哪一项是上述论述需要的假设？

   A. 患有精神分裂症的人的大脑比任何不患精神分裂症的人的大脑小。

   B. 精神分裂症患者的大脑的某些区域相对较小不是在精神分裂症治疗过程中使用医药的结果。

   C. 同卵双生子中一个人的大脑平均来说不比非同卵双生子的人的大脑小。

   D. 当一对同卵双生子都患有精神分裂症时，他们大脑的大小是一样的。

   E. 有没有患上精神分裂症很容易判断。

7. 乳糖是牛奶中的一种成分，有助于钙的吸收，而钙的吸收是防治中老年人骨质疏松所必需的。和其他地区不同，赤道地区的居民缺少牛奶，失去了吸收乳糖的能力。但是，赤道地区中老年人骨质疏松的健康问题，并不比其他地区严重。

   以下哪项如果为真，最有助于解释上述看似矛盾的现象？

   A. 因为缺少牛奶，赤道地区的中老年人定期服用含乳糖的片剂。

   B. 牛奶的消费在全球范围内呈下降趋势。

   C. 赤道地区阳光充足，使当地居民在体内自然产生有助于吸收钙的维生素 D。

   D. 赤道地区人均寿命低于其他地区，中老年人在总人口中的比例相应也较低。

   E. 除了牛奶外，海带、鸡蛋、动物骨头、花生、大豆等，也都含有丰富的钙。

8~9 题基于以下题干：

山奇是一种有降血脂特效的野花，它数量特别稀少，濒临灭绝。但是，山奇可以通过和雏菊的花粉自然杂交产生山奇-雏菊杂交种子。因此，在山奇尚存的地域内应当大量地人工培育雏菊，虽然这种杂交品种会失去父本或母本的一些重要特性，如不再具有降血脂的特效，但这是避免山奇灭绝的几乎唯一方式。

8. 如果上述论证成立，最能说明以下哪项原则成立？

   A. 为了保护一个濒临灭绝的物种，即使使用的方法会对另一个物种产生负面影响，也是应当的。

   B. 保存一个物种本身就是目的，至于是否能保存该物种的所有特性则无关要紧。

   C. 改变一个濒临灭绝的物种的类型，即使这种改变会使它失去一些重要的特性，也比一个物种的完全灭绝要好。

   D. 在两个生存条件激烈竞争中的物种中，只保存其中的一个，也比两个同时灭绝要好。

   E. 保存一个有价值的物种，即使这种保存是困难的过程，也比接受这个物种的一个没什么价值的替代品要好。

9. 上述论证依赖于以下哪项假设？

   Ⅰ. 只有人工培育的雏菊才能和山奇自然杂交。

   Ⅱ. 在山奇生存的地域内没有野生雏菊。

Ⅲ. 山奇-雏菊杂交种子具有繁衍后代的能力

A. 只有Ⅰ。 B. 只有Ⅱ。 C. 只有Ⅲ。

D. 只有Ⅱ和Ⅲ。 E. Ⅰ、Ⅱ和Ⅲ。

10. 野外群居的长尾猴会遇到地面野兽，也会遇到空中猛禽的袭击。当发现地面野兽时，它们会发出一种声音互相警告；当发现空中猛禽时，它们会发出另一种明显不同的声音互相警告。

以下哪项如果为真，最有助于解释上述现象？

A. 长尾猴躲避地面野兽的方式是攀爬到树顶，躲避空中猛禽的方式是潜藏在树丛。

B. 长尾猴较多受到地面野兽的袭击，较少受到空中猛禽的袭击。

C. 当发现地面野兽时，长尾猴的目光是平视的；当发现空中猛禽时，长尾猴的目光是仰视的。

D. 没有动物既能从空中又能从地面袭击长尾猴。

E. 有的地面野兽是长尾猴的天敌，只捕食长尾猴，而空中猛禽既捕食长尾猴，也捕食其他动物。

11. 莫尔鸟是仅存在于新西兰的一种高大但不会飞的鸟。在人定居新西兰之前，莫尔鸟没有什么可怕的天敌，数量极多。当人们开始活动后，莫尔鸟几乎绝迹了。所以，肯定是人类的活动造成了莫尔鸟的绝迹。

下面哪项如果正确，最严重削弱上面的论述？

A. 一些莫尔鸟栖息在新西兰人类定居最晚的一部分地区。

B. 新西兰人也猎取一种哺乳动物，这种动物虽然也易受本地天敌的攻击，却并未灭绝。

C. 人们引入新西兰好几种捕食莫尔鸟的动物。

D. 大约第一批人进驻新西兰 500 年之后，莫尔鸟仍存在于新西兰的某些地区。

E. 一些莫尔鸟能战胜人类。

12. 从国外引进的波尔山羊具有生长速度快、耐粗饲、肉质鲜嫩等特点，养羊效益高。我国北方某地计划鼓励当地农民把波尔山羊与当地的山羊进行杂交，以提高农民养羊的经济效益，满足发展高效优质肉羊的生产需要。

以下哪项如果为真，最能对上述计划的可行性提出质疑？

A. 波尔山羊耐高温不耐低温，杂交羊不能适应当地的气候条件。

B. 并非所有的波尔山羊都可以与当地的山羊成功杂交。

C. 当地许多年轻人认为饲养羊是低等的工作，因为养羊的利润比其他工作的利润低。

D. 当地许多人不喜欢波尔山羊。

E. 当地一些山羊也具有生长快、耐粗饲、屠宰率高、肉质鲜嫩的优点。

13. 睡眠呼吸暂停是一种疾病，表现为患者在睡觉时空气进入肺部受阻。一旦短暂中断呼吸，患者会立刻醒来，以便再度呼吸。因此，深受睡眠呼吸暂停之苦的人有时每一两分钟就要醒一次，这样的情况可能会持续一整夜。一项研究发现，被确诊为睡眠呼吸暂停的男性和女性，患上重度抑郁的可能性分别要比睡得好的人高出 2.4 倍和 5.2 倍。研究人员认为，睡眠呼吸暂停可能会导致抑郁症。

以下哪项如果为真，最能支持上述结论？

A. 睡眠呼吸暂停的患者都有睡眠严重不足的问题。

B. 全世界患有抑郁症的女性比男性人数高出两倍多。

C. 有研究发现，深睡眠时间较长的人第二天精神状态更好。

D. 用辅助设备使患者恢复正常呼吸和睡眠，可显著缓解抑郁症状。

E. 越抑郁的人，睡眠质量越差，从而越容易导致睡眠断断续续。

14. 百舸争流，奋楫者先；中流击水，勇进者胜。新征程上，我们面临着难得机遇，也面临着严峻挑战。要永葆胜利果实，必须准备付出更为艰巨、更为艰苦的努力，必须敢于斗争、善于斗争，逢山开道、遇水架桥，勇于战胜一切风险挑战。只要我们把握新的伟大斗争的历史特点，抓住和用好历史机遇，下好先手棋、打好主动仗，发扬斗争精神，增强斗争本领，凝聚起全党全国人民的意志和力量，就一定能够战胜一切可以预见和难以预见的风险挑战，把伟大事业不断推向前进。

根据上述信息，可以得出以下哪项？

A. 如果失去难得的机遇，就会面临严峻挑战。

B. 只要抓住和用好历史机遇，就一定能够战胜一切可以预见和难以预见的风险挑战。

C. 只有敢于斗争、善于斗争，才能永葆胜利果实。

D. 只有我们把握新的伟大斗争的历史特点，才能把伟大事业不断推向前进。

E. 要发扬斗争精神，增强斗争本领，就必须准备付出更为艰巨、更为艰苦的努力。

15. 有一个国家的研究人员曾在环境暴露室中的两间实验室里做过下面的一个实验：将大气中被污染的空气放入一间实验室里，而在另一间的入气孔上装上活性炭过滤器等清除污染物的装置，使送入的空气变为洁净的空气。两间实验室中其他与植物生长有关的其他条件完全相同。在两间实验室里，分别栽上同样的白杨十五株。四个月之后，在空气洁净的实验室里，叶数平均为七十一片，而在污染室中，平均仅为二十六片。而且，前者在九月上旬叶子还在继续生长，而后者在八月初即开始落叶。这清楚表明：白杨树提早落叶的原因是大气污染。

以下哪个论证与题干的论证最类似？

A. 同一品牌的化妆品价格越高卖得越火。由此可见，消费者喜欢价格高的化妆品。

B. 将一群十岁的儿童按其认知能力均等划分为两组，其中一半作为实验组，食用了大量的味精，而另一半作为对照组没有吃这种味精。结果，实验组的认知能力比对照组差得多。可以得出结论：这一不利的结果是由于食用这种味精造成的。

C. 警察锁定了犯罪嫌疑人，但是从目前掌握的事实看，都不足以证明他犯罪。专家组由此得出结论，必然有一种未知的因素潜藏在犯罪嫌疑人身后。

D. 同学们通过对此次获得省级三好学生的张丽、刘月、李明的分析，发现品德端正、学习成绩优秀是省级三好学生的共同特征。

E. 要是冬天去 A 市，室外温度会很低；要是其他季节去，室外温度会很高。因此，张华去 A 市的时候室外温度一定不会宜人。

16~17 题基于以下题干：

春节期间，为了管理好小区治安同时给小区居民提供便利服务，某小区安排 6 个人值班，他们分别是张珊、李思、孔睿、孟荀、韩瑾、孙珊。每人每 3 天值班一次，每天安排 2 人值班，一旦排班确定，就固定不变。人员安排还须满足以下条件：

（1）孟荀与韩瑾在同一天值班。

（2）如果孔睿在第一天值班，那么张珊在第二天值班。

（3）如果孙珊在第三天值班，那么李思在第二天值班。

16. 如果韩瑾在第二天值班，以下哪项可以为真？

A. 张珊在第一天值班。　　B. 孔睿在第一天值班。　　C. 李思在第二天值班。

D. 孙珊在第三天值班。　　E. 孙珊在第二天值班。

17. 如果张珊和孔睿在同一天值班，以下哪项一定真？

A. 李思在第一天值班。　　B. 孟荀在第一天值班。　　C. 孔睿在第二天值班。

D. 孙珊不在第三天值班。　　E. 孙珊在第三天值班。

18. 小雨的妈妈要给她报早教班，选课时必须遵循以下规则：

（1）若选音乐课，那么必须同时选艺术课并且不选舞蹈课；

（2）若选艺术课或舞蹈课，则不选厨艺课；

（3）不能同时不选健身课和厨艺课。

如果现在要选音乐课，同时要选的是哪项？

A. 艺术课和健身课。　　B. 艺术课和厨艺课。　　C. 健身课和舞蹈课。

D. 厨艺课和舞蹈课。　　E. 健身课和厨艺课。

19. 某影视公司计划翻拍经典话剧《雷雨》，通知发出后，共有赵、钱、孙、李、周、吴和郑 7 名演员来试镜周朴园、周冲、蘩漪 3 个角色，已知：

（1）每名演员只能试镜一个角色。

（2）若李不试镜周朴园或者孙不试镜周朴园，则周和赵都要试镜周朴园。

（3）若赵、吴、郑中至少有一个人不试镜蘩漪，则周试镜周冲并且孙试镜蘩漪。

根据上述信息，可以得出以下哪项？

A. 李和赵都要试镜周朴园。　　B. 钱和孙都要试镜周冲。　　C. 李和孙都要试镜周朴园。

D. 郑和周都要试镜蘩漪。　　E. 周和钱都要试镜周冲。

20～21 题基于以下题干：

一位画家从红、橙、黄、绿、青、蓝、紫七种颜色中选择四种，从黑、白、灰、棕四种颜色中选择两种来作画，他的选择必须符合下列条件：

（1）如果选绿色，就不选蓝色，也不选灰色。

（2）除非不选棕色，也不选黄色，否则不选蓝色。

（3）只有选白色，才能选红色。

（4）不能选橙色，否则选黑色。

（5）如果选白色，则不能选黑色。

20. 根据以上信息，以下哪项可能是画家选择的所有颜色的组合？

A. 绿、黄、青、紫、棕、黑　　B. 绿、红、紫、橙、棕、白

C. 绿、红、黄、青、白、黑　　D. 绿、橙、黄、青、紫、黑

E. 蓝、橙、黄、青、灰、黑

21. 如果画家选了蓝色，那么以下哪项一定为真？

A. 画家没选青色。　　B. 画家选了红色。　　C. 画家选了紫色。

D. 画家没选灰色。　　E. 画家选了白色。

22. 有一种插花艺术对色彩有如下要求：或者不使用天蓝，或者使用铁青；如果使用橙黄，则不能使用天蓝；只有使用橙黄，才能使用铁青。

如果上述是真的，那么以下哪项一定是真的？

A. 使用橙黄。　　B. 使用铁青。　　C. 不使用橙黄。

D. 不使用铁青。　　E. 不使用天蓝。

23. 某珠宝店发生盗窃事件，经调查有四个嫌疑人——甲、乙、丙、丁，关于他们是否作案的情况如下：

（1）赵队长认为：如果甲作案，则乙肯定也作案。

（2）钱副队长则认为：只有乙不作案，甲才作案。

（3）孙警员则认为：丙作案，则丁也会作案。

（4）李警员的观点是：只有甲和乙都不作案，丁才不作案。

案件侦破，发现四个人的推测只有一个为真，则以下哪项为真？

A. 赵队长推测为真，甲没作案。

B. 钱副队长推测为假，乙作案。

C. 孙警员推测为假，丙作案。

D. 李警员推测为真，丁没有作案。

E. 以上选项都不一定是真的。

24～25 题基于以下题干：

临近假期，七位同学甲、乙、丙、丁、戊、己和庚排队买演唱会门票，这七位同学恰好或者来自一班或者是二班，且每个班不超过 4 人。已知以下信息：

（1）同班同学都互不相邻；

（2）庚在 2 号位置；

（3）戊身后至少有一位同班同学；

（4）庚和丙同班，并且除非丙在 4 号位置，否则庚不在丙之前。

24. 以下哪项是戊可能的位置？

A. 4 号位置。　B. 7 号位置。　C. 6 号位置。　D. 1 号位置。　E. 以上都不可能。

25. 如果庚和戊的间隔数等于庚和甲的间隔数，则以下哪项可能为真？

A. 丙戊同班。　　B. 甲身后没有同班同学。　　C. 丁在6号位置。

D. 己在1号位置。　　E. 以上都不能为真。

26. 所有能干的管理人员都关心下属的福利。在满足个人需求方面不开明的管理人员都无法得到下属支持。有的关心下属福利的管理人员在满足个人需求方面很开明。有的得到下属支持的管理人员并不能干。

根据以上条件，能推出以下哪项？

A. 有的不能干的管理人员在满足个人需求方面是开明的。

B. 有的得到下属支持的管理人员不关心下属福利。

C. 有的在满足个人需求方面不开明的管理人员很能干。

D. 有的关心下属福利的管理人员得到下属的支持。

E. 所有满足个人需求方面开明的管理人员都得到了下属的支持。

27. 人非圣贤，孰能无过。我不是圣贤，所以，我也有犯错误的时候。

以下除哪项外，均与题干的论证结构相似？

A. 金无足赤，人无完人，张玲玲是人，所以，张玲玲也不是完美的。

B. 无知者无畏。小张见多识广，所以，他做事谨小慎微。

C. 志不强者智不达。曹芳意志不坚定，所以，曹芳不能充分发挥他的智慧。

D. 狭路相逢勇者胜。苏梅是勇者，所以，她最终会取得胜利。

E. 爱拼才会赢。张磊取得了胜利，所以他爱拼搏。

28. 如果高级管理者本人不参与经营政策的制定，企业最后确定的经营政策就不会成功。另外，如果有更多的管理者参与经营政策的制定，告诉企业他们认为重要的经营政策，企业最后确定的经营政策将更加有效。

以上陈述如果为真，以下哪项陈述不可能假？

A. 除非有更多的管理者参与经营政策的制定，否则，企业最后确定的经营政策不会成功。

B. 或者高级管理者本人参与经营政策的制定，或者企业最后确定的经营政策不会成功。

C. 如果高级管理者本人参与经营政策的制定，企业最后确定的经营政策就会成功。

D. 如果有更多的管理者参与经营政策的制定，企业最后确定的经营政策会更加有效。

E. 如果企业最后确定的经营政策没有成功，说明高级管理者没有参与经营政策的制定。

29~30题基于以下题干：

在一次宠物表演中，有5位狗主人A、B、C、D、E分别带了自养的一只宠物参加比赛。他们养的狗分别为边牧、哈士奇、贵宾、柴犬和金毛。每个主人依次带自己的宠物上场表演，最终通过评分得出结果。并且上场的顺序符合以下条件：

（1）第三个上场的主人是B，他和C上场顺序不相邻。

（2）第四个上场的狗是哈士奇。

（3）E主人养的狗是贵宾，A主人养的不是哈士奇。

（4）边牧和哈士奇上场之间恰好隔了1只其他的狗。

29. 根据以上条件，能够推出以下哪个选项一定为真？

A. C第一个上场。　　B. E第二个上场。　　C. A第二个上场。

D. C第五个上场。　　E. D第五个上场。

30. 如果第五个上场的主人养的是金毛，以下哪个选项一定为真？

A. 第一个上场的是边牧。　　B. 第二个上场的是贵宾。　　C. 第三个上场的是柴犬。

D. 第四个上场的是柴犬。　　E. 第五个上场的是贵宾。

逻辑模拟试卷（九）

建议测试时间：55-60 分钟　　　　实际测试时间（分钟）：________　　　　得分：________

本测试题共 30 小题，每小题 2 分，共 60 分，从下面每小题所列的五个备选答案中选取出一个，多选为错。

1. 携号转网既有利于消费者，也有利于优化市场结构，既可以实现市场有效竞争，也可以提高消费者福利。如果携号转网得不到贯彻落实，电信行业就会形成寡头垄断的局面。电信行业市场应该关注消费者的真正需求，否则就不能更快更好地发展。

   如果上述断定为真，则以下哪项一定为真？

   A. 只要可以实现市场的有效竞争，就有利于优化市场结构。

   B. 如果电信行业市场关注了消费者的真正需求，就能更快更好地发展。

   C. 有利于消费者的政策都能提高消费者福利。

   D. 只有携号转网得到贯彻落实，电信行业才不会形成寡头垄断的局面。

   E. 能实现市场有效竞争的政策都不利于优化市场结构。

2~3 题基于以下题干：

刚步入大学校园，某班的甲、乙、丙、丁、戊、己、庚共 7 名学生选择参加社团，锻炼实践能力。可供他们选择的社团有围棋社、象棋社、话剧社、足球社、篮球社、排球社、网球社。由于名额限制，每个人只能参加一个社团，并且每个社团只有一个人参加。同时还知道：

（1）如果甲参加围棋社，那么乙参加篮球社并且丙参加网球社。

（2）如果甲不参加围棋社，那么丁参加足球社，并且戊参加话剧社。

（3）或者丙参加篮球社，或者己参加网球社。

（4）如果丁参加足球社，那么庚参加篮球社。

2. 如果上述陈述为真，以下哪个选项一定为假？

   A. 甲参加排球社。　　B. 乙参加围棋社。　　C. 丙参加象棋社。

   D. 庚参加篮球社。　　E. 己参加围棋社。

3. 如果丙参加象棋社，那么以下哪个选项一定为真？

   A. 甲参加篮球社。　　B. 乙参加围棋社。　　C. 丙参加篮球社。

   D. 己参加排球社。　　E. 庚参加足球社。

4. 一个著名学者说道："得到不该得到的得到，就会失去不该失去的失去；只有忍受别人不能忍受的忍受，才能享受别人不能享受的享受。"

   以下哪个选项最符合这个著名学者的断定？

   A. 如果没有得到不该得到的得到，那么就不会失去不该失去的失去。

   B. 除非得到不该得到的得到，否则不会失去不该失去的失去。

   C. 如果忍受别人不能忍受的忍受，那么就能享受别人不能享受的享受。

   D. 如果不能忍受别人不能忍受的忍受，那么就会失去不该失去的失去。

   E. 或者不能享受别人不能享受的享受，或者忍受别人不能忍受的忍受。

5. 除非是伟大的艺术家并且懂得发现奇葩作品中的美，否则不会鼓励广大青年投身艺术事业中。

   如果上述断定为真，则以下哪项除外，均一定为真？

   A. 如果某人是鼓励广大青年投身艺术事业中的人，则他一定是伟大的艺术家。

   B. 如果某人不是伟大的艺术家，他不会鼓励广大青年投身艺术事业中。

   C. 如果某人是伟大的艺术家，但由于他不是一个真正懂得发现奇葩作品中的美的人，则他也不会鼓励广大青年投身艺术事业中。

   D. 不可能某个伟大的艺术家不鼓励广大青年投身艺术事业中而懂得发现奇葩作品中的美。

   E. 不可能某个伟大的艺术家鼓励广大青年投身艺术事业中而不懂得发现奇葩作品中的美。

6. 由于高血压是老年人常见的疾病之一，所以，人们非常重视对高血压的防治。其实，在老年群体中，还有一些人正在为低血压所困扰。一般情况下，收缩压低于 90 毫米汞柱、舒张压低于 60 毫米汞柱，临床诊断为低血压症。但因为老年人往往有血管硬化、狭窄，所以不少老年人在血压高于 90/60 毫米汞柱的情况下，也会出现低血压症状。

以下哪项如果为真，最不能支持上述论述？

A. 老年人因病服用降压药如甲基多巴、胍乙啶、优降宁等可引起低血压。

B. 老年人神经调节功能差，动脉硬化使其动脉弹性下降，在闷热的环境中站立过久，易诱发体位性低血压。

C. 体质瘦弱的老年妇女往往会因心肌张力减弱，血管壁弹性丧失导致体质性低血压。

D. 我国成年人慢性低血压发生率约为 1.9%，其中女性高于男性。

E. 老年高血压病人若服药过量或其他原因引起有效循环血量不足，就会导致低血压。

7. 表面看来，美国目前面临的公众吸毒问题和 20 年代所面临的公众酗酒问题很类似。当时许多人不顾禁止酗酒的法令而狂喝滥饮。但是，二者还是有实质性的区别的。吸毒，包括吸海洛因和可卡因这样一些毒品，从来没有在大多数中产阶级分子和其他一些守法的美国人中成为一种被广泛接受的社会性的行为。

上述论述基于以下哪项假设？

A. 20 年代，大多数美国中产阶级分子普遍认为酗酒并不是不可接受的违法行为。

B. 美国的中产阶级的价值观成为美国社会公众行为的一种尺度。

C. 大多数美国人把海洛因和可卡因视为和酒精类似的东西。

D. 在议会制国家，法律的制定以大多数人的意志和价值观为基础。

E. 只要有毒品存在，就有吸毒行为，尽管有法律禁止。

8. 张丽：尽管都知道吸烟有害健康，但目前全国范围内并没有禁止吸烟的法律。在家里我可以自由地吸烟，但在高铁上却被禁止吸烟。这种规定实际上侵犯了我吸烟的权利。

王华：在高铁或其他公共场合禁止吸烟，是一种有限制的禁烟法规。这样的规定之所以必要，是因为你在家里吸烟只影响到你自己或少数人，但在高铁上吸烟影响公众。

张丽：如果影响公众就应当禁止，那么我们恰好不应该禁止吸烟。因为中国烟民数量世界第一，目前已达到 3.5 亿，比美国总人口还多，这本身就是一个大公众。

以下哪项如果为真，能最为恰当地概括张丽对王华的反驳中存在的漏洞？

A. 忽视了：中国的烟民尽管绝对数量世界第一，但在全国总人口中占的比例并不高。

B. 忽视了：世界上的国家或者不禁止吸烟，或者只是有限制地禁止吸烟，并没有国家无条件禁止吸烟。

C. 忽视了：高铁吸烟可能引起火灾。

D. 忽视了：烟草的利润是国家税收的重要来源。

E. 低估了吸烟对健康的严重危害。

9. 没有一个植物学家的寿命长到足以研究一棵长白山红松的完整生命过程。但是，通过观察处于不同生长阶段的许多棵树，植物学家就能拼凑出一棵树的生长过程。这一原则完全适用于目前天文学对星团发展过程的研究。这些由几十万个恒星聚集在一起的星团，大都有 100 亿年以上的历史。

以下哪项最可能是上文所作的假设？

A. 在科学研究中，适用于某个领域的研究方法，原则上都适用于其他领域，即使这些领域的对象完全不同。

B. 天文学的发展已具备对恒星聚集体的不同发展阶段进行研究的条件。

C. 在科学研究中，完整地研究某一个体的发展过程是没有价值的，有时也是不可能的。

D. 目前有尚未被天文学家发现的星团。

E. 对星团的发展过程的研究，是目前天文学研究中的紧迫课题。

10. 是否应当废除死刑，在一些国家中一直存在争议。下面是相关的一段对话：

史密斯：一个健全的社会应当允许甚至提倡对罪大恶极者执行死刑。公开执行死刑通过其震慑作用显然可以减少恶性犯罪，这是社会自我保护的必要机制。

苏珊：你忽视了讨论这个议题的一个前提，这就是一个国家或者社会是否有权利剥夺一个人的生命。如果事实上这样的权利不存在，那么讨论执行死刑是否可以减少恶性犯罪这样的问题是没有意义的。

如果事实上执行死刑可以减少恶性犯罪，则以下哪项最为恰当地评价了这一事实对两人所持观点影响？

A. 两人的观点都得到加强。

B. 两人的观点都未受到影响。

C. 史密斯的观点得到加强，苏珊的观点未受影响。

D. 史密斯的观点未受影响，苏珊的观点得到加强。

E. 史密斯的观点得到加强，苏珊的观点受到削弱。

11. 网络写手蔡智恒在其成名作《第一次亲密接触》的开头写道："如果我有一千万，我就能买一座房子。我有一千万吗？没有。所以我仍然没有房子。如果我有翅膀，我就能飞。我有翅膀吗？没有。所以我也没办法飞。如果把整个太平洋的水倒出，也浇不熄我对你爱情的火焰。整个太平洋的水能够倒得出吗？不行。所以我并不爱你。"

下列哪一项选项，其手法与上面诗句中的类似？

A. 假如你是天边的月，我就是月边的星。假如你是山上的树，我就是树上的藤。

B. 假如只依靠我厂的力量，是不能攻克这个难关的；所以，我们必须加强外部协作，联合攻关。

C. 正因为已经不是计划经济，而是市场经济，所以我们要靠自己去争取订单，而不是等待政府的订货。

D. 有一个法国小孩，名叫梅莱娜·若罗，写下了这样的句子："假如地球是方的，孩子们就有地方藏身。但地球却是圆的，我们不能不面对世界。"

E. 如果 2 的倍数是 5，则 3 的倍数就是 8。3 的倍数不是 8，所以，2 的倍数不是 5。

12~13 题基于以下题干：

甲、乙、丙、丁、戊、己、庚 7 名代表分别去 7 个城市考察。7 个城市分别为上海、北京、深圳、西安、成都、广州、南京。每个人只去一个城市考察，并且每个城市只考察一次。

（1）如果甲去上海考察，那么乙去成都考察，并且丙去南京考察。

（2）如果甲不去上海考察，那么丁去西安考察，并且戊去深圳考察。

（3）或者丙去成都考察，或者己去南京考察。

（4）如果丁去西安考察，那么庚去成都考察。

12. 如果上述论述为真，以下哪个选项一定为假？

A. 甲去广州考察。　B. 乙去上海考察。　C. 丙去北京考察。

D. 庚去成都考察。　E. 己去上海考察。

13. 如果确定安排丙去北京考察，那么以下哪个选项一定为真？

A. 甲去北京考察。　B. 乙去上海考察。　C. 丙去成都考察。

D. 己去广州考察。　E. 庚去西安考察。

14. 国际刑警历经千辛万苦，总算掌握了世界排名前五的杀手甲、乙、丙、丁、戊的部分情报。其资料如下：

（1）杀手飞鹰的体型比杀手戊强壮。

（2）杀手丁是杀手白猴、杀手黑狗的前辈。

（3）杀手乙总是和杀手白猴和黑狗互认为是知音，从未闹过矛盾。

（4）杀手丁香和杀手飞鹰是杀手甲的徒弟。

（5）杀手白猴的枪法远比杀手甲、杀手戊的准。

（6）杀手雪豹和杀手丁香都曾与杀手戊有过过节。

请问：杀手乙的外号是什么？

A. 白猴。　B. 丁香。　C. 飞鹰。　D. 雪豹。　E. 黑狗。

15. 某社区住着很多的中学生，统计发现，所有参加游泳的中学生都参加足球，所有参加足球的中学生都是体力和耐力水平一流的，有的马拉松爱好者是参加足球的中学生，所有马拉松爱好者都是爱运动的阳光男孩。
如果上述断定为真，以下哪项不可能为真？
A. 有的体力和耐力水平一流的中学生是马拉松爱好者。
B. 所有爱运动的阳光男孩都是体力和耐力水平一流的。
C. 所有体力和耐力水平一流的中学生都参加游泳。
D. 所有体力和耐力水平一流的中学生都不是爱运动的阳光男孩。
E. 有的参加游泳的中学生不是马拉松爱好者。

16. 统计数据显示，当今人类的寿命和各个年龄段的健康水平比以往任何年代都高。但同时，当代人中因不当饮食、缺乏体力支出等因素导致的肥胖者的比例比以往任何年代都高。这说明，健康饮食、体育锻炼和控制体重等当今保健要领对于延长寿命和提高健康水平其实并不是必要的。
以下哪项如果为真，最能削弱上述论证？
A. 当代人如果能降低肥胖者的比例，平均预期寿命能更长。
B. 以往年代人类如果适当提高肥胖者的比例，有可能提高平均寿命。
C. 以往年代肥胖者比例低的主要原因是大多数人的食物缺少足够的热量。
D. 当今人口总量远远超过以往任何年代。
E. 无论哪个年代，不同国度人口的寿命和健康水平都存在差异。

17. 爱护动物，爱护珍稀动物，就是爱护我们人类自身。尽管人们已经开始抵制珍稀动物的皮草产品，但仍有家居制造商将珍稀动物的皮毛用于家居饰品。几年前，专家发明了一种新的高仿合成皮草，得到了家居制造商广泛的好评。但从最近几年的统计看，各地为获取皮毛而对珍稀动物进行捕杀的活动并没有减少。
以下哪项如果为真，最能够对上述存在的矛盾现象做出解释？
A. 上述家居制造商的做法遭到了动物保护协会的抗议。
B. 家居制造商在销售大的家居物件时，往往将家居饰品当作赠品免费送给购买者。
C. 生产新的高仿合成皮草比生产原来的合成皮草的成本更低。
D. 新的高仿合成皮草与动物毛皮的质地相似，很难区分。
E. 绝大部分珍稀动物的皮毛用在了越来越流行的皮草服饰上。

18. 一种外表类似苹果的水果被培育出来，我们称它为皮果。皮果皮里面会包含少量杀虫剂的残余物。然而，专家建议我们吃皮果之前不应该剥皮，因为这种皮果的果皮里面含有一种特殊的维生素，这种维生素在其他水果里面含量很少，对人体健康很有益处，弃之可惜。
以下哪项如果为真，最能对专家的上述建议构成质疑？
A. 皮果皮上的杀虫剂残余物不能被洗掉。
B. 皮果皮中的那种维生素不能被人体充分消化吸收。
C. 吸收皮果皮上的杀虫剂残余物对人体的危害超过了吸收皮果皮中的维生素对人体的益处。
D. 皮果皮上杀虫剂残余物的数量太少，不会对人体带来危害。
E. 皮果皮上的这种维生素未来也可能用人工的方式合成，有关研究成果已经公布。

19. 暴露于高温时，房屋建筑材料会发出独特的声音。声音感应器能够精确探测这些声音，内装声音感应器的火灾报警器能够提供一个房屋起火的早期警报，使居住者能在被烟雾困住之前逃离。由于受烟熏是房屋火灾最通常的致命因素，安装声音感应报警器来替代烟雾探测器将使房屋火灾不再是导致死亡的主要原因。
下列哪一项假设正确，最能反对上面的论述？
A. 假如基于声音感应器的报警系统广泛使用的话，其高昂成本将下降。
B. 在完全燃烧时，许多用于房屋建筑的材料发出的声音在几百码之外也可以听得见。

C. 许多火灾开始于坐垫和床垫，产生大量烟雾却不发出声音。

D. 在一些较大的房屋中，需要两个或两个以上的以声音探测器为基本要求的报警器以达到足够的保护。

E. 在它们普遍使用后，烟雾探测器拯救了许多生命。

20~21 题基于以下题干：

小儿神经性皮炎一直被认为是由母乳过敏引起的。但是，如果我们让患儿停止进食母乳而改用牛乳，他们的神经性皮炎并不能因此而消失。因此，显然存在别的某种原因引起小儿神经性皮炎。

20. 下列哪项如果是真的，最能削弱上面的论证？

A. 牛乳有时也会引起过敏。

B. 小儿神经性皮炎属顽症，一旦发生，很难在短期内治愈。

C. 小儿神经性皮炎的患者大多有家族史。

D. 人乳比牛乳更易于被婴儿吸收。

E. 小儿神经性皮炎大多发生在有过敏体质的婴儿中。

21. 下列哪项如果是真的，最能支持题干的结论？

A. 医学已经证明，母乳是婴儿最理想的食料。

B. 医学尚不能揭示母乳过敏诱发小儿神经性皮炎的病理机制。

C. 已发现有小儿神经性皮炎的患儿从未进食过母乳。

D. 已发现有母乳过敏导致婴儿突发性窒息的病例。

E. 小儿神经性皮炎的患儿并没有表现出对母乳的拒斥。

22. 玩电脑游戏是否会改变大脑结构呢？对此，研究人员进行了实验，他们把 154 名 14 岁青少年分为两组，其中一组青少年每周玩电脑游戏超过 9 个小时，即“频繁玩家”；另外一组玩电脑游戏较少。利用磁共振成像技术进行的大脑扫描显示，“频繁玩家”大脑中的“腹侧纹状体”比其他人要大。由此，研究人员得出结论，玩电脑游戏确实会改变大脑结构。

以下哪项如果为真最能支持上述结论？

A.“腹侧纹状体”被称为大脑的“激励中心”，与奖励反馈有关，常常在人们得到外界回报时发挥作用，比如赌博赢钱或享受美食的时候。

B. 长期玩游戏的儿童阅读游戏规则更容易，还会对游戏中出现的画面变得敏感，但对周围的事物表现冷漠。

C. 追求新鲜和未知的经历是人和动物基本的行为趋势，选择新的选项可能使进化变得有意义。

D. 通过大范围调查显示，大脑结构不同不会导致部分人更喜欢玩电脑游戏。

E. 与其希望通过玩电脑游戏开发智力，不如通过打乒乓球有效。

23. 近年来，国家从药品生产、流通和销售各环节发力，频频出台降低药价的相关政策。但是，让不少患者感到疑惑的是，一方面是国家降低药价的政策不断出台，另一方面却是诸多常用药价格不断上涨。

以下哪项如果为真，最能解释上述现象？

A. 价格下降的药品占大多数，价格上涨的药品占少数，因此从整体上来说，药品价格仍然是下降了。

B. 常用药绝大多数是进口药，它们的需求日益增多，但相关政策无法控制此类药品的价格上涨。

C. 国家虽然出台了降低药价的政策，但是其影响要经过一段时间才能显现出来。

D. 降低药价的政策可以有效控制药品市场中因制药原料涨价而导致的药价上涨。

E. 国家虽然出台了降低药价的相关政策，但是由于店面成本居高不下，实体药店仍然得按照高价出售药品才能盈利。

24. 教练在甲、乙、丙三人背上分别贴了三个数字，三人都能看到对方的数字，但是看不到自己的数字，甲、乙、丙背上的数字分别用 A、B、C 代替。甲说 B>C；乙说 A<C；丙说 A<B；教练说他们之中最多有一个人说了假话。

假如教练说的是假话，则甲、乙、丙数字大小顺序可能是以下哪项？

A. A>B>C。　B. C>B>A。　C. B>C>A。　D. B>A>C。　E. 以上各项均不正确。

25. 有一 5×5 的方阵，它所含的每个小方格中可填入一个汉字，已有部分汉字填入。现要求该方阵中的每行每列均含有“名”“师”“出”“高”“徒”5 个汉字，不能重复也不能遗漏。

	高	名		徒
			?	
师			徒	
				出
高	出			

根据上述要求，以下哪项是标示“?”空格中应填入的汉字？

A. 名　B. 师　C. 出
D. 高　E. 徒

26. 有些自然物品具有审美价值，所有的艺术品都有审美价值。因此，有些自然物品也是艺术品。
以下哪项推理具有和上述推理最为类似的结构？

A. 有些有神论者是佛教徒，所有的基督教徒都不是佛教徒，因此，有些有神论者不是基督教徒。
B. 某些律师喜欢钻牛角尖。李小鹏是律师，因此，李小鹏喜欢钻牛角尖。
C. 有些南方人爱吃辣椒，所有的南方人都习惯吃大米，因此，有些习惯吃大米的人爱吃辣椒。
D. 有些进口货是假货，所有国内组装的 APR 空调机的半成品都是进口货，因此，有些 APR 空调机半成品是假货。
E. 有些小保姆接受过专业培训，所有的保安人员都接受过专业培训，因此，有些小保姆兼当保安。

27. 作为国内需求的重要方面，消费拉动经济发展的作用日益凸显。持续释放消费潜力才能为经济发展注入更多活力与动力。要持续释放消费潜力，就不仅要继续深化供给侧结构性改革，还要加快收入分配改革。
根据以上陈述，可以得出以下哪项？

A. 如果要进一步深化供给侧结构性改革，就要为经济发展注入更多活力与动力。
B. 若不能深化供给侧结构性改革，就无法加快收入分配改革。
C. 只要供给侧结构性改革和收入分配改革均衡发展，就可以持续拉动经济发展。
D. 只有加快收入分配改革，才能为经济发展注入更多活力与动力。
E. 如果没有持续释放消费潜力，就不能继续深化供给侧结构性改革。

28. 某班级有甲、乙、丙、丁、戊、己、庚 7 个人参与“班长”一职的竞选。在进入候选名单时，需要满足如下要求：
（1）只有 6 人进入候选名单；
（2）甲、乙、丙中最多两个人进入候选人名单；
（3）如果丙和丁都进入候选人名单，那么戊和庚中至少有一个人没有进入候选人名单。
根据以上信息，可以得出以下哪项？

A. 甲没进入候选人名单。　B. 乙没进入候选人名单。　C. 丙没进入候选人名单。
D. 丁没进入候选人名单。　E. 戊没进入候选人名单。

29~30 题基于以下题干：
某公司年终表彰会中，分别设有最佳销售、最佳管理、最佳营销、最佳头脑、最佳客服五个门类的奖项。甲、乙、丙、丁、戊、己 6 个团队均有 2 个员工入选上述不同门类的奖项，且每个门类的奖项有 2~3 个员工入选。已知：
（1）若甲或乙至少有一个员工入选最佳管理或最佳客服，则乙、丙入选的员工都是最佳管理和最佳客服；
（2）如果乙或丁至少有一个员工入选最佳管理或最佳营销，那么乙、丁、戊入选的员工均是最佳销售和最佳客服；
（3）只有甲、己入选的员工均在最佳销售、最佳管理和最佳头脑之中，丁手下才至少一个员工入选最佳销售或最佳头脑。

29. 根据上述信息，可以得出以下哪项？

A. 甲有员工入选最佳管理。　B. 丙有员工入选最佳客服。　C. 丁有员工入选最佳头脑。
D. 戊有员工入选最佳营销。　E. 己有员工入选最佳销售。

30. 若己有员工入选最佳头脑，则可以得出以下哪项？

A. 己有员工入选最佳管理。　B. 戊有员工入选最佳客服。　C. 丁有员工入选最佳头脑。
D. 丙有员工入选最佳管理。　E. 乙有员工入选最佳客服。

逻辑模拟试卷（十）

建议测试时间：55-60 分钟　　实际测试时间（分钟）：________　　得分：________

本测试题共 30 小题，每小题 2 分，共 60 分，从下面每小题所列的五个备选答案中选取出一个，多选为错。

1. 歼-10 战斗机是我国自主研发的第三代战斗机，具有良好的机动性能、先进的航电系统和较强的武器挂载能力。有军事专家认为，歼-10 战斗机凭借其优异的性能，在未来的区域防空和作战任务中，仍将是我国空军的重要力量之一。

   以下各项如果为真，最能支持上述军事专家观点的是哪一项？

   A. 歼-10 战斗机采用了先进的鸭式气动布局，能够有效提升其机动性能，在近距离空战中具有较大优势。

   B. 随着军事技术的不断发展，第四代战斗机已经逐渐成为各国空军的主力，第三代战斗机在技术上逐渐面临挑战。

   C. 歼-10 战斗机的维护成本相对较低，适合大规模部署和长期使用，能够满足我国空军的日常巡逻和作战需求。

   D. 我国空军在未来的作战任务中，需要应对多种复杂的空中威胁，包括巡航导弹、无人机等新型作战平台。

   E. 歼-10 战斗机经过多次技术改进和升级，其航电系统和武器系统已经能够适应现代作战环境的大部分需求。

2. 3 月以来，与“碳中和”相关的概念股持续上涨，股民老周决定在“延华智能”“诚邦股份”“云天化”“德业股份”“清水源”“双良节能”和“华统股份”这 7 只股票中选择 4 只进行投资。已知：

   （1）如果选择“清水源”，就不选择“云天化”；

   （2）如果选择“诚邦股份”，就不选择“双良节能”；

   （3）如果选择“延华智能”，也要选择“德业股份”。

   根据上述信息，老周一定会选择哪只股票？

   A. 华统股份。　B. 双良节能。　C. 清水源。　D. 德业股份。　E. 云天化。

3. 张王李赵四个人在讨论着中午吃什么，已知，小王吃披萨，除非小李吃炒面。只有小王不吃披萨，小张才会吃汉堡。除非小李不吃炒面，否则小赵不吃鸡排饭。小张一吃汉堡，小赵就会吃鸡排饭。

   根据以上信息，可以推出以下哪项？

   A. 小李肯定不吃炒面。　B. 小王不吃披萨。

   C. 小张不吃汉堡。　D. 或者小张吃汉堡，或者小李不吃炒面。

   E. 以上选项都不能推出。

4. 赵、钱、孙、李四位居民积极参与到社区的疫情防控工作中，有关这四位居民的具体工作安排如下：

   （1）如果某位居民本周休息，那么下一周他就是监督员。

   （2）如果某位居民出省游玩，那么下一周他就不是监督员。

   （3）某一周如果赵是监督员，那么钱和孙都不是监督员。

   （4）某一周只有钱是监督员，李才是监督员。

   （5）监督员每周只能安排一名或两名。

   根据以上安排，又已知在第 8 周，钱不是监督员，则关于这一周的情况以下哪项为假？

   A. 钱没有休息。　B. 李休息了。　C. 赵没有出省游玩。

   D. 孙和李都不是监督员。　E. 赵和孙都不是监督员。

5. 一场音乐会，如果有节目获得连续两次以上的谢幕，就堪称是场成功的音乐演出。一场音乐演出不能称为是成功的，除非台下有具备专业欣赏水平的听众。一个听众要具备专业欣赏水平，就必须了解自己的音乐功底。

如果上述断定为真，则以下哪项一定为真？

A. 在一场音乐会上，如果听众中没人具备专业欣赏水平，则不可能有节目获得连续两次以上的谢幕。

B. 如果一场音乐会没取得成功，那么，听众中就没人了解自己的音乐功底。

C. 如果听众中有人了解自己的音乐功底，那么，至少有一个节目会获得连续两次以上的谢幕。

D. 一场音乐会总能取得成功，除非听众中没人了解自己的音乐功底。

E. 在一场音乐会上，如果听众中有人具备专业欣赏水平，则总会有节目获得连续两次以上的谢幕。

6. 某县为了抗击当地的土地荒漠化，决定种植几种固沙培土的植物，要求如下：

（1）或者种梭梭，或者种柠条。

（2）如果种梭梭，则不能种沙拐枣或胡杨。

（3）如果不种胡杨，就不能同时种红柳和花棒。

（4）只有种花棒，才能不种柠条。

根据以上陈述，如果该县决定种植胡杨，则以下哪项为假？

A. 没有种沙拐枣。　B. 没有种梭梭。　C. 没有种柠条。

D. 种了花棒。　E. 种了花柳。

7~8 题基于以下题干：

某疫苗临时接种点从入口到出口（即从前到后）共设置 7 个引导点位，分别为 1~7 号，安排甲、乙、丙、丁、戊、己、庚 7 名工作人员，每人只负责一个点位的引导工作。已知：

（1）甲和乙之间相隔两个点位；

（2）丙只在偶数点位；

（3）丁和庚的点位均在甲、丙之前。

7. 引导点位按照从前到后的顺序，下列哪项排列是可能的？

A. 甲、丙、戊、乙、庚、己、丁。　B. 己、甲、戊、丙、乙、丁、庚。

C. 庚、己、丁、乙、戊、丙、甲。　D. 庚、戊、丁、甲、丙、己、乙。

E. 丁、庚、甲、丙、己、戊、乙。

8. 如果丁在 1 号点位，庚在 3 号点位，对于引导工作的安排情况有几种可能性？

A. 2 种。　B. 4 种。　C. 6 种。　D. 8 种。　E. 10 种。

9. 在最新的盲肠切除手术中，外科医生通过腹部一个很小的切口，边看监控录像，边做手术。因为该手术系统比传统的手术所导致的痛苦小多了，手术切口小，创伤也恢复得快多了，因此，病人们非常强烈地倾向于用该系统来做相应的手术。所以，相应的手术培训不再需要包括传统的盲肠切除方法了。

下面哪一项如果为真，最严重地削弱了上文中的推理？

A. 最新的盲肠切除手术的普遍应用已经降低了盲肠手术的感染率。

B. 许多手术技术已经被流程更先进的手术技术所代替。

C. 实习医院采用该手术系统的步伐比其他医院的步伐要慢些。

D. 保存已经落后的手术技术不是手术培训任务的一部分。

E. 没有操作过传统的盲肠切除手术的学生在学习该手术系统时会遇到很大的障碍。

10~11 题基于以下题干：

张教授：在我国大陆架外围海域建设新油井的计划不足取，因为由此带来的收益不足以补偿由此带来生态破坏的风险。目前我国每年海底石油的产量，还不能满足我国一天石油的需求量，而上述拟建中的新油井，最多只能使这个数量增加 0.1%。

李研究员：你的论证不能成立。你能因为新建的防护林不能在一夜之间消灭北京的沙尘暴，而反对实施防护林计划吗？

10. 以下哪项最为确切地概括了李研究员的反驳所运用的方法？

A. 提出了一个比对方更有力的证据。

B. 构造了一个和对方类似的论证，但这个论证的结论显然是不可接受的。

C. 提出了一个反例来反驳对方的一般性结论。

D. 指出对方在一个关键性概念的理解和运用上存在含混。

E. 指出对方对所引用数据的解释有误，即使这些数据自身并非不准确。

11. 以下哪项如果为真，最能削弱李研究员的反驳？

A. 在北京周边建防护林，只能防阻沙尘暴，不能根治沙尘暴。

B. 我国在治理沙尘暴方面还缺乏成功的经验。

C. 建防护林不像建海上油井那样能产生直接的经济效益。

D. 建防护林只会保护生态，不会破坏生态。

E. 建防护林不会产生类似于建海上油井所带来的风险。

12. 自从《行政诉讼法》颁布以来，“民告官”的案件成为社会关注的热点。一种普遍的担心是，“官官相护”会成为公正审理此类案件的障碍。但据 A 省本年度的调查显示，凡正式立案审理的“民告官”案件，65%都是以原告胜诉结案。这说明，A 省的法院在审理“民告官”的案件中，并没有出现社会舆论所担心的“官官相护”。

以下哪项如果为真，将最有力地削弱上述论证？

A. 由于新闻媒介的特殊关注，“民告官”案件的审理的透明度，要大大高于其他的案件。

B. 有关部门收到的关于司法审理有失公正的投诉，A 省要多于周边省份。

C. 所谓“民告官”的案件审理中，在法院受理的案件中，只占很小的比例。

D. 在“民告官”的案件审理中，司法公正不能简单理解为原告胜诉。

E. 在“民告官”的案件中，原告如果不掌握能胜诉的确凿证据，一般不会起诉。

13. 西双版纳植物园中有两种樱草，一种自花授粉，另一种非自花授粉，即须依靠昆虫授粉。近几年来，授粉昆虫的数量显著减少。另外，一株非自花授粉的樱草所结的种子比自花授粉的要少。显然，非自花授粉樱草的繁殖条件比自花授粉的要差。但是，游人在植物园多见的是非自花授粉樱草而不是自花授粉樱草。

以下哪项断定最无助于解释上述现象？

A. 和自花授粉樱草相比，非自花授粉樱草的种子发芽率较高。

B. 非自花授粉樱草是本地植物，而自花授粉樱草是前几年从国外引进的。

C. 前几年，上述植物园中非自花授粉樱草和自花授粉樱草的数量比大约是 5∶1。

D. 当两种樱草杂生时，土壤中的养分更易于被非自花授粉樱草吸收，这又往往导致自花授粉樱草的枯萎。

E. 在上述植物园中，为保护授粉昆虫免受游客伤害，非自花授粉樱草多植于园林深处。

14. 一般商品只有在多次流通过程中才能不断增值，但艺术品作为一种特殊商品却体现出了与一般商品不同的特性。在拍卖市场上，有些古玩、字画的成交价有很大的随机性，往往会直接受到拍卖现场气氛、竞价激烈程度、买家心理变化等偶然因素的影响，成交价有时会高于底价几十倍乃至数百倍，使得艺术品在一次“流通”中实现大幅度增值。

以下哪项最无助于解释上述现象？

A. 艺术品的不可再造性决定了其交换价格有可能超过其自身价值。

B. 不少买家喜好收藏，抬高了艺术品的交易价格。

C. 有些买家就是为了炒作艺术品，以期获得高额利润。

D. 虽然大量赝品充斥市场，但是对艺术品的交易价格没有什么影响。

E. 国外资金进入艺术拍卖市场，对价格攀升起到了拉动作用。

15. 司机：有经验的司机完全有能力并习惯以每小时 120 公里的速度在高速公路上安全行驶。因此，高速公路上的最高时速不应由 120 公里改为现在的 110 公里，因为这既会不必要地降低高速公路的使用效率，也会使一些有经验的司机违反交规。

交警：每个司机都可以在法律规定的速度内行驶，只要他愿意。因此，把对最高时速的修改说成是某些违规行为的原因，是不能成立的。

以下哪项最为准确地概括了上述司机和交警争论的焦点？

A. 上述对高速公路最高时速的修改是否必要。

B. 有经验的司机是否有能力以每小时 120 公里的速度在高速公路上安全行驶。

C. 上述对高速公路最高时速的修改是否一定会使一些有经验的司机违反交规。

D. 上述对高速公路最高时速的修改实施后，有经验的司机是否会在合法的时速内行驶。

E. 上述对高速公路最高时速的修改，是否会降低高速公路的使用效率。

16. 高考结束后，甲、乙、丙、丁、戊五个人正在交流自己想要报考的专业，一共有播音主持、有机化学、应用数学、自动化、法语五门专业可供选择，现有如下条件：

(1) 甲不会报考理科专业；

(2) 如果甲报考了播音主持，那么乙会报考有机化学；

(3) 丙或者报考应用数学，或者报考自动化；

(4) 丁报考法语，除非乙报考了自动化；

(5) 每个人只能报考一个专业，并且没有两个人报考的专业相同。

以下哪项与上述信息一致？

A. 甲报考播音主持，丁报考了应用数学。

B. 丁报考了播音主持，甲报考了应用数学。

C. 丁报考了法语，乙报考了播音主持。

D. 甲报考了播音主持，丙报考了应用数学。

E. 戊报考了有机化学，丁报考了法语。

17. 为全面建成小康社会，必须全面深化改革开放。只有实现有效的依法治国，才能全面深化改革开放。不可能实现有效的依法治国，除非加强党的全面建设。有了党的全面建设同时确保党的坚强领导就一定能进一步搞好经济建设。

由此可以推测得出：

A. 要全面建成小康社会就一定能进一步搞好经济建设。

B. 要想加强党的全面建设，必须深化改革开放。

C. 没有党的坚强领导，不可能实现小康社会。

D. 经济建设没有搞好一定是没有加强党的全面建设。

E. 要全面建成小康社会就要加强党的全面建设。

18. 如果不在国家机关工作，小张就会失去今后晋职深造的机会；而如果不在民营企业工作，小张就不能提高自己的工资收入。小张不能既在国家机关工作又在民营企业工作。如果不能提高自己的工资收入，小张就买不起婚房。虽然小张女朋友不介意婚房的有无，但小张女朋友的父母很介意，小张自己也很介意。他暗下决心：如果买不起婚房，自己宁肯不结婚。最近，一直内心纠结的小张终于结婚了。

根据以上信息，可以得出以下哪项？

A. 小张现在在国家机关工作。

B. 小张现在不在民营企业工作。

C. 小张会失去今后晋职深造的机会。

D. 小张不能提高自己的工资收入。

E. 小张女朋友的父母最近改变了想法。

19~20 题基于以下题干：

张明、王林和刘华三位好朋友一起到市图书馆阅读，有三本书《平凡的世界》《白鹿原》《围城》，关于他们的借书情况如下：

（1）他们每人都借阅了其中的一本或者两本书，并且每本书最多两人借阅。

（2）如果张明没有借阅《围城》或者王林没有借阅《白鹿原》，那么刘华就不会借阅《平凡的世界》。

（3）如果刘华借阅《平凡的世界》，那么张明就会借阅《白鹿原》并且王林借阅《围城》。

（4）三位好朋友中有两人借阅了《平凡的世界》，并且《围城》和《白鹿原》都有人借阅。

19. 根据以上陈述，可以确定以下哪项为真？

A. 刘华和张明都借阅了《平凡的世界》。　　B. 张明没有借阅《围城》。

C. 张明借阅了《白鹿原》。　　D. 刘华没有借阅《平凡的世界》。

E. 刘华借阅了《白鹿原》。

20. 根据以上陈述，以下哪项一定为假？

A. 王林和刘华借阅的图书都不相同。　　B. 王林和张明借阅的图书都相同。

C. 刘华和张明借阅的图书不都相同。　　D. 王林和张明借阅的图书不都相同。

E. 王林和刘华借阅的图书都相同。

21. 甲、乙、丙三人判断 7 道是非题，按规定，如果认为“对”就画一个“√”；如果认为“错”就画一个“×”。甲、乙、丙三人答题情况如下表所示。回答结果发现，这三个人都判断对了 5 道题，判断错了 2 道题。

	1	2	3	4	5	6	7
甲	×	×	√	×	×	×	√
乙	√	×	×	×	×	√	×
丙	√	√	√	√	×	√	√

下面关于这 7 道是非题的正确答案说法正确的一项是？

A. 1、3 题的答案为正确。　　B. 2、5、6 题的答案为错误。　　C. 3、7 题的答案为错误。

D. 1、4、6 题的答案为正确。　　E. 7 题的答案为错误。

22. 甲：根据统计发现，成功的人往往都有比较坚韧的性格，抵抗打击能力较强。这说明做出成功的事情有助于帮助人们增强心灵的抗打击能力。

乙：你只看到了表象，恰恰是因为抵抗打击的能力强，帮助了这些人走向成功。

以下哪项与上述反驳方式最为相似？

A. 甲：你看那些无欲无求的人都生活得很开心。说明让自己的需求降低，可以增加对生活的满意程度。

乙：你只看到了表象。是无欲无求让身心放松、身体更健康，拥有健康的人生，当然对生活更满意。

B. 甲：吸烟酗酒的人患忧郁症的比例是那些不吸烟不酗酒的人的四倍。很显然，吸烟和酗酒会导致人们容易患上忧郁症。

乙：你只看到了表象。一般压力大倾向去吸烟酗酒，压力大的人自然也更容易患忧郁症。

C. 甲：你看事业成功的男士往往娶的老婆更漂亮。说明男士事业成功可以帮助自己获取美人的芳心。

乙：你只看到了表象。不少有能力的男人身边妻子的外貌也并不出众。不少美人身边的男人的事业也并非很成功。

D. 甲：参加马拉松运动的人通常比不参加马拉松运动的人身体更健康，因此，马拉松运动有助于增进健康。

乙：你只看到了表象。往往是因为身体好并且健康的人会倾向选择马拉松这种运动。

E. 甲：很多成功的人都运气很好。说明运气好可以帮助人们成功。

乙：你只看到了表象。部分人的成功确实是因为运气好，但是更多的人成功是靠自己的努力。

23~24 题基于以下题干：

甲、乙、丙、丁、戊、己、庚 7 人最近在研究《周易》，他们分别对青龙、白虎、玄武、朱雀四象颇有兴趣，于是他们决定每个人从中选择 2 个进行研究，每种象至少有 2 人选择，至多有 5 人选择，还知道：

（1）丁和戊的选择情况完全相同；

（2）己和庚的选择情况完全相同；

（3）如果甲选择青龙，那么丁也会选择青龙；

（4）只有乙和丙选择了白虎。

23. 如果朱雀只有己和庚选择，那么以下哪项一定为真？

A. 甲选择青龙和玄武。　B. 乙选择青龙和玄武。　C. 己选择青龙和朱雀。

D. 庚选择玄武和朱雀。　E. 丙选择白虎和玄武。

24. 如果乙和丁都没有选择青龙，那么以下哪项一定为真？

A. 如果己选择青龙，那么丙选择朱雀。

B. 如果庚选择青龙，那么乙选择玄武。

C. 如果甲选择玄武，那么庚选择朱雀。

D. 如果乙选择玄武，那么己选择朱雀。

E. 如果丙选择朱雀，那么庚选择朱雀。

25. 一项调查统计显示，肥胖者参加体育锻炼的月平均量只占正常体重者的不到一半，而肥胖者的食物摄入的月平均量基本和正常体重者持平。专家由此得出结论，导致肥胖的主要原因是缺乏锻炼，而不是摄入过多的热量。

以下哪项如果为真，将严重削弱上述论证？

A. 肥胖者的食物摄入平均量总体上和正常体重者基本持平，但肥胖者中有人是在节食。

B. 肥胖者由于体重的负担，比正常体重者较为不乐意参加体育锻炼。

C. 某些肥胖者体育锻炼的平均量，要大于正常体重者。

D. 体育锻炼通常会刺激食欲，从而增加食物摄入量。

E. 通过节食减肥有损健康。

26. 2009 年哥本哈根气候大会的主题是全球变暖。但科学家中有两派对立的观点。气候变暖派认为，1900 年以来地球变暖完全是由人类温室气体排放所致。只要二氧化碳的浓度继续增加，地球就会继续变暖；两极冰川融化会使海平面上升，一些岛屿将被海水淹没。气候周期派认为，地球气候主要由太阳活动决定，全球气候变暖已经停止，目前正处于向“寒冷期”转变的过程中。

如果以下陈述为真，都可以支持气候周期派的观点，除了哪一项？

A. 1998 年以来全球平均气温没有继续上升。

B. 从 2009 年末到 2010 年初，南半球暴雨成灾，洪水泛滥。

C. 去年冬季，从西欧到北美，从印度到尼泊尔，北半球受到创纪录的寒流或大雪的侵袭。

D. 位于澳大利亚东北海域的大堡礁被认为将被海水淹没，但它的面积目前正在扩大。

E. 海平面近年来逐步下降，以至于往年被淹没的岛屿隐隐浮出水面。

27. 大约一万年以前，亚洲西南部的人类开始由狩猎转为农耕。考古学家发现，早期农耕人群中普遍存在因营养不良和失衡带来的健康问题。这种问题在他们靠狩猎生存的祖先中很少存在，原因是早期农作物提供的营养远不如猎物。尽管如此，农耕人群并没有因此退回狩猎。

以下各项如果为真，哪项最无助于解释上述现象？

A. 和亚洲东北部相比，亚洲的西南部更具备农耕所需要的自然条件。

B. 和狩猎相比，农耕作为获得食物的一种生存方式更为稳定和危险较少。

C. 通过狩猎获得的猎物，不够维持当地人群的生存。

D. 因营养不良和失衡带来的健康问题，并没有威胁到早期农耕人群的生存，并没有引起他们的关注。

E. 早期农耕人群已意识到可以并开始通过扩大农作物的品种来增加食物的营养。

28. 当航空事故发生后，乘客必须尽快撤离飞机，因为在事故中泄露的瓦斯对人体有毒，并且随时可能发生爆炸，为了避免因吸入瓦斯造成死亡，安全专家建议在飞机上为乘客提供防毒面罩，用以防止瓦斯的吸入。

以下哪项如果为真，最能质疑上述安全专家的建议？

A. 防毒面罩只能阻止瓦斯的吸入，但不能防止瓦斯的爆炸。

B. 防毒面罩的价格相当昂贵。

C. 使用防毒面罩并不是阻止吸入瓦斯的唯一方式。

D. 在大多数航空事故中，乘客是死于瓦斯中毒而不是瓦斯爆炸。

E. 使用防毒面罩延长了乘客撤离机舱的时间。

29. 张先生：应该向吸烟者征税，用以缓解医疗保健事业的投入不足。因为正是吸烟导致了许多严重的疾病。要吸烟者承担一部分费用来对付因他们的不良习惯而造成的健康问题是完全合理的。

李女士：照你这么说，如果一个人经常吃奶油蛋糕或者肥猪肉，也应该纳税。因为如同吸烟一样，经常食用高脂肪、高胆固醇的食物同样会导致许多严重的疾病。但是没有人会认为这样做是合理的。并且人们的危害健康的不良习惯数不胜数，都对此征税事实上无法操作。

以下哪项最为恰当地概括了张先生和李女士争论的焦点？

A. 张先生关于缓解医疗保健事业投入不足的建议是否合理？

B. 有不良习惯的人是否应当对由此种习惯造成的社会后果负责？

C. 食用高脂肪、高胆固醇的食物对健康造成的危害是否同吸烟一样严重？

D. 由增加个人负担来缓解社会公共事业的投入不足是否合理？

E. 通过征税的方式来纠正不良习惯是否合理？

30. 认为只伤害自己而没有伤害到别人的行为并没有什么错误的想法，通常伴随着对人与人之间相互依赖的人际关系的忽视。毁坏一个人自己的健康或者生命意味着你将不能为家庭或者社会提供帮助，相反，这意味着你将额外享有那些本来就有限的诸如食物、健康服务和教育等社会资源，而不是相反将它们回报给社会。

以下哪个选项如果正确，最强烈地支持题干所表达的观点？

A. 很多人做出伤害自己的事情全凭自己的喜好，与社会风气无关。

B. 伤害一个人能够导致间接的利益，诸如可以使别人获得与健康领域相关联的工作。

C. 一个人对社会所作的贡献可以通过他的健康程度来衡量。

D. 由喝酒、吸烟和吸食毒品所导致的主要伤害是由使用那些东西的人来承受的。

E. 本来可以避免的疾病和意外事故所造成的花销增加了每个人的健康保险金。

逻辑模拟试卷（十一）

建议测试时间：55-60 分钟　　　实际测试时间（分钟）：________　　　得分：________

本测试题共 30 小题，每小题 2 分，共 60 分，从下面每小题所列的五个备选答案中选取出一个，多选为错。

1. 最近公布的一项国家特别咨询委员会的调查报告声明：在选择了大量的研究对象进行对比实验后，发现在名人家族中才能出众者是普通人家族中才能出众者人数的 23 倍，因此我们可以得出信度很高的结论，人的素质主要是由遗传决定的。

   以下哪项如果为真，则最能削弱上述结论？

   A. 美国心理学界普遍有这样的认识：一两的遗传胜过一吨的教育。而事实也确实如此。

   B. “家无三代兴”，才能再出众也避免不了兴衰轮回的历史规律。

   C. 普通人家族中才能出众的表现方式与名人家族中不同，需要另外的衡量规则。

   D. 一个人的才能培养、后天接受教育的程度，与他的成长环境之间有很强的正相关性。

   E. 名人与普通人结合，下一代才能出众人数并不如名人家族中的比例高。

2~3 题基于以下题干：

一般认为，一个职业运动员在 45 岁时和他在 30 岁时相比，运动水平和耐力都会明显降低，但是在已退役与正在服役的职业足球运动员中举行的一场马拉松比赛结果却是：45 岁的退役足球运动员和 30 岁的正在服役的运动员在比赛中的成绩没有什么差别。据此，认为一个职业球员到了 45 岁时运动水平和耐力都会明显降低的观点是错误的。

2. 以下哪项为真，最能削弱上述论证？

   A. 马拉松运动不能充分反映足球运动员的耐力和运动水平。

   B. 退役的职业球员有更多的时间锻炼身体。

   C. 现役职业球员有很多人是有伤病在身的。

   D. 退役球员为了证明自己的实力在比赛中不惜冒超出自己体能的风险。

   E. 仅以年龄为衡量职业球员运动水平和耐力的标准是不全面的。

3. 以下哪项为真，最能加强上述论证？

   A. 以上调查分析是由专门研究足球运动员体能的科研机构进行的。

   B. 30 岁左右的现役职业足球运动员的运动水平和耐力高于上一代职业足球运动员。

   C. 以上调查中的退役职业球员都是长期担任足球教练的人。

   D. 年龄在一定限度内的增加并不必然导致运动水平和耐力的下降。

   E. 科学研究证明，人的青年时期可以延续到 45 岁，因此运动水平和耐力应该能够保持。

4. 一个医生在进行健康检查时，如果检查得足够彻底，就会使那些没有疾病的被检查者无谓地饱经折腾，并白白地支付昂贵的检查费用；如果检查得不够彻底，又可能错过一些严重的疾病，给病人一种虚假的安全感而延误治疗。问题在于，一个医生往往很难确定会把一个检查进行到何种程度。因此，对普通人来说，没有感觉不适就去接受医疗检查是不明智的。

   以下各项如果为真都能削弱上述论证，除了哪项？

   A. 有些严重疾病早期就有病人自己能察觉的明显症状。

   B. 有些严重疾病早期虽无病人能察觉的明显症状，但这些症状并不难被医生发现。

   C. 有些严重疾病只有经过彻底检查才能发现。

   D. 有些经验丰富的医生可以恰如其分地把握检查的彻底程度。

   E. 有些严重疾病发展到病人有明显不适时就已经错过了治疗的最佳时机。

5. 一项研究将一组有严重失眠的人与另一组未曾失眠的人进行比较，结果发现，有严重失眠的人出现了感觉障碍和肌肉痉挛，例如，皮肤过敏或不停地“眼跳”症状。研究人员的这一结果有力地支持了这样一个假设：失眠会导致周围神经系统功能障碍。

以下哪项如果为真，最能质疑上述假设？

A. 感觉障碍或肌肉痉挛是一般人常有的周围神经系统功能障碍。

B. 常人偶尔也会严重失眠。

C. 该项研究并非由权威人士组织实施。

D. 周围神经系统功能障碍的人常患有严重的失眠。

E. 参与研究的两组人员的性别与年龄构成并不完全相同。

6. 张教授：法律的制定和实施应当有助于提高整个社会的道德水准。法律规范自然不同于道德规范，但立法和执法不应当排斥考虑道德因素。

李研究员：您的陈述会导致一种不正确的见解，因此我不完全赞同。法律的功能是建立强有力的社会秩序，这是社会成员和谐共处、社会机器良性运转的基本条件。对于一部能体现此种功能的法律来说，任何一点实施上的偏差都会削弱它的此种功能。在中外的法律审判中，都不乏这样的实例，由于顾及道德上的考虑，法庭审判或多或少偏离法律的标准。这是应当反对和避免，而不是应当肯定的现象。

以下哪项最可能是两人争论的焦点问题？

A. 法律的制定和实施是否应当有助于提高整个社会的道德水准。

B. 在法律的实施中考虑道德因素是否会弱化立法和执法。

C. 一部能体现其社会功能的法律是否有助于提高社会的道德水准。

D. 实施中的偏差是否一定会削弱法律的社会功能。

E. 法律规范和道德规范的区别在哪里。

7. 伦理学家：汽车卖钱，完全是商品；小说和电影也卖钱，但不完全是商品。目前一些完全商品化的很有影响的小说和电影，不停地向读者和观众展示一些有道德缺陷的人所做的一些有道德缺陷的事。受众，特别是其中的年轻人会因此认为这些有道德缺陷的人才是正常人，而主流价值观是不可信的说教。毫无疑问，这样的文艺作品对目前社会日益严重的道德问题有不可推卸的责任。

作家：如果目前社会确实存在日益严重的道德问题，要对此负责的也不应是小说或电影。小说或电影只是展示给读者或观众想看的东西，至于想看还是不想看、有道德缺陷还是合乎情理、正常还是不正常，完全由观众自己决定，这有什么错？对作品限制过多，违背文学艺术发展的规律。

以下哪项对上述争论的焦点问题的概括最为恰当？

A. 目前社会是否存在严重的道德问题？

B. 是否应当无节制地在小说或电影中展示有道德缺陷的人所做的有道德缺陷的事？

C. 对小说或电影给以不必要的限制是否违背文学艺术发展的规律？

D. 一些小说或电影是否应当对社会的道德问题负责？

E. 小说或电影是否也是商品？

8. 中国互联网络信息中心发布报告显示，我国短视频用户规模达 6.48 亿，其中青少年用户占了很大比重，开展青少年防沉迷工作刻不容缓。相关主管部门组织短视频平台企业研发了青少年防沉迷系统，进入“青少年模式”后，每日使用时长将限定为累计 40 分钟，打赏、充值、提现、直播等功能将不可用，每天 22 时至次日 6 时期间，禁止使用短视频 APP。

以下哪项如果为真，最能质疑该模式的有效性？

A. 用户使用“青少年模式”需提交身份证信息等，增加了泄露个人隐私的风险。

B. 不加选择地浏览视频内容，可能会对青少年价值观产生负面影响。

C. 该系统通过大数据分析来识别疑似青少年用户，可能会“误伤”成年人。

D.“青少年模式”目前尚无法识别网络使用者的真实身份。

E. 短视频能够在学习生活之余，给青少年适当减压，提升学习效率。

9~10 题基于以下题干：

是过于集中的经济模式，而不是气候状况，造成了近年来 H 国糟糕的粮食收成。K 国和 H 国耕地条件基本相同，但当 H 国的粮食收成连年下降的时候，K 国的粮食收成却连年上升。

9. 为使上述论证有说服力，以下哪项是必须假设的？

Ⅰ. 近年来 H 国的气候状况不比 K 国差。

Ⅱ. K 国并非采取过于集中的经济模式。

Ⅲ. 气候状况不是影响粮食收成的重要因素。

A. 只有Ⅰ。　B. 只有Ⅱ。　C. 只有Ⅲ。

D. 只有Ⅰ和Ⅱ。　E. Ⅰ、Ⅱ和Ⅲ。

10. 以下哪项如果为真，最能削弱上述论证？

A. H 国种植的主要谷物品种不是 K 国种植的主要谷物品种。

B. H 国的一些谷物不适合在 K 国生长。

C. K 国的一些谷物不适合在 H 国生长。

D. H 国的北方邻国 J 国近年的粮食收成呈下降趋势。

E. H 国集中的经济模式使有限的粮食得到了最合理的分配。

11. 在人口最稠密的城市中，警察人数占总人口的比例也最大，这些城市中的“无目击证人犯罪”的犯罪率也最低。看来，维持高比例的警察至少可达到有效地阻止此类犯罪的效果。

下列哪项如果为真，最能有效地削弱上述推论？

A. 警察的工作态度和巡逻频率在各个城市是有很大差别的。

B. 高人口密度本身使得犯罪现场无目击证人的可能性减少。

C. 许多发生在大城市的非暴力犯罪都与毒品有关。

D. 人口稠密的城市中，大多数罪犯并不是被警察抓获的。

E. 无目击证人犯罪在所有犯罪中本来就只占很小的比例。

12. 飞驰汽车制造公司同时推出飞鸟和锐进两款春季小型轿车。两款轿车以新颖的造型受到购车族的欢迎。两款轿车销售时都带有轿车安全性能和出现一般问题时的处理说明书以及使用轿车一年后的意见反馈表。飞鸟轿车购车族的 56%同时购买了轿车保险，锐进轿车购车族的 82%同时购买了轿车保险，一年后，锐进轿车出现问题的反馈表是飞鸟轿车的四倍，由此可见，锐进轿车的质量比飞鸟轿车的质量差，锐进轿车的购车者同时购买轿车保险的数量比飞鸟轿车多是有一定道理的。

下面哪一项如果为真，最有助于加强上述论述？

A. 飞鸟轿车购车族的平均年龄比锐进轿车购车族的平均年龄低。

B. 飞鸟轿车情况反馈表比锐进轿车情况反馈表更完善，需要花费更多的时间完成表格的填写。

C. 飞驰汽车制造公司收到的飞鸟轿车投诉信数量是锐进轿车的两倍。

D. 购买飞鸟轿车的客户数量是购买锐进轿车的两倍。

E. 飞鸟轿车的广告是锐进轿车的两倍，其良好的质量广为人知。

13. 不同的读者在阅读时，会对文章进行不同的加工编码，一种是浏览，从文章中收集观点和信息，使知识作为独立的单元输入大脑，称为线性策略；一种是做笔记，在阅读时会构建一个层次清晰的架构，就像用信息积木搭建了一个“金字塔”，称为结构策略。做笔记能够对文章的主要内容进行标注，因此与单纯的浏览相比，做笔记能够取得更优的阅读效果。

以下哪项如果为真，最能支持上述论证？

A. 做笔记需要耗费时间，会大大延长阅读的时间。

B. 用浏览的方式进行阅读属于知识加工的线性策略。

C. 做笔记涉及更加复杂的认知加工过程。

D. 与线性策略相比，结构策略能够让学习提升速度。

E. 阅读效果的好坏取决于能否在阅读时抓住要点。

14. 某办公室有张、王、李、刘、陈 5 人，其中张、王、李对 5 人年终评优的结果推测如下：
张：如果陈没有被评定为优秀，则我也不会被评定为优秀。
王：我和刘、陈 3 人要么都优秀，要么都不优秀。
李：如果我被评定为优秀，则王也被评定为优秀。
评定结果出来后，发现 3 个人的预测都是错的，则最终有几个人优秀？
A. 1。　　B. 2。　　C. 3。　　D. 4。　　E. 5。

15. 下表为某市城镇和农村居民不参加体育锻炼的影响因素：

	城镇（%）	农村（%）	男（%）	女（%）
缺乏组织	8.8	3.6	7.0	7.4
缺乏指导	7.8	4.7	7.1	6.8
缺乏场地设施	13.2	8.0	12.1	14.1
工作忙，缺少时间	21.8	21.5	32.7	24.6
家务忙，缺少时间	9.2	20.8	17.6	10.5
体力工作多，不用参加	3.4	15.9	7.8	11.8
惰性	4.9	7.5	15.9	6.7
没兴趣	1.4	9.1	6.8	6.1

根据上述表格，可以得出以下选项，除了哪项？
A. 家务过多成为影响男性不参加体育锻炼的第二大因素。
B. 无论城镇或农村，没兴趣都是影响人们不参加体育锻炼的最重要因素之一。
C. 惰性对女性不参加体育锻炼的影响小于对男性的影响。
D. 无论是城镇或农村，男或女，工作忙已成为影响人们不参加体育锻炼的第一大因素。
E. 工作忙对男性不参加体育锻炼的影响大于对女性的影响。

16. 甲、乙、丙、丁作为四个嫌疑犯被警方拘捕。四人供词如下：甲，“我没有犯罪，乙是罪犯”；乙，“如果我是罪犯，那么甲也是罪犯”；丙，“如果乙是罪犯，那么我就没有犯罪”；丁，“我们之中肯定有人犯罪，但不是我”。
已知上面四句供词仅有一句为真，则以下哪项为真？
A. 甲、乙、丙、丁都是罪犯。
B. 乙、丙、丁都是罪犯，甲不是罪犯。
C. 甲、乙、丙、丁都不是罪犯。
D. 不能确定甲是不是罪犯。
E. 甲、乙、丙、丁都不能确定是否是罪犯。

17. 海城市文化厅将要举办五四青年联谊晚会，关于音乐类型选择问题，艺术总监给出了如下建议：
（1）爵士乐、古典乐至少选择一种；
（2）如果不选民族乐，就要选流行乐；
（3）如果选爵士乐，那么就要选摇滚乐；
（4）摇滚乐、流行乐至少舍弃一种。
如果遵循艺术总监的建议，以下哪项是不可能的？
A. 不选古典乐，也不选流行乐。
B. 不选民族乐，但要选古典乐。
C. 古典乐和民族乐不都不选。
D. 没选古典乐，也没选民族乐。
E. 爵士乐和民族乐不都选。

18. 如果你演讲时讲真话，那么富人会反对你。如果你演讲时讲假话，那么穷人会反对你。你演讲时或者讲真话，或者讲假话。所以，或者富人会反对你，或者穷人会反对你。
以下哪项与上述推理的结构最为相似？
A. 如果月球上有生物，则一定有空气。如果月球上有生物，则一定有水。月球上或者没有空气，或者没有水。所以，月球上没有生物。

B. 如果对物体加压，则它的体积会变小。如果对物体降温，则它的体积会变小。或者对物体加压，或者对物体降温。所以，物体的体积会变小。

C. 如果天下雨，则地一定会湿。如果天不下雨，则地不一定会湿。或者天下雨或者天不下雨。所以，或者地一定会湿，或者地不一定会湿。

D. 如果刺激老虎，则老虎要吃人。如果不刺激老虎，则老虎也要吃人。或者刺激老虎，或者不刺激老虎。总之，老虎都要吃人。

E. 如果天晴，我们就出去玩。如果天下雨，我们就在屋里待着。或者天不晴，或者天不下雨。所以，或者我们不出去玩，或者我们不在屋里待着。

19. 公司董事会决定调整公司的经理层，现有甲、乙、丙、丁、戊、己、庚共 7 个合格人选，董事会将挑选 4 名进入新组建的经理层。如何选定此 4 人，公司人力资源部门经过充分调查论证，已形成下列意见：

（1）如果决定丙不进入经理层，那么最好选丁进入经理层。

（2）如果甲不进入经理层，而让丙进入经理层，那么最好让戊进入经理层。

（3）最好不让戊和己同时进入经理层。

（4）最好让己成为新班子的总经理。

根据以上意见，理想的人选方案是以下哪项？

A. 己、甲、乙、戊。　B. 己、丁、戊、丙。　C. 己、丙、戊、甲。

D. 己、丙、乙、丁。　E. 己、丁、乙、甲。

20. 某餐厅在准备食材，有猪肉、鱼肉、牛肉三种肉类和菠菜、青椒、菜花三种蔬菜可供选择。餐厅每天总是选择其中的三种食材，而且选择食材遵循以下规则：

（1）选择的食材不能都是肉类。

（2）假如选择的仅有一种蔬菜，那一定是菜花。

（3）牛肉和青椒不能同时选择。

如果菜花供货渠道出了问题，无法采购，则以下哪种食材也一定不能选择？

A. 猪肉。　B. 鱼肉。　C. 牛肉。　D. 菠菜。　E. 青椒。

21. 一项研究发现，经常参加体育锻炼的人群中，患有心血管疾病的比率比不参加体育锻炼的人群低 30%。因此，研究者认为体育锻炼可以降低患心血管疾病的风险。

以下各项如果为真，哪一项最能支持上述研究者的因果关系结论？

A. 体育锻炼能够降低血压、改善血脂水平，这些生理指标的变化有助于减少心血管疾病的风险。

B. 在研究中，参加体育锻炼的人群通常也有更健康的生活习惯，如不吸烟、饮食均衡等。

C. 研究表明，心血管疾病的发生与遗传因素密切相关，家族中有心血管疾病史的人群患病风险更高。

D. 这项研究是通过问卷调查的方式收集数据的，可能存在被调查者对自身锻炼情况的主观报告偏差。

E. 另一项研究发现，体育锻炼可以提高人的心理健康水平，而心理健康与心血管健康之间也存在一定的关联。

22~23 题基于以下题干：

有 3 对夫妇：甲和赵、乙和李、丙和孙，其中，赵、李、孙是女士，聚在一起欣赏音乐。每个人只点以下 5 首乐曲中的一首：《天空之城》《致爱丽丝》《月光曲》《夜曲》《卡农》。每个人点乐曲都要符合以下条件：

（1）夫妇之间不点相同的乐曲。

（2）3 位男士所点的乐曲各不相同。

（3）李点的乐曲是《月光曲》。

（4）甲和丙不点含曲字的乐曲。

（5）孙点的乐曲是《致爱丽丝》。

22. 根据以上信息，可以得出以下哪项？
A. 甲点《月光曲》以及《卡农》。
B. 赵点《天空之城》或者《致爱丽丝》。
C. 孙女士或者李女士点《夜曲》。
D. 丙点《天空之城》或者《卡农》。
E. 赵点《夜曲》或者《月光曲》。

23. 如果6个人都不点《天空之城》，以下哪项必然为真？
A. 甲点《卡农》。
B. 赵点《夜曲》。
C. 乙点《夜曲》。
D. 有一位男士点《月光曲》。
E. 有一位女士点《夜曲》。

24. 最新的联邦人口统计发现，2018年纽约市人口数比2017年下降了0.47%；2017年的纽约市人口数比2016年下降了0.45%。也就是说，纽约市人口已经连续两年出现下降趋势，这一趋势正是“逃离纽约”现象的表现。要扭转“逃离纽约”的现象，就必须减轻纽约市民的生活压力。如果不能遏制目前高昂的物价和房租，就无法减轻纽约市民的生活压力。如果不改变目前的高税收以及新的联邦税收政策，就不能遏制目前高昂的物价和房租。

如果上述陈述为真，以下哪项也必然是真的？
A. 只要减轻纽约市民的生活压力，就可以扭转“逃离纽约”的现象。
B. 如果没有扭转“逃离纽约”的现象，就说明目前高昂物价和房租并没有得到遏制，而且目前的高税收以及新的联邦税收政策也没有改变。
C. 只要改变了目前的高税收以及新的联邦税收政策，就能扭转“逃离纽约”的现象。
D. 没有遏制纽约目前的高昂物价和房租，也能扭转“逃离纽约”的现象。
E. 不改变目前的高税收以及新的联邦税收政策，必定没法扭转“逃离纽约”的现象。

25. 赵小亮、钱小华、孙小东、李小峰四位同学都渴望在接下来的高考中取得好成绩，四个人兴高采烈地奔赴北京大学参观，提前感受校园环境。最近的地铁站是北京大学东门站，四个人同时从2号线出发，乘车基于以下情况：
(1) 各条地铁线每一站运行加停靠所需时间均彼此相同。
(2) 换乘一次的时间相当于地铁运行一站加停靠的时间。
(3) 如果赶上早高峰，赵小亮就坐4站，然后换乘4号线坐5站到北京大学东门站。
(4) 除非赶上晚高峰，否则钱小华就坐3站，然后换乘10号线坐6站后，再换乘4号线坐2站到北京大学东门站。
(5) 只要没赶上早高峰，孙小东就坐1站，然后换乘6号线坐3站后，再换乘9号线坐1站后，再换乘4号线坐5站后到北京大学东门站。
(6) 只有赶上晚高峰，李小峰才坐2站，然后换乘13号线坐2站后，再换乘10号线坐3站后，再换乘4号线坐2站后到达北京大学东门站。

如果四个人都是选择非早晚高峰时间出行，并且四个人步行时间均相同，则以下哪项最不可能发生？
A. 赵小亮比钱小华先到北京大学。
B. 钱小华比孙小东晚到北京大学。
C. 钱小华比李小峰晚到北京大学。
D. 赵小亮比李小峰先到北京大学。
E. 孙小东比赵小亮先到北京大学。

26~27题基于以下题干：

有7名新员工李明、王华、张强、赵丽、刘芳、陈刚、周慧入职后分配到了同一家大型科技公司的三个不同部门。他们每人负责研发部、市场部、人事部三种工作中的一种，每个部门有以上7人中的2-3人负责。由于李明和王华存在竞争关系，他们不能分配到同一部门。已知：
(1) 若张强和赵丽至少有1人被分配到市场部，则李明被分配到市场部；
(2) 若刘芳被分配到市场部或研发部，则张强不能被分配到人事部和研发部；
(3) 若王华被分配到市场部，则刘芳和周慧均被分配到研发部；
(4) 若王华不被分配到市场部，则陈刚和周慧均被分配到人事部并且张强和赵丽分别被分配到其余的两个部门。

26. 根据以上陈述，可以推出以下哪项？

A. 李明被分配到市场部。 B. 王华被分配到人事部。 C. 陈刚被分配到研发部。
D. 周慧被分配到市场部。 E. 赵丽被分配到人事部。

27. 若王华负责人事部，则可以推出以下哪项？

A. 张强被分配到研发部。 B. 赵丽被分配到市场部。 C. 刘芳被分配到市场部。
D. 刘芳被分配到人事部。 E. 赵丽被分配到研发部。

28. 在游乐场中，有小明、小红、小刚、小丽、小强、小芳和小亮 7 位小朋友需要在旋转木马、过山车和摩天轮 3 个游乐项目中进行选择。每位小朋友只能选择 1 个项目，每个项目都有至少 2 位小朋友选择。已知：

（1）如果小明、小红和小刚最多有 2 人选择了旋转木马，那么小丽、小强和小芳都会选择过山车。

（2）如果小明没有选择过山车或者小丽没有选择摩天轮，那么小亮和小强都会选择摩天轮。

根据这些游乐场的选择情况，以下哪一项一定为假？

A. 小明选择旋转木马。 B. 小红选择旋转木马。 C. 小强选择摩天轮。
D. 小丽选择过山车。 E. 小亮选择过山车。

29～30 题基于以下题干：

某电竞团队内有五名选手：Alice、Bob、Charlie、Diana、Eve，需要被分配到五个不同的游戏赛事中进行参赛。这五个赛事分别是：英雄联盟、绝地求生、刀塔、堡垒之夜、王者荣耀。每位选手只能参加三个赛事，每个赛事也仅有三名选手参加。此外，选手的分配需满足以下条件：

（1）Alice 不参加王者荣耀，Bob 不参加堡垒之夜，Eve 不参加绝地求生；

（2）若 Alice 参加绝地求生或者刀塔，则 Charlie 参加王者荣耀且 Eve 参加英雄联盟；

（3）若 Charlie 或者 Diana 参加堡垒之夜，则 Alice 参加英雄联盟且 Bob 参加绝地求生；

（4）若 Bob 参加英雄联盟或者刀塔，则 Diana 参加英雄联盟且 Alice 参加堡垒之夜；

（5）若 Eve 参加王者荣耀或者 Diana 参加堡垒之夜，则 Charlie 参加堡垒之夜且 Diana 参加王者荣耀。

29. 根据以上条件，以下哪项必为真？

A. Alice 参加英雄联盟、绝地求生、堡垒之夜。
B. Charlie 参加英雄联盟、堡垒之夜、王者荣耀。
C. Diana 参加绝地求生、刀塔、王者荣耀。
D. Eve 参加英雄联盟、刀塔、堡垒之夜。
E. Bob 参加英雄联盟、绝地求生、刀塔。

30. 若所有选手参加的赛事组合均不完全相同，则以下哪项为真？

A. Alice 参加英雄联盟、绝地求生、堡垒之夜。
B. Bob 参加英雄联盟、刀塔、王者荣耀。
C. Charlie 参加绝地求生、堡垒之夜、王者荣耀。
D. Diana 参加绝地求生、刀塔、王者荣耀。
E. Eve 参加英雄联盟、刀塔、王者荣耀。

逻辑模拟试卷（十二）

建议测试时间：55-60 分钟　　　实际测试时间（分钟）：________　　　得分：________

本测试题共 30 小题，每小题 2 分，共 60 分，从下面每小题所列的五个备选答案中选取出一个，多选为错。

1. 近年来中国制造的成本不断上升，美国波士顿咨询集团的调研数据显示，中国制造的成本已接近美国。以美国为基准（100），中国制造指数是 96，也就是说，同样一件产品，在美国制造成本是 1 美元，在中国制造则需要 0.96 美元。尽管中国的人力成本有所上升，但中国工人的收入明显低于美国同行业工人的收入。

   如果以下哪项陈述为真，能够更好地解释上述看似矛盾的现象？

   A. 中国大部分地区的物价水平低于美国的物价水平。

   B. 由于中国人力成本上升，一些制造业开始将部分工厂转往印度或东南亚国家。

   C. 中国制造业的利润普遍比美国同行业低。

   D. 近年来在中国投资的固定资产成本、能源成本等不断上升。

   E. 近年来受到欧盟反倾销政策的影响，针对中国制造的关税逐年增加。

2. 很多家长认为，孩子不听话，“打屁屁”惩罚一下，至少能让孩子注意到自己的行为不当，变得更听话一些。还有一些人坚持“不严加管教会惯坏孩子”的传统信念，认为“打屁屁”是为孩子好。研究者对 16 万名儿童在过去 5 年里的经历进行研究，通过收集“打屁屁”行为的数据加以分析，发现：打屁股会在儿童成长过程中造成智商低、攻击性行为高等多种负面影响。

   以下哪项如果为真，最能支持上述结论？

   A. 最新调查显示，智商相对较低的孩子大多数经常被家长打屁股。

   B. 儿童在成长过程中伴有攻击性强的行为会严重影响儿童智力的发育。

   C. 研究报告称全球大约 80%的父母都有以打屁股管教孩子的经历。

   D. 经常被打屁股的孩子在成长的过程中只懂得按家长要求去做，而不会独立思考。

   E. 父母体罚儿童的行为有时会使得儿童模仿学习，增加儿童的暴力倾向，造成攻击性行为。

3. 新华大学在北戴河设有疗养院，每年夏季接待该校的教职工。去年夏季该疗养院的入住率，即全部床位的使用率为 87%，来此疗养的教职工占全校教职工的比例为 10%。今年夏季来此疗养的教职工占全校教职工的比例下降至 8%，但入住率却上升至 92%。

   以下各项如果为真，都有助于解释上述看来矛盾的数据，除了？

   A. 今年该校新成立了理学院，教职工总数比去年有较大增长。

   B. 今年该疗养院打破了历年的惯例，第一次有限制地对外开放。

   C. 今年该疗养院的客房总数不变，但单人间的比例由原来的 5%提高至 10%；双人间由原来的 40%提高到 60%。

   D. 该疗养院去年的部分客房，今年改为足疗保健室或棋牌娱乐室。

   E. 经过去年冬季的改建，该疗养院的各项设施的质量明显提高，大大增加了对疗养者的吸引力。

4. 李明极有可能是一位资深的逻辑学教师。李明像绝大多数资深的逻辑学教师一样，熟悉哥德尔的完全性定理和不完全性定理，而绝大多数不是资深的逻辑学教师的人并不熟悉这些定理。实际上，许多不是资深的逻辑学教师的人甚至没有听说过哥德尔。

   以下哪一项陈述准确地指出了上述推理的缺陷？

   A. 忽视了这种可能性：有些资深的逻辑学教师不熟悉哥德尔的这些定理。

   B. 推理中“资深的”这一概念是模糊的概念。

   C. 忽视了这种可能性：大多数熟悉哥德尔这些定理的人不是资深的逻辑学教师。

   D. 不加证明就断定不熟悉哥德尔完全性定理和不完全性定理的人也没有听说过哥德尔。

   E. 忽视了有的不是资深的逻辑学教师也可能不熟悉哥德尔的完全性定理和不完全性定理。

5. 在L国，10年前放松了对销售拆锁设备的法律限制后，盗窃案发生率急剧上升。因为合法购置的拆锁设备被用于大多数盗窃案，所以重新引入对销售该设备的严格限制将有助于减少L国的盗窃发生率。
下面哪一项如果成立，最有力地支持以上论述？
A. L国的总体犯罪率在过去10年中急剧增加了。
B. 对于重新引入对拆锁设备销售的严格限制，在L国得到了广泛的支持。
C. 在L国重新引入对拆锁设备的严格限制不会阻碍警察和其他公共安全机构对这种设备的合法使用。
D. 5年前引进的对被控盗窃的人更严厉的惩罚对L国的盗窃率没有什么影响。
E. 在L国使用的大多数拆锁设备是易坏的，并且通常会在购买几年后损坏而无法修好。

6. 在20世纪30年代，人们已经发现了一种有绿色和褐色纤维的棉花。但是，直到最近培育出此种棉花的长纤维品种后，它们才具备了机纺的条件，才具有了商业价值。由于此种棉花不需要染色，加工企业就省去了染色的开销，并且避免了由染色工艺流程带来的环境污染。
从题干可以推出以下哪个结论？
Ⅰ. 只能手纺的绿色或褐色纤维棉花不具有商业价值。
Ⅱ. 短纤维的绿色或褐色纤维棉花只能手纺。
Ⅲ. 在棉花加工中如果省去了染色就可以避免造成环境污染。
A. 只有Ⅰ。　B. 只有Ⅱ。　C. 只有Ⅰ和Ⅱ。
D. 只有Ⅰ和Ⅲ。　E. Ⅰ、Ⅱ和Ⅲ。

7. 左撇子的人比右撇子的人更经常患有免疫功能失调症，比如过敏。但是左撇子往往在完成由大脑右半球控制的任务上比右撇子具有优势，并且大多数人的数学推理能力都受到大脑右半球的强烈影响。
如果以上的信息正确，它最能支持下面哪项结论？
A. 大多数患有过敏或其他免疫功能失调症的人是左撇子而非右撇子。
B. 大多数左撇子的数学家患有某种过敏症。
C. 数学推理能力强于平均水平的人中，左撇子的人的比例，要高于数学推理能力弱于平均水平的人中的左撇子比例。
D. 如果一位左撇子患有过敏症，他很可能擅长数学。
E. 比起左撇子的人或者数学推理能力不寻常地好的人所占的比例来讲，患有过敏等免疫功能失调症的人的比例要高一些。

8. 某研究发现，大多数国家，女孩往往更擅长数学和科学。但在挪威和芬兰等性别平等程度较高的国家，数学和科学领域的大学毕业生中女性所占比例不到25%。反而是性别平等程度较低的国家，如阿尔及利亚和土耳其，女性在数学和科学学位持有者中所占的比例要高得多。因此，一个国家的性别平等程度越高，女性选择学习数学和科学的可能性就越小。
以下哪项如果为真，最能削弱上述结论？
A. 一些学校教授数学和科学等课程的方式并不吸引女孩，甚至很多男孩对此也感到无聊。
B. 性别平等程度并不影响女性选择学科，真正导致选择差异的是“女性理科天赋不如男性”的刻板印象。
C. 性别平等程度相对较低的地区，女性如果选择学习数学和科学，毕业后更容易找到高薪的工作。
D. 高中数学和科学成绩差的男孩选择数学和科学密集型专业的比率与高中数学和科学成绩好的女孩一样高。
E. 在性别平等程度较低的日本，女性在数学和科学学位持有者中所占的比例远远小于男性。

9. 近年来，某公司生产的汽车发生了几起严重的交通事故，有人认为这是因为该汽车在设计上存在缺陷。对此，该公司坚决否认设计上存在缺陷，理由是根据这几起交通事故的分析报告，发生事故时，司机都存在酒后驾驶或疲劳驾驶的情况。
以下哪项为真，最不能支持该公司的观点？
A. 该公司一直宣称自己的产品安全性能良好。
B. 该公司所依据的交通事故分析报告真实可靠。
C. 喝酒和疲劳都会严重影响司机驾驶时的判断力。

D. 经过对事故车辆的检测，并没有发现存在设计缺陷。

E. 汽车上加大加粗的 A 柱容易让司机产生视觉盲区，而该公司并未加大加粗 A 柱。

10. 将患癌症的实验鼠按居住环境分为两组。一组是普通环境：每个标准容器中生活的实验鼠不多于 5 只，没有娱乐设施。另一组环境复杂：每 20 只实验鼠共同居住在一个宽敞的、配有玩具、转轮等设施的容器中。几周后，与普通环境的实验鼠相比，复杂环境中实验鼠的肿瘤明显缩小了。因此，复杂环境与动物之间的互动可以抑制肿瘤生长。

如果以下哪项陈述为真，能给上面的结论以最有力的支持？

A. 在复杂环境中生活的实验鼠面临更多的纷争和挑战。

B. 两组中都有自身患癌症和因注射癌细胞而患癌症的实验鼠，且两组均有充足的食物和水。

C. 与普通环境实验鼠相比，复杂环境实验鼠体内一种名为“瘦素”的激素水平明显偏低。

D. 与普通环境实验鼠相比，复杂环境实验鼠体内的肾上腺素水平有所提高。

E. 普通环境中的实验鼠大部分情况下处于睡眠状态。

11. 越来越多年轻人遭遇网贷危机，使得国家有关部门加强了对网贷平台的监管。现已有明文规定，网贷平台不仅不能向大学生提供贷款，而且开放的贷款额度也比过去明显下调，很多人的使用额度最多只有 3000 元。据此有人认为，“双十一”活动已经到了由盛转衰的时刻，未来销售额将会不断下降。

以下哪项如果为真，最能支持上述论断？

A. 对消费者来说，“双十一”俨然变成了一场数学考试，如何使用各种优惠券、店铺券、满减券都需要花费大量的时间成本研究。

B. 大学生的生活压力小，花钱时没有太多顾虑，但大学生的收入有限，因此部分大学生会通过网络借贷的方式支付日常消费。

C. 在“双十一买买买”的旗号下，有近 30 万人共同成立“消费主义逆行者”小组，他们倡导不被消费主义裹挟，不盲目跟风消费。

D. 数据显示，过去几年的“双十一”活动期间，大量成交额都是通过网络贷款的方式完成，人均使用额度远超 3000 元。

E. 一些网贷平台不需要实名认证即可在线借款，而一些网贷平台通过他人担保也可以直接贷款。

12. 雄性的园丁鸟能构筑精心装饰的鸟巢，或称为凉棚。基于它们与本地同种园丁鸟不同群落，构筑凉棚的建筑和装饰风格不同这一事实的判断，研究者们得出结论，雄性园丁鸟构筑鸟巢的风格是后天习得的，而不是基因遗传的特征。

以下哪一项如果是正确的，将最有力地加强研究者们得出的结论？

A. 经过最广泛的研究发现：本地园丁鸟群落的凉棚构筑风格中，共同的特征多于它们之间的区别。

B. 年幼的雄性园丁鸟不会构筑凉棚，在能以本地凉棚风格构筑凉棚之前很明显地花了好几年时间观看比它们年纪大的鸟构筑凉棚。

C. 有一种园丁鸟的凉棚缺少大多数其他种类园丁鸟构筑凉棚的塔形和装饰特征。

D. 只在新几内亚岛和澳大利亚发现有园丁鸟，而在那里本地鸟类显然很少相互接触。

E. 众所周知，一些鸣禽的鸣唱方法是后天习得的，而不是基因遗传的。

13. 有关研究表明，手机比电脑更伤人，因为手机屏幕小，玩手机时注意力更投入，目不转睛，因此更伤眼。使用电脑时，人们的肢体还能活动活动，可是“手机控”往往很少活动，这对身心健康更为不利。

以下哪项如果为真最能削弱上述论断？

A. 电脑在使用过程中，显示屏会发出电磁、电离辐射，严重威胁人体重要感应器官。

B. 电脑背景光比手机更容易引起使用者视力下降和头痛。

C. 科学研究表明使用手机与脑瘤和癌症的发病率无关。

D. 长期使用电脑人群容易患鼠标手、颈椎病等“电脑病”。

E. 长期在电脑前伏案工作的人患心血管疾病的概率是正常人的数十倍。

14. 教育专家指出，师资质量是学校发展的关键因素。除非提高师资质量，否则教学质量无法提升。而学校只有加强教师培训，才能提高师资质量。要想有效加强教师培训，完善的激励机制和考核机制缺一不可。若不打破传统观念的束缚，完善的激励机制和考核机制也难以并行。

以下哪项陈述是这位教育专家论述的逻辑结论？

A. 学校师资如果能打破传统观念束缚，则一定能提升质量。

B. 如果学校没有建立完善的激励机制，则难以提升教学质量。

C. 只有加强培训，才能建立完善的激励机制和考核机制。

D. 不提升教学质量，说明没有能够提高师资质量。

E. 师资质量是推动校园教育发展的唯一因素。

15. 某美食节上，陈、杨、黄、林四个人品尝美食，共尝试了“麻辣火锅”“海鲜拼盘”“烤肉串”“甜品拼盘”“素食拼盘”和“特色小吃”六道菜品，每人至少品尝一道，每道菜只有一人品尝。已知：

（1）如果陈没有品尝“麻辣火锅”，那么杨会品尝“烤肉串”和“甜品拼盘”；

（2）如果黄或陈品尝了“麻辣火锅”，那么杨会品尝“素食拼盘”且林会品尝“特色小吃”；

（3）如果杨品尝了“烤肉串”或者林品尝了“特色小吃”，那么陈只会品尝“麻辣火锅”或者林只会品尝“麻辣火锅”；

（4）陈或林品尝了“素食拼盘”。

根据以上信息，可以得出以下哪项？

A. 陈品尝了“甜品拼盘”。　B. 杨品尝了“特色小吃”。　C. 黄品尝了“海鲜拼盘”。

D. 陈品尝了“素食拼盘”。　E. 黄品尝了“特色小吃”。

16. 甲、乙、丙、丁4人拟到北京游玩故宫、鸟巢、天坛、天安门、动物园、香山、颐和园、长城8个景点，关于游览的先后顺序，4人有不同的意见：

（1）甲：香山、鸟巢、天坛、故宫、动物园、长城、天安门、颐和园；

（2）乙：天安门、天坛、鸟巢、颐和园、故宫、长城、香山、动物园；

（3）丙：香山、天坛、动物园、故宫、颐和园、鸟巢、长城、天安门；

（4）丁：颐和园、长城、鸟巢、故宫、香山、天坛、天安门、动物园。

实际游览时，各人意见中都恰有一半的景点序号是正确的。

根据以上信息，前5个景点的实际游览顺序为以下哪项？

A. 天坛、颐和园、鸟巢、故宫、天安门。

B. 香山、颐和园、鸟巢、故宫、天坛。

C. 长城、天坛、鸟巢、香山、颐和园。

D. 香山、天坛、鸟巢、故宫、颐和园。

E. 香山、天坛、颐和园、故宫、动物园。

17. 上海欢乐谷全园共有七大主题区：阳光港、欢乐时光、上海滩、香格里拉、欢乐海洋、金矿镇和飓风湾。赵甲、钱乙、孙丙、李丁四位同学相约一起去游玩，他们的想法如下：

（1）赵甲：如果游玩阳光港，就要游玩欢乐时光；

（2）钱乙：金矿镇和飓风湾至多有一个不游玩；

（3）孙丙：香格里拉和飓风湾至少有一个不游玩；

（4）李丁：除非不游玩欢乐时光，否则游玩香格里拉。

如果上述四个人的想法都为真，则以下哪项不可能符合上述断定？

A. 阳光港和金矿镇都游玩。　B. 没游玩阳光港，也没游玩香格里拉。

C. 欢乐时光和飓风湾都没游玩。　D. 游玩了阳光港，但没游玩金矿镇。

E. 没游玩香格里拉，游玩了金矿镇。

18~19 题基于以下题干：

小华家里养了黑、白两只猫和一只狗，猫和狗之间总是会上演“战争与和平”的话剧。由于贪图方便，小华总是给猫狗集中喂食，并且狗粮、猫粮是一种食物，统一地倒在一个大碗中，猫、狗开始吃食，并且三只动物吃的食物都不一样多。小华经过观察发现：

(1) 如果狗吃得最多，那么两只猫之间便会和平，并且两只猫都会与狗发生战争；

(2) 如果狗吃得最少，那么两只猫之间便会发生战争，而狗与两只猫之间都和平；

(3) 如果白猫吃得比黑猫多，狗便与黑猫和平；

(4) 如果黑猫吃得比白猫多，狗便会与黑猫发生战争。

18. 根据以上陈述，周一这一天猫、狗进食后，狗与黑猫发生了战争，由此可以确定以下哪项？

A. 两只猫之间是和平的。 B. 两只猫之间发生战争。 C. 狗吃得最多。

D. 白猫吃得最少。 E. 狗与白猫之间和平。

19. 根据以上陈述，周一这一天猫、狗进食后，狗与黑猫和平，由此可以确定以下哪项为假？

A. 白猫吃得比狗少。 B. 狗比黑猫吃得多。 C. 黑猫吃得比狗多。

D. 两只猫之间和平。 E. 两只猫之间发生战争。

20~21 题基于以下题干：

某单位有孔智、孟睿、荀慧、庄聪、墨灵、韩敏六名工作人员，从周一到周六他们每人工作一天，这六天中每天都有人工作。工作安排应满足以下条件：

(1) 孟睿工作的那一天与韩敏工作的那一天恰好间隔两天，且在一周内，孟睿总是在韩敏之前工作；

(2) 要么庄聪在星期三工作，要么孔智在星期三工作；

(3) 荀慧在星期六工作，当且仅当，墨灵在星期一工作；

(4) 墨灵在星期六工作，当且仅当，孔智在星期三工作。

20. 若庄聪在星期二工作，则谁在星期五工作？

A. 孔智 B. 荀慧 C. 孟睿 D. 墨灵 E. 韩敏

21. 若墨灵在星期五工作，则荀慧在哪天工作？

A. 星期一 B. 星期二 C. 星期三 D. 星期四 E. 星期六

22. 马上迎来开学季，某电脑店为了宣传新品电脑，现将几部电脑的配置参数整理如下：

电脑	处理器	显卡	屏幕尺寸	功率	重量
Ⅰ	i7	RTX3050	13.3 英寸	100W	2.4kg
Ⅱ	i5	RTX3050	15.6 英寸	120W	2.4kg
Ⅲ	5800H	RTX3060	14.1 英寸	130W	2.5kg
Ⅳ	i9	RTX3090	15.6 英寸	150W	3kg
Ⅴ	i5	MX450	12.6 英寸	80W	1.4kg

如果上述表格的数据均属实，那么以下哪项最符合上述表格的断定？

A. 如果一个电脑的重量超过了 2kg，那么这台电脑一定用的“i”系处理器。

B. 一台电脑或者拥有超过 13.3 英寸的屏幕，或者功率超过 80W。

C. 若一台电脑的显卡为“RTX”系列，那么这台电脑的功率一定超过了 100W。

D. 一台电脑或者功率大于等于 100W，或者重量不足 2kg。

E. 一台电脑除非用的是“RTX”显卡，否则电脑的屏幕尺寸一定超过 12.6 英寸。

23~24 题基于以下题干：

甲、乙、丙、丁、戊、己 6 项工作需要按照一定的先后顺序才能顺利完成。已知：

(1) 丁必须在甲之前完成，并且中间只能隔着一项工作；

(2) 丙必须在乙之前完成，并且中间只能隔着二项工作。

23. 若戊第二个完成，则己第几个完成？

A. 2　　B. 3　　C. 4　　D. 5　　E. 6

24. 若甲、乙不是紧挨着先后完成，则可以得出以下哪项？

A. 甲在乙之前完成。　　B. 乙在甲之前完成。　　C. 戊在己之前完成。

D. 己在戊之前完成。　　E. 甲在戊之前完成。

25. 精密的工作和创造性工作有时是矛盾的，有时却是对立统一的。已知：所有高级会计师，都逻辑思维强大；所有逻辑思维强大的人，都处事严密；有些高级会计师善于设计；有些艺术家也善于设计；所有的艺术家都不处事严密。

如果上述断定都是真的，那么以下哪一项不一定为真？

A. 所有高级会计师都处事严密。

B. 没有一个艺术家是逻辑思维强大的。

C. 有些善于设计的人处事不严密。

D. 有些善于设计的人处事严密。

E. 有些高级会计师是艺术家。

26. 黑茶、白茶、黄茶、绿茶、红茶等5种茶叶分别装在1~5号5个盒子中，每个盒子只装1种茶叶，每种茶叶只装在1个盒子里。已知：

（1）黄茶装在2号或者4号盒子中；

（2）如果白茶装在3号盒子中，则绿茶装在5号盒子中；

（3）红茶装在1号或者2号盒子中，当且仅当黑茶装在5号盒子中；

（4）黄茶没有装在4号盒子中。

以下哪项如果为真，就能确定绿茶装在3号盒子中？

A. 白茶装在4号盒子中。　　B. 白茶不装在3号盒子中。　　C. 红茶装在2号盒子中。

D. 黄茶装在3号盒子中。　　E. 黑茶装在5号盒子中。

27. 某科研团队提出一种新的方法，通过分析古代遗迹中的微生物群落来推断古代人类的迁徙路线和生活方式。该方法基于微生物群落的遗传特征与地理位置及人类活动之间的相关性。

以下哪项如果为真，最能支持这种方法的可行性？

A. 微生物群落的遗传特征能够反映其宿主的迁徙路径和生活习惯。

B. 不同地区的古代遗迹中存在独特的微生物群落，这些微生物群落具有明显的地域特征。

C. 微生物群落的遗传特征可以通过现代技术进行精确分析，并且能够在古代遗迹中长期保存。

D. 古代人类的迁徙会携带特定的微生物群落，这些微生物群落能够在新的定居点的遗迹中被检测到。

E. 其他研究已经利用古代遗迹中的植物和动物遗骸成功推断出古代人类的迁徙和生活方式。

28. 如果所有的艺术作品都表达作者某种确定的意向，并且这幅野兽派画作是艺术作品，那么这幅野兽派画作一定表达了作者某种确定的意向，但这幅野兽派画作并未表达作者任何确定的意向，因此，或者这幅画不是艺术作品，或者并非所有的艺术作品都表达作者某种确定的意向。

上述推理形式和以下哪项最为类似？

A. 如果所有对他人造成违法伤害的行为都出于故意，并且老张实施的是对他人造成违法伤害的行为，那么老张的行为一定出于故意，但老张的行为是合法的正当自卫，因此，或者老张的行为不是出于故意，或者有些对他人造成违法伤害的行为不是出于故意。

B. 如果所有的科学都要运用数学，并且医疗心理学是一门科学，那么医疗心理学就要运用数学，但是医疗心理学不要运用数学，因此，医疗心理学不是一门科学。

C. 如果所有的医闹都是由患者方无理取闹引起的，并且上周末发生的那次医患纠纷属于医闹，那么上周末的那次医患纠纷就是由患者方无理取闹引起的，但上周末的那次医患纠纷不是由患者方无理取闹引起的，因此，上周末发生的那次医患纠纷不属于医闹，并且并非所有的医闹都是由患者方无理取闹造成的。

D. 如果所有提供有偿陪侍的娱乐场所都必须受到查处，并且东方夜总会是提供有偿陪侍的娱乐场所，那么东方夜总会必须受到查处，但事实上东方夜总会从未受到过查处，因此，或者东方夜总会不是提供有偿陪侍的娱乐场所，或者并非所有提供有偿陪侍的娱乐场所都必须受到查处。

E. 如果所有维生素片剂都可以安全地大剂量服用，并且天然胡萝卜素片剂是维生素片剂，那么天然胡萝卜剂可以安全地大剂量服用，但天然胡萝卜素片剂大剂量服用是不安全的，因此，或者天然胡萝卜素片剂不是维生素片剂，或者并非所有维生素片剂都可以安全地大剂量服用。

29~30 题基于以下题干：

某位新晋导演与某市的甲、乙、丙、丁、戊 5 家影院签订对赌协议，如果该导演的 5 部电影《纸飞机》《山河》《岁月》《极寒之城》《呼吸之野》在这五家影院点映时的总票房达到 500 万，就可以进行公映，由于排片的限制，还要满足：

（1）这 5 部电影，每家影院只放映 3 部电影；

（2）如果某影院放映了《纸飞机》，就不能放映《山河》；

（3）如果《山河》和《岁月》至少有一部在丁影院放映，则这两部电影都要在甲影院放映；

（4）如果丁影院放映《极寒之城》，则戊影院放映《岁月》《极寒之城》《呼吸之野》；

（5）如果《纸飞机》《山河》《岁月》中至少有 2 部电影在甲影院放映，则这三部电影都要在乙影院放映。

29. 根据以上信息，可以得出以下哪项？

A. 戊影院不放映《纸飞机》。

B. 乙影院不放映《山河》。

C. 甲影院不放映《岁月》。

D. 丁影院不放映《极寒之城》。

E. 丙影院不放映《呼吸之野》。

30. 若没有电影可以在所有影院都放映，则可以得出以下哪项？

A. 丙影院放映《纸飞机》。

B. 甲影院放映《山河》。

C. 乙影院放映《岁月》。

D. 丙影院放映《极寒之城》。

E. 乙影院放映《呼吸之野》。

逻辑模拟试卷（十三）

建议测试时间：55-60 分钟　　　实际测试时间（分钟）：________　　　得分：________

本测试题共 30 小题，每小题 2 分，共 60 分，从下面每小题所列的五个备选答案中选取出一个，多选为错。

1. 近年来，随着健康意识的提高，越来越多的人开始注重健康饮食和适量运动。然而，尽管健康生活方式的普及率逐年上升，但肥胖率和与肥胖相关的慢性病发病率却并未下降，反而呈现上升趋势。这一现象引发了广泛的关注和讨论。

   以下哪项如果为真，最能解释上述看似矛盾的现象？

   A. 健康饮食和适量运动虽然能够降低患病风险，但无法完全抵消遗传因素对肥胖和慢性病的影响。

   B. 随着健康生活方式的推广，人们的平均寿命有所延长，导致老年人口比例增加，而老年人更容易患慢性病。

   C. 现代社会的工作压力和生活节奏加快，导致许多人虽然注重健康饮食和运动，但仍然难以避免高糖、高脂肪的快餐和长时间的久坐不动。

   D. 健康生活方式的推广主要集中在城市地区，而农村地区的健康意识相对较低，肥胖率和慢性病发病率较高。

   E. 许多人对健康饮食和运动的理解存在误区，例如过度节食或不科学的运动方式，反而对健康造成了负面影响。

2. 在塞普西路斯的一个古城蒙科云，发掘出了城市的残骸，这一残骸呈现出被地震损坏的典型特征。考古学家猜想，该城的破坏是这个地区公元 365 年的一次地震所致。

   以下哪项如果为真，最有力地支持了考古学家的猜想？

   A. 经常在公元 365 年前后的墓穴里发现的青铜制纪念花瓶，在蒙科云城里也发现了。

   B. 在蒙科云城废墟里没有发现在公元 365 年以后铸的硬币，但是却有公元 365 年前的铸币。

   C. 多数现代塞普西路斯历史学家曾经提及，在公元 365 年前后在附近发生过地震。

   D. 在蒙科云城废墟中发现了公元 300 年至 400 年风格的雕塑。

   E. 在蒙科云发现了塞普西路斯公元 365 年以后才使用的希腊字母的石刻。

3. 科学家：就像地球一样，金星内部也有一个炽热的熔岩核，随着金星的自转和公转会释放巨大的热量。地球是通过板块构造运动产生的火山喷发来释放内部热量的，在金星上却没有像板块构造运动那样造成的火山喷发现象，令人困惑。

   如果以下陈述为真，哪一项对科学家的困惑给出了最佳的解释？

   A. 金星自转缓慢而且其外壳比地球的薄得多，便于内部热量向外释放。

   B. 金星大气中的二氧化碳所造成的温室效应使其地表温度高达 485℃。

   C. 由于受高温高压的作用，金星表面的岩石比地球表面的岩石更坚硬。

   D. 金星内核的熔岩运动曾经有过比地球的熔岩运动更剧烈的温度波动。

   E. 金星的熔岩比地球的熔岩性质更稳定，更不容易喷发。

4. 患有抑郁症的人有很强的自杀倾向，很多人认为抑郁症是一种心理疾病，20 世纪中期，医学研究发现，抑郁症自杀者大脑内有 3 种神经递质（血清素、去甲肾上腺素和多巴胺）的浓度低于正常人。医学家由此推测：是这 3 种神经递质的浓度失衡导致了抑郁症。

   以下哪项陈述为真，能给上述医学家的结论以最强的支持？

   A. 抑郁症不仅是一种心理疾病，也是一种器质性病变。

   B. 可能是抑郁症导致了大脑内上述 3 种神经递质的浓度失衡。

   C. 女性和老年人是抑郁症的高发人群。

   D. 针对上述 3 种神经递质而研制出的保持其浓度平衡的药物，对治疗抑郁症有效。

   E. 长期心理压抑和负担过重会加剧心脏负荷，进而产生经常性负面情绪。

5~6 题基于以下题干：

以下是在一场关于“安乐死是否应合法化”的辩论中正反方辩手的发言：

正方：反方辩友反对“安乐死合法化”的根据主要是在什么条件下方可实施安乐死的标准不易掌握，这可能会给医疗事故甚至谋杀造成机会，使一些本来可以挽救的生命失去最后的机会。诚然，这样的风险是存在的。但是我们怎么能设想干任何事都排除所有风险呢。让我提一个问题，我们为什么不把法定的汽车时速限制为不超过自行车，这样汽车交通死亡事故发生率不是几乎可以下降到零吗？

反方：对方辩友把安乐死和交通死亡事故做以上的类比是毫无意义的。因为不可能有人会做这样的交通立法。设想一下，如果汽车行驶得和自行车一样慢，那还要汽车干什么？对方辩友，你愿意我们的社会再回到没有汽车的时代？

5. 以下哪项最为确切地评价了反方的言论？

A. 他的发言有力地反驳了正方的论证。

B. 他的发言实际上支持了正方的论证。

C. 他的发言有力地支持了反安乐死的立场。

D. 他的发言完全离开了正方阐述的论题。

E. 他的发言是对正方的人身攻击而不是对正方论证的评价。

6. 正方论证预设了以下哪项？

Ⅰ. 实施安乐死带来的收益比可能产生的风险损失总体上说要大。

Ⅱ. 尽可能地延长病人的生命并不是医疗事业的绝对宗旨。

Ⅲ. 总有一天医疗方面可以准确无误地把握何时方可实施安乐死的标准。

A. 仅Ⅰ。　B. 仅Ⅱ。　C. 仅Ⅲ。

D. 仅Ⅰ和Ⅱ。　E. Ⅰ、Ⅱ和Ⅲ。

7. 某公司为了扩大其网上商店的销售收入，采取了各种各样的广告宣传和促销手段，但是效果并不明显。该公司重金聘请了专业人士进行市场分析，专业人士认为开通了网上银行的人群才是真正潜在的网上商店的顾客群。于是该公司决定与商业银行合作，在新开通网上银行业务的人群中开展宣传和促销活动。但是三个月后，效果并不理想。

以下哪项为真，最能解释上述结果？

A. 开通网上银行在中国还是一件新鲜事，一般来说，消费者对此的态度比较谨慎。

B. 最近网上银行用户被盗的案件频发，开通网上银行的人因此有所减少。

C. 一般来说，刚刚开通网上银行的人需要经过一段时间后才有可能进行网上消费。

D. 网上金融服务在知识分子中已经比较普及，他们更希望网上商店能够提供一些特色服务。

E. 目前网上商店数量增长很快，广告宣传和推广促销要想有成效，必须有鲜明的特色，才能够打动消费者的心。

8. 一项调查研究表明，在普通人群中，与每晚睡眠时间保持在 7 至 9 小时的人相比，每晚睡眠时间少于 4 小时的人患肥胖症的危险高出 73%，而平均每天只睡 5 小时的人，这种危险则高出 50%。研究人员因此得出结论：缺乏睡眠容易使人变得肥胖。

以下哪项如果为真，最能支持上述论证？

A. 缺乏睡眠与糖尿病发病率上升存在关联，而大部分糖尿病患者都比较肥胖。

B. 缺乏睡眠容易导致慢性疲劳综合征，从而使人不愿意参加体育锻炼。

C. 睡眠不足者与每晚睡眠时间在 7 至 9 小时的人拥有同样的饮食和运动习惯。

D. 睡眠不足会导致人体内消脂蛋白浓度下降，而消脂蛋白具有抑制食欲的功能。

E. 缺乏睡眠会使得人体新陈代谢的速率降低，降低身体内脂肪的消耗。

9. 一项实验中，研究者对被试者进行了身体活动水平的调查，分析了他们平均每天坐着的时间。结果显示，每天坐的时间过长（超过5小时）与大脑内侧颞叶缩小密切相关，即使其他时间身体达到了很高的活动水平，也无法改变颞叶缩小的趋势。因此，久坐会对人的记忆力产生影响。

以下哪项最可能是上述研究者论断的假设？

A. 有些记忆力较差的人不常运动，更喜欢宅在家里。

B. 大部分帕金森患者出现记忆力的持续衰退和颞叶缩小的状况。

C. 大脑内侧颞叶区域包含海马回，而这一部位与记忆的形成有关。

D. 各年龄段群体中，久坐对年轻人记忆力的影响大于中老年人。

E. 年龄越大的人，越习惯于久坐，进而记忆力也会逐渐退化。

10. 石器时代的陶工制作了复杂并且常常是精致的陶瓷水罐、工具和珠宝。他们也制作了精致的陶人。有许多这种精致的陶瓷水罐、工具和珠宝被发现时是完整的或几乎完整，然而大致与这些陶器在同时期制作的陶人却大多以小碎片的形式被发现。

以下哪项如果为真，能最好地解释为什么很少有陶人被发现时是完整的而许多精致的陶器却不是？

A. 最后修整期间，如果一组陶器中有一个碎了，石器时代的人有时会故意打碎整组东西，也许是为了避邪。

B. 世界各地陶土的成分差别很大，而这种成分又相应地会影响陶器的持久性。

C. 陶艺是石器时代发明的，人们早在掌握制作精致陶器技术以前就已经精通了制陶技术。

D. 石器时代的陶工制作陶人和制作陶瓷制品的时间一样多。

E. 许多石器时代的仪式需要打碎陶人，可能是作为对神的祭祀。

11. 我的大多数思想开放的朋友都读了很多书，我的大部分思想不开放的朋友就不是这样。你读得越多，你就越有可能遇到新思想的挑战，你对自己思想的坚持就会被削弱，这种说法是有道理的。阅读还把你从日常生活中解放出来，向你展示生活的多样性和丰富性。因此，阅读使人思想开放。

以下陈述如果为真，哪一项最有力地削弱了上文中的结论？

A. 某人爱读文学作品，特别爱读诗歌，后来自己也写诗，现在是一位很有名的诗人。

B. 有人读了很多书，每读一本书都觉得有道理，不同的道理老在脑袋里打架，都快变成疯子了。

C. 如果只选择性地阅读特定类型或有特定观点的书，很可能读得越多越偏执。

D. 有些人读书喜欢把自己摆进去，读《红楼梦》时，就觉得自己是林黛玉或者是贾宝玉。

E. 某人阅读各种思想史的著作，写作了不少富有感想的博文，也因此吸引了很多思想不太开放的粉丝的关注。

12. 在所有成年非婚者中，大龄单身青年是最受人们关注的一个群体。目前，还没有确切的数字显示全国共有多少"剩男剩女"，不过从个别城市的统计数据中，我们不难发现数量在迅速增长。有心理学家指出，长期独居的生活，会使人们的社交能力逐渐退化、性情变得孤僻。因此心理学家认为，大龄青年应尽早结束单身状态，否则容易导致心理问题。

以下哪项如果为真，最能削弱上述心理专家的观点？

A. 调查显示，性情孤僻是单身的主要原因。

B. 独立的经济能力让大部分女性不再依附于男人生活，因此女性在挑选伴侣时就会对外貌、性情等条件更为苛刻。

C. 90后独生子女一代从小习惯于独居，缺少与同龄异性一起生活的经验，并且很多人都恐惧结婚。

D. 主流文化变迁、婚姻观念更新和社会稳定性等影响是导致全球出现单身潮的共同原因。

E. 城市快节奏生活，快餐式的交友，长期沉浸在虚拟的网络世界，这些生活方式的变化极大地压缩了人们面对面交流的空间，使得现在的年轻人比之前更容易产生心理问题。

13. 近百年来，在达里湖地区，长期的干旱使多草的湿地大量萎缩，变成盐碱地。多草的湿地是鸭类、鹅类以及其他种类水鸟筑巢和孵化的场所。然而，随着湿地的不断萎缩，该地区赤麻鸭数量平均下降的速度却远低于天鹅数量平均下降的速度。

如果以下哪项陈述为真，对上文中的不一致给出了最佳的解释？

A. 赤麻鸭每窝孵化 8 至 10 枚卵，天鹅每窝孵化 2 至 3 枚卵，成活率大体相当。

B. 环境保护措施的加强减缓了赤麻鸭、天鹅及其他种类水鸟数量平均下降的速度。

C. 赤麻鸭和天鹅都是迁徙类鸟类，赤麻鸭在迁徙过程中更容易遭到捕杀。

D. 除湿地外，赤麻鸭逐渐学会在树洞和崖洞筑巢孵化，天鹅则未能如此。

E. 赤麻鸭的肉质远比天鹅好吃，成为人们餐桌野味的首选。

14. 推进马克思主义中国化、时代化是一个追求真理、揭示真理、笃行真理的过程。只有把马克思主义基本原理同中国具体实际相结合、同中华优秀传统文化相结合，坚持运用辩证唯物主义和历史唯物主义，才能正确回答时代和实践提出的重大问题。此外，要推进马克思主义的发展，必须开展好理论与实践相结合的工作。而开展好此项工作的前提是坚持人民至上、坚持自信自立、坚持守正创新。

根据题干信息，可以得到如下结论，除了？

A. 如果不能坚持人民至上的原则，就无法推进马克思主义的发展。

B. 除非把马克思主义基本原理同中国优秀传统文化相结合，否则无法正确回答时代和实践提出的重大问题。

C. 或者无法推进马克思主义的发展，或者开展好理论与实践相结合的工作。

D. 若要推进马克思主义的发展，除非坚持守正创新的原则。

E. 如果没有能够正确回答时代和实践提出的重大问题，说明没有坚持人民至上、自信自立、守正创新的原则。

15. 某高校要从甲、乙、丙、丁、戊、己 6 名学生中选派 3 名参加全国大学生编程大赛。有 4 位教授分别提出了自己的意见：

(1) 甲、丙二人中至少选一人；

(2) 乙、戊二人中至少选一人；

(3) 乙、丙二人中至多选一人；

(4) 甲、丁二人中至多选一人。

后来得知，戊因病不能参赛，并且最终结果都遵循了上述 4 位教授的意见。

根据上述信息，该单位选派的参赛选手是？

A. 甲、乙、丙。　　B. 甲、乙、己。　　C. 丙、丁、己。

D. 甲、乙、丁。　　E. 乙、丙、丁。

16. 甲：亲兄弟明算账，不是亲兄弟就不能明算账。

乙：不对！不知者无罪，即使不知者也是有罪的。

以下哪项与上述论证结构最为相似？

A. 甲：沉默是金，不沉默就不是金。

乙：不对！吃苦耐劳是福，不吃苦就没有福。

B. 甲：撒娇女人有好命，不撒娇的女人命不会好。

乙：不对！仁者无敌，即使仁者也会被人打败。

C. 甲：浓缩的就是精华，不浓缩的就不是精华。

乙：不对！眼见为实，即使事实也是不会被眼见的。

D. 甲：爱拼才会赢，不爱拼就不会赢。

乙：不对，付出就会有回报，即使付出了也会没有回报。

E. 甲：态度决定命运，态度不好的人命运就不好。

乙：不对！战略决定决策，即使战略好决策也会不好。

17. 因业务需要，某公司欲将甲、乙、丙、丁、戊、己、庚 7 个部门合并到丑、寅、卯 3 个子公司。已知：

(1) 一个部门只能合并到一个子公司，每个子公司吸收 2~3 个部门；

(2) 若丁和丙中至少有一个未合并到丑公司，则戊和甲均合并到丑公司；

(3) 若甲、己、庚中至少有一个未合并到卯公司，则戊合并到寅公司且丙合并到卯公司。

根据上述信息，可以得出以下哪项？

A. 甲丁均合并到丑公司。　B. 乙戊均合并到寅公司。　C. 乙丙均合并到寅公司。

D. 乙己均合并到甲公司。　E. 庚戊均合并到卯公司。

18~19 题基于以下题干：

某科技公司进行新产品发布。对于智能手机、智能手表、智能眼镜、智能音箱、无人机和机器人六种产品能否成为发布会亮点，有人预测如下：

(1) 如果智能手机成为亮点，那么智能手表也会成为亮点，且智能音箱不会成为亮点；

(2) 除非智能眼镜成为亮点，否则无人机不会成为亮点；

(3) 如果智能手机和智能音箱至多一个成为亮点，那么无人机成为亮点且机器人不会成为亮点。

18. 根据上述信息，可以得出以下哪项？

A. 智能眼镜成为亮点。　B. 智能手表成为亮点。

C. 机器人成为亮点。　D. 仅有两种产品成为亮点。

E. 至少三种产品成为亮点。

19. 若六种产品中只有三种成为发布会亮点，则以下哪项一定为假？

A. 智能手表成为亮点。　B. 机器人不成为亮点。　C. 无人机成为亮点。

D. 智能手机成为亮点。　E. 不能确定所有的亮点产品。

20. 李磊："除非所有的食品生产者都必然遵守食品安全的规定，否则有些食品安全导致的纠纷可能难以避免。"

韩晓："我不同意你的看法。"

以下哪项确切地表示了李磊的看法？

A. 除非所有食品生产者都必然遵守食品安全的规定，否则所有食品安全导致的纠纷必然可以避免。

B. 或者所有食品安全导致的纠纷必然可以避免，或者所有食品生产者都必然遵守食品安全的规定。

C. 有的食品安全导致的纠纷可能难以避免，但是所有食品生产者都必然遵守食品安全的规定。

D. 只有并非所有食品生产者都必然遵守食品安全的规定，才会使所有食品安全导致的纠纷必然可以避免。

E. 或者并非所有食品安全导致的纠纷必然可以避免，或者所有食品生产者都必然遵守食品安全的规定。

21. 李娜心中的白马王子是高个子、相貌英俊的博士。她认识王威、吴刚、李强、刘大伟 4 位男士，其中有一位符合她所要求的全部条件。

(1) 4 位男士中，有 3 个高个子，2 名博士，1 人长相英俊；

(2) 王威和吴刚都是博士；

(3) 刘大伟和李强身高相同；

(4) 李强和王威并非都是高个子。

请问谁符合李娜要求的全部条件？

A. 刘大伟　B. 李强　C. 吴刚　D. 王威　E. 王威或刘大伟

22. 大华医院新进一批医学院实习生。这些实习生包括实习医生和实习护士。根据统计，实习护士是 50 名，实习医生是 28 名；男实习生一共 30 名，女实习生一共 48 名。

根据以上统计数据，以下哪项为真？

A. 实习男护士比实习女护士少。　B. 实习女护士最多。

C. 实习女医生最少。　D. 实习男护士比实习女医生多。

E. 实习男护士比实习男医生少。

23. 在一次宜居城市的调研后，调研机构总结出如下表格：

年龄	城市环境	医疗能力	教育环境	工作资源	娱乐场所
80 后	9	10	5	2	4
90 后	7	7	7	7	9
00 后	7	4	4	9	7
10 后	7	3	9	5	6

（注：每项评分最高 10 分，越重视则得分越高，5~6 分为分水岭，超过 6 分为高分，低于 5 分为低分）

以下哪项与上述断定最不相符？

A. 若是 80 后，则在选择城市时更加注重城市的医疗能力。

B. 只有越注重城市娱乐场所的人才越年轻。

C. 无论是哪个年龄段的人，都比较注重一个城市的城市环境。

D. 若是 10 后，则更加注重一个城市的教育环境。

E. 90 后和 00 后都比较注重城市的娱乐场所。

24~25 题基于以下题干：

大众影院准备在周一到周日 7 天内上演 7 部电影，分别是《疯狂外星人》《喜剧之王》《白蛇：缘起》《飞驰人生》《密室逃脱》《大黄蜂》《流浪地球》。每天上演一部电影，每部电影不能重复上演。电影的安排必须满足以下条件：

（1）《喜剧之王》必须在周三上演；

（2）《密室逃脱》和《流浪地球》不能连续上演；

（3）《飞驰人生》必须安排在《白蛇：缘起》和《流浪地球》之前上演；

（4）《疯狂外星人》和《白蛇：缘起》必须安排在连续的两天中上演。

24. 如果把《疯狂外星人》安排在周五上演，以下哪项正确地列出了所有可以安排在周日上演的电影？

A.《白蛇：缘起》和《大黄蜂》。

B.《密室逃脱》和《大黄蜂》。

C.《白蛇：缘起》和《流浪地球》。

D.《飞驰人生》《密室逃脱》和《大黄蜂》。

E.《密室逃脱》《大黄蜂》和《流浪地球》。

25. 如果把《密室逃脱》恰好安排在《白蛇：缘起》的前一天，以下哪项一定是真的？

A. 把《疯狂外星人》安排在《密室逃脱》之前。

B.《大黄蜂》被安排在第一天或第二天。

C.《飞驰人生》被安排在《喜剧之王》之前的某一天。

D.《流浪地球》恰好安排在《飞驰人生》之后的那一天。

E. 把《喜剧之王》安排在《白蛇：缘起》之后的那一天。

26. 近期，进博会在上海举办，全世界的许许多多的“黑科技”产品在进博会中亮相，某工厂的厂长准备让科技人员小王去进博会中考察考察，寻找一些适合工厂的新技术，考察之前，他给小王提出了如下要求：

（1）如果去农产品展区，那么也要去食品展区；

（2）只有去汽车展区，才去消费品展区；

（3）除非去服务贸易展区，否则不去汽车展区；

（4）如果去技术装备展区，则去汽车展区；

（5）一共有农产品、食品、汽车、消费品、服务贸易、技术装备 6 个展区，并且小王至少去 3 个展区。

如果小王按照厂长的要求去进博会，以下的哪项规划是不可能成立的？

A. 只去汽车展区、服务贸易区、食品展区、消费品展区。

B. 不去汽车展区且不去农产品展区。

C. 不去食品展区且不去消费品展区。

D. 去服务贸易展区和汽车展区。

E. 只去汽车展区、服务贸易展区、农产品展区和食品展区。

27. 某单位举办运动会，技术部计划安排甲、乙、丙3人参加，他们3人共参加了4个项目，分别是跳远、短跑、铅球、标枪，其中每个项目均只有一人参加，每个人至少参加一个项目。已知：

(1) 甲要么参加跳远，要么参加铅球；

(2) 乙参加了短跑、铅球、标枪中的两个项目；

(3) 丙没有参加铅球和标枪。

根据上述信息，一定可以得出以下哪项？

A. 甲参加跳远。　B. 乙参加标枪。　C. 丙参加短跑。

D. 甲参加铅球。　E. 乙参加短跑。

28. 高一五班竞选班长、副班长、团支书、学委、体委五名班干部，有杨阳、陈月、李星、宋明、王天、林宇、刘玄七名同学竞选，最后的结果是：

(1) 李星、宋明至少当选一人；

(2) 陈月、王天至多当选一人；

(3) 若李星当选，则林宇当选；

(4) 若刘玄未当选，则王天不当选；

(5) 若陈月当选，则宋明和林宇不当选；

(6) 只有杨阳当选班长，陈月才不当选。

如果上述陈述为真，且五名同学分别当选五个班委，则以下哪项一定为真？

A. 李星当选。　B. 宋明未当选。　C. 王天未当选。

D. 刘玄当选。　E. 杨阳未当选班长。

29～30题基于以下题干：

某学校举办语言学习活动，甲、乙、丙、丁、戊、己和庚7人前往不同语言学习中心学习：英语、法语、西班牙语和德语4种语言，他们每人均去1～2个语言中心学习。其中2人去英语中心，2人去德语中心，3人去西班牙语中心，3人去法语中心。另外，还知道：

(1) 如果甲、乙和丁中至少有1人去西班牙语中心，那么丙也去西班牙语中心且己去德语中心；

(2) 如果己去法语中心或者庚不去德语中心，那么乙和己均去英语中心；

(3) 如果丁和己中至少有1人去德语中心，那么甲去英语中心且丁去法语中心；

(4) 若丁去英语中心或者法语中心，则戊去英语中心且己不去法语中心。

29. 根据上述信息，可以得出以下哪项？

A. 丁去西班牙语中心。　B. 庚去德语中心。　C. 甲去西班牙语中心。

D. 戊去法语中心。　E. 己去法语中心。

30. 若乙去了西班牙语中心和另一个学习中心，则可以得出以下哪项？

A. 戊去英语中心和西班牙语中心。　B. 己去德语中心和西班牙语中心。

C. 乙和丁均去法语中心。　D. 己和丁均去法语中心。

E. 乙和庚均去西班牙语中心。

逻辑模拟试卷（十四）

建议测试时间：55-60分钟　　　　实际测试时间（分钟）：________　　　　得分：________

本测试题共30小题，每小题2分，共60分，从下面每小题所列的五个备选答案中选取出一个，多选为错。

1. 美国的枪支暴力惨案再度引发了枪支管控的讨论。反对枪支管控者称，20世纪80年代美国枪支暴力案飙升，1986年有些州通过法律手段实施严格的枪支管控，但实施严格枪支管控的这些州的平均暴力犯罪率却是其他州平均暴力犯罪率的1.5倍。可见，严格的枪支管控无助于减少暴力犯罪。

   如果以下陈述为真，哪一项最强地削弱了以上论证？

   A. 自1986年以来，美国拥有枪支家庭的比例显著下降。

   B. 自1986年以来，实施严格枪支管控的这些州的年度暴力犯罪数持续下降。

   C. 在那些实施严格枪支管控法律的州，很少有人触犯该项法律。

   D. 犯罪学家对比了各种调查结果，并未发现私人拥有枪支的数量与枪支暴力犯罪有明显的相关性。

   E. 在美国，枪支管控一直是讨论度极高的话题。

2. 对动物大脑的偏侧性优势的研究表明，尽管大多数人习惯使用右手，但在其他任意一组动物中，用“左手”（即优先使用左侧肢体）的和用“右手”的却各占一半。不过，这个发现却是令人生疑的，因为长期以来人们注意到狗总是用右爪子与人“握手”。

   如果以下哪项陈述为真，能对狗握手这个反例做出最好的解释？

   A. 人们观察到狗在抓挠时与使用右爪子一样使用左爪子。

   B. 人们在观察狗“握手”时所见到的只是狗使用前爪子的行为。

   C. 左撇子的人在“右撇子的世界”中有时会感到不方便甚至会有耻辱感，而狗则不会遇到类似的麻烦。

   D. 在学习完成某种技巧时，狗会受到其训练者行为的影响。

   E. 狗在使用“右手”这一习惯上与人十分相似。

3~4题基于以下题干：

市政府计划对全市的地铁进行全面改造，通过较大幅度地提高客运量，缓解沿线包括高速公路上机动车的拥堵，市政府同时又计划增收沿线两条主要高速公路的机动车过路费，用以弥补上述改造的费用。这样的理由是，机动车主是上述改造的直接受益者，应当承担部分开支。

3. 以下哪项相关断定如果为真，最能质疑上述计划？

   A. 市政府无权支配全部高速公路机动车过路费收入。

   B. 地铁乘客同样是上述改造的直接受益者，但并不承担开支。

   C. 机动车有不同的档次，但收取的过路费区别不大。

   D. 为躲避多交过路费，机动车会绕开收费站，增加普通公路的流量。

   E. 高速公路上机动车拥堵现象不如普通公路严重。

4. 以下哪项相关断定为真，最有助于论证上述计划的合理性？

   A. 上述计划通过了市民听证会的审议。

   B. 在相邻的大、中城市中，该市的交通拥堵状况最为严重。

   C. 增收过路费的数额，经过专家的严格论证。

   D. 市政府有足够的财力完成上述改造。

   E. 改造后的地铁中，相当数量的乘客都有私人机动车。

5~6题基于以下题干：

陈先生：北欧人具有一种特别明显的乐观精神。这种精神体现为日常生活态度，也体现为理解自然、社会和人生的哲学理念。北欧人的人均寿命历来是最高的，这正是导致他们具备乐观精神的重要原因。

贾女士：你的说法难以成立。因为你的理解最多只能说明，北欧的老年人为何具备乐观精神。

5. 以下哪项最可能是贾女士的反驳所假设的？
   A. 北欧的中青年人并不知道北欧人的人均寿命历来是最高的。
   B. 只有已经长寿的人，才具备产生上述乐观精神的条件。
   C. 北欧国家都有完善的保护老年人利益的社会福利制度。
   D. 成熟的理解自然、社会和人生的哲学理念，只有老年人才可能具有。
   E. 北欧人实际上并不具有明显的乐观精神。
6. 以下哪项如果为真，最能加强陈先生的观点并削弱贾女士的反驳？
   A. 人均寿命是影响社会需求和生产的重要因素；经济发展水平是影响社会情绪的重要因素。
   B. 北非的一些国家人均寿命不高，但并不缺乏乐观的民族精神。
   C. 医学研究表明，乐观精神有利于长寿。
   D. 经济发展水平是影响人的寿命及其情绪的决定因素。
   E. 一家权威机构的最新统计表明，目前全世界人均寿命最高的国家是日本。
7. 研究显示，对称的脸比不对称的脸孔看上去更美、更有吸引力，而脸孔对称实际上是健康的标志。朱迪安、兰柯路易斯设计了一种十分有创意的研究方法，他们把不同人的脸孔合成为一张张“平均脸”，让参加者评价这些脸孔和真实脸孔的吸引力。他们惊人地发现，合成时用的脸越多，就会被认为越有魅力！而平均脸往往比任何一张真实的脸都更加对称。
   以下哪项如果为真，最能对上述论证构成质疑？
   A. 有些脸孔看上去不是很对称的人的身体也很强壮、很健康。
   B. 一般来说，即使一个人的脸孔是对称的，但如果看上去没有任何活力、死气沉沉的，也不会让人觉得是有吸引力的。
   C. 看上去不美或者不太具有吸引力的人，往往不太在意自己的脸孔对称不对称。
   D. 方形脸、看上去脸孔很对称的人实际上也有许多生活并不幸福。
   E. 一个人的脸孔是否有充分的吸引力，在于先天的遗传情况。
8. 单位安排甲、乙、丙、丁、戊、己、庚、辛 8 人出差，他们恰好被安排在宾馆同一层左右相邻的 8 个房间。已知：
   （1）甲和丙中间隔着 3 人；
   （2）乙和己中间隔着 2 人；
   （3）丁在庚的左边，他们中间隔着 2 人；
   （4）辛和戊中间隔着 1 人。
   根据以上信息，按照从左到右的顺序，下列哪项是不可能的？
   A. 丁在第一个房间。　　B. 丁在第二个房间。　　C. 丁在第三个房间。
   D. 丁在第四个房间。　　E. 丁在第五个房间。
9. 一则公益广告建议喝酒的人应该等到他们能够安全开车时再开车。然而在一次医院调查中，在喝完酒之后就立即被询问的人低估了他们恢复开车能力所必需的时间。这个结果表明，喝酒的许多人很难遵从广告中的安全开车的建议。
   下面哪一项如果正确，最能支持上面论述？
   A. 如果许多人打算喝酒，他们将事先安排一个不喝酒的人开车送他们回家。
   B. 在医院调查中的被调查者对自己的能力估计，相对于那些在医院环境之外喝酒的人来说，要更保守一些。
   C. 有些人如果在喝酒之后必须开车回家，那么他们将会忍住不喝酒。
   D. 医院调查中的被调查者也被问及那些在安全驾驶中起作用不大的能力恢复所必需的时间。
   E. 普通人里关注该公益广告的人要高于医院调查中的被调查者。
10. 省商业许可办公室声称，他们通过把申请人在面谈那天填制旧式的申请表改为先邮寄计算机可读的表格并让计算机安排面谈，这样可以将手续时间减少一星期。而商人们反驳说，现在得到一个许可证平均要多花一个星期时间。

下面哪一项如果正确，能最有助于解释上面提出的明显的差异？

A. 该省的企业只有获得许可证之后才能营业，在审批期间，它们会损失很多它们得到的收入。

B. 许可办公室认为这一过程是从面谈后开始的，但申请人认为这一审批过程从他们提交申请表就开始了。

C. 自从许可办公室改变了程序，该省申请许可证的申请人就减少了。

D. 采用计算机可识别的表格，缩短了许可办公室验证申请表格上的陈述所必需的时间，所以缩短了面谈时间。

E. 自从许可办公室开始在计算机上记录申请，申请的格式就没有改变过。

11. 书报亭曾经是所有城市的标配，承载着几代人的共同记忆，但当下已经快要成为一个历史名词了。近日，《中国青年报》在显著版面刊登了上海中学生的一封信，希望《中国青年报》替青少年呼吁恢复书报亭。一个初中生的来信受到媒体的关注有些让人意外，刊登出来在瞬间点燃了网民的热情也实属罕见。由此可见，恢复书报亭十分必要。

以下哪项如果为真，最能支持上述结论？

A. 城市书报亭的退出是时代变迁、城市规划、网络媒体发展的必然结果。

B. 书报亭具有很强的社区服务功能，是社区居民获取信息和知识的重要渠道。

C. 青少年正处于大量吸收知识、进行探索和思考的阶段，报纸杂志是文化必需品。

D. 纸质的报纸杂志有着无法替代的优势，它有助于培养青少年的阅读兴趣和能力。

E. 书报亭的纸质报纸和杂志都有相应的电子版，民众完全可以用手机等电子设备阅读。

12. 绝大部分植物在长期进化过程中产生出了抵御寄生生物的化学物质。人类常用的植物含有大约 40 种自然药物，即抗细菌、真菌和其他寄生生物的复合的化学毒素。人每天都摄取这些毒素却没有中毒，因此，喷洒在作物上的人工合成农药所导致的新增危害是非常小的。

如果以下陈述为真，除哪项外，都能削弱上述论证？

A. 植物所含自然药物的浓度远远低于喷洒在作物上的人工合成农药的浓度。

B. 人类在几千年里都在摄取这些植物所含的自然药物，有适应它们的时间。

C. 人工合成农药的化学结构通常比植物所含自然药物的化学结构更简单。

D. 植物所含自然药物通常只适合抵御特定的生物，而人工合成的农药通常对多种生物有害。

E. 单独的自然药物大多对人体无害，而人工合成农药时将它们混合提取就可能产生有毒成分。

13. 科学家在克隆某种家蝇时，改变了家蝇的某单个基因，如此克隆出的家蝇不具有紫外视觉，因为它们缺少使家蝇具有紫外视觉的眼细胞。而同时以常规方式（未改变基因）克隆出的家蝇具有正常的视觉。科学家由此表明，不具有紫外视觉的这种家蝇必定在这个基因上有某种缺陷或损坏。

以下哪项陈述是这个论证所需要的假设？

A. 所有种类的家蝇都具有紫外视觉。

B. 科学家已经很好地理解了家蝇的基因与其视觉之间的关系。

C. 基因上有某种缺陷或损坏的家蝇也可能不具有紫外视觉。

D. 除缺少紫外视觉细胞外，改变这个基因对家蝇没有其他影响。

E. 这种家蝇在生成紫外视觉细胞时不需要其他的基因。

14. “嫦娥”揽月、“北斗”指路、“祝融”探火、“羲和”逐日、“天和”遨游星辰，“慧眼”成功观测黑洞爆发，“悟空”获取宇宙射线能谱精细结构，身处 21 世纪，如果不能以攻坚克难、敢为人先的态度攻克航空难题，就无法进入创新发展的“快车道”，就会被“卡脖子”。只有将空间科学、空间技术、空间应用组成的“一体两翼”全面发展，才能以中国智慧不断书写新的太空传奇。

根据上述陈述，可以得出以下哪项？

A. 如果以中国智慧不断书写新的太空传奇，就不会被“卡脖子”。

B. 只要“慧眼”成功观测黑洞爆发，我国就能进入创新发展的“快车道”。

C. 若将“一体两翼”全面发展，就能以中国智慧不断书写新的太空传奇。

D. 只有以攻坚克难、敢为人先的态度攻克航空难题，才不会被“卡脖子”。

E. 只有实现航天技术的创新突破，才能进入创新发展的“快车道”。

15. 少年宫1~4楼的8个房间分别是音乐、舞蹈、美术、书法、棋类、电工、航模、生物8个活动室。并且从1楼到4楼分别排号为1，2，3，…，7，8（每层楼2个活动室）。已知：

（1）1楼是舞蹈室和电工室；

（2）航模室上面是棋类室，下面是书法室；

（3）美术室和书法室在同一层楼上，美术室的上面是音乐室；

（4）音乐室和舞蹈室都设在单号房间。

下面关于8个活动室的号码说法正确的一项是？

A. 舞蹈室是1号，书法室是3号。　　B. 生物室是8号，航模室是6号。

C. 书法室是4号，棋类室是8号。　　D. 电工室是1号，棋类室是7号。

E. 航模室是7号，书法室是4号。

16. 为提高大学生参加志愿者活动的积极性，某大学成立了志愿者协会。有些该协会的成员是校学生会干部。近期，该学校因为疫情影响，决定实行封闭式管理，这一决定得到了所有班级团支书的同意，但是，志愿者协会的成员都不同意学校的这一决定。

根据以上陈述，可以得出以下哪项？

A. 有些校学生会干部不是班级团支书。　　B. 班级团支书都不是校学生会干部。

C. 志愿者协会的成员都是校学生会干部。　　D. 有些班级团支书是校学生会干部。

E. 志愿者协会的成员都是其所在班级的团支书。

17. 当企业做大做强之后，首要需要解决的问题就是员工管理问题。多样的业态、庞大的企业规模、复杂的组织架构让高效管理成为难题。因此，企业要进行组织管理形态进化，数字化与透明型组织、混沌化与智能型组织、动态化与成长型组织必须至少满足其一。而实现数字化与透明型组织，就要做到组织内成员共享同源信息；实现混沌化与智能型组织，就要做到放权，“让听得见炮火的人呼唤炮火”；实现动态化与成长型组织，就要在管理中抛开完美和不出错的心态，更多关注动态成长、持续调优。

根据以上信息，可以得出以下哪项？

A. 如果做不到放权，就不能进行组织管理形态进化。

B. 如果做不到组织内成员共享同源信息，就不能进行组织管理形态进化。

C. 如果做不到动态化与成长型组织，就不能进行组织管理形态进化。

D. 如果企业要进行组织管理形态进化，就必须做到数字化与透明型组织或者混沌化与智能型组织。

E. 如果企业要进行组织管理形态进化，但没有实现混沌化与智能型组织，也没有实现数字化与透明型组织，就要在管理中抛开完美和不出错的心态，更多关注动态成长、持续调优。

18. 在A、B公司商讨合作期间，A公司委派甲、乙、丙和丁4位高管，去4个不同地区调查B公司的真实运营情况。这4人分别选择了飞机、汽车、轮船和火车4种不同的出行方式。已知：

（1）明天或者刮风或者下雨；

（2）如果明天刮风，那么甲就选择火车出行；

（3）如果明天下雨，那么乙就选择火车出行；

（4）如果丙、丁不选择火车出行，那么丙、乙也不会选择飞机或者汽车出行。

根据以上陈述，可以得出以下哪项结论？

A. 丁选择汽车出行。　　B. 丁不选择汽车出行。　　C. 丙选择轮船出行。

D. 甲选择飞机出行。　　E. 乙选择轮船出行。

19. 某领导决定在赵、钱、孙、李、周、吴六人中挑一人或多人去执行一项重要任务，执行任务的人选应满足以下所有条件：

（1）赵、李两人中至多一人被选中；

（2）李、孙两人中只能一人被选中；

（3）赵、钱两人至少有一人被选中；

（4）李、钱、吴三人中至少有两人被选中；

（5）钱和孙要么都被选中，要么都不被选中；

（6）除非周不被选中，否则李一定要被选中。

根据领导的决定，可得出以下哪项？

A. 赵、钱不被选中，孙和李被选中。
B. 李、周不被选中，孙和吴被选中。
C. 孙、李不被选中，赵和孙被选中。
D. 周、吴不被选中，李和赵被选中。
E. 赵、吴不被选中，钱和李被选中。

20. 一个寝室有六个人，分别是小赵、小钱、小孙、小李、小周、小吴。他们决定去旅行，要求将六人分为自立组和自强组（两组人数不一定相同）。但是对于谁和谁在一个组，他们有一些奇怪的要求：

（1）小赵、小钱两人至少有一个人在自立组；
（2）小赵、小周、小吴三人中有两个人在自立组；
（3）小钱和小孙两人是好朋友，总是形影不离，要么两人都在自立组，要么两人都在自强组；
（4）小赵、小李两人最近在闹矛盾，他们不分到同一组；
（5）小孙、小李两人分在不同的组；
（6）如果小李不在自立组，那么小周也不在自立组。

根据题干信息，以下哪项一定为真？

A. 小钱和小李在自立组。
B. 小孙和小周在自强组。
C. 小李不在自强组。
D. 小钱、小赵和小吴都在自立组。
E. 小周在自立组。

21~22 题基于以下题干：

“幻云”艺术中心正在为一尊雕塑着色。这尊雕塑具有未来魔幻意境，在着色过程中仅使用红、橙、黄、绿、青、蓝、紫七种颜色，并且这七种颜色的选择需遵循以下原则：

（1）如果上部采用红色或者蓝色，那么中部就不能采用橙色或者绿色；
（2）只有下部不采用黄色时，中部才不同时采用青色和紫色；
（3）除非中部采用绿色，否则下部需要同时采用紫色和黄色；
（4）雕塑的上、中、下任何一个部位使用颜色不能超过两种，并且任何一种颜色不能在雕塑两处以上部位使用。

21. 根据以上着色原则，目前雕塑已经在上部采用青色和蓝色，由此可以确定以下哪项为真？

A. 雕塑某两部分都采用的颜色只有青色。
B. 雕塑某两部分都采用的颜色只有紫色。
C. 雕塑没有采用黄色。
D. 雕塑某两部分都采用的颜色不是黄色。
E. 雕塑一共采用了五种颜色。

22. 根据以上着色原则，又已知雕塑的中部采用了绿色，则关于雕塑的着色，以下哪项为假？

A. 上部采用了绿色。
B. 下部采用了紫色。
C. 下部采用了黄色。
D. 上部采用了黄色。
E. 下部采用了青色。

23. 对企业员工考核结果如下：

（1）如果员工能得到年终奖，那么个人先进奖和见义勇为奖至少得一个；
（2）如果员工获得了见义勇为奖，那么年终奖和个人先进奖至多得一个。

如果上述论述为真，以下哪项不可能为真？

A. 小赵获得了年终奖，但是没有获得见义勇为奖。
B. 小孙没有获得年终奖，但是获得了见义勇为奖。
C. 小李获得了年终奖和个人先进奖。
D. 小王三个奖项都获得了。
E. 小陈一个奖也没有得到。

24. 中超足球联赛前，国安队甲、乙、丙、丁四名队员在一起议论本俱乐部球员的转会申请情况。

甲说：“咱们俱乐部所有球员都已递交了转会申请。”

乙说：“如果大刘递交了转会申请，那么小王就没有递交转会申请。”

丙说："大刘递交了转会申请。"

丁说："咱们俱乐部有的球员没有递交转会申请。"

已知四人中只有一人说假话，则可推出以下哪项结论？

A. 甲说假话，大刘没递交申请。
B. 乙说假话，小王没递交申请。
C. 甲说假话，小王没递交申请。
D. 丁说假话，小王递交了申请。
E. 丙说假话，大刘没递交申请。

25. 希望过上好日子的村民都愿意接受就业辅导，村民小王愿意接受就业辅导，因此他希望过上好日子。以下哪项所犯的逻辑错误与题干最为类似？

A. 该店所有出售的水果都通过了农药残留检测，苹果通过了农药残留检测，因此该店正在出售苹果。
B. 张家苗圃在使用了这批肥料后花木长势很好，李家苗圃长势不好，因此李家苗圃没有使用这批肥料。
C. 许多坚持运动的儿童身体都比较健康，许多成年人也会坚持运动，因此坚持运动的成年人身体都比较健康。
D. 只有经过Ⅲ期临床试验的新药才能被批准上市，该新药没有经过Ⅲ期临床试验，所以它没有被批准上市。
E. 有的三好学生是孝顺的，小明十分孝顺父母，因此小明是三好学生。

26. 有四名艺术学生小梅、小兰、小菊、小竹要选艺术课程，可供选择的课程有绘画、雕塑、音乐、舞蹈四门。每名艺术学生只能选择一门课程，每门课程只有一人选择。已知：

（1）小梅或者小兰选择了雕塑；

（2）若小菊选择音乐，则小兰选择雕塑；

（3）若小菊选择音乐，则小梅选择雕塑；

（4）若小菊选择绘画或舞蹈，则小竹不选择绘画或舞蹈。

根据以上陈述，可以得出以下哪项？

A. 小菊选择舞蹈。
B. 小菊不选择舞蹈。
C. 小竹选择音乐。
D. 小竹不选择音乐。
E. 小竹选择绘画。

27. 在这个 5×5 矩阵中，每个方格中可填入一个汉字，要求每行每列均含有必、能、考、上、研 5 个汉字，不能重复也不能遗漏，根据已经给定的条件，矩阵中①所在方格中应填入的汉字是：

		能		①
研				
		考		必
上				
			研	

A. 必
B. 能
C. 考
D. 上
E. 研

28. 某公司有五位员工：张伟、李强、王芳、赵敏、刘洋。他们需要在以下四个项目中选择一个参与：市场营销项目、产品研发项目、客户服务项目、财务管理项目。每位员工只能参与其中一个项目，每个项目有 1~2 位员工参与。已知：

（1）如果张伟和李强中至少有一人参与市场营销项目，那么赵敏参与财务管理项目，但刘洋不参与财务管理项目；

（2）如果李强参与市场营销项目或者赵敏参与财务管理项目，那么刘洋参与财务管理项目，并且张伟不参与客户服务项目；

（3）如果赵敏不参与财务管理项目或者刘洋不参与财务管理项目，那么张伟参与市场营销项目。

根据以上信息，可以得出以下哪项？

A. 张伟参与产品研发项目，李强参与市场营销项目。
B. 李强参与客户服务项目，王芳参与市场营销项目。
C. 王芳参与市场营销项目，赵敏参与产品研发项目。
D. 赵敏参与市场营销项目，刘洋参与财务管理项目。
E. 张伟参与产品研发项目，刘洋参与市场营销项目。

29~30 题基于以下题干：

某影视颁奖典礼设有最佳导演、最佳编剧、最佳男主、最佳女主、最佳美术、最佳摄影 6 个奖项，甲、乙、丙、丁、戊、己、庚 7 人每人均有 2 个作品入围上述不同类别的奖项，且每个类别有 2~3 个作品入围。已知：

（1）若丙或戊或己至少有一个作品入围最佳女主或最佳美术，则甲入围的作品均在最佳导演、最佳美术、最佳摄影之中；

（2）若丙或己至少有一个作品入围最佳编剧、最佳男主或最佳摄影，则甲、丁、戊入围的作品均在最佳导演、最佳编剧、最佳摄影之中；

（3）若甲或丙或戊至少有一个作品入围最佳导演或最佳女主，则甲、丙、戊、己入围的均是最佳编剧与最佳美术。

29. 根据上述信息，可以得出以下哪项？

A. 乙有作品入围最佳导演。
B. 己有作品入围最佳编剧。
C. 庚有作品入围最佳女主。
D. 丁有作品入围最佳摄影。
E. 戊有作品入围最佳美术。

30. 若丙有作品入围最佳摄影，可以得出以下哪项？

A. 乙的作品入围最佳女主、最佳导演。
B. 丁的作品入围最佳导演、最佳编剧。
C. 己的作品入围最佳编剧、最佳导演。
D. 丙的作品入围最佳男主、最佳编剧。
E. 庚的作品入围最佳导演、最佳女主。

逻辑模拟试卷（十五）

建议测试时间：55-60 分钟　　实际测试时间（分钟）：________　　得分：________

本测试题共 30 小题，每小题 2 分，共 60 分，从下面每小题所列的五个备选答案中选取出一个，多选为错。

1. 理想信念是立党兴党之基，也是党员干部安身立命之本。历史和实践反复证明，一个政党有了远大理想和崇高追求，就会坚强有力，无坚不摧，无往不胜，就能经受一次次挫折而又一次次奋起；党员干部有了坚定的理想信念，才能经得住各种考验，走得稳、走得远。

根据以上陈述，可以得出以下哪项？

A. 如果不能无往不胜，无坚不摧，就不可能经得住各种考验。

B. 党员干部只要有了坚定的理想信念，就能走得稳、走得远。

C. 如果一个政党没有远大的理想和崇高追求，就不能经受一次次挫折而又一次次奋起。

D. 只有坚强有力，无坚不摧，无往不胜，一个政党才会有远大理想和崇高追求。

E. 党员干部有了坚定的理想信念，就能在经受挫折时奋起。

2. 某人国庆黄金周去北京旅游，定了 7 个景点，分别为天安门、颐和园、雍和宫、周口店、长城、鸟巢、妙峰山，打算每天只去其中一个景点，刚好 7 天逛完这 7 个景点，已知：

（1）2 日或 6 日去颐和园；

（2）如果 1 日去天安门，那么 3 日去雍和宫且 5 日去长城；

（3）如果 1 日不去天安门，那么 4 日去鸟巢且 5 日去妙峰山；

（4）如果 2 日去颐和园，那么 6 日去鸟巢。

根据以上条件，如果 7 日去雍和宫，则可以得出以下哪项？

A. 7 日去天安门。　　B. 6 日去颐和园。　　C. 2 日去周口店。

D. 2 日去长城。　　E. 5 日去鸟巢。

3~4 题基于以下题干：

孔嘉、孟仪、李兵、庄鼎及墨武 5 位同事在北京开完会后正好有一天空闲，准备游览一下北京，但时间有限，每个人只能从长城、故宫、颐和园、天坛和雍和宫五个景点中选择两个景点，并且每个景点也恰好有两个人选择。已知：

（1）如果孔嘉选颐和园，则李兵不选长城；

（2）如果孟仪选长城或雍和宫，则她也须选故宫；

（3）如果庄鼎选颐和园，则她也须选故宫和雍和宫；

（4）如果孟仪选天坛，则庄鼎不选长城；

（5）孔嘉没去长城，孟仪没去故宫，李兵没去颐和园，庄鼎没去天坛，墨武没去雍和宫。

3. 根据上述信息，可以得出以下哪项？

A. 墨武选择了长城、颐和园。　　B. 孟仪选择了颐和园、雍和宫。

C. 李兵选择了长城、天坛。　　D. 庄鼎选择了故宫、颐和园。

E. 孔嘉选择了故宫、雍和宫。

4. 如果李兵选择了雍和宫，则可以得出以下哪项？

A. 孟仪选择了长城、颐和园。　　B. 孔嘉选择了故宫、天坛。

C. 庄鼎选择了长城、雍和宫。　　D. 李兵选择了故宫、雍和宫。

E. 墨武选择了颐和园、天坛。

5. 东方商学院规定，针对任何一名在校学生，除非每门专业课都及格，否则不可能获得国家励志奖学金且获得优秀毕业生推荐资格。

如果上述断定为真，以下哪项最准确地表达了东方商学院的规定？

A. 东方商学院的一名学生，如果有的专业课不及格，那么必然没获得国家励志奖学金或者没获得优秀毕业生推荐资格。

B. 东方商学院的一名在校学生，如果有的专业课不及格，那么可能获得国家励志奖学金或获得优秀毕业生推荐资格。

C. 东方商学院的一名在校学生，如果必然获得国家励志奖学金且获得优秀毕业生推荐资格，那么有的专业课不及格。

D. 东方商学院的一名在校学生，如果必然没获得国家励志奖学金或没获得优秀毕业生推荐资格，那么有的专业课不及格。

E. 东方商学院的一名在校学生，如果有的专业课不及格，那么必然没获得国家励志奖学金或者没获得优秀毕业生推荐资格。

6~7 基于以下题干：

在某公司的年终装修安排中，有 5 位装修工人：甲、乙、丙、丁、戊，每人将负责为一间房间粉刷油漆。5 间房间分别是：客厅、卧室、厨房、书房和餐厅。每位工人只能粉刷其中一间房间，并且每间房间由且仅由一位工人负责。此外，为了保持施工有序，每个工人必须等到上一个工人完成后才能开始工作。已知：

(1) 第三个开始粉刷的工人是乙，并且乙和丙的开始顺序不相邻；

(2) 第四个被粉刷的房间是书房；

(3) 戊粉刷的是厨房，甲粉刷的不是书房；

(4) 客厅和书房的粉刷顺序之间恰好间隔了 1 个其他房间。

6. 根据以上条件，能够推出以下哪个选项一定为真？

A. 丙第一个开始粉刷。　B. 戊第二个开始粉刷。　C. 甲第二个开始粉刷。

D. 丙第五个开始粉刷。　E. 丁第五个开始粉刷。

7. 如果第五个被粉刷的房间是餐厅，则以下哪个选项一定为真？

A. 第一个被粉刷的是客厅。　B. 第二个被粉刷的是厨房。　C. 第三个被粉刷的是卧室。

D. 第四个被粉刷的是卧室。　E. 第五个被粉刷的是厨房。

8. 某银行资金交易部最新报告指出，从国内宏观调控的需要看，除非人民币持续不断地加息，否则既不能从根本上控制经济扩张的冲动，也不能避免资产泡沫的出现和破灭。除非人民币加快升值，否则人民币的流动性就无法根治，利润偏低的状况就无法纠正，资产泡沫就有可能越吹越大。

如果上述断定是真的，那么以下哪项一定是真的？

A. 如果人民币加快升值，那么人民币的流动性就可以根治。

B. 如果人民币流动性无法根治，那么利率偏低的状况就无法纠正。

C. 如果人民币持续不断地加息，那么就可能从根本上抑制经济扩张的冲动。

D. 如果人民币不能持续不断地加息，那么就不可能从根本上抑制经济扩张的冲动。

E. 或者人民币持续不断地加息，或者可能从根本上抑制经济扩张的冲动。

9. H 国总统面临空前压力。H 国经济的发展需要英美等国的支援，而伦敦遭受恐怖爆炸袭击后，英美等国要求 H 国政府必须有效打击国内宗教极端势力，要求 H 国捣毁宗教学校的舆论不绝于耳。H 国社会政治的稳定有赖于国内宗教领导人对政府的支持与合作，而 H 国的宗教领导人坚决反对政府打击宗教极端势力。

以下哪项结论可以从上述陈述中推出？

A. H 国的社会政治形势近来已趋向稳定。

B. H 国不会出现经济上发展而社会政治上又稳定的情况。

C. H 国不会出现经济上不发展而政治上又不稳定的情况。

D. H 国的繁荣有赖于社会的稳定和经济的发展。

E. 近来 H 国国内宗教与世俗之间的社会矛盾加深。

10. 张教授：和谐的本质是多样性的统一。自然界是和谐的，例如没有两片树叶是完全相同的。因此，克隆人是破坏社会和谐的一种潜在危险。

李研究员：你设想的那种危险是不现实的，因为一个人和他的克隆复制品完全相同的仅仅是遗传基因。克隆人在成长和受教育的过程中，必然在外形、个性和人生目标等诸方面形成自己的不同特点。如果说克隆人有可能破坏社会和谐的话，我看一个现实危险是，有人可能把他的克隆复制品当作自己的活“器官银行”。

以下哪项最为恰当地概括了张教授与李研究员争论的焦点？

A. 克隆人是否会破坏社会的和谐？

B. 一个人和他的克隆复制品的遗传基因是否可能不同？

C. 一个人和他的克隆复制品是否完全相同？

D. 和谐的本质是否为多样性的统一？

E. 是否可能有人把他的克隆复制品当作自己的活“器官银行”？

11. 研究人员先前认为小脑参与认知活动主要是通过语言的不断重复来帮助记忆那些可用语言表达的信息。但是杜塞尔多夫大学核医学医院的研究人员最近用功能性核磁共振成像技术，对比了人们在进行语言短期记忆和抽象的非语言短期记忆时小脑的活动，结果发现小脑的各个部分都参与了这两种短期记忆过程。研究人员由此得出结论，小脑显然也对短期记忆的高级认识功能有支持作用。

以下哪项最可能是上述论证的一个假设？

A. 小脑的主要功能是协调运动、维持机体平衡。

B. 高级认知功能是通过短期记忆过程实现的。

C. 小脑参与主要是通过重复作用而进行的长期记忆过程。

D. 小脑参与认知活动主要是通过语言的不断重复来达到的。

E. 对认识没有支持作用，小脑就不会参与相应的记忆过程。

12. 最近，一些海洋考古人员在地中海卡梅尔海岸附近的海底发现了一堵约 100 米长的巨型石墙。尽管石墙上没有留下任何文字符号，历史上也没有留下关于这堵石墙的任何记录，考古人员仍然通过对散落在石墙附近的木桩、石碗和兽骨等物品的测定，认为石墙是 7000 年前人类创造的遗迹。它的用途究竟是什么？由于当时敌人很难来自海上，研究人员推断，当时这里的人们筑起石墙，主要是为了避免海水上涨后淹没村庄。

以下哪项如果为真，最能支持上述研究人员的推断？

A. 7000 年前，地球正处于冰河期结束前期，地中海海平面每年抬升 4~7 毫米。

B. 石墙之后发现有人类定居点的遗迹，现在它们都被海水淹没在三四米深的海底。

C. 考古发现的石墙虽然只有 100 米长，但算上损毁部分，其长度足够包围定居点。

D. 今天的人类同样面临海平面上升的风险，有的国家也采取筑墙防御的应对策略。

E. 在石墙的 50 米处左右，有明显的被海水腐蚀过的痕迹。

13. 生物种类的灭绝是一个依赖于生态、地理和生理变量的过程。这些变量以不同的方式影响不同种类的有机体，因而灭绝的方式应该是杂乱无章的。然而，化石记录显示生物以一种令人惊奇的确定的方式灭绝，很多种群同时消失。

以下哪一项如果是正确的，为化石所记录的灭绝方式至少提供了部分解释？

A. 主要的灭绝发生期是由于影响很多不同种群的范围很广的环境变化引起的。

B. 某些灭绝发生期有选择地影响那些拥有它们种群独一无二特征的有机体。

C. 一些种群灭绝了是因为它们的当地环境逐渐积累的变化。

D. 在地理上最近一段时间，没有什么化石记录，人满为患的干预已经改变了灭绝的方式。

E. 那些广泛分布的种群最不可能灭绝。

14. 塑料垃圾因为难以被自然分解，一直令人类感到头疼。近年来，许多易于被自然分解的塑料代用品纷纷问世，这是人类为减少塑料垃圾的一种努力。但是这种努力几乎没有成效，因为依据全球范围内大多数垃圾处理公司统计，近年来，他们每年填埋的垃圾中塑料垃圾的比例，不但没有减少，反而有所增加。

以下哪项如果为真，最能削弱上述论证？

A. 近年来，由于实行了垃圾分类，越来越多过去被填埋的垃圾被回收利用了。

B. 塑料代用品利润很低，生产商缺乏投资的积极性。

C. 近年来，原来用塑料包装的商品的品种有了很大的增长，但其中一部分改用塑料代用品包装。

D. 上述垃圾处理公司绝大多数属于发达或中等发达国家。

E. 由于燃烧时会产生有毒污染物，塑料垃圾只适合填埋地下。

15. 去年以来，北京楼市经历了一次下挫。但出乎很多人意料的是，今年 1~6 月份房价和成交量又迅速攀升，达到历史最高点。有人认为，来自境外的投资性行为造成了北京房价的暴涨。

以下哪项陈述如果为真，最能质疑上述观点？

A. 与上半年非常类似的 7~10 月，境外投资北京楼市的需求继续增加，但是北京楼市价格明显回调。

B. 随着北京常住性人口的增加，对住房的需求呈刚性增长。

C. 虽然有户籍制度的限制，但是大量高端流动人口的购房需求还是可以通过购买高端商品房来实现的。

D. 投资北京房地产的还有很多来自国内其他地区的有钱人，他们对北京楼市的价格也起推波助澜的作用。

E. 对于楼市来说，投资性行为是永远不可能避免的。

16~17 题基于以下题干：

某花店挑选百合、月季、牡丹、玫瑰、丁香、雏菊这 6 盆花进行打折出售。甲、乙、丙、丁前去选购。每盆花都有人购买，且每人至少购买 1 盆花，具体的购买条件如下：

(1) 月季和玫瑰最终被同一个人购买；

(2) 百合没有被单独购买；

(3) 牡丹被甲购买；

(4) 丁香被甲或丁购买；

(5) 月季没有被丁购买。

16. 根据上述论述，以下哪项可能为真？

A. 玫瑰被甲购买。　B. 月季被甲购买。　C. 月季被乙购买。

D. 牡丹被丁购买。　E. 玫瑰被丁购买。

17. 如果玫瑰没有被丙购买，则以下哪项一定为真？

A. 雏菊被丙购买。　B. 雏菊被甲购买。　C. 雏菊和丁香被丁购买。

D. 月季被丙购买。　E. 丁香被甲购买。

18. 不创新不行，创新慢了也不行。实施创新驱动发展战略，是应对发展环境变化的必然选择，是加快转变经济发展方式的必然选择，是更好引领我国经济发展新常态的必然选择。这是时代发展的迫切要求，更是科技战线肩负的光荣使命。

根据以上信息，以下除哪项外都可能为假？

A. 能更好引领我国经济发展新常态，除非实施创新驱动发展战略。

B. 除非实施创新驱动发展战略，否则不能加快转变经济发展方式。

C. 或者实施创新驱动发展战略，或者可以应对发展环境变化。

D. 实施创新驱动发展战略的同时，加快转变经济发展方式。

E. 要么实施创新驱动发展战略，要么不能加快转变经济发展方式。

19. 根据 2020 年某旅游网站统计，关于中国冰雪旅游城市级目的地排行榜如下表：

城市	省份	地域	游客期待指数	美誉度	核心竞争力	传播影响力
哈尔滨	黑龙江	东北	97.3	91.5	95.3	89.2
长春	吉林	东北	93.7	89.9	90.1	85.8
张家口	河北	京津冀	85.6	88.4	90.5	93.1
沈阳	辽宁	东北	83.2	90.3	88.8	86.2
呼伦贝尔	内蒙古	内蒙古	86.3	94.1	87.4	78.5

以下哪项对上述表格中内容的概括最为准确？

A. 位于东北地域的城市其游客期待指数都高于90。

B. 位于东北地域的城市其传播影响力都不低于86。

C. 若某城市某三个方面的指数都高于85，则其剩下的一方面也高于85。

D. 若某城市在两个方面的指数均高于95，则其剩下至少有一方面高于90。

E. 若某城市在美誉度和核心竞争力这两方面的指数都不超过95，则该城市的传播影响力一定都不低于85。

20. 某官员在视察多所公立学校以后认为：所有重点大学都在大城市，所有医科大学都不在大城市，有自己独立实验室的大学都是综合性大学。然而，有些重点大学也具有自己独立的实验室。

以下哪项为真，最能够对某官员的观点提出质疑？

A. 医科大学都不是综合性大学。

B. 医科大学都是综合性大学。

C. 重点大学都是综合性大学。

D. 综合性大学都是医科大学。

E. 医科大学都不是重点大学。

21. 某图书馆举办读书分享会，要求每位参与者要么是书评人，要么是作家，要么是读者。其中，所有非专业书评人都没有被选为分享会的主讲人，但他们都参与了现场的互动环节。有些被选为分享会主讲人的书评人给图书馆捐赠了图书。

根据上述内容，下列哪项一定为假？

A. 有的分享会主讲人没有参与现场的互动环节。

B. 有些非专业书评人参与了现场的互动环节。

C. 所有给图书馆捐赠图书的书评人都是专业书评人。

D. 所有给图书馆捐赠图书的书评人都不是专业书评人。

E. 所有没有给图书馆捐赠图书的书评人都是专业书评人。

22~23题基于以下题干：

在筹备即将到来的全校运动会之际，赵、钱、孙、李、周、吴、郑7名运动员各自准备在篮球、足球、网球、羽毛球、乒乓球5个体育项目中展现专长，运动会筹备组根据运动员们的平时表现和训练情况，得出了以下判断：

（1）每位运动员将只专长于一个项目，并确保每个项目都有至少一名运动员专长；

（2）如果赵、钱、孙中至少有一名运动员专长于篮球、足球或乒乓球，那么李就专长于羽毛球；

（3）如果孙或郑中至少有一名运动员专长于足球、网球或乒乓球，那么赵就专长于网球；

（4）周和吴专长于羽毛球。

22. 可以得出以下哪项结论？

A. 赵专长于网球。

B. 钱专长于足球。

C. 孙专长于羽毛球。

D. 李专长于网球。

E. 赵专长于篮球。

23. 若钱和孙分别从篮球和足球里各专长一个，那么除了哪一项以外，一定为假？

A. 吴专长于篮球。

B. 孙专长于乒乓球。

C. 钱专长于网球。

D. 赵专长于羽毛球。

E. 郑专长于乒乓球。

24. 核战争将导致漫长的“核冬季”包围地球的这种科学预测是不可相信的。大气科学家和天气专家无法可靠而准确地预测明天的天气。而核爆炸对本地和世界范围大气情况的影响一定遵循那些控制着日常天气变化的规律。如果天气无法用目前知道的知识来预测，那么核冬季这一假设用目前的知识也不能预测。

下面哪项如果成立，将最严重地削弱上述论断“如果科学家无法准确地预测日常天气，他们对核冬季的预测也不可信”？

A. 核冬季的科学理论使用的是那些预报日常天气的人可得到的数据。

B. 科学家对核冬季的预测只能是凭空构想的，因为这些预测无法通过不造成伤害的实验加以证实。

C. 气象预报人员通常不坚持说他们的预测不会出错。

D. 对灾难性自然事件，如火山爆发、地震所作的科学预测的可信度不比日常天气预测的可信度低。

E. 核冬季这一科学理论与剧烈的天气变化而非日常天气变化相关。

25. 近年来，随着全球化进程的加快，许多传统文化遗产面临消失的风险。为了保护这些传统文化，政府和相关组织投入了大量资金用于文化遗产的修复和保护项目。然而，尽管保护资金不断增加，传统文化遗产的消失速度并未减缓。有观点认为，单纯的资金投入并不能有效保护传统文化遗产。

以下哪项如果为真，最能解释这一现象？

A. 许多传统文化遗产的保护需要长期的维护和管理，而不仅仅是初期的修复。

B. 传统文化遗产的消失主要是由于现代社会的生活方式和价值观与传统文化不相容。

C. 保护传统文化遗产的项目往往缺乏有效的规划和管理，导致资金使用效率低下。

D. 全球化和现代化的进程使得年轻人对传统文化的兴趣逐渐减弱。

E. 许多传统文化遗产的保护需要当地社区的积极参与，但目前社区参与度普遍较低。

26. DeepSeek 在多轮对话中能够保持上下文连贯性和准确性，这表明其具有较强的理解和生成能力。有观点认为，DeepSeek 在处理复杂任务时，能够通过持续的上下文跟踪和信息整合，提供比单轮对话更高质量的解决方案。

以下各项如果为真，哪一项最能支持上述观点？

A. 在多轮对话中，DeepSeek 能够有效减少信息丢失和误解，从而提高对话的整体准确性和连贯性。

B. 单轮对话模式下，大语言模型通常只能处理简单问题，难以应对需要多步骤推理的复杂任务。

C. DeepSeek 的训练数据包含了大量对话样本，这使其在多轮对话中能够更好地模拟人类的交流方式。

D. 多轮对话的连贯性要求模型具备强大的记忆能力和逻辑推理能力，DeepSeek 在这方面表现出色。

E. DeepSeek 在多轮对话中可以根据用户反馈不断调整其生成的内容，以更好地满足用户需求。

27. “净菜进万家”是目前“巧媳妇综合服务公司”正在大力开展的一项促销活动。他们在市场分析人员的建议下，选择了格物和致知这两所本城最著名的大学作为主攻方向。市场分析人员提交给他们的报告认为，格物和致知这两所大学，汇聚了众多国家级高级知识分子。提供洗净包好的“净菜”能够为他们节省大量的家务时间，更好地做好教学科研工作，因此会受到他们的欢迎。

以下哪项如果为真，能最为有力地对上述推论构成质疑？

A. 净菜的价格只比一般市场上卖的蔬菜略高。

B. 格物和致知这两所大学的大部分家庭都雇用了钟点工做各种家务，付给钟点工的报酬比买净菜所增加的开支还少一些。

C. 对于净菜的卫生标准教师们还是信得过的，而且“巧媳妇”净菜还能提供上门送货服务。

D. 净菜的花样品种比一般市场卖的蔬菜要少一些，恐怕不能满足格物和致知两所大学这么多老师的口味。

E. 买净菜对很多格物和致知大学的老师来说还是一件新鲜事，恐怕要有一个适应过程。

28. 歼-10 战斗机自服役以来，凭借其优异的性能在多次军事演习和实战任务中表现出色。有观点认为，歼-10 战斗机在应对现代空中威胁方面仍然具有很强的竞争力，即使面对一些新型战斗机，也能够凭借其独特的设计和战术灵活性发挥重要作用。

以下各项如果为真，哪一项最能支持上述观点？

A. 歼-10 战斗机的鸭式气动布局为其提供了卓越的机动性，使其在近距离空战中能够快速改变飞行姿态，躲避敌方攻击并占据有利位置。

B. 新型战斗机通常具备更先进的隐身性能和电子战能力，这在现代空中作战中成为决定胜负的关键因素。

C. 歼-10 战斗机的航电系统虽然经过多次升级，但在信息处理速度和整合能力方面仍不如一些最新的第四代战斗机。

D. 在现代空战中，战斗机的性能只是影响作战结果的一个因素，飞行员的训练水平、战术运用以及团队协作同样至关重要。

E. 歼-10 战斗机能够与地面指挥系统和其他作战平台实现有效协同，弥补其在个别性能上的不足，形成体系化作战优势。

29. 研究显示，约 200 万年前，人类开始使用石器处理食物，例如切肉和捣碎植物。与此同时，人类逐渐演化形成较小的牙齿和脸型，以及更弱的咀嚼肌和咬力。因此研究者推测，工具的使用导致了人类咀嚼肌退化，从而导致人类脸型的变化。

以下哪项如果为真，最能削弱上述研究者的观点？

A. 对与人类较为接近的灵长类动物进行研究，发现它们白天有一半时间用于咀嚼，它们的口腔肌肉非常发达、脸型也较大。

B. 200 万年前人类的食物类型发生了变化，这加速了人类脸型的变化。

C. 在利用石器处理食物后，越来越多的食物经过了程度更高的处理，变得易于咀嚼。

D. 早期人类进化出较小的咀嚼结构，这一过程使其他变化成为可能，比如大脑体积的增大。

E. 早期人类感染 M 病毒，导致其咀嚼肌的快速退化，这一变化使得早期人类不得不开始使用工具处理食物。

30. 知识共享是指企业内部员工通过彼此之间相互交流知识，使得知识由个人的经验扩散到整个组织的层面。

根据上述定义，以下属于知识共享的是？

A. 某工程建设企业通过猎头公司聘请了一位既有专业的工程知识，又有丰富工作经验的首席工程师，不仅提升了企业的工作效率，也激发了其他员工的学习热情，多人报名工程专业资格证的考试。

B. 某图书馆与当地职教中心经常联合举办以“读书伴我成长”为主题的阅读分享交流会，近百名学生通过交流分享了读书带给自己的改变，推荐了优秀图书，营造了“书香满校园”的氛围。

C. 某通信技术公司设有专职岗位，负责收集行业新技术的发展形势，研发工具的使用技巧以及竞争对手的变动等信息，并发布在信息技术知识分享平台上供全体员工使用。

D. 某公司销售部每次签订超过 10 万元的订单后都会举行部门会议，先由未参与的人员表达自己会采取的销售策略，再由参与销售的人员讲述销售过程中的签单技巧。

E. 某手机厂商通过系统开源，使其开发的 A 系统可以为各大手机厂商使用，经过各大手机厂商的不断钻研和改进，A 系统越发的流畅和人性化。

逻辑模拟试卷（十六）

建议测试时间：55-60分钟　　　实际测试时间（分钟）：________　　　得分：________

本测试题共30小题，每小题2分，共60分，从下面每小题所列的五个备选答案中选取出一个，多选为错。

1. 解雇张先生的决定是董事会在有很大争议的情况下做出的。此前，他一直被认为是公司最得力的技术型管理干部。显然，如果董事会解雇张先生的决定是正确的，那么张先生一定出现了重要失误，这种失误，或者在专业技术方面，或者在行政管理方面。张先生在任职期间从未出现技术失误，因此，他一定在行政管理方面出现了失误。

   以下哪项是上述论证所假设的？

   A. 如果一个干部在专业技术或行政管理方面出现失误，则给以解雇是正确的。

   B. 董事会解雇张先生的决定是正确的。

   C. 张先生没有处理好与公司董事会的人际关系。

   D. 一个得力的干部不可能在专业技术或行政管理方面出现失误。

   E. 张先生是公司的高级管理人员。

2. 研究人员为研究睡眠与记忆力的关系，进行了如下研究。他们分别为21岁的年轻人和75岁的老年人进行睡眠和记忆测试。在晚上入睡前，对受试者进行单词记忆测试。结果显示，老年人的单词记忆成绩比年轻人大约差25%。在睡眠过程中，研究人员借助脑电图仪对受试者的睡眠和脑电波活动进行检测，老年人的慢波睡眠时间比年轻人平均少75%。在8小时睡眠后的次日，研究人员再次检测对日前单词的记忆情况。结果显示，老年人次日的单词记忆成绩比年轻人差55%。因此，研究人员认为，慢波睡眠时间缩短是影响老年人记忆力的关键。

   以下哪项如果为真，能够质疑上述观点？

   A. 睡眠质量的好坏不仅取决于慢波睡眠的长短，也取决于快波睡眠的长短。

   B. 慢波睡眠可以帮助新获取的信息从短期储存记忆的海马区转移到长期储存记忆的前额皮质。

   C. 大多数老年人大脑功能减退，记忆力下降，即使延长慢波睡眠时间，也难改善记忆力。

   D. 实验中，一些慢波睡眠时间短的老人记住的单词比慢波睡眠时间长的老人记住的更多。

   E. 年轻人的记忆能力也不尽相同。

3. 一项对H国男女收入差异的研究结果表明，全职工作的妇女的收入是全职工作的男人的收入的80%。然而，其他调查结果却一致显示，在H国所有受雇妇女的平均年收入只是所有受雇男性的平均年收入的65%。

   以下哪项如果为真，最有助于解释上述现象？

   A. 在H国，所有女性雇员的平均年收入与所有男性雇员的平均年收入的差距在过去30年中一直在逐渐增大。

   B. 在H国，全职工作的妇女的平均年收入与完全相同的职业和工作条件下的全职工作的男性的平均年收入是一样的。

   C. 在H国，女性工作者占据全职的、管理的、监督的、专业的职位的比例在增加，这些职位赚的钱通常比其他类型的职位赚的钱多。

   D. 在H国，妇女干兼职工作的比例比男性高，并且兼职工作者赚的钱通常比其他类型的职位赚的钱少。

   E. 妇女在劳动力中的比例与H国相似的10个其他国家中，全职工作的妇女的平均年收入与全职工作的男性的平均年收入相比，其比例从较低的50%到较高的90%不等。

4. 人类与疟疾已经进行了几个世纪的斗争，但一直是“治标不治本”——无法阻断疟疾传染源。目前研究者培育出一种经过基因改造的蚊子，它不再具备感染疟疾的能力，并且能妨碍野生蚊子繁衍，从而有效切断人与蚊子的疟疾传播途径，假以时日，就能根绝疟疾这个顽症。

以下哪项如果为真，则最能支持上述结论？

A. 转基因蚊子的体质比野生蚊子差，一旦被放到野外很容易死亡。

B. 转基因蚊子只在疟疾存在时才有生存优势，当生存环境中没有疟疾时，它们和野生蚊子的存活率是相同的。

C. 转基因蚊子的生殖能力在繁衍了几代后显著增加，会带来野生蚊子种群的灭亡。

D. 转基因蚊子与野生蚊子交配产下的后代并不都具有抗疟疾基因，但在基因层面上都会产生突变，形成新型蚊子。

E. 目前，只有少数科学家能掌握转基因蚊子的批量培育技术。

5. 加拿大的一位运动医学研究人员报告说，利用放松体操和机能反馈疗法，有助于对头痛进行治疗。研究人员抽选出 95 名慢性牵张性头痛患者和 75 名周期性偏头痛患者，教他们放松头部、颈部和肩部的肌肉，以及用机能反馈疗法对压力和紧张程度加以控制。其结果，前者中有四分之三，后者中有一半人报告说，他们头痛的次数和剧烈程度有所下降。

以下哪项如果为真，最不能削弱上述论证的结论？

A. 参加者接受了高度的治疗有效的暗示。同时，对病情改善的希望亦起到推波助澜的作用。

B. 参加者有意迎合研究人员。即使不符合事实，也会说感觉变好。

C. 多数参加者志愿合作，虽然他们的生活状况承受着巨大的压力。在研究过程中，他们会感觉到生活压力有所减轻。

D. 参加实验的人中，慢性牵张性头痛患者和周期性偏头痛患者人数选择不等，实验设计需要进行调整。

E. 放松体操和机能反馈疗法的锻炼，减少了这些头痛患者的工作时间，使得他们对于自己病情的感觉有所改善。

6. 当前，经济基本面是好的、市场活跃度是高的、产业成长性是快的，但同时产业层次偏低、质量效益偏差、环境污染偏重的问题仍未根本改变。不能促进经济的转型升级就不能实现经济高质量发展，而金融与实体经济“共生共荣”，提升金融机构服务实体经济的能力，是促进经济转型升级的必要条件。从经济循环看，为实体经济服务是金融立业之本。

根据上述陈述，可以得出以下哪项？

A. 只要提升金融机构服务实体经济的能力，就能促进经济的转型升级。

B. 如果不能提高经济发展的质量，就做不到推动经济的快速转型升级。

C. 金融业为实体经济服务，就能解决质量效益偏差、环境污染等问题。

D. 只有提升金融机构服务实体经济的能力，才能实现经济高质量发展。

E. 只有金融立业，才能为实体经济服务。

7. 东汉艺术学院为应对近期发生的蝗灾，表演系的西施、貂蝉、大乔、小乔四人均采用匿名捐款。

西施说：除非我们四个说的话都为真，才是我捐的款。

貂蝉说：我和大乔都没捐款。

大乔说：除非西施捐款，否则貂蝉不会捐款。

小乔说：西施和大乔两人至少有一人捐款。

由于西施、貂蝉、大乔、小乔四人都很害羞，只有一人说真话，那么捐款者是？

A. 西施。　B. 貂蝉。　C. 大乔。　D. 小乔。　E. 无法判断。

8. 某卫视直播的娱乐节目中，甲、乙、丙、丁四人一组扮演警察来执行一项任务，来追捕戊和己扮演的两名逃犯。导演告诉甲、乙、丙、丁四人，他们四人中有人可能和逃犯串通，所以四名警察之间并不完全信任。甲信任所有不信任丙的警察，丁不信任丙，丙信任所有信任甲的警察。

假定以上陈述为真，且乙不信任丙，则以下哪项一定为真？

A. 如果甲信任丙，则乙不信任甲。

B. 乙信任甲，乙信任丁。

C. 甲信任乙和丁。

D. 甲信任乙，乙信任丁。

E. 只有甲信任丙，丙才信任乙。

9. 航空公司承诺：如果航班晚点 24 小时以上，乘客可以全额退票并得到原票价 20%的补偿，或者安排三星级以上的宾馆休息。

以下哪项如果为真，说明航空公司的承诺没有兑现？

Ⅰ. 李女士搭乘的航班晚点不到 24 小时，但航空公司应本人的要求，同意办理全额退票，并按原票价的 20%给以补偿。

Ⅱ. 张先生搭乘的航班晚点超过 24 小时，航空公司同意安排三星级以上的宾馆休息，条件是不办理退票。

Ⅲ. 王小姐搭乘的航班晚点超过 24 小时，航空公司不同意安排三星级以上的宾馆休息，虽然同意办理退票，但不同意再给补偿。

A. 只有Ⅰ和Ⅱ。 B. 只有Ⅱ和Ⅲ。 C. 只有Ⅰ和Ⅲ。

D. 只有Ⅲ。 E. Ⅰ、Ⅱ和Ⅲ。

10. 大连市某中医药房从成立之初就每年组织员工出省素质拓展，但是为了不影响正常的药房工作，以下两个部门仅能有 4 人参与素质拓展。医师部门：赵、钱、孙和李，仅能派 2 名参与。抓药师傅部门：甲、乙和丙，每年可以派 2 名参与。另外，每年素质拓展的地点由这两个部门派出的 4 人中的一人决定，称其为领队。已知该药房素质拓展还有如下规章：

（1）在第一年做领队的人，第二年不能参与素质拓展；

（2）在第二年做领队的人在第一年必须参与过素质拓展；

（3）钱和甲不能一起参与素质拓展；

（4）孙和乙不能一起参与素质拓展；

（5）每一年，李和甲中有且只有一位参与素质拓展。

如果孙在第一年做领队，下面哪一位能够在第二年做领队？

A. 赵 B. 钱 C. 乙 D. 李 E. 孙

11. 在昨天的议会选举中，保守派候选人获得了大多数选民的支持，而且投票赞成反污染法案的候选人也获得了大多数选民的支持，所以，在昨天的选举中，大多数选民肯定支持了投票赞成反污染法案的保守派候选人。

以下哪一项中的推理错误与上述论证中的最相似？

A. B 认为土壤太湿的时候耕种会破坏土壤，S 认为在湿地中播种会使种子腐烂，那么，如果他俩说的对，在土壤湿时耕地播种的人会破坏他们的土壤和种子。

B. S 说大多数孩子喜欢馅饼，R 说大多数孩子喜欢果浆，如果他们说的都对，大多数孩子肯定喜欢有果浆的馅饼。

C. 只有今天不下雨，M 才会去参加野餐，而只有 M 去参加野餐，S 才会去参加，由于今天没有下雨，M 和 S 都会去参加野餐。

D. 经常去这家饭店吃饭的多数顾客总会点鱼和蘑菇，所以，鱼和蘑菇肯定是这家饭店最常被点的菜。

E. 大多住在 G 地的人都是烹调好手，由于大多数住在 G 地的人都喜欢美食，所以，G 地的多数饭菜肯定可口。

12. 君子非小人。君子皆喻于义，小人皆喻于利。没有小人喻于义，但确有君子喻于利。

如果上述断定为真，则以下哪项一定为假？

A. 如果不喻于义，则不是君子。 B. 如果喻于义，则是君子。

C. 如果不喻于利，则不是小人。 D. 如果喻于义，则不是小人。

E. 如果喻于利，则不喻于义。

13. 在小红、小明、小刚、小丽、小强、小华、小杰、小芳这 8 名选手中，有且仅有 4 人获得了参赛资格。已知：

（1）如果小强没有获得参赛资格，则小杰获得参赛资格；

（2）如果小丽没有获得参赛资格，则小红获得参赛资格；

（3）只要小华、小芳和小刚至少有 1 人没有获得参赛资格，则小明没有获得参赛资格。

根据以上信息，可以得出以下哪项结论？

A. 小强获得了参赛资格。　B. 小丽获得了参赛资格。　C. 小杰获得了参赛资格。

D. 小红没有获得参赛资格。　E. 小明没有获得参赛资格。

14. 某银行准备在7名工作人员甲、乙、丙、丁、戊、己、庚中选出3名，前往各村普及农业贷款优惠政策。人员的选择需符合以下条件：

（1）如果选择乙，则不能选择甲；

（2）如果不选择甲，则选择戊；

（3）如果选择丙，则一定选择己；

（4）丁、戊、庚中有且只有1人入选。

根据以上信息，以下哪项可能是该银行最终的人员选择？

A. 丙、丁、己。　B. 甲、戊、己。　C. 甲、丁、庚。

D. 乙、丙、戊。　E. 乙、丁、己。

15～16 基于以下题干：

某公司有七位员工：张、李、王、赵、周、吴、郑，需要被分配到三个项目组，分别是“项目星辰”“项目旭日”“项目新月”。每位员工只能被分配到一个项目组，“项目星辰”需安排3人，“项目旭日”和“项目新月”需各安排2人。此外，还需满足以下要求：

（1）若吴被分配到“项目旭日”或“项目新月”中，则赵必须被分配到“项目新月”中；

（2）周和王必须分别被分配到“项目星辰”或“项目旭日”中；

（3）若吴和郑至少有一人不在“项目星辰”中，则赵必须被分配到“项目旭日”中。

15. 根据题干信息，以下哪项安排不符合上述要求？

A. 赵不在“项目新月”中任职。　B. 李不在“项目星辰”中任职。

C. 周不在“项目旭日”中任职。　D. 吴不在“项目星辰”中任职。

E. 王不在“项目旭日”中任职。

16. 若张被分配到“项目星辰”中任职，则可以得出以下哪项？

A. 李被分配到“项目星辰”中任职。　B. 郑被分配到“项目新月”中任职。

C. 周被分配到“项目旭日”中任职。　D. 赵被分配到“项目新月”中任职。

E. 王被分配到“项目星辰”中任职。

17～18 基于以下题干：

某公司有四位专员：张、李、王和赵，需要被分配到公司内的六个项目组，分别是研发部、市场部、财务部、人力资源部、运营部和客户服务部。每位专员只能被分配到两个项目组，每个项目组至少有一人前往。此外，还需满足以下要求：

（1）张和李中仅有一人去客户服务部；

（2）若客户服务部和研发部两个项目组中李至多去一个，则王去运营部并且赵去财务部；

（3）若赵至多去人力资源部和客户服务部两个项目组中的一个，则李去客户服务部且张去研发部；

（4）若赵去财务部或者市场部，则李去人力资源部且赵去运营部。

17. 根据上述信息，可以得出以下哪项？

A. 李去客户服务部。　B. 王去运营部。　C. 李去财务部。

D. 赵和李去相同的项目组。　E. 李和王去相同的项目组。

18. 若赵去财务部，则以下各项都为假，除了？

A. 张去人力资源部和运营部。　B. 赵去市场部和财务部。　C. 李去财务部和研发部。

D. 王去财务部和研发部。　E. 王去市场部和运营部。

19. 华语五大电影奖每年都是备受关注的大事，奖项有5个，分别是中国电影金鸡奖、大众电影百花奖、中国电影华表奖、香港电影金像奖和台湾电影金马奖。其中如果评选了台湾电影金马奖则不能再评选大众电影百花奖，也不能评选中国电影金鸡奖；如果评选了中国电影华表奖就不能再获得香港电影金像奖；如果评选了中国电影金鸡奖，则不能再获得中国电影华表奖。每个人最多获得两个奖项。飞天公司一共 3 位演员，囊括了所有奖项，每个人都获奖，但是奖项各不相同。已知演员周小东获得了台湾电影金马奖，演员吴小南和演员郑小北二人之间有人获得了香港电影金像奖。

由此可知，下列推测一定正确的是？

A. 如果吴小南获得了香港电影金像奖，则其还获得中国电影金鸡奖。

B. 如果吴小南获得了中国电影华表奖，则吴小南和郑小北各获得两个奖项。

C. 如果吴小南获得了香港电影金像奖和大众电影百花奖，则周小东一定只获得一个奖项。

D. 如果郑小北获得了中国电影华表奖，则吴小南一定不能获得中国电影金鸡奖。

E. 如果吴小南获得了中国电影金鸡奖，那么郑小北一定至少获得两个奖项。

20. 如果经常关注股市行情并且了解各大公司内幕，就能做出正确的投资，除非不够果断坚决。老王果断坚决并且经常关注股市行情，所以，只有老王不了解各大公司内幕，才不能作出正确的投资。

以下哪项中的推理与上文中的最相似？

A. 如果想要跳过广告并且免费观看付费内容，就要开通会员，除非是内部员工。小张是内部员工并且想要跳过广告，因此，若小张免费观看付费内容，则他不用开通会员。

B. 某种产品必须有精确的客户定位并且包装精美，才能畅销，除非产量超过了市场需求。“浓醇”咖啡客户定位精确并且包装精美，所以，如果“浓醇”咖啡没有畅销，说明其产量超过了市场需求。

C. 如果注意饮食健康并且定期体检，就能降低心脏病的死亡率，除非拥有良好的医疗条件。S 国人民没有良好的医疗条件但注意饮食健康，因此，或者 S 国人民死于心脏病的比例没有降低，或者 S 国人民没有定期体检。

D. 成为一个好销售的必备条件是口齿伶俐或者身体强壮，小赵的业绩平平，因此如果小赵口齿伶俐，那么他身体一定不强壮。

E. 只要具有独到的眼光且独特的工艺，就能成为行业领军者，除非具有雄厚的资金背景。W 企业没有雄厚的资金背景并且其高层有独到的眼光，因此，或者 W 企业成为行业领军者，或者 W 企业没有独特的工艺。

21. 财政局根据上级指示要求，决定派出一名同志前往农村扶贫。财政局甲、乙、丙、丁、戊等多名同志知道消息后积极报名，申请前往。根据报名情况及本局自身工作需要，领导做出以下几项决定：

(1) 在甲、乙两人中至少挑选 1 人；

(2) 在乙、丙两人中至多挑选 1 人；

(3) 在甲、丁两人中也至多挑选 1 人；

(4) 如果挑选了丁，那么丙、戊两人缺一不可。

以下哪项能从上述陈述中推出？

A. 不挑选丁。　B. 挑选甲。　C. 不挑选甲。　D. 挑选丁。　E. 无法判断。

22. 如果这个节日期间零售商店的销售额下降的话，那么，要么是人们对赠送奢侈品的态度发生了变化，要么是物价上涨到了大多数人难以承受的程度。如果是送礼的态度发生了变化，那么这个节日期间零售商店的销售额会下降；如果是物价上涨到了大多数人难以承受的程度，那么去年工资上升的步伐肯定没有跟上物价的上涨。

假设以上前提为真，如果去年工资的上升跟上了价格上涨的步伐，以下哪项必然为真？

A. 人们对赠送奢侈品的态度发生了变化。

B. 如果人们对赠送奢侈品的态度没发生变化，那么这个节日期间人们对送礼的态度没有发生变化。

C. 如果人们对赠送奢侈品的态度发生了变化，那么这个节日期间零售商店的销售额不会下降。

D. 这个节日期间，人们对赠送奢侈品的态度没有发生变化，零售商店的销售额也不会下降。

E. 这个节日期间零售商店的销售额会下降。

23. 研究人员为了考察聆听莫扎特音乐和空间推理能力之间的关系，进行了实验。第一组被试者聆听莫扎特音乐，第二组被试者聆听其他类型的音乐，第三组被试者没有聆听任何音乐。一段时间后，给每位被试者发放三套空间推理能力测试题。结果显示：第一组的平均分明显高于后两组。研究人员据此认为，聆听莫扎特音乐能够提高人们的空间推理能力。

以下哪项如果为真，最能削弱上述结论？

A. 一些没听莫扎特音乐的人也拥有很强的逻辑推理能力。

B. 上述测试题中只涉及空间推理能力，并不能全面反映被试者的智力水平。

C. 第一组被试者原本就是莫扎特音乐的爱好者。

D. 莫扎特的音乐比其他类型的音乐更容易使被试者获得愉悦感。

E. 第一组被试者中男性比例较高，而男性的空间推理能力普遍高于女性。

24. 评论者：许多历史学家断言，他们本人在论述历史问题的时候，像任何自然科学家一样，是客观的，很少受到伦理道德或者美学的先入之见的影响。我们显然不能接受这些历史学家的说法，因为很容易找到一些错误的历史论著，这些论著表现出作者在思想观念上或其他方面的先入之见。

以下哪项如果为真，最为恰当地指出上述评论中推理的缺陷？

A. 错误地认为许多强调方法论的历史学家打算彻底消除先入之见。

B. 理所当然地认为自然科学家所提出的客观性要求应当适用于其他领域。

C. 不当地认为一切具有意识形态的历史学著作都是错误的。

D. 理所当然地认为某些带有先入之见的历史著作是那些声称自己是客观的历史学家写的。

E. 不当地将评论者自身的先入之见误认为是这些历史学家的先入之见。

25. 北美的雄性棕熊通常会攻击并杀死不是由它交配的雌熊产下的幼崽。然而，在每年 7 至 8 月间鲑鱼洄游的季节里，聚集在哈罗港捕鱼的棕熊中，雄性棕熊攻击并杀死雌性棕熊幼崽的概率不到平时的十分之一，而带着幼崽的雌性棕熊与雄性棕熊不期而遇的概率却是平时的几十倍。在这个雌性棕熊与雄性棕熊相遇最多的时期，幼崽被击杀的概率却最低。

以下哪项陈述为真，对雄性棕熊的反常行为提供了最佳的解释？

A. 棕熊平时为保护自己的领地大打出手，在鲑鱼洄游的季节，它们专注于自己的捕鱼技术，很少为争夺地盘而打斗。

B. 幼崽靠雌性棕熊养育 3 年才能独立生存，由于雌性棕熊在哺乳期内不会受孕，3 至 12 个月大的幼崽被杀率最高。

C. 鲑鱼是北美棕熊大量补充体内脂肪的主要食物来源，棕熊奋力捕鱼而增加体重，以便熬过即将到来的严冬。

D. 雌性棕熊为了保护将来的幼崽，通常会和多只雄性棕熊交配，以便让更多的雄性棕熊认为它们是其幼崽的父亲。

E. 雄性棕熊为了能够更好地吸引雌熊，会尽量展示自己的力量，而杀死幼崽的行为通常会被大多数雌性棕熊认为是一种极具安全感的行为。

26. 评论家：官方以炮仗伤人、引起火灾为理由禁止春节在城里放花炮，而不是想方设法做趋利避害的引导，这里面暗含着自觉或不自觉的文化歧视。吸烟每年致病或引起火灾者，比放花炮而导致的损伤者多得多，为何不禁？禁放花炮不仅暗含着文化歧视，而且将春节的最后一点节日气氛清除殆尽。

以下哪项陈述是这位评论家的结论所依赖的假设？

A. 诸如吃饺子、送压岁钱等传统节日内容在城里的春节依然兴盛不衰。

B. 诸如《理想国》《黑客帝国》中的纯理性人群不需要过有浪漫气氛的节日。

C. 诸如七夕、重阳等中国传统节日现在不是官方法定的节日。

D. 诸如贴春联、祭祖、迎送财神等烘托节日气氛的习俗在城里的春节中已经消失。

E. 社会稳定高于文化传承。

27. 台风是大自然中最具破坏性的灾害之一。有研究表明：通过向空中喷洒海水水滴，增加台风形成区域上空云层对日光的反射，那么台风将不能聚集足够的能量，这一做法将有效阻止台风的前进，从而避免更大程度的破坏。

以下哪项是上述论证成立所依赖的假设？

A. 喷洒到空中的水滴能够在云层之上重新聚集。

B. 人工制造的云层将会对邻近区城的降雨产生影响。

C. 台风经过时，常伴随着大风和暴雨等强对流天气。

D. 台风前进的动力来源于海水表面日光照射所产生的热量。

E. 人类的许多有效行为都能对自然现象产生巨大的影响，进而改变它们前进的方向。

28. A 品牌是一个拥有百年历史的奢侈品品牌，产品主要包括服装、皮具和皮鞋等。但最近的统计发现，该品牌上个月的全球销量出现了大幅度下滑。为挽救低迷的销售数据，A 品牌的销售总监建议通过适度降价来提高业绩。但其 CEO 断然否决了这一提议。

以下哪项如果正确，最能支持该 CEO 的决定？

A. 如果降价幅度过大，会引起一些已经原价购买衣物的老客户的不满。

B. 奢侈品的销量主要取决于能否赢得消费群体的喜爱，而与价格关系很小。

C. 全球最近半年经历的经济危机影响了许多 A 品牌老客户的消费能力。

D. B 品牌同样经历了销量的下滑，他们通过宣传、开发新客户等方式明显提高了销量。

E. 该品牌的服装销量虽然下降明显，但皮具等产品销量却出现了正向增长。

29. 乡村短视频折射出的乡味、野趣和新农村面貌重塑了大众对乡村的印象，重构了“数字原住民”的乡村记忆。很多人认为，在当下快节奏的时代，拍摄“怀旧类农村生活”短视频会深受都市人的欢迎。

以下哪项如果为真，最能支持上述观点？

A. 压力大已成为大众的通病，而乡村短视频展现的大多是原汁原味的农村生活，可以给予观看者短暂逃离现实生活的契机。

B. 很多自媒体平台不仅给农村生活题材的短视频以流量倾斜，还给予经济补贴，极大地刺激了乡村创作者的创作积极性。

C. 乡村短视频良莠不齐，还存在粗制滥造等不良现象，只有高质量、高水平、高情怀的短视频才会长久地吸引受众的关注。

D. 乡村网络基础设施的完善，智能终端的普及，使得乡村信息化程度不断提高，让农村、农人、农货进入更多人的视野。

E. 有些乡村短视频拍摄了村民们的日常生活，记录了喜怒哀乐、家长里短。

30. 近年来，某城市的绿化面积不断增加，城市公园和绿地的数量也显著增多。然而，与此同时，该城市的空气质量却呈现出下降的趋势，空气污染指数逐年上升。这一现象引起了市民的广泛关注和讨论。

以下哪项如果为真，最能解释上述看似矛盾的现象？

A. 城市绿化虽然增加了，但由于管理不善，部分绿地的植被生长不良，未能发挥应有的净化空气作用。

B. 随着城市化的加速，该城市的机动车保有量大幅增加，机动车尾气排放成为空气污染的主要来源之一。

C. 城市周边的重工业企业近年来也在扩张，其污染物排放量的增加对该城市的空气质量产生了显著影响。

D. 城市绿地的增加主要集中在新建的郊区，而空气污染监测站点主要分布在人口密集的老城区。

E. 绿化植物在生长过程中也会释放一定的挥发性有机物，这些物质在特定条件下可能参与空气污染的形成。

逻辑模拟试卷（十七）

建议测试时间：55-60 分钟　　　实际测试时间（分钟）：________　　　得分：________

本测试题共 30 小题，每小题 2 分，共 60 分，从下面每小题所列的五个备选答案中选取出一个，多选为错。

1. 人们感受气味通过嗅觉受体实现。研究发现：随着人类的演化，编码人类嗅觉受体的基因不断突变，许多在过去能强烈感觉气味的嗅觉受体已经突变为对气味不敏感的受体，与此同时，人类嗅觉受体的总体数目也随时间推移逐渐变少。由此可以认为，人类的嗅觉经历着不断削弱、逐渐退化的过程。

   以下哪项如果为真，最能支持上述结论？

   A. 比起嗅觉灵敏的早期人类，功能性嗅觉基因敏感性和嗅觉受体数量都随着人类进化的推移而不断变少。

   B. 相对于视觉而言，嗅觉在人类感觉系统中的重要性较低。

   C. 人类有大约 1000 个嗅觉受体相关基因，其中只有 390 个可以编码嗅觉受体。

   D. 不同人群之间嗅觉存在很大差异，老年人的嗅觉敏感性明显低于年轻人。

   E. 嗅觉退化会影响人对于周围环境的分辨程度，比如一些有害的气体或气味不能及时发现，从而对人的安全性造成一定的影响。

2. 科学家对 76 位心脏病患者进行了研究，他们分别采用“一名志愿者带一只狗前去探望病人”“一名志愿者前去探望病人”“没有志愿者”3 种方法分别测试这些病人的反应。结果发现第一种情况下病人的焦虑程度下降了 24%，第二种情况下病人的焦虑程度只下降了 10%，第三种情况下病人的焦虑程度仍保持原来的水平。因此科学家认为，狗能帮助心脏病人降低焦虑情绪。

   以下哪项如果为真，最能对上述科学家的观点提出质疑？

   A. 带狗和不带狗探视的试验分别选择在两个不同的时间段。

   B. 在带狗的志愿者中，绝大多数喜欢并自己饲养宠物狗。

   C. 在被探视的病人中，绝大多数喜欢并自己饲养宠物狗。

   D. 志愿者带去探望病人的大多数狗都是性情比较温顺的。

   E. 志愿者带去探望病人的大多数狗都不是性情比较温顺的。

3~4 题基于以下题干：

张教授：据世界范围的统计显示，50 年代，癌症病人的平均生存年限（即从确诊至死亡的年限）是 2 年，而到 20 世纪末，这种生存年限已升至 6 年。这说明，世界范围内诊治癌症的医疗水平总体上有了显著的提高。

李研究员：您的论证缺乏说服力。因为您至少忽视了这样一个事实：20 世纪末癌症的早期确诊率较 50 年代有了显著的提高。

3. 李研究员的反驳基于以下哪项假设？

   A. 张教授的论证所依据的统计数据是完全准确的。

   B. 癌症的早期确诊有利于延长患者的生存年限。

   C. 20 世纪末人类的平均寿命较 50 年代有了显著的提高。

   D. 50 代以来，癌症一直是威胁人类健康和生命的头号杀手。

   E. 癌症是可以彻底治愈的。

4. 以下哪项如果为真，最能削弱李研究员的反驳？

   A. 癌症的早期确诊，很大程度上依赖于患者的自我保健意识。

   B. 对癌症的早期确诊，是提高癌症诊治水平的重要内容和标准。

   C. 无论在 50 年代还是 20 世纪末，诊治癌症的医疗水平在世界的不同国家和地区是不平衡的。

   D. 20 世纪末癌症的发病率比 50 年代有显著提高。

   E. 20 世纪末和 50 年代相比，有更多的癌症患者接受化疗。

5. 波罗的海有很大比例的海豹死于病毒性疾病；然而在苏格兰的沿海一带，海豹由于病毒性疾病而死亡的比率大约是波罗的海的一半。波罗的海海豹血液内的污染性物质水平比苏格兰海豹的高得多。因为人们知道污染性物质能削弱海洋生哺乳动物对病毒感染的抵抗力，所以波罗的海中海豹的死亡率较高很可能是由于它们的血液中污染性物质的含量较高所致。

以下哪项如果为真，最能支持上述结论？

A. 绝大多数死亡的苏格兰海豹都是老的或不健康的海豹。

B. 波罗的海海域的气候和自然条件没有给海豹的生存带来明显不利。

C. 在波罗的海海豹的血液中发现的污染性物质的水平略有波动。

D. 在波罗的海发现的污染性物质种类与在苏格兰沿海水域发现的大相径庭。

E. 2017 年，在波罗的海内除了海豹之外的海洋生哺乳动物死于病毒性疾病的死亡率要比苏格兰海岸沿海水域的高得多。

6. 改吸“低量型”烟，即用标准机器测量时比一般香烟产生较少的尼古丁、焦油和一氧化碳的烟，一般来说并不会减少诱发心脏病的机会。这一研究成果是令人惊讶的，因为尼古丁和一氧化碳一直被认为是促发心脏病的原因。

以下哪项如果为真，最有助于解释题干陈述中所存在的矛盾现象？

A. 吸“低量型”烟已经成为时尚，因为相对于较健康的生活方式来说，它比那些一直被看作是有危险的生活方式变得更为普及。

B. 对本人就是烟民来说，吸进其他人抽的烟是导致心脏病危险的更重要的因素。

C. 对诱发心脏病来说，尼古丁的危害并不像一氧化碳那样严重。

D. 一氧化碳和焦油都不是让人上瘾的物质。

E. 由“高量型”烟转抽“低量型”烟的人常常是靠增加吐气的次数和吸烟的深度来获得补偿，目的是保持他们习以为常的尼古丁水平。

7. 李工程师：农科院最近研制了一种高效杀虫剂，通过飞机喷撒，能够大面积地杀死农田中的害虫。

张研究员：我看使用这种杀虫剂未必能达到保护农作物生长的目的，甚至可能适得其反，因为这种杀虫剂在杀死害虫的同时，也杀死了农田中的各种益虫。

李工程师：你的观点缺乏说服力，因为我们之所以要保护益虫，就在于它能消灭危害农作物的害虫，而我们的杀虫剂起到了这个作用。

以下哪项如果为真，最能加强李工程师对张研究员观点的反驳？

A. 一般地说，害虫的生长繁殖能力和速度要高于益虫。

B. 上述杀虫剂对人畜无害。

C. 害虫比益虫更容易获得对于杀虫剂的抗药性。

D. 上述杀虫剂的有效率，在同类产品中是最高的。

E. 害虫的种类比益虫要多。

8. “心率变异性”是指逐次心跳周期差异的变化情况，它含有大脑神经系统对心血管系统调节的信息。研究人员分析了 130 对主人与狗的心率变化情况。他们每隔 10 秒测量一次狗和主人的心率周期，据此判断狗和主人之间的关联。结果发现，当主人做不同事情，心理压力发生变化时，部分参与实验的狗与主人心率变异性解析数值趋同。研究还发现，被主人饲养时间越长，狗与主人的心率变化越容易同步。研究人员宣称，这一发现意味着狗和主人之间能发生“情绪传染”。

以下哪个选项最能够支持上述论述？

A. 智商越高的狗，越容易被主人的情绪所传染。

B. 当亲近的人有正面或者负面的情绪的时候，大多数人也会被该情绪所“传染”。

C. 除了心跳以外，饲养时间长的狗的用餐周期也跟主人的用餐周期很接近。

D. 雌性狗比雄性狗更容易和主人产生情绪关联。

E. 只有两者具有近似的情绪，才会发生心率变异性相似的情况。

9. 所有的幼儿园都面临同一个问题，就是对于那些在幼儿园放学之后不能及时来接孩子的家长，幼儿园老师除了等待别无他法，因此许多幼儿园都向晚接孩子的家长收取费用。然而，有调查显示，收取费用后晚接孩子的家长数量并未因此减少，反而增加了。
以下哪项如果为真，最能解释上述调查结果？
A. 收费标准太低，对原本经常晚来接孩子的家长没有太大的约束力。
B. 有个别家长对收费行为不满，有时会故意以晚接孩子的行为来抗议。
C. 有些家长因工作忙碌，常常不能及时来接孩子。
D. 收费后，更多的家长认为即使晚来接孩子也不必愧疚，只要付费即可。
E. 有的家长时间观念太差，经常不能准时接送孩子。

10. 在成功的道路上，所有捷径都是弯路，所有弯路都是必经之路。因此，依附强者并不是成功道路上的捷径。
补充以下哪项作为前提，可以使上述结论成立？
A. 所有捷径都是必经之路。
B. 依附强者不是必经之路。
C. 所有弯路都不是捷径。
D. 依附强者都是弯路。
E. 所有捷径都依附强者。

11. 类人猿和其后的史前人类所使用的工具很相似。最近在东部非洲考古所发现的古代工具，就属于史前人类和类人猿都使用过的类型。但是，发现这些工具的地方是热带大草原，热带大草原有史前人类居住过，而类人猿只生活在森林中。因此，这些被发现的古代工具是史前人类而不是类人猿使用过的。
为使上述论证有说服力，以下哪些项是必须假设的？
A. 即使在相当长的环境生态变化过程中，森林也不会演变成为草原。
B. 史前人类从未在森林中生活过。
C. 史前人类比类人猿更能熟练地使用工具。
D. 史前人类在迁移时并不携带工具。
E. 类人猿只能使用工具，并不能制造工具。

12. 为什么青少年会更“热血”，更冲动，更容易冒险，有研究显示，这跟青少年大脑前额叶皮层的功能有关。前额叶皮层具有负责调控注意力、做出计划、理性思考、调控情绪的能力，这部分皮层一般要等到 25 岁左右才能发育完全。因此，25 岁之前谈理智是没有意义的。
以下各项如果为真，哪项最能质疑上述结论？
A. 青少年时期的大脑中多巴胺的分泌很旺盛，使得青少年更喜欢新鲜刺激的游戏。
B. 婴幼儿时期大脑发育相对青少年时期更加幼稚和不成熟，但也能逐渐学会控制大小便。
C. 大脑有“用进废退”的现象，青少年大脑前额叶皮层可通过不断训练而促进其成熟。
D. 很多中年人也经常有冲动冒险、情绪失控的行为，前额叶皮层发育完全也并不意味着就一定很理智。
E. 人们的理智行为除了跟大脑前额叶皮层的发育有关，更多地取决于人们生长的环境以及周围人群的导向作用。

13. 一般来讲，某种产品价格的上升会减少其销量，除非价格上升同时伴随着该种产品质量的改进。但是，葡萄酒是个例外。某个特定生产商生产的葡萄酒价格上升往往会导致其销量的增加，尽管葡萄酒本身没有变化。
下面哪项如果是正确的，最能解释以上描述的反常现象？
A. 葡萄酒零售市场竞争性产品的类型极其广泛。
B. 许多消费者在决定购买哪种葡萄酒时，根据的是书籍和期刊上的评价。
C. 在店铺里选购葡萄酒的消费者利用标价来作为判断葡萄酒质量的指导。
D. 葡萄酒零售商和生产者一般可以通过价格折扣来暂时增加某种葡萄酒的销量。
E. 定期购买葡萄酒的消费者普遍对自己偏好哪种葡萄酒有固定的看法。

14. 就当前情况来看，我国目前基本依赖传统能源，我国政府大力支持研究机构的发展并且设立了专项基金帮助有需要的机构。在由基本依赖传统能源向逐步实现能源清洁化转变的过程中，可靠的技术支持是必不可少的条件。而各种研究机构的建立和发展是拥有可靠技术的重要前提。只有获得政府的政策和资金支持，研究机构的建立和发展才能得到保障。

如果上述断定为真，则最能得出以下哪项？

A. 只有我们有了可靠的技术，我们的科研机构才会迅速成长起来。

B. 如果获得政府的政策和资金支持，研究机构的建立和发展就能得到保障。

C. 只要获得政府的大力支持，我国就能由完全依赖传统能源向逐步实现能源清洁化转变。

D. 如果没有可靠的技术支持，那么我们就不能要求政府提供政策和资金支持。

E. 如果没有国家的政策和资金支持，那么我们不能向逐步实现能源清洁化转变。

15. 一场超级足球赛即将进入比赛最后阶段，4 支球队将为最后名次展开激烈拼杀。行家们根据各球队以往的战绩及现场表现，对比赛结果做出了如下 3 项预测：

（1）甲队获得第三名，或者乙队不能进入前两名；

（2）如果江河队获得第一，那么海洋队将获得第二；

（3）如果甲队获得第三，那么乙队获得第二。

比赛结束后，发现行家们的预测只有一项是正确的。如果上述判定为真，以下哪项也一定为真？

A. 江河队获得第二。　B. 海洋队获得第四。　C. 甲队获得第二。

D. 乙队获得第四。　E. 海洋队获得第三。

16~17 题基于以下题干：

对济南、郑州、合肥、南京、长沙、武汉六个城市某日的天气预报如下：

① 六个城市共出现了四种天气情况，按照恶劣程度由低到高排序，分别为晴、多云、小雨、暴雨；

② 最多只有两个城市出现同一种天气；

③ 济南与合肥的天气情况一样；

④ 郑州与武汉将会下雨；

⑤ 武汉与南京和长沙的天气情况不一样；

⑥ 郑州与另五个城市的天气情况都不一样。

16. 根据上述信息，以下哪项一定为真？

A. 郑州的天气情况为晴。　B. 郑州与武汉的天气情况一样。

C. 合肥的天气情况为多云。　D. 南京与长沙的天气情况一样。

E. 南京的天气情况为暴雨。

17. 若已知武汉的天气情况不是最恶劣的，则以下城市按照天气恶劣程度由高到低排序，可能正确的是哪项？

A. 郑州、武汉、南京、长沙。　B. 济南、武汉、南京、郑州。

C. 郑州、武汉、长沙、合肥。　D. 合肥、郑州、长沙、武汉。

E. 长沙、郑州、武汉、济南。

18. 某市实现高质量发展的关键在于，通过推动当地制造业的发展，建立健全现代化产业体系，该市产业园区的建设发展对建立健全现代化产业体系至关重要。因此，产业园区的建设发展也是推动实现高质量发展的关键。

以下哪项与上述推理结构最为类似？

A. 打好三大攻坚战是全面建成小康社会的前提条件，也是实现高质量发展的必备基础。所以，打好三大攻坚战才能实现经济社会的全面发展。

B. 所有战略性新兴领域的产品均为高尖端产品，某公司的产品广泛应用于新型材料等战略性新兴领域。因此，该公司是一家高尖端制造企业。

C. 公路网络不发达会导致交通落后，而交通落后已经成为制约乡镇加快发展的最大瓶颈。因此，乡镇要加快发展，必须加强路网建设。

D. 与传统育苗方式相比，组织育苗是一种更为高效的组织快繁方式。因此，引进组织育苗技术很有意义。

E. 一个公司想要发展壮大，核心点在于创新能力，创造出优于市面上的同类产品，而创造出优于市面上同类产品的核心点在于创造性人才。因此，创造性人才的发掘，是公司发展壮大的核心。

19. 学校为 4 位留学生甲、乙、丙、丁指定了 4 位汉语辅导员赵、钱、孙、李。每位辅导员负责一位留学生的汉语，每位留学生都只有一位辅导员进行辅导。已知：

（1）只有赵辅导甲，钱才不辅导乙；

（2）若孙辅导丙，则赵辅导乙；

（3）或者李辅导丁，或者孙辅导丙；

（4）只有钱辅导甲，孙才辅导乙。

根据以上陈述，可以推知除了以下哪项以外均为真？

A. 赵不辅导丁。　　B. 李不辅导丙。　　C. 孙不辅导乙。

D. 钱不辅导乙。　　E. 孙不辅导丙。

20. 对于服刑的犯人来说，重要的是实际服刑时间。判刑就是裁定实际服刑时间。减刑就是依法减少实际服刑时间。死刑就是裁定实际服刑时间可以很短。无期徒刑就是裁定实际服刑时间无上限，即假定犯人可以一直活下去。任何服刑的犯人要想获得减刑，实际服刑年限必须不少于判刑年限的三分之二，除非适逢特赦。

如果上述断定为真，并且都得到严格执行，则以下哪项情况不可能出现？

A. 李某被判有期徒刑 20 年，获减刑 10 年。

B. 张某被判无期，未遇特赦，但被减刑，改判有期。

C. 赵某被判死刑，适逢特赦，但未被赦免。

D. 王某被判有期徒刑 10 年，未遇特赦，获减刑 2 年。

E. 孙某被判有期徒刑 30 年，后证明是冤案，被无罪释放。

21. 在由发展中国家向经济发达国家前进的过程中，大量资本支持是必不可少的条件，而高储蓄率是获得大量资本的必要条件。就目前来说，中国正处于经济起飞时期，因此，储蓄率高是当前经济发展中的一种正常而合理的现象。

由以上论述可以推出以下哪项？

A. 有了大量的资本支持，就可以实现由发展中国家向发达国家的跨越。

B. 有了高储蓄率，就可以获得大量的资本支持。

C. 如果没有获得大量的资本支持，说明储蓄率不高。

D. 不可能没有高储蓄率而能实现向发达国家的转变。

E. 不可能有高储蓄率而不能实现向发达国家的转变。

22. 为了提升学生的商业思维，某高校计划在周末开设商科课程，具体的计划是：物流管理、供应链管理和企业管理在周末两天均开课，战略管理仅在周六开课，商法实务仅在周日开课。小周的选课计划如下：

（1）商法实务和战略管理至少要选一门；

（2）供应链管理和战略管理不能都选；

（3）若选了物流管理，则还需要选企业管理；

（4）除非选了供应链管理，否则要选物流管理。

根据上述信息，增加以下哪个条件后可以推出小周选了物流管理？

A. 小周周六没有选课。　　B. 小周周日没有选课。　　C. 小周周六选了企业管理。

D. 小周周六选了供应链管理。　　E. 小周周日选了商法实务。

23. 为了帮助小王拓展业余爱好，妈妈准备在唢呐、琵琶、三弦、二胡、古筝、箫这 6 种乐器中选择 3 种用来帮助小王培养声乐的兴趣，已知：

（1）如果唢呐和三弦至少选择一种，则选择古筝而不选择箫；

（2）如果琵琶和二胡至少选择一种，则选择唢呐而不选择古筝。

根据上述信息，她选择的乐器是？

A. 琵琶、三弦、唢呐。 B. 二胡、古筝、箫。 C. 唢呐、三弦、古筝。

D. 唢呐、琵琶、二胡。 E. 三弦、二胡、箫。

24. 某机关甲、乙、丙、丁 4 个处室准备深入基层调研。他们准备调研的地方是红星乡、朝阳乡、永丰街道、幸福街道。每个处室恰好选择其中一个地方，各不重复。已知：

(1) 要么甲选幸福街道，要么乙选幸福街道，两者必居其一；

(2) 要么甲选红星乡，要么丙选永丰街道，两者必居其一；

(3) 如果丙选永丰街道，则丁选幸福街道。

根据以上信息，可以得出以下哪项？

A. 甲选朝阳乡。 B. 乙选红星乡。 C. 丙选幸福街道。

D. 丙选永丰街道。 E. 丁选永丰街道。

25. 勺园住进了四名留学生甲、乙、丙、丁，他们的国籍各不相同，分别来自英、法、德、美四个国家。而且他们入学前的职业也各不相同，现已知德国人是医生，美国人年龄最小且是警察，丙比德国人年纪大，乙是法官且与英国人是好朋友，丁从未学过医。

请问：丙是哪国人？

A. 法国人。 B. 德国人。 C. 美国人。 D. 英国人。 E. 不能确定。

26. 机关从张宜、杜涛、李山、赵思、王武、孙柳和方起 7 名在职干部中挑选 4 名参加党校学习，挑选须符合下列条件：

(1) 要么张宜参加，要么杜涛参加；

(2) 要么王武参加，要么孙柳参加；

(3) 如果王武参加，则李山参加；

(4) 除非杜涛参加，否则方起不参加。

如果上述断定为真，则以下哪项一定为真？

A. 杜涛和方起，至少有一人参加。 B. 李山和赵思，至少有一人参加。

C. 赵思和王武，至少有一人参加。 D. 王武和方起，至少有一人参加。

E. 以上断定，都不一定为真。

27. 某大学就业中心对应届毕业生进行调查得出结论：不爱岗敬业的人不可能成为一名品德高尚的人，没有一个严于律己的人会成为不值得信赖的人，做事有头没尾的人均不值得信赖，但是有些做事有头没尾的人却是品德高尚的人。

以上陈述如果为真，则以下哪项必然为假？

A. 有些爱岗敬业的人不是严于律己的人。 B. 严于律己的人不都是爱岗敬业的人。

C. 严于律己的人都不是爱岗敬业的人。 D. 爱岗敬业的人都是严于律己的人。

E. 所有严于律己的人都是爱岗敬业的人。

28. 某电影节的颁奖典礼上将会颁发 7 个最受瞩目的奖项，即：最佳男、女主角奖，最佳男、女配角奖，最佳编剧奖，最佳导演奖以及最佳影片奖。已知：

(1) 每次颁发一个奖，每个奖项只有 1 位获奖者（最佳影片奖没有获奖者）；

(2) 最佳导演奖不是第一个颁发；

(3) 最佳影片奖最后一个颁发；

(4) 相邻奖项的获奖人性别不同。

若最佳男主角奖与最佳导演奖为同一位获奖者，则以下哪项可能为真？

A. 第 1 个颁发最佳女主角奖，第 3 个颁发最佳导演奖。

B. 第 2 个颁发最佳男配角奖，第 4 个颁发最佳女主角奖。

C. 第 3 个颁发最佳编剧奖，第 6 个颁发最佳导演奖。

D. 第 2 个颁发最佳女配角奖，第 5 个颁发最佳女主角奖。

E. 第 3 个颁发最佳导演奖，第 5 个颁发最佳女配角奖。

29~30 题基于以下题干：

东城区组织献血活动的志愿者赵、钱、孙、李、周 5 人分别参加了“信息咨询”“人员引导”“文明宣传”“应急救助”“现场记录”“文化传播”等 6 项志愿服务中的 1~3 项，这 6 项志愿服务中的每项均有上述 5 人中的 2 人参加。已知：

（1）赵、钱、孙 3 人参加的志愿服务项目完全不相同；

（2）钱、孙、李、周中至少有 3 人各参加 3 项志愿服务；

（3）若赵参加“文明宣传”或“现场记录”服务，则他也参加“应急救助”服务；

（4）若孙、李中至多有 1 人参加“应急救助”和“文化传播”服务，则钱、李、周 3 人参加的志愿服务项目完全不相同。

29. 若孙只参加其中 2 项志愿服务，则可以得出以下哪项？

A. 赵参加“人员引导”服务。
B. 钱参加“文明宣传”服务。
C. 孙参加“现场记录”服务。
D. 李参加“信息咨询”服务。
E. 周参加“应急救助”服务。

30. 若钱、李均参加“信息咨询”服务，则以下哪项是不可能的？

A. 周未参加“人员引导”服务。
B. 李未参加“人员引导”服务。
C. 孙未参加“现场记录”服务。
D. 钱未参加“文明宣传”服务。
E. 赵未参加“信息咨询”服务。

逻辑模拟试卷（十八）

建议测试时间：55-60 分钟　　实际测试时间（分钟）：________　　得分：________

本测试题共 30 小题，每小题 2 分，共 60 分，从下面每小题所列的五个备选答案中选取出一个，多选为错。

1. 人们在唱歌时身体会发生一系列变化，如压力荷尔蒙水平下降以及内啡肽水平变化等，而内啡肽、荷尔蒙会直接影响个人情绪的变化。科学研究还发现，脑部血流量增加会显著提升老年痴呆症患者的记忆能力。生活中许多人喜欢音乐和唱歌，不要小看这一爱好，因为越来越多的研究发现，唱歌可以帮助患有老年痴呆症的人更好地克服记忆障碍。

   以下哪项如果为真，最能支持上述研究发现？

   A. 老年痴呆症病人在唱歌时，会大幅增加体内血液的流速。

   B. 患有老年痴呆症的人比其他老年人更加喜爱唱歌。

   C. 唱歌会显著改善患有肺部疾病的患者的呼吸。

   D. 老年痴呆症病人在唱歌时大脑皮质区的血流量会显著增加。

   E. 参加集体合唱可以帮助老年痴呆症病人提升自我价值和自信心。

2. 低收入家庭通常无力提供所需的儿童抚养费用。一项政府计划想向低收入家庭退还他们所支付的收入税，每个低于 4 岁的儿童 1000 美元。这一计划使所有的有 4 岁以下儿童的低收入家庭能获得比原来更多的儿童资助。

   下面哪项如果正确，最严重地对该计划可使所有的低收入家庭获得更多的儿童资助的说法提出了质疑？

   A. 有 4 岁以下儿童的普通家庭每年花费 1000 美元以上用于抚养儿童。

   B. 一些父母一方有空照顾 4 岁以下儿童的低收入家庭也许不愿意把他们的收入税的退还款用于抚养儿童。

   C. 退还收入税导致的政府收入的降低使得其他政府计划的削减，如对高等教育的补助，成为必要。

   D. 许多有 4 岁以下孩子的低收入家庭不支付收入税。因为他们总的收入很低，尚未达到应税标准。

   E. 过去 20 年来收入税显著增加了，减少了低收入家庭可用于抚养儿童的资金。

3. 长久以来，心理学家都支持“数学天赋论”：数学能力是人类自打娘胎里出来就有的能力，就连动物也有这种能力。他们认为存在一种天生的数学内核，通过自我慢慢发展，这种数学内核最后会“长”成我们所熟悉的一切数学能力。最近有反对者提出了不同的看法：数学能力没有天赋，只能是文化的产物。

   以下哪项如果为真，最能支持反对者的看法？

   A. 10~12 个月的婴儿已经知道 3 个黑点和 4 个黑点是不一样的。

   B. 绝大多数的原始部落的居民只能表示 5 以下甚至更少的数量。

   C. 经过人为训练的大猩猩、海豚和大象等动物能处理数学问题。

   D. 数学是大脑的产物，而大脑的生长模式早已由基因“预设”。

   E. 很多数学家的父母大多也是大学教授，他们自身也从事数学研究。

4. 婚礼看得见，爱情看不见；情书看得见，思念看不见；花朵看得见，春天看不见；水果看得见，营养看不见；帮助看得见，关心看不见；刮风看得见，空气看不见；文凭看得见，水平看不见。有人由此得出结论：看不见的东西比看得见的东西更有价值。

   下面哪个选项使用了与题干中同样的推理方法？

   A. 三角形可以分为直角三角形、钝角三角形和锐角三角形三种。直角三角形的三内角之和等于 180°，钝角三角形的三内角之和等于 180°，锐角三角形的三内角之和等于 180°，所以，所有三角形的三内角之和都等于 180°。

B. 我喜欢“偶然”胜过“必然”。你看，奥运会比赛中充满了悬念，比赛因此激动人心；艺术家的创作大多出自“灵机一动”；科学发现与发明常常与“直觉”“灵感”“顿悟”“机遇”连在一起；在茫茫人海中偶然碰到“他”或“她”，互相射出丘比特之箭，成就人生中最美好的一段姻缘。因此，我爱“偶然”，我要高呼“偶然性万岁”！

C. 外科医生在给病人做手术时可以看X光片，律师在为被告辩护时可以查看辩护书，建筑师在盖房子时可以对照设计图，教师备课可以看各种参考书，为什么不允许学生在考试时看教科书及其他相关材料？

D. 玫瑰花好看，因为所有的花都好看。

E. 东边日头，西边雨，道是无晴还有晴。

5. 在全球金融风暴中，处于风口浪尖的进出口行业受到的冲击最直接也最严重。某网站统计调查发现，无法自负盈亏的企业都是传统棉纺织加工型企业；有些初创型科技企业获得了风险投资；获得了风险投资的企业多少都有融资经验。据此，该网站的结论是：传统棉纺织加工型企业都没有融资经验。

以下哪一项为真，最能反驳该网站的调查结论？

A. 无法自负盈亏的企业的都是初创型科技企业。

B. 有些初创型科技企业能够自负盈亏。

C. 初创型科技企业都无法自负盈亏。

D. 初创型科技企业都能够自负盈亏。

E. 有些传统棉纺织加工型企业是初创型科技企业。

6. 林教授的身体状况恐怕不宜继续担任校长助理的职务。因为近一年来，只要林教授给校长写信，内容只有一个，不是这里不舒服，就是那里有毛病。

为使上述论证成立，以下哪项是必须假设的？

Ⅰ. 胜任校长助理的职务，需要有良好的身体条件。

Ⅱ. 林教授给校长的信的内容基本上都是真实的。

Ⅲ. 近一年来，林教授经常给校长写信。

A. 只有Ⅰ。　　B. 只有Ⅱ。　　C. 只有Ⅲ。

D. 只有Ⅰ和Ⅱ。　　E. Ⅰ、Ⅱ和Ⅲ。

7. 人们在社会生活中常会面临选择，要么选择风险小、报酬低的机会；要么选择风险大、报酬高的机会。究竟是在个人决策的情况下富于冒险性，还是在群体决策的情况下富于冒险性？有研究表明，群体比个体更富有冒险精神，群体倾向于获利大但成功率小的行为。

以下哪项如果为真，最能支持上述研究结论？

A. 在群体进行决策时，人们往往会比个人决策时更倾向于向某一个极端偏斜，从而严重背离最佳决策。

B. 个体会将其意见与群体其他成员相互比较，因其想要被其他群体成员所接受及喜爱，所以个体往往会顺从群体的一般意见。

C. 在群体决策中，很可能出现以个体或子群体为主发表意见、进行决策的情况，使群体决策为个体或子群体所左右。

D. 群体决策有利于充分利用其成员不同的教育程度、经验和背景，他们的广泛参与有利于提高决策的科学性。

E. 群体决策时的风险由所有人共同承担，很多人不想为自己的决策承担责任，往往会听从群体意见。

8. “高考冲刺一对一”是目前“南江教育咨询公司”正在积极开展的一项培训活动。他们在市场分析员的建议下选择了育才和新世纪这两所最著名的重点高中作为主要分析对象。市场分析报告认为：这两所重点高中聚集了很多优秀的高三学生，提供“一对一”的个性化服务，能够在课余帮助学生实现进一步提高各科成绩的愿望，从而考上更好的大学。

以下哪项最能削弱上述推论？

A. “高考冲刺一对一”的培训收费只比一般高考辅导班的收费略高一点。

B. 育才和新世纪这两所重点高中的大部分学生都在课余聘请了有经验的家庭教师，付给他们的报酬比“高考冲刺一对一”的收费还少一点。

C. “高考冲刺一对一”的教学质量还没有经过市场检验，效果还很难断定。

D. “南江教育咨询公司”的培训师还不是很充裕，恐怕很难满足育才和新世纪这两所高中这么多学生的不同需求。

E. 通过社会上的咨询公司寻求高考辅导的资源对于育才和新世纪学生家长来说还是一件新鲜事，要有一个适应过程。

9. 铅和镉是香烟烟雾中排出的两种重金属。在流行病学研究中，铅和镉分别与包括肾癌和肺癌在内的人类癌症有关。虽然香烟的滤嘴可以去除其中的一部分，但环境烟气污染主要是通过吸烟者呼出的烟气和燃烧时产生的侧流烟气来实现的。因此，吸烟不仅有害吸烟者的健康，也通过污染空气而对吸二手烟的人的健康造成威胁。

以下哪项如果为真，最能支持上述论证？

A. 侧流烟气中重金属的含量远远低于吸烟者呼出的烟气中的含量。

B. 吸入香烟烟雾之后，烟雾中的铅和镉会沉积在肺组织的深处。

C. 有统计显示，有相当多的从未吸过烟的人也患上了肺癌。

D. 重金属在环境中普遍存在，蔬菜和水当中也含有铅、镉等重金属。

E. 由于室外空气处于循环流动中，很多人不得不吸二手烟。

10. 汽车尾气是里佛塞市一项严重的污染问题，对里佛塞市的桥梁征收通行费能够减少汽车行驶的总里程。然而，总的污染水平并没有减少，这是因为收费站处将有许多汽车排起长队，而汽车在开着发动机不行驶的状态下，每分钟所排出的尾气比在其他任何行驶状态下排出的尾气都多。

以上的观点是建立在下列哪项假设基础上的？

A. 减少汽车行驶里程可以减少污染量，但在收费站停留时排出的尾气所造成的污染的增加量和减少量持平，甚至会超过减少量。

B. 平均而言，里佛塞市的汽车处于开着发动机而不行驶的状态下的时间比处于其他行驶状态下的时间长。

C. 大桥处汽车尾气的增加量不会显著影响空气污染，这是因为在里佛塞市没有多少汽车司机经常通过大桥。

D. 减少汽车尾气不是减少空气污染的最有效办法。

E. 由于在收费站排长队很不方便，里佛塞市的许多司机就改变路线，其行车里程也就随之变化。

11. 在西方经济发展的萧条期，消费需求的萎缩导致许多企业解雇职工甚至倒闭。在萧条期，被解雇的职工很难找到新的工作，这就增加了失业人数。萧条之后的复苏，是指消费需求的增加和社会投资能力的扩张，这种扩张要求增加劳动力。但是经历了萧条之后的企业主大都丧失了经商的自信，他们尽可能地推迟雇佣新的职工。

上述断定如果为真，最能支持以下哪项结论？

A. 经济复苏不一定能迅速减少失业人数。

B. 萧条之后的复苏至少需要两三年。

C. 萧条期的失业大军主要由倒闭企业的职工组成。

D. 萧条通常是由企业主丧失经商自信引起的。

E. 在西方经济发展中出现萧条是解雇职工造成的。

12. 过度工作和压力不可避免地导致失眠症。森达公司的所有管理人员都有压力。尽管医生已经提出警告，但大多数的管理人员每周工作仍然超过 60 小时，而其余的管理人员每周仅工作 40 小时。只有每周工作不少于 40 小时的员工才能得到一定的奖金。

以上陈述最强地支持下列哪项结论？

A. 大多数得到一定奖金的森达公司管理人员患有失眠症。

B. 森达公司员工的大部分奖金给了管理人员。

C. 森达公司管理人员比任何别的员工更易患失眠症。

D. 没有一位每周仅仅工作 40 小时的管理人员工作过度。

E. 森达公司的工作比其他公司的工作压力大。

13. 江口市急救中心向市政府申请购置一辆新的救护车，以进一步增强该中心的急救能力。市政府否决了这项申请，理由是：急救中心所需的救护车的数量，必须和中心的规模和综合能力相配套。根据该急救中心现有的医护人员和医疗设施的规模和综合能力，现有的救护车足够了。

以下哪项是市政府关于此项决定的论证所必须假设的？

A. 江口市的急救对象的数量不会有大的增长。

B. 市政府的财政面临困难，无力购置新的救护车。

C. 急救中心现有的救护车中，至少有一辆近期内不会退役。

D. 江口市的其他大中医院有足够的能力配合急救中心抢救全市的危重病人。

E. 市政府至少在五年内不会拨款以扩大急救中心的规模和综合能力。

14. 拥有一个健康迷人的身材是每一个人生活中不可或缺的部分。如果能保持健硕迷人的身材，就要能控制高脂肪和高热量食物的摄入量，除非能坚持一套科学合理的健身计划；对于一个能控制高脂肪和高热量食物的摄入量的人而言，如果能保持科学合理的作息规律，就能拥有一个令人嫉妒的健康体魄。

如果上述断定为真，以下哪项一定为真？

A. 如果没能拥有一个令人嫉妒的健康体魄，就不能保持健硕迷人的身材。

B. 如果能保持科学合理的作息规律且没能拥有一个令人嫉妒的健康体魄，就不能保持健硕迷人的身材或者能坚持一套科学合理的健身计划。

C. 如果没能控制高脂肪和高热量食物的摄入量，但能保持健硕迷人的身材，就不能坚持一套科学合理的健身计划。

D. 如果没能保持科学合理的作息规律同时没能拥有一个令人嫉妒的健康体魄，就不能控制高脂肪和高热量食物的摄入量。

E. 能保持健硕迷人的身材或者不能坚持一套科学合理的健身计划或者要控制高脂肪和高热量食物的摄入量。

15. 某女生宿舍全部报名参加了考研，关于录取情况有如下几项陈述：

（1）该宿舍有的女生被录取了；

（2）该宿舍有的女生没有被录取；

（3）并非该宿舍有的女生没有被录取；

（4）该宿舍的王玲以优异的成绩被录取了。

如果以上陈述中有两个是假的，则以下哪项必假？

A. 该宿舍的有些女生被录取了。

B. 该女生宿舍所有人都被录取了。

C. 该女生宿舍所有人都没有被录取。

D. 在该女生宿舍中，所有成绩优秀的人都被录取了。

E. 该宿舍有些女生没有被录取。

16～17 题基于以下题干：

某小区组织全员核酸采样，采样通道从外到内设置 3 种岗位，其中外部岗位安排 2 名工作人员维持秩序，中间岗位安排 2 名工作人员进行信息采集，内部岗位安排 3 名工作人员进行咽拭子采样。现有甲、乙、丙、丁、戊、己、庚共 7 名工作人员，恰好满足核酸采样的任务安排，每名工作人员只在其中 1 种岗位，同一岗位的人员不存在内外之分。已知：

（1）甲和庚所在岗位不同；

（2）乙比庚所在岗位位置靠外；

（3）丙、丁、戊中只有一人为信息采集人员；

（4）甲、乙、丙中只有一人为维持秩序人员。

16. 如果甲为维持秩序人员，乙为信息采集人员，则可以推出咽拭子采样人员是谁？

A. 己　B. 庚　C. 戊　D. 丁　E. 丙

17. 如果庚为信息采集人员，下列哪种安排是不可能的？

A. 甲为咽拭子采样人员，丙为咽拭子采样人员。

B. 甲为维持秩序人员，戊为信息采集人员。

C. 丁为信息采集人员，戊为咽拭子采样人员。

D. 甲为咽拭子采样人员，戊为信息采集人员。

E. 甲为咽拭子采样人员，乙为维持秩序人员。

18~19 题基于以下题干：

某软饮料生产商针对消费者为他的新汽水提出的 7 个被推荐的名字 J、K、L、M、N、O 和 P 的偏爱程度进行了调查。该生产商根据这 7 个名字所得选票的多少来给它们排序。得票最多的排在第一位，每一个名字所得的票数都不同。调查结果如下：

(1) J 的票数比 O 的多。

(2) O 的票数比 K 的多。

(3) K 的票数比 M 的多。

(4) N 的票数不是最少的。

(5) P 所得的票数比 L 的少，但是比 N 的多，也比 O 的多。

18. 最多可能有多少个饮料的名字可以是大家最喜爱的三种之一？

A. 2。　B. 3。　C. 4。　D. 5。　E. 6。

19. 若 P 的票数比 J 多，那么最多可能有多少个名字的排列位置会被确定？

A. 1。　B. 2。　C. 3。　D. 4。　E. 5。

20. 凡保障群众基本生活需要的项目均投入超过 1000 万元。一切政府核心的项目，或者保障群众基本生活需要，或者保障群众就业发展，但是有些政府核心的项目投入没有超过 1000 万元。

根据以上陈述，可以得出以下哪项？

A. 保障群众基本生活需要的项目可以保障群众就业发展。

B. 有些项目尽管保障群众就业发展但没有保障群众基本生活需要。

C. 投入超过 1000 万元的项目有些没有保障群众就业发展。

D. 有些项目保障群众基本生活需要但是不能保障群众就业发展。

E. 有些投入没超过 1000 万元的项目也能保障群众基本生活需要。

21. 某金库发生了失窃案。公安机关侦查确定，这是一起典型的内盗案，可以断定金库管理员甲、乙、丙、丁中至少有一人是作案者，办案人员对四人进行了询问，四人的回答如下：

甲："我不是作案者。"

乙："如果甲作案那么我作案。"

丙："如果我作案那么丁也作案。"

丁："丙作案，我没有作案。"

后来事实表明，他们四个人中两个人说真话两个人说假话。

根据以上陈述，以下哪项一定为真？

A. 乙说假话。　B. 丙说真话。　C. 丙作案。

D. 乙是作案者。　E. 丁不是作案者。

22. 某公司有甲、乙、丙、丁 4 人，他们的籍贯分别为北京、上海、天津、南京。一日，4 人在谈论他们各自的籍贯。

甲说："我和乙都不是上海人，丙是天津人。"

乙说："我是上海人，丙是天津人，丁不是北京人。"

丙说："甲不是上海人，我是南京人，丁是北京人。"

丁说："我和丙都不是北京人，甲是南京人。"

假定他们每个人都说了两句真话，一句假话，则以下说法哪项是正确的？

A. 甲和乙都不是上海人。 B. 甲是南京人，乙是上海人，丙是天津人。

C. 丙和丁都不是北京人。 D. 甲和乙是上海人，丙是天津人。

E. 由题干条件无法判断四人的籍贯。

23. 一个公司销售部正在组建互助工作小组，该部门共有李强、王亮、方圆、赵忠、贾义和郝仁 6 个人。一个工作小组必须至少由两个人组成，同时须满足以下条件：

（1）如果有李强或贾义，则不能有郝仁；

（2）有赵忠，必须有郝仁；

（3）或者没有王亮，或者有贾义。

以下哪两个人不能在同一组？

A. 李强和王亮。 B. 李强和贾义。 C. 王亮和方圆。

D. 王亮和赵忠。 E. 方圆和郝仁。

24. 赵妈妈去菜市场采购蔬菜，计划从芹菜、菠菜、韭菜、青椒、红椒、黄椒、黄瓜、冬瓜 8 种蔬菜中挑选 4 种购买，已知：

（1）若购买青椒，则购买冬瓜和黄椒；

（2）若红椒和冬瓜至少购买一种，则也要购买青椒；

（3）除非芹菜、菠菜和韭菜均不购买，否则青椒、红椒、黄椒和黄瓜均要购买。

根据上述信息，可以得出以下哪项？

A. 购买芹菜和青椒。 B. 购买红椒和冬瓜。 C. 购买韭菜和菠菜。

D. 购买青椒和黄椒。 E. 购买红椒和韭菜。

25. "末位淘汰管理法"是企业管理中常用的一种方法，从长期来看，它并不有利于企业发展。如果施行"末位淘汰管理法"，就会使留下来的人不愿意雇佣比自己强的人，否则第二年考核中自己就会垫底。而留下来的人不愿意雇佣比自己强的人，势必会使企业的创造力衰退。只要企业不丧失活力，企业的创造力就不会衰退。然而令人遗憾的是，没有人想在第二年考核中垫底。

根据上述陈述，以下哪项一定为真？

A. 如果企业的创造力衰退，那么留下来的人不愿意雇佣比自己强的人。

B. 如果施行"末位淘汰管理法"，就会使企业丧失活力。

C. 企业丧失活力，则施行了"末位淘汰管理法"。

D. 有些企业施行"末位淘汰管理法"不会使企业的创造力衰退。

E. 若留下来的人愿意雇佣比自己强的人，企业的创造力就不会衰退。

26. 某扶贫产业基地计划种植紫薯、红薯、南瓜以及玉米 4 种农作物。4 种农作物的种植面积大小不一，且需要满足以下条件：

（1）要么紫薯种植面积最大，要么南瓜种植面积最大；

（2）如果紫薯的种植面积最大，红薯的种植面积便最小。

如果红薯的种植面积大于玉米，则可得出以下哪项？

A. 南瓜种植面积大于玉米种植面积。 B. 紫薯种植面积大于玉米种植面积。

C. 紫薯种植面积小于红薯种植面积。 D. 玉米种植面积大于南瓜种植面积。

E. 红薯种植面积大于紫薯种植面积。

27. 拥有少量受过高等教育人口的国家注定在经济和政治上疲软。然而，拥有大量受过高等教育人口的国家，他们的政府对公共教育有严肃认真的财政承诺。所以，任何一个拥有能做出这种承诺的政府的国家，都会摆脱经济和政治的疲软。

以下哪项论证中的缺陷与上述论证中的最相似？

A. 创作出高质量诗歌的诗人学过传统诗歌，没学过传统诗歌的诗人最有可能创作出创新的诗歌。所以，要创作出创新的诗歌最好不要学传统诗歌。

B. 不懂得教学的人不能理解他所教的学生的个性。因此，懂得教学的人能够理解他所教的学生的个性。

C. 缺乏感情共鸣的人不是公职的优秀候选人，而富有感情共鸣的人则善于操控他人的感情。因此，善于操控他人感情的人是公职的优秀候选人。

D. 如果气候突然变化，食物种类单一的动物将更难生存。但是，食物种类广泛的动物则不会，因为气候突变只会消除某些种类的食物。

E. 一个国家的人口不是少量受过高等教育就一定是大量受过高等教育。

28. 有的网红是有超过一百万粉丝的，没有一个有超过一百万粉丝的人不是情商高的。所有网红都不是消费水平低的人，所有消费水平不低的人都是会挣钱的。

以下哪项最能反驳上述信息？

A. 会挣钱的人都是情商高的。
B. 有的情商高的人是会挣钱的。
C. 并非有的网红不是会挣钱的。
D. 会挣钱的人都不是情商高的。
E. 会挣钱的人都是网红。

29~30 题基于以下题干：

某哲学系有六个女生，分别是虞姬、夏树、商芷、周洁、秦兰、邹妍，最近学到了春秋时期邹衍提出的“五德终始说”。“五德终始”指金、木、水、火、土这五种性能从始到终、周而复始的循环运动，先秦时期主要有虞土、夏木、商金、周火、秦水这五种学说。由于每个人的学习进度不同，六个人分别至少学习了这五种学说中的两种，每种学说只有三个人学习了，并且每人所学习的学说的名称的第一个字与自己的姓氏均不相同。已知：

（1）除非秦兰不学习夏木，也不学习周火，否则她学习秦水。

（2）如果夏树学习商金，则秦兰不学习虞土。

（3）没有人既学习虞土，又学习秦水。

（4）除非夏树学习虞土，否则她不学习周火。

（5）只有周洁学习夏木，虞姬才学习夏木。

（6）如果虞姬不学习商金，则周洁也不学习商金。

（7）如果周洁学习商金，那么商芷也学习商金。

29. 根据上述信息，可以得出以下哪项？

A. 虞姬学习夏木。
B. 夏树学习商金。
C. 商芷学习周火。
D. 邹妍学习商金。
E. 周洁学习虞土。

30. 如果周洁学习了虞土，并且她和邹妍只学习了其中两种学说，则以下哪项一定为真？

A. 虞姬学习了三种学说。
B. 商芷学习了四种学说。
C. 虞姬和邹妍都学习了秦水。
D. 周洁和邹妍都学习了夏木。
E. 有两种学说商芷和夏树都没学。

逻辑模拟试卷（十九）

建议测试时间：55-60 分钟　　实际测试时间（分钟）：________　　得分：________

本测试题共 30 小题，每小题 2 分，共 60 分，从下面每小题所列的五个备选答案中选取出一个，多选为错。

1. 研究人员发现，一根大麻香烟在吸食者肺部沉积的焦油量是一根烟草香烟的 4 倍多。研究人员由此断定，大麻香烟吸食者比烟草香烟吸食者更有可能患上由焦油导致的肺癌。
下面哪一项如果为真，将对上文中研究者的结论构成最有力的削弱？
A. 研究中使用的大麻香烟比典型吸食者所用的大麻香烟要小很多。
B. 没有一个该研究项目的参与者在过去曾经吸食过大麻或烟草。
C. 在该研究项目结束 5 年后所进行的一次跟踪检查表明，没有一名该研究项目的参与者得了肺癌。
D. 研究中使用的烟草香烟含有的焦油量比典型吸食者所用的烟草香烟略高。
E. 典型的大麻香烟吸食者吸食大麻的频率比典型的烟草香烟吸食者低很多。

2. 科研人员对糖尿病患者大脑的灰质体积、脑皮层厚度和脑皮层表面积等特征进行了研究。结果表明，糖尿病患者的脑灰质体积、脑皮层厚度和脑皮层表面积相比正常人明显要小。这些脑区的结构变化会引起相关脑功能障碍，如尾状核灰质体积的减小会引起学习记忆能力、执行能力和信息处理能力的减弱等。因此，糖尿病患者容易出现认知和记忆能力变差。
以下哪一项是上面论证所依赖的假设？
A. 生活中较大的压力导致认知受损的人有更高的风险患上老年痴呆症。
B. 患心脏病不会导致脑灰质体积、脑皮层表面积变化。
C. 对于两个糖尿病患者来说，他们的脑灰质体积、脑皮层厚度、脑皮层表面积应该相同。
D. 没有患糖尿病的人都没有参加过任何让认知和记忆能力提升的训练。
E. 这些糖尿病患者在得糖尿病之前，他们的脑灰质体积、脑皮层厚度和脑皮层表面积并不比其他正常人小。

3. 有些外科手术需要一种特殊类型的线带，使外科伤口缝合达到 10 天，这是外科伤口需要线带的最长时间。D 型带是这种线带的一个新品种。D 型带的销售人员声称，D 型带将会提高治疗功效，因为 D 型带的黏附时间是目前使用的线带的两倍长。
以下哪项如果成立，最能说明 D 型带销售人员所做声明中的漏洞？
A. 大多数外科伤口愈合大约需要 10 天。
B. 大多数外科线带是从医院而不是从药店得到的。
C. 目前使用的线带的黏性足够使伤口缝合 10 天。
D. 现在还不清楚究竟是 D 型带还是目前使用的线带更有利于皮肤的愈合。
E. D 型带对已经预先涂上一层药物的皮肤的黏性只有目前使用的线带的一半好。

4. 针对某种溃疡最常用的一种疗法可在 6 个月内将 44%的患者的溃疡完全治愈。针对这种溃疡的一种新疗法在 6 个月的试验中使治疗的 80%的溃疡患者取得了明显改善，61%的溃疡患者得到了痊愈。由于该试验只治疗了那些病情比较严重的溃疡患者，因此这种新疗法显然在疗效方面比最常用的疗法更显著。
对以下哪项的回答最能有效地对上文论述做出评价？
A. 这两种疗法使用的方法有何不同？
B. 这两种疗法的使用成本是否存在很大差别？
C. 在 6 个月中以最常用疗法治疗的该种溃疡的患者中，有多大比例取得了明显改善？
D. 这种溃疡如果不进行治疗的话，病情显著恶化的速度有多快？
E. 在参加 6 个月的新疗法试验的患者中，有多大比例的人对康复的比例不满意。

5. 地球距离火星最近约为 5500 万公里，最远则超过 4 亿公里，只有地球与火星夹角为 70°时发射探测器才能如期抵达火星。2020 年，我国发射了火星探测器，预计 2021 年登陆火星。一位航天专家对此评论道："如果没抓住 2020 年这个机会，那么下一次合适的发射时间至少要推迟到 2022 年之后。"

以下哪项如果为真，最能支持上述航天专家的评论？

A. 火星探测器发射后，需要经过不少于 7 个月的飞行，才能抵达火星轨道。

B. 我国于 2020 年发射了火星探测器，缩小了与西方航天大国的差距。

C. 地球与火星的相对近点约每 15 年出现一次，二者距离近的年份是登陆火星的最佳时机。

D. 发射火星探测器须等到地球和火星形成一定夹角，而这个机会每隔 26 个月才出现一次。

E. 我国之前发射航天器的时候，夹角超过了 70°，最后航天器很遗憾没能抵达火星。

6. 如果有足够丰富的合客人口味的菜肴和上档次的酒水，并且正式邀请的客人都能出席，那么一个宴会虽然难免有不尽人意之处，但总的来说一定是成功的。张总举办的这次家宴准备了足够丰富的菜肴和上档次的酒水，并且正式邀请的客人悉数到场，因此，张总举办这次家宴是成功的。

以下哪项对上述推理的评价最为恰当？

A. 上述推理是成立的。

B. 上述推理有漏洞，这一漏洞也类似地存在于以下推理中：如果保持良好的心情，并且坚持适当的锻炼，一个人的免疫能力就能增强。王老先生心情一向不错，但就是不好锻炼，因此，他的免疫能力一定下降。

C. 上述推理有漏洞，这一漏洞也类似地存在于以下推理中：一个饭店如果有名厨掌勺，并且广告到位，就一定能有名气。鸿门楼饭庄在业内小有名气，因此一定有名厨掌勺。

D. 上述推理有漏洞，这一漏洞也类似地存在于以下推理中：如果有能力并且又有善于抓住机会，一个创业者一定能成功。李思创业屡遭挫折，因此，他一定不善于抓住机会。

E. 上述推理有漏洞，这一漏洞也类似地存在于以下推理中：如果来自西部并且家庭贫困，就能获得特别助学贷款。张珊是否家庭贫困尚在审核中，但他确实来自西部，因此，他一定能获得助学贷款。

7. 抑郁是一种疾病，能够导致类似那些被列为慢性疲劳综合征产生的症状，其中包括精疲力竭和类似感冒的症状。一些医生最近发现许多被归类为慢性疲劳综合征的病人同时患有抑郁症。基于这个发现，这些医生假设，抑郁症能够导致慢性疲劳综合征。

下列哪一项如果正确，最强地支持医生的假设？

A. 被归类为患慢性疲劳综合征的病人在抑郁症被治愈后不久，他们的慢性疲劳综合征的症状也消失了。

B. 抑郁病人经历精疲力竭的症状时，他们倾向于更严重的抑郁。

C. 感到精疲力竭很长一段时间的人比其他人更有可能感染感冒。

D. 许多患病的人的身体症状类似于那些构成慢性疲劳综合征的症状。

E. 归类为患慢性疲劳综合征的许多病人同时患慢性贫血症，产生类似于慢性疲劳综合征的症状。

8. 近日，某些城市上线了"随手拍交通违法"小程序，市民可以将自己拍摄的机动车闯红灯、违停等各类违法行为的照片或者视频，通过该小程序实名上传并进行举报。对于所举报的交通违法行为一经核实，相关部门会给予举报人奖励。有专家由此断定，"随手拍交通违法"可以有效扩大交通监督的范围，形成警民共治的局面。

以下哪项如果为真，最能支持上述专家的断定？

A. 交警部门的执法力量相对有限，不足以应对现实生活中大量交通违法的行为。

B."随手拍交通违法"小程序上线以来，出现了很多恶意抓拍的欺诈行为，引起车主不满。

C. 有些地方出现过举报人信息被泄露的案例，保护举报者个人隐私已刻不容缓。

D."随手拍交通违法"小程序上线以来，有关部门已接到大量交通违法行为举报。

E. 国家有关法律明令禁止闯红灯、违停等交通违法行为，并有相应的处罚规定。

9. 饮酒驾车简称酒驾，在对酒驾的常规测试中，每 100 个未饮酒的被测试者中，平均有 5 个会被测定为酒驾；而每 100 个饮酒的被测试者中，平均有 99 个被测定为酒驾。因此，可以有把握地说：被测定为酒驾的人中，绝大多数确实喝了酒。

以下哪项对上述论证的评价最为恰当？

A. 上述论证是正确的。

B. 上述论证有漏洞：忽略了酒驾者在所有驾车者中的比例。

C. 上述论证有漏洞：试图依据一个价值判断来推出一个事实判断。

D. 上述论证有漏洞：没有恰当地指出严禁酒驾对于维护交通安全的重要意义。

E. 上述论证有漏洞：忽略了被测试者在所有驾车者中的比例。

10. 大众媒体和普通民众经常将暴力电子游戏与现实生活中的暴力联系起来。科学家试图通过调研数据来研究暴力游戏是否会让玩游戏的人产生更多的暴力行为。在最新款暴力游戏《猎杀》发布后，研究小组追踪并调研了购买这些游戏的人一个月时间，但并没有数据表明他们的暴力行为有所增加。因此人们有理由相信，暴力游戏并不会让玩游戏的人增加暴力倾向。

以下哪项如果为真，最能够削弱上述论述？

A. 现在社会中玩游戏的人很多，但是真正呈现出暴力倾向的人只占一小部分。

B. 一款游戏从购买到使用，再到对人心理产生影响往往需要较长的一段时间。

C. 该款游戏中在有血腥的镜头的画面中并没有按照规定标注“危险！严禁模仿”的提示语。

D. 除了暴力游戏，还有很多游戏都会对青少年产生不良的影响。

E. 适当玩电子游戏可以开发人的智力，让人们的大脑更加灵活。

11. 羟苯甲酮是一种常见的紫外线吸收剂，多用于防晒护肤品中，全球3500种品牌的防晒霜中均含有该物质，研究表明，即使是极低浓度的羟苯甲酮，也会给珊瑚带来致命的伤害，有专家指出，为了保护珊瑚，在海滨浴场应该禁止使用防晒霜。

以下哪项如果为真，最能支持上述观点？

A. 一些远离海岸的大洋中部分水域已检测到羟苯甲酮，但浓度较低。

B. 羟苯甲酮易引起皮肤过敏，长期使用会影响人体免疫力和生殖能力。

C. 羟苯甲酮会破坏、改变珊瑚的DNA，降低幼年珊瑚正常发育的几率。

D. 人们在很多场合都使用防晒霜，仅在海滨浴场限制使用效果有限。

E. 除了防晒霜，其他日用化妆品中含有的羟苯甲酮的量更高。

12. 日前，研究人员发明了一种弹性超强的材料，这种材料可以由1英寸被拉伸到100英寸以上，同时这一材料可以自行修复且能通过电压控制动作。因此研究者认为，利用该材料可以制成人工肌肉替代人体肌肉，从而为那些肌肉损伤后无法恢复功能的患者带来福音。

以下哪项如果为真，不能支持研究者的观点？

A. 该材料制成的人工肌肉在受到破坏或损伤后能立即启动修复机制，比正常肌肉的康复速度快。

B. 该材料在电刺激下会发生膨胀或收缩，具有良好的柔韧性，与正常肌肉十分接近。

C. 目前，该材料研制成的人工肌肉尚不能与人体神经很好地契合，无法实现精准抓取物体等动作。

D. 一般材料如果被破坏，需通过溶剂修复或热修复复原，而该材料在室温下就自行恢复。

E. 该材料研制成功的肌肉能够通过人体心肺功能很好地控制动作，使它们能够与人体肌肉的活动机理一致。

13. 在人类文明遗迹中发现的大量战争题材的绘画和雕塑，一直可以追溯到新石器时代，当时，农业刚刚出现。而在新石器时代以前，从未发现战争题材的绘画和雕塑。这说明，人类最早的战争，发生于人类社会向农耕社会转变时期。

以下哪项是上述论证所假设的？

A. 绘画和雕塑是新石器时代主要的艺术形式。

B. 新石器时代的战争主要起因于耕地的争夺。

C. 在绘画和雕塑出现以前人类未发生过战争。

D. 战争是人类文明发展不可避免的结果。

E. 战争比农耕更适合作为绘画和雕塑的题材。

14. 浏览器里，文章只显示一半，点击“阅读全文”，就自动跳转下载 APP，这样的体验，令不少网友感到困扰。此前，工信部曾出台规定：若未经明示且未经用户同意，不得实施收集使用用户个人信息、开启应用软件、捆绑推广其他应用软件等侵害用户合法权益或危害网络安全的行为。而各大平台应该认识到：如果不能提升内容质量，就无法提高用户粘性。“绑架”来的流量终难长久。

根据以上陈述，可以得出以下哪项？

A. 如果经过明示，就可以收集使用用户个人信息。

B. 若未经用户同意，则不能捆绑推广其他应用软件。

C. 只要提升内容质量，就可以提高用户粘性。

D. 未经明示且未经用户同意就收集用户个人信息的行为都是违法行为。

E. 如果 APP 捆绑推广其他应用软件且没有经过用户同意，则说明其进行了明示。

15. 对于现代城市来说，除了要有活力和生气，还需要有和谐稳定的治安环境以及人居环境。除非一个城市有和谐稳定的治安环境或者合适的人居环境，否则人们不会来这个城市生活而且即使来了也会想办法尽快离开。

以下哪项如果为真，最能对上述断定提出质疑？

A. 即使一个城市有了和谐稳定的治安环境和合适的人居环境，人们也不一定就来这个城市生活或者即使来了也会想办法离开。

B. 一个城市如果没有和谐稳定的治安环境，即使有了合适的人居环境，人们也不会来这个城市生活而且即使来了也会想办法尽快离开。

C. 一个城市如果没有合适的人居环境，即使有了和谐稳定的治安环境，人们也不会来这个城市生活而且即使来了也会想办法尽快离开。

D. 一个城市没有和谐稳定的治安环境，或者没有合适的人居环境，但人们还是会来这个城市生活而且即使来了也不会想办法尽快离开。

E. 一个城市没有和谐稳定的治安环境，也没有合适的人居环境，但人们还是会来这个城市生活而且即使来了也不会想办法尽快离开。

16. 在英语四级考试中，陈文的分数比朱利低，但是比李强的分数高；宋颖的分数比朱利和李强的分数低；王平的分数比宋颖的高，但是比朱利的低。

如果以上陈述为真，根据下列哪项能够推出张明的分数比陈文的分数低？

A. 陈文的分数和王平的分数一样高。

B. 王平的分数和张明的分数一样高。

C. 张明的分数比宋颖的高，但比王平的低。

D. 张明的分数比朱利的分数低。

E. 王平的分数比张明的高，但比李强的分数低。

17. 爱奇葩公司是国内知名的上市公司，有三位资深奇葩针对爱奇葩公司进行如下断定：

马西西：如果爱奇葩公司盈利，公司股票就会上涨，除非人民币贬值。

罗胖胖：如果爱奇葩公司进出口的数额持续加大，那么人民币就会升值。

蔡团团：爱奇葩公司不要持续进行产业结构升级，否则进出口贸易数额将会持续加大。

如果三位奇葩关于爱奇葩公司的断定都符合事实，以下哪项不可能为真？

A. 如果爱奇葩公司持续进行产业结构升级，那么爱奇葩公司将没有盈利。

B. 如果人民币升值，那么爱奇葩公司没有盈利或者股票会上涨。

C. 爱奇葩公司或者没有盈利，或者股票上涨，同时爱奇葩进出口贸易数额将持续加大。

D. 爱奇葩公司要持续进行产业结构升级，但爱奇葩公司会盈利同时股票不会上涨。

E. 如果人民币不会升值，那么爱奇葩公司不会盈利。

18. 小华最近苦于学习效率不高，于是向其他同学求教学习方法，但所有人都无一例外地认为：一种方法能做出来书上所有的题，这样的万能方法是不可能存在的。

以下哪项最符合题干的断定？

A. 任何方法都必然没有它做不出来的题。

B. 至少有一种方法必然做不出来书上所有的题。

C. 书上至少有一道题任何的方法都必然做不出来。

D. 至少有一种方法可能做不出来书上所有的题。

E. 所有方法都必然不能做出来书上有的题。

19. 北华大学就业研究中心对该校应届毕业生进行调查后发现，不孝顺父母的人不可能成为一名品德高尚的人，没有一个总是为他人着想的人会成为以自我为中心的人，缺乏社会化训练的人均以自我为中心，但有些缺乏社会化训练的人却是品德高尚的人。

以下哪项如果为真，最能反驳上述发现？

A. 总是为他人着想的人不都是孝顺父母的人。

B. 有些孝顺父母的人不是总是为他人着想的人。

C. 孝顺父母的人都是总是为他人着想的人。

D. 总是为他人着想的人都不是孝顺父母的人。

E. 所有总是为他人着想的人都是孝顺父母的人。

20. “哎拍客”会议如期在上海举行，到场的人数很多，出乎意料地来了很多会计，参加会议人员的信息如下：

（1）至少有 5 名穿红衣服的女生是会计；

（2）除非是会计，否则不是男生；

（3）或者穿红衣服，或者是男会计；

（4）有的男生不是会计；

（5）会场上，或者是男会计，或者是不穿红衣服的人；

（6）至少有 7 名穿红衣服的会计是女生。

已知题干六条信息一半真一半假，根据以上信息，以下哪项一定为真？

A. 至少有 5 名女会计穿红衣服，但他们不足 7 人。

B. 有的男生不是会计。

C. 不穿红衣服的都是男会计。

D. 红衣女会计最多 2 人，或者不足 7 人。

E. 以上选项都不必然得出。

21. 所有爱斯基摩土著人都是穿黑衣服的；所有的北婆罗洲土著人都是穿白衣服的；没有穿白衣服又穿黑衣服的人；H 是穿白衣服的。

基于以上事实，下列哪个判断必为真？

A. H 是北婆罗洲土著人。

B. H 不是爱斯基摩土著人。

C. H 不是北婆罗洲土著人。

D. H 是爱斯基摩土著人。

E. H 既不是爱斯基摩土著人，也不是北婆罗洲土著人。

22. 吃胶质奶糖可能导致蛀牙。胶质奶糖粘在牙齿上的时间越长，则引起蛀牙的风险越大。吃巧克力可能导致蛀牙，同样，巧克力粘在牙齿上的时间越长，则引起蛀牙的风险越大。因为巧克力粘在牙齿上的时间比胶质奶糖短，因此对引起蛀牙来说，吃胶质奶糖比吃巧克力的风险更大。

以下哪项对上述论证的评价最为恰当？

A. 上述论证成立。

B. 上述论证有漏洞，因为它没有区分胶质奶糖和巧克力的不同类型。

C. 上述论证有漏洞，因为它不当地假设，只有吃含糖食品才会导致蛀牙。

D. 上述论证有漏洞，这一漏洞也出现在以下的推理中：海拔高度的增高会导致空气的稀薄，一个城市海拔越高，空气越稀薄。西宁的海拔比西安高，因此，西宁比西安的空气稀薄。

E. 上述论证有漏洞，这一漏洞也出现在以下的推理中：火灾和地震都会造成生命和财产的损失，火灾或地震持续的时间越长，造成的损失越大。因为地震持续的时间比火灾短，因此，火灾造成的损失比地震大。

23～24 题基于以下题干：

一个部队有 4 个师，编号依次为一、二、三和四。每个师中恰好配备一个装甲旅和一个导弹旅。这 8 个旅中的每一个都是在 1967 年、1968 年和 1969 年这 3 年中的某一年组建的，且满足以下条件：

（1）每一个师中的装甲旅不是比导弹旅组建得早就是和导弹旅在同一年组建；
（2）二师中的装甲旅和一师中的导弹旅是在同一年组建的；
（3）三师中的装甲旅和四师中的导弹旅是在同一年组建的；
（4）二师中的装甲旅和三师中的装甲旅不是在同一年组建的；
（5）一师中的装甲旅和三师中的导弹旅是在 1968 年组建的。

23. 若四师的装甲旅是在 1968 年组建的，则下面哪一句话一定正确？
A. 一师中的导弹旅是在 1968 年组建的。　B. 一师中的导弹旅是在 1969 年组建的。
C. 二师中的装甲旅是在 1968 年组建的。　D. 三师中的装甲旅是在 1967 年组建的。
E. 上面的判断都不正确。

24. 若三师的装甲旅是在 1968 年组建的，则下面哪一句话可能正确？
A. 一师中的导弹旅是在 1968 年组建的。　B. 二师中的装甲旅是在 1967 年组建的。
C. 二师中的导弹旅是在 1968 年组建的。　D. 四师中的装甲旅是在 1967 年组建的。
E. 三师中的导弹旅是在 1969 年组建的。

25. 要接种新冠疫苗，申请者必须无癫痫发病史，并且无抗生素药物过敏。要参加本次高级论坛，与会者必须已接种新冠疫苗，或者持有 7 天之内核酸检测合格证明，或者持有论坛主席团的特别邀请函。张教授并无癫痫发病史，但未被允许接种新冠疫苗，这不影响他参加本次高级论坛。
如果上述断定为真，以下哪项一定为真？
A. 张教授抗生素药物过敏。
B. 张教授无抗生素药物过敏。
C. 如果张教授未做核酸检测，则他持有论坛主席团的特别邀请函。
D. 如果张教授做了核酸检测，则他一定没有主席团的特别邀请函。
E. 张教授既持有 7 天之内核酸检测合格证明，又持有论坛主席团的特别邀请函。

26. 如果比较全日制学生的数量，东江大学的学生数是西海大学学生数的 70%。如果比较学生总数量（全日制学生加上成人教育学生），则东江大学的学生数是西海大学的 120%。
由上文最能推出以下哪项结论？
A. 东江大学比西海大学更注重教学质量。
B. 东江大学成人教育学生数量所占总学生数的比例比西海大学的高。
C. 西海大学的成人教育学生比全日制学生数多。
D. 东江大学的成人教育学生数比西海大学的少。
E. 东江大学的全日制学生比成人教育学生多。

27. 人们每天的膳食应包括谷薯类、蔬菜水果类、畜禽鱼蛋奶类、大豆坚果类等食物。为了追求更健康合理的饮食结构，小明决定自己的每一餐都符合以下规则：如果含有谷薯类和蔬菜水果类，则一定含有畜禽鱼蛋奶类；只有含有蔬菜水果类，才会含有大豆坚果类。
假设小明某餐的食品没畜禽鱼蛋奶类但是吃了大豆坚果类，则以下哪一个选项一定为真？
A. 该餐中小明没有吃谷薯类。　B. 该餐中小明没有吃蔬菜水果类。
C. 该餐中小明吃了谷薯类。　D. 该餐中小明吃了谷薯类又吃了蔬菜水果类。
E. 该餐中小明或者没有吃蔬菜水果类，或者吃了谷薯类。

28. 有一 6×6 的方阵，它包含的每个方格中都可以放入一个品种的花，已有部分品种放入，现要求该方阵中的每行每列均含有菊、兰、梅、桃、荷、桂 6 种花，不能重复不能遗漏。
根据上述要求，以下哪项可以是方阵最左列 5 个空格中从上至下依次填入的花种？

桂	梅		兰		桃
		兰		荷	
	菊	桂	桃		梅
		梅	荷		
	桂		菊		荷
		菊		桃	兰

A. 梅、桃、荷、兰、菊。　B. 菊、荷、桃、梅、兰。
C. 菊、荷、桃、兰、梅。　D. 兰、桃、菊、荷、梅。
E. 桃、兰、菊、梅、荷。

29~30 题基于以下题干：

某宿舍的甲、乙、丙、丁、戊、己 6 位同学计划在法语、德语、韩语 3 种语言类课程，和绘画、舞蹈、音乐 3 种艺术类课程中分别选择 2 门进行学习，并且每门课程只能被 2 人选择。关于他们的选择还知道以下信息：

（1）如果甲、丙和戊至少有 1 人选择法语，那么丁也会选择法语，并且戊选择韩语；

（2）若乙和戊至多有 1 人选择韩语或者丁选择绘画，则乙和丁选择的课程完全相同；

（3）若丙和戊至少有 1 人不选德语，那么己选择韩语；

（4）丁只会在艺术类课程中进行选择。

29. 根据上述信息，以下哪项不可能为真？

A. 丙和戊选择的课程不完全相同。

B. 甲选择绘画和舞蹈。

C. 丁选择音乐。

D. 乙和戊均选择了韩语。

E. 丙和己均选择舞蹈。

30. 如果丙和丁选择的课程完全不相同，并且甲和丁选择的课程不完全相同，以下哪项一定为真？

A. 己选择法语和绘画。

B. 丙和甲选择绘画。

C. 丁和甲选择舞蹈。

D. 丙和戊选择韩语。

E. 甲和己选择舞蹈。

逻辑模拟试卷（二十）

建议测试时间：55-60分钟　　实际测试时间（分钟）：________　　得分：________

本测试题共30小题，每小题2分，共60分，从下面每小题所列的五个备选答案中选取出一个，多选为错。

1. 国外有纳米工程师已开发出抗肺炎微型机器人，其由藻类细胞制成，表面点缀着抗生素填充的纳米颗粒，由藻类提供运动能力，使微型机器人能够四处游动，并将抗生素直接输送到肺部的更多细菌中，通过提供的药物清除危及生命的细菌性肺炎感染。研究结果表明，靶向药物递送（将药物递送至人体目标部位而不影响其他非目标组织的过程）与微型机器人的主动运动相结合可提高治疗效果。

   以下哪项如果为真，最能加强上述论证？

   A. 在小鼠试验中，微型机器人安全地消除了引起肺炎的细菌，小鼠存活率达100%。

   B. 微型机器人会将药物运输到需要的地方，而不是扩散到身体其他部位。

   C. 微型机器人能够减少有害炎症，从而更有效地对抗肺部感染。

   D. 使用微型机器人进行治疗比静脉注射抗生素更快产生药效。

   E. 靶向药物递送时不会改变微型机器人的移动路径。

2. 张教授：由于要想保护每个目前濒临灭绝的物种将极为昂贵，所以那些对人类价值最大的濒危物种应该享有最优先的被保护权利。

   李研究员：这个政策是不合适的，这是因为一个物种的未来价值是无法预测的，另外，那些对人类贡献很少，但却是间接贡献的物种的目前价值也是无法估计的。

   下面哪一项是李研究员针对张教授的回答的要点？

   A. 尽管应该保护所有濒危的物种，但这样做，从经济上来说是不可能的。

   B. 即使某一物种对人类的价值是已知的，该价值也不应作为决定是否应该尽力保护该物种的一个因素。

   C. 那些对人类有直接贡献的物种应该比那些对人类仅有间接贡献的物种享有更优先的被保护权。

   D. 由于用于确定哪一物种对人类的价值最大的方法是不完善的，所以无法根据对这种价值的估计做出明智的决定。

   E. 保护那些对人类的价值能够可靠预测的濒危物种比保护那些对人类来说价值无法预测的物种更加重要。

3. 在一项调查中，对“如果被查出患有癌症，你是否希望被告之真相”这一问题，80%的被调查者作了肯定回答。因此，当人们被查出患有癌症时，大多数都希望被告之真相。

   以下各项如果为真，都能削弱上述论证，除了？

   A. 上述调查的策划者不具有医学背景。

   B. 上述问题的完整表述是：作为一个意志坚强和负责任的人，如果被查出患有癌症，你是否希望被告之真相？

   C. 在另一项相同内容的调查中，大多数被调查者对这一问题做了否定回答。

   D. 上述调查是在一次心理学课堂上实施的，调查对象受过心理素质的训练。

   E. 在被调查时，人们通常都不讲真话。

4. 应该清醒地认识到，目前房地产市场最大的矛盾不是供需之间的矛盾，而是百姓囊中羞涩与房价不断上涨之间的矛盾。而这一问题产生的根源就在于房子被当作奇货可居、有利可图的商品，被房产商和手有余钱的业主一而再再而三地热炒。于是我们看到一些房产商宁愿把房子成片闲置也不愿平价或降价出售；某些富有的业主拥有两三套，甚至数十套房产，而大量炒房团也应运而生。

   以下哪项如果为真，能够对上述结论构成最大的支持？

   A. 经济学家近来十分关注炒房对房价上涨的影响。

   B. 在一些地区拟对拥有多套房产者开征使用费，可以有效地抑制虚假的住房需求。

C. 在一些经济发达的地区，炒房现象虽不突出，但房价仍然居高不下。

D. 房价没有只涨不跌的道理，炒房的最终结果必然导致房产崩盘。

E. 有些地区未发生炒房现象，房价比较平稳。

5. 在美国，遭遇汽车事故的乘客所受的伤害通常比在欧洲严重，在那里法律要求使用一种不同种类的安全带。很明显，美国需要采用更严厉的安全带设计标准来更好地保护汽车司机。

下面选项如果正确，除了哪项其余都削弱了该论证？

A. 欧洲人比美国人更可能系安全带。

B. 和美国司机不同，欧洲司机接受培训学习如何在发生事故时最好地做出反应以使对自己和乘客的伤害最小。

C. 针对欧洲市场制造的汽车比针对美国市场制造的汽车倾向于带有安全带。

D. 美国的汽车乘客比欧洲的乘客在统计上有更高的可能性遭遇事故。

E. 最近已经开始要求采用欧洲安全带的州中，乘客遭受汽车事故而受伤害的平均严重程度没有减少。

6. 东方学院的某学者认为，只有擅长琴棋书画的人才能成为一名令人神往的雅士，没有一个懂得五行八卦的术士痴迷于现代科学，从小开始进行科学启蒙的人均痴迷于现代科学，除非从小开始进行科学启蒙，否则很难成为专利发明家，但是有些专利发明家却是令人神往的雅士。

以下哪项如果为真，最能反驳该学者的上述观点？

A. 有些专利发明家不是令人神往的雅士。

B. 擅长琴棋书画的人不都是懂得五行八卦的术士。

C. 所有懂得五行八卦的术士都是擅长琴棋书画的人。

D. 所有懂得五行八卦的术士不都不是擅长琴棋书画的人。

E. 所有擅长琴棋书画的人都是懂得五行八卦的术士。

7. 传统上，人们认为由经理们一步一步理性地分析做出的决策要优于通过直觉做出的决策。然而，最近的一项研究发现，高级经理使用直觉比大多数中级或低级经理多得多。这证实了一个观点，即直觉实际上比仔细的、有条不紊的理性分析更有效。

以上结论基于以下哪一项假设？

A. 有条不紊的、一步一步地理性分析在做出许多真实生活中的管理决策时不适用。

B. 高级经理既有能力使用直觉判断，也有能力使用有条不紊的、一步一步地理性分析来做决策。

C. 使用有计划的分析和使用直觉判断一样，可以轻松地做出中级和低级经理做出的决策。

D. 高级经理使用直觉判断做出他们的大多数决策。

E. 高级经理比中级和低级经理在做决策方面更有效。

8. 研究发现，试管婴儿的出生缺陷率约为9%，自然受孕婴儿的出生缺陷率约为6.6%。这两部分婴儿的眼部缺陷比例分别为0.3%和0.2%，心脏异常比例分别为5%和3%，生殖系统缺陷的比例分别为1.5%和1%。因而可以说明，试管婴儿技术导致试管婴儿比自然受孕婴儿出生缺陷率高。

以下哪项如果为真，最能质疑该结论？

A. 试管婴儿要经过体外受精和胚胎移植过程，人为操作都会加大受精卵受损的风险。

B. 选择试管婴儿技术的父母大都有生殖系统功能异常，这些异常会令此技术失败率增加。

C. 试管婴儿在体外受精阶段可以产生很多受精卵，只有最优质的才被拣选到母体进行孕育。

D. 试管婴儿的父母比自然受孕婴儿的父母年龄大很多，父母年龄越大，新生儿出生缺陷率越高。

E. 婴儿出生缺陷除了与受孕方式有一定关系，胎儿在发育阶段的营养状况也会有影响。

9. 在不同语言中，数字的发音和写法都不一样。张教授在最近的研究报告中指出，代表不同文化背景的语言，会对人们大脑处理数学信息的方式产生影响。

以下哪项如果为真，最能支持张教授的观点？

A. 相比欧洲，亚洲地区的人们在进行数量大小比较时，大脑中个别区域的活跃程度有所不同。

B. 在同一国家，不同方言区的人们进行数学运算时，大脑语言区的神经传递路线并不十分一致。

C. 研究发现，以英语为母语的人进行心算时主要依赖大脑的语言区，而以中文为母语的人主要动用了大脑的视觉信息识别区。
D. 研究发现，不同专业背景的人们在计算数学题时会选择不同的思考方法，但都会不同程度地依赖大脑的语言区。
E. 研究发现，不同的语言表达方式，能够在很大程度上影响人们接受数学信息时的效率。

10. 所谓红利，实际上是指一个国家或地区在特定发展阶段所具有的发展优势，以及利用这种发展优势所带来的好处。对于任何一个国家或地区来说，红利的产生和消失都是其经济发展的一种正常现象。
根据上述定义，下列哪项不涉及红利？
A. 甲国多数企业都会按季度发放股息分红，其数额约占公司税后净利的 50%，良好的利润分配方式，使企业经营结构更加优化，发展更是蒸蒸日上。
B. 乙国的劳动年龄人口占总人口比重较大，抚养率比较低，为经济发展创造了有利的人口条件。整个国家的经济呈高储蓄、高投资和高增长的局面。
C. 丙市经济发展曾一度陷入停滞状态，为促进经济发展，该市通过改革，将原有的制度和体制加以调整。释放发展潜力的同时，也使经济得到平稳较快发展。
D. 丁省拥有丰富的土地资源、矿产资源、森林资源、淡水资源和草场资源，通过充分合理利用这些优势资源，该省经济发展始终位于全国前列。
E. 戊县在国家大力扶持高新技术产业的情况下，通过招商引资同时减免税款的政策，吸引来了大批高科技企业入驻，这让戊县成功摆脱了贫困县的帽子。

11. 当前，很多高校规定研究生毕业之前必须发表一定数量的学术文章，并将其与学位获得资格挂钩。校方认为，研究生学习期间发表论文，有利于提高其学术水平，增强其学术能力，既能实现人才培养的目标，又能扩大学校的知名度。然而，最近某高校取消了研究生论文发表与学位获得资格挂钩的规定，受到许多研究生导师的认同。他们认为，这一规定更有利于培养该校研究生的学术能力。
以下哪项如果为真，最能支持上述研究生导师们的观点？
A. 该校的研究生素质高，即使学校不做规定，大部分研究生也会想方设法发表论文。
B. 该校曾有极少数研究生为了学位而肆意抄袭、买卖论文，严重影响学校声誉。
C. 该校许多导师指导多名研究生，需要花费大量时间来修改学生的投稿论文。
D. 该校过去用论文发表要求来代替培养过程监督，导致学生难以沉下心来研究学问。
E. 许多研究生导师认为研究生论文发表与研究生的学术能力本来就没有直接关系，不应该挂钩。

12. 梳理现代企业管理 100 余年的历史会发现，对管理贡献最大的不是企业家，不是商学院，而是军队、军校。一方面，现代企业管理从军队管理中借鉴、汲取了许多营养；另一方面，现代企业管理中的许多方法与原则都直接取自军队。特别是两次世界大战后，军队的管理为现代企业组织管理提供了非常好的人员、实践和理论准备。
以下哪项如果为真，最能支持上述结论？
A. 军事化的管理原则和现代企业管理原则相一致。
B. 军队高效，而管理理论的核心正是效率。
C. 现代企业管理思想诞生于两次世界大战结束时期。
D. 美国最优秀的“商学院”并非哈佛，而是西点军校。
E. 现代企业管理的有些理念来源于企业和商学院。

13. 近年来，“斜杠青年”成为很多人的时尚追求。它指的是一群不再满足“专一职业”生活方式，而选择拥有多重职业和身份的多元生活人群。对此，有人认为，新产业、新技术、新业态不断更迭，激烈的竞争促使青年人不断进行自我更新，“我们已经开始进入‘不斜杠即淘汰’的快速变化的社会”，然而，也有反对者指出，对于“斜杠青年”，社会可给予更多的理解和支持，但不能成为多数人的盲目追捧。
以下哪项如果为真，最能支持反对者的观点？
A. “斜杠青年”本身就给人一种不踏实、不靠谱的感觉，不值得提倡。
B. 人一辈子精力有限，今天学这个，明天干那个，最后哪个也没干好，所以要专注才行。

C. “斜杠青年”的生活方式需要实力来支撑，他们实际上都是一群自控力强，经历过长期的自我投资与积累，并且拥有某种核心竞争力的人。

D. 斜杠与年龄无关，越成熟的人成为斜杠的可能性越大，因为时间和阅历会让人更了解自己，并且有足够多的时间投入到喜欢的事情中。

E. 现代社会本身就充斥着多元化的价值观，所谓存在即合理，要给予不同的价值观更多的包容。

14. 只有树立“大食物观”，从更好地满足人民美好生活的需要出发，掌握人民群众食物结构变化趋势，才能在确保粮食供给的同时，保障肉类、蔬菜、水果、水产品等各类食物有效供给。如果要把“大食物观”落实好，就要持之以恒，久久为功。

根据以上陈述，可以得出以下哪项结论？

A. 如果能够保障肉类、蔬菜、水果、水产品等各类食物有效供给，就能树立“大食物观”。

B. 如果能够持之以恒地研究饮食结构观念的转变，发展和积累食品技术，就能真正地落实“大食物观”。

C. 如果能确保粮食供给且保障肉类、蔬菜、水果、水产品等各类食物有效供给，一定树立了“大食物观”。

D. 只要从更好地满足人民美好生活的需要出发，掌握人民群众食物结构变化趋势，就能树立“大食物观”。

E. 如果不能确保粮食供给，就无法树立“大食物观”。

15. 某学期学校新开设4门课程：“流行音乐鉴赏”“国学经典诵读”“古典音乐鉴赏”“《大提琴协奏曲》鉴赏”。赵伟、张华、钱缪和孙达4人各选修了其中一门课程。已知：

（1）他们4人选修的课程各不相同；

（2）赵伟选修的不是“流行音乐鉴赏”，就是“古典音乐鉴赏”。

若喜爱音乐的钱缪选修的是音乐鉴赏类课程，则以下哪项如果为真，就能确定钱缪选修的是“《大提琴协奏曲》鉴赏”？

A. 孙达选修的不是“《大提琴协奏曲》鉴赏”。

B. 孙达选修的是“流行音乐鉴赏”。

C. 孙达选修的不是“国学经典诵读”。

D. 孙达选修的是“国学经典诵读”。

E. 孙达选修的不是“流行音乐鉴赏”。

16~17题基于以下题干：

四个课外兴趣小组：恰恰舞小组、排球小组、绘画小组、古筝小组。F、G、H、J、K和L一起去报名参加兴趣小组。6人加入这四个课外兴趣小组，满足以下条件：

每人恰加入一个小组，每个小组至少有一人加入；H和F加入同一个小组；恰有一个人（此人不是L）和L加入同一个小组；G加入的是恰恰舞小组；J加入的是恰恰舞小组或古筝小组；H没加入古筝小组。

16. 如果L加入的是绘画小组，则以下哪项一定为真？

A. H加入的是排球小组。

B. G加入的是绘画小组。

C. K加入的是恰恰舞小组。

D. K加入的是排球小组。

E. K加入的是古筝小组。

17. 如果K没加入绘画小组，则以下哪项一定为真？

A. L加入的是恰恰舞小组。

B. L加入的是排球小组。

C. L加入的是绘画小组。

D. F和H加入的是排球小组。

E. F和H加入的是绘画小组。

18. 在一次聚会上来了4位漂亮的姑娘，她们成了焦点，很多男士纷纷给她们送花。她们每人都得到了玫瑰花，并且4个人得到的玫瑰花的总数是10朵。关于每个人得到花的数量，4位姑娘分别说了一句话。其中，得到2朵玫瑰花的人说了假话，其他的人都说了真话。（得到2朵玫瑰花的人可能不止一人）

甲：“乙和丙的玫瑰花总数为5。”

乙：“丙和丁的玫瑰花总数为5。”

丙：“丁和甲的玫瑰花总数为5。”

丁：“甲和乙的玫瑰花总数为4。”

根据上述条件，可以得出以下哪项结论？

A. 甲有 3 朵花，乙有 3 朵花。
B. 乙有 4 朵花，丁有 2 朵花。
C. 乙有 3 朵花，丁有 3 朵花。
D. 甲有 2 朵花，丁有 4 朵花。
E. 丙有 2 朵花，丁有 3 朵花。

19. 如果一个发展中国家具备有利的自然要素资源条件，实行符合国情和外部环境需要的合理的经济制度与政策，就能抓住机遇，实现长期较快经济增长，不断提升综合实力，逐步缩小与发达国家之间的差距。发达国家只有彼此尊重发展中国家的发展成就，才能形成在竞争中合作和共同发展局面。

如果上述论述为真，以下哪个选项一定为假？

A. 一个发展中国家具备自然资源，但是没有合理的制度与政策，经济增长缓慢。
B. 一个发展中国家具备了有利的自然资源和合理的制度和政策，最终不被发达国家所尊重。
C. 一个发达国家尊重了发展中国家的成就，但是没有形成共同发展的局面。
D. 一个发展中国家具备了有利的自然资源和合理的制度和政策，和发达国家的差距在拉大。
E. 一个发达国家和发展中国家建立了合作和共同发展关系，但是发展中国家并没有受到尊重与重视。

20. 如果这次光宇大学入选达到双一流高校要求，那么它必定存在拥有名列前茅的专业或者对社会有杰出的贡献。但是，根据现在教育局各校专业排名表来看，光宇大学的专业排名都一般，那么光宇大学这次要么没有达到双一流高校要求，要么对社会有杰出贡献。

上述的推理方式和以下哪项最为类似？

A. 如果这次可以入选奖学金得奖者，那么必定专业优秀并且人品过硬。但是，根据公布出来的成绩表来看，李丽专业成绩一般，那么李丽这次要么没有获得奖学金，要么人品过硬。
B. 如果奥迪这次进入年轻人热爱汽车品牌排行榜前三，那么它肯定改善了内饰装修或者净化车内甲醛空气。但是，根据 2022 年出的新车来看，奥迪的内饰并没有改变，那么奥迪这次要么没有进入年轻人热爱汽车品牌排行榜前三，要么净化车内甲醛空气。
C. 如果孙俪最近上了快乐大本营，那么她肯定是有电影上映或者单曲发布。但是，根据目前电影院公布的名单来看，孙俪最近没有电影上映，那么孙俪或者最近不上快乐大本营，或者发布单曲。
D. 如果一个婴儿哭了，那么他肯定是饿了或者是想要喜欢的玩具。但是，这个婴儿现在没哭，那么他肯定不饿并且不想要玩具。
E. 如果一个女孩儿独自一个人去旅游，那么她肯定失恋了或者最近压力太大。王静跟男朋友还在热恋期并且工作顺利，那么她肯定不会一个人独自旅游。

21. 某作家协会要为甲、乙、丙、丁、戊五人颁发诗歌、散文、童话、小说、科幻奖章，每人获得一枚，五人获得的奖章各不相同。已知：

(1) 甲获得的不是诗歌奖章就是散文奖章；
(2) 如果乙获得童话奖章，那么丁获得的一定不是小说奖章；
(3) 如果丙获得小说奖章，那么甲一定获得科幻奖章；
(4) 如果戊获得的不是科幻奖章，那么丁获得的一定是诗歌奖章；
(5) 除非丙获得小说奖章，否则乙获得的一定是童话奖章。

根据以上信息，以下哪项一定为真？

A. 戊获得了科幻奖章。
B. 丁获得了童话奖章。
C. 乙获得了散文奖章。
D. 甲获得了诗歌奖章。
E. 丙获得了科幻奖章。

22. 要把握未来发展主动权，要在各种可以预见和难以预见的惊涛骇浪中增强我们的生存力、竞争力、发展力、持续力，就要加快构建新发展格局。只有更加坚定的思想自觉、精准务实的举措、真抓实干的劲头，才能加快构建新发展格局。实行高水平对外开放，充分运用国际国内两个市场、两种资源，是谋划和推进自由贸易试验区高质量发展的基础。

根据以上信息，可以得出以下哪项？

A. 如果没有把握住未来发展主动权，就说明没能构建新的发展格局。
B. 只要在各种可以预见和难以预见的惊涛骇浪中增强我们的生存力、竞争力、发展力、持续力，就能把握未来发展主动权。

C. 除非谋划和推进自由贸易试验区高质量发展，否则将无法实行高水平对外开放，充分运用国际国内两个市场、两种资源。

D. 如果没有更加坚定的思想自觉、精准务实的举措、真抓实干的劲头，就不能在各种可以预见和难以预见的惊涛骇浪中增强我们的生存力、竞争力、发展力、持续力。

E. 如果加快构建新发展格局，就能实行高水平对外开放，充分运用国际国内两个市场、两种资源。

23. 中国国家认可的学历依次是：小学毕业、中学毕业、中专毕业、大专毕业、本科毕业、研究生毕业。其中，研究生毕业又包括硕士研究生毕业和博士研究生毕业。教育部定义的“接受过高等教育的人”是指具有大专及以上毕业证书的人。在对中国 2000 对夫妻调查后发现，“郎才女貌”是有一定事实依据的，因为接受过高等教育的丈夫要多于妻子。

根据以上陈述，关于这 2000 对夫妻，以下哪项是真的？

Ⅰ. 与接受过高等教育的人结婚的人中，男性比女性多。

Ⅱ. 与未接受过高等教育的人结婚的人中，男性比女性多。

Ⅲ. 与未接受过高等教育的人结婚的人中，接受过高等教育的男性比女性多。

A. 仅Ⅰ。　B. 仅Ⅱ。　C. 仅Ⅲ。　D. 仅Ⅱ和Ⅲ。　E. Ⅰ、Ⅱ和Ⅲ。

24. 某市教育局在全市大中小学校部署开展了 2022 年秋季开学“法律进学校宣传周”活动，下发文件要求，所有初中生都要学习《青少年法治教育大纲》；所有优秀三好学生也要学习《青少年法治教育大纲》；没有一个优秀少先队员是初中生；但所有获得“未来希望星”称号的学生都是优秀少先队员。

如果上述断定为真，以下哪项不一定为真？

A. 所有获得“未来希望星”称号的学生都不是初中生。

B. 有的学习《青少年法治教育大纲》的学生不是优秀少先队员。

C. 学习《青少年法治教育大纲》的学生不都获得了“未来希望星”称号。

D. 有些获得“未来希望星”称号的学生不学习《青少年法治教育大纲》。

E. 所有不学习《青少年法治教育大纲》的学生都不是优秀三好学生。

25. 任何不能回答病人问题的人都不能算是一个合格的医生。这正是我对自己的医生充满信心的原因，因为无论问题多么麻烦，她总是细心地回答我的每一个问题。

上述论证中的推理错误也类似地出现在以下哪一项中？

A. 没有一个脾气不好的而且意志力强的人会在商业上获得成功。张华是个意志力强的人，所以他不会在商业上获得成功。

B. 任何从事两份或者两份以上工作的人都不能协调职业和家庭生活之间的平衡。孟非只有一份工作，所以他能够协调职业和家庭之间的平衡。

C. 任何不支持这项提议的人都缺乏对议题的了解。赵丽反对这项提议，所以她缺乏对议题的了解。

D. 任何在大家庭中长大的人都习惯于妥协。何东是一个习惯于妥协的人，所以他可能是在大家庭中长大的。

E. 任何不诚实的人都或多或少地具有某些诚实的表现。陈真是一个不诚实的人，所以他的行为中很可能有一些诚实的情况。

26. 所有获得诺贝尔奖的人都精通数学，爱好广泛的人没有一个能成为物理学家，而所有企业首席经济师都是爱好广泛的人，有的企业首席经济师获得了诺贝尔奖。

如果上述断定为真，则以下各项均可能为真，除了？

A. 有的企业首席经济师没有获得诺贝尔奖。　B. 精通数学的人都是物理学家。

C. 精通数学的人不都是物理学家。　D. 物理学家都不是精通数学的人。

E. 所有物理学家都是精通数学的人。

27. 一种密码只由数字 1、2、3、4、5 组成，这些数字由左至右写成，并且符合下列条件才能组成密码：

（1）密码最短为两个数字，可以重复。

（2）1 不能为首。

（3）如果在某一密码数字中有 2，则 2 就得出现两次或两次以上。

（4）3 不可为最后一个数字，也不可为倒数第二个数字。

（5）如果这个密码数字中有 1，那么一定有 4。

（6）除非这个密码数字中有 2，否则 5 不可能是最后一个数字。

下列哪一个数字可以放在 2 与 5 后面形成一个由三个数字组成的密码？

A. 1　　B. 2　　C. 3　　D. 4　　E. 5

28. 某高校准备开展领导轮换交叉管理制度，这次的轮换备选人员有甲、乙、丙、丁、戊，调换的系别有物理系、化学系、管理系、数学系、汉语言系（五人均不是五个系曾经的领导），每个系有三位领导管理，每位领导至少管理两个系，并且甲和丁不会管理相同的系。已知：

（1）若甲和乙至少一个去汉语言系，则甲和乙会都去管理系；

（2）只有甲、丙、丁都去管理系，甲、丙、丁才至少有两人去化学系；

（3）除非乙不去汉语言系，否则甲、丙、戊都会去数学系。

如果乙去汉语言系，可以得出以下哪项一定为真？

A. 如果甲去汉语言系，则丙去管理系。

B. 如果甲去汉语言系，则丙去化学系。

C. 如果丁去汉语言系，则甲去物理系。

D. 如果丙去化学系，则丁去汉语言系。

E. 如果甲去管理系，则丙去化学系。

29~30 题基于以下题干：

赵甲、钱乙、孙丙、李丁、周武是五个无话不谈的好哥们儿，最近他们一起逛街的时候，每人买了四件物品，均为黄帽子、橙袜子、红外套和紫裤子，他们准备在下周和艺术学院的联谊中，穿上他们一起采购的衣服和帽子。然而可能搭配不合适，五个人各穿戴了其中的一种、两种或者三种。现已知：

（1）赵甲、孙丙和周武各穿戴了其中两种，李丁穿戴了其中三种，钱乙只穿戴了其中一种。

（2）赵甲最忌讳黄配橙，并且他今天穿了橙袜子。

（3）李丁最钟爱的就是红外套，无论如何都会穿红外套参加。

（4）钱乙和孙丙、孙丙和周武之间没有相同的装备。

（5）当且仅当赵甲戴黄帽子的时候，周武才穿红外套。

（6）赵甲、李丁和周武说好了，对于袜子的颜色，三人必须保持一致，然而钱乙的袜子颜色跟他们不一样。

（7）只有一件物品，五个人中四个人都有穿戴。

29. 若以上陈述为真，以下哪项一定为真？

A. 孙丙穿了红外套和紫裤子。

B. 孙丙没有穿紫裤子，但穿了橙袜子。

C. 五人中四个人都有穿戴的物品是橙袜子。

D. 五人中，只有李丁穿红外套。

E. 钱乙没有戴黄帽子。

30. 若孙丙只穿戴了其中一件，那么以下哪项一定为真？

A. 孙丙和周武都穿了红外套。

B. 孙丙穿了橙袜子。

C. 孙丙和李丁不都穿红外套。

D. 孙丙和周武不都穿橙袜子。

E. 孙丙和钱乙都不穿红外套。

逻辑模拟试卷（二十一）

建议测试时间：55-60 分钟　　实际测试时间（分钟）：________　　得分：________

本测试题共 30 小题，每小题 2 分，共 60 分，从下面每小题所列的五个备选答案中选取出一个，多选为错。

1. 2009 年法国航空公司一架客机失事。如果法国及其他多国没有采取积极的搜救行动，就不会尽早发现失事飞机的残骸。如果失事飞机设计公司提供技术支持并且派专家参与失事原因分析，那么关于失事事件的调查报告就会更客观。

   如果以上陈述如果为真，以下哪项不可能为假？

   A. 或者法国及其他多国采取积极的搜救行动，或者不会尽早发现失事飞机的残骸。

   B. 除非失事飞机设计公司提供技术支持，否则就不会尽早发现失事飞机的残骸。

   C. 如果法国及其他多国采取积极的搜救行动，就会尽早发现失事飞机的残骸。

   D. 如果失事飞机设计公司提供技术支持，那么关于失事事件的调查报告就会更客观。

   E. 如果失事飞机设计公司派专家参与失事原因分析，那么关于失事事件的调查报告就会更客观。

2. 关于这周广播台谁主持的问题，几位台长工作安排如下：

   （1）如果甲要校稿的话，那么他不会去广播台主持。

   （2）如果丙帮老师做课题，那么甲或丁去广播台主持。

   （3）只有去广播台主持，丙才不用帮老师做课题。

   （4）或者丙不去广播台主持，或者甲去广播台主持。

   （5）甲由于喉咙不舒服，不能说话，不得不去校稿。

   根据以上信息，可以得出以下哪项？

   A. 乙去广播台主持了。　　B. 丙去广播台主持了。

   C. 丁去广播台主持了。　　D. 丙没有帮助老师做课题。

   E. 以上均不正确。

3. 某学校有 29 名同学参加了好声音华北区和东北区的入围赛，且规定每位参赛者只能选择一个地区比赛。关于比赛结果三位老师有如下猜测：

   张老师：最多有 5 人入围华北区。

   李老师：入围东北区的人数小于 10 人。

   赵老师：如果入围华北区的人数不多于 5 人，那么入围东北区的人数不少于 10 人。

   结果表明三人中只有一人的猜测正确。

   根据上述信息，关于参加比赛的人可以得出以下哪项？

   A. 大部分人都没有入围。　　B. 有学生入围华北区的同时入围东北区。

   C. 张老师说法为真。　　D. 最多 10 人入围东北区。

   E. 落选的人数小于 14 人。

4. 某幼儿园六一儿童汇演需要 5 名小朋友参加演出，现有甲、乙、丙、丁、戊、己、庚、辛、壬、癸共 10 名小朋友参加了排练，且已知条件如下：

   （1）甲、乙、丙至少有一人参加演出，则丁和戊不能参加演出。

   （2）如果己参加演出，那么乙也需要参加演出。

   （3）要么癸参加演出，要么庚参加演出。

   现已知领舞的小朋友丁必须参加演出，则下列哪项一定正确？

   A. 己参加演出。　　B. 丙参加演出。　　C. 癸参加演出。

   D. 辛参加演出。　　E. 庚参加演出。

5. 如果北大图书馆对外国文学作品的收藏很全面，那么，其中一定能查阅到法国作家马尔罗的《征服者》。在北大图书馆确实能查阅到《征服者》。因此，北大图书馆对外国文学作品的收藏很全面。
以下哪项论证在结构上与题干的最为类似？
A. 氦或氢是化学元素周期表上最轻的元素。氦不是周期表上最轻的元素。因此，氢肯定是周期表上最轻的元素。
B. 如果盗版光盘的泛滥是由于正版光盘的价格过高的话，那么，降低正版光盘的价格就可以阻止盗版光盘的泛滥。但是，几次正版光盘价格的较大幅度降价，并没有有效地阻止盗版光盘的泛滥。因此，盗版光盘的泛滥并不是由于正版光盘的价格过高。
C. 如果夸克是比原子更小的宇宙间最小的基本粒子，那么，就需要粘子把夸克连接在一起。事实上需要粘子把夸克连接在一起。因此，夸克是比原子更小的宇宙间最小的基本粒子。
D. 如果天下雨，那么地上是湿的。现在下着雨，所以，地上一定是湿的。
E. 如果患者患的是肺炎，那么用听诊器就一定能听到肺部啰音。这位患者患的不是肺炎，因此，用听诊器不可能听到肺部啰音。
6. 过去的 20 年里，科幻类小说占全部小说的销售比例从 1%提高到了 10%。期间，对这种小说的评论也有明显的增加。一些书商认为，科幻小说销售量的上升主要得益于有促销作用的评论。
以下哪项如果为真，最能削弱题干中书商的看法？
A. 科幻小说的评论，几乎没有读者愿意看。
B. 科幻小说的读者中，几乎没有人读科幻小说的评论。
C. 科幻小说评论文章的读者，几乎都不购买科幻小说。
D. 科幻小说评论文章的作者中，包括著名的科学家。
E. 科幻小说的评论文章的作者中，包括因鼓吹伪科学而臭了名声的作家。
7. 没有一个草率的人是可以统领全局的，而圣约翰大学的毕业生都可以统领全局。所以，圣约翰大学的毕业生肯定没有接受过所谓风暴式训练方法的训练。
为了合乎逻辑地推出上述结论，需要假设下面哪项为前提？
A. 圣约翰大学的毕业生不草率。
B. 不草率的人都接受过所谓风暴式训练方法的训练。
C. 接受过所谓风暴式训练方法训练的人都不草率。
D. 草率的人都接受过所谓风暴式训练方法的训练。
E. 如果一个人不草率，那么他就没有接受过所谓风暴式训练方法的训练。
8. 对常兴市 23 家老人院的一项评估显示，爱慈老人院在疾病治疗水平方面受到的评价相当低，而在其他不少方面评价不错，虽然各老人院的规模大致相当，但爱慈老人院医生与住院老人的比率在常兴市的老人院中几乎是最小的。因此，医生数量不足是造成爱慈老人院在疾病治疗水平方面评价偏低的原因。
以下哪项如果为真，最能加强上述论证？
A. 和祥老人院也在常兴市，对其疾病治疗水平的评价比爱慈老人院还要低。
B. 爱慈老人院的医务护理人员比常兴市其他老人院都要多。
C. 爱慈老人院的医生发表的相关学术文章很少。
D. 爱慈老人院位于常兴市的市郊。
E. 爱慈老人院某些医生的医术一般。
9. 传统观点认为，尽管用于制造贫铀弹所使用的贫铀放射性低，但仍会导致人类染色体受损，从而引发肿瘤或癌症。但是，在最近的一项研究中，研究人员对接触过贫铀弹的退伍老兵的血细胞进行研究，到目前为止，还没有检测到任何染色体断裂和重复，并没有发现任何由于接触贫铀弹而造成的负面健康影响。因此相关研究人员认为，放射性低的贫铀弹不会对人类的健康造成影响。
以下哪项如果为真，最能削弱研究人员的结论？
A. 某地居民向法院起诉，声称该国军队试验贫铀弹，很可能已经影响该地居民健康。
B. 世界上很多国家的专家都在致力于解决贫铀弹的放射性污染问题。

C. 有数据显示，这些接触过贫铀弹的退伍老兵的后代患有先天性缺陷的比率远远高于正常值。

D. 没有接触过贫铀弹的人也会患有肿瘤或癌症。

E. 由于日常生活中接触贫铀弹的人不多，使得人们极其容易忽视放射性低的贫铀弹对人类造成的影响。

10. 美元加息的预期使得黄金等贵金属的价格一直面临着下跌趋势。除了投资，黄金还用于装饰行业，黄金的下跌使得装饰行业的成本大大降低，然而，令人惊讶的是，装饰行业在黄金大跌的去年和今年，尽管装饰业务并没有明显降低，但是整个行业利润却显示为亏损。

下面哪项如果正确，为上面的装饰行业的亏损提供了合理解释？

A. 黄金仅仅是装饰行业消耗材料中的一小部分。

B. 由于黄金价格下跌，一些原本不用黄金进行装饰的客户，这两年也要求使用黄金进行装饰。

C. 装饰行业中的大多数企业将重要的贵金属原材料作为储备，不仅是为了生产也是一种投资。

D. 装饰行业使用的铂金、铜材等价格也随着黄金价格下跌而下跌。

E. 由于房地产行业的快速发展，房屋装修成为装饰行业重要的工作。

11. 智能手表近几年发展迅速，它有很多传统手表所不具备的功能，比如，实时收发短信、邮件，实时监测运动状态，获取血压、脉搏数据等。也正因为智能手表的这些优点，越来越多的人购买智能手表。据此，某教授估计，再过若干年，制造传统手表的工厂最终会倒闭。

以下哪项如果为真，最能削弱该教授的结论？

A. 因为智能手表价格较为昂贵，一些消费者不会购买智能手表。

B. 虽然传统手表功能单一，戴习惯了的人不愿意改戴智能手表。

C. 大多数传统手表制造厂不仅制造传统手表也制造智能手表。

D. 许多智能手表需要与智能手机配套使用，令许多人感到麻烦。

E. 传统手表依然是身份和地位的象征，受到很多商务人士的青睐。

12. 当一名司机被怀疑饮用了过多的酒精时，检验该司机走直线的能力与检验该司机血液中的酒精水平相比，是检验该司机是否适于驾车的一个更可靠的指标。

下列哪一项如果正确，能最好地支持上文中的声明？

A. 观察者们对一个人是否成功地走了直线不能全部达成一致。

B. 由于基因的不同和对酒精的抵抗能力的差别，一些人在高的血液酒精含量水平时所受的运动肌肉损伤比另一些人要多。

C. 用于检验血液酒精含量水平的测试是准确、低成本，并且易于实施的。

D. 造成致命性事故的司机中，一半以上的人的血液酒精含量水平高于法定限制，而在较轻的事故中，法律意义的醉酒司机的比率要低得多。

E. 一些人在血液酒精含量水平很高的时候，还可以走直线，但却不能完全驾车。

13. 国际田径邀请赛在日本东京举行。方明、马亮和丹尼斯三人中至少有一人参加了男子 100 米比赛。而且：

（1）如果方明参加男子 100 米，那么马亮也一定参加。

（2）报名参加男子 100 米的人必须提前进行尿检，经邀请赛的专家审查通过后才能正式参赛。

（3）丹尼斯是在赛前尿检工作结束后才赶来报名的。

根据以上情况，以下哪项一定为真？

A. 方明参加了男子 100 米比赛。

B. 马亮参加了男子 100 米比赛。

C. 丹尼斯参加了男子 100 米比赛。

D. 方明和马亮参加了男子 100 米比赛。

E. 丹尼斯和方明参加了男子 100 米比赛。

14. 从 2013 年到 2016 年，新加坡香烟的消耗上升了 3.4%，而咀嚼烟草的销量上升了 18%，与此同时，新加坡的人口上升了 5%。

如果上述陈述为真，则以下哪项结论可以适当地得出？

A. 新加坡烟草制造者 2016 年的利润比 2013 年要高。

B. 新加坡 2016 年平均每人消耗的香烟量比 2013 年低。

C. 在 2013 年到 2016 年之间，新加坡不抽烟的人的比率下降了。

D. 新加坡烟草制造者意识到香烟的利润低于咀嚼烟草。

E. 在 2013 年到 2016 年之间，很大比率的新加坡抽烟者从抽香烟转化成了咀嚼烟草者。

15～16 题基于以下题干：

现有 8 位客人张、王、李、赵、杨、朱、刘、胡准备去某高档餐厅就餐，该餐厅共有桃花源、日月潭、丝竹林、莲花洞、牡丹亭、古铜斋、芙蓉苑、梅园 8 个包厢。每位客人只能选择其中一个包厢，每个包厢只能满足一位客人的就餐需求。已知：

（1）如果张选择桃花源，那么李选择日月潭，且赵选择古铜斋。

（2）刘选择牡丹亭当且仅当李不选择日月潭。

（3）如果王选择梅园，那么刘选择丝竹林，但朱选择莲花洞。

（4）要么张选择桃花源，要么王选择梅园。

（5）若赵在古铜斋和牡丹亭中至少选择一个，则杨选择芙蓉苑。

15. 如果以上信息为真，则以下哪项一定为真？

A. 张不选桃花源。　　B. 王选梅园。　　C. 李选日月潭。

D. 刘选牡丹亭。　　E. 赵选古铜斋。

16. 如果王和胡分别选择丝竹林和莲花洞中的某一个，则以下哪项一定为真？

A. 王选丝竹林。　　B. 胡选莲花洞。　　C. 杨选梅园。

D. 朱选牡丹亭。　　E. 刘选牡丹亭。

17. 事实上，友善并不是一项保证团队和谐所不可或缺的因素。如果其他团队特征具备的话，即使一个脾气暴躁的工作团队也可以是有效团队。当一个工作团队取得丰硕成果并且获得认可时，团队成员会对他们的成绩感到愉悦。

根据以上信息，以下除了哪项外都可能为假？

A. 如果一个团队成员对于他们的成绩并不能感到愉悦，那么该工作团队或者没有取得丰硕成果，或者获得认可。

B. 或者一个工作团队取得丰硕成果并且获得认可，或者团队成员不会对他们的成绩感到愉悦。

C. 如果团队成员不会对他们的成绩感到愉悦，那么工作团队一定取得了丰硕成果并且获得认可。

D. 一个工作团队取得丰硕成果并且获得认可，除非团队成员会对他们的成绩感到愉悦。

E. 一个工作团队除非或者不能取得丰硕成果，或者不获得认可，团队成员才不会对他们的成绩感到愉悦。

18. 某高校的甲、乙、丙、丁、戊 5 位大学生暑期结伴去旅游，对于 5 人将要旅游的城市，他们却有不同的想法：

甲：只要去北京，就要去上海。

乙：北京和重庆至多有一个不去。

丙：如果不去成都，那么不去上海。

丁：除非不去重庆，否则要去成都。

戊：只有去南京，才去成都。

事后得知，5 人的想法都得到了实现。

根据以上信息，上述 5 人游览的城市一定有？

A. 北京和上海。　　B. 上海和成都。　　C. 北京和重庆。

D. 南京和成都。　　E. 上海和重庆。

19. 某宿舍的甲、乙、丙、丁、戊、己、庚、辛 8 人，讨论自己旅游过的城市，他们发现：

（1）甲、乙、丙、丁、戊都去过的城市完全相同；

（2）8 人总共去过 4 个城市；

（3）每人只去过一个城市旅游，并且己、庚、戊没有去过相同的城市。

根据以上信息，可以得出以下哪项一定为假？

A. 庚和辛去过的城市不同。 B. 戊和辛去的城市不同。 C. 甲和戊去过的城市相同。
D. 辛和乙去的城市相同。 E. 丙和辛去的城市不同。

20. 据统计，目前全球每年死于饥饿的人数高达千万。而中国人每年在餐桌上浪费的粮食约为 800 万吨，相当于 1 亿人一年的口粮。这意味着，如果我们能有效杜绝餐桌上的食物浪费，就能够救活千百万的饥民。
如果以下陈述为真，哪一项最适合用来质疑上述结论？
A. 消费能拉动经济发展，富人帮助穷人的途径之一是增加消费。
B. 当今农业发展的水平已经能够从总量上保障全世界的人免于饥饿。
C. 杜绝食物浪费只是解决饥饿问题的有利条件。
D. 恶劣气候导致粮食价格波动，加剧了饥饿问题。
E. 许多人宁可选择饿死，也不会选择吃残羹冷炙。

21. 某校经管学院决定安排张兰、周萍、刘琴、王林、赵煦中一个或几个人去参加近日的全国性学术论坛。学院领导建议：
（1）如果安排张兰，那么必须安排周萍并且不能安排刘琴。
（2）如果安排周萍或者安排刘琴，则不能安排王林。
（3）如果不安排张兰，那么安排刘琴。
（4）不能既不安排赵煦也不安排王林。
（5）如果不安排王林，那么也不安排张兰。
根据上述断定，一定要安排的人中一定有？
A. 周萍和赵煦。 B. 周萍和王林。 C. 赵煦和刘琴。
D. 王林和刘琴。 E. 王林和赵煦。

22. 标准抗生素通常只含有一种活性成分，而草本抗菌药物却含有多种。因此，草本药物在对抗新的抗药菌时，比标准抗生素更有可能维持其效用。对菌株来说，它对草本药物产生抗性的难度，就像厨师难以做出一道能同时满足几十位客人口味的菜肴一样，而做出一道满足一位客人口味的菜肴则容易得多。
以下哪项中的推理方式与上述论证中的最相似？
A. 如果你在银行有大量存款，你的购买力就会很强。如果你的购买力很强，你就会幸福。所以，如果你在银行有大量存款，你就会幸福。
B. 足月出生的婴儿在出生后所具有的某种本能反应到 2 个月时就会消失，这个婴儿已经 3 个月了，还有这种本能反应。所以，这个婴儿不是足月出生的。
C. 根据规模大小的不同，超市可能需要 1 至 3 个保安来防止偷窃。如果哪个超市决定用 3 个保安，那么它肯定是个大超市。
D. 电流通过导线如同水流通过管道。由于大口径的管道比小口径的管道输送的流量大，所以，较粗的导线比较细的导线输送的电量大。
E. 所有的学生都可以参加这一次的决赛，除非没有通过资格赛的测试。这个学生不能参加决赛，因此他一定没有通过资格赛的测试。

23～24 题基于以下题干：
某哲学系有六个学生，分别是文东、泽西、殿南、北凯、方中、小嵩，他们准备去五岳游玩，五岳分别为东岳、西岳、南岳、北岳、中岳这五座山。由于每个人的时间安排不同，六个人分别至少去了五岳中的两座，每座山只有三个人去，并且除小嵩以外，每人所去的山的名称中的方位与自己名字中的方位均不相同。已知：
（1）只有方中不去西岳，也不去北岳，她才不去中岳。
（2）如果泽西去南岳，则方中不去东岳。
（3）没有人既去东岳，又去中岳。
（4）如果泽西不去东岳，则她不去北岳。
（5）只有北凯去西岳，文东才去西岳。

（6）如果文东不去南岳，则北凯也不去南岳。

（7）如果北凯去南岳，那么殿南也去南岳。

23. 根据上述信息，可以得出以下哪项？

A. 文东去西岳。 B. 泽西去南岳。 C. 殿南去北岳。

D. 小嵩去南岳。 E. 北凯去东岳。

24. 如果北凯去了东岳，并且她和小嵩只去了其中两座山，则以下哪项一定为真？

A. 文东去了三座山。 B. 殿南去了四座山。

C. 文东和小嵩都去了中岳。 D. 北凯和小嵩都去了西岳。

E. 有两座山殿南和泽西都没去。

25. 某项社会调查指出，所有受到年轻人喜爱的品牌都有独到的设计，而不会盲目跟风，并非所有盲目跟风的品牌不会成功，所以，有些受到年轻人喜爱的品牌会成功。

以下哪项中的推理与上文中的最相似？

A. 在少年宫的某次问答统计中发现，所有报名数学班的小朋友都善于独立思考，而不喜欢与人交谈，有些喜欢与人交谈的小朋友报名了舞蹈班，所以，有些报名数学班的小朋友没有报舞蹈班。

B. 在某医学院的就业意愿统计中发现，有些有临床经验的医学生想去三甲医院，而不想去乡镇医院，并非所有想去乡镇医院的医学生学习不优秀，所以，有些有临床经验的医学生学习优秀。

C. 某经纪公司对旗下艺人调查后发现，所有演技精湛的艺人喜欢接影视通告，而不喜欢接综艺通告，并非所有喜欢接综艺通告的艺人都不心直口快，所以，有些演技精湛的艺人心直口快。

D. 某教育机构的一项调查指出，所有报考名校的学生注重学习方法，而不注重学习时间，并非所有注重学习时间的学生都不注重学习环境，所以，有的报考名校的学生不注重学习环境。

E. 某餐饮行业出示的一份顾客消费意愿表中指出，所有喜欢吃火锅的顾客注重食材的口味，而不注重食材的价格，并非所有注重食材价格的顾客不注重服务，所以，所有喜欢吃火锅的顾客注重服务。

26. 赵亮：一个国家的经济要发展，人民要富裕，社会必须稳定。

王宜：你的断定不成立。我国的近邻老挝是一个被誉为世界上最舒适安宁的国家，很多后现代的西方人，都跑到老挝寻求前现代的安宁和舒适。但老挝是东南亚最穷的国家之一，人均 GDP 还不到 300 美元，约等于中国的 1/10，比正在崛起的越南也差很多。

以下哪项对王宜的反驳的评价最为恰当？

A. 只要上述有关老挝的陈述是真实的，那么，王宜的反驳就是成立的，有说服力的。

B. 王宜的反驳有漏洞：仅根据个别的不具有代表性的论据轻率概括出一般性的结论。

C. 王宜的反驳有漏洞：把某一现象导致的结果当作导致这一现象的原因。

D. 王宜的反驳有漏洞：把缺少证据证明某种情况存在当作有充分证据证明某种情况不存在。

E. 王宜的反驳有漏洞：把赵亮的断定误解为一个国家要稳定，人民必须富裕。

27. 公元 250 年至 800 年，玛雅文明还十分发达，城市繁荣，庄稼收成也很喜人，气候记录显示，这一时期玛雅地区的降水量相对较高，此后玛雅文明开始衰落。从公元 820 年左右起，在连续 95 年的时间里，该地区开始经历断断续续的干旱，有些地方的干旱甚至持续了数十年之久。许多专家由此认为，9 世纪的气候变化或许正是玛雅文明消亡的原因。

以下哪项如果为真，最能支持上述专家的观点？

A. 在 9 世纪衰退的玛雅城市大多分布在南部，使用木材进行的建造活动也大大减少。

B. 和所有大型农耕文明一样，玛雅人的社会很大程度上依赖于农作物，干旱导致农产品减少，严重影响玛雅人的生存。

C. 大多数玛雅城市是在公元 850 年到 925 年之间衰落的，和干旱发生的时间高度重合。

D. 公元 1000 年至 1075 年期间，玛雅地区石雕和其他建造活动减少了将近一半，而那时当地又一次遭受旱灾。

E. 9 世纪时期，玛雅文明最大的两个王国，蒂卡尔王国和卡拉克穆尔王国由于战争被分裂成一些小的诸侯国，玛雅文明也从此逐渐衰落。

28. 宗教是弱势群体的避难所。这个观点无疑是对的，弱势群体确实更容易信仰宗教。以女性为例，在中国，妇女地位比以前有了很大提高，她们在学业、社会活动、人际交往等方面也越来越不弱于男性，因此，在中国，信仰宗教的女性并不多见，而在一些西方国家，很多女性是信仰宗教的，这正是因为她们的社会地位比中国女性的社会地位低。

以下哪项如果为真，最能质疑上述论证？

A. 一些国家女性的社会地位比中国女性的社会地位高，也不信仰宗教。

B. 家庭教育以及社会历史传统能在极大程度上影响弱势群体的宗教信仰。

C. 近些年中国信仰宗教的妇女人数有所增加。

D. 中国人对宗教信仰的理解与西方人有很大差异。

E. 一些国家的女性从没读过宗教信仰的相关书籍，社会地位也比中国女性的社会地位低。

29. 智人的第一波殖民潮正是整个动物界最大也最快速的一场生态浩劫。其中受创最深的是那些大型动物。在认知革命发生的时候，地球上大约有 200 种体重超过 50 公斤的大型野生哺乳动物。而等到农业革命的时候，只剩下大约 100 种。换句话说，远在人类还没有发明轮子、文字和铁器之前，智人就已经让全球一半的大型兽类魂归西天、就此灭绝。

以下哪项如果为真，不能支持上面的论述？

A. 该时期人类已经掌握了火耕等新技术，狩猎能力大幅提升。

B. 认知革命后，地球气候出现多次冷却和暖化循环，变化幅度较大。

C. 地球上大部分大型动物虽然身形巨大但并不凶猛，易被人类猎杀。

D. 考古研究发现，只要人类抵达新的土地，那里就会发生大型动物大灭绝。

E. 智人的出现使得绿色植物的覆盖率大幅减少，而这些植物是大型野生哺乳动物的主要食物。

30. 某医院为降低患者的误诊率，花巨资买了一批操作简单、精确度高的先进的辅助诊断设备，使用一年后，统计发现对患者的误诊率不但没有下降，反而有上升的趋势。

以下哪项为真，最能对上述看来表面矛盾的现象做出解释？

A. 该医院购买的辅助诊断设备存在严重质量问题。

B. 医护人员对设备操作不熟练。

C. 引进新设备后，医院门诊效率大大提高，前来就诊的患者增多。

D. 医生过分依赖辅助设备检测出的结果，缺少一些必要的经验判断和会诊。

E. 该医院所购买的这批辅助诊断设备并不是目前最好的。

逻辑模拟试卷（二十二）

建议测试时间：55-60 分钟　　　实际测试时间（分钟）：________　　　得分：________

本测试题共 30 小题，每小题 2 分，共 60 分，从下面每小题所列的五个备选答案中选取出一个，多选为错。

1. 胎儿大脑发育需要一种重要的脂肪酸，即二十二碳六烯酸（DHA）。有人建议，孕妇在孕期服用富含 DHA 的鱼油补充剂有利于胎儿的大脑发育。临床试验中，两组孕妇每日分别服用含有 800 毫克 DHA 的补充剂或安慰剂。两组孩子在 18 个月大时，其平均的认知、语言及运动评分之间没有差别。此后，研究人员对这些孩子在 4 岁时的表现进行了跟踪评估，91.9%家庭参与了该研究。研究人员发现，对认知、从事复杂思维处理、语言及执行功能（如记忆、推理、解决问题）的检测结果在两组间没有显著差异。研究者据此认为，母亲妊娠期补充 DHA 不能使孩子更聪明。

   以下哪项如果为真，最能驳斥研究者观点？

   A. 胎儿的 DHA 来自母亲的饮食，但母亲需要摄入的 DHA 的确切数量目前难以确定。

   B. DHA 补充剂可能降低早产的风险，也可能降低那些有家族过敏史的孩子患过敏的风险。

   C. 7 岁才是能够预测智力的最早年龄，4 岁时各种因素对发育的影响尚未充分表现，不能可靠评估。

   D. 研究证明，孩子出生后补充 DHA 有益于认知能力发展，该国婴儿出生后常服用富含 DHA 的补充剂。

   E. 妊娠期补充 DHA 的孕妇，除了正常服用富含 DHA 的鱼油补充剂，没有服用其他能够促进婴儿大脑发育的药物，也没有食用能促进婴儿语言能力的食物。

2. DNA 甲基化严密控制着基因的表达，在肿瘤发生发展过程中发挥着重要作用。DNA 出错且甲基化缺失是导致癌症的一个重要成因。几乎所有的人类肿瘤中都存在肿瘤相关基因的异常甲基化。因此，DNA 甲基化异常是癌症发生的一种警示性标志。研究者据此认为，可以使用 DNA 甲基化作为一种全新的癌症检测筛查标志物，来有效识别结直肠癌、肺癌、乳腺癌和肝癌等肿瘤。

   以下哪项如果为真，最能支持上述研究者观点？

   A. 肿瘤抑制基因启动子区往往发生 DNA 高甲基化，而癌基因启动子区则呈现出低甲基化。

   B. DNA 甲基化检测方法不断涌现，既说明该研究难度大，也说明这些方法都有其局限性。

   C. DNA 甲基化检测方法具有生物学的稳定性，且样本需求量少，检查过程更加简单快捷。

   D. 基因启动子区异常甲基化在多种人类疾病发生发展机制的研究中受到越来越多的重视。

   E. DNA 甲基化检测方法是否能检测癌症和肿瘤，还需要大量的临床检验。

3. 秦始皇陵兵马俑中具有表现细致的马具，却唯独没有高桥马鞍与马，想要在马背上作战，那么就一定离不开马镫。而且在兵马俑战阵的布局上，骑兵数量相对很少，且被布置在远离主阵的侧面角落里，这说明在秦代以前，骑兵的作用只是侦察、侧翼包抄、骚扰遮断、偷袭和追击，并不能成为作战主力，更不用说独立承担整个战役了。

   以下哪一个选项是上述论证所依赖的假设？

   A. 在马镫还没出现以前，士兵们上马打仗是要靠其他人扶上去的。

   B. 到了东晋时期，双侧马镫才出现。

   C. 中国骑兵出现的历史非常早，甲骨文中就出现了关于骑射的记录。

   D. 兵马俑的马具及排兵布阵与当时社会的真实情况一致。

   E. 秦时的陪葬品保存完整，不存在部件丢失的情况。

4. 参加跆拳道运动的人通常比不参加跆拳道运动的人身体更健康，因此，跆拳道运动有助于增进健康。

   以下哪一项如果为真，最能构成对上述结论的质疑？

   A. 每年都有少数人在跆拳道运动中因意外事故而受伤。

   B. 跆拳道运动能够训练人的反应能力，增强人的敏捷度。

   C. 只有身体健康的人才参加跆拳道运动。

D. 男子比女子更喜爱跆拳道运动。

E. 和健身运动相比，跆拳道更适合作为竞技运动。

5. 有些人若有一次厌食，会对这次膳食中有特殊味道的食物持续产生强烈厌恶，不管这种食物是否会对身体有利。这种现象可以解释为什么小孩更易于对某些食物产生强烈的厌食。

以下哪项如果为真，最能加强上述解释？

A. 小孩的膳食搭配中含有特殊味道的食物比成年人多。

B. 对未尝过的食物，成年人比小孩更容易产生抗拒心理。

C. 小孩的嗅觉和味觉比成年人敏锐。

D. 和成年人相比，小孩较为缺乏食物与健康的相关知识。

E. 如果讨厌某种食物，小孩厌食的持续时间比成年人更长。

6. 对核能持批评态度的人抱怨继续经营现有的核电厂可能会导致严重的危害。但是这样的抱怨并不能证明关闭这些核电厂是合理的。毕竟，它们的经营导致的危害还不及作为目前最重要的其他电力来源的燃煤和燃油发电厂产生的污染导致的危害大。

以上论述依据下面哪个假设？

A. 仅当能证实核电厂的继续运行比现在运行已造成的危害大时，现有核电厂才应该被关闭。

B. 关闭核电厂会大量增加对燃煤发电厂或燃油发电厂的依靠性。

C. 到目前为止，现在燃煤发电厂和燃油发电厂的运营产生的危害已相当大。

D. 继续运行核电厂可能产生的危害能根据它们以前产生的危害可靠地预测。

E. 现有的燃煤、燃油发电厂的运营产生的唯一危害是它们产生的污染。

7. 最近，主打白噪音的助眠产品引起很多人的兴趣。有人认为，白噪音可以掩盖环境中干扰性的刺激，有助于促进睡眠、改善睡眠质量。但研究者对此持怀疑态度，认为白噪音可改善睡眠的研究证据不足，持续白噪音甚至会对睡眠造成影响。

以下哪项如果为真，不能支持研究者的观点？

A. 白噪音掩盖环境中干扰性的刺激，也会掩盖环境中有意义的声音，可能对人的生活甚至对生命造成威胁。

B. 持续暴露在白噪音下，听觉系统会不断将声音信号转换成神经信号，上传大脑，大脑会持续保持活跃，无法充分休息。

C. 持续的白噪音会引起听力的损害，甚至会导致认知功能障碍，严重者还会导致失眠或嗜睡。

D. 白噪音会使健康志愿者睡眠期间脑电波的循环交替模式显著改变，这意味着健康人睡眠结构受到干扰。

E. 处于没有白噪音环境下的人们，入睡时间较短且更容易进入深度睡眠。

8. 阿尔迪、里德尔等德国超市折扣连锁店在全球食品涨价潮中逆市走俏。德国模式的折扣连锁店经营方式不同于普通超市、家庭店铺或法国特色的农民市场。它的店面一般要比普通超市价格低30%到50%，分析人士认为，德国折扣连锁模式在食品涨价潮中逆市走俏的原因是多方面的，除了其“低价”优势外，折扣店品种少、规模大的采购模式使开店成本很低。

以下哪项最能对上述分析人士的解释构成质疑？

A. 德国折扣连锁商店在法国零售业的市场份额已经从一年前的10.5%上升到11.2%，与此同时家乐福等大型超市的市场份额却在下降。

B. 低成本战略和低价战略是所有超市都在尽可能使用的经营战略，即力求在“价格优势”上压倒竞争对手。

C. 里德尔折扣连锁店在挪威被当地一家超市连锁店收购，挪威本土的这家连锁店，恰恰是德国折扣连锁模式的翻版。

D. 家乐福等大型超市多年来有自己的经营模式、经营理念，并且形成了其特有的企业文化。

E. 德国折扣连锁商店在中国零售市场的销售份额这几年的情况不如往年。

9. 中国的医药卫生事业在 20 世纪 80 年代初有了长足的发展，尽管还有许多缺陷，但是效果是明显的，从传染病的发病率明显下降就可以看出这一点。调查表明，最近几年来，成年人中患肺结核的病例逐年减少。当然，卫生部的官员仍然非常谨慎，他们在公开场合表示，上述调查还不能得出肺结核发病率逐年下降的结论。

以下哪项如果为真，则最能加强卫生部官员的观点？

A. 上述调查的重点是在城市，农村中肺结核的发病情况缺乏准确的统计，而城乡医疗条件存在很大差异。

B. 肺结核早就不是不治之症。

C. 和心血管病、肿瘤等比较，近年来对肺结核的防治缺乏足够的重视。

D. 防治肺结核病的医疗条件近年来有较大的改善，但比较起来，西部地区在人员配备、医疗器材等各个方面与东部相比，仍然差距甚远。

E. 近年来由于城市人口增长较快，加上城市青少年身体素质较差，所以青少年成为肺结核发病的主要人群。

10. 研究人员对中风幸存者进行分组实验，他们让一组中风幸存者在研究人员的监督下进行为期 3 个月的户外健步走的锻炼；另一组不进行运动，而是接受治疗性按摩。实验结束后，研究人员发现在持续 6 分钟的测试中，步行组的人比按摩组的人走得更远，能比后者多走 17.6%，研究者认为，身体适度受损的中风幸存者仅通过简单廉价的运动就能获得更有效的效果。

以下哪项如果为真，最能质疑上述论证？

A. 步行组的平均年龄为 72 岁，按摩组的平均年龄为 65 岁。

B. 与按摩组相比，体质的改善使得步行组中风幸存者生活质量更高。

C. 步行组中风幸存者还服用了相关治疗药物，按摩组停用了相关药物。

D. 研究证明，对身体严重受损的中风幸存者来说，接受按摩的效果更佳。

E. 走得更远只是一时的，经过一段时间之后，步行组的中风幸存者与按摩组的心理状态没有区别。

11. 政府部门的领导：我们已经有了一项道德法规，与政府部门做生意的公司被要求遵守这一道德法规。几乎所有的公司和政府部门做生意时都同意遵守这项法规，它是成功的。因此，保证这些公司的道德行为的更严格的法规管理或者执行机制都是没有必要的。

下面哪项如果正确，最能削弱部门领导的结论？

A. 道德法规仅仅适用于和政府部门做生意的企业。

B. 法规仅仅是在几个公司与政府部门做生意时严重触犯道德规范后被制定的。

C. 政府调查发现：大多数同意遵守道德法规的公司并没有真正遵守它。

D. 对主要公司调查发现：几个公司停止与政府部门做生意，因为它们不同意遵守道德法规。

E. 通过对公司道德法规的研究发现，当公司的高层管理者同意遵守并严格执行道德法规的时候，法规最有效。

12. 研究表明，当前的汽车尾气处理技术已经比以往提升了不少，尾气排放量的污染物几乎全在探测水平之下。但有环保组织依然在设法消除世界上所有的汽车，他们说："一切都是因为汽车，汽车污染了空气，损害了我们的肺。"

以下信息如果为真，最能对环保组织的行为进行解释？

A. 汽车尾气处理技术的提升是环保组织多年来不断努力的结果。

B. 根据环保部门绘制的近 30 年的空气污染图，在这段时间里，汽车行驶里程增加了 170%，但空气污染程度下降了 54%。

C. 随着全球汽车需求量的不断增大，汽车厂商在马不停蹄地生产各类汽车，而每辆汽车的生产过程会产生大量废气。

D. 汽车检测中心的数据显示，保养不当的废旧汽车产生的尾气含有大量污染物。

E. 虽然每辆汽车尾气排放量相比之前有大幅下降，但是城市空气质量并没有大幅改善。

13. 越来越多有说服力的统计数据表明，具有某种性格特征的人易患高血压，而另一种性格特征的人易患心脏病，如此等等。因此，随着对性格特征的进一步分类了解，通过主动修正行为和调整性格特征以达到防治疾病的可能性将大大提高。

以下哪项最能反驳上述观点？

A. 一个人可能会患有与各种不同性格特征均有关系的多种疾病。

B. 某种性格与其相关的疾病极有可能是由相同的生理因素导致的。

C. 某一种性格特征与某一种疾病的联系可能只是数据上的巧合，并不具有一般性意义。

D. 人们往往是在病情已难以扭转的情况下，才愿意修正自己的行为，但已为时太晚。

E. 用心理手段医治与性格特征相关的疾病这一研究，导致心理疗法遭到淘汰。

14. 我国空间站阶段首次载人飞行任务取得圆满成功。神舟十二号载人飞行任务的圆满成功，是后续空间站顺利建造运营的坚实基础。神舟十二号载人飞行任务是空间站关键技术验证阶段的第四次飞行任务。如果中国人进入了自己的空间站，并在太空驻留 3 个月时间，那么就表明中国载人航天事业已全面进入空间站阶段，正向着既定的探索目标稳步前进。

以下各项一定为真的是？

A. 如果中国人没有在太空驻留 3 个月，那么表明中国载人航天事业没有全面进入空间站阶段。

B. 如果中国载人航天事业没有全面进入空间站阶段，并且中国人进入了自己的空间站，那么没有在太空驻留 3 个月时间。

C. 如果神舟十二号载人飞行任务取得圆满成功，那么后续空间站会顺利建造运营。

D. 如果神舟十二号载人飞行任务取得圆满成功，那么中国载人航天事业正向着既定的探索目标稳步前进。

E. 如果中国人进入了自己的空间站，并在太空驻留 3 个月时间，那么神舟十二号载人飞行任务取得圆满成功。

15. 电影院的售票处有 6 位观众在买票，他们分别是张华、李华、王华、赵华、李伟和王伟。已知：

①王华既不排在队伍的前端也不排在队伍的末尾；

②王伟不在队伍的最后面，在她和队伍末尾之间有两个人，位于队伍末尾的不是李伟；

③赵华没有排在队伍的最前面，他前面和后面都至少各有两个人；

④张华前面至少有 4 个人，但张华也不在队伍的最后面。

根据上述条件，李华排在第几位？

A. 第一。　B. 第二。　C. 第四。　D. 第五。　E. 第六。

16. 学生小王参加模拟考试，一共考了四门科目：语文、物理、化学、生物。语文和化学的成绩之和与另外两门科目的成绩之和相等。语文和生物的成绩之和大于另外两门科目的成绩之和。化学的成绩比语文和物理两门科目的成绩之和还高。

根据上以条件，小王四门科目的成绩从高到低依次是？

A. 化学、生物、物理、语文。

B. 生物、化学、语文、物理。

C. 化学、生物、语文、物理。

D. 生物、化学、物理、语文。

E. 语文、物理、化学、生物。

17. 如果要安排所有专家参加座谈会，必须定在周六或周日。由于某些专家周日另有安排，所以，要保证所有专家都来参加座谈会，座谈会就必须在周六举行。

以下哪项中的推理形式与上文中的最相似？

A. 如果演员在演唱会上发挥得好，必须在演唱前喝菊花茶和冰糖水。由于某些演员在演唱前没喝冰糖水，所以，这些演员在演唱会上肯定发挥不好。

B. 如果运动员在大赛前有胆怯心理，比赛中即使不受伤，也不会取得好成绩。由于教练能想办法使运动员克服胆怯心理，所以他们有时能带伤取得好成绩。

C. 要让想参观的人都能看上展览，就必须延长每日的开放时间或者延长展出的日期。由于开放时间已经足够长了，所以，要保证想参观的人都能看上展览，就必须延长展出日期。

D. 若要增加电影院的门票收入，必须提高票价或者增加观众的座位。由于增加座位不是即刻能做到的，而提高票价又会失去很多观众，所以，电影院的收入可能会减少。

E. 如果地球围绕太阳公转但不围绕自己的轴自转，地球上就没有白天和黑夜。因为事实是地球上有白天和黑夜，所以，或者地球不公转，或者地球既公转又自转。

18~19 题基于以下题干：

有四个容量相同的烧瓶，分别标示为 1、2、3 和 4 号。这四个烧瓶中，都盛有恰好半瓶的化学溶液，其颜色依次分别是红、蓝、绿、橙。一项实验的操作方式是通过将一个烧瓶的溶液完全倒入另一个盛有溶液的烧瓶中，把上述四种溶液中的两种溶液混合起来。同时，以下条件和结果成立：

（1）烧瓶中的溶液不得外溢；

（2）混合 1 号瓶和 2 号瓶的溶液，产生红色溶液；

（3）混合 2 号瓶和 3 号瓶的溶液，产生橙色溶液；

（4）混合 3 号瓶和 1 号或 4 号瓶的溶液，产生蓝色溶液；

（5）混合 4 号瓶和 1 号或 2 号瓶的溶液，产生绿色溶液。

18. 如果上述实验只进行一次，则以下哪项可能是实验后三个不空的瓶中溶液的颜色？

A. 蓝，蓝，绿。　B. 蓝，橙，橙。　C. 蓝，橙，红。

D. 绿，绿，红。　E. 红，红，红。

19. 如果上述实验进行两次，则以下哪项可能是实验后两个不空的瓶中溶液的颜色？

A. 蓝，蓝。　B. 蓝，橙。　C. 蓝，红。

D. 绿，红。　E. 红，红。

20. 已知某高校体育生中，有些练习跳远的同时练习跳高，所有不练习长跑的都不练习铅球，所以小明断定：有的练习跳高的同时练习长跑。

以下哪项如果为真，最能支持小明的断定？

A. 所有练习铅球的都练习跳远。　B. 有的练习铅球的不练习跳远。

C. 所有练习跳远的都练习铅球。　D. 所有练习长跑的都练习跳远。

E. 有的练习跳高的不练习长跑。

21. 物质世界的发展无始无终，无穷无尽。但人类这种智能动物及其思想却是有始有终的。哲学家不能通过批判所谓的“不可知论”来夸大人类的认识能力。正确的结论应是：任何物质现象都必然有其原因，但不可能所有物质现象的原因都能被人类认识。

以下哪项断定和题干结论所表达的意思最为接近？

A. 任何物质现象都不可能没有原因，其中，有的物质现象的原因必然能被人类认识。

B. 有的物质现象可能没有原因，但任何物质现象只要有原因，则此种原因一定能被人类认识。

C. 任何物质现象都不可能没有原因，但必然有的物质现象的原因不能被人类认识。

D. 有的物质现象必然没有原因，这是人类不可能认识此类现象的原因。

E. 人类及其思想的存在也是一种物质现象，此种物质现象的原因必然能被人类认识。

22. 大学校园开展一次创意竞赛，甲、乙、丙、丁、戊、己、庚七人报名参加。已知：

（1）七人分成三组，每组人数都不同；

（2）甲和丁都在人数最多的一组；

（3）如果乙和丁不在同一组，则乙仅和另外一个人在一组；

（4）乙、戊、己互不同组，且戊和甲同组；

（5）如果己不和任何人一组，那么戊和庚一组。

下列说法一定为真的是？

A. 戊和丙同组。　B. 庚和甲同组。　C. 乙和己同组。

D. 己和甲同组。　E. 丙和庚同组。

23. 所有不满足现状的人都是追求生活品质的人，所有不满足现状的人都没有旅游的习惯，有些朝九晚六的上班族不是追求生活品质的人，有些朝九晚六的上班族有旅游的习惯，有些朝九晚六的上班族不满足现状。

如果上述断定为真，则以下选项一定为真的是？

A. 有的追求生活品质的人有旅游的习惯。

B. 有的有旅游习惯的人不是追求生活品质的人。

C. 所有不满足现状的人都是朝九晚六的上班族。

D. 所有朝九晚六的上班族都不满足现状。

E. 有的朝九晚六的上班族满足现状。

24~25 题基于以下题干：

某市的 5 号地铁线由北向南有西土城、牡丹园、太阳宫、双井、大红门、劲松和草桥 7 个相邻的地铁站。已知：

（1）西土城和劲松地铁站相邻；

（2）太阳宫不是最北边的地铁站；

（3）牡丹园和双井两站不相邻，且两站之间间隔的地铁站数量与大红门和草桥间隔的地铁站数量相同。

24. 根据上述信息，可以得出太阳宫站可能是从北向南的第几个车站？

A. 第 1 个。 B. 第 2 个。 C. 第 4 个。 D. 第 6 个。 E. 第 7 个。

25. 如果牡丹园和双井之间间隔 4 站，则西土城站可能在从北向南的第几站？

A. 第 1 个。 B. 第 2 个。 C. 第 3 个。 D. 第 6 个。 E. 第 7 个。

26. 为了参加万圣节聚会，小红、小黄、小紫、小蓝四个人分别穿着红、黄、紫、蓝四种颜色的上衣和红、黄、紫、蓝四种颜色的裤子。已知情况如下：

（1）只有 1 个人的名字与自己上衣的颜色相同；

（2）只有 1 个人的名字与自己裤子的颜色相同；

（3）没有 1 个人的名字与自己的上衣和裤子的颜色完全相同；

（4）穿红上衣的人（不是小蓝）的名字与小蓝穿的裤子颜色相同；

（5）穿蓝上衣的人（不是小黄）的名字与小黄穿的裤子颜色相同。

根据上述陈述，四个人可能分别穿什么颜色的上衣和裤子？

A. 小红，黄上衣红裤子；小黄，紫上衣蓝裤子；小紫，蓝上衣黄裤子；小蓝，红上衣紫裤子。

B. 小红，紫上衣红裤子；小黄，黄上衣蓝裤子；小紫，红上衣黄裤子；小蓝，蓝上衣紫裤子。

C. 小红，黄上衣红裤子；小黄，紫上衣蓝裤子；小紫，红上衣黄裤子；小蓝，蓝上衣紫裤子。

D. 小红，红上衣蓝裤子；小黄，蓝上衣红裤子；小紫，黄上衣紫裤子；小蓝，紫上衣黄裤子。

E. 小红，蓝上衣紫裤子；小黄，黄上衣红裤子；小紫，红上衣黄裤子；小蓝，紫上衣蓝裤子。

27. 如果一所大学的教学计划没有如期制订，正常的教学工作将无法进行；现在南方大学的教学工作不正常，所以南方大学一定没有制订教学计划。

以下各项的推理方式都与题干相似，除了？

A. 如果没有极特殊的原因，任何一所大学都不会停课；现在某大学没有停课，所以某大学一定没有出现极特殊的原因。

B. 倘若希腊足球队主场是在高温条件下与俄罗斯队比赛，就一定会赢；现在希腊队赢了，说明这场比赛一定是在高温条件下进行的。

C. 如果一位博士生导师的水平足够高，那么他一定能把鸡培养成凤凰；现在鸡没有变成凤凰，所以这位博士生导师的水平一定不够高。

D. 如果你开的是奔驰，那么你一定是老板；现在你是老板，所以你一定开着奔驰。

E. 一个男人，没有结婚就一定不修边幅，胡子拉碴；张明成天衣冠不整，蓬头垢面，他一定没有结婚。

28. 一家有五个儿子，一次期末考试之后，爸爸询问孩子们的成绩。他不知道哪个儿子考试没及格，但他知道，这些孩子之间彼此知道底细，且考试没及格的人肯定会说假话，说真话的人考试才及格。

老大说：“老三说过，我的四个兄弟中，只有一个考试没及格。”

老二说：“我的四个兄弟中，有三个考试没及格。”

老三说：“老四说过，我们兄弟五个都考试及格了。”

老四说：“老大和老二都考试没及格。”

老五说：“老三考试没及格，另外老大承认过他考试没及格。”

根据以上信息可以推出以下哪个选项？

A. 及格的是老大和老三；不及格的是老二、老四和老五。

B. 及格的是老三和老四；不及格的是老大、老二和老五。

C. 及格的是老二和老三；不及格的是老大、老四和老五。

D. 及格的是老大、老二和老三；不及格的是老四和老五。

E. 及格的是老大和老二；不及格的是老三、老四和老五。

29~30 题基于以下题干：

著名的“数寄屋桥次郎”寿司店决定在一周七天（周一到周日）中每天上午、下午分别出售一款特价寿司。其中有 5 种军舰卷，3 种箱寿卷，3 种稻荷卷，2 种江户卷，1 种五目散卷。已知：

（1）除了周四全天售卖军舰卷以外，其余六天中，每天上午、下午售卖的特价寿司都不是同一类寿司；

（2）周日出售五目散卷；

（3）军舰卷和稻荷卷没有在同一天特价出售；

（4）箱寿卷和江户卷没有在同一天特价出售。

29. 根据以上信息，以下哪两款寿司不可能在同一天特价出售？

A. 五目散卷和箱寿卷。　B. 军舰卷和箱寿卷。　C. 稻荷卷和江户卷。

D. 稻荷卷和箱寿卷。　E. 军舰卷和江户卷。

30. 据上述信息，如果同类型的寿司在一周七天中每天连续特价出售，那么周六可以特价出售的寿司是哪种？

A. 军舰卷和箱寿卷。　B. 稻荷卷和箱寿卷。　C. 军舰卷和江户卷。

D. 军舰卷和稻荷卷。　E. 箱寿卷和江户卷。

逻辑模拟试卷（二十三）

建议测试时间：55-60 分钟　　　　实际测试时间（分钟）：________　　　　得分：________

本测试题共 30 小题，每小题 2 分，共 60 分，从下面每小题所列的五个备选答案中选取出一个，多选为错。

1. 12 月 18 日，就在人们为嫦娥三号任务取得圆满成功而欢庆的时候，有人提出探月“烧钱无用”论，认为探测月球不能解决我们“吃什么、穿什么、用什么”的问题，和我们普通人没什么关系。自从 1959 年 1 月 4 日苏联月球一号探测器掠月而过，全世界迄今进行了几百次月球探测活动，但直到今天，这个离地球最近的星球上的任何资源都尚未在人类生活中得到直接应用。那么，探月有什么意义，我们为什么还要积极致力于探月活动呢？

   以下哪项如果为真，最能够削弱上述观点？

   A. 中国现在确实仍然是发展中国家，但并非做每一件事都要跟“吃穿用”扯上关系，才能获得正当性。而且中国探月花费的金钱并不是很多。

   B. 探月活动带给每个中国人骄傲和自豪，嫦娥三号探月活动所能带来的惊喜，可能大大超过它最初制定的目标。

   C. 航天技术产出的成果，未必能马上看到直接效益，它带给人类的福祉可能数十年才能看到。但如果因此而否定探月的意义，无疑是短视的看法。

   D. “烧钱无用”这种质疑只能是简单的情绪发泄，它提醒我们关注现实，不要沉浸于大国的幻想中。

   E. “奔月”一直就是中国的梦想，中国古代众多的文人墨客都对明月怀着向往与崇拜的情感，古代“嫦娥奔月”的神话，更是表明古人非常渴望与月亮近距离接触。

2. 在某流行病的差异研究中发现男性和女性之间的结果存在差异。研究人员注意到，虽然男性和女性感染该疾病的比例相似，但男性似乎更容易死于这种病毒诱发的肝炎。专家据此认为，免疫功能的性别差异可能是导致不同性别出现临床表现差异的原因。

   以下哪项为真，最能削弱上述观点？

   A. 男性患者住院的概率比女性高 20%左右，一旦住院接受治疗，在药物的作用下会使死亡概率升高。

   B. 随着该疾病患病人群的数据集不断扩大，支持免疫功能存在差距的证据不断出现。

   C. 近十年来与该疾病致病原理类似的病毒暴发的数据也显示在确诊的病例中，男性患者的死亡风险高于女性。

   D. 参与研究的大多数男性都有酗酒抽烟的不良生活习惯，会容易引起其他肺部疾病。

   E. 该流行病的临床症状在儿童中也体现出了性别差异。

3. 在人们的普遍观念里，聪明的人会在社会上获得更多的资源和获取更大的成就。但是在最近的一项统计中显示，在与经济相关的纠纷和官司中，聪明的人反而更容易选择妥协和让步，即使自己会因为妥协让步而吃亏。从这个角度看起来，聪明的人反而成了更傻的一方。

   以下哪个选项能够最好地解释上述论述中看似的矛盾？

   A. 有的聪明的人在社会上并没有获得很大的成功。

   B. 有时候聪明反被聪明误，再聪明的人也免不了有吃亏的时候。

   C. 相对不够聪明的人，对于争议和纠纷往往都更加执着。

   D. 聪明和傻是相对的，并没有绝对准确的标准来界定和区分。

   E. 聪明的人往往有更多的选择和更多的机会，他们更倾向于早点结束纠纷从而把节约的时间用来做收益更大的事情。

4. 浣熊在我国是国家保护动物，主要生活在美洲。在浣熊聚居的地区，狂犬病是浣熊的致命威胁。某地区疾病控制中心报告，目前这种威胁比两年前变得更为严重。两年前，这个地区浣熊的狂犬病感染率低于 25%，而目前这一感染率上升到 50%。但是，另一组统计数据显示，两年前，在连续 12 个月的一个时段中，共确定 32 例浣熊感染狂犬病；而在最近 12 个月，仅确定 18 例浣熊感染狂犬病。

假设上述统计都是准确的，则以下哪项如果为真，最有助于解释这些看似矛盾的统计数据？

A. 最近 12 个月中，除浣熊外，感染狂犬病的其他野生动物的数量有很大增长。

B. 前年上述地区相当高比例的浣熊死于狂犬病。

C. 瘟热是浣熊易感染的另一种传染病，它的症状和狂犬病几乎一样。

D. 由于传染病的爆发，习惯于夜间活动的浣熊经常在白天出没。

E. 去年相邻地区的浣熊确定感染狂犬病的数量也有减少。

5. 有李路、张俊、何琪、刘芬、赵佳、贾涛、周文、沈彤、曹瑞、王阳 10 位运动员报名参加“杭州”亚运会，体检结果出来后，他们中有 6 人顺利入围，并且入围的结果满足如下条件：

(1) 若李路或张俊入围，则刘芬、赵佳、贾涛、周文至多有 2 人入围；

(2) 若刘芬或周文入围，则沈彤、曹瑞、王阳至少有 2 人入围。

若以上陈述为真，则入围的人可以是？

A. 李路、张俊、刘芬、赵佳、贾涛、沈彤。

B. 张俊、赵佳、贾涛、周文、曹瑞、王阳。

C. 何琪、刘芬、赵佳、贾涛、周文、沈彤。

D. 张俊、刘芬、赵佳、贾涛、周文、曹瑞。

E. 何琪、赵佳、贾涛、沈彤、曹瑞、王阳。

6. 有的人即便长时间处于高强度的压力下，也不会感到疲劳，而有的人哪怕干一点活也会觉得累。这就是人们通常所说的慢性疲劳综合征。导致这种症状的原因，通常认为除了体质或者习惯不同之外，还可能与基因不同有关。英国格拉斯哥大学的研究小组通过对 50 名慢性疲劳综合征患者基因组的观察，发现这些患者的某些基因与同年龄、同性别健康人的基因是有差别的。该研究小组于是认为，这项研究成果可以应用于上述慢性疲劳综合征的诊断和治疗。

以下哪项如果为真，最能支持上述观点？

A. 基因鉴别已经在一些疾病的诊断中得到应用。

B. 慢性疲劳综合征是现代人容易患上的一种疾病。

C. 目前尚无诊断和治疗慢性疲劳综合征的方法。

D. 在慢性疲劳综合征患者身上有一种独特的基因。

E. 科学家们鉴别出了导致慢性疲劳综合征的基因。

7. 目前果蔬榨汁机畅销。一台榨汁机的售价要千余元人民币，甚至更高。榨汁机的工作原理是粉碎果蔬并分离出其中的液汁以供饮用，据说常喝能减肥，有助消化，甚至还能防癌。榨汁机的保健作用就这样被夸大了。事实上，果蔬经过粉碎由固态变为液态，只会减少而不会增加所包含的营养素。因此，省点钱吧。如果你想喝胡萝卜汁，就吃胡萝卜吧。

以下哪项如果为真，最能削弱上述论证？

A. 相比固态的水果，许多消费者更喜欢喝果汁。

B. 摄入固态果蔬中的纤维素有利于人的健康。

C. 相比固态果蔬，果蔬汁中的营养素更易被人体吸收。

D. 果蔬在被粉碎榨汁过程中流失的营养素微乎其微。

E. 一款价格低廉性能良好的果蔬榨汁机即将上市。

8. 阿普崔帕洞穴位于马伊纳半岛的迪洛斯湾附近，足有四个足球场大小。这一洞穴可追溯到新石器时代，但直到 20 世纪 50 年代才被一名遛狗的男子在无意中发现。经过几十年的科考工作之后，考古学家从该洞穴中挖掘出工具、陶器、黑曜石、银质和铜质器具，并由此认为曾经有数百人在该洞穴生活过。

以下哪项如果为真，最能反驳上述论证？

A. 该洞穴对希腊神话中有关地狱的描述内容有所启发。

B. 该洞穴其实是古代的墓地和葬礼举办地。

C. 在欧洲目前尚未发现比该洞穴更早的史前村落。

D. 该洞穴的入口在5000年前坍塌。

E. 在离该洞穴不远处的平原地带，也挖掘出了类似的陶器和铁制器具。

9. 某国际卫生机构在去年10月发布该年第三季度全球病毒性感冒流行情况的统计，并把它归入A等级，这是很少使用的标志流行病应引起世界卫生组织关注的严重等级。令人费解的是，同其他三个季度相比，该年第三季度全球病毒性感冒的发病率并不是最高的，而该机构做出的其他季度的评价等级均为正常。

以下哪项如果为真，最能解释上述看似矛盾的现象？

A. 上述国际卫生机构对去年第三季度全球病毒性感冒流行情况的统计数据有误。

B. 去年第三季度全球病毒性感冒流行的中心地域由欧洲向亚洲转移。

C. 世界卫生组织要求加大对流行病包括病毒性感冒的关注。

D. 严重威胁人类生命健康的SARS（非典型性肺炎）的症状和病毒性感冒在初期很难区别。

E. 一般地说，和其他季度相比，一年中第三季度全球病毒性感冒的发病率最低。

10. 一个世界范围的对生产某些破坏臭氧层的化学物质的禁令只能提供一种受到保护的幻觉。已经生产出的大量的这种化学物质已经作为制冷剂存在于数百万台冰箱中。一旦它们到达大气中的臭氧层时，它们引起的反应无法被停止。因此，没有办法来阻止这些化学物质进一步破坏臭氧层。

下面哪项如果正确，严重地削弱了以上的论述？

A. 无法准确测出作为冰箱制冷剂存在的破坏臭氧层的化学物质的数量。

B. 在现代社会，为避免不健康甚至对生命构成潜在威胁的状况，冷藏食物是必要的。

C. 这些化学物质的替代品还没有被研制成功，并且这种替代品比现在使用的冰箱制冷剂要昂贵得多。

D. 即使人们放弃使用冰箱，早已存在于冰箱中的制冷剂还是会威胁大气中的臭氧。

E. 冰箱中的制冷剂可以在冰箱完成它的使命后被完全开发并重新使用。

11. 医学界有一种被普遍接受的观点，认为吃糖会加剧那些注意力不集中的孩子的多动症状。一项科学实验说明，这种观点并不能成立。这项实验把一些注意力不集中的孩子分成两组，一组在日常饮食中明显增加糖含量，另一种只增加同样数量的糖替代物。实验数据显示，这些孩子在思想和行为上并没有出现明显的不同。

以下哪项如果为真，最能削弱上述论证？

A. 糖包括三种不同的类型：蔗糖、果糖和葡萄糖。其中只有一种被认为会加剧多动症。

B. 摄入糖会对有些儿童产生镇静作用。

C. 摄入糖替代物会极大加剧多动症状。

D. 两个实验组的日常饮食基本相同，有区别的仅是所含的糖或糖替代物。

E. 有些儿童认为自己能区分糖和糖替代物的不同味道。

12. 现在越来越多的消费者关心食品的安全，尤其是生鲜食品更是如此。欣欣超市卖的苹果沾有油污，超市售货员告诉消费者苹果运来时就是这样的，超市并未清洗它们。由于大多数水果在收获之前都被喷洒过有害的农药，如不清洗会对消费者有害。所以，欣欣超市肯定在卖表皮上有农药的水果，这样会危害它的顾客。

以下哪项是上述论证所必须假设的？

A. 在收获后和运到欣欣超市前，这些苹果没有经过彻底清洗。

B. 大多数喷洒在水果上的农药会有一层油污状的遗迹。

C. 大多数顾客并不知道欣欣超市在卖苹果前并不清洗苹果。

D. 只有农药在水果上留下的油渍才能被清洗掉。

E. 其他水果运到欣欣超市时也有一层油污。

13. 一项调查结果显示：78%的儿童中耳炎均来自二手烟家庭。研究人员表示，二手烟环境会增加空气中的不健康颗粒，其中包括尼古丁和其他有毒物质。与居住在无烟环境的孩子相比，居住于二手烟环境的孩子患中耳炎几率更大。因此医学专家表示，父母等家人吸烟，是造成儿童罹患中耳炎的重要原因。

以下哪项如果为真，最能削弱上述论述？

A. 调查中还显示，无烟家庭的比率呈逐年上升的趋势。

B. 研究证明，二手烟家庭中儿童中耳炎的治愈率较高。

C. 门诊数据显示，儿童中耳炎就诊人数下降了 4.6%。

D. 在这次调查的人群中，只有 20%的儿童来自无烟家庭。

E. 题干调查中所选取的样本规模过小。

14. 经济运行有其自身规律。只有充分尊重经济规律，才能适应生产力的发展要求；如果没有发挥市场作用或者没有扫除人为障碍，则无法实现贸易畅通；而适应生产力的发展要求是发挥市场作用的必备条件。

根据以上概述，可以得出以下哪项？

A. 如果实现贸易畅通，则说明充分尊重了经济规律。

B. 如果没有扫除人为障碍，则不能适应生产力的发展要求。

C. 只要充分尊重经济规律，就可以适应生产力发展要求。

D. 实现贸易畅通是充分尊重经济规律的必要条件。

E. 如果适应生产力发展要求，则说明充分尊重了政治发展规律。

15. 下列动物如果只能归属为一种门类，并且满足以下条件：

（1）如果动物 B 是鸟，那么动物 A 不是哺乳动物；

（2）或者动物 C 是哺乳动物，或者动物 A 是哺乳动物；

（3）如果动物 B 不是鸟，那么动物 D 不是鱼；

（4）或者动物 D 是鱼，或者动物 E 不是昆虫。

以下哪项如果为真，可以得出“动物 C 是哺乳动物”的结论？

A. 动物 B 不是鸟。 B. 动物 A 是哺乳动物。 C. 动物 D 不是鱼。

D. 动物 E 是昆虫。 E. 动物 B 是昆虫。

16. 建设一流大学、一流学科，离不开一流校舍、一流教师，更离不开一流学生。然而当前国内高校“严进宽出”的培养观念，导致许多大学生放松了自我管理，严重降低了高校毕业生质量。因此把牢毕业出口是大学必然的选择。

下列选项中与上述推理结构最为相似的是？

A. 好的书籍能够增进人的知识、陶冶人的情操，由于诗歌既能增进人的知识，又能陶冶人的性情，因此诗歌是好的书籍。

B. 现代主义建筑强调建筑的功能性，反对毫无功用的纯美学装饰，然而缺乏美学装饰的建筑反而会令人感到单调，因此许多现代主义建筑并不受人喜爱。

C. 预防近视必须适度用眼，尤其要避免长时间近距离用眼，而当前许多学生的学习压力过大，难以避免长时间伏案用眼，因此许多大学生都会近视。

D. 想拥有高超的钢琴技艺必须积累丰富的经验，而“三天打鱼两天晒网”式的练习是无法积累足够的经验的，因此要获得高超的钢琴技艺必须勤加苦练。

E. 发展人工智能离不开对人才的培养，而人才的培养离不开政府的支持，因此发展人工智能离不开政府的支持。

17. 此次参加棕榈国际电影节的大多数是欧洲电影，但获奖的大多数是亚洲电影。大多数在此次棕榈国际电影节获奖的影片都曾在雪松国际电影节获奖。

如果上述断定为真，以下哪项一定为真？

A. 至少有一部欧洲电影在此次棕榈国际电影节获奖。

B. 至少有一部在此次棕榈国际电影节获奖的亚洲电影未曾在雪松国际电影节获奖。

C. 在雪松国际电影节获奖的影片中，有的是亚洲电影。

D. 在此次棕榈国际电影节的参展影片中，一定有美洲或非洲电影。

E. 在此次棕榈国际电影节获奖的影片中，一定有日本电影。

18. 在某节目中，赵、钱、孙、李、吴 5 组家庭要选择 1、2、3、4、5 号房间。已知：
（1）吴选择 3 号房间；
（2）选 4 号房间的家庭有两个孩子；
（3）钱和李两个家庭均只有一个孩子；
（4）赵家庭选择的房间号数字比李家庭选择的房间号数字大。
根据上述信息，可以推出以下哪项？
A. 钱家庭房间号数字比孙家庭房间号数字小。
B. 赵家庭房间号数字比吴家庭房间号数字大。
C. 孙家庭房间号数字比李家庭房间号数字小。
D. 吴家庭房间号数字比李家庭房间号数字大。
E. 赵家庭房间号比孙家庭房间号数字大。

19. 一位营养师为客户定制每天的饮食，从冬瓜、土豆、鸡蛋、豆腐、白菜、山药、菠菜、花菜八种食材中进行选择，并且每天必须安排其中的五种食材。食材中不存在重复品种。每天的安排必须符合以下条件：
（1）冬瓜入选，那么豆腐入选，且豆腐在冬瓜之后选；
（2）白菜入选，那么土豆入选，且白菜在土豆之前选；
（3）鸡蛋入选，则白菜不入选；
（4）第五个要么是山药，要么是菠菜。
假设客户甲第一天选择了食材冬瓜、花菜，下列哪一项可以是其他三种食材？
A. 白菜、豆腐、鸡蛋。　B. 土豆、白菜、豆腐。　C. 菠菜、鸡蛋、土豆。
D. 豆腐、山药、土豆。　E. 山药、菠菜、鸡蛋。

20. 某市长虹、闸北、武当、东风、朝阳五分区都开展环境整治行动。在某段时间内做出如下安排：
（1）除非朝阳区不开展该活动，否则东风区和长虹区都必定开展该活动；
（2）或者东风区不开展该活动，或者长虹区不开展该活动；
（3）倘若长虹区或者闸北区不开展该活动，那么朝阳区和武当区都开展该活动。
如果上述断定都是真的，则以下各项均不与题干矛盾，除了？
A. 武当区或者东风区开展该活动。　B. 朝阳区或者东风区开展该活动。
C. 长虹区或者闸北区开展该活动。　D. 闸北区或者朝阳区开展该活动。
E. 朝阳区或者武当区开展该活动。

21～22 题基于以下题干：
来自广州、郑州、徐州 3 个城市的 5 名运动员参加 100 米赛跑决赛，他们分别是赵、钱、孙、周、吴，决赛结果没有并列名次。已知：
（1）相继到达终点的运动员，没有来自同一城市的；
（2）赵在钱和孙之前的某一时刻到达终点；
（3）来自郑州的运动员只有一位，排名在赵之前；
（4）周只能排名第四或第五；
（5）如果钱来自广州，那么孙不来自徐州。

21. 如果孙排在第四，则以下哪项一定为真？
A. 钱来自徐州。　B. 孙来自徐州。　C. 吴来自广州。
D. 赵排在第三名。　E. 周排在第三名。

22. 如果钱来自广州，则以下哪项不可能为真？
A. 孙来自广州。　B. 赵来自徐州。　C. 吴来自郑州。
D. 钱排在第四名。　E. 钱排在第五名。

23. 开封是中国著名的古都，历史上先后有 7 个朝代在这里建都。尤以北宋时期的东京城最为繁盛，据史籍记载和专家考证，北宋东京城城垣共分外城、内城、皇城三重。其外城共有城门 12 座，新发现的子门是其中的一座，它位于北宋东京外城的西城墙上，子门遗址距今开封市的前子门村、后子门村很近，这就说明这两个村是依据当时的城门起名的。

如果下列哪项为真，最能够质疑上述判断？

A. 前子门村在很久以前就有此名字了。

B. 子门遗址并不在两个村子的中间。

C. 两个村在子门遗址被人发现之前就已经存在了。

D. 古时都城的名字都有根据城门起名的传统。

E. 两个村子是 1949 年以后才命名的。

24~25 题基于以下题干：

甲、乙、丙、丁、戊、己和庚 7 人分别去 7 个城市旅游，7 个城市分别为上海、北京、深圳、西安、成都、广州和南京，每人只能去其中一个城市旅游，并且每个城市只旅游一次，还知道：

（1）如果甲去上海旅游，那么乙去成都旅游并且丙去南京旅游；

（2）如果甲不去上海旅游，那么丁去西安旅游，并且戊去深圳旅游；

（3）或者丙去成都旅游，或者己去南京旅游；

（4）如果丁去西安旅游，那么庚去成都旅游。

24. 根据上述信息，可以得出以下哪项？

A. 甲去广州旅游。　B. 乙去上海旅游。　C. 丙去北京旅游。

D. 己去南京旅游。　E. 庚去西安旅游。

25. 若丙去北京旅游，则可以得出以下哪项？

A. 甲去北京旅游。　B. 乙去上海旅游。　C. 丙去成都旅游。

D. 己去广州旅游。　E. 庚去西安旅游。

26. 在大华公司，如果公司股票上涨并且公司盈利，那么董事长就会请员工吃饭；如果公司债券下跌并且公司亏损，那么总经理就会辞职。只有大华公司的债券下跌，公司的股票才会跟着下跌。

根据以上陈述，关于大华公司的陈述以下哪项一定为真？

A. 如果总经理没有辞职但公司却亏损了，那么公司股票一定上涨了。

B. 如果董事长没有请员工吃饭而公司是盈利的，那么公司债券一定是下跌的。

C. 如果总经理没有辞职但公司亏损了，公司股票一定没有下跌。

D. 如果董事长没有请员工吃饭而且公司没有盈利，那么公司股票是上涨的。

E. 或者董事长请员工吃饭，或者总经理辞职。

27. 在镇压太平天国之后，曾国藩在奏折中请求朝廷遣散湘军，但对他个人的去留问题却只字不提。因为他知道，如果在奏折中自己要求留在朝廷效力，就会有贪权之疑；如果在奏折中请求解职归乡，就会给朝廷留下他不愿意继续为朝廷尽忠的印象。

以下哪项中的推理与上文中的最相似？

A. 在加入人寿保险的人当中，如果你有平安的好运气，就会给你带来输钱的坏运气；如果你有不平安的坏运气，就会给你带来赢钱的好运气。正反相生，损益相成。

B. 一位贫穷的农民喜欢这样教导他的孩子们：“在这个世界上，你不是富就是穷，不是诚实就是不诚实。由于所有穷人都是诚实的，所以，每个富人都是不诚实的。”

C. 在处理雍正王朝的一次科场舞弊案中，如果张廷玉上奏折主张杀张廷璐，会使家人认为他不义；如果张廷玉上奏折主张保张廷璐，会使雍正认为他不忠。所以，张廷玉在家装病，迟迟不上奏折。

D. 在梁武帝和萧宏这对兄弟之间，如果萧宏放弃权力而贪恋钱财，梁武帝就不担心他会夺权；如果萧宏既贪财又争权，梁武帝就会加以防范。尽管萧宏敛财无度，梁武帝还是非常信任他。

E. 如果张珊这场官司胜诉，那么，按合同的约定，他应付给我另一半学费；如果他没有付给我另一半学费，那么张珊这场官司败诉。

28.《礼记·大学》中有这样一段话：“古之欲明明德于天下者，先治其国；欲治其国者，先齐其家；欲齐其家者，先修其身；欲修其身者，先正其心；欲正其心者，先诚其意；欲诚其意者，先致其知。”

如果《礼记·大学》中的观点是正确的，则以下哪项必然为假？

A. 欲明明德于天下者，必先致其知。

B. 如果一个人能够治其国，那么他一定能够正其心。

C. 致其知者，可以治其国。

D. 或者不能齐其家，或者诚其意。

E. 治其国者，没有致其知。

29～30 基于如下题干：

某科技公司的六位工程师：张磊、王伟、李娜、赵敏、刘洋、陈刚，计划在以下两类项目中选择两个进行开发：软件类项目（3 个）：人工智能开发、大数据分析、区块链技术；硬件类项目（3 个）：智能硬件设计、嵌入式系统、物联网应用。每个项目只能被两人选择。关于他们的选择，已知以下信息：

（1）如果张磊、李娜和刘洋中至少有一人选择了“人工智能开发”，那么赵敏也会选择“人工智能开发”，并且刘洋选择“区块链技术”；

（2）如果王伟和刘洋至多有一人选择了“区块链技术”或者赵敏选择了“智能硬件设计”，那么王伟和赵敏选择的项目完全相同；

（3）如果李娜和刘洋中至少有一人不选择“大数据分析”，那么陈刚会选择“区块链技术”；

（4）赵敏只会在硬件类项目中进行选择。

29. 根据上述信息，以下哪项不可能为真？

A. 李娜和刘洋选择的项目不完全相同。

B. 张磊选择了“智能硬件设计”和“嵌入式系统”。

C. 赵敏选择了“物联网应用”。

D. 王伟和刘洋均选择了“区块链技术”。

E. 李娜和陈刚均选择了“嵌入式系统”。

30. 如果李娜和赵敏选择的项目完全不相同，且张磊和赵敏选择的项目不完全相同，以下哪项一定为真？

A. 陈刚选择了“人工智能开发”和“智能硬件设计”。

B. 李娜和张磊选择了“智能硬件设计”。

C. 赵敏和张磊选择了“嵌入式系统”。

D. 李娜和刘洋选择了“区块链技术”。

E. 张磊和陈刚选择了“嵌入式系统”。

逻辑模拟试卷（二十四）

建议测试时间：55-60 分钟　　　实际测试时间（分钟）：________　　　得分：________

本测试题共 30 小题，每小题 2 分，共 60 分，从下面每小题所列的五个备选答案中选取出一个，多选为错。

1. 小朱生日那天状态很好，特地邀约了小王、小张、小刘、小李这四个好朋友到家里吃饭，小朱的妈妈为他们准备了丰盛的晚餐。按照当地的习俗，小朱吃了妈妈专门给他煮的一个鸡蛋。用餐过程中，大家还开玩笑地警告肠胃最差的小王不要吃太多，小心拉肚子。桌上的每道菜所有人都品尝了，小朱不顾大家的警告，吃得最多。结果饭后不久小朱便出现腹泻的症状，其他人却没有问题。

   以下各项中，最能解释小朱腹泻的是？

   A. 小朱的妈妈在做菜的过程中没有做好卫生防范，可能菜没有洗干净，或者可能生食熟食没有分开。

   B. 小朱这天肠胃特别不好，只不过他没有感觉到而已。

   C. 某道菜用的原材料很可能是反季节菜或者转基因食品，食用过多容易引起腹泻。

   D. 桌上有的菜是不能和鸡蛋一起吃的，否则会引起腹泻。

   E. 小王饭前吃了肠胃药，做好了预防措施。

2. 张教授多次在公开场合极力主张取消城市户籍。政府相关部门正筹备一个专门听证会，讨论是否应当取消城市户籍。张教授是这一听证会的发起人和组织者。显然，张教授本人不应当是听证会的成员，因为这可能使听证会的讨论不公正地向某一种观点倾斜，影响听证会的代表性与合理性。

   以下哪项如果为真，最能削弱上述论证？

   A. 作为发起人和组织者，张教授有权参与决定听证会的成员构成。

   B. 听证会的发起人和组织者，不必须是听证会的成员。

   C. 观点鲜明（即使互相对立）比观点不鲜明的成员所组成的听证会，更能体现代表性与合理性。

   D. 听证会的意见取向只是政府决策的参考，并不是最终依据。

   E. 听证会只是一种形式，实际上，许多决策在相关听证会举行以前已经由权威部门做出了。

3. 在我国北方的春天，树木花粉是一种主要的过敏原，它们通过空气传播，不可避免地被吸入体内，使过敏体质人群产生或轻或重的炎症反应。与此同时，作为树木种子的杨柳飞絮同样使过敏人群感到不适。有研究人员认为，杨柳飞絮虽然会使呼吸道产生不适，但它不是过敏原，许多声称对杨柳飞絮过敏的人实际上是对花粉过敏。

   以下哪项除外，均能支持上述研究人员的观点？

   A. 杨柳飞絮容易进入人的呼吸道，并粘附其上产生刺激作用，出现类似过敏的症状。

   B. 杨柳飞絮漫天飞舞之时，正值很多树开花之际，二者在时间上存在着重叠。

   C. 杨柳飞絮含有油脂和多糖类物质，作用在皮肤上可通过一系列反应变成一种过敏原。

   D. 由于被杨柳飞絮包裹携带，风媒花粉更容易进入呼吸道引起过敏反应。

   E. 杨柳飞絮时，也伴随着骤降冷空气的侵袭，气温骤降严重影响了人们的呼吸器官，引起过敏。

4. 审计员：上周在面包房发现约有 6%的夜班制作的蛋糕存在质量问题，但是却没有发现白班制作的蛋糕存在质量问题。由于所检查的蛋糕都是由同一班组制作的，因此很明显，尽管是在夜间从事检查工作，夜班质量控制检查员比白班质量控制检查员要警觉得多。

   上述论证建立在以下哪项假设之上？

   A. 上周面包房白班制作的蛋糕中至少有一些是存在质量问题的。

   B. 并不是所有的由夜班质量控制检查员查出的存在有质量问题的蛋糕都在事实上真的存在有质量问题。

   C. 夜班质量控制检查员接受的质量控制程序培训比白班质量控制检查员要多。

   D. 在一周中，夜班制作的被发现存在质量问题的蛋糕并不到 6%。

   E. 在面包房，每天的上班安排只分白班和夜班两班。

5. 长期以来在床上抽烟是家庭火灾的主要原因。尽管在过去的20年中，抽烟的人数显著下降，但是死于家庭火灾的人数并没有相应地下降。
下面的每一条陈述如果在过去的20年中是正确的，除了哪一条之外都有助于解释上面论述中的明显分歧？
A. 与其他类型的家庭火灾相比，在床上抽烟引起的家庭火灾在它们被扑灭之前，通常造成的破坏相对较小。
B. 由在床上抽烟引起的火灾通常发生于房主人睡着以后。
C. 在床上抽烟的人倾向于抽烟抽得多。他们与那些不在床上抽烟的人相比更不可能把烟戒掉。
D. 死于厨房发生的家庭火灾的人数在增加。
E. 人口密度在增加，结果一次家庭火灾造成的死亡人数比前20年的多。

6. 某研究人员发现虾中含有丰富的镁。镁对心脏活动具有重要的调节作用，能很好地保护心血管系统，它可减少血液中胆固醇含量，防止动脉硬化，同时还能扩张冠状动脉，有利于预防高血压及心肌梗死，但是许多市民吃虾后产生严重不适反应，甚至出现生命危险。
以下哪项如果为真，最能解释题干中看似矛盾的现象？
A. 对虾过敏者食用虾会出现很多不适的症状。
B. 变质的虾中含有一种对人身体有害的细菌，受感染者先是身体不适，随后病情恶化。
C. 大多数市民每天都会吃维生素C，虾与维生素C在体内相遇会产生致命的三氧化二砷。
D. 体质虚弱的人不宜食用海鲜，否则会出现腹泻、呕吐、头疼、晕厥等症状。
E. 日本福岛核泄漏污染了大片的海域，那里出产的虾含有重金属和放射性元素。

7. 熊蜂是一类多食性昆虫，与蜜蜂相比，熊蜂体型更大且多毛，颜色各异，大多有着经典的黄黑条纹，黑身红尾。人们发现，由于密集管理型农业系统的推广，熊蜂在这些地方开始衰落，有的种类已经灭绝，相对而言，普通蜜蜂的数量并没有明显减少。因此，相比普通蜜蜂，农田利用方式的改变对熊蜂的生存威胁更大。
以下哪项如果为真，最能支持上述结论？
A. 蜜蜂采食会派出“侦查员”，回来后通过一种“摆动舞”告知蜂群食源在哪里，而熊蜂不会跳舞，因此大多独自采食。
B. 蜜蜂会在蜂巢内储藏大量食物，熊蜂的蜂巢储存食物量较少，一旦出现食物短缺，熊蜂就会处于劣势。
C. 蜜蜂属于大型化社群，而熊蜂属于小型化社群，这会导致基因分异度降低，更易受到寄生虫感染而大量死亡。
D. 密集型农田往往种植单一植物，如果植物不是处于花期，熊蜂就会因无法如蜜蜂般进行远距离飞行而岌岌可危。
E. 密集型农田更适合蜜蜂的天敌繁衍生长，它们常常与蜜蜂争夺食物和蜂巢。

8. 有研究人员声称找到了一种全新的控制糖尿病人血糖浓度的方法，这种新疗法的关键就是咖啡因。他们对患有糖尿病的小鼠进行了试验，当小鼠摄入咖啡因的时候，对于血糖浓度的控制能力比没有摄入咖啡因的小鼠好。研究人员据此认为，以往通过注射胰岛素控制糖尿病人血糖浓度的方法在未来也可以被摄入咖啡因替代。
以下哪项如果为真，最能支持上述结论？
A. 上述研究成果被发表在全球顶尖的医学期刊上。
B. 每天注射胰岛素对于糖尿病患者来说比较麻烦。
C. 研究证明咖啡因可以降低直肠癌和黑色素瘤的发病风险。
D. 小鼠和人类体内的肾细胞吸收咖啡因会促进胰岛素的产生。
E. 小鼠体内有一种特殊的淋巴细胞使得小鼠能够很好地将咖啡因消化吸收。

9. 消渴症是糖尿病的主要症状，其主要特征为多饮、多尿、多食，以及消瘦、疲乏、尿甜等。调查显示“放开谷物”的糖尿病患者有80%的人消渴症状较轻，甚至不存在。因此，谷物对糖尿病患者的胰岛细胞具有保护作用。

以下哪项如果为真，最能反驳上述论证？

A. 糖尿病患者的免疫系统会攻击胰岛细胞，导致胰岛β细胞损伤和消失，进而出现消渴症状。

B. 放开谷物的患者同时改变了其他饮食习惯，如增加了芹菜、苦瓜、胡萝卜等利于糖代谢的食物的摄入量。

C. 有些糖尿病患者放开谷物后消渴症状并没有减轻或消失。

D. 胰岛细胞的自我修复会增加糖尿病患者对谷物的食欲从而放开谷物。

E. 长期食入谷物过多、过饱也可能会导致胰岛β细胞受损。

10. 通过分析物体的原子释放或者吸收的光可以测量物体是在远离地球还是在接近地球，当物体远离地球时，这些光的频率会移向光谱上的红色端（低频），简称“红移”，反之，则称“蓝移”。原子释放出的这种独特的光也被组成原子的基本粒子尤其是电子的质量所影响。如果某一原子的质量增加，其释放的光子的能量也会变得更高，因此，释放和吸收光的频率将会蓝移。相反，如果粒子变得越来越轻，频率将会红移。天文观察发现，大多数星系都有红移现象，而且星系距离地球越远，红移越大，据此，许多科学家认为宇宙一定在不断膨胀。

以下哪项如果为真，最能反驳上述科学家的观点？

A. 在遥远的宇宙中，也发现了个别蓝移的天体。

B. 地球并非处于宇宙的中心区域。

C. 人们所能观察的星体可能不足真实宇宙的百分之一。

D. 从宇宙中其他天体的视角看，红移也是占绝对优势的现象。

E. 根据现代科学观察，宇宙中粒子的质量没有大的变化。

11. 中国乒乓球队需要选拔混合双打的选手参加奥运会，现有 3 名男选手（赵、钱、孙），以及 3 名女选手（甲、乙、丙）可供选择。为全方位考核组合效果，每轮分 3 组进行循环赛，一共进行 3 轮比赛，每轮比赛的组合均不相同，现在已知：

（1）赵和乙不是在第一轮组队，就是在第二轮组队。

（2）第二轮与甲组队的人一定在第三轮与乙组队。

（3）钱和乙在第二轮组队。

根据以上信息，则以下哪项一定为真？

A. 赵和甲第二轮组队。　B. 赵和丙第三轮组队。　C. 钱和甲第一轮组队。

D. 钱和丙第一轮组队。　E. 孙和乙第一轮组队。

12. 促进消费高质量增长是更好地满足人民对美好生活向往的必然要求。如果根据不同领域消费的特点采取差异化措施和保证国内有效供给能力的提升，那么就可以促进消费高质量增长。而国内有效供给能力的提升，只有加快补齐产品和服务供给短板才能实现。

根据上述陈述，可以得出以下哪项？

A. 保证国内有效供给能力的提升是加快补齐产品和服务供给短板的关键。

B. 只要根据不同领域的消费特点采取差异化措施就能促进消费高质量增长。

C. 如果没有促进消费高质量增长，而根据不同领域消费的特点采取差异化措施，那么说明无法保证国内有效供给能力的提升。

D. 除非能够促进消费高质量增长，否则就可以更好地满足人民对美好生活的向往。

E. 如果加快补齐产品和服务供给短板，就能促进消费高质量增长。

13. 马医生发现，在进行手术前喝高浓度加蜂蜜的热参茶可以使他手术时主刀更稳，用时更短，效果更好。因此，他认为，要么是参，要么是蜂蜜，含有的某些化学成分能帮助他更快更好地进行手术。

以下哪项如果为真，能削弱马医生的上述结论？

Ⅰ. 马医生在喝含高浓度加蜂蜜的热柠檬茶后的手术效果比喝高浓度加蜂蜜的热参茶还要好。

Ⅱ. 马医生在喝热白开水之后的手术效果与喝高浓度加蜂蜜的热参茶一样好。

Ⅲ. 洪医生主刀的手术效果比马医生好，而前者没有术前喝高浓度加蜂蜜热参茶的习惯。

A. 只有Ⅰ。　B. 只有Ⅱ。　C. 只有Ⅲ。　D. 只有Ⅰ和Ⅱ。　E. Ⅰ、Ⅱ和Ⅲ。

14. 在当前快节奏的生活中，人们往往只是艳羡各行各业中涌现出来的成功人士，却忽略了他们坚守岗位的身影：没有匠人匠心的精益求精，就不会有臻于完美的产品质量；没有废寝忘食的刻苦排练，就不会有舞台上的惊艳亮相……高出一筹、卓尔不凡的背后，都是无比寂寞的勤奋与坚持。

根据以上陈述，可以得出以下哪项？

A. 如果有匠人匠心的精益求精，就会有臻于完美的产品质量。

B. 如果有舞台上的惊艳亮相，则说明有废寝忘食的刻苦排练。

C. 只有经历无比寂寞的勤奋与坚持，才有可能会成功。

D. 只要经历无比寂寞的勤奋与坚持，就会高出一筹、卓尔不凡。

E. 没有舞台上的惊艳亮相，就不会高出一筹、卓尔不凡。

15. 某单位需要派出下乡扶贫人员 1 至 3 人。经过宣传号召，众人纷纷报名。经过一番考虑，领导最后将派出人选集中在小王、小张和小李三人身上，并达成如下共识：

（1）如果小王被挑选上，那么小张就会被挑选上；

（2）只有小李被挑选上，小王才不会被挑选上；

（3）如果小张被挑选上，那么小李就会被挑选上；

（4）小王和小李都被挑选上是不可能的。

据此，可以推断出以下哪项？

A. 小王会被挑选上，而小李不会。

B. 小张会被挑选上，而小王不会。

C. 小李会被挑选上，而小王不会。

D. 小张会被挑选上，而小李不会。

E. 小李会被挑选上，而小张不会。

16. 张珊的一个在可食花方面非常博学的朋友告诉她，所有的雏菊都不能吃，至少都是不可口的。然而，张珊这样推理，因为存在一种属于菊花的雏菊，又因为存在味美可食的菊花，所以她的朋友告诉她的话肯定不正确。

下面哪一项推理的模式具有与张珊的推理模式最为相似的缺陷？

A. 李斯是一个城市合唱队的成员，且那个城市合唱队非常有名，因此，李斯是一个优秀的歌手。

B. 王武是图书馆读书小组的一员，而那个小组的所有成员都是读起书来废寝忘食的人，因此，王武也是读起书来废寝忘食的人。

C. 赵六的某些姐姐参加了那个论述小组，且那个论述小组的某些成员是差生。所以赵六至少有一个姐姐一定是差生。

D. 莱恩的大多数朋友都是游泳健将，且游泳健将都十分强壮，所以很有可能，至少有一些莱恩的朋友十分强壮。

E. 萨沙的同事都出了书，他们的书大多数都写得很好。因此有一些萨沙的同事是优秀的作家。

17. 许多成功的影视导演是先经过几年正规的专业学习之后才开始自己的职业生涯的，尽管有相当数量的影视导演未经过正规的专业学习，是在实践中通过向同行学习而掌握技术的，但是没有一个忽视大众心理需求的影视导演能够获得成功。

如果以上陈述为真，以下哪项陈述必然为真？

A. 一个影视导演越重视大众的心理需求，就越有可能获得成功。

B. 没有一个在实践中通过向同行学习而掌握技术的影视导演会忽视大众的心理需求。

C. 所有不成功的影视导演都是忽视了大众的心理需求。

D. 并不是所有经过正规专业学习的影视导演都忽视大众的心理需求。

E. 一个导演越成功，就越不会忽视大众的心理需求。

18. 甲、乙、丙、丁、戊、己、庚七人表演配乐诗朗诵，为确保表演效果，需要安排朗诵顺序。已知：

（1）甲要么第一个朗诵，要么最后一个朗诵。

（2）乙和丙之间有三人。

（3）丁和戊之间有三人，且丁先朗诵。

（4）丁在乙之前朗诵。

根据上述条件，以下哪项可能为真？

A. 丙第二个朗诵。 B. 乙第四个朗诵。 C. 庚第二个朗诵。

D. 丁第四个朗诵。 E. 戊第四个朗诵。

19. 2021 年东汉大学春节晚会结束后，学校将参与演出的人员召集在一起，做了一次调查。张老师总结说：如果有的演出没有失误的人员训练时间少于三个月，那么没有演出人员留有遗憾。韩老师总结说：要么所有演出没有失误的人员训练时间不少于三个月，要么没有演出人员留有遗憾。

结果证明张老师和韩老师两人只有一人的说法为真，那么以下关于参与演出的人员的判断不能确定真假的是？

Ⅰ. 所有演出没有失误的人员训练时间都不少于三个月，所有演出人员都没有留有遗憾。

Ⅱ. 所有演出没有失误的人员训练时间都不少于三个月，所有演出人员演出都没有失误。

Ⅲ. 有的演出没有失误的人员训练时间少于三个月，所有演出人员演出都没有失误。

Ⅳ. 有的演出没有失误的人员训练时间不少于三个月，所有演出人员演出都没有失误。

A. Ⅰ、Ⅱ和Ⅲ。 B. 仅Ⅰ。 C. Ⅰ、Ⅱ、Ⅲ和Ⅳ。

D. Ⅱ和Ⅳ。 E. Ⅰ和Ⅱ。

20. 某杂志登载了这样四句话：雅士琴棋书画；俗人柴米油盐。不沾柴米油盐，何以琴棋书画？张老师对此的解读是：如果是雅士，则擅长琴棋书画。如果是俗人，则离不开柴米油盐。如果离开柴米油盐，则不擅长琴棋书画。

如果张老师的陈述为真，则以下哪项一定为真？

A. 雅士都是俗人。 B. 雅士离不开柴米油盐。

C. 有些俗人擅长琴棋书画。 D. 有些俗人不是雅士。

E. 有些俗人是雅士。

21. 某侦查队长接到一项紧急任务，要他在代号为 A、B、C、D、E、F 六个队员中挑选若干人侦破一件案子，人选的配备要求必须注意下列各点：

（1）A、B 两人中至少去一个人。

（2）A、D 不能一起去。

（3）A、E、F 三人中要派两人去。

（4）B、C 两人都去或都不去。

（5）C、D 两人中去一人。

（6）若 D 不去，则 E 也不去。

下面哪项符合题干中的人员配备要求？

A. C、D、E 三个人去。 B. E、F 两人去。 C. B、D、F 三个人去。

D. A、B、C、F 四个人去。 E. 六个人都去。

22. 需求量总是与价格呈相反方向变化。如果价格变化导致总收入与价格反向变化，那么需求就是有弹性的。在 2020 年，虽然 W 大学针对每个学生的学费降低了 20%，但是 W 大学收到的学费总额却比 2019 年增加了。在这种情况下，对 W 大学的需求就是有弹性的。

如果以上陈述为真，以下哪项陈述一定真？

A. 如果价格的变化导致总收入与价格同向变化，那么需求就是有弹性的。

B. 与 2019 年相比，W 大学在 2020 年招生增长的幅度超过了 20%。

C. 如果需求是有弹性的，那么价格变化会导致总收入与价格同向变化。

D. 与 2019 年相比，学费降低 20%会给 W 大学带来更好的经济效益。

E. 与 2019 年相比，W 大学在 2020 年报考人数翻了一倍。

23. 某单位每逢年底会针对全体员工进行评优，评优奖项有 5 个，分别是最佳敬业奖、最佳创意奖、最佳协作奖、最佳写作奖和年度明星奖。其中如果评选了年度明星奖则不能再评选最佳创意奖，也不能评选最佳敬业奖；如果评选了协作奖就不能再获得写作奖；如果评选了敬业奖，则不能再获得协作奖。每个人最多获得两个奖项。综合科一共 3 位员工，揽括了所有奖项，每个人都获奖，但是奖项各不相同。已知员工甲获得了明星奖，员工乙和员工丙二人之间有人获得了写作奖。

由此可知，下列推测一定正确的是？

A. 如果乙获得了写作奖，则其还获得敬业奖。

B. 如果乙获得了协作奖，则乙和丙各获得两个奖项。

C. 如果乙获得了写作奖和创意奖，则甲一定只获得一个奖项。

D. 如果丙获得了协作奖，则乙一定不能获得敬业奖。

E. 如果乙获得了敬业奖，那么丙一定至少获得两个奖项。

24. 对于考试成绩不理想的同学来说，如果掌握了正确的学习方法，那么或者没有养成良好的学习习惯，或者没有端正的学习态度，除非没有保障学习时间。

黄灿灿的成绩总不理想，那么根据以上信息可以得出以下哪项一定为真？

A. 如果黄灿灿没有掌握正确的学习方法，但是养成了良好的学习习惯，那么她一定没有端正的学习态度，并且没有保障学习时间。

B. 如果黄灿灿掌握了正确的学习方法，并且养成了良好的学习习惯，那么她一定没有端正的学习态度，并且没有保障学习时间。

C. 如果黄灿灿有端正的学习态度，那么肯定是没有掌握正确的学习方法，或者没有保障学习时间。

D. 黄灿灿有端正的学习态度，并且养成了良好的学习习惯同时没有掌握正确的学习方法，否则她保障了学习时间。

E. 如果黄灿灿有端正的学习态度，并且养成了良好的学习习惯，如果她不是没有保障学习时间，就一定是没有掌握正确的学习方法。

25~26 题基于以下题干：

董嘉、施飞、向明、李璐 4 位游客计划去国家博物馆、环球影城、长城和鸟巢 4 个景点游玩，考虑到行程和时间问题，他们每人都只能去 2 个景点游玩，每个景点也至多有 2 位游客游玩。已知：

（1）除非董嘉不游览国家博物馆，否则他游览环球影城和长城；

（2）若向明游览国家博物馆，则董嘉也游览国家博物馆；

（3）只有游览鸟巢，李璐才游览国家博物馆；

（4）向明和李璐不会去同一个景点游览。

25. 根据上述信息，可以得出以下哪项？

A. 董嘉不去环球影城。　B. 施飞不去环球影城。　C. 向明去环球影城。

D. 向明去国家博物馆。　E. 李璐去长城。

26. 如果董嘉不去长城，则以下哪项一定为真？

A. 董嘉不去鸟巢。　B. 董嘉去国家博物馆。　C. 施飞去长城。

D. 施飞去环球影城。　E. 李璐不去鸟巢。

27. 三位股票经纪人对于热门股甲乙丙丁的推荐如下：

（1）如果买了甲或者乙，那么也要买丙和丁；

（2）甲股要买，乙丙丁不能都买；

（3）只有丙和丁都不买，才能同时买甲和乙。

如果小王同时听从上述三位股票经纪人的建议，那么小王购买股票的情况是？

A. 买了甲，其他三种股票都没有买。　B. 没有买丙，其他三种股票都买了。

C. 没有买乙，其他三种股票都买了。　D. 买了甲和乙，丙和丁没有买。

E. 甲、乙、丙都买了，丁没有买。

28. “双减”政策以后，由于中小学学科类的培训被严格限制，许多培训机构开始谋求转型。经过对政策的研究，某机构决定在围棋、象棋、武术、编程四个兴趣爱好中选择一些开展培训业务。经过市场调研，该机构做出如下决策：

（1）要么选择围棋，要么选择象棋；

（2）除非选择武术，才能选择象棋；

（3）不可能既选择编程，又选择武术；

（4）编程和围棋至少要选择一个。

根据上述条件，可以推出以下哪项？

A. 不选择武术，但选择象棋。

B. 选择武术，也选择编程。

C. 不选择象棋，但选择围棋。

D. 不选择编程，但选择象棋。

E. 不选择围棋，但选择武术。

29~30 题基于以下题干：

甲、乙、丙、丁、戊、己 6 名学生参加圆桌会。6 人的座位遵循以下规则：

（1）如果甲和丙的座位不相邻，那么丙和丁相邻；

（2）如果丙和戊的座位相对，那么甲和乙相邻；

（3）如果丁和丙的座位或甲和丙的座位相邻，那么甲的座位在丁的对面；

（4）如果甲坐在丁的对面，那么甲和丙相邻。

29. 以下各项一定为真的是？

A. 甲和丙相邻。

B. 甲和丁相邻。

C. 乙和戊相邻。

D. 丙和丁相邻。

E. 乙和丙相邻。

30. 如果丙和乙、己的座位都不相对，那么以下各项说法正确的是？

A. 丁坐在丙的旁边。

B. 甲坐在己的对面。

C. 丙坐在乙的旁边。

D. 甲坐在戊的对面。

E. 戊坐在丁的旁边。

逻辑模拟试卷（二十五）

建议测试时间：55-60 分钟　　　　实际测试时间（分钟）：________　　　　得分：________

本测试题共 30 小题，每小题 2 分，共 60 分，从下面每小题所列的五个备选答案中选取出一个，多选为错。

1. 所有卫星在返回地球大气层时都会焚毁并产生氧化铝微粒，这些微粒会在大气层中飘浮很长时间，最终对环境造成影响。目前大约有 6000 颗人造卫星环绕地球旋转，其中 60%的卫星已经停止运行，成为太空垃圾。专家警告称，随着人类不断发射卫星和太空飞船，太空垃圾极有可能坠向地球。据此科学家认为，应致力于研发木质人造卫星。

   以下哪项如果为真，最能支持上述观点？

   A. 1969 年~2006 年，我国发射的返回式卫星，其隔热罩由浸渍白橡木制成，1500℃时可安全燃烧。

   B. 木头不会阻挡电磁波或地球磁场，天线可放置在木质卫星主体内部，使卫星设计更加简单。

   C. 科学家已筛选出能有效承受极端温度和空间辐射轰击，可做卫星主体结构的合适木质材料。

   D. 木制卫星在回收时可直接燃烧，不会向地球大气层释放有害物质，也不会向地面倾泻碎片。

   E. 木质卫星的重量足够轻，且研发成本更低。并且木材不会受到太空近乎真空的空间状态影响，在完成“任务”后能够在大气层中燃尽。

2. 某网友：几乎没有人会支持损害他们利益的提案。然而据《京华时报》报道，在历时 17 天的“我为公共交通价格改革建言献策”活动中，参与活动的上万市民多数赞同上调地铁和公交票价。让大家多掏钱还点赞，这个结果一定是假造的。

   如果以下陈述为真，除哪一项外，都质疑了该网友的判断？

   A. 只有对公共交通价格改革感兴趣的人才参与活动，统计结果仅仅反映了这一部分人的意见。

   B. 很多市民都希望通过上调票价来改善乘车环境。

   C. 有些乘坐地铁和公交上下班的人认为上调票价能缓解高峰时段的拥挤状况。

   D. 参与活动的一部分人很少乘坐地铁和公交，上调票价并不损害他们的利益。

   E. 参与活动的大部分人都是随意填写，因为他们心底明白地铁和公交票价不可能会上调。

3. 随着人们生活和工作逐渐进入高楼大厦，人们接触日光的机会变少。研究发现，日光是合成维生素 D 的必要条件，而维生素 D 是促进钙吸收的关键因素。因此，张教授得出结论，现代人更容易患骨质疏松等因缺钙而引起的疾病。

   以下哪项如果为真，最能对上述论证中教授的观点构成质疑？

   A. 骨质疏松疾病患者晒太阳就可以缓解或治愈。

   B. 现代人饮食结构中的含钙食品比以前丰富很多。

   C. 口服维生素 D 片是添加了促吸收剂的合成配方。

   D. 骨质疏松症患者接触日光的时长与其他人无异。

   E. 现代人经常不运动也会导致严重的骨质疏松等因缺钙引起的疾病。

4~5 题基于以下题干：

史密斯：根据《国际珍稀动物保护条例》的规定，杂种动物不属于该条例的保护对象。《国际珍稀动物保护条例》的保护对象中，包括赤狼。而最新的基因研究技术发现，一直被认为是纯种物种的赤狼实际上是山狗与灰狼的杂交而获得的。由于赤狼明显需要保护，所以条例应当修改，使其也保护杂种动物。

张大中：您的观点不能成立。因为如果赤狼确实是山狗与灰狼的杂交种的话，那么即使现有的赤狼灭绝了，仍然可以通过山狗与灰狼的杂交来重新获得。

4. 以下哪项最为确切地概括了张大忠与史密斯争论的焦点？

   A. 赤狼是否为山狗与灰狼的杂交种。

   B.《国际珍稀动物保护条例》的保护对象中，是否应当包括赤狼。

   C.《国际珍稀动物保护条例》的保护对象中，是否应当包括杂种动物。

D. 山狗与灰狼是否都是纯种物种。

E. 目前赤狼是否有灭绝的危险。

5. 以下哪项最可能是张大中的反驳所假设的？

A. 目前用于鉴别某种动物是否为杂种的技术是可靠的。

B. 所有现存杂种动物都是现存纯种动物杂交的后代。

C. 山狗与灰狼都是纯种物种。

D.《国际珍稀动物保护条例》执行效果良好。

E. 赤狼并不是山狗与灰狼的杂交种。

6. 加拿大南部和美国北部多草的湿地在过去的几十年中被广泛地排水和开发，而这些地方对鸭子、鹅、天鹅及其他绝大多数水禽的筑巢和孵化是必不可少的。在此期间，北美的鸭类数量显著下降，而天鹅和鹅的数量却未受明显的影响。

下面哪一项如果正确，最有助于解释上面提到的差异？

A. 在被开发的地区对禁止捕猎水鸟的禁令比野生土地更容易被加强。

B. 大多数鹅类、天鹅筑巢和孵化的地区是在比鸭类更靠北部的仍然未被开发的地区。

C. 已经收获的土地很少提供适合于水鸟的食物。

D. 鹅类和天鹅的数目在干旱期下降，那时孵化的地区越来越少。

E. 因为鹅类和天鹅比鸭类更大，所以它们在被开发的土地上更难以发现受保护的筑巢点。

7~8 题基于以下题干：

华都公司为了拓展市场，准备上线几个新的业务。公司高层经商议决定：

（1）如果上线云计算和广告推广，那么就不上线数字百科。

（2）只有上线出版物零售或游戏开发，才不会上线电子商务。

（3）如果上线电子商务，就上线云计算。

（4）数字百科和电子商务至少要上线一个。

7. 根据以上陈述，又已知华都公司最终没有上线数字百科，由此可以得出以下哪项为真？

A. 广告推广没有上线。

B. 云计算没有上线。

C. 云计算上线了。

D. 出版物零售没有上线。

E. 游戏开发上线了。

8. 根据以上陈述，已知数字百科和电子商务都要上线，由此可知以下哪项一定为假？

A. 出版物零售没有上线。

B. 游戏开发上线了。

C. 云计算上线了。

D. 广告推广上线了。

E. 游戏开发没有上线。

9. 一个足球教练这样教导他的队员："足球比赛从来是以结果论英雄。在足球比赛中，你不是赢家就是输家；在球迷的眼里，你要么是勇敢者，要么是懦弱者。由于所有的赢家在球迷眼里都是勇敢者，所以每个输家在球迷眼里都是懦弱者。"

为使上述足球教练的论证成立，以下哪项是必须假设的？

A. 在球迷们看来，球场上勇敢者必胜。

B. 球迷具有区分勇敢和懦弱的准确判断力。

C. 球迷眼中的勇敢者，不一定是真正的勇敢者。

D. 即使在球场上，输赢也不是区别勇敢者和懦弱者的唯一标准。

E. 在足球比赛中，赢家一定是勇敢者。

10. 西双版纳植物园种有两种樱草，一种自花授粉，另一种非自花授粉，即须依靠昆虫授粉。近几年来，授粉昆虫的数量显著减少。另外，一株非自花授粉的樱草所结的种子比自花授粉的要少。显然，非自花授粉樱草的繁殖条件比自花授粉的要差。但是游人在植物园多见的是非自花授粉樱草而不是自花授粉樱草。

以下哪项判定最无助于解释上述现象？

A. 和自花授粉樱草相比，非自花授粉的种子发芽率较高。
B. 非自花授粉樱草是本地植物，而自花授粉樱草是几年前从国外引进的。
C. 前几年，上述植物园非自花授粉樱草和自花授粉樱草数量比大约是5∶1。
D. 当两种樱草杂生时，土壤中的养分更易被非自花授粉吸收，这又往往导致自花授粉樱草的枯萎。
E. 在上述植物园中，为保护授粉昆虫免受游客伤害，非自花授粉樱草多植于园林深处。

11. 一个人从饮食中摄入的胆固醇和脂肪越多，他的血清胆固醇指标就越高。存在着一个界限，在这个界限内，二者成正比。超过了这个界限，即使摄入的胆固醇和脂肪急剧增加，血清胆固醇指标也只会缓慢地有所提高。这个界限，对于各个人种是一样的，大约是欧洲人均胆固醇和脂肪摄入量的1/4。

上述判定最能支持以下哪项结论？

A. 中国的人均胆固醇和脂肪摄入量是欧洲的1/2，但中国人的人均血清胆固醇指标不一定等于欧洲人的1/2。
B. 上述界限可以通过减少胆固醇和脂肪摄入量得到降低。
C. 3/4的欧洲人的血清胆固醇含量超出正常指标。
D. 如果把胆固醇和脂肪摄入量控制在上述界限内，就能确保血清胆固醇指标的正常。
E. 血清胆固醇的含量只受饮食的影响，不受其他因素，例如运动、吸烟等生活方式的影响。

12~13题基于以下题干：

市政府计划对全市的地铁进行全面改造，通过较大幅度地提高客运量，缓解沿线包括高速公路上机动车的拥堵，市政府同时又计划增收沿线两条主要高速公路的机动车过路费，用以贴补上述改造的费用。这样做的理由是，机动车主是上述改造的直接受益者，应当承担部分开支。

12. 以下哪项相关断定如果为真，最能质疑上述计划？

A. 市政府无权支配全部高速公路机动车过路费收入。
B. 地铁乘客同样是上述改造的直接受益者，但并不承担开支。
C. 机动车有不同的档次，但收取的过路费区别不大。
D. 为躲避多交过路费，机动车会绕开收费站，增加普通公路的流量。
E. 高速公路上机动车拥堵现象不如普通公路严重。

13. 以下哪项相关断定为真，最有助于论证上述计划的合理性？

A. 上述计划通过了市民听证会的审议。
B. 在相邻的大、中城市中，该市的交通拥堵状况最为严重。
C. 增收过路费的数额，经过了专家的严格论证。
D. 市政府有足够的财力完成上述改造。
E. 改造后的地铁中，相当数量的乘客都有私人机动车。

14. 在信息纷繁复杂的互联网时代，每个人都时刻面临着被别人的观点欺骗、裹挟、操纵的风险。如果你不想总是受他人摆布，如果你不想混混沌沌地度过一生，如果你想学会独立思考、理性决策，那你就必须用批判性思维来武装你的头脑。

如果以上陈述为真，以下哪一项陈述不必然为真？

A. 不能用批判性思维武装头脑的人，就不可能学会独立思考、理性决策。
B. 你或者选择用批判性思维来武装你的头脑，或者选择混混沌沌地度过一生。
C. 不想学会独立思考、理性决策的人，就不必用批判性思维来武装头脑。
D. 只有用批判性思维武装头脑的人，才能摆脱被他人摆布的命运。
E. 除非用批判性思维来武装你的头脑，否则就不能学会独立思考、理性决策。

15~16题基于以下题干：

某单位的人事、科研、教育、财务、宣传、后勤和工会7个部门各由甲、乙、丙3位副主任中的1人分管。已知：

（1）教育和财务由同一人分管；
（2）宣传和后勤由同一人分管；
（3）丙分管的部门比乙多；

（4）教育、工会中的一个部门由甲分管；

（5）工会、后勤中的一个部门由乙分管。

15. 关于分管情况，下列哪项是可能的？

A. 甲：工会、科研
乙：人事、教育、财务
丙：宣传、后勤

B. 甲：人事、工会
乙：宣传、后勤
丙：科研、教育、财务

C. 甲：教育、财务
乙：人事、后勤
丙：科研、宣传、工会

D. 甲：宣传、后勤
乙：人事、工会
丙：科研、教育、财务

E. 甲：教育、后勤
乙：人事、财务
丙：科研、宣传、工会

16. 如果甲分管的部门多于丙，下列哪项可能为真？

A. 人事由乙分管。　B. 科研由乙分管。　C. 教育由丙分管。

D. 后勤由丙分管。　E. 后勤由乙分管。

17. 某高校要组建代表队参加亚洲高校学生辩论赛。关于代表队的组成，甲、乙、丙、丁 4 位指导老师有如下意见：

甲：如果赵嘉参加，则李芳参加。

乙：要么杨虹参加，要么李芳参加。

丙：赵嘉参加，但杨虹不参加。

丁：杨虹参加，当且仅当李芳参加。

代表队的组建结果说明，上述四个意见，只有一个未被采纳。

如果上述断定为真，以下哪项一定为真？

A. 甲的意见未被采纳，杨虹不参加。　B. 乙的意见被采纳，杨虹不参加。

C. 杨虹和李芳都参加。　D. 甲的意见被采纳，李芳不参加。

E. 赵嘉和李芳不都参加。

18. 为迎接友人，主人在饭店订了一桌酒席。主人要求：

（1）如果有鸡，那么也要有鱼；

（2）如果没有鲍鱼，那么必须有海参；

（3）甲鱼汤和乌鸡汤不能都有；

（4）如果没有鸡而有鲍鱼，则需要有甲鱼汤。

如果酒席中有乌鸡汤，则关于该酒席的搭配哪项为真？

A. 酒席中有鸡。　B. 酒席中有鲍鱼。　C. 酒席中没有鲍鱼。

D. 酒席中没有鱼和海参。　E. 酒席中有鱼或海参。

19. 甲："我认为高学历女性做全职主妇是一种对教育资源的浪费。"

乙："我强烈反对，既然你说浪费教育资源，那女博士都不要生孩子了。"

以下哪项论证中的错误和上述最为相似？

A. 隔壁小区楼盘打出广告："买房子送老婆啦！"单身男士一听很划算，于是立马跑到售楼处去咨询，最后人家告诉他是买一套房子送给老婆。

B. 甲："小孙和小王因工作分工问题吵架了，你知道吗？"
乙："这件事情我没有问过，只是侧面了解了一下情况，提了一点建议。"

C. 甲：今年过春节，你打算收什么礼物？
乙：今年过节不收礼，收礼只收脑白金。

D. 小红在饭店看到小明吃兔子肉，心生怜悯之情，于是上前训斥："你怎么可以吃兔子肉，兔兔那么可爱！"

E. 殖民主义者宣称，殖民地就像宗主国的孩子一样，由于孩子应当忠于父母，所以殖民地不应反抗宗主国的领导。

20. 中国传统上以黄河为界，划分南北，出生在黄河以北的人是"北方人"，出生在黄河以南的人是"南方人"。尽管南方人和北方人在生活习惯上存在一些差异，但这不妨碍南方人与北方人之间的通婚。尽管北方男人比北方女人多，但在 2015 年，却有比南方女人更多的南方男人与北方人结了婚。

根据以上事实，在 2015 年以下哪项为真？

Ⅰ. 与南方人结婚的北方女人多于北方男人。

Ⅱ. 与南方人结婚的人，女人比男人多。

Ⅲ. 与北方人结婚的人，男性比女性多。

A. 仅Ⅰ。 B. 仅Ⅱ。 C. 仅Ⅲ。 D. Ⅱ和Ⅲ。 E. Ⅰ、Ⅱ和Ⅲ。

21～22 题基于以下题干：

甲、乙、丙、丁、戊五个人一起去商场购买换季新装，共有蓝色、白色、黑色三种颜色的外套可供选择，每人购买了其中的 1～2 个颜色的外套，有一种颜色有三人购买，一种颜色有两人购买，另一种颜色有一人购买。此外，五人的选择还满足以下条件：

（1）丁和戊没有购买同一种颜色的外套。

（2）甲和丁购买了同一种颜色的外套，乙和丙也仅购买了一种相同颜色的外套。

（3）甲没有购买蓝色外套，戊没有购买白色外套。

（4）丙购买了黑色外套。

（5）乙同时购买了有两人购买与有三人购买的外套。

21. 根据上述信息，以下哪项一定为真？

A. 只有一人购买的颜色是黑色。 B. 只有一人购买的颜色是白色。

C. 乙购买的是蓝色和黑色。 D. 乙和丙购买了黑色外套。

E. 乙和戊购买了蓝色外套。

22. 根据上述信息，以下哪项一定为真？

A. 戊没有购买蓝色外套。 B. 丁购买了黑色外套。

C. 有三个人购买的颜色是黑色。 D. 有三个人购买的颜色是白色。

E. 乙没有购买黑色外套。

23. 在一段恋爱中，不论是分手还是女朋友过于蛮横，都会让男友感到迷茫。如果要谈一段永不分手的恋爱，男生能给女生安全感是必要的条件。安全感并不是来源于爱，而是偏爱，人只有确定自己是被偏爱的，才能真正获得安全感。而被偏爱的人都有恃无恐，所有有恃无恐的人都是过于蛮横的。

如果以上断定为真，以下哪项必定为真？

A. 如果一个男生的女朋友过于蛮横，那一定是由于他给了她安全感。

B. 除非男生不偏爱他的女朋友，否则他们一定不会分手。

C. 只要谈恋爱，无论分不分手，都会让男生感到迷茫。

D. 或者没有安全感，或者双方陷入迷茫。

E. 如果一个男生谈了一段没有分手的恋爱但陷入了迷茫，则一定是由于他的女朋友过于蛮横。

24. 某单位年会评选节目，参与评选的有甲、乙、丙、丁、戊、己六个单人节目，有五个部门分别表明了自己的态度：

（1）财务部表示，丙、丁两人中只能去一个人。

（2）进口部表示，若丁去，则乙也去。

（3）出口部表示，甲、丙和己三人只有一个不能入选。

（4）行政部表示，如果甲不去，则乙去。

（5）人事部表示，己和丁至少有一个要去。

结果显示五个部门的态度均被采纳，则可以推出以下哪项？

A. 甲一定去。 B. 甲一定不去。 C. 乙一定去。

D. 乙一定不去。 E. 戊一定去。

25～26 题基于以下题干：

“东方神起”科研所有一只优秀的科研团队。该团队由赵彦、钱亭、孙玉和李允四个核心人物及其他辅助人员组成。针对这四个核心人物，可知：

（1）要么赵彦是北方人，要么孙玉是北方人。

（2）如果赵彦负责产品设计，那么李允负责程序开发。

（3）四人中仅有三人是南方人，并且南方人不负责产品设计。

（4）孙玉和李允来自同一个城市。

（5）除非钱亭负责质保，否则孙玉是北方人。

（6）四人来自哈尔滨、广州和上海。岗位分别是产品设计、质保、数据分析和程序开发。

25. 根据上述信息，可以推出以下哪项？

A. 赵彦来自上海。　B. 钱亭负责程序开发。　C. 孙玉来自北方。

D. 李允的工作不是程序开发。　E. 赵彦负责产品设计。

26. 若孙玉来自哈尔滨或者上海，那么赵彦、钱亭、孙玉和李允四人依次对应的城市和职业是？

A. 孙玉来自上海，负责程序开发。　B. 钱亭来自上海，负责质保。

C. 李允来自广州，负责程序开发。　D. 钱亭来自广州，负责质保。

E. 李允来自广州，负责数据分析。

27. 近年来，意大利面会导致肥胖已得到普遍共识，因此很多人在面对这种地中海饮食时，都抱有一种又爱又恨的纠结心情。然而，意大利地中海神经病学专家通过研究发现，意大利面非但不会导致肥胖，还可以起到相反的效果——降低体脂率。研究结果显示，如果人们能够适量摄入，并保证饮食多样性，意大利面对人们的身体健康大有裨益。

根据该项研究结果，最能得出以下哪项？

A. 如果人们适量摄入意大利面，但没保证饮食多样性，那么就不会对人们的身体健康大有裨益。

B. 如果意大利面对人们的身体健康大有裨益，那么就要适量摄入，同时保证饮食多样性。

C. 适量摄入，但没保证饮食多样性，否则意大利面不会对人们的身体健康大有裨益。

D. 只有适量摄入，并保证饮食多样性，意大利面才对人们的身体健康大有裨益。

E. 如果人们适量摄入意大利面，但却没有对人们的身体健康大有裨益，一定是没有保证饮食的多样性。

28.《论语·子路》：名不正，则言不顺；言不顺，则事不成；事不成，则礼乐不兴；礼乐不兴，则刑罚不中；刑罚不中，则民无所措手足。故君子名之必可言也，言之必可行也。君子于其言，无所苟而已矣！

根据上述信息，可以得出以下哪项？

A. 有些言而无信的人可能是君子。　B. 如果民泰然自若，从容不迫，则一定名正。

C. 如果一个人言不顺，那么他一定名不正。　D. 只有礼乐兴，才会名正。

E. 如果民无所措手足，那么一定名不正。

29~30 题基于以下题干：

某花匠要在一块花圃中试验 9 种花卉。这块花圃被分割成 9 块，大致如下图所示。有公共边界的花圃被认为是相邻的，否则视为不相邻，例如：1、2 两块花圃是相邻的，而 1、5 两块花圃是不相邻的。这 9 种花卉包括兰花、梅花、玫瑰花、牡丹花、百合花 5 类，分别是 2 种不同的兰花、2 种不同的梅花、2 种不同的玫瑰花、2 种不同的百合花和 1 种牡丹花。已知，有 1 种百合花与其余 4 类花卉均相邻。

1	2	3
4	5	6
7	8	9

29. 若要求除了百合花和牡丹花外，同类的花卉必须相邻种植，且牡丹花种在 6 号地块，则以下哪个地块是不可能种植百合花的？

A. 1 号　B. 2 号　C. 3 号　D. 5 号　E. 9 号

30. 若要求同类的花卉不可以相邻种植，且 2 种百合花均既与兰花相邻，又与玫瑰花相邻，则以下哪项是一定为真？

A. 牡丹花与至少一种兰花相邻。　B. 牡丹花与至少一种梅花相邻。

C. 牡丹花与至少一种玫瑰花相邻。　D. 2 种梅花均不与兰花相邻。

E. 2 种梅花均不与牡丹花相邻。

逻辑模拟试卷（二十六）

建议测试时间：55-60 分钟　　　实际测试时间（分钟）：________　　　得分：________

本测试题共 30 小题，每小题 2 分，共 60 分，从下面每小题所列的五个备选答案中选取出一个，多选为错。

1. 在知识经济时代，社会持续发展的前提之一是培养大量高素质人才，只有高校教育质量的提升才能培养出大量高素质人才，而高校教育质量的提升就能带来高校教师整体素养的提升。

   如果以上陈述为真，则可以推出以下哪项？

   A. 除非能提升高校教师整体素养，否则社会无法持续发展。

   B. 如果没有培养大量高素质人才，那么高校教育质量不会有提升。

   C. 只要培养了大量高素质人才，社会就能持续发展。

   D. 只有社会持续发展，才能提升高校教师的整体素养。

   E. 如果高校教师整体素养有提升，就一定能培养出大量高素质人才。

2. 小李跟他的三个家人（妻子、儿子和女儿）决定在星期日休假的时间选择一个地方出行，可以去的地方有游乐场、商场和动物园。但是因为这三个地方相隔很远，所以一天时间只够往返一个地方游玩，对于出行，小李说了以下几句话：

   （1）如果我带妻子或者女儿出门，那么我会去商场。

   （2）如果我同时带妻子和儿子一起出门，那么不能去游乐园。

   （3）如果我同时带儿子和女儿出门，那么我去动物园。

   实际上最终小李和某个或几个家人去了游乐园，那么最终跟小李一起出门的是？

   A. 妻子。　　B. 女儿。　　C. 儿子。

   D. 儿子和妻子。　　E. 儿子和女儿。

3. 某大学举办辩论赛，1 班组建的辩论小组共 7 人，分别为赵吉、钱华、孙智、李倩、周兰、吴苏、王佳，现选 4 人参赛，已知：

   （1）如果赵吉上场，则孙智也会上场。

   （2）要么赵吉上场，要么钱华上场。

   （3）李倩和周兰至多有一个上场。

   （4）除非周兰上场，否则钱华不上场。

   若李倩作为队长，必须上场，则以下哪项必然为真？

   A. 赵吉、李倩都上场，王佳不上场。

   B. 周兰上场，吴苏和王佳可能都上场。

   C. 钱华、孙智都不上场，吴苏可能上场。

   D. 钱华、周兰都不上场，王佳可能上场。

   E. 赵吉、钱华都不上场，周兰上场。

4. 张、王、李、赵、刘 5 位同学在某咖啡厅聚会，他们从拿铁、卡布奇诺、焦糖玛奇朵、冰美式、摩卡 5 种咖啡中各点了一种，互不重复。已知：

   （1）若赵不点冰美式，则刘点焦糖玛奇朵。

   （2）王和赵分别点拿铁和卡布奇诺中的一种。

   （3）只有刘点卡布奇诺，王才会点拿铁。

   （4）除非刘点冰美式，否则张不点摩卡。

   根据上述信息，以下哪项一定为真？

   A. 张点焦糖玛奇朵。　　B. 王点冰美式。　　C. 李点摩卡。

   D. 赵点卡布奇诺。　　E. 刘点冰美式。

5. 为了保证小学生每天一小时校园体育运动方案的落实，羊城市要求市内每个学校提交一项专题运动企划书，以下为部分学校的提交主题：

学校名称	运动主题	学校名称	运动主题	学校名称	运动主题
博雅	足球	里仁	羽毛球	龙翔	跳绳
三立	篮球	景新	武术	胡杨	跆拳道
闻道	乒乓球	立德	轮滑	翰辰	围棋
弘毅	羽毛球	胜蓝	篮球	圣哲	足球

根据上述信息，以下哪项做出的论断最为准确？

A. 由于所列学校并非羊城市的所有学校，所以上面所列的 9 类运动一定不是所有的运动类型。

B. 由于所列学校是羊城市最好的 12 所学校，所以上面所列的 9 类运动一定是所有的运动类型。

C. 由于所列学校提交的专题运动企划书可能涵盖所有的运动类型，所以上面所列的 9 类运动一定是所有的运动类型。

D. 由于所列学校分别坐落于羊城市的各个地区，所以上面所列的 9 类运动一定是所有的运动类型。

E. 由于所列学校提交的专题运动企划书不一定涵盖所有的运动类型，所以上面所列的 9 类运动可能不是所有的运动类型。

6. 同事甲：经理安排的项目这月底再完不成，你的饭碗可就没了。
同事乙：天天加班哪有时间吃饭，最多吃个汉堡，也不需要用饭碗啊。
以下哪项的对话方式与上述对话最为相似？

A. 母亲：你能不能注意一下你的个人卫生？
孩子：爸爸比我更邋遢，他也应该注意个人卫生。

B. 学弟：学长，你这次回学校顺利完成了毕业答辩，应该就没什么包袱了吧。
学长：本来也没有包袱啊，我实习之前没用的东西都扔了，有用的物品也都寄回家了。

C. 投资者：既然这个基金稳赚不赔，为什么我赔了？
金融师：我们看的是长期走势而非短期波动。

D. 记者：你的戏约很多，你认为自己是天赋型的演员吗？
明星：戏约多说明大众很喜欢我。

E. 同学甲：你们班的篮球水平可真一般，我们班的主力球员都没上就把你们给赢了。
同学乙：拉倒吧，上次全校足球比赛我们班可是冠军，你们好像连小组赛都输了吧。

7. 在这个 5×5 矩阵中，每个小方格中可填入一个汉字，要求每行每列均含有金、木、水、火、土 5 个汉字，不能重复也不能遗漏，根据已经给定的条件，矩阵中①所在方格中应填入的汉字是：

		木		①
土				
		水		金
火				
			土	

A. 金。　　B. 火。　　C. 水。

D. 土。　　E. 木。

8. “中国市场这么大，欢迎大家都来看看。”第二届中国国际进口博览会日前圆满落幕。已知，“进博会”所展示的商品或者是具有地方特色的，或者是科技含量高的，所有科技含量高的商品均展示了国家的科技实力，但有些“进博会”所展示的商品并非展示了国家的科技实力。
根据以上陈述，可以得出以下哪项？

A. 有些“进博会”所展示的具有地方特色的商品科技含量并不高。

B. 具有地方特色的商品科技含量也很高。

C. 有些没有展示国家科技实力的商品同样具有地方特色。

D. 有些“进博会”所展示的商品尽管科技含量高但是不具有地方特色。

E. 展示国家科技实力的商品有些并非科技含量高。

9. 某校有10名学生甲、乙、丙、丁、戊、己、庚、辛、壬、癸计划报名参加2024级硕士研究生入学考试。已知：

（1）若甲、乙至少有一人报名，则丙和丁都不报名；

（2）若戊、己至少有一人报名，则庚和辛都不报名；

（3）最终恰好有6人报名了。

根据以上陈述，可以推出一定报名的人有？

A. 甲。　　B. 丙。　　C. 戊。　　D. 庚。　　E. 壬。

10. 在塞普西路斯的一个古城蒙科云，发掘出了城市的残骸，这一残骸呈现出被地震损坏的典型特征。考古学家猜想，该城的破坏是这个地区公元365年的一次地震所致。

以下哪项如果为真，最有力地支持了考古学家的猜想？

A. 经常在公元365年前后的墓穴里发现的青铜制纪念花瓶，在蒙科云城里也发现了。

B. 在蒙科云城废墟里没有发现在公元365年以后铸的硬币，但是却有公元365年前的铸币。

C. 多数现代塞普西路斯历史学家曾经提及，在公元365年前后在附近发生过地震。

D. 在蒙科云城废墟中发现了公元300年至400年风格的雕塑。

E. 在蒙科云发现了塞普西路斯公元365年以后才使用的希腊字母的石刻。

11. 新疆一座古代城市遗址地挖掘出一些食品加工作坊，这些作坊位于从遗址中心向外辐射的马路边上，且离中心有一定的距离。由于贵族仅居住在中心地区，考古学家因此得出结论，认为这些作坊制作的食品不是供给贵族的，而是供给一个中等阶级的，他们一定已足够富有，可以不用自己生产食品而购买别人加工的食品。

考古学家的诊断中作了下列哪项假设？

A. 食品加工作坊的生产者自己本身就是富有的中等阶级的成员。

B. 食品加工作坊的生产者住在作坊附近。

C. 食品加工作坊生产者的产品原料与供贵族享用的食品所用的原料不同。

D. 食品加工作坊的生产者全天的工作都是进行食品加工，而不从事其他劳动。

E. 食品加工作坊的生产者不把作坊中加工生产的食品送交给贵族顾客。

12. 智力的形成和发展是一个复杂而漫长的过程，关键取决于人类神经元的数量和连接的质量，神经元之间的连接和交流构成了人类大脑中的神经网络，它们协同作用来调节和控制人的认知和行为。有人说玩是孩子的天性，多玩玩具能够开发他们的智力，但研究人员做了一项实验：将三岁以下的儿童分成两组，一组提供4种玩具，另一组提供16种玩具。结果发现，玩具种类越多，孩子的智力越差。

以下哪项如果为真，最能解释上述发现？

A. 过多的玩具会让孩子无法集中于某个玩具，不利于注意力的培养。

B. 玩具过多容易使孩子大脑形成各种“兴奋灶”，互相影响、干扰和制约，阻碍神经系统发育。

C. 高难度玩具超出了孩子的认知发展水平，容易让孩子产生挫败感和无力感，对玩具失去兴趣和探索欲。

D. 玩具较少的孩子在看到新玩具时会更加珍惜，由衷地产生幸福感，而玩具较多的孩子则容易形成不懂得满足的性格。

E. 玩具较多的孩子更易受到父母的溺爱，父母的溺爱会导致孩子对新玩具的新鲜感迅速下降，进而要求得到更多的玩具。

13. 以权钱为背景的社会强势力量所制造的邪恶（强势邪恶），特别为社会深恶痛绝。《社会能见度》《焦点访谈》这样一些备受社会关注的电视专题节目，如果要保持目前强有力的社会影响力，就不能接受任何外来的资助。因为资助方不论是单位还是个人，都代表着社会强势方面的某种利益和关系。《社会能见度》《焦点访谈》如果接受这样的资助，就很难保持目前对社会强势邪恶的巨大杀伤力。

以下哪项是上述论证所需假设？

A.《社会能见度》《焦点访谈》如果能保持对社会强势邪恶的巨大杀伤力，就能保持强有力的社会影响力。

B.《社会能见度》《焦点访谈》要保持强有力的社会影响力，就必须保持对社会强势邪恶的巨大杀伤力。

C. 社会强势力量不可能不制造邪恶。

D.《社会能见度》《焦点访谈》可以接受外来资助，但不受资助者对节目内容的影响。

E. 电视节目接受外界资助，已成为一种普遍现象。

14~15 题基于以下题干：

史密斯：传统的壁画是这样完成的：画家在潮湿的灰泥上作画，待灰泥干了后，这幅画就完成并保存了下来。可惜的是，目前罗马教堂中米开朗基罗的壁画上，有明显的在初始作品完成后添加的痕迹。因此，为了使作品能完全体现米开朗基罗本人的意图，应当在他的作品中去掉任何后来添加的东西。

张教授：但那个时代的画家普遍都有在他们的作品完成后再在上面添加点什么的习惯。

14. 以下哪项最为恰当地概括了张教授在应对史密斯的观点时所运用的方法？

A. 对史密斯在论证中的一个隐含假设提出质疑。

B. 对史密斯在论证中的一个关键概念提出不同的定义。

C. 得出了一个和史密斯不完全相同的结论。

D. 否定了史密斯在论证中所表达的一个前提的真实性。

E. 指出史密斯的前提之间存在矛盾。

15. 张教授的断定如果为真，最能支持以下哪项结论？

A. 在目前见到的米开朗基罗的壁画中，不可能准确区分哪些是初始的，哪些是后来添加的痕迹。

B. 去掉任何后来添加的痕迹所恢复的米开朗基罗壁画，很可能并不完全体现米开朗基罗本人的意图。

C. 在目前的米开朗基罗壁画中去掉任何后来添加的东西，不一定就能完全恢复该壁画的初始面貌。

D. 米开朗基罗壁画中后来添加的东西，除了画家本人外，不可能出自其他人之手。

E. 米开朗基罗很少对自己完成的作品满意。

16. 第二次世界大战期间，海洋上航行的商船常常遭到德国轰炸机的袭击，许多商船都先后在船上架设了高射炮。但是，商船在海上摇晃得比较厉害，用高射炮射击天上的飞机是很难命中的。战争结束后，研究人员发现，从整个战争期间架设过高射炮的商船的统计资料看，击落敌机的命中率只有 4%。因此，研究人员认为，商船上架设高射炮是得不偿失的。

以下哪项如果为真，最能削弱上述研究人员的结论？

A. 在战争期间，未架设高射炮的商船，被击沉的比例高达 25%；而架设了高射炮的商船，被击沉的比例只有不到 10%。

B. 架设了高射炮的商船，即使不能将敌机击中，在某些情况下也可能将敌机吓跑。

C. 架设高射炮的费用是一笔不小的投入，而且在战争结束后，为了运行的效率，还要再花费资金将高射炮拆除。

D. 一般地说，上述商船用于高射炮的费用，只占整个商船的总价值的极小部分。

E. 架设高射炮的商船速度会受到很大的影响，不利于逃避德国轰炸机的袭击。

17. 研究人员分析了美国南加州将近 4000 名亚裔和非亚裔胃癌患者的病例资料，他们发现亚洲人的存活率远高于其他种族患者。一般而言，5 年期的存活率，亚裔有 20% 的比例，拉丁裔是 12%，而白人和黑人则是 10%。一些研究人员推测，这可能是由于生物学上的差异导致亚裔人体内肿瘤较不具有侵害性。

下列哪项对上述研究人员的推测最不能构成质疑？

A. 亚裔人的饮食习惯和其他种族不同，而饮食习惯对胃癌影响很大。

B. 亚裔人普遍重视体检，可以早期发现胃癌。

C. 亚裔肿瘤患者除接受西医治疗外，还常常接受中医疗法。

D. 亚裔人胃癌发病率比其他种族低。

E. 亚裔人从小更多接受来自父母的言传身教，有很好的肠胃保护意识。

18. 某游客乘坐青藏线前往拉萨，沿途会经过青藏高原的自然带，已知：

（1）会先后看到针阔叶混交林、高山灌木林、高山草原，但不一定连续出现。

（2）针叶林与高山草原不能连续出现。
（3）针叶林在高山草甸之前，在常绿阔叶林之后。
（4）只有穿过高山灌木林，才会看到高山草甸。
根据以上规划，以下哪项是青藏高原海拔由低到高自然带的先后顺序？
A. 常绿阔叶林、针阔叶混交林、高山灌木林、针叶林、高山草原、高山草甸。
B. 针阔叶混交林、针叶林、高山草甸、高山灌木林、常绿阔叶林、高山草原。
C. 针阔叶混交林、常绿阔叶林、高山灌木林、高山草甸、针叶林、高山草原。
D. 常绿阔叶林、针阔叶混交林、针叶林、高山灌木林、高山草原、高山草甸。
E. 针阔叶混交林、常绿阔叶林、针叶林、高山草甸、高山灌木林、高山草原。

19～20 题基于以下题干：
某地产公司计划开发春华园、夏泰园、秋实园、冬平园 4 个楼盘，拟定让甲、乙、丙、丁 4 位设计师负责设计规划，每个楼盘均需选择 2 位设计师负责设计，每个设计师负责 2 个楼盘，还知道：
（1）甲不负责设计秋实园；
（2）乙与丙负责设计的楼盘均不相同；
（3）如果甲负责设计春华园，则丁也负责设计春华园；
（4）如果丙负责设计秋实园，则丁也负责设计秋实园。

19. 根据上述信息，可以得出以下哪项？
A. 乙负责设计夏泰园和秋实园。
B. 丙负责设计春华园和夏泰园。
C. 丁负责设计春华园和冬平园。
D. 甲负责设计夏泰园和冬平园。
E. 甲负责设计春华园和冬平园。

20. 如果乙不负责设计春华园，则可以得出以下哪项？
A. 甲或者负责设计春华园或者负责设计秋实园。
B. 丁或者负责设计夏泰园或者负责设计冬平园。
C. 乙或者负责设计夏泰园或者负责设计秋实园。
D. 丙或者负责设计夏泰园或者负责设计冬平园。
E. 丙或者负责设计秋实园或者负责设计冬平园。

21. 如今，一个企业只要有百亿以上的流动资金，并且有自主制造车载软件的能力或者掌握汽车硬件制造的核心技术，就能入局智能汽车的制造。M 公司不能入局智能汽车的制造。
根据以上信息，可以得出以下哪项？
A. 若 M 公司没有百亿以上的流动资金，则其没有自主制造车载软件的能力并且没有掌握汽车硬件制造的核心技术。
B. 若 M 公司没有百亿以上的流动资金并且没有自主制造车载软件的能力，则其没有掌握汽车硬件制造的核心技术。
C. 若 M 公司没有百亿以上的流动资金，则其有自主制造车载软件的能力或者掌握汽车硬件制造的核心技术。
D. 若 M 公司有自主制造车载软件的能力或者掌握汽车硬件制造的核心技术，则其没有百亿以上的流动资金。
E. 若 M 公司没有自主制造车载软件的能力，则其没有百亿以上的流动资金。

22. 温故而知新，可以为师矣。孔子为师，故孔子温故而知新。
以下哪项与上述论证结构最为相似？
A. 有德者必有言，有言者不必有德。仁者必有勇，勇者不必有仁。
B. 好人有好报。张三是好人，所以有好报。
C. 不重则不威，不学则不固。故威则重，固则学。
D. 多行不义必自毙。董卓多行不义，故自毙。
E. 知己知彼，百战不殆。韩信百战不殆，故韩信知己知彼。

23. 某高校组织的学术论坛即将开幕，现张芳、吕伟、李龙、陈明、赵雪等人需要决定是否参加该论坛，已知：

(1) 张芳、吕伟、李龙中至少有一人参加；

(2) 吕伟、陈明、李龙、赵雪中至多有两人参加；

(3) 如果吕伟参加，那么要么张芳、陈明两人都参加，要么张芳、李龙两人都不参加；

(4) 赵雪、吕伟、李龙中至少有两人参加。

根据以上陈述，以下哪项一定为真？

A. 吕伟要参加这个会议。　B. 赵雪要参加这个会议。　C. 陈明要参加这个会议。

D. 张芳要参加这个会议。　E. 张芳不参加这个会议。

24～25 题基于以下题干：

某城市设有“玉兰路”“黄兴路”“中山路”“枫林路”“茶子路”5 个公交车站，小玉、小黄、小中、小枫、小茶、小红 6 名学生放学回家中至少途经这 5 个站中的 2 个，每站恰好有 3 名学生途经，并且每名学生的名字与途经的车站名称的第一个字不相同。已知：

(1) 除非小茶不途经“黄兴路”，也不途经“枫林路”，否则他途经“茶子路”。

(2) 如果小黄途经“中山路”，则小茶不途经“玉兰路”。

(3) 如果途经“玉兰路”，则不途经“茶子路”。

(4) 除非小黄途经“玉兰路”，否则他不途经“枫林路”。

(5) 如果小枫途经“中山路”，那么小中也途经“中山路”。

24. 根据上述信息，可以得出以下哪项？

A. 小玉途经“黄兴路”。　B. 小黄途经“中山路”。

C. 小中途经“枫林路”。　D. 小红途经“中山路”。

E. 小枫途经“玉兰路”。

25. 如果小枫途经了“玉兰路”，并且他和小红只途经了其中两个车站，则以下哪项一定为真？

A. 小玉途经了 3 个车站。　B. 小中途经了 4 个车站。

C. 小玉和小红都途经了“茶子路”。　D. 小枫和小红都途经了“黄兴路”。

E. 有两个车站小中和小黄都没有途经。

26. 我国科研人员经过对动物和临床的多次试验，发现山茱萸具有抗移植免疫排斥反应和治疗自身免疫疾病的作用，是新的高效低毒免疫抑制剂。某医学杂志首次发表了关于这一成果的论文。多少有些遗憾的是，从杂志收到该论文到它的发表，间隔了 6 周。如果这一论文能尽早发表的话，这 6 周内许多这类患者可以避免患病。

以下哪项如果为真，最能削弱上述论证？

A. 上述医学杂志在发表此论文前，未送有关专家审查。

B. 只有口服山茱萸超过两个月，药物才具有免疫抑制作用。

C. 山茱萸具有抗移植免疫排斥反应和治疗自身免疫性疾病的作用仍有待进一步证实。

D. 上述杂志不是国内最权威的医学杂志。

E. 口服山茱萸可能会引起消化系统不适。

27. 上个世纪 60 年代初以来，新加坡的人均预期寿命不断上升，到 21 世纪已超过日本，成为世界之最。与此同时，和一切发达国家一样，由于饮食中的高脂肪含量，新加坡人的心血管疾病的发病率也逐年上升。

从上述判定最可能推出以下哪项结论？

A. 新加坡人的心血管疾病的发病率虽逐年上升，但这种疾病不是造成目前新加坡人死亡的主要杀手。

B. 目前新加坡对于心血管疾病的治疗水平是全世界最高的。

C. 上个世纪 60 年代造成新加坡人死亡的那些主要疾病，到本世纪，如果在该国的发病率没有实质性的降低，那么对这些疾病的医治水平一定有实质性的提高。

D. 目前新加坡人心血管疾病的发病率低于日本。

E. 新加坡人比日本人更喜欢吃脂肪含量高的食物。

28～29 题基于以下题干：

张先生：应该向吸烟者征税，用以缓解医疗保健事业的投入不足。因为正是吸烟，导致了许多严重的疾病。要吸烟者承担一部分费用，来对付因他们不良习惯而造成的健康问题，是完全合理的。

李女士：照您这么说，如果您经常吃奶油蛋糕，或者肥猪肉，也应该纳税。因为如同吸烟一样，经常食用高脂肪、高胆固醇的食物同样会导致许多严重的疾病。但是没有人会认为这样做是合理的，并且人们的危害健康的不良习惯数不胜数，都对此征税，事实上无法操作。

28. 以下哪项最为恰当地概括了张先生和李女士争论的焦点？

A. 张先生关于缓解医疗保健事业投入不足的建议是否合理？

B. 有不良习惯的人是否应当对由此种习惯造成的社会后果负责？

C. 食用高脂肪、高胆固醇的食物对健康造成的危害是否同吸烟一样？

D. 由增加个人负担来缓解社会公共事业的投入不足是否合理？

E. 通过征税的方式来纠正不良习惯是否合理？

29. 以下哪项最为恰当地概括了李女士的反驳所运用的方法？

A. 举出一个反例说明对方的建议虽然合理但在执行中无法操作。

B. 指出对方对一个关键性概念的界定和运用有误。

C. 提出了一个和对方不同的解决问题的方法。

D. 从对方的论据得出了一个明显荒谬的结论。

E. 对对方在论证中所运用的信息的准确性提出质疑。

30. 以优惠价出售日常家用小商品的零售商通常有上千雇员，其中大多数只能领取最低工资，随着国家法定的最低工资额的提高，零售商的人力成本也随之大幅度提高。但是，零售商的利润非但没有降低，反而提高了。

以下哪项如果为真，最有助于解释上述看来矛盾的现象？

A. 上述零售商的基本顾客，是领取最低工资的人。

B. 人力成本只占零售商经营成本的一半。

C. 在国家提高最低工资额的法令实施后，除了人力成本以外，其他零售商经营成本也有所提高。

D. 零售商的雇员有一部分来自农村，他们基本都拿最低工资。

E. 在国家提高最低工资额的法令实施后，零售商降低了某些高薪雇员的工资。

专业学位硕士联考应试精点系列
ZhuanYe XueWei ShuoShi LianKao YingShi JingDian XiLie

MBA MPA MPAcc MEM 联考与经济类联考

总第11版

鑫全工作室

逻辑1000题一点通

解析分册

LIANKAO 2026版 LIANKAO

鑫全工作室图书策划委员会 编
主 编 赵鑫全
副主编 王超帅 韩 奕 师晓童

华龄出版社
HUALING PRESS

图书在版编目（CIP）数据

逻辑 1000 题一点通 ： MBA、MPA、MPAcc、MEM 联考 / 赵鑫全主编. -- 北京 : 华龄出版社, 2025. 5. -- ISBN 978-7-5169-3015-1

Ⅰ. B81-44

中国国家版本馆 CIP 数据核字第 2025K43G65 号

策划编辑 颉腾文化 **责任印制** 李未圻
责任编辑 苗昊聪

书　名	逻辑 1000 题一点通 ：MBA、MPA、MPAcc、MEM 联考	**作　者**	赵鑫全
出　版 **发　行**	华龄出版社 HUALING PRESS		
社　址	北京市东城区安定门外大街甲 57 号	**邮　编**	100011
发　行	（010）58122255	**传　真**	（010）84049572
承　印	三河市中晟雅豪印务有限公司		
版　次	2025 年 5 月第 1 版	**印　次**	2025 年 5 月第 1 次印刷
规　格	787mm×1092mm	**开　本**	1/16
印　张	36. 5	**字　数**	1350 千字
书　号	ISBN 978-7-5169-3015-1		
定　价	109. 00 元（全 3 册）		

配套服务使用说明

一、教材服务备考群

备考 QQ 群

专为考研学子设立备考交流群，互动交流，答疑解惑，共同学习；扫码进入备考群。

二、教材服务视频二维码

配套视频二维码

获取本书配套视频服务以及书籍勘误；扫码获取。

三、关注作者获取备考资料和互动交流

微博@鑫全讲堂-赵鑫全、小红书@赵鑫全逻辑写作、B 站@鑫全讲堂-赵鑫全

前言

帮助考生掌握联考科目逻辑的考试特点及命题规律，在强化及冲刺阶段全面提升解题速度和解题技巧，最大限度帮助考生提高逻辑成绩，这是编写本书的最直接的动机和目的。

本书分为两大部分——《绝杀 18 招》及“26 套全真模拟试卷”（试题、解析各一册）。《绝杀 18 招》归纳总结了考试所必备的应试技巧，能够全面帮助考生掌握对应的题型解题方法，快速提升解题速度。“全真模拟试卷”的每套试题均精心挑选契合最新命题规律的试题，参考真题的试卷结构和难度进行编排，旨在帮助考生提前演练，提升实战能力。

本书有以下特色：

一、绝杀 18 招，帮助考生快速且正确的解题，转变思维方式，全面提升应试能力。

二、对全部逻辑试题进行全方位解析。区别于其他辅导用书，本书针对解题进行详细说明。每个步骤的重点都有具体的解析。对于题干，用最精炼的语言帮助考生迅速找到核心信息、精准定位推理关系及论证关系。对于选项，用逻辑推理的基本知识点和基本技巧推理分析选项中的正确理由及排除理由，让考生理解选项之间的细微差异，找到选项中的陷阱。

与此同时，学习过程中如遇疑问，可采用如下方式与作者交流：

- 方式 1：关注作者小红书/新浪微博：@鑫全讲堂-赵鑫全，进行提问。
- 方式 2：关注作者微信公众号：微信搜索“赵鑫全”进行交流。

希望本书能够帮助广大考生快速突破联考逻辑科目，取得理想成绩，同时也欢迎考生对本书提出宝贵的修改意见和建议，以使本书更加完善。

目 录

逻辑模拟试卷（一）答案与解析

1	2	3	4	5	6	7	8	9	10
B	C	B	A	D	E	D	B	D	E
11	12	13	14	15	16	17	18	19	20
D	D	B	B	E	A	C	A	B	D
21	22	23	24	25	26	27	28	29	30
E	B	C	B	E	E	C	A	D	E

1. 答案 **B**

解题步骤		
第一步	分析题干论证关系：定期饮用绿茶（因）→降低患心血管疾病的风险（果），可采用第 17 招（特殊结构——因果关系），分析该题。	
第二步	解题预判。因果机制支持：选项 B 通过揭示绿茶成分（茶多酚）对已知致病机制（血管炎症）的直接作用，建立了从因到果的生物学路径，支持专家因果推断。	
选项	**解释**	**结果**
A	仅显示相关性，但无法排除混杂因素（如健康意识、经济水平）。	淘汰
C	指出其他变量（收入、健康行为），实际削弱了绿茶的独立因果效应。	淘汰
D	时间顺序与剂量反应支持因果方向，但未排除其他随时间变化的干扰因素。	淘汰
E	异质性可能暗示其他变量（如性别差异），但未直接强化因果链。	淘汰

2. 答案 **C**

题干信息	首先理顺结构。由"通过"确定论证前提、结论。结论：这样做是应当禁止的（非关系）。故在前提处寻找论证关系：毒品贩子会通过此渠道获取海洛因→对社会造成危害。	
解题预判	由"通过"这一结构词，确定采用第 17 招（特殊结构——方法可行）进行论证关系分析。	
选项	**解释**	**结果**
A	无关，此题论证的只是"海洛因"这种药物，与其他止痛药无关。	淘汰
B	"贩毒是严重犯罪，并且会受到法律的严惩"支持了题干海洛因应当禁止这一结论。	淘汰
C	说明即便毒品贩子通过这种渠道获取到了海洛因，其量不足以对社会造成危害，即方法无效，从而削弱了题干论证关系。	正确
D	使用量大会致死与此题题干论证关系无关。	淘汰
E	用海洛因会不会使病人上瘾与此题题干论证关系无关。	淘汰

3. 答案 B

解题步骤		
第一步	解释矛盾题。通过“但”确定矛盾的双方。矛盾点①：成品油生产商运营成本增加。矛盾点②：利润也增加了。	
第二步	依据解释矛盾的应对策略（参见《逻辑精点》）锁定正确答案。	
选项	**解释**	**结果**
A	选项仅涉及矛盾点①，但也无法说明“生产商运营成本增加”，故没有涉及矛盾。	淘汰
B	引入了“政府补贴”这一第三要素化解矛盾。即便运营成本大幅度增加，但如果政府提供相应补贴的话，利润是有上涨的可能的。	正确
C	同 A 项。	淘汰
D	“成品油生产的其他成本也有所提高”非但无法解释，反而加剧了题干的矛盾。	淘汰
E	同 A 项与 C 项，无法有效解释矛盾。	淘汰
点睛	解释矛盾题目，通常需要引入“第三要素”来化解矛盾，只对矛盾的其中一方大说特说，往往无法解释矛盾，如此题 A、C、E 选项。	

4. 答案 A

解题步骤	
第一步	市政府的论证核心是：“先进的地下施工技术能有效避免破坏历史风貌”，因此要削弱这一论证，需证明“技术本身存在缺陷，无法真正保护历史风貌”即方法不可行。可采用第 17 招（特殊结构，程式化思路），分析该题。
第二步	选项 A 指出该技术在其他城市应用时曾导致历史遗迹受损，直接挑战了技术的可靠性。即使市政府承诺使用先进技术，若技术本身存在风险（如意外事故），仍可能无法避免破坏，从而削弱了“技术能解决问题”这一核心逻辑。
第三步	B（历史建筑价值高）：仅强调保护的必要性，但未否定技术有效性。 C（环境影响小）：与“历史风貌保护”无关，属无关选项。 D（市民还有其他担忧）：未直接反驳“技术能保护历史风貌”的论点，仅说明反对意见的复杂性。 E（政府失信历史承诺）：质疑政府执行力，但未否定技术本身的有效性（若技术可靠，即使政府失信，破坏风险仍可控）。

5. 答案 D

题干信息	论证结构：生物学上的差异（因）→亚裔人体内肿瘤不具有侵害性（果）。	
解题预判	根据“由于”“导致”，确定采用第 17 招（特殊结构，程式化思路）进行分析。	
选项	**解释**	**结果**
A	构造了“饮食习惯”这一他因，对题干论证进行了他因削弱。	淘汰
B	构造了“重视体检，早发现”这一他因，对题干论证进行了他因削弱。	淘汰
C	构造了“中医疗法”这一他因，对题干论证进行了他因削弱。	淘汰
D	“发病率”指的是是否会发病的概率，而本题的论证建立在已经发病之后对各个人种的存活率进行比较，若未发病则无法比较，故对本题论证无影响。	正确
E	构造了“肠胃保护意识”这一他因，对题干论证进行了他因削弱。	淘汰

6. 答案 E

题干信息	根据结构词“因此”定位论证关系：低温地区动物面临气温升高→加剧低温地区野生动物传染病的爆发。	
解题预判	分析论证关系，紧扣核心概念“低温”“野生动物传染病”，锁定 E 选项。采用第 15 招（梳理关系，紧盯概念）快速解题。	
选项	**解释**	**结果**
A	选项论证对象为炎热地带的动物，与题干论证对象低温地区动物不一致。	淘汰
B	未体现出气温升高这一原因，对论证关系作用有限。	淘汰
C	选项论述的是传染病的危害，且该项论证对象为炎热东非大草原的野生羚羊，与题干论证对象并不一致。	淘汰
D	选项对比的是寒冷和炎热两种气候环境，而题干未有相关比较，论证结构不一致。	淘汰
E	气温高低和野生动物患传染病的风险存在正相关，加强题干论证关系。	**正确**

7. 答案 D

解题步骤		
第一步	根据关键词“最新研究认为”，锁定本题论证关系：不是因为神经突触连接改变→遗忘（非 Z→Y），而是多巴胺神经元在未破坏记忆本身的情况下阻断了记忆的提取→遗忘（X→Y）。	
第二步	解题预判：采用第 17 招（特殊结构——因果关系）分析题目，Z 而非 X→Y；通常使用 Z→X→Y 削弱间接因果。	
选项	**解释**	**结果**
A	无态度项，未提到“遗忘”。	淘汰
B	无关选项，未指出遗忘的原因。	淘汰
C	指出了“淀粉样蛋白”这一导致遗忘的他因，但是未排除题干“多巴胺神经元”这一本因对遗忘的影响。	淘汰
D	间接因果的削弱，指出了神经突触连接改变导致了多巴胺神经元活跃，并进而导致遗忘。	**正确**
E	同 C 项，指出了“颞叶受损”这一导致遗忘的他因，但是未排除题干“多巴胺神经元”这一本因对遗忘的影响。	淘汰

8. 答案 B

解题步骤	
第一步	公司的结论核心是“年轻消费者（18~35 岁）会广泛欢迎主打健康监测功能的智能手表”。要支持这一结论，需直接证明目标群体对产品核心功能的强烈需求。可采用第 15 招（梳理关系，紧盯概念），紧扣“年轻消费者”与“健康监测”分析选项。
第二步	选项预测：选项 B 明确表示，超过 70%的年轻消费者对健康监测功能感兴趣。这一数据直接关联了目标人群（年轻消费者）与产品核心卖点（健康监测），说明市场存在明确需求，从而有力支持“产品将受欢迎”的结论。

（续）

解题步骤	
第三步	A（功能更准确）：强调技术优势，但未直接关联年轻消费者的需求偏好（技术优势未必能直接转化为市场欢迎度）。 C（设计时尚）：设计是加分项，但题干结论的核心是“健康功能”而非外观（若消费者不关注健康功能，设计再好也难以支撑广泛欢迎）。 D（合作推广）：推广计划可能提高知名度，但未证明消费者本身的需求（推广效果依赖外部合作，非内在支持）。 E（市场需求增长）：整体市场趋势有利，但未具体指向年轻消费者群体（可能增长主要来自其他年龄段）。

9. 答案 D

解题步骤		
第一步	通过转折词“但是”定位此题关键信息及论证：应用技术发展需要基础理论研究做后盾→纯理论研究可能暂时看不出其用处，将来也许能带来巨大效益。	
第二步	采用第 15 招（梳理关系，紧盯概念）对论证关系进行分析，借助对“限定词”及核心概念把握，分析论证关系。	
选项	解释	结果
A	题干未对基础理论研究和应用技术发展进行比较，故选项未涉及题干论证。	淘汰
B	指出纯理论研究看不出有什么用处，削弱了题干的结论。	淘汰
C	题干表达“暂时”与“将来”，无法判断是否为当代与后代。	淘汰
D	是必要假设。时间存在滞后问题，才能保证暂时可能看似没用，但将来或许大有用途。	正确
E	无关选项。题干论述的重点是“纯理论研究有没有用”，而非“难度”。	淘汰

10. 答案 E

题干信息	问题为“除了哪项，均能解释”，可找“削弱项”，也可找“无关项”。 根据转折词“但”定位矛盾点：矛盾①0~6 月婴儿最好用纯母乳喂养，父母希望给孩子提供最好营养；矛盾②事实却是我国 0~6 个月婴儿的纯母乳喂养率明显偏低。	
解题预判	母乳喂养好，事实上却母乳喂养率低，解释重点就在于指出母乳喂养的障碍和难处。	
选项	解释	结果
A	职场女性压力大，环境不允许，指出了难处，可以解释。	淘汰
B	女性营养不良，奶水不足，指出了难处，可以解释。	淘汰
C	很多母亲对母乳优势认知不足，指出了难处，可以解释。	淘汰
D	指出了哺乳给母亲带来的不便和危害，指出了难处，可以解释。	淘汰
E	只指出了母乳喂养的“利”，却未指出母乳喂养的“难”，无法解释矛盾。	正确

11. 答案 D

解题步骤	
第一步	题干的核心逻辑是“模仿人类动作→无需改造设施→降低成本”。削弱类题目需精准攻击论证链条中的核心假设（如“无需改造设施=低成本”），而非泛泛讨论其他缺点。

（续）

解题步骤	
第二步	解题预判。D 项直接指出人形机器人实际应用中的隐性成本（频繁调试+维护成本），削弱“降低成本”的结论。本题采用第 15 招（梳理关系，紧盯概念）分析选项。
第三步	A 项仅说明研发成本高，未否定“长期成本优势”； B 项讨论其他机器人，与题干无关； C 项属于心理影响，不直接反驳经济效益； E 项涉及安全法规，未否定成本逻辑。

12. 答案 **D**

解题步骤	
第一步	题干论证：IP 基础+原团队+预算技术升级→票房超越前作。
第二步	本题需优先攻击论证中的核心条件（如团队稳定性），而非附加因素（如市场环境）。 D 项揭示“主创团队完全保留”这一核心假设不成立（导演编剧退出），直接破坏票房增长的关键支撑。本题采用第 16 招（把握态度，速选速行）分析选项。
第三步	A 项泛谈续集风险，未针对《哪吒 2》具体分析； B 项仅说明竞争压力，未否定自身潜力； C 项点映差评可能影响票房，但若主创团队仍在或可调整； E 项市场偏好变化是宏观因素，需结合影片具体表现判断。

13. 答案 **B**

解题步骤	
第一步	题干矛盾：提税+禁售政策→预期吸烟率下降，但实际结果反向上升。 解释类题目需优先选择与矛盾现象存在直接关系的选项，且能覆盖题干所有关键信息（如提税与禁售双重政策）。
第二步	解题预判：B 项揭示政策引发的副作用（催生走私市场），直接说明“提税反而使青少年更易获得低价烟草”，切中政策失效的核心逻辑。
第三步	A 项烟草公司策略可能影响，但需证明青少年是主要购买群体； C 项教育暂停是独立因素，无法解释短期内 5%的突变； D 项文化心理属长期影响，与政策实施仅一年的时间不匹配； E 项便利店执行率低仅影响禁售政策，但无法解释整体吸烟率上升（若政策未执行，吸烟率应保持而非增长）。

14. 答案 **B**

题干信息	①录取小明→录取小华∧不录取小黄；②录取小红∨录取小李；③不录取小黄→录取小邓；④6 人中选 3 人。
第一步	本题属于分组题型，由于问题求解“可以被录取=符合题干要求”，并且选项是确定、充分的。
第二步	观察发现，题干要求从 6 人中选 3 人录取，而选项恰好给出 3 人，故本题采用第 7 招（选项代入排除）中的“要素全举上代下”。
第三步	分析选项，若选项与任一条件相矛盾，即可“一票否决”，快速淘汰。 通过条件①，排除选项 C、E。通过条件③，排除选项 A、D。选项 B 正确。

15. 答案 E

16. 答案 A

题干信息	①边界条件：每个人物都只能对应“七曜”中的一个，“七曜”中的每一个也只能对应 7 个人物中的一个。 ②孔子不对应“岁星”∨老子不对应“太白”→荀子对应“月亮”∧韩非子对应“太阳”。 ③“荧惑”对应老子和墨子之一（不确定信息）。 ④孟子和韩非子分别对应“月亮”或“镇星”（不确定信息）。
第一步	本题属于对应题型，观察发现，条件③和④可转化为确定信息，此时可优先采用第 9 招（剩余思想，将不确定转确定）将不确定转化为确定，即③=“荧惑”不对应孔子、孟子、荀子、庄子和韩非子；④=“月亮”和“镇星”均不对应孔子、荀子、庄子、老子和墨子。再将上述确定信息代入剩余条件推理。
第二步	将“荀子不对应月亮”代入②中可推得：孔子对应“岁星”∧老子对应“太白”。联合③可知墨子对应“荧惑”，观察选项可知，第 15 题答案选 E。
第三步	整理上题信息可知：孔子对应“岁星”、老子对应“太白”、墨子对应“荧惑”，根据④可知，孟子和韩非子分别对应“月亮”或“镇星”，此时结合剩余法思想可推知，剩余的荀子和庄子两人分别对应“太阳”和“辰星”中的一种。由于第 16 题附加信息为“太阳不对应庄子”，故荀子对应“太阳”，庄子对应“辰星”，第 16 题答案选 A。

17. 答案 C

解题步骤		
第一步	观察题目特征，锁定技巧。问题要求“推理结构最相似”的选项作为正确答案，故可采用第 5 招（结构比较）进行解题。	
第二步	整理题干推理结构： A→B，¬ A→C，所以¬ B→C。	
第三步	分析选项，寻找与题干推理结构一致的选项作为正确答案。	
选项	**解释**	**结果**
A	选项推理结构为：A→B，C→D，所以¬ A。与题干推理不一致。	淘汰
B	选项推理结构为：A→B，C→D，所以¬ B→¬ A。与题干推理不一致。	淘汰
C	选项推理结构为：A→B，¬ A→C，所以¬ B→C。与题干推理一致。	正确
D	选项推理结构为：A→B，A→C，所以¬ A→¬ C。与题干推理不一致。	淘汰
E	选项推理结构为：A→B，¬ A→C，所以¬ B→¬ C。与题干推理不一致。	淘汰

18. 答案 A

解题步骤	
第一步	本题属于对应题型，由于题目正向推理困难，而选项是充分、确定的，故可采用第 7 招（选项代入排除）进行解题。
第二步	观察表格，由于每行、每列所填入的字不能重复，也不能遗漏，故①处填入的字不能是北，不能是南，故排除 C 和 D 选项；③处填入的字不能是西，故排除 B 选项；④处填入的字不能是东，故排除 E 选项，因此答案选 A。

19. 答案 B

解题步骤	
第一步	观察题干特征，锁定技巧。题干和选项均为“假言判断”表述，并且存在重复的概念和互为矛盾的概念，故可优先采用第 2 招（串联递推）进行解题。
第二步	符号化题干条件： ①今年油价持续上涨→有人放弃开车而选择公共交通； ②有人放弃开车而选择公共交通→北京的雾霾会有很大改善； ③今年油价没有持续上涨→小幅下跌。
第三步	串联得出：④今年油价没有小幅下跌 $\xrightarrow{③}$ 今年油价持续上涨 $\xrightarrow{①}$ 有人放弃开车而选择公共交通 $\xrightarrow{②}$ 北京的雾霾会有很大改善。
第四步	优先验证含有“首”和“尾”概念的选项，即优先验证 B 和 C，B 选项与信息④逆否等价，故一定为真，答案选 B。

20. 答案 D

解析	题干推理关系为：①推动普惠全球发展→建立开放型世界经济； ②建立开放型世界经济→包容意识；③¬ 求同存异→¬ 包容意识 = 包容意识→求同存异； ④求同存异→打破意识形态壁垒。 ①+②+③+④ = 推动普惠全球发展→打破意识形态壁垒 = 无法推动普惠全球发展 ∨ 打破意识形态壁垒，故选 D。A 项与 B 项，否定前件无法推出否定后件，故不选。C 项，此题所给条件皆为推理信息，未给到确定信息，因此无法得出事实上是否能够打破意识形态壁垒。

21. 答案 E

题干信息	①历史画和风景画不能在同一个场次展出。 ②军事画不在上午场展出 ∨ 风俗画不在上午场展出。 ③人物画在下午场展出→军事画在下午场展出。 ④风俗画在上午场展出→宗教画在上午场展出。 ⑤宗教画在下午场展出（确定信息）。
第一步	观察题干，发现本题属于有确定信息的分组题，故可使用第 6 招（“题干确定”一马当先）进行解题。
第二步	将确定信息⑤代入题干信息： 宗教画在下午场展出→宗教画不在上午场展出 $\xrightarrow{④}$ 风俗画不在上午场展出→风俗画在下午场展出。 根据条件①可知，历史画和风景画中一定有一种画在下午场，结合宗教画和风俗画在下午场展出，此时下午场展出的画作已经确定，可知，剩余的军事画和人物画只能在上午场展出，故 E 选项为正确答案。

22. 答案 B

题干信息	①历史画和风景画不能在同一个场次展出。 ②军事画不在上午场展出 ∨ 风俗画不在上午场展出。 ③人物画在下午场展出→军事画在下午场展出。 ④风俗画在上午场展出→宗教画在上午场展出。 ⑤历史画和军事画在上午场展出（确定信息）。

（续）

第一步	观察题干，发现本题属于有确定信息的分组题，故可使用第 6 招（“题干确定”一马当先）进行解题。
第二步	将确定信息⑤代入题干信息： 军事画在上午场展出 $\xrightarrow{②}$ 风俗画不在上午场展出→风俗画在下午场展出； 军事画在上午场展出→军事画不在下午场展出 $\xrightarrow{③}$ 人物画不在下午场展出→人物画在上午场展出； 历史画在上午场展出 $\xrightarrow{①}$ 风景画不在上午场展出→风景画在下午场展出。
第三步	整理推理结果： 上午场：军事画、人物画、历史画。 下午场：风景画、风俗画。 此时只剩余宗教画，故宗教画只能在下午场，比对选项，B 选项为正确答案。

23. 答案 C

解析	结构相似题，但是却无法用符号对题干和选项进行刻画来比对是否推理格式相符。所以还能借助否定词、关系等细节对选项进行排除。 首先，题干最终得到的是否定的结论，因此排除 D 项。又因为题干比较的双方是“经常使用电脑的人”和“不经常使用电脑的人”，二者为矛盾关系，排除 A、B、E，此三项出现的比较双方都是反对关系，而非矛盾关系。 因此，选 C。

24. 答案 B

题干信息	①赵去北京 ∨ 钱去北京→李去重庆 ∧ 周不去重庆； ②钱去北京 ∨ 李去重庆→周去重庆 ∧ 赵不去天津； ③李不去重庆 ∨ 周不去重庆→赵去北京； ④每人只去一个城市，每个城市至少去一个人。
第一步	根据题干信息，我们可以发现本题属于没有确定信息的对应题，但涉及“李是否去重庆”的条件在题干信息中重复了 3 次，但并不能联合直接得出结论，故可假设解题。
第二步	若“李不去重庆”，联合条件①③可得： 李不去重庆 $\xrightarrow{③}$ 赵去北京 $\xrightarrow{①}$ 李去重庆 ∧ 周不去重庆，由“李不去重庆”得出“李去重庆”，产生矛盾，符合第 11 招（假言串联，找矛盾），故可得：李去重庆一定为真。 将“李去重庆”代入题干信息可得： 李去重庆 $\xrightarrow{②}$ 周去重庆 ∧ 赵不去天津→周去重庆 $\xrightarrow{①}$ 赵不去北京 ∧ 钱不去北京
第三步	由④可知去这四个城市的人数一定是“1+1+1+2”的组合，结合上一步可得，重庆去了两人（李和周），因此剩下三个城市各去一人。由于赵不去重庆、不去天津，也不去北京，因此赵一定去上海。由于钱不去北京、不去重庆，且钱不去上海，因此钱去天津。根据剩余法可知孙去北京。观察选项可知，答案选 B。

25. 答案 E

题干信息	①婉安 ∨ 星辰→雄鹿；②北陌→不纸鸢 ∧ 不星辰；③扶苏→不彩寻； ④扶苏、长卿和纸鸢中选择 2 个；⑤8 支队伍选 5 支。

（续）

第一步	本题属于分组题型，由于问题求解“符合上述断定”，且选项是确定、充分的，故可考虑采用第 7 招（选项代入排除）进行解题。	
第二步	观察发现，题干要求从“8 支队伍中选出 5 支”，而选项恰好给出 5 支队伍，故本题采用第 7 招（选项代入排除）中的“要素全举上代下”。	
第三步	分析选项，若选项与任一条件相矛盾，即可“一票否决”，快速淘汰。	
选项	**解释**	**结果**
A	选项与①矛盾，排除。	淘汰
B	选项与②矛盾，排除。	淘汰
C	选项与③矛盾，排除。	淘汰
D	选项与④矛盾，排除。	淘汰
E	选项与题干信息均不矛盾，故符合题干要求。	**正确**

26. 答案 E

题干信息	①婉安∨星辰→雄鹿； ②北陌→不纸鸢∧不星辰； ③扶苏→不彩寻； ④扶苏、长卿和纸鸢中选择 2 个； ⑤不纸鸢（确定信息）； ⑥8 支队伍选 5 支。
第一步	由于本题给出确定的附加条件，故可采用第 6 招（“题干确定”一马当先），将附加条件代入题干信息进行解题。
第二步	联合③④⑤可得：不纸鸢 $\xrightarrow{④}$ 扶苏∧长卿 $\xrightarrow{③}$ 不彩寻。 联合②⑤可得：北陌 $\xrightarrow{②}$ 不星辰＝不北陌∨不星辰。
第三步	根据上步得出的结论可知，不被选择的为纸鸢、彩寻，以及北陌、星辰中的一个。此时剩余的一定都被选择，比对选项，E 选项为正确答案。

27. 答案 C

	解题步骤
第一步	观察题干特征，锁定技巧。题干均为“假言判断”表述，并且存在互为矛盾的概念，故可优先采用第 2 招（串联递推）进行解题。
第二步	符号化题干条件： ①一个作家写到社会上不好的东西→他实际上是想揭露人性的恶∧给这个社会进行排毒。 ②一个作家没有写到社会上不好的东西→想宣扬人性里真善美的东西。
第三步	联合①②可得：不想宣扬人性里真善美的东西 $\xrightarrow{②}$ 一个作家写到社会上不好的东西 $\xrightarrow{①}$ 他实际上是想揭露人性的恶∧给这个社会进行排毒。
第四步	由于题干为假言判断表述，故选项若要一定真，则必须为“∨”或者“→”的形式，观察发现，选项中只有 C 选项是“→”的形式，故可直接选择 C 选项（C 选项与题干互为逆否等价）。

28. 答案 A

题干信息	①甲去外科→乙去心内科； ②甲去循环科∨丁去循环科→丙去心内科∨丙去肾内科； ③丁不去心内科→戊去肾内科； ④戊、甲、丁中有一人去循环科； ⑤每人只能去一个科室，并且每个科室只分到了一人； ⑥丙去急诊科（确定信息）。
第一步	观察题干，发现本题为有确定信息的对应题，故可使用第 6 招（“题干确定”一马当先）进行解题。
第二步	将确定信息⑥代入题干可得： 丙去急诊科→丙不去心内科∧丙不去肾内科 $\xrightarrow{②}$ 甲不去循环科∧丁不去循环科 $\xrightarrow{④}$ 戊去循环科→戊不去肾内科 $\xrightarrow{③}$ 丁去心内科→乙不去心内科 $\xrightarrow{①}$ 甲不去外科。根据剩余法可知甲去肾内科、乙去外科。A 选项为正确答案。

29. 答案 D

题干信息	①小李擅长长笛→老李也擅长长笛。 ②老李擅长长笛→老李也擅长小提琴。 ③小李擅长小提琴→大李也擅长小提琴。 ④边界条件：两人擅长古筝（1 人不擅长古筝），两人擅长长笛（1 人不擅长长笛），两人擅长小提琴（1 人不擅长小提琴），两人擅长单簧管（1 人不擅长单簧管）。 ⑤边界条件：每人都擅长上述 4 种乐器的 2~3 种。
第一步	观察题干，发现本题属于“二维对应+多对多”对应题，由于题干中存在数字的边界条件，故可使用第 12 招（假言联动数量，找矛盾）进行解题。
第二步	结合条件③和④可知，若大李不擅长小提琴，则小李也不擅长小提琴，此时与只有 1 人不擅长小提琴矛盾，因此可得：大李一定擅长小提琴。 结合条件①②和④可知，若老李不擅长小提琴，则老李不擅长长笛，进而可知小李不擅长长笛，此时与只有一人不擅长长笛矛盾，因此可得：老李一定擅长小提琴。
第三步	由上一步，结合④（只有 1 人不擅长小提琴）可得：小李不擅长小提琴。比对选项，D 选项为正确答案。

30. 答案 E

题干信息	①小李擅长长笛→老李也擅长长笛。 ②老李擅长长笛→老李也擅长小提琴。 ③小李擅长小提琴→大李也擅长小提琴。 ④两人擅长古筝（1 人不擅长古筝），两人擅长长笛（1 人不擅长长笛），两人擅长小提琴（1 人不擅长小提琴），两人擅长单簧管（1 人不擅长单簧管）。 ⑤每人都擅长上述 4 种乐器的 2~3 种。 ⑥小李不擅长单簧管（确定信息）。
第一步	观察题干，发现本题属于有确定信息的对应题，故可使用第 6 招（“题干确定”一马当先）进行解题。

（续）

第二步	根据上一题的推理结果，结合条件⑥可知：大李擅长小提琴，老李擅长小提琴，小李不擅长小提琴；小李不擅长单簧管，大李擅长单簧管，老李擅长单簧管（由④可知只有 1 个人不擅长单簧管）。
第三步	结合条件④和⑤可知每个人擅长 2~3 种，三个人加起来一共会 8 种，进而可知三个人分别擅长的数量是 3 种、3 种、2 种。由于小李擅长 2 种，那么老李和大李都分别擅长 3 种，也就是分别只有 1 种不擅长。
第四步	由于小李不擅长小提琴和单簧管，因此小李擅长长笛和古筝。将“小李擅长长笛”代入条件①，可得老李擅长长笛，由于老李只有一个不擅长，因此可知老李不擅长古筝；由于只有 1 个人不擅长长笛，进而可知大李不擅长长笛。
第五步	整理推理结果： 小李：古筝、长笛。 大李：古筝、小提琴、单簧管。 老李：长笛、小提琴、单簧管。 比对选项，E 选项为正确答案。

逻辑模拟试卷（二）答案与解析

1	2	3	4	5	6	7	8	9	10
E	D	E	C	D	A	B	B	C	B
11	12	13	14	15	16	17	18	19	20
E	D	A	E	E	A	E	B	C	A
21	22	23	24	25	26	27	28	29	30
B	E	D	B	E	D	A	D	C	C

1. 答案 E

解题步骤	
第一步	通过“计划……以……”确定论证结构“推广共享单车”→“减少机动车”可采用第 17 招（特殊结构——方法可行）分析选项。
第二步	选项 E 指出该城市人口密度低、居住区与商业区分散且通勤距离较远。这种城市布局使得共享单车难以满足长距离通勤需求（骑行耗时过长、体力消耗大），市民仍会依赖机动车出行，因此共享单车的推广对减少机动车使用几乎无效，直接瓦解了市政府论证的可行性基础。 E 选项通过揭示城市结构与共享单车的根本性不匹配，直接否定了“共享单车能替代机动车”的核心假设，是最强削弱项。
第三步	A（雨天影响使用）：虽部分限制共享单车使用，但剩余 200 余天仍可能发挥作用，削弱力度有限。 B（建设自行车道）：支持共享单车推广，属于加强项而非削弱项。 C（公交发达需求低）：未直接否定共享单车的替代作用（公交与共享单车可互补），且未说明机动车使用现状（若公交已缓解拥堵，共享单车可能无额外贡献，但题干未提及）。 D（促进经济）：与交通拥堵无关，属无关选项。

2. 答案 D

解题步骤	
第一步	分析题干信息：题干中的论证从“人工智能系统在对罕见疾病的诊断中误诊率仅为 1%”得出结论“人工智能在医疗诊断领域具有极高的准确性，应广泛推广”。
第二步	解题预判。本题采用第 16 招（把握态度，速选速行），明确态度，分析选项。选项 D 指出该研究未考虑数据更新不及时可能导致误诊率上升这一实际应用中的重要因素，削弱了从研究得出的结论到实际推广之间的论证逻辑。
第三步	选项分析。其他选项 A、B、C、E 虽然也提到了一些相关问题，但与题干论证逻辑的关联性不如 D 直接紧密，削弱力度较弱。

3. 答案 E

题干信息	题干提出两个现象：教师的加薪；全国范围内平均酒类消费量的增加。这两个现象存在共变。	
解题预判	数据共变一般存在两种可能：①两种现象有因果关系；②两种现象存在巧合但没有因果关系，比如“你个子长高和国家 GDP 值的增长”。数据的共变一般不能确定为因果关系，还需要更为复杂的考量。	
选项	**解释**	**结果**
A	不恰当指出二者间具有因果关系。	淘汰
B	与题干无关。	淘汰
C	讲的是教师增加而不是教师加薪，排除。	淘汰
D	题干未提及，并且也无法延伸得到乡镇酒厂的情况，排除。	淘汰
E	指出人民生活水平提高导致二者数据的增加，二者本身并没有因果关系，这是合理的推理。	正确

4. 答案 C

	解题步骤
第一步	学校管理层的核心论点是：“引入线上学习平台将帮助学生掌握课程内容并提升学习积极性”。要支持这一论点，需提供直接证据证明该平台能产生积极效果。采用第 17 招（特殊结构，程式化思路）分析选项。
第二步	解题预判：选项 C 指出，在部分班级的试用中，学生的学习成绩有所提高。这一实证结果直接关联了线上平台的使用与学习效果的提升（成绩提高反映对课程内容的掌握程度），是最有力的支持证据。
第三步	A（互动功能）：说明平台的功能优势，但未提供实际效果证据（如“互动功能存在”不等于“学生因此学得更好”）。 B（家长担忧）：削弱论点，与题干论证方向相反。 D（费用问题）：与学习效果无关，属无关选项。 E（课外资源关联性弱）：暗示资源可能偏离课程目标，实际可能削弱平台有效性。

5. 答案 D

题干信息	根据结论“学习辩证思维比学习自然科学更重要一些”可采用第 16 招（把握态度，速选速行）分析选项。	
解题预判	快速选择与题干态度一致选项。	
选项	**解释**	**结果**
A	强调“求器”，并没有对学习辩证思维与学习自然科学进行比较。	淘汰
B	转移话题，选项比较的“自然科学”和“辩证思维”谁更易学，未体现谁更重要。	淘汰
C	未涉及题干比较对象的分析。	淘汰
D	态度明确地体现出了“辩证思维”更重要。“更加”体现了二者比较，“只有……才……”既保证了力度，又体现了“辩证思维”更重要。	正确
E	比较的是二者更新速度的差异，而不是谁更重要。	淘汰

6. 答案 A

题干信息	题干用求异法得到了“大脑的奖赏回路影响人们对音乐的喜欢程度”这一因果关系，可以优先考虑采用第 17 招（特殊结构——因果关系）分析选项。	
解题预判	A 选项用“兴奋”这一概念建立了“大脑奖赏回路”和“听音乐的愉悦感”二者的关系，以此保证因果成立，支持力度较强。	
选项	**解释**	**结果**
B	该项强调的是什么因素会导致大脑奖赏回路活动性升高，未提到“听音乐的愉悦感”，与本题论证关系无关。	淘汰
C	出现大脑奖赏回路活动的同时，却并不喜欢流行音乐，构成了对题干的“有因无果”的削弱。	淘汰
D	未明确体现出是否是大脑奖赏回路不同导致了对音乐的喜欢程度的不同。况且，“可能”一词使得该项力度较弱。	淘汰
E	先喜欢音乐，再使得大脑奖赏回路兴奋，属于“因果倒置”的削弱。	淘汰

7. 答案 B

解析	根据论证结构词“因此”找到本题论证关系：金和铜具有可锻性（P）→金和铜不允许被制造工具和武器（Q）。采用第 15 招（梳理关系，紧盯概念）紧盯核心概念，用假言三段论搭桥建立从论据到论点的关系，即可迅速锁定 B 项。

8. 答案 B

解题步骤	
第一步	题型：解释矛盾型；矛盾点：降价本应刺激需求，但销量却下降。 B 选项通过“延迟消费心理”解释矛盾：消费者因预期未来有更大补贴而暂缓购车，直接连接降价与销量下降的关系。
第二步	A：燃油车涨价应反衬新能源车更具吸引力，无法解释销量下降。 C：充电便利性提升本应促进销量，与现象矛盾。 D：成本降低可解释降价，但无法说明为何销量不升反降。 E：广告减少可能影响销量，但题干已排除购买力因素，解释力较弱。

9. 答案 C

解题步骤		
第一步	分析团队给出的建议：让孩子选篮球或游泳类运动项目（方法）→让孩子长高（目的）。这是个典型的“方法可行”结构，采用第 17 招（特殊结构——方法可行）分析选项。	
第二步	削弱重点（预判）：①方法能否实施；②方法能否达到目的。	
选项	**解释**	**结果**
A	论证对象变化。题干说的方法是“篮球”或“游泳”，而该项上升为“运动”，排除。	淘汰
B	同 A。该项论证的是“设计合理的足量运动”，未提到“篮球”或“游泳”。	淘汰
C	该项说明题干方法达不到目的，指出身高差距是先天体质造成的，而非后天训练的结果，削弱力度较强。	正确

（续）

选项	解释	结果
D	该项论证重点在于“控制饮食”与“长高、发育和骨密度”之间的关系，与题干论证无关。	淘汰
E	题干不涉及“篮球”与“游泳”之间的比较，选项与题干论证无关。	淘汰

10. 答案 B

题干信息	根据关键词“解决……问题”“计划”“方案”，可采用第 17 招（特殊结构——方法可行）进行分析。 论证结构：在间距 200 到 500 英里的大城市间提供高速的地面交通（方法）→解决机场拥挤进而节省成本（目的）。	
解题预判	支持重点：①方法找得到；②方法有效。优先考虑②。	
选项	**解释**	**结果**
A	无态度。选项指出有效的高速地面交通系统的要求，并未指出本题方法可否达到目的。	淘汰
B	说明方法可达目的。在间距 200 到 500 英里的大城市间提供高速的地面交通，人们可能会选择高速公路出行，从而减少空中的飞机的数量。	**正确**
C	削弱项，说明方法无效。如果大多数人飞往 600 英里以外的城市，那么仍然只能乘坐飞机，此题方法就无效了。	淘汰
D	无态度，该项所述内容与题干方法和目的无关。	淘汰
E	削弱项，说明方法无效。若乘坐飞机旅行的人中很大一部分是乘坐长途航班的度假者，那么在间距 200 到 500 英里的大城市间提供高速的地面交通就无效了。	淘汰

11. 答案 E

	解题步骤
第一步	题干论证：光源波长缩短+处理量提升→解决产能不足。
第二步	解题预判：需优先攻击技术落地的关键条件（如设备稳定性），而非外围因素（如成本或竞争技术）。使用第 17 招（特殊结构，程式化思路）分析选项。 E 项指出设备存在致命缺陷（核心元件寿命短），直接导致理论上的“处理量提升”无法转化为实际产能，削弱技术优势的可行性。
第三步	A 项仅说明购买成本高，未否定技术本身对产能的提升； B 项讨论配套成本，但企业可能为高端芯片接受高投入； C 项指向其他环节瓶颈，但若光刻效率提升仍能部分缓解整体产能； D 项提及替代技术，与题干“新一代光刻机是否有效”无直接矛盾。

12. 答案 D

	解题步骤
第一步	核心因果关系：需要证明“全民健身计划”与“肥胖率下降”存在直接因果关系，而非“含糖饮料标签制度”或其他因素的作用。
第二步	解题预判：使用第 17 招（特殊结构——因果关系）分析选项。 D 项通过追踪数据建立对比实验，直接验证参与计划者（实验组）与未参与者（对照组）的差异；体脂下降速度的显著差异（2.3 倍）排除自然波动因素，证明健身计划的实际效果。该证据形成完整论证：政策实施→行为改变（健身）→结果差异（体脂下降）→宏观数据变化（肥胖率降低）

（续）

解题步骤	
第三步	A 项显示健身相关行为增加，但无法证明因果关系（可能是健康意识提升的结果而非原因）； B 项邻国数据对复杂社会问题参考价值有限，3%的波动在统计学上不显著； C 项直接指向含糖饮料标签制度的效果，反而削弱原结论； E 项排除主食供应变化的影响，但未触及核心因果机制。

13. 答案 A

解题步骤	
第一步	矛盾焦点：政策推动产量增长（+60%）但利润率下降（12%→4%），需解释“量增利减”的反常关联。
第二步	解题预判，A 选项的核心解释力： 直接机制：政策催生大量低端企业→同质化竞争→供给过剩→价格战→利润压缩。 贴合题干：同时解释产量增长（企业数量翻倍）和利润下降（价格战）的双向矛盾。 排除干扰：政策本意是振兴产业，但实际导致低端产能泡沫（隐含政策执行偏差）。 解释类题目的核心是寻找能同时关联矛盾双方的变量： 本题需找到既能刺激产量增加（政策激励、准入宽松），又能导致利润下降（供给过剩、恶性竞争）的单一因素。 A 选项的“低端企业数量翻倍”完美满足双向解释需求，构成自洽的因果模型。
第三步	其他选项辨析： B 项成本上升可解释利润下降，但与产量增长无关（若成本高企，企业应减产而非扩产）； C 项专利依赖削弱利润，但未解释为何企业仍选择大规模扩产（逻辑链断裂）； D 项采购政策可能解释销量，但“验收标准降低”更可能导致质量问题，与利润率无直接关联； E 项虚报产能属于数据造假，但库存积压理论上应倒逼减产，无法解释产量持续增长。

14. 答案 E

解题步骤	
第一步	观察题干特征，锁定技巧。题干和选项均为“假言判断”表述，并且存在相同的概念，故可优先采用第 2 招（串联递推）进行解题。
第二步	符号化题干条件： ①防范金融风险→实现法制金融； ②实现法制金融→克服立法不全、执法漏洞、监督不力等阻力和障碍； ③克服立法不全、执法漏洞、监督不力等阻力和障碍→加快金融立法步伐、强化监督、深化金融法治教育。
第三步	观察发现，相同的概念“实现法制金融”和“克服立法不全等”位于箭头的不同方向，故联合①②③可得：防范金融风险（P1）$\xrightarrow{①}$实现法制金融（Q1/P2）$\xrightarrow{②}$克服立法不全、执法漏洞、监督不力等阻力和障碍（Q2/P3）$\xrightarrow{③}$加快金融立法步伐、强化监督、深化金融法治教育（Q3）。
第四步	优先验证含有“首”和“尾”概念的选项，即优先验证 E。E 选项 = P1→Q3，与题干推理一致，故一定为真，答案选 E。

15. 答案 E

题干信息	①“努、力、学、习”四张卡片抽三张； ②一人猜中了 3 个，一人猜中了 2 个，一人猜中 0 个。
第一步	由于题干推理需判定真假，同时题干存在特殊的元素影响真假关系（即“全对”和“全错”），故可优先采用假设法进行解题。
第二步	假设甲全对，那么乙猜对了 2 个，丙猜对了 1 个，由表格可知，假设与题干矛盾，因此甲不是全对。 假设乙全对，那么甲猜对了 2 个，丙猜对 0 个，满足题干，因此这三个字分别为“力、学、习”。因此答案选 E。

16. 答案 A

题干信息	①选赵∨选孙； ②选张∨选周； ③孙、李都不与张同时入选； ④边界条件：6 人中选 3 人。
第一步	本题属于分组题型，由于问题中给出确定的附加条件“周没被选上”，故可采用第 6 招（“题干确定”一马当先）进行解题。
第二步	将“周没被选上”代入②中，再结合①③④可推得：周没被选上 $\xrightarrow{②}$ 选张 $\xrightarrow{③}$ 不选孙∧不选李 $\xrightarrow{①}$ 选赵 $\xrightarrow{④}$ 选吴。
第三步	根据上步推理链条可知，六人中入选的是赵、张、吴，故答案选 A。

17. 答案 E

	解题步骤
第一步	观察题目特征，锁定技巧。问题中存在单件“P”表述的确定信息，故可采用第 6 招（“题干确定”一马当先）进行解题。
第二步	整理题干条件： ①哲学不做∧地理不做→会计学不做； ②心理学不做→做会计∧做管理； ③做心理学→政治学不做； ④做政治学→不做地理学； ⑤第一天安排做政治学（确定信息）。
第三步	将确定信息⑤分别代入条件③④可得： 做政治学 $\xrightarrow{③}$ 不做心理学；做政治学 $\xrightarrow{④}$ 不做地理学。
第四步	将第三步结论代入题干剩余条件可得： 不做心理学 $\xrightarrow{②}$ 做会计∧做管理 $\xrightarrow{①}$ 做哲学∨做地理学+不做地理学→做哲学。
第五步	整理推理结果可得：安排政治、会计、管理、哲学；不安排心理学、地理学。比对选项 E 选项为正确答案。

18. 答案 B

19. 答案 C

题干信息

①甲和丙不能在同一个小组（甲和丙一人一组）；
②乙在第一组→丁在第一组 = 丁在第二组→乙在第二组；
③戊在第一组→丙在第二组 = 丙在第一组→戊在第二组；
④己在第二组。

第一步

本题属于分组题型，首先明确分组情况，7 人分 2 组，分组情况为：第一组 3 人，第二组 4 人。由于题干中给出的确定信息无法直接代入推理，而题干大多为“同组/不同组”条件，故可以优先考虑采用“占位、剩余”思想进行解题。

第二步

第 18 题附加条件给出“戊和丙在同一组”，联合③分析可知丙和戊均在第二组（若戊在第一组，则丙在第二组，此时戊和丙不同组，矛盾）；再结合①可推得甲在第一组，此时结合列表法，将分组情况表示如下：

第一组（3 人）	甲
第二组（4 人）	丙、戊、己

第三步

此时第二组只剩一个位置，结合②，若丁在第二组，则乙也在第二组，此时第二组有 5 个人，与分组情况矛盾，因此丁一定在第一组；而根据分组情况可知，乙和庚一个在第一组，一个在第二组，如下表所示：

第一组（3 人）	甲、丁、乙
第二组（4 人）	丙、戊、己、庚

（提示：表格中的“□”代表位置不定，即根据组内的剩余位置情况，随机将乙和庚放在不同的组中。）

观察选项发现，18 题答案选 B。

第四步

第 19 题给出附加条件“丁和庚在同一组”，由于其不能直接代入题干进行推理，而“丁和庚在同一组”只有两种可能情况：（1）丁和庚在第一组；（2）丁和庚在第二组。故可优先考虑采用第 13 招（假设无矛盾，考虑分情况），通过假设进行解题。

第五步

若丁和庚在第一组，结合①④可知，分组情况如下：

第一组（3 人）	丁、庚、甲
第二组（4 人）	丙、乙、己、戊

若丁和庚在第二组，结合①④可知，分组情况如下：

第一组（3 人）	丙、乙、戊
第二组（4 人）	丁、庚、己、甲

观察上表发现，若丁和庚在第二组，则与②矛盾，排除；故根据第一种情况可知，答案选 C。

20. 答案 A

解题步骤

第一步

观察题目特征，锁定技巧。题干条件均属于形式语言表达的不确定信息，而选项是确定的表述，问题求解一定为真，故可优先采用两难推理进行解题。

（续）

解题步骤	
第二步	符号化题干信息： ①甲参加物理竞赛＝乙参加化学竞赛∧丁参加化学竞赛； ②乙参加化学竞赛→戊参加生物竞赛； ③丁参加化学竞赛→丙参加生物竞赛； ④戊不参加生物竞赛∨丙不参加生物竞赛。
第三步	联合条件①②③④可得： 甲参加物理竞赛 $\xrightarrow{①}$ 乙参加化学竞赛∧丁参加化学竞赛 $\xrightarrow{②}$ 戊参加生物竞赛 $\xrightarrow{④}$ 丙不参加生物竞赛 $\xrightarrow{③}$ 丁不参加化学竞赛。此时符合“他相矛盾”结构，故可知“甲不参加物理竞赛”，因此答案选 A。

21. 答案 B

解题步骤		
第一步	观察题干属于“表格类信息”，并且选项大多为假言判断表述，“P”位属于特例表达，故可优先采用第 4 招（矛盾变形）进行解题。	
第二步	验证选项。	
选项	**解释**	**结果**
A	由表格可知，套餐三既没有鸡腿堡也没有脆薯饼，不符合选项描述，故淘汰。	淘汰
B	选项与题干信息符合，为正确答案。	**正确**
C	由表格可知，套餐一的主食为鸡腿堡，但其小食为麦辣鸡翅，不符合选项描述，故淘汰。	淘汰
D	由表格可知，套餐三的饮品为可口可乐，但其主食为芝士蛋堡，不符合选项表述，故淘汰。	淘汰
E	由表格可知，套餐一的小食不是脆薯饼也不是玉米杯，但其饮品为可口可乐，不符合选项表述，故淘汰。	淘汰

22. 答案 E

题干信息	①每人都去 2 个城市出差，且每个城市都有 2~3 人去。 ②彭山去北京→甘生不去上海。 ③甘生和宗敬一起出差。 ④朱希和谢海只去上海和杭州出差。（确定信息）
第一步	本题属于对应题型，题干存在确定信息，且题干信息涉及“人”和“城市”两种对应匹配关系，信息较为抽象、复杂，故可考虑使用第 6 招（“题干确定”一马当先）和列表法进行解题。
第二步	将确定信息④填入到如下表格中：（见下表） （每行 2√2×，每列 2~3√）

	沈阳	北京	上海	杭州
彭山				
谢海	×	×	√	√
甘生				
朱希	×	×	√	√
宗敬				

（续）

<table>
<tr><td>第三步</td><td>结合上表和③可知，若甘生和宗敬去上海，则“上海”一列出现 4√，与表格的“√”“×”个数矛盾，故甘生和宗敬不能去上海；同理，甘生和宗敬也不能去杭州。由于“每人都去 2 个城市出差”，故甘生和宗敬都去沈阳和北京出差。此时的对应关系如下表：
<table>
<tr><td></td><td>沈阳</td><td>北京</td><td>上海</td><td>杭州</td></tr>
<tr><td>彭山</td><td></td><td></td><td></td><td></td></tr>
<tr><td>谢海</td><td>×</td><td>×</td><td>√</td><td>√</td></tr>
<tr><td>甘生</td><td>√</td><td>√</td><td>×</td><td>×</td></tr>
<tr><td>朱希</td><td>×</td><td>×</td><td>√</td><td>√</td></tr>
<tr><td>宗敬</td><td>√</td><td>√</td><td>×</td><td>×</td></tr>
</table>
（每行 2√2×，每列 2~3√）
观察选项可知，答案选 E。</td></tr>
</table>

23. 答案 D

解题步骤	
第一步	观察题目特征，锁定技巧。题干和选项大多为“直言判断”表述，并且存在重复和矛盾的概念，故可优先采用第 3 招（“有的”串联）进行解题。
第二步	整理题干信息： ①报名参加短跑比赛的职工→报名参加铅球比赛。 ②报名参加跳远比赛的职工→没报名参加铅球比赛。 ③报名参加跳高比赛的职工→报名参加跳远比赛。 ④没报名参加跳高比赛的职工→没报名参加长跑比赛。
第三步	串联题干信息①②③④可得： ⑤报名参加短跑比赛的职工→报名参加铅球比赛→没报名参加跳远比赛→没报名参加跳高比赛→没报名参加长跑比赛。
第四步	优先寻找含有“首和尾”的选项，即优先验证 D 选项。 D 选项 = 报名参加长跑比赛的职工→没有报名参加短跑，与⑤互为逆否等价关系，故一定为真，答案选 D。

24. 答案 B

题干信息	①每人只能参加 1 个社团，每个社团至少有 2 人参加； ②李≠吴、周≠楚； ③参加话剧社和音乐社的人数相同； ④李参加戏剧社→钱参加话剧社； ⑤赵参加话剧社 ∨ 钱参加话剧社→周、吴、楚都参加音乐社； ⑥孙参加了音乐社（确定信息）。
第一步	观察题目，发现本题属于有确定信息的对应题+分组题，但由于确定信息无法代入其他信息进行推理，并且②⑤中存在重复的内容可联合进行推理，故可使用第 8 招（以“重复元素”为突破口）进行解题。
第二步	根据条件②可知周和楚不能同时参加音乐社，代入条件⑤可得：赵不参加话剧社 ∧ 钱不参加话剧社。 将“钱不参加话剧社”代入条件④可得李不参加戏剧社，B 选项为正确答案。

25. 答案 E

题干信息	①每人只能参加 1 个社团，每个社团至少有 2 人参加； ②李≠吴、周≠楚； ③参加话剧社和音乐社的人数相同； ④李参加戏剧社→钱参加话剧社； ⑤赵参加话剧社 ∨ 钱参加话剧社→周、吴、楚都参加音乐社； ⑥孙参加了音乐社（确定信息）； ⑦话剧社有 2 人参加 ∧ 郑参加话剧社（确定信息）。
第一步	由于本题问题给出的附加条件为确定信息，故可使用第 6 招（“题干确定”一马当先）进行解题。
第二步	联合条件③⑦可得分组情况为：话剧社 2 人，音乐社 2 人，戏剧社 4 人。
第三步	联合条件②⑥⑦可知，李、吴、周、楚四人的分组情况为：1 人在话剧社、1 人在音乐社、2 人在戏剧社。剩余的赵和钱均在戏剧社，结合上一题结论“李不在戏剧社”，由②可知吴在戏剧社。E 选项为正确答案。 （注：根据条件⑥⑦可知，剩余位置为：话剧社、音乐社各 1 人，戏剧社 4 人。此时若周、楚二人分别在话剧社和音乐社，那么剩余的人均在戏剧社，此时与条件②矛盾，因此周、楚当中有一人在戏剧社，一人在话剧社、音乐社中的一个，吴在戏剧社，李在话剧社、音乐社中的一个，因此剩余的两人只能在戏剧社）

26. 答案 D

题干信息	①小组成员既要有女性，也要有男性； ②小张不入选 ∨ 小王不入选； ③小李不入选 ∨ 小孙不入选； ④选小金→不选小吴； ⑤小张入选（确定信息）； ⑥边界条件：3 位女性和 5 位男性中选出 4 人。
第一步	观察题干，发现本题属于有确定信息的分组题，故可使用第 6 招（“题干确定”一马当先）进行解题。
第二步	将条件⑤代入题干信息可得： 小张入选 $\xrightarrow{②}$ 小王不入选 $\xrightarrow{①}$ 小李入选 ∨ 小孙入选 $\xrightarrow{③}$ 小李入选 ∀ 小孙入选。（注：P ∨ Q 和¬ P ∨¬ Q 的交集为 P ∀ Q） 比对选项，D 选项为正确答案。

27. 答案 A

题干信息	①小组成员既要有女性，也要有男性； ②小张不入选 ∨ 小王不入选； ③小李不入选 ∨ 小孙不入选； ④选小金→不选小吴； ⑤小王入选 ∧ 小吴入选（确定信息）； ⑥边界条件：3 位女性和 5 位男性中选出 4 人。
第一步	观察题干，发现本题属于有确定信息的分组题，故可使用第 6 招（“题干确定”一马当先）进行解题。

（续）

第二步	将条件⑤代入题干信息可得： 小王入选 $\xrightarrow{②}$ 小张不入选；小吴入选 $\xrightarrow{④}$ 小金不入选。 此时小王、小张、小吴、小金 4 人有 2 人入选，2 人不入选，可得剩余 4 人，即小李、小孙、小孟、小余 4 人，2 人入选，2 人不入选。 根据条件③可知小李和小孙至少一人不入选，结合分组情况可得小孟和小余至少一人入选，故 A 选项为正确答案。

28. 答案 D

解题步骤		
第一步	观察题干特征，锁定技巧。观察发现，题干和选项均为形式语言表述且选项中的“P 位”属于特例表达，可逐个验证选项进行解题。	
第二步	符号化题干条件： ①乙采摘黄桃→甲和乙一起采摘黄桃；②采摘樱桃比采摘杨梅容易→乙采摘樱桃； ③没有预报有沙尘天气→丙采摘杨梅；④能一起拼车回家→乙和丙一起采摘荔枝； ⑤时间允许→甲和丙一起采摘樱桃。	
第三步	观察发现，选项均属于形式语言表述，故可将“P 位”当作事实，逐一验证选项。	
选项	**解释**	**结果**
A	由于题干信息均不涉及“甲采摘黄桃”，故无法通过题干推理得到选项结论。	淘汰
B	由选项中的 P 位“三人都采摘杨梅”可知，乙不采摘樱桃，将其代入②中可得采摘樱桃不比采摘杨梅容易（此时有两种情况：采樱桃与采杨梅一样难度；采杨梅比采樱桃容易），故无法判断选项结论的真假。	淘汰
C	由选项中的 P 位“三人都采摘荔枝”可知，丙不采摘杨梅，将其代入③中可得预报有沙尘天气，故选项结论得不出。	淘汰
D	由选项中的 P 位“三人都采摘杨梅”可知，甲和丙均不采摘樱桃，将其代入⑤中可得时间不允许，故选项一定为真，	正确
E	由选项中的 P 位“三人都采摘樱桃”可知，丙不采摘杨梅，将其代入③中可得预报有沙尘天气，但不等于实际上有沙尘天气。	淘汰

29. 答案 C

30. 答案 C

题干信息	①甲和汉族人是医生，即甲不是汉族人（确定信息）； ②戊和维吾尔族人是教师，即戊不是维吾尔族人（确定信息）； ③丙和苗族人是技师，即丙不是苗族人（确定信息）； ④乙和己当过兵，苗族人没有当过兵，即乙不是苗族人∧己不是苗族人（确定信息）； ⑤回族人比甲年龄大，壮族人比丙年龄大，即甲不是回族人∧丙不是壮族人（确定信息）； ⑥乙和汉族人去旅行，丙和回族人去度假，即乙不是汉族人∧丙不是回族人（确定信息）。
第一步	观察发现，本题属于“二维对应+1 对 1”的题目，由于第 29 题问“苗族人是谁”，即存在具体的指向，故可从问题出发进行解题。

（续）

<table>
<tr><td>第二步</td><td>由于问题求“苗族人”，故优先寻找有关“苗族人”的题干条件，即条件③和④。由③可知丙不是苗族人，由④可知乙和己不是苗族人，故可快速排除 B、D 和 E。
再结合①③可推得，由于甲是医生，而苗族人是技师，故甲不是苗族人，故可排除 A 选项，第 29 题答案选 C。</td></tr>
<tr><td>第三步</td><td>观察发现，题干虽然存在确定信息，但确定信息较多，较复杂，故可采用第 6 招（“题干确定”一马当先）和列表法求解第 30 题。</td></tr>
<tr><td>第四步</td><td>将题干中的确定信息以及上题中得到的确定信息填入下表：
<table>
<tr><th></th><th>汉族</th><th>苗族</th><th>满族</th><th>回族</th><th>维吾尔族</th><th>壮族</th></tr>
<tr><td>甲</td><td>×①</td><td>×</td><td></td><td>×⑤</td><td></td><td></td></tr>
<tr><td>乙</td><td>×⑥</td><td>×④</td><td></td><td></td><td></td><td></td></tr>
<tr><td>丙</td><td></td><td>×③</td><td></td><td>×⑥</td><td></td><td>×⑤</td></tr>
<tr><td>丁</td><td>×</td><td>√</td><td>×</td><td>×</td><td>×</td><td>×</td></tr>
<tr><td>戊</td><td></td><td>×</td><td></td><td></td><td>×②</td><td></td></tr>
<tr><td>己</td><td></td><td>×④</td><td></td><td></td><td></td><td></td></tr>
</table>
（每行 1√5×，每列 1√5×）
此时分析题干条件发现，①②③均涉及确定的身份信息，故联合①②，因为甲是医生，维吾尔族人是教师，因此可得：⑦甲不是维吾尔族人。又因为汉族人是医生，戊是教师，因此可知：⑧戊不是汉族。同理，再联合①③可得：⑨丙不是汉族。再联合②③可得：⑩戊不是苗族人，丙不是维吾尔族人。将表格补齐如下：
<table>
<tr><th></th><th>汉族</th><th>苗族</th><th>满族</th><th>回族</th><th>维吾尔族</th><th>壮族</th></tr>
<tr><td>甲</td><td>×</td><td>×</td><td>×</td><td>×</td><td>×⑦</td><td>√</td></tr>
<tr><td>乙</td><td>×</td><td>×</td><td>×</td><td>×</td><td>√</td><td>×</td></tr>
<tr><td>丙</td><td>×⑨</td><td>×</td><td>√</td><td>×</td><td>×⑩</td><td>×</td></tr>
<tr><td>丁</td><td>×</td><td>√</td><td>×</td><td>×</td><td>×</td><td>×</td></tr>
<tr><td>戊</td><td>×⑧</td><td>×</td><td>×</td><td>√</td><td>×</td><td>×</td></tr>
<tr><td>己</td><td>√</td><td>×</td><td>×</td><td>×</td><td>×</td><td>×</td></tr>
</table>
（每行 1√5×，每列 1√5×）
比对选项可知，第 30 题答案选 C。</td></tr>
</table>

逻辑模拟试卷（三）答案与解析

1	2	3	4	5	6	7	8	9	10
A	A	D	E	D	D	A	E	C	E
11	12	13	14	15	16	17	18	19	20
B	B	B	C	C	B	D	A	A	D
21	22	23	24	25	26	27	28	29	30
E	D	B	E	A	B	C	C	E	D

1. 答案 A

解题步骤	
第一步	题目要求：削弱反对者观点，反对者认为购物中心对社区负面影响大，应取消；需找到能削弱负面影响合理性的选项。反对者逻辑：负面影响存在 → 应取消项目。
第二步	解题预判：采用第 16 招（把握态度，速选速行）。A 选项反驳逻辑：社区主体（居民）认可正面影响 → 负面影响未必主导 → 反对者的结论不必然成立。
第三步	B、C、D、E 项均属于强化反对者观点的内容（列举具体负面影响），与题干要求的“削弱”方向相反。 B（加剧交通）、C（占用绿地）、D（房价上涨）、E（冲击小商业）均描述购物中心可能带来的问题，属于支持反对者的论据，无法削弱。

2. 答案 A

解题步骤	
第一步	分析题干信息。题干结论是“电动汽车的普及并不一定能有效减少空气污染”，主要依据是在某些地区电动汽车增加导致能源消耗上升，进而可能抵消环保优势。
第二步	可采用第 17 招（特殊结构——因果关系）分析选项。选项 A 指出在可再生能源发电占比高的地区，电动汽车的使用确实减少了整体碳排放，这直接说明在特定能源结构下电动汽车能有效减少空气污染，从而反驳了题干“电动汽车普及不一定能减少空气污染”的结论，削弱了原论证。
第三步	选项分析。其他选项 B、C、D、E 虽然涉及电动汽车的一些特点或影响，但不能直接针对题干论证中的因果关系进行有效削弱。

3. 答案 D

解题步骤	
第一步	专家观点：孩子和老年人尤其要当心鼻腔出血。
第二步	解题预判：采用第 16 招（把握态度，速选速行）分析，正确选项必须要态度明确地体现出对孩子和老人鼻腔出血的危害！ 此题论证的主体为孩子和老人，D 项论证的只是“年轻人”，论证对象发生变化，选 D。
第三步	A、B 论证对象正确，态度也与题干一致，可以支持。C 和 E 虽未提到“孩子和老人”，但其论证对象包括了“孩子与老人”这两类主体，而且态度与题干一致，可以支持。

4. 答案 E

解题步骤	
第一步	核心论点：设立无车区能显著改善环境（如空气质量）和居民生活质量。需找到直接强化这一因果关系的选项。采用第 17 招（特殊结构——因果关系）分析选项。
第二步	解题预判。支持者论证：禁止私家车→减少尾气排放（主污染源）→环境改善+生活质量提升。 E 选项明确指出机动车尾气是市中心空气污染的“主要污染源”。若禁止私家车，则直接消除污染主因，可预见空气质量大幅提升。这直接支持“环境改善”这一核心主张，进而关联到居民健康和生活质量的提高。
第三步	A（公交完善）：仅说明措施可行性，未直接论证环境或生活质量改善，支持力度较弱。 C（交通拥堵严重）：虽隐含无车区可能缓解拥堵，但未直接关联到环境改善（如尾气排放），需二次推理。 B、D：均属负面影响的描述，与支持方向矛盾。

5. 答案 D

解题步骤	
第一步	分析题干信息：专家观点强调了信息技术对于提升信息战作战能力以及占据战争主动权的重要性。
第二步	预判选项。采用第 16 招（把握态度，速选速行）分析选项。选项 D 直接指出现代战争中信息战能力对武器装备效能和作战指挥效率的决定性作用，有力地支持了专家所倡导的大力发展军事信息技术以增强作战能力的观点。
第三步	选项分析。选项 A 虽提及情报的重要性，但未与信息技术和信息战紧密关联；选项 B、C、E 虽涉及信息技术相关情况，但与题干论证的直接关联性不如 D 强。

6. 答案 D

题干信息	题干包含了两条重要信息：①对艺术作品的评价，短期可能存在主观的审美判断，存在较大分歧；②长期给人带来愉悦和美感（如达·芬奇的绘画和巴赫的音乐），就不存在主观，而且是客观上的伟大作品。	
解题预判	采用第 16 招（把握态度，速选速行）可选择 D 选项。根据①“艺术作品短期是主观的，是有分歧的”，可以判定该选项正确。	
选项	**解释**	**结果**
A	“不同时代人们的评价有很大差异”，明显与②冲突。	淘汰
B	过度延伸，题干未论述批评家的肯定和伟大作品之间的关系。	淘汰
C	无法得出。题干只提到了历经几个世纪来看，达·芬奇和巴赫的作品伟大，并未提到在世时（短期）人们对其的评价。	淘汰
E	无法得出。题干只提到了艺术作品能够带来美感，并未提到对于艺术作品在不同时期带给人们愉悦感和美感的程度比较。	淘汰

7. 答案 A

解题步骤	
第一步	观察发现，本题属于“分组”题，首先明确边界条件：去一座城市采购原料∧从 3 种原料中采购 1 种。

（续）

解题步骤	
第二步	符号化题干条件： ①价格不合适→去伊宁市采购； ②采购豆粕→去池州市； ③采购玉米→去漳州市； ④价格合适→去开平市采购。
第三步	题目存在矛盾的元素，故可先将条件串联，联合①④可得：不去伊宁市采购 $\xrightarrow{①}$ 价格合适 $\xrightarrow{④}$ 去开平市采购，即去伊宁市采购 ∨ 去开平市采购。结合边界条件“去一座城市采购原料”可推知：不去池州市 ∧ 不去漳州市。将其代入到②③中可得：不采购豆粕 ∧ 不采购玉米。结合边界条件“采购 3 种原料中的 1 种”可推知：采购木薯。
第四步	整理上述得到的信息：去伊宁市采购 ∨ 去开平市采购，采购的原料为木薯。故 A 选项可能为真，答案选 A。

8. 答案 E

解题步骤	
第一步	支持者论证：生态旅游 → 保护环境 + 促进社区发展 → 目的地与游客双赢。
第二步	解题预判：E 选项通过具体机制（社区合作、经济与环境并重）直接验证这一论证，是最全面的支持依据。本题需紧扣“双赢”这一核心，E 选项直接点明生态旅游的两大核心优势：①对目的地：与社区合作改善基础设施、促进经济发展（社会与经济价值）；②对环境：保护自然环境（生态价值）。这一双重效果完美契合支持者“双方受益”的论点，证明生态旅游不仅可行，还能实现可持续发展目标。
第三步	A（游客增长）：仅说明市场需求，未解释生态旅游如何具体惠及目的地和游客，支持力度不足。 B（传统旅游问题）：仅通过对比传统模式的缺陷间接支持生态旅游的必要性，但未直接论证其优势。 C（费用高）、D（居民担忧）：均属负面因素，削弱支持者观点。

9. 答案 C

解题步骤	
第一步	根据结构词“因此”“因为”梳理论证关系：糖经过了提炼，精制糖不利于健康→对甜食的热衷不再有益（=不利于健康）。论证结构前后有重复项，考虑第 15 招（梳理关系，紧盯概念），采用直言三段论三概念方法解题。
第二步	前提和结论都出现了“是否有益健康”这个话题，可划掉。所以，只需建立“对甜食的热衷”和“精制糖”的关系即可，因此选 C。

10. 答案 E

题干信息	根据因果关系结构词“越……越……”，因果关系如下：对车位的占有意识强（因）→离开车位的时间长（果）。
解题预判	本题可采用第 17 招（特殊结构——因果关系）分析选项。正确选项为 E 项，另有他因削弱。该项指出是“精神压力”这一他因导致了“离开车位时间长”，且“大多数驾车者”，力度要大于 C 项。

（续）

选项	解释	结果
A	支持项，说明车主对自己拥有的某个车位具有占有意识。	淘汰
B	无关项。该项只是说明了驾车者为什么对车位产生占有感，但未针对本题的因果关系。	淘汰
C	提出了他因“不健康的恶作剧心理”导致离开时间长，可以削弱题干论证，但“个别驾车者”，量度词导致削弱力度较弱。	淘汰
D	无关项。题干论述的是“离开车位时间长”，该项论述的是“进入车位”，话题不一致。	淘汰

11. 答案 B

解题步骤	
第一步	题干论证关系：补贴政策→优质内容生产→产量票房双增长。
第二步	解题预判。本题采用第 17 招（特殊结构——因果关系）分析选项。 B 选项削弱论证： 揭示票房数据存在严重干扰项：国际采购价计入总票房（如电影本土票房 1 亿+采购价 3 亿=报表显示 4 亿）；切断“补贴”与“内容质量”的因果关系：票房虚高源于外部资本注入，而非本土观众对内容质量的认可；构成“数据真实性质疑”+“他因替代解释”的双重削弱。本题需同时识破“票房统计泡沫”和“补贴-质量”的虚假关联，且 B 选项通过国际资本介入构建了隐蔽的数据扭曲模型。
第三步	其他选项辨析： A 项技术突破可解释产量增加，但未否定内容质量提升的可能性（反而暗示制作效率提高）。 C 项 AI 编剧可能降低内容质量，但需假设外包必然导致内容劣质（需二次推理，削弱力度较弱）。 D 项评分下降与票房增长形成矛盾，但未解释矛盾根源（可能反映观众群体变化，如儿童观众评分意愿低）。 E 项题材单一化隐含风险，但未直接证明内容质量下降（儿童向动画≠低质量）。

12. 答案 B

解题步骤	
第一步	论证核心：游客减少+总收入增长 → 政策实现“保护与收益双赢”。
第二步	本题采用第 17 招（特殊结构——因果关系）分析选项。B 选项若总收入不包含衍生消费（如民宿、购物），则收入增长不能反映包含周边经济在内的整体经济效益的增长，此时“经济效益双赢”的结论缺乏全面性。 切中论证暗含预设：题干隐含“总收入增长=政策成功”，B 选项是确认统计口径是否合理，避免因数据范围偏差导致结论失真。
第三步	其他选项辨析： A 项游客结构变化仅影响人均消费，无法动摇总收入与政策关联性。 C 项非核心区流量变化反映政策副作用，但未直接否定核心区数据有效性。 D 项资金用途属于政策道德性评价，与“经济效益”的客观事实判断无关。 E 项他处游客变动指向区域竞争关系，不构成对双赢结论的直接挑战。

13. 答案 B

解题步骤	
第一步	核心论证：帮扶计划→学术能力提升→绩点增长+挂科减少。
第二步	采用第 17 招（特殊结构——因果关系）分析选项。 B 选项支持论证： 排除整体环境干扰：未受帮扶学生绩点微降，反证成绩提升非全校教学水平普遍提高所致。 构建实验对照组：实验组（受帮扶）与对照组（未帮扶）数据差异强化因果关联。 切断他因解释：若其他学生成绩稳定或下降，则排除“考试难度降低”“评分标准放宽”等干扰。
第三步	其他选项辨析： A 项教师工作量增加可能降低教学质量，反而暗示帮扶效果源于学生自身努力（削弱）。 C 项自习时长增加仅显示学习行为变化，无法证明是帮扶计划直接导致的能力提升（如可能源于奖学金激励）。 D 项导师履职瑕疵属于计划执行问题，但未否定已发生辅导的实际效果（削弱力度弱）。 E 项奖学金设置可能构成他因激励，需与帮扶计划效果进行分离（引入竞争性解释）。

14. 答案 C

题干信息	①小黄观察羚羊→小橙观察鸵鸟。 ②小黄不观察羚羊→小红观察犀牛 ∨ 小绿观察犀牛。 ③小橙观察熊猫 ∨ 小橙观察猎豹。 ④小绿观察熊猫（确定信息）。 ⑤边界条件：每个小朋友观察一种动物，每种动物只有一个小朋友观察。
第一步	观察题干，发现本题属于有确定信息的对应题，故可使用第 6 招（“题干确定”一马当先）进行解题。
第二步	将确定信息代入题干可得： 小绿观察熊猫→小橙不观察熊猫 $\xrightarrow{③}$ 小橙观察猎豹→小橙不观察鸵鸟 $\xrightarrow{①}$ 小黄不观察羚羊 $\xrightarrow{②}$ 小红观察犀牛 ∨ 小绿观察犀牛+小绿观察熊猫→小红观察犀牛。 整理推理结果：小绿观察熊猫、小橙观察猎豹、小红观察犀牛、小黄不观察羚羊。 此时根据排除剩余法可知：小黄观察鸵鸟，小蓝观察羚羊。C 选项为正确答案。

15. 答案 C

题干信息	做到“三个确保”（①高致病性禽流感不通过车船等交通工具扩散传播 ∧ ②交通通畅 ∧ ③防治禽流感的各种医疗设备、药品、疫苗等应急物资的及时、快速运输）（P）→高致病性禽流感就能得到防治（Q）	
选项	解释	结果
A	由题干可得“¬Q→（¬① ∨ ¬② ∨ ¬③）”为真。根据相容选言判断的定义，无法判断¬③的真假。故该项可能为真。	淘汰
B	同 A 选项，无法判断¬①的真假。	淘汰
C	选项 = ¬P ∨ Q，与题干等价，一定为真。	正确
D	同 A 选项，无法判断¬②的真假。	淘汰
E	选项肯定 Q 位，什么也推不出。	淘汰

16. 答案 B

17. 答案 D

题干信息	①赵不在 2 日→钱在 1 日； ②孙∨吴在 4 日→李在 7 日； ③钱在 1 日∨孙在 4 日； ④李不在 6 日→郑∨周在 2 日。
第一步	本题属于对应题型，题干虽然没有确定信息，但涉及“孙在 4 日”的信息重复了 2 次，故可优先从涉及“孙在 4 日”的信息入手进行假设。
第二步	假设孙在 4 日，联合①②④可推得：孙在 4 日→孙∨吴在 4 日 $\xrightarrow{②}$ 李在 7 日（即李不在 6 日）$\xrightarrow{④}$ 郑∨周在 2 日（即赵不在 2 日）$\xrightarrow{①}$ 钱在 1 日。 假设孙不在 4 日，根据③可知：钱在 1 日。 故钱在 1 日一定为真。因此第 16 题答案选 B。
第三步	由于第 17 题给出了确定的附加条件“赵在 2 日，郑在 5 日”，故可优先采用第 6 招（“题干确定”一马当先）进行解题。
第四步	将第 17 题给出的附加条件代入④可得李在 6 日，进而代入②可得孙和吴都不在 4 日，此时赵、钱、孙、吴、郑、李均不在 4 日，结合剩余法可知周在 4 日，第 17 题答案选 D。

18. 答案 A

解题步骤		
第一步	观察题干特征，锁定技巧。题干和选项均为“形式语言”表述，问题求解“一定真，除了”，故可采用第 1 招（准确定位 P、Q）进行解题。	
第二步	符号化题干条件： 喜欢吃西红柿的人（S）→不喜欢吃土豆（P）。	
第三步	由于问题求解“可以推出哪项，除了”，故只能利用直言判断的推理规则，逐一验证选项。	
选项	**解释**	**结果**
A	选项＝P→S，由于 S→P 不能换位，故选项不确定真假。	**正确**
B	选项＝有的 P⇒S＝有的 S⇒P，当“S→P”为真时，可推出“有的 S⇒P”为真，故选项一定为真。	淘汰
C	选项＝有的 P⇒S＝有的 S⇒P，当“S→P”为真时，可推出“有的 S⇒P”为真，故选项一定为真。	淘汰
D	选项＝有的 S⇒P，当“S→P”为真时，可推出“有的 S⇒P”为真，故选项一定为真。	淘汰
E	选项＝¬ P→¬ S＝S→P，与题干推理一致，故选项一定为真。	淘汰

19. 答案 A

题干信息	①甲不 B∨乙不 B∨己不 B→丙 A∧辛 A ②甲不 A∨丁不 A→乙 C∨辛 C ③（甲 B∧庚 B∧辛 B） ∀ （乙 A∧戊不 C）
第一步	观察题干，发现本题属于没有确定信息的分组题，由于题干信息均为形式逻辑语言，因此可以通过假设的方式解题，优先假设可能性少的情况，因此可以从条件③出发假设。

（续）

第二步	假设“甲 B∧庚 B∧辛 B”为真，代入条件②可得：乙 C∨辛 C。由于辛 B，可知辛不 C，因此可得乙 C。 由乙 C 可知“乙不 B”，代入条件①可得：丙 A∧辛 A。此时辛被分到了两个组，产生了矛盾，因此“甲 B∧庚 B∧辛 B”一定为假。此处思路可参考第 12 招（假言联动数量，找矛盾）。
第三步	由“甲 B∧庚 B∧辛 B”一定为假，代入条件③可得：乙 A∧戊不 C。由于乙 A 可得知乙不 B，代入条件①可得：丙 A∧辛 A。 此时已知“乙 A∧辛 A”，由此可得“乙不 C∧辛不 C”，代入条件②可得：甲 A∧丁 A。 比对选项，A 选项为正确答案。

20. 答案 D

解题步骤	
第一步	本题属于分组题型，由于问题求解“符合上述要求”，选项是确定、充分的，故可采用第 7 招（选项代入排除）进行推理，优先考虑“上代下”进行解题。
第二步	由①无法排除选项，由②可排除 B 和 E，由③可排除 A，由④可排除 C，故答案选 D。

21. 答案 E

题干信息	①每人至少负责分发两个系； ②物理系和化学系不是由同一个人负责分发； ③乙不负责分发在 3 楼的系，甲只负责分发两个系； ④物理系、文学系、管理系其中的一个系由丙负责分发； ⑤艺术系、管理系、建筑系其中的一个系由乙负责分发； ⑥1 楼—物理系、艺术系，2 楼—化学系、文学系，3 楼—生物系、管理系、建筑系； ⑦乙只分发艺术系和文学系∧甲分发生物系（确定信息）。
第一步	由于问题中给出确定的附加条件，故可优先采用第 6 招（“题干确定”一马当先）进行推理。
第二步	联合条件②③⑦可知，甲和丙分别分发物理系和化学系，但是具体情况此时不能确定。 根据条件③⑦可知，剩余的管理系、建筑系均由丙分发。 由于丙分发管理系，代入条件④可得丙不分发物理系，因此丙分发化学系，甲分发物理系。 比对选项，E 选项为正确答案。

22. 答案 D

解题步骤	
第一步	观察题目特征，锁定技巧。题干和选项大多为“直言判断”表述，并且存在重复和矛盾的概念，故可优先采用第 3 招（“有的”串联）进行解题。
第二步	整理题干信息： ①报名参加短跑比赛的职工→报名参加铅球比赛。 ②报名参加跳远比赛的职工→没报名参加铅球比赛。 ③报名参加跳高比赛的职工→报名参加跳远比赛。 ④没报名参加跳高比赛的职工→没报名参加长跑比赛。
第三步	串联题干信息①②③④可得： ⑤报名参加短跑比赛的职工→报名参加铅球比赛→没报名参加跳远比赛→没报名参加跳高比赛→没报名参加长跑比赛。
第四步	优先寻找含有“首和尾”的选项，即优先验证 D 选项。 D 选项=报名参加长跑比赛的职工→没有报名参加短跑，与⑤为逆否等价关系，故一定为真，答案选 D。

23. 答案 B

解题步骤	
第一步	观察题干特征，锁定技巧。题干条件中存在联言判断“P∧Q”表述的确定信息，故可采用第 6 招（“题干确定”一马当先）进行解题。
第二步	符号化题干条件： ①甲是肇事者∧乙是肇事者→丙不是肇事者； ②丁是肇事者→乙是肇事者； ③甲是肇事者∧丙是肇事者（确定信息）。
第三步	从条件③从发，代入到条件①，再联合条件②可得：甲是肇事者∧丙是肇事者 $\xrightarrow{①}$ 甲不是肇事者∨乙不是肇事者+甲是肇事者 $\xrightarrow{①}$ 乙不是肇事者 $\xrightarrow{②}$ 丁不是肇事者。 根据上述推理可知，乙不是肇事者∧丁不是肇事者，因此答案选 B。

24. 答案 E

解题步骤	
第一步	观察题目特征，锁定技巧。问题中存在单件“P”表述的确定信息，故可采用第 6 招（“题干确定”一马当先）进行解题。
第二步	①利润没达到历史最好水平→航运不盈利∨环保不盈利。 ②环保不盈利∨汽车不盈利→利润历史最差水平。 ③农业不盈利∧旅游不盈利→环保不盈利。 ④农业不盈利→旅游不盈利。 ⑤利润不是历史最差（确定信息）。
第三步	将确定信息⑤代入条件②③可得： 利润不是历史最差 $\xrightarrow{②}$ 环保盈利∧汽车盈利 $\xrightarrow{③}$ ⑥农业盈利∨旅游盈利
第四步	条件⑥可等价为“农业不盈利→旅游盈利”，与条件④构成两难推理中的“他相矛盾”模型，可得：农业盈利。E 选项一定为假。

25. 答案 A

解题步骤	
第一步	观察题目特征，锁定技巧。问题中存在联言判断“P∧Q”表述的确定信息，故可采用第 6 招（“题干确定”一马当先）进行解题。
第二步	整理题干条件： ①利润没达到历史最好水平→航运不盈利∨环保不盈利。 ②环保不盈利∨汽车不盈利→利润历史最差水平。 ③农业不盈利∧旅游不盈利→环保不盈利。 ④农业不盈利→旅游不盈利。 ⑤利润不是历史最差∧不是历史最好（确定信息）。
第三步	将确定信息⑤中的“利润不是历史最差”代入条件②中可得：⑥环保盈利∧汽车盈利。 将确定信息⑤中的“利润不是历史最好”代入条件①中可得：⑦航运不盈利∨环保不盈利。
第四步	联合条件⑥⑦可得：航运不盈利。A 选项为正确答案。

26. 答案 B

题干信息	①物理老师和政治老师是邻居。 ②蔡老师在三人中年龄最小。 ③孙老师、生物老师和政治老师三人经常一起从学校回家。 ④生物老师比数学老师年龄要大些。 ⑤在双休日，英语老师、数学老师和蔡老师三人经常一起打排球。
第一步	观察题干，发现本题属于对应题，由于题干信息较为复杂，故可采用画图法。
第二步	从题干信息③可知，孙老师不教生物和政治，生物和政治不是同一个人教。从题干信息②④可知，蔡老师不教生物（蔡老师年纪最小，年龄不可能比别人大，此处可参考第 8 招（以“重复元素”为突破口）。所以朱老师一定教生物。

	生物	物理	英语	政治	历史	数学
蔡老师	×					
朱老师	√					
孙老师	×			×		

第三步：上一步中已经推出生物和政治不是同一个人教，所以朱老师不教政治，只能是蔡老师教政治。
从题干信息①可知，物理和政治不是同一个人教，所以蔡老师不教物理。
从题干信息④可知，生物和数学不是同一个人教，所以朱老师不教数学。

	生物	物理	英语	政治	历史	数学
蔡老师	×	×		√		
朱老师	√			×		×
孙老师	×			×		

第四步：从题干信息⑤可知，蔡老师不教数学和英语，并且数学、英语不是同一个老师。得出结论：蔡老师教历史；数学老师是孙老师，孙老师不是英语老师，孙老师是物理老师；朱老师是英语老师。将表格补充完整：

	生物	物理	英语	政治	历史	数学
蔡老师	×	×	×	√	√	×
朱老师	√	×	√	×	×	×
孙老师	×	√	×	×	×	√

比对选项，B 选项为正确答案。

27. 答案 C

解题步骤		
第一步	整理题干推理结构：A→B，有的 B⇒C，所以，有的 A⇒C。	
第二步	分析选项，寻找与题干论证方式一致的选项作为正确答案。	
选项	**解释**	**结果**
A	选项论证方式为：A→B，有的 C⇒A，所以，有的 C⇒B。与题干的论证方式不一致。	淘汰
B	选项论证方式为：A→B，B→C，所以，有的 A⇒C。与题干的论证方式不一致。	淘汰
C	选项论证方式为：A→B，有的 B⇒C，所以，有的 A⇒C。与题干的论证方式一致。	正确
D	选项论证方式为：A→B，有的 A⇒C，所以，有的 B⇒C。与题干的论证方式不一致。	淘汰
E	选项论证方式为：A→B，B→¬ C，所以，有的 A⇒¬ C。与题干的论证方式不一致。	淘汰

28. 答案 C

题干信息	①土在第三位。（确定信息） ②水在土的后面。 ③水在奇数的位置。 ④日、月、火三个相邻。
第一步	观察题干，发现本题属于有确定信息的排序题，但确定信息无法直接代入题干进行推理。
第二步	根据①④可知土在第三位，日、月、火三个相邻，有 4、5、6 和 5、6、7 两种可能。故 5 一定会被日、月、火中的某一个占据。 根据②③可知水在 3 的后面且为奇数位，可能的选择是 5 和 7，但 5 已经被日、月、火中的某一个占据，所以水一定在 7 位置。 此时 4~7 的位置，被日、月、火、水占据，故剩余的金和木在 1、2 位置。 比对选项，C 选项为正确答案。

29. 答案 E

30. 答案 D

题干信息	①秦灿去泰安→沈佳和秦灿有且只有一人去武汉。 ②沈佳去泰安→沈佳去沈阳。 ③没有人会既去郑州，又去泰安。 ④秦灿不去武汉→张丽和郑伟不去武汉。 ⑤每人所选择城市名称的第一个字与自己的姓氏不相同。（确定信息） ⑥边界条件：每人去两个地方，每个地方只有三人选择。
第一步	观察题干，发现本题属于有确定信息的对应题目，故可使用第 6 招（“题干确定”一马当先）进行解题。
第二步	根据条件⑤可知：沈佳不去沈阳，代入题干信息可得： 沈佳不去沈阳 $\xrightarrow{②}$ 沈佳不去泰安+沈佳不去沈阳 $\xrightarrow{⑥}$ 沈佳去武汉和郑州。 由于此时无法继续推理，故可从重复次数最多的内容入手，由于“武汉”相关的内容最多，故可从武汉入手。 根据条件⑤可知，武晗不去武汉，联合条件④，若秦灿不去武汉，根据条件④可知，张丽和郑伟不去武汉，此时已有 4 人不去武汉，与题干矛盾，故秦灿一定去武汉。
第三步	根据上一步推理可知沈佳和秦灿都去武汉，代入条件①可得：秦灿不去泰安。 根据条件⑤可知泰熙不去泰安，根据排除剩余法可知，去泰安的为武晗、张丽、郑伟，再结合条件③可知，去郑州的为沈佳、泰熙、秦灿。 比对选项，第 29 题选 E 选项。
第四步	由第 30 题附加条件可知，张丽只能选择两个城市，根据上题已推出张丽选择了泰安，所以不可能出现同时选择沈阳和武汉的情况，因此张丽选择的是武汉和泰安，比对选项，第 30 题选 D 选项。

逻辑模拟试卷（四）答案与解析

1	2	3	4	5	6	7	8	9	10
D	C	B	A	D	B	E	C	B	A
11	12	13	14	15	16	17	18	19	20
C	B	B	E	E	D	C	A	D	B
21	22	23	24	25	26	27	28	29	30
A	B	B	B	B	D	C	D	D	B

1. 答案 **D**

解题步骤	
第一步	核心论点：校方论证：减少手机使用 → 增加线下互动 → 改善心理健康 + 提升社交能力 + 增强学术氛围。
第二步	解题预判。采用第 15 招（梳理关系，紧盯概念）紧扣核心概念分析选项。 D 选项通过科学证据，直接验证“减少手机使用”与“心理健康改善”的因果关系，为核心论点提供理论依据，是最直接的支持。本题需紧扣“心理机制”这一核心，D 选项通过实证研究将手机使用与心理问题挂钩，为校方主张提供科学背书。
第三步	A（视力与睡眠问题）：聚焦身体健康，与题干核心论点（心理与社交）关联度不足。 B（组织线下活动）：仅说明活动形式，未直接论证其效果（如活动能否实际提升社交或学术氛围），支持力度较弱。 C（学生意愿）：仅表明参与可能性，无法证明活动效果。 E（网络覆盖好）：与题干无逻辑关联，甚至隐含“手机依赖普遍”的反向暗示。

2. 答案 **C**

解题预判	采用第 16 招（把握态度，速选速行），找出与本题观点“家长应对孩子看电视给以指导与约束”不一致的选项便可。	
选项	解释	结果
A	指的是适当“约束”，即“通过对孩子看电视的时间加以限制来约束孩子看电视”。	淘汰
B	指的是“指导”，即“通过教会孩子选择电视节目来指导孩子看电视”。	淘汰
C	做法过于极端，“索性关掉”既不是指导，也不是约束。考生要理解“约束”不同于“杜绝”。	正确
D	指的是“约束”，即“让孩子适当地看电视”。	淘汰
E	指的是“指导”，即“通过教会孩子对电视节目作分析来指导孩子看电视”。	淘汰

3. 答案 **B**

解题预判	题目要求质疑研究结论，锁定观点：“生酮饮食”既可减肥，又可持续、稳定供能。采用第 16 招（把握态度，速选速行）依据态度原则锁定选项。

（续）

选项	解释	结果
A	选项与题干论证无关。	淘汰
B	指出不少坚持“生酮饮食”的人会在半年后复胖，否定了题干“生酮饮食可以达到减肥效果”这一结论。	正确
C	该项为支持，支持了题干“生酮饮食可以达到减肥效果”这一结论。	淘汰
D	该项说的是生酮饮食初期的负面现象，与生酮饮食能不能减肥无关。	淘汰
E	未被运动医学专家证实，态度不明确。	淘汰

4. 答案 A

解题步骤	
第一步	居委会论证：电梯加装 → 便利出行（尤其老年人）→ 生活质量提升。
第二步	解题预判。本题采用第 17 招（特殊结构——因果关系）分析选项。 A 选项通过具体人群（老年人）和具体受益（上下楼便利）直接证明因果关系的成立，是最有力的支持依据。本题需紧扣“民生工程”的核心目标（生活质量改善），A 选项通过直接、具体的受益群体与效果，精准匹配论点，符合加强类题目中“结果导向”的解题逻辑。
第三步	D（政府补贴）和 B（解决疑问）仅说明措施可行性或经济支持，未直接论证生活质量改善的结果。 E（形象提升）和 D（经济负担减轻）属于间接影响（如吸引商家、降低费用），与题干“生活质量”的直接关联性弱于 A。 C（低层居民担忧）属于削弱项，与题干结论矛盾。

5. 答案 D

题干信息	根据“为了”“决定”等结构词，采用第 17 招（特殊结构——方法可行）进行分析。 方法：更换旧型汽车，换上新型大客车，包括双层客车。→目的：吸引顾客，增加利润。	
选项	解释	结果
A	保证目的可以实现，增加利润。	淘汰
B	保证目的可以实现，增加利润。	淘汰
C	保证方法能够到达目的，即方法有效。	淘汰
D	选项无法判断目的是否可以实现，无关选项。	正确
E	保证了方法能实施。	淘汰

6. 答案 B

解析	整理王大妈的论证关系：我不胖→我不用测。采用“不 Q 不 P”假言三段论结构进行搭桥，建立“胖”与“测血压”的关系。只有 B 项建立了二者的关系，故选 B。

7. 答案 E

解题步骤	
第一步	支持者论证：乡村旅游 → 游客消费流入乡村 → 相关产业繁荣 → 经济整体发展。

（续）

解题步骤	
第二步	解题预判。本题采用第 15 招（梳理关系，紧盯概念）分析论证关系。 E 选项通过具体产业联动效应，直接证明乡村旅游对乡村经济的系统性提升，是最有力的支持依据。本题需紧扣“经济促进”这一核心，E 选项通过多产业联动的实证描述，直接论证乡村旅游对乡村振兴的实质性贡献。
第三步	A（传统手工艺复兴）：虽涉及文化体验，但未直接论证经济收益的规模或可持续性，支持力度弱于 E。 C（游客数量增长）：仅反映市场需求，未说明经济转化效果（如消费是否实际惠及乡村）。 B、D：均属负面因素，与支持方向矛盾。

8. 答案 C

题干信息	根据论证结构词“因为”找到论证结构：西柚中的柚苷等物质可减弱肝药酶活性→服用他汀药物期间，应避免食用西柚。可采用第 15 招（梳理关系，紧盯概念），分析前提与结论的核心概念，快速确定选项。	
选项	解释	结果
A	无关选项。题干论证的是西柚对于他汀药物的影响，未涉及年轻人和老年人对于他汀药物抗炎效果的比较。	淘汰
B	无关选项。题干论述的是西柚对于他汀药物的影响，而该项讨论的是长期饮酒对肝脏和代谢系统的影响，与题干论证关系不相关。	淘汰
C	指出了“肝药酶活性减弱”会导致他汀药物最终无法发挥正常药效，支持了此题的论据，为正确选项。	正确
D	无态度选项。该项论述的是他汀药物对于心脑血管疾病的作用，并未指出服用西柚或者西柚中的物质对于他汀药物的影响，未针对本题论证。	淘汰
E	无态度选项。该项论述的是西柚对于肝脏的影响，并未针对论证关系说明对服用他汀药物的影响，与题干论证不相关。	淘汰

9. 答案 B

题干信息	定位“研究人员的推测”，根据推测中的“导致”可以确定本题考查的因果关系。 因果关系：未来气候变化的加剧（因）→大规模气候移民的风险上升（果）。	
解题预判	可用第 17 招（特殊结构——因果关系）分析题干论证关系。首先考虑构建两个核心概念“气候变化”和“移民风险”的关系，锁定 B 选项。	
选项	解释	结果
A	论述的是气候移民风险的评估难度和未来气候变化的趋势，与本题论证无关。	淘汰
B	支持项。该选项指出了气候变化会导致适宜人们生存的气候条件发生地理偏移（移民），从而保障了题干因果关系的成立，建立了题干两核心概念的因果相关性。	正确
C	虽也可支持，但“可能”使得该项力度较弱。考生注意“量度改变力度”原则的使用。	淘汰
D	无关选项，与本题因果关系无关。	淘汰
E	无关选项，该项论述的气候变化和传染病及人类健康的关系，与本题论证无关。	淘汰

10. 答案 A

解题步骤	
第一步	支持者论证：技术先进（灵活性与适应性）→ 满足多领域需求（工业、救援等）→ 发挥重要作用。
第二步	解题预判。需紧扣“多领域作用”的核心，采用第 15 招（梳理关系，紧盯概念），A 选项通过技术普适性论证其广泛适用潜力，其从根源上强化技术能力与多场景的关联性。A 选项聚焦机器人的核心能力（运动灵活性与复杂地形适应性）： 技术先进性：在崎岖山地、废墟等极端环境中保持平衡，体现了四足机器人技术的突破，契合“前沿科技进步”的展示； 跨领域潜力：复杂地形适应能力是工业巡检、灾难救援、军事勘测等场景的关键需求，直接支持其在多领域的应用价值。
第三步	D（教育领域应用）：虽体现教育领域的局部价值，但仅覆盖单一领域，无法全面支持“多领域重要作用”的论点。 B（市场占有率低）、C（价格高）、E（续航限制）：均描述局限性，削弱结论。

11. 答案 C

题干信息	根据结构词“因为”定位本题论证关系：电视媒体拉近了心理上与灾祸的距离→人们对远方的灾难感到压力和焦虑不安。我们采用第 17 招（特殊结构——因果关系），首先思考建立前提与结论的关系，保障因果。	
选项	解释	结果
A	无关项。题干的论证对象为“没有经历过灾难的人”，而该项的论证对象为“经历过创伤的人”，论证对象发生了变化。	淘汰
B	无关项。未针对本题的论证关系。	淘汰
C	支持项。该选项建立了本题的论证关系，指出“社交媒体”确实能够让“没有亲历现场的人感受到压力”，保障了因果的相关性，为正确选项。	**正确**
D	论证对象与题干不一致，题干说的是“人们”，该选项强调的是对“青少年”的影响。而且，该项并未建立“电视媒体”与“压力、焦虑不安”的关系。	淘汰
E	无关项。“心理困扰”一词太宽泛，未必指题干“为远方的灾难感到压力而焦虑不安”。况且，“可能”这个量度词力度也较弱。	淘汰

12. 答案 B

题干信息	梳理论证关系，根据客观现象和分析数据，得到了“气候变暖”和“龙卷风爆发次数增加”的因果关系（标志词：导致）。可采用第 17 招（特殊结构——因果关系）分析选项。 题干结论：气候变暖（因）→龙卷风爆发次数增加（果）。	
选项	解释	结果
A	“全球变暖后，各种龙卷风出现的次数并没有明显的变化”，该项是“有因无果”的削弱。	淘汰
B	支持。建立了“气候变暖”和“龙卷风次数增加”的相关性，保障了因果。	**正确**
C	“气候变暖”并没有导致“龙卷风”的变化，属于“有因无果”削弱。	淘汰
D	指出了是“雷暴天气”这一他因导致了龙卷风次数的增加，该项属于“存在他因”的削弱。	淘汰
E	只是指出了美国遭受龙卷风袭击的情况，并未针对此题的论证关系。	淘汰

13. 答案 B

解题步骤	
第一步	先梳理题干的论证关系，优先考虑搭桥的思路，采用第 15 招（梳理关系，紧盯概念）观察题干，有效补缺。前提：有突破、赢得大众认可和喜爱的影视作品，无不是从普通百姓故事中提炼真情实感，从火热现实生活中汲取素材养分→结论：综艺节目要想取得进步，就要加大转型的步伐。
第二步	由论据得到论点的过程中，论述的话题接近，但论证的主体发生了变化，由“影视作品”变为了“综艺节目”。因此，解题重点就在于搭建“影视作品”和“综合节目”的关系，可迅速锁定 B 项。

14. 答案 E

解题步骤		
第一步	观察题目特征，锁定技巧。题干和选项均属于“假言判断”表述，同时题干中没有重复/矛盾的概念，无法有效串联，问题求解“除哪项外一定真=可能假”，即排除“一定真”，故可采用第 1 招（准确定位 P、Q）来进行解题。	
第二步	符号化题干条件： ①成就（P1）→源自心理成熟（Q1）。 ②社会竞争（P2）→是心理战（Q2）。 ③社会领域的优势（P3）→源自心理上的优势（Q3）。	
第三步	由于题干求解“除哪项外一定真”，而题干表述为“两肯”，故优先寻找“一肯一否”的结构，即优先验证 E 选项。	
选项	**解释**	**结果**
A	选项=社会竞争（P2）→心理战（Q2），选项与条件②一致，故一定真，不能选择。	淘汰
B	选项=社会领域的优势（P3）→源自心理上的优势（Q3），选项与条件③一致，故一定真，不能选择。	淘汰
C	选项=成就（P1）→源自心理成熟（Q1），选项与条件①一致，故一定真，不能选择。	淘汰
D	选项=不是心理战（¬ Q2）→不是社会竞争（¬ P2），为条件②的逆否等价，故一定真，不能选择。	淘汰
E	选项=不是社会竞争（¬ P2）→心理战（Q2），选项属于否定 P 位，无法有效推理，故 E 选项为正确答案。	正确

15. 答案 E

解析	题干有两条论证关系： ①精神富足∧物质丰盈→财富自由； ②沉思过去∧真正悔过→灾祸来临。 题干虽然告知“物质丰盈∧沉思过去”这条确定信息，却无法代入，因此 A 选项得不到。而 B、C、D 则是分别肯定了①和②两条推理关系的后件，推不出任何确定性结论。因此选 E。根据②的逆否等价，可得： 灾祸未来临→不沉思过去∨不真正悔过，如 E 所言，若已知“灾祸未来临”并且“沉思过去”，可以得到“没真正悔过”。

16. 答案 D

解题步骤	
第一步	观察题干特征，锁定技巧。题干条件均属于形式语言表达的不确定信息，并且选项是确定的表述，故可优先采用两难推理进行解题。
第二步	符号化题干条件： ①去江苏→去安徽∨去浙江； ②去湖南→去湖北； ③去湖南∨去湖北=不去湖南→去湖北（遇到相容选言条件时，可将“∨”变“→”）； ④去湖北→去江西∨去福建； ⑤去江西→不去安徽。
第三步	观察发现②和③可以串联，故联合②③可得：不去湖北 $\xrightarrow{②}$ 不去湖南 $\xrightarrow{③}$ 去湖北，此时符合自相矛盾结构，故可知“去湖北”为真。
第四步	将“去湖北”代入④中可推知，江西和福建至少去一个，不能都不去，因此答案选 D。

17. 答案 C

解题步骤	
第一步	观察题干特征，锁定技巧。问题中存在单件“P”表述的确定信息，故可采用第 6 招（“题干确定”一马当先）进行解题。
第二步	由上题可知，江西和福建至少去一个，此时联合本题给出的确定信息“不去福建”，可推知“去江西”。将“去江西”代入⑤中可得“不去安徽”，因此答案选 C。

18. 答案 A

题干信息	①丁花瓶不放玫瑰→乙花瓶放百合； ②甲花瓶不放雏菊→丁花瓶放水仙； ③戊花瓶不放腊梅→丙花瓶放雏菊； ④乙花瓶放水仙（确定信息）； ⑤每种鲜花只能放在一个花瓶里，并且每个花瓶仅能放一种鲜花。
第一步	本题属于对应题型，由于存在确定信息，故可优先采用第 6 招（“题干确定”一马当先）进行解题。
第二步	将确定信息④代入①中，并联合②③可得：乙花瓶放水仙 $\xrightarrow{⑤}$ 乙花瓶不放百合 $\xrightarrow{①}$ 丁花瓶放玫瑰 $\xrightarrow{⑤}$ 丁花瓶不放水仙 $\xrightarrow{②}$ 甲花瓶放雏菊 $\xrightarrow{⑤}$ 丙花瓶不放雏菊 $\xrightarrow{③}$ 戊花瓶放腊梅。
第三步	整理上述推理链条可知：乙花瓶放水仙、丁花瓶放玫瑰、甲花瓶放雏菊、戊花瓶放腊梅，剩余的丙花瓶只能对应百合。比对选项，A 选项为正确答案。

19. 答案 D

题干信息	①赵和孙不能排练同一舞台剧； ②钱在《明月几时有》→李在《明月几时有》； ③周在《明月几时有》→孙在《基督山伯爵》； ④吴必须在《基督山伯爵》（确定信息）； ⑤舞台剧《明月几时有》有 3 名成员；舞台剧《基督山伯爵》有 4 名成员； ⑥赵在《基督山伯爵》。（确定信息）

（续）

第一步	观察题干发现，本题属于有确定信息的分组题，故可使用第 6 招（“题干确定”一马当先）进行解题。
第二步	将条件⑥代入题干信息： 赵在《基督山伯爵》$\xrightarrow{①}$孙不在《基督山伯爵》$\xrightarrow{③}$周不在《明月几时有》→周在《基督山伯爵》。 比对选项，D 选项为正确答案。

20. 答案 B

题干信息	①赵和孙不能排练同一舞台剧； ②钱在《明月几时有》→李在《明月几时有》； ③周在《明月几时有》→孙在《基督山伯爵》； ④吴必须在《基督山伯爵》（确定信息）； ⑤舞台剧《明月几时有》有 3 名成员；舞台剧《基督山伯爵》有 4 名成员； ⑥周和孙排练同一种舞台剧。
第一步	观察题干发现，本题属于有确定信息的分组题，但确定信息无法代入题干进行推理，题干信息中存在重复的话题，故可使用第 8 招（以“重复元素”为突破口）进行解题。
第二步	联合条件③⑥可得：周和孙都在《基督山伯爵》（若周和孙都在《明月几时有》，则与条件③矛盾）。 将“周和孙都在《基督山伯爵》”代入题干信息可得： 孙在《基督山伯爵》$\xrightarrow{①}$赵不在《基督山伯爵》→赵在《明月几时有》
第三步	整理推理结果： 《基督山伯爵》（4 人）：孙、周、吴。 《明月几时有》（3 人）：赵。 此时剩余的钱、李、郑不能确定，由于条件②涉及钱和李，故需分析条件②： 若李不在《明月几时有》（也就是在《基督山伯爵》），则钱不在《明月几时有》（也就是在《基督山伯爵》），此时《基督山伯爵》有 5 个人，矛盾。因此可得：李一定在《明月几时有》。
第四步	整理分组情况： 《明月几时有》（3 人）：赵、李。 《基督山伯爵》（4 人）：孙、周、吴。 由于每组均剩余 1 个位置，故剩余的钱和郑分别一组一个，但无法判断各在哪一个组。由此可知，B 选项为正确答案。

21. 答案 A

解析	此题采用“正难则反”的思路。“可能为真”的情况非常多，直接求较为麻烦，所以将此题切换为求解“一定为假”的方式，即取矛盾。 由于“可能为真”与“一定为假”在逻辑上是矛盾关系，所以本题的思路为：用取矛盾的方法找到一定为假的项，然后将此项排除，其余都为“可能为真”项。 题干逻辑推理关系为：动机正确∧客观条件允许→行为合乎逻辑。 其矛盾命题为：动机正确∧客观条件允许∧行为不合乎逻辑。此形式即为唯一的一定为假的形式。 题干并未出现此形式，因此全部可能出现。故本题选 A。

22. 答案 B

解题步骤	
第一步	此题未给到任何确定信息，且条件众多，元素众多，因此可以从“重复出现次数较多的元素入手”，即乙负责会计，从其入手做假设。
第二步	由于假设乙负责会计，没有意义，无法进行后续推理。所以假设乙不是会计，代入（3）得到丙是后勤，代入（2）得到丁是网络；将乙不是会计代入（1）得到甲是出纳，代入（4）得到丁是行政。 通过上述推理，不难发现，基于“乙不是会计”这个假设，得到了“丁是网络”和“丁是行政”两个自相矛盾的结论，所以假设错误，即事实为：乙是会计。故选项 B 正确。

23. 答案 B

解题步骤	
第一步	观察题目特征，锁定技巧。题干条件均属于形式语言表达的不确定信息，而选项是确定的表述，问题求解“一定为真”，故可优先采用两难推理进行解题。
第二步	符号化题干信息： ①党办：从甲、乙、丙 3 人中选派出一至两人。 ②人事处：¬ 甲→¬ 乙∧¬ 丙。 ③业务处：甲→¬ 乙∧¬ 丙。
第三步	观察题干发现，条件②和条件③可构成两难推理中的“分情况讨论”模型，故可得：¬ 乙∧¬ 丙。将其代入条件①可得：选派甲。
第四步	比对选项，B 选项为正确答案。

24. 答案 B

题干信息	①丙和丁是同一类垃圾； ②甲和己不是同一类垃圾； ③庚和辛不是同一类垃圾； ④己是干垃圾→乙是干垃圾； ⑤以上 8 样物品，4 个是干垃圾，4 个是其他垃圾。
第一步	本题属于分组题型，首先明确分组情况，8 种垃圾分为 2 组，分组情况为：4-4。
第二步	由于问题中存在确定的附加条件，且题干信息较为抽象、复杂，故可利用第 6 招（“题干确定”一马当先）和列表法进行解题。根据问题中的附加条件“己是干垃圾”，分别联合②④可得：甲是其他垃圾，乙是干垃圾。又根据③可得，庚和辛不是同一类垃圾，即庚和辛一个是干垃圾，一个是其他垃圾。此时可列表如下： 干垃圾：己、乙、[庚] 其他垃圾：甲、[辛] （提示：表格中的“□”代表位置不定，即按照③的要求，随机将庚和辛放在不同分类中，即当某元素位置不确定时，可以暂时将其放在符合题干要求的组中“占住位置”，这么做可以更直观地看到各个组的剩余位置，方便后面进行推理。）
第三步	根据题干分组情况，结合上表可知，此时“干垃圾”组还余 1 个位置，“其他垃圾”组还余 2 个位置，联合①可知，丙和丁都是其他垃圾（若丙和丁是干垃圾，则“干垃圾”组有 5 种垃圾，与分组情况矛盾），因此答案选 B。

25. 答案 B

<table>
<tr><th colspan="2">解题步骤</th></tr>
<tr><td>第一步</td><td>因为“己和乙是不同种类的垃圾”，联合④可推知，己是其他垃圾，乙是干垃圾，进一步联合②可得甲是干垃圾，再结合③可列表如下：
<table>
<tr><td>干垃圾</td><td>甲、乙、庚</td></tr>
<tr><td>其他垃圾</td><td>己、辛</td></tr>
</table></td></tr>
<tr><td>第二步</td><td>根据题干分组情况，结合上表可知，此时“干垃圾”组还余 1 个位置，“其他垃圾”组还余 2 个位置，联合①可知，丙、丁都是其他垃圾（若丙和丁是干垃圾，则“干垃圾”组有 5 种垃圾，与分组情况矛盾），故戊只能是干垃圾，列表如下：
<table>
<tr><td>干垃圾</td><td>甲、乙、庚、戊</td></tr>
<tr><td>其他垃圾</td><td>己、辛、丙、丁</td></tr>
</table>
比对选项，答案选 B。</td></tr>
</table>

26. 答案 D

<table>
<tr><th colspan="2">解题步骤</th></tr>
<tr><td>第一步</td><td>观察题干特征，锁定技巧。问题中存在单件“P”表述的确定信息，故可采用第 6 招（“题干确定”一马当先）进行解题。</td></tr>
<tr><td>第二步</td><td>符号化题干条件：
①在 A 地拥有一家旅馆→拥有 A 地∧拥有 B 地。
②在 C 花园拥有一家旅馆→拥有 C 花园∧（拥有 A 地∀拥有 B 地）。（注：“两者之一”是不相容选言判断的标志词）
③拥有 B 地→拥有 C 花园。
④该玩家没有 B 地（确定信息）。</td></tr>
<tr><td>第三步</td><td>将确定信息④代入①中可知，该玩家在 A 地没有旅馆，观察选项可知，答案选 D。</td></tr>
</table>

27. 答案 C

<table>
<tr><th colspan="2">解题步骤</th></tr>
<tr><td>第一步</td><td>观察题目特征，锁定技巧。题干和选项大多为“直言判断”表述，并且存在重复的概念，故可优先采用第 3 招（“有的”串联）进行解题。</td></tr>
<tr><td>第二步</td><td>将题干信息符号化为：
①有的为老百姓做过好事的干部⇒好干部；
②有的做过错事的干部⇒好干部；
③好干部→不以权谋私。</td></tr>
<tr><td>第三步</td><td>联合“所有+有的”进行串联，即联合条件①③和②③可得：
④有的为老百姓做过好事的干部⇒好干部⇒不以权谋私。
⑤有的做过错事的干部⇒好干部⇒不以权谋私。</td></tr>
<tr><td>第四步</td><td>题干条件中含有“有的”，故优先寻找表述为“有的”，同时含有“首”“尾”概念的选项，即 B、C 两个选项。
B 选项=有的不以权谋私的干部⇒不是好干部，“有的”只能换位，不能“逆否”，根据题干信息，选项不能确定真假。
C 选项=有的不以权谋私的干部⇒做过错事，可由⑤换位得出，故一定为真。故答案选 C。</td></tr>
</table>

28. 答案 D

题干信息	①小钱和小李只选有关心理学的科目（不确定信息）； ②小孙不选“企业管理”→小钱选“经济管理”； ③小赵不选“经济管理”∨小钱选“幸福心理学”； ④边界条件：每人只选一门课，每门课只有一个人选。
第一步	本题属于对应题型，观察发现，条件①可转化为确定信息，此时可优先采用第 9 招（剩余思想，将不确定转确定）将不确定转化为确定，即①=小钱和小李均不选“经济管理”和“企业管理”。
第二步	将“小钱不选经济管理”代入②中可推知小孙选“企业管理”，又因为小钱和小李均不选“经济管理”，结合④可知小赵选“经济管理”，将其代入③中可得小钱选“幸福心理学”，此时结合剩余法思想进一步可知小李选“成功心理学”，故答案选 D。

29. 答案 D

解析	由五个社团总共被报名了 10 次，每个人至少报名一个社团并且报名的社团数量各不相同，可知，社团的报名次数分别为 4、3、2、1。 由于（1）可知，甲不报名外语社，故而乙、丙、丁中至少一人报名外语社。再结合（3）可知甲不报名吉他社，故而甲只报名轮滑社。此时，若要满足“丙和丁没有报名同一个社团”，则丙丁分别为 2、3 中的一个，故而乙报名了 4 个社团。 选项 D 正确。

30. 答案 B

解析

	外语社	轮滑社	街舞社	吉他社	羽毛球社
甲	×	√	×	×	×
乙	√	√	√	×	√
丙					
丁					

若乙不报名吉他社，则乙报名剩余的四个社团。由于丙和丁相加报名了全部五个社团，故而轮滑社、街舞社、吉他社和羽毛球社的报名人数之比为：3∶2∶1∶2。故选项 B 正确。

逻辑模拟试卷（五）答案与解析

1	2	3	4	5	6	7	8	9	10
E	B	D	B	C	A	A	B	A	A
11	12	13	14	15	16	17	18	19	20
E	A	D	A	D	D	E	A	C	B
21	22	23	24	25	26	27	28	29	30
C	A	C	D	C	D	E	B	E	A

1. 答案 E

解题步骤	
第一步	题干和选项均属于“假言判断”表述，同时题干中没有重复/矛盾的概念，无法有效串联，问题求解“一定真”，故可采用第 1 招（准确定位 P、Q）来进行解题。
第二步	符号化题干条件： ①实现建设生态文明的目标（P1）→电子垃圾问题得到妥善解决（Q1）； （考生注意，若 P，除非 Q=P→Q） ②建立生产者责任延伸制度∧加大打击电子垃圾进口走私力度∧大力促进电子垃圾拆解处理领域的技术创新（P2）→电子垃圾不再会是令人头痛的污染源（Q2）。
第三步	题干表述为“两肯”，故优先寻找“两否”的结构，即优先验证 A 和 D。 A 选项，从左向右推理时，不能实现建设生态文明的目标（即¬ P1），无须看后面内容，快速淘汰； D 选项，由于题干不涉及“打击电子垃圾进口走私力度不够”的信息，故无法判断真假。 由于“两否”选项均被淘汰，故验证“两肯”选项，即验证 B、C 和 E。 B 选项，由于题干不涉及“彻底解决电子垃圾问题”的信息，故无法判断真假； C 选项，由于题干不涉及“从设计开始降低电子垃圾”的信息，故无法判断真假； E 选项=实现建设生态文明的目标（P1）→电子垃圾问题得到妥善解决（Q1），与题干信息①为等价关系，故 E 选项为正确答案。

2. 答案 B

解题步骤	
第一步	支持者论证：基因编辑技术安全有效 → 预防疾病 + 提高健康。
第二步	解题预判。采用第 15 招（梳理关系，紧盯概念）分析选项。 B 选项通过揭示技术风险（不可预测的基因突变）直接削弱支持者的核心论证：基因突变可能引发新疾病，与“预防遗传疾病”的目标矛盾；突变在后代中传播，说明风险具有长期性和不可控性，彻底动摇技术应用的科学基础。本题需紧扣技术本身的“风险-收益”平衡，B 选项通过技术内在缺陷的揭示，从根本上否定支持者的科学依据。
第三步	D（加剧不平等）、E（设计婴儿）：属于伦理或社会问题，虽能反对技术推广，但未直接反驳“预防疾病”这一技术核心价值，削弱力度较弱。 A（动物实验成功）、C（预防特定疾病）：均属于支持者论据，与题干要求方向相反。

3. 答案 D

题干信息	题干观点：传统的纸质图书终将会被电子图书所取代。削弱态度：纸质图书不会被电子图书取代。选项最好涉及差比双方。	
选项	**解释**	**结果**
A	选项涉及差比双方，起到削弱作用，但力度不如 D 选项。	淘汰
B	具有削弱作用，但根据“量度改变力度”原则，“有些读者”说明力度较弱。	淘汰
C	选项只涉及一方，即纸质图书的“优”，力度较弱。	淘汰
D	说明纸质图书是电子图书存在的前提和必要条件，即没有纸质图书，也就没有电子图书，纸质图书不会被电子图书取代，力度最强。	**正确**
E	选项只涉及一方，即电子图书的“劣”，力度较弱。	淘汰

4. 答案 B

题干信息	①丙不参加∨庚不参加；②乙参加→丁参加；③戊参加=辛参加； ④团队中文科生、理科生和工科生至少各有 1 人，并且至少要有 1 名女士参加。
第一步	本题属于分组题型，首先明确分组情况，从 8 人中选 5 人，剩 3 人。由于问题求解“符合题干要求”，而选项是确定、充分的，故可优先采用第 7 招（选项代入排除），利用“上代下”进行解题。
第二步	根据①，可排除 A、E；根据②，可排除 C；根据③，可排除 D，故答案选 B。

5. 答案 C

解题步骤	
第一步	锁定“专家”观点，并且根据结构词“这说明”找到题干的论证关系：近八成糖尿病患者不重视血糖监测→大部分患者不知道如何管理糖尿病。由“不……不”，可采用假言三段论搭桥思路对题干论证进行支持。
第二步	根据此论证关系，要对题干论证进行支持，需要建立“血糖监测”和“管理糖尿病”的关系。再由“不 Q……不 P……”，结合假言三段论结构可确定 C 选项。

6. 答案 A

题干信息	①爷爷：是周末=是星期六∨星期日。 ②奶奶：是星期二∨星期四∨星期六。 ③爸爸：不是星期一=星期二∨星期三∨星期四∨星期五∨星期六∨星期日。 ④儿子：是星期一∨星期三∨星期五∨星期日。 ⑤女儿：是星期五。 ⑥五人中只有一人说对了。
第一步	本题属于真话假话题型，由于各个条件之间无明显的真假关系，但存在重复的元素，故可优先考虑采用第 8 招（以“重复元素”为突破口）进行解题。
第二步	观察题干重复的信息是“星期二”“星期三”“星期四”“星期五”“星期六”和“星期日”，这几天都不能是真的（否则就会与⑥矛盾），那么就只能是星期一为真，因此答案选 A。

7. 答案 A

解题步骤	
第一步	观察题目特征，锁定技巧。题干条件中存在“P∧Q”表述的确定信息，故可采用第 6 招（“题干确定”一马当先）进行解题。
第二步	整理题干条件： ①发展出多样化的人群∧足够的人群规模∧合理的职业结构→一个国家提供多元化服务供给； ②提供不同的供给→有不同角色； ③能让社会健康发展→有不同的供给； ④A 国没有多元化服务的供给∧A 国有多样化的人群（确定信息）。
第三步	将确定信息④代入条件①中可得： A 国没有多元化服务的供给 $\xrightarrow{①}$ A 国没有发展出多样化的人群∨A 国没有足够的人群规模∨A 国没有合理的职业结构
第四步	将条件④代入第三步的结论中，可得： A 国没有发展出多样化的人群∨A 国没有足够的人群规模∨A 国没有合理的职业结构+④A 国有多样化的人群→A 国没有足够的人群规模∨A 国没有合理的职业结构。 比对选项，A 选项为正确答案。

8. 答案 B

解题步骤	
第一步	研究机构论证：使用时间长 → 近视率高 → 减少时间是关键。
第二步	B 选项通过反例（使用时间短但近视率仍上升）直接证明“使用时间长”与“近视率”无必然因果关系，从根本上瓦解支持结论的基础。本题采用第 17 招（特殊结构——因果关系）分析选项。本题需紧扣“因果关系是否成立”，B 选项通过实证数据揭示逻辑链断裂，是最直接的削弱方式。选项通过对比数据揭示核心矛盾：即使使用时间短的青少年群体，近视率仍持续上升。这表明“使用时间长”并非近视率上升的必要条件或主要原因，直接削弱了研究机构的核心逻辑。
第三步	A（户外活动减少）：提出他因（户外活动不足），但未否定电子设备使用时间的关联性，可能共存为复合因素，削弱力度较弱。 E（遗传因素未考虑）：指出研究遗漏变量，但若电子设备使用时间与遗传因素共同作用，仍可能部分支持原观点，无法彻底否定因果关系。 C（用于学习）、D（护眼设备无效）：均与“使用时间是否导致近视”无关，无法削弱

9. 答案 A

题干信息	①张华∨王军；　②孙涛∨李明；　③孙涛→赵静； ④郭凯→王军；　⑤刘刚不参加（确定信息）。
第一步	观察题干，发现本题属于有确定信息的分组题，但确定信息无法代入题干进行推理，故可使用“占位、剩余”思想进行解题。
第二步	确定分组情况：7 名员工分两组，4 名入选，3 名不入选。 根据条件①②可知，张华、王军、孙涛、李明四人，一定有 2 人入选、2 人不入选，联合条件⑤可知，不入选的人一定在张华、王军、孙涛、李明和刘刚中选出，故剩余的 2 人一定参加研讨会，即赵静和郭凯参加研讨会。

（续）

第三步	将上一步结论“赵静和郭凯参加研讨会”代入题干信息可得： 郭凯参加研讨会 —④→ 王军参加研讨会，故 A 选项为正确答案。

10. 答案 A

题干信息	①张华∀王军；　②孙涛∀李明； ③孙涛→赵静；　④郭凯→王军。
第一步	观察题干，发现本题属于没有确定信息的分组题，并且问题要求“补充前提”，故可优先考虑假言选项进行解题。
第二步	A 选项：若选择刘刚和郭凯，根据条件④可得选择王军；根据③，若选择孙涛，则要选择赵静，此时共选择 5 名员工，与题干矛盾，故不能选择孙涛。再结合②可得选择李明，由于此时已选择 4 人，故赵静一定不选（从 7 人中选 4 人，剩余 3 人）。此时分组情况已经确定，故 A 选项为正确答案。

11. 答案 E

题干信息	根据“既然……那么……”确定此题论证关系：晚上手术需要较少麻醉剂，较大量麻醉剂对病人风险更大→晚上手术可以降低手术风险。采用第 15 招（梳理关系，紧盯概念），锁定核心概念“风险降低”分析选项。	
选项	**解释**	**结果**
A	“能源的费用”与此题“手术风险”无关。	淘汰
B	说的只是“新生儿”，而且“出生时间”与此题“手术风险”也无关。	淘汰
C	“急症病人的数量”与此题“手术风险”无关。	淘汰
D	“护士和技师的薪金”与此题“手术风险”无关。	淘汰
E	提出了反面论据，晚上虽然需要较少麻醉剂，但医生手的灵巧与脑的警觉却比白天低，从而说明晚上手术风险未必会降低。	正确

12. 答案 A

题干信息	解释矛盾题。矛盾①今年成年吸烟者人数减少；矛盾②烟草销售总量增加。	
选项	**解释**	**结果**
A	成年吸烟者（既有男性吸烟者，也有女性吸烟者）内部变化不一定影响整体，该选项无法解释题干矛盾。	正确
B	虽然成人吸烟者减少，但如果少年吸烟者增加，那么可能会导致烟草销售总量增加。可以解释题干矛盾。	淘汰
C	与 B 项同理。吸烟者人数虽然减少，但如果嗅鼻烟和咀嚼烟草者增加，那么可能会导致烟草销售总量增加。可以解释题干矛盾。	淘汰
D	吸烟人数虽然变少，但如若保持吸烟的人均烟草消费量增多，那么可能会导致烟草销售总量增加。可以解释题干矛盾。	淘汰
E	我国吸烟人数（内需）虽然变少，但如若出口量变多，那么可能会导致烟草销售总量增加。可以解释题干矛盾。	淘汰

13. 答案 D

题干信息	①子鼠不能与寅虎相邻； ②卯兔不能和辰龙相邻； ③申猴不能和寅虎相邻 ∧ 申猴不能和亥猪相邻； ④辰龙不能与寅虎相邻。
第一步	观察题干，发现本题属于排序题，题干信息均为不确定信息，并且题干信息中存在重复项，故可使用第 8 招（以“重复元素”为突破口）进行解题。
第二步	题干重复出现最多的为“寅虎”，故可从“寅虎”出发进行解题。 联合①③④可得：寅虎不能和子鼠相邻，不能和申猴相邻，不能和辰龙相邻。故根据剩余法可得：寅虎和卯兔及亥猪相邻。 观察选项可知，D 选项为正确答案。

14. 答案 A

15. 答案 D

题干信息	①甲护理 1、2 号两间病房，不护理其他病房（确定信息）； ②乙和丙都不护理 6 号病房（确定信息）； ③丁护理 6 号病房→乙护理 3 号病房； ④丙护理 4 号病房→乙护理 6 号病房； ⑤戊只护理 7 号病房（确定信息）。
第一步	观察题干，发现本题属于有确定信息的对应题，故可使用第 6 招（“题干确定”一马当先），将确定信息代入进行推理。

第二步

将条件②代入条件④可得：

乙不护理 6 号病房 $\xrightarrow{④}$ 丙不护理 4 号病房。

由于题干信息较为复杂，故可使用列表法，将题干信息填入表格当中进行推理。

根据题干信息列表如下：

	1	2	3	4	5	6	7
甲	√	√	×	×	×	×	×
乙	×	×				×	×
丙	×	×		×		×	×
丁	×	×				√	×
戊	×	×	×	×	×	×	√

根据表格可知丁护理 6 号病房，代入条件③可得乙护理 3 号病房。第 14 题正确答案为 A。

第三步

第 15 题附加条件“丁只护理一间病房”，代入表格可得：

	1	2	3	4	5	6	7
甲	√	√	×	×	×	×	×
乙	×	×	√	√	×	×	×
丙	×	×	×	×	√	×	×
丁	×	×	×	×	×	√	×
戊	×	×	×	×	×	×	√

比对选项，第 15 题正确答案为 D。

16. 答案 D

解题步骤	
第一步	观察题干特征，锁定技巧。问题中存在单件“P”表述的确定信息，故可采用第 6 招（“题干确定”一马当先）进行解题。
第二步	符号化题干条件： ①早上空气好→跑步； ②早上空气不好→心情不好； ③晚上运动过量→影响睡眠； ④晚上不运动 ∨ 运动太少→心情不好； ⑤老王心情好（确定信息）。
第三步	将确定信息⑤代入②中，并结合①可得：老王心情好 $\xrightarrow{②}$ 早上空气好 $\xrightarrow{①}$ 跑步。 将确定信息⑤代入④中可得：老王心情好 $\xrightarrow{④}$ 晚上运动 ∧ 晚上运动不太少。 观察选项发现，答案选 D。考生注意：“晚上运动不太少” ≠ “晚上运动过量”，故无法结合③得出老王的睡眠受到了影响。

17. 答案 E

解题步骤	
第一步	支持者论证：技术先进 → 广泛应用 → 推动社会进步。
第二步	E 选项通过伦理与安全性缺陷证明：技术不可靠 + 社会接受度低 → 难以实现广泛社会价值，从根本上瓦解其作为“重要力量”的合理性。本题采用第 15 招（梳理关系，紧盯概念），紧扣“社会进步”的核心标准，E 选项通过伦理与安全问题的实证描述，揭示技术应用可能引发的负面社会后果，直接削弱其推动进步的能力。
第三步	B（多模态不足）、D（计算资源限制）：仅反映技术局部短板或应用场景限制，但未否定其在优势领域的变革潜力。 A（依赖现有架构）：技术路径依赖不等于无法突破，且 Transformer 架构已被广泛验证有效性，削弱力度不足。

18. 答案 A

题干信息	①梅花不是“花中之魁”→桂花不是“花中仙客”； ②桂花是“花中雅客” ∀ 桂花是“花中仙客”； ③山茶是“花中珍品”→梅花是“花中西施” ∨ 桂花不是“花中雅客”； ④山茶不是“花中珍品” ∨ 杜鹃不是“花中西施”→桂花是“花中之魁”。
第一步	本题属于对应题型，观察题干，发现题干信息均为形式语言表达的不确定信息，条件之间存在相同的概念，并且选项均为确定信息。
第二步	联合①②③④可推得：桂花是“花中雅客” ∀ 桂花是“花中仙客”→桂花不是“花中之魁” $\xrightarrow{③④}$ 山茶是“花中珍品” ∧ 杜鹃是“花中西施” ∧ 桂花不是“花中雅客” $\xrightarrow{②}$ 桂花是“花中仙客” $\xrightarrow{①}$ 梅花是“花中之魁”。
第三步	整理上步推理链条中得出的信息：山茶是“花中珍品”、杜鹃是“花中西施”、桂花是“花中仙客”、梅花是“花中之魁”。此时根据剩余法思想可知，水仙是“花中雅客”，故答案选 A。

19. 答案 C

解题步骤	
第一步	观察题目特征，锁定技巧。问题中存在单件“P”表述的确定信息，故可采用第 6 招（“题干确定”一马当先）进行解题。
第二步	整理题干条件： ①钱云成绩最好→钱云会帮助朱敏。 ②黄宏帮助的人→朱敏不会帮助。 ③刘青成绩最好∨赵明成绩最好→黄宏帮助钱云。 ④刘青成绩最好。(确定信息)
第三步	将确定信息④代入条件②③可得：刘青成绩最好 $\xrightarrow{③}$ 黄宏帮助钱云 $\xrightarrow{②}$ 朱敏不会帮助钱云。
第四步	比对选项，答案选 C。

20. 答案 B

解题步骤	
第一步	观察题目特征，锁定技巧。问题中存在联言判断“P∧Q”表述的确定信息，故可采用第 6 招（“题干确定”一马当先）进行解题。
第二步	整理题干条件： ①钱云成绩最好→钱云会帮助朱敏。 ②黄宏帮助的人→朱敏不会帮助。 ③刘青成绩最好∨赵明成绩最好→黄宏帮助钱云。 ④朱敏会帮助钱云∧钱云也会帮助朱敏。(确定信息)
第三步	将确定信息④代入条件②③可得：朱敏会帮助钱云 $\xrightarrow{②}$ 黄宏不会帮助钱云 $\xrightarrow{③}$ 刘青成绩不是最好∧赵明成绩不是最好。
第四步	比对选项，答案选 B。

21. 答案 C

解题步骤	
第一步	观察题目特征，锁定技巧。题干属于“假言判断”表述，并且要求“质疑上述观点=寻找一定为假的选项”，故可采用第 4 招（矛盾变形）进行解题。
第二步	根据标志词“必要前提”和“重要保障”将题干信息符号化： 经济能够得到可持续发展∧人类文明得以延续→保证生态环境∧确保人与自然的和谐。
第三步	由于题干求“质疑上述观点”，故取题干信息的矛盾，即： 经济能够得到可持续发展∧人类文明得以延续∧（不能保证生态环境∨不能确保人与自然的和谐）。
第四步	比对选项，C 选项符合上述矛盾，故 C 选项为正确答案。

22. 答案 A

题干信息	根据题干论证关系“事实→结论”，通常使用第 16 招（把握态度，速选速行）进行分析。题干结论（态度）：这种环保材料有望成为制造一次性咖啡杯等用品的重要材料。把握关键词：“有望成为”。

（续）

选项	解释	结果
A	明确指出该环保材料作为一次性咖啡杯的“劣势”，从而说明不适合作为一次性咖啡杯。在态度上明确进行了削弱。	正确
B	无关选项。该环保材料会减少咖啡杯的供应量，并不能说明不能成为一次性咖啡杯的重要材料。	淘汰
C	虽可削弱，但力度较弱，只是说的“过敏人群”，不能说明一般性情况。	淘汰
D	无关选项。该环保材料还不能完全替代聚苯乙烯泡沫材料，并不能说明不能成为一次性咖啡杯的重要材料。	淘汰
E	无关选项。该环保材料目前成本较高，并不能说明该环保材料不能成为一次性咖啡杯的重要材料。	淘汰

23. 答案 C

题干信息	定位专家预测：面向家庭和个人的服务机器人→成为我国下一个爆发式增长的市场。采用第 15 招（梳理关系，紧盯概念），明确解题重点：割裂“服务机器人”与“爆发式增长市场”的关系。	
选项	**解释**	**结果**
A	服务器机器价格居高不下不代表市场销量不会增长。试想，即便价格高，但如果需求巨大，那么依然会有火爆的销量。而且，该项“有的”也使得力度较弱。	淘汰
B	题干本身针对的就是专家对未来的预测，当前尚未量产不代表以后不会量产，不代表不会有火爆的市场。况且，只是“有的”产品，如果比重极低，那么对市场也不会产生较大影响，力度较弱。	淘汰
C	该项指出了服务机器人的技术和实现成本这两个关键要素无法共同实现，也即说明难以实现量产，指出了服务机器人的“劣”，削弱力度最强。	正确
D	选项说的是“机器人”，而不是“服务机器人”，论证对象错误，排除。	淘汰
E	同 D。	淘汰

24. 答案 D

解题步骤	
第一步	观察发现，问题求解“方阵第一列 5 个空格中的汉字”，而选项恰好给出 5 个汉字，故本题采用第 7 招（选项代入排除）中的“要素全举上代下”。
第二步	根据题目中每行每列的汉字均不能重复，也不能遗漏，因此第 1 列第 4 行不能填“数”，第 1 列第 5 行不能填“书”，第 1 列第 6 行不能填“射”，由此可排除选项 A、B、C。还剩 D 和 E 两个选项无法确定。
第三步	此时需要进一步寻找确定信息，观察第 3 列第 4 行可填入的汉字为“礼”，由此可排除 E 选项，答案选 D。

25. 答案 C

题干信息	问题为“哪一项最不能支持题干结论”，此类问法优选“削弱”，次选“无关”。由“事实→结论”这一结构，考虑第 16 招（把握态度，速选速行）分析选项。 题干结论（态度）：在高二氧化碳环境中孵化的鱼，生存的能力将会减弱。

（续）

选项	解释	结果
A	支持项。说明二氧化碳软化海洋生物的外壳和骨骼，减弱鱼的生存能力。	淘汰
B	支持项。该项指出二氧化碳含量高导致氧气含量低进而影响海洋生物的生存能力。	淘汰
C	削弱项。该项指出了二氧化碳产生了很多海洋生物的营养物质，客观上保障了海洋生物的生存能力。	正确
D	支持项。说明高浓度的二氧化碳使得小丑鱼听不到声音，也即表明不利于它们的生存能力。	淘汰
E	支持项。选项通过求异法说明二氧化碳减弱了幼鱼的体质，不利于它们的生存能力。	淘汰

26. 答案 **D**

解题步骤	
第一步	观察题干特征，锁定技巧。题干属于“形式语言”表达，并且问题求解“一定假”，故可采用第 4 招（矛盾变形）进行解题。
第二步	符号化题干条件： 高中毕业生（P）→想考一所重点大学（Q1）∧选择一个自己心仪的专业（Q2）。
第三步	寻找假言判断的矛盾，即寻找“P∧¬Q”的选项，故优先考虑同时符合“P”及“¬Q”的选项。观察发现，D 选项 = P∧¬Q1，与题干矛盾。答案选 D。

27. 答案 **E**

题干信息	根据“支持上述推测”迅速找到推测，并分析推测的论证结构：研究人的笔迹（方法）→分析书写者的性格特点和心理状态（目的）。可采用第 17 招（特殊结构——方法可行）思路进行分析。	
解题预判	优先考虑“方法可达目的”的选项。	
选项	解释	结果
A	无态度。只是指出了“连笔程度”和“笔画结构”不同，未明确能否达到“分析书写者的性格特征和心理状态”这一目的。	淘汰
B	无态度。未说明研究笔迹能否分析书写者的性格特征和心理状态。	淘汰
C	无态度。加入笔迹分析这一项，未必意味着这一项能达到本题目的。况且，招聘员工也不意味着要分析员工的性格特征和心理状态，该项并未针对本题论证关系。	淘汰
D	无关项。“人的日常行为”过于宽泛，本题论述的对象仅仅是笔迹研究。	淘汰
E	建立了方法到目的的关系，并且说明方法有效，为正确选项。	正确

28. 答案 **B**

题干信息	推结论题目。先提炼题干信息，此题包含了两条关键信息： ①一个人智力的高低，百分之九十取决于他的思维能力，只有百分之十取决于他的知识拥有量；②现代人虽然在知识的拥有量上已远远超过古人，但却还是达不到孔子和苏格拉底的智慧高度。	
选项	解释	结果
A	无法得出，比较对象不一致，题干比较的是“现代人”和“孔子、苏格拉底”，选项比较的是“智力较高者”和“智力较低者”。	淘汰

（续）

选项	解释	结果
B	由②可得该项正确。智力=90%思维能力+10%知识拥有量。根据②，现代人的知识拥有量已超古人，但智慧高度却达不到孔子和苏格拉底两位古人。可知，虽然现代人知识拥有量增长，但思维能力却没有显著增长，或幅度小于知识拥有量的增长。	正确
C	与题干信息冲突。智力=90%思维能力+10%知识拥有量，说明知识量和智力是恒相关的，而该选项却认为二者负相关。	淘汰
D	无法得出，题干论述的是“思维能力提高”与“学习知识”这两个因素与智力的关系，并未涉及二者之间的影响关系。	淘汰
E	无法得出。题干未提到孔子和苏格拉底对于现代人知识的重要性，只是进行了比较。	淘汰

29. 答案 **E**

30. 答案 **A**

题干信息	甲：①学代数→学历史→不学英语。 ②学英语→不学日语。 乙：③学英语→学日语→不学代数。 ④学代数→不学法语。 丙：⑤学法语→不学代数→不学日语。 ⑥学日语→不学英语。 ⑦边界条件：甲、乙、丙每人学习 4 门功课，不学 2 门功课，每门功课有 2 个人学习。
第一步	本题属于对应题型，题干没有给出确定信息，可优先考虑从重复最多的信息入手，利用假言判断的规则得出确定事实。由于甲、乙、丙 3 人的条件互不通用，因此需要分开分别分析。
第二步	观察条件①②，“学英语”重复次数最多，因此可以假设“学英语”的情况。 假设甲学英语，代入①②可得：甲不学代数、不学历史、不学日语。此时甲有 3 门功课不学，与边界条件⑦矛盾，因此甲一定不学英语，考生可参考第 12 招（假言联动数量，找矛盾）中的相关内容；再根据⑦可知，学英语的为乙和丙。
第三步	同上一步，推理可得乙一定不学代数，联合⑦可得：学代数的为甲和丙。
第四步	甲学代数，代入①可得：甲学历史。 丙学代数，代入⑤可得：丙不学法语。 乙学英语，代入③可得：乙学日语。 丙学英语，代入⑥可得：丙不学日语。 此时由于对应关系较为复杂，抽象，考生可利用列表法，将所得事实填入表格并结合边界条件⑦补全如下： （见下表） （每行 4√2×，每列 2√1×） 比对选项，第 29 题答案选 E，第 30 题答案选 A。

	物理	代数	英语	历史	法语	日语
甲	×	√	×	√	√	√
乙	√	×	√	×	√	√
丙	√	√	√	√	×	×

逻辑模拟试卷（六）答案与解析

1	2	3	4	5	6	7	8	9	10
C	E	A	C	B	C	B	B	A	E
11	12	13	14	15	16	17	18	19	20
B	D	D	C	D	A	C	C	B	D
21	22	23	24	25	26	27	28	29	30
A	B	D	C	D	B	D	B	C	E

1. 答案 C

题干信息	根据题干论证，可采用第 17 招（特殊结构——方法可行）分析选项。论证结构：在该区域放生一些没有寄生细菌的老鼠（方法）→跳蚤在幼虫时期寄生在带有病菌的灰鼠身上的几率就会降低（目的 1）→降低了人们被跳蚤叮咬以后感染钩端螺旋体病的几率（目的 2）。	
解题预判	选项证明方法可以达到目的 1 或者目的 2。	
选项	**解释**	**结果**
A	本题论述的是人的健康，跳蚤本身是否健康与本题论证无关。	淘汰
B	该选项有削弱的作用，但削弱力度有限，“目前没有例子证明”不代表后面内容不成立，有“诉诸无知”之嫌。	淘汰
C	该项保证了方法能够达到目的 1，为正确项。	正确
D	是否有“其他的方式”会导致人们被钩端螺旋体病感染，与本题论证无关。	淘汰
E	无关选项。此题论证对象是人，与猫和狗无关。	淘汰

2. 答案 E

解题步骤	
第一步	此题未出现明显的论证结构词，可通过“事实→事实评价”的结构梳理题干论证关系：“纹身墨水”可以纹身图案方式体现于皮肤上→“纹身墨水”会对患有糖尿病或肾病的人提供便利。可采用第 15 招（梳理关系，紧盯概念）在核心概念间建立论证关系。
第二步	解题预判：此类题型优先考虑建立前提与结论核心词的关系，保障相关性，即建立“纹身图案”和“糖尿病、肾病”的关系。可迅速锁定 E 项。E 项的“皮肤颜色”和“pH 值、血糖值、钠含量”指向的就是题干论证关系的“纹身图案”和“糖尿病、肾病”。（选项无原词时，可找“同义替换”）。其他选项都未提到“糖尿病和肾病”，与本题论证无关。正确答案选 E。

3. 答案 A

题干信息	论证结构：分析桉树落叶中金的含量（方法）→指示金矿位置，了解地下矿藏（目的）。
解题预判	方法是否有效。可采用第 17 招（特殊结构——方法可行）分析选项。

（续）

选项	解释	结果
A	指出了方法无效。如果植物的根只能到土壤层，而金矿埋葬于砂石层，那么就无法根据桉树落叶中金的含量指示金矿位置，并且无法探测金矿。	正确
B	题干论述的就是澳大利亚，并未涉及新南威尔士州与其他地区的差异。	淘汰
C	支持项。等待成材之后才会有效，也是说明桉树探矿法有效，只是需要等待的时间。	淘汰
D	与此题论证完全无关。	淘汰
E	题干说的是金矿，该项说的是铀矿，无关。	淘汰

4. 答案 C

题干信息	对话焦点题，一般阅读量较大，因此解题的关键在于迅速把握两位教授对话的主旨。 由题干分析可知：吴大成教授认为执行死刑的目的是有效地阻止恶性刑事案件的发生，而史密斯认为执行死刑的目的是给十恶不赦的罪犯以最严厉的惩罚。两人对执行死刑的目的有不同的理解。	
选项	**解释**	**结果**
A	史密斯教授并未提到国情和传统。	淘汰
B	吴大成教授并未提到最严厉的刑事惩罚；史密斯教授只是说终身监禁比死刑更严厉，也并未定性“最严厉”，所以显然这不是二人对话焦点。	淘汰
C	评价最为恰当。	正确
D	题干两位教授都并未提到产生恶性刑事案件的原因。	淘汰
E	两位教授并未提到大多数人是否接受死刑。	淘汰

5. 答案 B

题干信息	①左撇子的人比右撇子的人更容易患某些免疫失调症，如过敏； ②左撇子比右撇子更擅长数学推理。	
选项	**解释**	**结果**
Ⅰ	题干说明左撇子比右撇子更容易患某些免疫失调症，只能说明左撇子患某些免疫失调症的概率高于右撇子，但不能判断绝对值多少，排除。	不能推出
Ⅱ	选项结论为“数推能力强的人与数推能力弱的人相比，左撇子的比例更高”，比例即概率，证明方法如下： 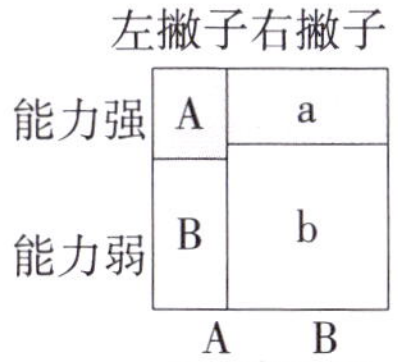 $\frac{A}{A+a}>\frac{B}{B+b}$ 根据题干可以推出结论，当选。	能推出
Ⅲ	题干没有提到擅长数学推理的人在左撇子中的比例。在所有左撇子中，即使数学推理能力强的比例低于数学推理能力弱的比例，但左撇子只要数学推理能力强的比例高于右撇子就能说明左撇子的优越性，因此左撇子数学推理能力强的比例在本人群中低，但是其比例仍然可能大于其他人群。故题干无法推出结论，排除。	不能推出

6. 答案 C

解题步骤	
第一步	根据“然而”迅速锁定本题的结论：这一担心站不住脚（开采泥煤不会破坏爱尔兰湿地的生态环境，不会污染水源）。根据选项特点，采用第 16 招（把握态度，速选速行）分析选项。
第二步	A 项，以前从未造成水源污染并不能说明以后不会影响生态、污染水源，选项存在的逻辑错误是忽略发展。 关于 B 项和 C 项，B 选项是“采煤和不采煤的两块湿地没有区别”，C 选项是“一块湿地采煤前后没有区别”，显然，“同一对象在前后相比没有变化”比“不同对象之间没有区别”更能说明“开采泥煤对自身环境无影响”，所以答案选 C，不选 B。 D 项、E 项并未涉及“开采泥煤”，与题干论证无关。

7. 答案 B

解题步骤	
第一步	解释题。要解释的现象：每卡路里鲜葡萄（即能产生一卡路里热量的鲜葡萄）中的铁元素含量，明显低于每卡路里葡萄干（即能产生一卡路里热量的葡萄干）。
第二步	解题重点： ①题干存在比较结构，选项要与题干结构一致，并且态度一致。 ②比较的对象不是绝对值，而是比例，所以要考虑分子和分母对比例的影响。二者分子相同，都是指“铁元素含量”，区别在于“一卡路里热量的鲜葡萄”和“一卡路里热量的葡萄干”，而二者的差异主要体现在鲜葡萄中的“糖”和葡萄干中的“焦糖”，故此时需要紧扣“糖”和“焦糖”来进行解释。因此，可以迅速锁定 B 项。选项 B 恰好说明，由于鲜葡萄中没有焦糖，而葡萄干中的焦糖的卡路里热量不计入葡萄干的总热量，此时产生一卡路里热量的鲜葡萄的数量少于产生一卡路里热量的葡萄干的数量，最能解释。其余选项均不涉及“糖”和“焦糖”的差异，无法解释。答案选 B。

8. 答案 B

题干信息	先梳理论证结构。根据结构词“因此”“有利于”可以迅速判断本题的结论为因果关系，可采用第 17 招（特殊结构——因果关系）分析选项。 因果关系：食用蘑菇（麦角硫因）→降低老年人患轻度认知障碍的风险。	
选项	**解释**	**结果**
A	无关项。该项论述的是蘑菇对于“年轻人”“心脏病”的关系，与题干论证无关。	淘汰
B	“无因无果”的支持。构建了“麦角硫因的水平低（无因）”“老年人患轻度认知障碍（无果）”。	正确
C	与题干论证关系无关。	淘汰
D	与题干论证关系无关。	淘汰
E	“有果无因”的削弱。指出没食用蘑菇的老年人（无因），也未患有不同程度的认知障碍（有果）。	淘汰

9. 答案 A

解题步骤	
第一步	观察题目特征，锁定技巧。题干和选项均属于“假言判断”表述，同时题干中没有重复/矛盾的概念，无法有效串联，问题求解“一定真”，故可采用第 1 招（准确定位 P、Q）来进行解题。
第二步	符号化题干信息： ①促进人工智能在旅游行业的深入发展（P1）→技术变革和创新型人才（Q1）； ②招纳人才（P2）→高薪和福利（Q2）。
第三步	题干表述为“两肯”，故优先寻找“两否”的结构，即优先验证 A 选项。 A 选项 = 不实行技术变革（¬ Q1）→人工智能难以在旅游行业深入发展（¬ P1），与条件①逆否等价。故答案选 A。

10. 答案 E

题干信息	根据“可以使”，采用第 17 招（特殊结构——方法可行）分析选项。 论证结构：把一种从 w-12 提取的基因植入易受其感染的谷物基因中（方法）→使该谷物产生对 w-12 的抗体，减少损失（目的）。	
选项	**解释**	**结果**
A	在同一块土地上相继种植两种谷物，第一种谷物不易感染某种病毒，则第二种谷物也不易感染某种病毒，说明从 w-12 提取基因的方法不仅对当前，也会对后续种植谷物产生防止感染的作用，从而说明提取植入基因这个方法确实可以减少损失。方法有效，可以加强。	淘汰
B	感染能力越强，繁衍越强，说明植入的基因所产生的抗体具备极强的繁衍力，从而持续减少谷物的损失，说明方法有效。	淘汰
C	抗体会传给后代说明提取基因的方法持续保护一代代的谷物免受感染，从而减少损失，说明方法有效，可以加强。	淘汰
D	说明该方法不仅保护谷物免受某种病毒侵害，还可使之免受其他病毒侵害，减少损失，说明方法有效。	淘汰
E	“会改变某些生长特性”，但这个特性对植物生长究竟有利还是有害？方法是否有效不确定，该项无法支持题干结论。	**正确**

11. 答案 B

题干信息	支持题。根据“计划”可确定本题为“方法可行”结构，可采用第 17 招（特殊结构——方法可行）。 论证结构：把该化学物质喷洒在没有种土豆的地里（方法）→所有出来的土豆线囊虫饿死（目的）。	
解题预判	对于“方法可行”结构的题目，首先考虑“方法可达目的”的思路，即选项必须要体现出“土豆线囊虫饿死”这一目的能成立。计划将这种化学物质喷洒在“没有种土豆”的地里，诱使线虫从保护囊里出来，题干认为就可以饿死线虫，那么肯定需要保证“土豆的根”是线虫唯一的食物来源，如果线虫还吃别的物质，那么即便诱使他们出来，可能也无法饿死，根据这个预判思路可以迅速锁定 B 项。	
选项	**解释**	**结果**
A	“线虫能否被杀虫剂杀死”与题干目的无关，题干目的是“饿死”线虫。	淘汰
B	该项指出“线虫只吃土豆的根”，既然“只吃”土豆的根，那么在没有土豆的地里喷洒化学物质诱使线虫出来，就会使线虫饿死。该项指出了方法有效。	**正确**

（续）

选项	解释	结果
C	削弱项。若土豆根里的细菌能消化诱使线虫出来的化学物质，那么就无法诱使线虫从保护囊里出来，就无法达到“饿死线虫”的目的。	淘汰
D	该项只是指出这些化学物质能使线虫从囊中出来，保证方法找得到，并未指出能饿死线虫，态度不明确，未指向目的。	淘汰
E	无关项。题干论述是往“没有土豆”的地里喷洒这种化学物质，因此该化学物质能不能在“土豆生长”的所有时间都被释放，与题干论证无关。	淘汰

12. 答案 **D**

解题步骤	
第一步	观察题目特征，锁定技巧。题干均为“假言判断”表述，并且存在重复的概念，而选项大多为假言判断表述，故可优先采用第 2 招（串联递推）进行解题。
第二步	符号化题干信息。 ①：一个人相信东西方历史都是按照某种确定的规律发展的（P）→对社会必然性有明确的信念（Q）。 ②：一个人社会历史知识增进（P）→对社会必然性的信念减弱（Q）。
第三步	分析题干信息可知，信息①和②可进行串联，即：一个人相信东西方历史都是按照某种确定的规律发展的 $\xrightarrow{①}$ 对社会必然性有明确的信念（强，即不弱）$\xrightarrow{②}$ 一个人社会历史知识减少。故答案选 D。

13. 答案 **D**

选项	解释	结果
题干信息	“除哪项均能削弱”，标志着要选择支持项或者无关项。此题由事实得到了专家的观点，且专家的观点是对未来的推断，因此此题是一道典型的态度型题目，解题过程中紧扣“态度”。可采用第 16 招（把握态度，速选速行）分析选项。	
A	“让商家无利润可赚”，指出了电商直播对商家的弊端，与专家态度相反，可削弱。	淘汰
B	“不利于商家维护企业品牌形象”，指出了对商家的弊端，与专家态度相反，可削弱。	淘汰
C	消费者“售后维权困难”，指出了对消费者的弊端，与专家态度相反，可削弱。	淘汰
D	只是指出主播夸大数据，但并未言明对商家或者消费者的影响，态度不明确，无法削弱。	正确
E	消费者“对直播销售的热情下降”，指出电商直播不会再受到消费者追捧，与专家态度相反，可削弱。	淘汰

14. 答案 **C**

解题步骤	
第一步	观察题干特征，锁定技巧。题干和选项均为“假言判断”表述且题干条件无法有效串联，问题求解“一定真”，故可采用第 1 招（准确定位 P、Q）进行解题。

（续）

解题步骤		
第二步	符号化题干条件： ①不解决我国目前面临的突出问题（P1）→无法实现共同富裕（Q1）。 ②稳扎稳打、循序渐进地向共同富裕前进（P2）→提高思想认识，并且把握内在要求（Q2）。	
第三步	由于题干具有多种“肯否”结构，故只能逐一验证选项。	
选项	**解释**	**结果**
A	选项=¬ P1→¬ Q1，否定 P 位时，无法有效推理。	淘汰
B	由于①②无法串联，故选项得不出。	淘汰
C	选项=¬ Q2→¬ P2，与②互为逆否等价，故一定为真。	**正确**
D	题干不涉及“缩小社会群体收入差距”的信息，故选项得不出。	淘汰
E	选项中出现“能否”与“是否”的表述，可理解为“能”推“是”，“否”推“否”，故可理解为“P→Q，¬ P→¬ Q”，即充要条件。题干无法得出充要条件，故选项得不出。	淘汰

15. 答案 D

题干信息	①每道题的正确答案各不相同； ②丙与丁答对的题目均不相同。
第一步	观察题干，可以发现本题属于真话假话类题目。可采用第 8 招（以“重复元素”为突破口），确定真假。
第二步	根据表格可知，丙答对了 2 题，丁答对了 3 题，再根据条件②（丙、丁答对的题目均不相同）可知五道题的正确答案一定全部在丙和丁的答案中。观察表格可以发现，乙的答案只有第五题的答案与丙的答案相同，其余题目的答案均与丙、丁不同，因此乙第五题的答案为正确答案，为 D，此时可知丙的第五题也答对了，丁的第五题答错了。
第三步	根据条件①可知，前四道题的答案均不为 D，结合条件②可知，丙和丁答对的题目均不相同，那么丙答错，丁一定答对，因此第一题的正确答案为 E；丁答错，丙一定答对，因此第二题的正确答案为 B。 由于丁第二题和第五题都答错了，要保证答对了三道题，那就需要第三题和第四题都答对，故第三题的答案为 C，第四题的答案为 A。正确答案整理如下： 第一题：E；第二题：B；第三题：C；第四题：A；第五题：D
第四步	比对选项，答案选 D。

第一题	第二题	第三题	第四题	第五题
E	B	C	A	D

16. 答案 A

题干信息	①每名同学只能投选一种花卉； ②每种花卉至少有一名同学投选，但最多不超过 3 名； ③赵∧李投选同一种花卉→孙∧吴∧郑投选荷花； ④钱不单独投选山茶→钱∧周投选荷花； ⑤李∧吴不会投选牡丹； ⑥赵∧李投选同一种花卉（确定信息）。

（续）

第一步	本题属于分组题型，由于题目存在确定信息，故可采用第 6 招（“题干确定”一马当先）进行解题。
第二步	将确定信息⑥代入③中，并联合②④可得：赵∧李投选同一种花卉 $\xrightarrow{③}$ 孙∧吴∧郑投选荷花 $\xrightarrow{②}$ 钱∧周均不投选荷花 $\xrightarrow{④}$ 钱单独投选山茶。
第三步	联合⑤和上步得到的信息可推知：李不选牡丹、李不选荷花（已有孙、吴、郑三人选荷花）、李不选山茶（钱单独选山茶），进而利用排除法可得李选月季。结合⑥，由于李和赵选同一种花卉，进而可知李和赵选月季，再结合剩余思想可知周选牡丹。故答案选 A。

17. 答案 C

题干信息	①每名同学只能投选一种花卉； ②每种花卉至少有一名同学投选，但最多不超过 3 名； ③赵∧李投选同一种花卉→孙∧吴∧郑投选荷花； ④钱不单独投选山茶→钱∧周投选荷花； ⑤李∧吴不会投选牡丹； ⑥只有赵投选了月季∧周没有投选荷花（确定信息）。
第一步	本题属于分组题型，由于题目存在确定信息，故可采用第 6 招（“题干确定”一马当先）进行解题。
第二步	由⑥周没有投选荷花，结合④可得：⑦钱单独投选山茶。联合⑤⑥⑦可知李和吴不投选牡丹，也不投选月季（只有赵投选了月季），也不投选山茶（只有钱投选了山茶），可得李和吴投选了荷花。根据剩余法可得周只可能投选牡丹。观察选项可知，答案选 C。

18. 答案 C

第一步	观察题目特征，锁定技巧。题干属于“表格类确定信息”，并且选项大多为假言判断表述，“P 位”属于特例表达，故可优先采用逐一验证选项进行解题。
第二步	观察发现 C、D、E 均属于假言判断表述，故可将“P 位”当作事实，优先验证这三个选项，观察是否存在矛盾，C 选项与题干符合，故答案选 C。

19. 答案 B

题干信息	①丙被聘用； ②甲被聘用； ③甲被聘用∧丙被聘用； ④甲被聘用→乙被聘用∨丁被聘用； ⑤四个预测中只有一个预测与结果不符。
第一步	观察题干，发现本题为真话假话题目，由于题干信息给出确定的真假个数，并且题干信息均为“形式逻辑”语言，故可使用第 14 招（真话假话，找关系）进行解题。
第二步	观察题干信息，发现条件①和条件③为包含关系，③真推①真，由于题干只有一假，故条件①一定为真；同理可得，条件②一定为真。 由于①②均为真，故可知条件③一定为真，故一定为假的为条件④。
第三步	将条件④转化为事实：甲被聘用∧乙不被聘用∧丁不被聘用。 比对选项，B 选项为正确答案。

20. 答案 D

题干信息	①绿衣钩必须离红衣钩近，离蓝衣钩远（绿红的间隔小于绿蓝的间隔）； ②黄衣钩必须紧挨在蓝衣钩左边（黄与蓝相邻，在蓝左边）； ③白衣钩不能与蓝衣钩相邻（白与蓝不相邻）； ④红衣钩不能嵌入 1 号孔内（红不在 1 号）； ⑤绿衣钩必须紧邻黄衣钩左边（绿与黄相邻，在黄左边）； 重复的词是“黄衣钩”，联合②和⑤可得：⑥绿黄蓝三个相邻。
第一步	本题属于方位排序题型，由于问题求解“可能真”，而选项恰好给出 5 个衣钩，故本题采用第 7 招（选项代入排除）中的“要素全举上代下”。
第二步	分析选项，若选项与任一条件相矛盾，即可“一票否决”，快速淘汰。
第三步	结合①可排除 B；结合③可排除 C；结合⑥可排除 A 和 E，因此答案选 D。

21. 答案 A

	解题步骤
第一步	本题属于数据分析题型，由于题干中存在数据划分相关条件，故可优先考虑使用《逻辑精点》“强化篇”补充方法：概念划分题列表法进行解题。
第二步	根据题干划分标准可画表格如下： <table><tr><td></td><td>男性</td><td>女性</td></tr><tr><td>儿童</td><td>A</td><td>B</td></tr><tr><td>成年人</td><td>C</td><td>D</td></tr></table>
第三步	根据表格整理题干信息： ①（A+B+D）/（A+B+C+D）=2/3→A+B+D=2C；②A=B、C=D。
第四步	联合条件①②可得： A+B+C=2C→A+B=C，儿童总人数等于男性成年人人数，A 选项为正确答案。

22. 答案 B

23. 答案 D

题干信息	①每人只能挑选一种花灯，每种花灯只能有一人挑选； ②乙选刨花灯→丙不选稻草灯∧己不选芝麻灯； ③丁不选鱼鳞灯∨戊不选刨花灯→己选鱼鳞灯∧丙选稻草灯。
第一步	本题属于对应题型，由于题干中没有确定信息，但观察发现②和③中的“丙不选稻草灯”和“丙选稻草灯”互为矛盾关系，故可考虑从关于“丙”的信息入手，结合反证法得出确定信息。
第二步	联合②和③可推得：乙选刨花灯 $\xrightarrow{②}$ 丙不选稻草灯∧己不选芝麻灯→丙不选稻草灯 $\xrightarrow{③}$ 丁选鱼鳞灯∧戊选刨花灯。此时乙和戊都选择刨花灯，与①矛盾，根据第 11 招（假言串联，找矛盾）可知，乙不选刨花灯，第 22 题答案选 B。
第三步	第 23 题的附加条件看似是不确定信息，但结合第 9 招（剩余思想，将不确定转确定）和①可推知，由于己必须在“芝麻灯、稻草灯和谷壳灯”中选一种，故己一定不选鱼鳞灯。
第四步	将“己不选鱼鳞灯”代入③中可知“丁选鱼鳞灯且戊选刨花灯”。由于新得出的确定信息无法继续代入题干进行推理且正确答案未出，故此时可结合剩余法思想：还剩一个人是“乙”，还剩一种花灯是“蛋壳灯”，进而可快速得出“乙选择蛋壳灯”，因此 23 题答案选 D。

24. 答案 C

解题步骤		
第一步	题干属于“形式语言”表述，并且问题求解“没有得到贯彻=一定假”，即寻找与题干信息矛盾的选项，故可采用第 4 招（矛盾变形）进行解题。	
第二步	根据“除非 P，否则 Q=¬ P→Q”，可将题干条件符号化为：学习成绩不是前三位∨没有两位教授推荐（P）→不能成为免试研究生（Q）。	
第三步	寻找题干的矛盾命题，即：（学习成绩不是前三位∨没有两位教授推荐）（P）∧能成为免试研究生（¬ Q）。逐一验证选项即可锁定正确答案为 C。	
选项	**解释**	**结果**
Ⅰ	选项=¬ P∧Q，与题干不构成矛盾。	不确定
Ⅱ	选项=P∧¬ Q，与题干构成矛盾。 ［考生注意，由于“或”判断有一真即为真，因此当 P 为真时，可得出 P∨M 为真，故：P∧Q 为真，可得出（P∨M）∧Q 为真。］	一定假
Ⅲ	选项=P∧¬ Q，与题干构成矛盾。	一定假

25. 答案 D

26. 答案 B

题干信息	①3 个人力资源部员工：张强、刘军、马亮。②3 个财务部员工：李军、赵敏、彭惠。 ③1 个生产部员工：夏雨。④人力资源部员工不能连续上场，财务部员工也不能连续上场。 ⑤彭惠在李军之前上场→第三个上场的是李军。 ⑥彭惠必须在夏雨之前上场。 ⑦马亮必须在张强之前上场，张强必须在赵敏之前上场。
第一步	本题属于排序题型，由于第 25 题问题求解“符合条件”，而选项属于“确定+穷举所有的可能”，故可优先采用第 7 招（选项代入排除），优先考虑“上代下”进行解题。
第二步	根据④排除 E；根据⑤排除 A 和 C；根据⑥排除 B，故第 25 题答案选 D。
第三步	方法一：由于第 26 题给出的附加条件无法直接代入推理，而题干存在“重复的元素”，故优先采用《逻辑精点》补充方法：排序题构建“长序列”确定排序关系。
第四步	由重复元素“张强”，结合⑦可知，马亮在张强的前面，张强在赵敏的前面，联合④可知张强和马亮之间至少有一个人，这样马亮和赵敏之间至少空两个位置，所以马亮一定在夏雨的前面。 根据⑤作假设，若彭惠在李军之前上场，那么可知李军=3，根据④可知，彭惠和李军不能相邻，所以马亮=2；若李军不在 3，那么李军在彭惠之前上场，根据⑥彭惠在夏雨之前上场，并且李军和彭惠不相邻，那么可知李军=1，马亮=2，彭惠=3。故可知马亮一定排在第二位，故第 26 题答案选 B。 方法二：考生可参考第 13 招（假设无矛盾，考虑分情况）中的相关内容。

27. 答案 D

解题步骤	
第一步	观察题目特征，锁定技巧。问题要求“推理方式最相似”的选项作为正确答案，故可采用第 5 招（结构比较）进行解题。
第二步	整理题干推理结构：A→B∨C，因为¬ B∧A，所以 C。
第三步	分析选项，寻找与题干推理结构一致的选项作为正确答案。

（续）

选项	解释	结果
A	选项推理形式为：A→B∧C，因为B∧¬A，所以¬C。与题干推理不一致。	淘汰
B	选项推理形式为：A→B∧C，因为B∧¬C，所以¬A。与题干推理不一致。	淘汰
C	选项推理形式为：A∧B→C，因为A∧¬C，所以¬B。与题干推理不一致。	淘汰
D	选项推理形式为：A→B∨C，因为A∧¬B，所以C。与题干推理一致。	正确
E	选项推理形式为：A=B∨C，因为A∧¬C，所以B。与题干推理不一致。	淘汰

28. 答案 B

题干信息	①甲帮扶孙→乙帮扶赵； ②戊不帮扶孙→甲帮扶孙； ③丁帮扶冯∨戊帮扶冯； ④戊不帮扶冯→乙帮扶李； ⑤丙帮扶赵。（确定信息）
第一步	本题属于对应题型，由于存在确定信息，故采用第6招（“题干确定”一马当先）解题。
第二步	将确定信息⑤代入到①中，并联合②④可得：丙帮扶赵 $\xrightarrow{①}$ 甲不帮扶孙 $\xrightarrow{②}$ 戊帮扶孙 $\xrightarrow{④}$ 乙帮扶李。将“戊帮扶孙”代入③中可知：丁帮扶冯。
第三步	由上步得出的结论可知，确定的对应关系为：丙帮扶赵、戊帮扶孙、乙帮扶李和丁帮扶冯。剩余甲和钱，因此一定是甲帮扶钱，比对选项，B选项为正确答案。

29. 答案 C

题干信息	①每种蔬菜恰好有3人采购，甲、乙两人采购的蔬菜均不相同； ②丙购买了胡萝卜→丁和戊分别购买了白菜、西红柿中的1种； ③丁购买土豆∨戊购买胡萝卜→丁购买菠菜∀戊购买菠菜； ④甲、乙、丙至少2人购买菠菜→甲购买土豆∧乙购买土豆∧丙购买土豆； ⑤各人购买的蔬菜均不完全相同，每人至少购买1种蔬菜。
第一步	观察题干信息，发现本题属于没有确定信息的对应题目，但①后半句可说明④后件假，因此考虑将①代入④进行解题。
第二步	根据条件①可知每种蔬菜甲和乙至少1人不购买，进而可知条件④的Q位必假，进而可得：甲、乙、丙3人至多1人购买菠菜，由于每种蔬菜恰好有3人采购，根据第9招（剩余思想，将不确定转确定）可得：剩余的丁和戊一定同时购买菠菜，代入条件③可得：丁不购买土豆，戊不购买胡萝卜。 由于题干信息较为复杂，故将确定信息填入表格，帮助理解，列表如下： （见下表）

	菠菜	胡萝卜	土豆	白菜	西红柿
甲	1√2×（甲、乙、丙）	至少1×（甲、乙）	至少1×（甲、乙）	至少1×（甲、乙）	至少1×（甲、乙）
乙					
丙					
丁	√		×		
戊	√	×			

（续）

第三步

观察表格，根据条件①每种蔬菜恰好有 3 人采购，可得丙和丁一定购买胡萝卜，丙和戊一定购买土豆。

将“丙购买胡萝卜”代入条件②可得：丁和戊分别购买了白菜、西红柿中的 1 种。

将推理结果代入表格可得：

<table>
<tr><th></th><th>菠菜</th><th>胡萝卜</th><th>土豆</th><th>白菜</th><th>西红柿</th></tr>
<tr><td>甲</td><td rowspan="3">1√2×</td><td rowspan="2">至少 1×</td><td rowspan="2">至少 1×</td><td rowspan="2">至少 1×</td><td rowspan="2">至少 1×</td></tr>
<tr><td>乙</td></tr>
<tr><td>丙</td><td>√</td><td>√</td><td></td><td></td></tr>
<tr><td>丁</td><td>√</td><td>√</td><td>×</td><td rowspan="2">1√1×</td><td rowspan="2">1√1×</td></tr>
<tr><td>戊</td><td>√</td><td>×</td><td>√</td></tr>
</table>

观察表格，根据条件①每种蔬菜恰好有 3 人采购，可得丙一定购买白菜和西红柿。

填入表格如下：

<table>
<tr><th></th><th>菠菜</th><th>胡萝卜</th><th>土豆</th><th>白菜</th><th>西红柿</th></tr>
<tr><td>甲</td><td rowspan="3">1√2×</td><td rowspan="2">至少 1×</td><td rowspan="2">至少 1×</td><td rowspan="2">至少 1×</td><td rowspan="2">至少 1×</td></tr>
<tr><td>乙</td></tr>
<tr><td>丙</td><td>√</td><td>√</td><td>√</td><td>√</td></tr>
<tr><td>丁</td><td>√</td><td>√</td><td>×</td><td rowspan="2">1√1×</td><td rowspan="2">1√1×</td></tr>
<tr><td>戊</td><td>√</td><td>×</td><td>√</td></tr>
</table>

比对选项，C 选项为正确答案。

30. 答案 E

题干信息

①每种蔬菜恰好有 3 人采购，甲、乙两人采购的蔬菜均不相同；
②丙购买了胡萝卜→丁和戊分别购买了白菜、西红柿中的 1 种；
③丁购买土豆 ∨ 戊购买胡萝卜→丁购买菠菜 ∀ 戊购买菠菜；
④甲、乙、丙至少 2 人购买菠菜→甲购买土豆 ∧ 乙购买土豆 ∧ 丙购买土豆；
⑤各人购买的蔬菜均不完全相同，每人至少购买 1 种蔬菜；
⑥甲购买蔬菜的种类大于丁。

第一步

观察题干，发现本题给出附加条件，因此可以从附加条件出发解题。

第二步

根据上题结论可知丁购买 3 种蔬菜，结合条件⑥可得：甲购买的蔬菜为 4 种 ∨ 5 种，由于此时根据题干信息无法继续进行推理，故可假设进行解题：

若甲购买的蔬菜为 5 种，根据①可知乙会没有蔬菜购买，与条件⑤矛盾，故根据第 11 招（假言串联，找矛盾）可得：甲购买的蔬菜为 4 种。

同理可得：丙购买的蔬菜也是 4 种。

第三步

由于甲和丙购买的蔬菜数量相同，根据条件⑤可知：甲和丙购买的蔬菜种类不完全相同，故甲在胡萝卜、土豆、白菜、西红柿中有一种一定不会购买，故甲一定购买菠菜，E 选项为正确答案。

逻辑模拟试卷（七）答案与解析

1	2	3	4	5	6	7	8	9	10
C	C	A	B	D	C	C	B	D	D
11	12	13	14	15	16	17	18	19	20
E	D	A	E	A	C	D	A	D	D
21	22	23	24	25	26	27	28	29	30
D	A	E	C	D	B	B	D	B	D

1. 答案 **C**

题干信息	先根据结构词“这表明”找到论证关系：汤姆逊教授培养了许多物理学家→创造性研究所需要的技巧是能够教授和学习的。可采用第 15 招（梳理关系，紧盯概念），在前提和结论间构建论证关系。	
解题预判	此题若想证明这些物理学家之所以取得上述成就是因为汤姆逊教授的培养，需要事先保证这些物理学家所具备的创造性研究能力必须与汤姆逊的培养有关，也就是说在遇到汤姆逊之前，并没有因为天赋等原因本身就具备此创造性研究能力。所以可以立刻锁定 C 项。	
选项	**解释**	**结果**
A	汤姆逊本身的知名度或成就，与此题论证无关。	淘汰
B	同 A。	淘汰
C	建立了题干论证关系的双方，符合上述解题预判，为正确答案。	**正确**
D	无关项。所说话题并未涉及本题的论证关系。	淘汰
E	无关项。所说话题并未涉及本题的论证关系。	淘汰

2. 答案 **C**

题干信息	此题既可根据“因此”构造“前提→结论”的结构，也可根据“一种合理的处理”构造“方法可行”的结构。可采用第 17 招（特殊结构——方法可行）分析选项。论证结构：假设该病人患的是 X 病，并依据这一假设进行治疗（方法）→尽可能治疗病人，对病人有利（目的）。	
解题预判	方法可达目的，最起码对目的不产生恶性影响，即可迅速锁定 C 项。	
选项	**解释**	**结果**
A	与题干论证完全无关。	淘汰
B	支持了题干的前提，力度弱于 C 项。	淘汰
C	万一是 Y 病患者，接受 X 病的治疗后，病情不会受到不利的影响。	**正确**
D	题干方法是“假设患的是 X 病，用 X 病方法治疗”，而此项说的是“假设 Y 病并治疗”，论证对象错误。	淘汰
E	与题干论证完全无关。	淘汰

3. 答案 A

解题步骤	
第一步	整理题干信息。反对者认为抽检和召回制度不能有效解决食品安全问题，因为问题根源在生产过程中的不规范操作，而抽检只能处理已流入市场的产品。
第二步	解题预判：本题采用第 16 招（把握态度，速选速行）分析选项。选项 A 指出抽检制度会提高企业生产成本，促使企业更加注重生产过程的规范性，直接针对反对者的观点，说明抽检制度可以间接改善生产过程中的不规范操作，从而削弱了反对者的结论。
第三步	选项分析。选项 B、C、D、E 虽涉及食品安全相关情况，但与反对者观点的直接关联性不如 A 强。

4. 答案 B

题干信息	先梳理论证结构。根据“这说明”“起到了重要作用”可发现，本题论证结构为“事实→事实评价”，且事实评价为典型的因果关系：多功能防范系统→保护文物（减少了盗窃文物现象）。可采用第 17 招（特殊结构——因果关系）分析选项。	
选项	解释	结果
A	无关项。“珍贵的传世工艺品”，题干未提及。	淘汰
B	支持项，“无因无果”。私人收藏和小展馆（没有多功能防范系统），文物失盗案件数量明显上升。此选项针对题干论证构造了“无因无果”的支持。	正确
C	无关项。“多功能防范系统经过国家级的技术鉴定”并不意味着重大盗窃案发案数下降就是多功能防范系统发挥的作用，与本题论证无关。	淘汰
D	存在他因削弱。	淘汰
E	此题并未涉及南北方的比较，而且本题论证对象为“国家主要博物馆”，比较对象明显与题干不同。	淘汰

5. 答案 D

解题步骤	
第一步	整理题干信息。学者认为 DeepSeek 在多领域知识处理方面的优势使其在未来学术研究和技术创新中有巨大潜力，能够推动多领域发展。
第二步	解题预判：本题采用第 16 招（把握态度，速选速行）分析选项。选项 D 直接指出 DeepSeek 与人类协作可以扩展人类认知边界，发现新方向和解决方案，这正是推动学术研究和技术创新的关键表现，有力支持了学者的观点。
第三步	选项分析。选项 A、B、C、E 虽涉及 DeepSeek 的特点或优势，但与题干论证的直接关联性不如 D 强。

6. 答案 C

题干信息	根据结构词“因此”梳理本题论证结构。采用第 15 招（梳理关系，紧盯概念）分析选项。 前提：①非饱和脂肪酸含量高和饱和脂肪酸含量低的食物有利于预防心脏病；②牛和其他反刍动物可通过食物获得丰富的非饱和脂肪酸。 结论：多食用牛肉和多食用鱼对于预防心脏病都是有效的。

（续）

第一步	A、B、D 三项可迅速排除，题干并未涉及鱼、牛两种动物体内非饱和脂肪酸含量的比较，也未提到二者的关系。E 项无关，题干未涉及欧洲内陆和欧洲沿海的比较。
第二步	C 项，牛和其他反刍动物在反刍消化的过程中，把大量的非饱和脂肪酸转化为饱和脂肪酸，而饱和脂肪酸越高，越不利于预防心脏病，该项对题干论证关系进行了削弱。故答案选 C。

7. 答案 C

解析	推论题。张教授的结论是：人类在自己进化的早期就已经知道用火来烧肉了，其根据是在百万年前的智人遗址发现了烧焦的羚羊骨头碎片的化石。 李研究员对此质疑的根据是：在同样的地方也同时发现了被烧焦的智人骨头碎片的化石，据此显然是要说明上述羚羊的骨头不是被人控制的火烧焦的，因为智人本身也被烧焦了。答案选 C。	
选项	**解释**	**结果**
A	从森林大火不能判断智人能否用火。	淘汰
B	李研究员并没有否定智人在早期就能取火用火，而是针对张教授的论证提出质疑。	淘汰
D	李研究员的观点并未提及羚羊是否为智人喜欢。	淘汰
E	与题干论述无关。	淘汰

8. 答案 B

题干信息	根据李研究员的论证关系：在同样的地方也同时发现了被烧焦的智人骨头碎片的化石→智人骨头不是被人控制的火烧焦的。采用第 15 招（梳理关系，紧盯概念）分析选项。	
解题预判	智人的骨头也被烧焦了，难道智人骨头就不是被人控制的火烧焦的吗？ 如果在进化早期存在“人吃人”，即人类以自己同类为食的话，上述论证就不成立了。因此，需要保证“人类也不会以自己的同类为食”。	
选项	**解释**	**结果**
A	过度假设。只保证人如此即可，没有必要保证所有动物。注意，假设题比的是哪个选项“准”，而不是比哪个选项“狠”。	淘汰
B	必要假设。需要保证“人类不会以自己同类为食”。如果在发展早期，人类以自己的同类为食，那么上述被烧焦的智人骨头碎片完全可能是人为火烧的结果。	**正确**
C	与此题论证关系无关。	淘汰
D	与此题论证关系无关。	淘汰
E	与此题论证关系无关。	淘汰

9. 答案 D

题干信息	削弱题。根据结构“……可能是一个可靠地……方法”，可采用第 17 招（特殊结构——方法可行）分析选项：检测海水中是否存在伊克利细菌（方法）→检测是否存在更有毒细菌（目的）。	
解题预判	方法无效，难以实现目的。本题最终论述的目的是“能否检测出更有毒的细菌”，要紧扣这一目的解题，观察选项是否对这一目的有指向性，可秒选 D 项。	
选项	**解释**	**结果**
A	无关项。该项说明的是伊克利细菌种类多，与本题目的无关。	淘汰
B	无关项。该项说的并非是“更有毒的细菌”，与目的无关。况且，“一些”力度较弱。	淘汰

（续）

选项	解释	结果
C	无关项。同 B。	淘汰
D	“伊克利比污水中更有害的细菌死得更快”，说明还未检测到更有害细菌，伊克利已经死了。该项说明方法不可行。	正确
E	与题干目的无关。况且，“一些”力度较弱。	淘汰

10. 答案 **D**

题干信息	解释矛盾题。根据“但是”找到本题矛盾点。 矛盾点 1：1994 年亚洲引进象鼻虫使得当年的棕榈果生产率显著提高。 矛盾点 2：1998 年棕榈果生产率却大幅度降低。	
解题预判	解释矛盾点往往需要“引入他因”来化解矛盾，使之合理。可以迅速锁定 B、D 两项。	
选项	**解释**	**结果**
A	无关项。该项讨论的是“价格”，与矛盾点无关。	淘汰
B	该项混淆性极强。注意：题干说的是 1998 年生产率即大幅度下跌，而该项指出 1998 年秋季才开始出现象鼻虫的天敌赤峰，虽然引入了第三要素，但时间不对。	淘汰
C	加剧了矛盾。若 1998 年象鼻虫的数量比 1994 年增加一倍，那么棕榈果生产率理应继续上升才是，与矛盾点 2 产生了冲突。	淘汰
D	引入他因“营养不足”，从而能够解释 1998 年之所以生产率下降是因为养分的缺乏，可以化解前后矛盾。	正确
E	无关项。该项说的是“椰果”，与题干论证对象无关。	淘汰

11. 答案 **E**

题干信息	先梳理论证关系，本题基于对现象的分析得到了专家的建议。 论证关系：纸上乱涂乱画催生有价值的设计→在用于工程设计的计算机程序中匹配模拟的便条纸，让使用者涂鸦，催生创造性思维。采用第 15 招（梳理关系，紧盯概念）分析选项。	
解题预判	前提论述的是纸上涂画产生有价值设计，而结论则是建议匹配模拟的程序便条纸，要使此论证成立，需要搭桥，保证“模拟的便条纸也可达到实际纸上的效果”，可迅速锁定 E 项。E 项所说的“乱涂乱画产生的灵感，并不一定通过在纸上的操作获得”表达的即为上述搭桥思路。	
选项	**解释**	**结果**
A	过度假设。没必要假设“只可能产生工程设计方面的灵感”，保证“能产生”即可。	淘汰
B	过度假设。同 A，没必要假设“只能用于乱涂乱画”，“可以乱涂乱画”即可。	淘汰
C	过度假设。不需要保证“所有工程师”，满足“至少有一些工程师”即可。	淘汰
D	过度假设。不需要保证“大多数都有应用价值”，只需“有的具备应用价值”即可。	淘汰
E	必要假设。保证“不一定通过在纸上的操作获得”，即表示“用模拟程序的便条纸也可达到实际纸的效果”，建立了题干的论证关系，保证了论据与论点的相关性。	正确

12. 答案 D

题干信息	削弱题。根据结构词“由此看来”，结合题干内容可发现：题干先给了现象（事实），依据事实得到了导致该事实的原因，可判断此题为因果关系。可采用第 17 招（特殊结构——因果关系）分析选项。 因果关系：古人懂得优生优育的原理，意识到近亲结婚的危害→同姓不婚。	
选项	解释	结果
A	无关项。该项论述的是“异族通婚”和“政治联姻”的关系，与题干论证无关。	淘汰
B	支持项。该项保障了“近亲结婚的危害”和“同姓不婚”的因果相关性。	淘汰
C	无关项。	淘汰
D	“另有他因”的削弱。该项指出了是异族通婚这个他因，促进各族融合导致了同姓不婚，而不是古人懂得优生优育的原理。	正确
E	无关项。该项指出了是“父母之命，媒妁之言”导致了“近亲结婚”，与题干因果关系无关。	淘汰

13. 答案 A

题干信息	先梳理题干结构可发现，此题依据一系列事实得到了实验者的观点，并且其观点处并没有出现论证关系，因此本题是一道典型的态度题。可采用第 16 招（把握态度，速选速行）分析选项。 实验者观点：患者应该根据自己的需求选择合适的药物，而不应该仅仅依靠“新旧”来做出判断。	
选项	解释	结果
A	该项指出了新药相对老药的一系列优势，说明了就是应该选择新药，与题干态度相反。	正确
B	该项指出了新药本质上与老药有效成分完全相同，从而说明新药不一定好，不应该仅依靠“新旧”做判断，支持了题干观点。	淘汰
C	“大多数普通病症已经有了很成熟的解决方案”，说明大多数病症老药即可解决，没有换新药的必要，与题干态度相同。	淘汰
D	“新药使用时间短，潜在不良反应还未发现”，该项说明的是新药的劣势，与题干态度相同。	淘汰
E	“很多新药物使用的还是多年以前的科研成果”，说明新药并无优势，不应该仅仅依靠“新旧”来做出判断，支持了题干观点。	淘汰

14. 答案 E

题干信息	①从 7 所候选高校中选 4 所高校。②甲入选 = 乙入选。 ③并非（丙入选∧丁入选）= 丙没入选∨丁没入选。④丙没入选→甲入选。 ⑤戊入选∨丁入选。⑥戊没入选（确定信息）。
第一步	观察题干，发现本题属于有确定信息的分组题，故可使用第 6 招（“题干确定”一马当先）优先将确定信息代入题干进行推理。
第二步	将条件⑥代入条件②③④⑤中可得： 戊没入选 $\xrightarrow{⑤}$ 丁入选 $\xrightarrow{③}$ 丙没入选 $\xrightarrow{④}$ 甲入选 $\xrightarrow{②}$ 乙入选。 整理结果可知：甲、乙、丁入选；丙、戊没入选。比对选项，E 选项为正确答案。

15. 答案 A

题干信息	①甲应聘行政部→甲被评选为优秀员工。 ②丁应聘行政部∨己应聘销售部→乙应聘企划部∧甲应聘行政部。 ③乙不应聘人事部∨戊不应聘技术部→丁应聘行政部。 ④戊不应聘行政部→丙不应聘行政部。 ⑤每个人只能应聘一个岗位，并且每个岗位也只录取一名候选人。 ⑥甲没被评选为优秀员工。(确定信息)
第一步	观察题干信息发现，本题属于有确定信息的对应题目，故可使用第 6 招（“题干确定”一马当先），将确定信息代入题干进行推理。
第二步	将“甲没被评选为优秀员工”代入条件①②③④⑤可得： 甲没被评选为优秀员工 $\xrightarrow{①}$ 甲不应聘行政部→甲不应聘行政部∨乙不应聘企划部 $\xrightarrow{②}$ 丁不应聘行政部∧己不应聘销售部→丁不应聘行政部 $\xrightarrow{③}$ 乙应聘人事部∧戊应聘技术部 $\xrightarrow{⑤}$ 戊不应聘行政部 $\xrightarrow{④}$ 丙不应聘行政部。
第三步	根据上一步推理可知甲、乙、丙、丁、戊均不应聘行政部，由⑤可知己应聘行政部，故答案选 A。

16. 答案 C

解题步骤	
第一步	题干属于“形式语言”表述，并且问题求“我不同意你的看法＝一定假”，故可采用第 4 招（矛盾变形）进行解题。
第二步	符号化题干条件：有的疾病可能没有确定的诱因（P）→有些疾病可能难以预防（Q）。
第三步	验证假言判断的矛盾即寻找“P∧¬Q”的选项，即： 有的疾病可能没有确定的诱因（P）∧所有疾病必然可以预防（¬Q）。 观察选项可知，C 选项为正确答案。

17. 答案 D

题干信息	①共有三类菜品供选择，分别为刺身、水果和蔬菜。 ②刺身编号分别为 a、b、c，水果编号为 X、Y、Z，蔬菜编号为 1、2、3。 ③刺身之间不可相邻。 ④每份拼盘中至少要有一个果蔬对（即水果与蔬菜相邻成为果蔬对）。 ⑤当出现多个果蔬对时，这些果蔬之间必须要以某个刺身相隔。
第一步	观察题干，发现本题属于没有确定信息的排序题，由于选项充分且确定，故可使用第 7 招（选项代入排除）进行解题。
第二步	A 选项：选项与③矛盾，排除。 B 选项：选项与④矛盾，排除。 C 选项：选项与⑤矛盾，排除。 D 选项：选项与题干条件均不矛盾，为正确答案。

18. 答案 A

19. 答案 D

题干信息	①每个评论家恰好看一部电影，每一部电影至少要被一个评论家看； ②丙和甲同看一部电影； ③己恰好和另一个评论家同看一部电影； ④乙看《哪吒传奇》； ⑤丁看《哪吒传奇》∨丁看《白蛇缘起》。
第一步	本题属于分组题型，由于第 18 题问题给出确定的附加条件“己看了《大圣归来》”，故可采用第 6 招（“题干确定”一马当先）进行解题。
第二步	根据第 18 题给出的附加条件“己看了《大圣归来》”，联合②③可推知，由于丙和甲看同一部电影，则甲和丙都不能和己一起看《大圣归来》。（此时便有 4 个人一起看一部电影，那么就有一部电影没人看）。 结合④和⑤可得，乙不看《大圣归来》，丁也不看《大圣归来》，因此只能是己和戊一起看《大圣归来》。 由④和⑤可得，乙看《哪吒传奇》，丁只能看《白蛇缘起》，那么剩下的甲和丙就得一起看《熊出没》。因此第 18 题答案选 A。
第三步	由于第 19 题问题给出确定的附加条件“戊没看《大圣归来》”，故同样可采用第 6 招（“题干确定”一马当先）进行解题。
第四步	附加条件“戊没看《大圣归来》”结合③④⑤可得，戊不看《哪吒传奇》，也不看《白蛇缘起》。（因为己只能和乙、丁、戊三人中一个人去看，两个人去看同一部的一定要有己）。因此可知戊一定要看《熊出没》。 由上一步可知，甲和丙不能跟乙一起看《哪吒传奇》，也不能跟丁一起看《白蛇缘起》，也不能跟戊一起看《熊出没》，因此甲和丙只能看《大圣归来》。己无法判断，可能跟乙一起看《哪吒传奇》；可能跟丁一起看《白蛇缘起》；可能跟戊一起看《熊出没》。 因此第 19 题答案选 D。

20. 答案 D

解题步骤	
第一步	观察题干特征，锁定技巧。观察题干和选项均为“直言判断”表述，并且存在相同的概念，故可优先采用第 3 招（“有的”串联）进行解题。
第二步	符号化题干条件： ①娱乐节目→以取悦观众为目的； ②以取悦观众为目的→商业行为； ③商业行为→有相关产业利益驱动； ④有的商业行为⇒以公益扶助为目的。
第三步	先串联含“所有”的条件，故联合①②③可得：⑤娱乐节目→以取悦观众为目的→商业行为→有相关产业利益驱动。 再联合“有的+所有”进行串联，故联合③④可得：⑥有的以公益扶助为目的⇒商业行为⇒有相关产业利益驱动（注：条件④需要先换位）。由此可判断 D 选项一定为真。

21. 答案 D

	解题步骤
第一步	观察题干特征，锁定技巧。题干和选项均为“假言判断”表述，并且存在相同的概念，故可优先采用第 2 招（串联递推）进行解题。
第二步	符号化题干条件： ①一家上市公司的董事会由一半以上的女性构成→该上市公司在决策过程中会保持理性。 ②该上市公司在决策过程中保持理性→其股价就会保持稳定。
第三步	联合①②可得：一家上市公司的董事会由一半以上的女性构成（P1）$\xrightarrow{①}$该上市公司在决策过程中会保持理性（Q1/P2）$\xrightarrow{②}$其股价就会保持稳定（Q2）。
第四步	由于选项中均含有“首”和“尾”的概念，而题干表述为“两肯”，故优先寻找“两否”的结构，即优先验证 D 选项，D 选项 = ¬ Q2→¬ P1，与题干互为逆否等价，故选项一定为真，答案选 D。

22. 答案 A

23. 答案 E

题干信息	①丙选修生物（确定信息）； ②戊选修文科类的课程； ③已选修物理→乙和丁只能在新闻学和哲学中各选一门； ④已不选修物理 V 庚不选修艺术学→戊选修计算机。
第一步	观察题干，发现本题属于有确定信息的“一对一”二维对应题目，由于题干中存在确定信息，故可使用第 6 招（“题干确定”一马当先）进行解题。
第二步	观察题干信息，发现条件①无法代入推理，但可由条件②可知：戊不选修物理、化学、生物、计算机四门课程。此处思路可参考第 9 招（剩余思想，将不确定转确定）。 将“戊不选修计算机”代入条件④可知：己选修物理 Λ 庚选修艺术学。 将“己选修物理”代入条件③可得：乙和丁只能在新闻学和哲学中各选一门。 此时由于文科类课程只剩下历史学，故根据条件②可知戊选修历史学，观察选项可知，第 22 题答案选 A。
第三步	根据第 23 题给出的附加条件“甲和乙只能在计算机和哲学中任选一门”，联合上一题得出的“乙和丁分别在新闻学和哲学中各选一门”可推得，甲选修计算机，乙选修哲学，丁选修新闻学；此时根据①，再结合排除剩余法，还剩“化学”一门课程未被选，还剩“辛”一人未选课，故辛选修化学，第 23 题答案选 E。

24. 答案 C

题干信息	①甲只能选择一门课程。 ②丙选择管理学→丁选择社会学 Λ 丁选择经济学。 ③乙不选择心理学 Λ 乙不选择美学。 ④每门课程只有一个人选择。 ⑤每个人都要选择课程，但最多只能选择 2 门课程。 ⑥丙选择了管理学（确定信息）。

（续）

第一步	本题属于对应题型，由于存在确定信息，故可采用第6招（"题干确定"一马当先）进行解题。
第二步	将确定信息⑥代入②中可得丁选择了社会学和经济学，此时还剩下3门课程供甲、乙和丙选择，根据③可知乙不选择心理学和美学，结合④可得乙只能选择创业基础。
第三步	此时还剩下心理学和美学2门课程，根据①，由于甲只能选择一门课程，故甲只能在心理学和美学中选择1门，故答案选C。

25. 答案 D

解题步骤		
第一步	观察题干特征，锁定技巧。问题要求寻找"论证方式最为类似"的选项作为答案，故可采用第5招（结构比较）进行解题。	
第二步	整理题干推理结构：A，¬ A→B（其中B为不可能真的谬论）。考生注意，题干使用的是归谬法。	
第三步	分析选项，寻找与题干论证方式一致的选项作为正确答案。	
选项	**解释**	**结果**
A	选项=A，¬ A→B（但B不是谬论）。与题干的推理形式不一致。	淘汰
B	选项=A→B∧C∧D。与题干的推理形式不一致。	淘汰
C	选项=有的A⇒B，B→C，所以有的A⇒C。与题干的推理形式不一致。	淘汰
D	选项=A，¬ A→B（其中B为不可能真的谬论）。与题干的推理形式一致。	**正确**
E	选项使用的是归纳法，与题干的推理形式不一致。	淘汰

26. 答案 B

题干信息	①赵、钱和孙3位流行歌手；李、陈和吴3位说唱歌手；郑、王和冯3位民谣歌手； ②每天至少有1位流行歌手演出，每天至少有1位说唱歌手演出； ③孙演出→陈不能演出； ④李演出→王演出； ⑤每位歌手一周内演出的次数不能超过3场； ⑥孙在周五、周六、周日连续演出三天，李在周一、周二、周三连续演出三天，而赵只在周四演出。（确定信息）
第一步	观察题干，发现本题属于有确定信息的对应题，故可使用第6招（"题干确定"一马当先）进行解题。
第二步	将条件⑥代入题干信息可得： 李在周一、周二、周三连续演出三天 $\xrightarrow{④}$ 王在周一、周二、周三连续演出三天； 孙在周五、周六、周日连续演出三天 $\xrightarrow{③}$ 陈不能在周五、周六、周日演出。

（续）

第三步

由于每天至少有一位流行歌手演出，并且每位歌手一周内演出的次数不超过 3 场，故孙不能在周一、周二、周三演出；又根据⑥可知，赵不能在周一、周二、周三演出，此时周一、周二、周三就只能是钱演出。

由于推理过程较为复杂，故可使用列表法将推理结果列表如下：

周一	周二	周三	周四	周五	周六	周日
王（民谣）	王（民谣）	王（民谣）	赵（流行）	孙（流行）	孙（流行）	孙（流行）
李（说唱）	李（说唱）	李（说唱）		不陈	不陈	不陈
钱（流行）	钱（流行）	钱（流行）				

第四步

观察上表可知，陈只能在周四演出。故答案选 B。

27. 答案 B

题干信息

①赵、钱和孙 3 位流行歌手；李、陈和吴 3 位说唱歌手；郑、王和冯 3 位民谣歌手。
②每天至少有 1 位流行歌手演出，每天至少有 1 位说唱歌手演出。
③孙演出→陈不能演出。
④李演出→王演出。
⑤每位歌手一周内演出的次数不能超过 3 场。
⑥每位说唱歌手都在一周内演出 3 场。

第一步

观察题干，发现本题属于没有确定信息的对应题，由于问题求解“民谣歌手最多演出几场”，即存在具体的指向，故可从问题出发进行解题。

第二步

由于问题求“民谣歌手最多演出几场”，故优先寻找有关“演出次数”的题干信息。
由于一周有 7 天，每天 3 场演出，故每周共有 21 场演出（歌手可重复）。
由⑥可推知，由于一共有 3 位说唱歌手，每位演出三天，此时说唱歌手要占据 9 场演出。
由②可推知，由于每天至少有一位流行歌手，此时流行歌手就至少要占据 7 场演出。
剩下的民谣歌手最多可演出的场次是：21－9－7＝5 场。因此答案选 B。

28. 答案 D

题干信息

①赵选端游→钱选手游。
②赵选端游∀孙选端游。
③钱不选手游∨孙不选手游。
④边界条件：3 人从 2 种游戏中进行选择，每人只能选择 1 种游戏。

第一步

观察题干，发现本题属于分组题，题干信息均为不确定信息，条件之间存在相同的话题，并且选项均为确定信息，故可优先采用假设法进行解题。

第二步

观察题干信息，由于“赵选端游”出现了 2 次，故可优先从涉及“赵选端游”的信息入手进行解题。
若赵选端游，代入题干信息可得：
赵选端游 $\xrightarrow{①②}$ 钱选手游∧孙不选端游→钱选手游 $\xrightarrow{③}$ 孙不选手游。
此时，若赵选端游，根据题干信息可得孙既不选端游也不选手游，与条件④矛盾，故赵一定不选端游，即赵选手游。此处思路可参考第 11 招（假言串联，找矛盾）。

第三步

将“赵不选端游”代入题干信息：
赵不选端游 $\xrightarrow{②}$ 孙选端游。故 D 选项为正确答案。

29. 答案 B

30. 答案 D

题干信息

①乙不申请毕马威→戊不申请普华永道∧丁不申请普华永道；
②己不保研∧己不申请普华永道（确定信息）；
③甲和丙均不申请毕马威∧甲和丙均不申请安永（确定信息）；
④乙考研∀乙保研；
⑤丁不申请毕马威→甲不申请普华永道∧丙不申请普华永道；
⑥丁申请毕马威∨丁申请安永→己不申请毕马威∧己不申请安永。

第一步

本题属于对应题型，条件④看似是不确定信息，但根据第 9 招（剩余思想，将不确定转确定）可知乙不申请毕马威，将其代入①中可得：戊和丁均不申请普华永道。结合②③④，由于此时对应匹配关系较多，可采用列表法，将抽象信息具体化：

	普华永道	德勤	安永	毕马威	保研	考研
甲			×	×		
乙	×	×	×	×		
丙			×	×		
丁	×					
戊	×					
己	×				×	

（每行 1√5×，每列 1√5×）

第二步

由上表可知申请普华永道的是甲和丙中的一人，代入⑤可得丁申请毕马威，将其代入⑥可得：己不申请毕马威∧己不申请安永。表示在表格中如下：（每行 1√5×，每列 1√5×）

	普华永道	德勤	安永	毕马威	保研	考研
甲			×	×		
乙	×	×	×	×		
丙			×	×		
丁	×	×	×	√	×	×
戊	×	×	√	×	×	×
己	×		×	×	×	

故第 29 题答案选 B。

第三步

利用第 30 题给出的附加条件“丙向四大会计师事务所递交了申请，且没有申请普华永道”将表格继续补充完整，如下：

	普华永道	德勤	安永	毕马威	保研	考研
甲	√	×	×	×	×	×
乙	×	×	×	×	√	×
丙	×	√	×	×	×	×
丁	×	×	×	√	×	×
戊	×	×	√	×	×	×
己	×	×	×	×	×	√

故第 30 题答案选 D。

逻辑模拟试卷（八）答案与解析

1	2	3	4	5	6	7	8	9	10
B	C	B	C	B	B	C	C	C	A
11	12	13	14	15	16	17	18	19	20
C	A	D	C	B	A	D	A	C	A
21	22	23	24	25	26	27	28	29	30
C	E	C	D	C	A	B	B	C	C

1. 答案 B

题干信息	根据结构词“提议”“应”“这样能”可确定采用第 17 招（特殊结构——方法可行）进行选项分析。 早上 6 点到 9 点与晚上 5 点到 8 点间禁止大货车通行（方法）→极大缓解交通拥堵状况（目的）。	
解题预判	①方法找得到，能实施；②方法可达目的。	
选项	解释	结果
A	“大货车的车速”，与本题论证无关。	淘汰
B	方法可达到目的。若“大货车主要在这两个时间段里行驶”，那么题干的方法才是有意义的。试想，若大货车主要并不在这两个时间段行驶，方法又有何用呢？	正确
C	并没有提到本题的两个时间段，与本题论证关系无关。	淘汰
D	并没有提到本题的两个时间段，与本题论证关系无关。	淘汰
E	另有他因的削弱，交通拥堵状况主要取决于别的原因。	淘汰

2. 答案 C

题干信息	根据“建议”“应该”“以”，可采用第 17 招（特殊结构——方法可行）进行分析。 论证关系：将原有的交通警告标示牌全部置换为动感较强的标识牌（方法）→提高司机反应速度（目的）。	
解题预判	方法无法达到“提高司机反应速度”的目的。	
选项	解释	结果
A	“需要投入巨额成本”不代表“方法无法实施”，只是代价高而已。	淘汰
B	首先，不同驾龄的受试者在动感较强的标示牌下都提高了反应速度，反而更说明方法对目的有利，支持。	淘汰
C	指出动感较强的标示牌只能在司机了解它之前有用，之后还会恢复到从前的水平，那么方法就无法达到目的。	正确
D	选项态度不明确。	淘汰
E	论述的是此方法对路人的影响，与题干论证无关。	淘汰

3. 答案 B

解题步骤	
第一步	解释现象。明确解释对象，即房东的不情愿行为：不愿意维持他们现有房地产的质量，甚至更不愿意额外再建一些可供出租的房子。
第二步	A 项和 E 项说明的是房客的喜好，无法解释房东的“不情愿”。况且，A 项假设了房客的偏好，但并没有直接解释为什么房东会不情愿。 B 项指出租金管理难使房东取得公正合理的收益，可以解释房东的“不情愿”。 C 项和 D 项并未涉及房东的行为，无关项。

4. 答案 C

题干信息	本题根据事实得到了研究者对于该事实的评价，且其评价为典型的因果关系：吸烟（因）→改变大脑发育过程（果）。采用第 17 招（特殊结构——因果关系）分析选项。	
选项	**解释**	**结果**
A	无关项。该项说明的是戒除烟瘾的原因，与题干论证无关。	淘汰
B	构造了“激素水平”这一他因，但未排除“吸烟”这一本因对大脑发育过程的影响，力度较弱。	淘汰
C	“因果倒置”的削弱。该项说明了并不是吸烟影响了大脑发育，而是右脑体积小（大脑发育）导致了吸烟。	**正确**
D	无关项。同 A 项，该项指出何种原因导致吸烟，与本题论证无关。	淘汰
E	首先，该选项建立了吸烟与脑岛活动情况的关联，有支持的嫌疑。况且，脑岛活动情况≠脑岛体积，也不等于大脑发育程度。	淘汰

5. 答案 B

题干信息	解释题。先梳理题干信息： ①提高养老金缴费比例∨降低养老金支付水平∨提高退休年龄→解决养老金不可持续的现象。 ②提高退休年龄阻力最大，德国政府却仍然冒险采用这一政策。	
解题预判	明明有三种方法可以解决这一难题，德国政府却冒险采取阻力最大的举措“提高退休年龄”。要由①得到②，只需否定另外两个选言肢判断即可，即：无法提高养老金缴费比例，并且无法降低养老金支付水平。可迅速锁定 B 项。	
选项	**解释**	**结果**
A	未解释出为什么阻力最大却仍提高退休年龄。	淘汰
C	与本题矛盾点无关。	淘汰
D	该项说明的是提高退休年龄与降低养老金的关系，依然未说明为什么只能提高退休年龄。	淘汰
E	该项指出部分民众能够适应提高退休年龄，继续工作，但依然未指出题干措施的必要性。	淘汰

6. 答案 B

题干信息	假设题。根据“因此”“由……引起”可确定本题考查的是“因果关系”结构：大脑的物质结构受损（某些区域较小）（因）→精神分裂症（果）。可采用第 17 招（特殊结构——因果关系）进行解题。

（续）

选项	解释	结果
A	迷惑性较强。该选项看似保证了因果相关，但题干说的是“受感染的某个区域较小”，而该选项说的是“大脑较小”，概念不一致。	淘汰
B	保证了“因果不倒置”。该项说明并不是先患有精神分裂症才导致大脑的物质结构受损（某些区域较小），必须假设。	正确
C	题干的对象是“同卵双生子之间的比较”，而非选项强调的“同卵双生子比非同卵双生子”，结构与题干不一致。	淘汰
D	与 A 项类似，“大脑大小” ≠ “受感染的大脑区域的大小”，概念与题干不一致。	淘汰
E	该项说的是精神分裂症是否容易判断，与题干论证关系无关。	淘汰

7. 答案 C

题干信息	解释矛盾题。先根据“但是”找到本题矛盾点。 矛盾点 1：赤道地区的居民缺少牛奶，失去了吸收乳糖的能力。 矛盾点 2：赤道地区中老年人骨质疏松的健康问题，并不比其他地区严重。	
解题预判	解释矛盾题型往往需要“引入第三要素”来化解矛盾。对于此题来说，最好的解释就是指出存在其他方式能够帮助赤道地区的居民获得钙，或者是赤道地区的居民有其他防治骨质疏松的手段。可迅速锁定 C 项。	
选项	解释	结果
A	虽然服用含乳糖的片剂，但题干明确指出了赤道地区的居民失去了吸收乳糖的能力，因此该选项无法解释。	淘汰
B	与本题矛盾点无关。	淘汰
C	指出“阳光充足产生的维生素 D”（引入第三要素）这个因素能够有助于帮助赤道地区的居民防治骨质疏松，能解释。	正确
D	“赤道地区人均寿命低”“老年人比例低”也与此题的矛盾点无关。	淘汰
E	考生注意：题干论述的重点不在于是否有充足的钙，而是能不能吸收钙。即便按 E 项所说，其他物质也有充足的钙，但赤道地区居民的问题在于吸收能力弱，该项不能解释。	淘汰

8. 答案 C

题干信息	推论题。整理题干信息：山奇-雏菊杂交种子会失去父本或母本的一些重要特性，如不再具有降血脂的特效，但这是避免山奇灭绝的几乎唯一方式。	
解题预判	可见题干说明这项原则：改变一个濒临灭绝的物种的类型，即使这种改变会使它失去一些重要的特性，也比这个物种的完全灭绝要好。可以迅速锁定 C 项。	
选项	解释	结果
A	推不出。题干论述的始终是“山奇”，并未提到对另一个物种的负面影响。	淘汰
B	推不出。题干说明为了避免山奇灭绝，失去一些重要特性也是无奈之举，这并不代表“能否保存所有特性就无关紧要”。	淘汰
C	为题干信息所体现的原则，正确。	正确
D	推不出。此题并未提到“两个生存条件激烈竞争中的物种”。	淘汰
E	推不出，本题未提到有价值物种的替代品这一论证对象。	淘汰

9. 答案 C

题干信息	梳理题干论证关系。根据“方式”可确定本题采用第 17 招（特殊结构——方法可行）进行选项分析。论证结构：在山奇尚存的地域内大量地人工培育雏菊，使之与山奇杂交（方法）→避免山奇灭绝（目的）。	
选项	解释	结果
Ⅰ	过度假设。“雏菊可以”≠“只有雏菊才能”，即便雏菊不是唯一能和山奇杂交的物种，只要是能和山奇杂交的物种之一，即可达到避免山奇灭绝的目的。	不必要
Ⅱ	过度假设。没必要假设一点野生雏菊也没有。只要在山奇生存的地域内野生雏菊的数量不够山奇的繁殖，就需要大量地人工培育雏菊。	不必要
Ⅲ	必要假设。加非验证，若山奇-雏菊杂交种子不具有繁衍后代的能力，那么题干方法不可行。	**必要**

10. 答案 A

题干信息	解释差异题。先明确要解释的差异：长尾猴发现地面野兽时，它们会发出一种声音互相警告；当发现空中猛禽时，它们会发出另一种明显不同的声音互相警告。	
解题预判	解释差异题，必须从差异入手。因此，正确选项必须要体现出“地面野兽”和“空中猛禽”的差异，可迅速锁定 A 项。	
选项	解释	结果
A	指出了长尾猴躲避地面野兽和空中猛禽方式的不同，所以用不同声音警示同伴，可以解释。	**正确**
B	无关项。选项指出的是长尾猴实际上受到地面猛兽和空中猛禽袭击次数的不同，与题干为何“用不同声音警示同伴”完全无关。	淘汰
C	选项指出的是目光不同，但“目光不同”与“发出声音不同”无关，无法解释。	淘汰
D	无关项。“是否存在动物既能空中袭击又可从地面袭击”与“实际上面对不同袭击为何发出不同声音”无关。	淘汰
E	无关项。题干未论述除长尾猴以外的“其他动物”。	淘汰

11. 答案 C

题干信息	削弱题。先梳理论证结构，根据“所以”“造成了”可知，本题基于事实得到了事实评价，且事实评价为明显的因果关系，因此削弱的重点在于此“因果关系”上。可采用第 17 招（特殊结构——因果关系）。 因果关系：人类的活动（因）→莫尔鸟的绝迹（果）。	
选项	解释	结果
A	无关项。“莫尔鸟的栖息地是人类定居最晚的地区”与“人类活动导致莫尔鸟绝迹”这个论证关系无关。况且，“一些”力度较弱。	淘汰
B	削弱力度较弱。该项构造了“有因无果”的削弱，人类也猎取哺乳动物（有因），但并未灭绝（无果），但因为是类比构造，也并未说明莫尔鸟和哺乳动物情况类似，因此该项力度较弱。	淘汰
C	“间接因果”的削弱。该选项直接指出除了人类活动之外，还有其他原因可能导致莫尔鸟的绝迹，即人类引入的其他捕食动物也可能对莫尔鸟构成威胁，导致了莫尔鸟的绝迹，莫尔鸟的绝迹与人类活动无关。	**正确**

（续）

选项	解释	结果
D	首先，该项虽然指出了莫尔鸟“仍存在”，但不代表没有受到人类活动的影响。而且虽然“仍存在”，但可能数量却极少了。选项态度不明确，所以该项削弱力度较弱。	淘汰
E	莫尔鸟能不能战胜人类，与题干论证无关。	淘汰

12. 答案 **A**

题干信息	削弱题。根据“计划”“以”“可行性”确定本题为“方法可行”结构，可采用第 17 招（特殊结构——方法可行）。 论证结构：把波尔山羊与北方当地羊杂交（方法）→提高养羊经济效益，满足高效优质肉羊的生产需要（目的）。	
解题预判	“方法可行”结构题目，削弱首选思路为方法无效（方法无法达到目的）。 此题认为将波尔山羊与北方当地羊杂交可以提高经济效益，满足优质肉羊生产需要，若对其进行削弱，应当预判削弱思路：因为某些因素，无法杂交；或者即便能杂交，可能因为某些因素，使羊难以成活；或者肉质发生改变。在这几种情况下，“提高养羊经济效益，满足优质肉羊的生产需要”的目的就无法实现。	
选项	解释	结果
A	符合以上预判思路。若波尔多羊不耐低温，不能适应当地气候条件，即便能杂交，幼羊成活率也较低，就无法达到目的。该项为正确答案。	正确
B	即便“并非所有波尔山羊都可以与当地羊杂交”，只要有些波尔山羊能与当地山羊杂交，计划就有达到目的的可能。	淘汰
C	该项说的只是“年轻人”，题干说的是农民，论证对象不一致。况且，即便“认为饲养羊是低等工作”，也不代表一定不会这样做，也不代表计划一定会失败。	淘汰
D	该项指出许多人不喜欢波尔山羊，但“不喜欢”≠一定不饲养，为了获得经济效益，可能即便不喜欢，也会去饲养。况且，就算许多人不喜欢，只要有的人喜欢，愿意饲养，目的就有可能达成。	淘汰
E	该项指出的是当地羊的优点，但当地羊的优点更多针对的是题干计划是否有必要，并不能质疑这个计划自身的可行性，力度较弱。	淘汰

13. 答案 **D**

题干信息	支持题。先梳理题干论证关系。根据“研究人员认为”“导致”发现，此题基于事实得到了事实评价，且事实评价为明显的因果关系，可采用第 17 招（特殊结构——因果关系）分析选项。 因果关系：睡眠呼吸暂停（因）→抑郁症（果）。	
选项	解释	结果
A	无关项。该项指出的是“睡眠呼吸暂停”与“睡眠不足”的关系，与题干因果关系无关。	淘汰
B	“另有他因”的削弱。患有抑郁症的女性人数比男性人数高出两倍多，说明可能是“性别”这个因素也影响了抑郁症这个结果。	淘汰
C	无关项。深睡眠时间较长的人第二天精神状态更好，精神状态好和会不会得抑郁症之间的关系不明确，没有指出睡眠呼吸暂停和抑郁症之间的关系。	淘汰

（续）

选项	解释	结果
D	“无因无果”的支持。用辅助设备使患者恢复正常呼吸和睡眠（无因），可显著缓解抑郁症状（无果）。	正确
E	“因果倒置”的削弱。该项指出了并不是睡眠呼吸暂停导致抑郁症，而是抑郁导致睡眠断断续续（睡眠呼吸暂停）。	淘汰

14. 答案 C

解题步骤		
第一步	观察题目特征，锁定技巧。题干和选项均大多属于“假言判断”表述，同时题干中没有重复/矛盾的概念，无法有效串联，问题求解“可以得出以下哪项＝一定真”，故可采用第 1 招（准确定位 P、Q）来进行解题。	
第二步	符号化题干条件： ①永葆胜利果实（P1）→准备付出更为艰巨、更为艰苦的努力（Q1）。 ②永葆胜利果实（P2）→敢于斗争、善于斗争，逢山开道、遇水架桥，勇于战胜一切风险挑战（Q2）。 ③把握新的伟大斗争的历史特点，抓住和用好历史机遇，下好先手棋、打好主动仗，发扬斗争精神，增强斗争本领，凝聚起全党全国人民的意志和力量（P3）→战胜一切可以预见和难以预见的风险挑战，把伟大事业不断推向前进（Q3）。	
第三步	由于题干和选项大多为“两肯”形式，无优选项，故需逐一验证选项。	
选项	解释	结果
A	题干不涉及“失去难得的机遇”的相关信息，故选项无法得出。 考生注意，“面临”和“失去”并非矛盾关系，故“失去”不等价于“不面临”。	淘汰
B	结合信息③，选项没有肯定 P3，不能推出肯定 Q3，故选项无法得出。	淘汰
C	选项＝P2→Q2，与②推理一致，为正确选项。	正确
D	选项＝Q3→P3，肯定 Q 位，无法进行有效推理，故淘汰。	淘汰
E	由于①③无法串联，故选项无法得出。	淘汰

15. 答案 B

解题步骤		
第一步	观察题干特征，锁定技巧。问题要求寻找“与题干论证最类似”的选项作为答案，故可采用第 5 招（结构比较）进行解题。	
第二步	整理题干论证方式：题干使用求异法；将一组白杨种在被污染的空气中，另一组白杨种在清洁的空气中，两个对照组其他条件都相同。观察最后结果，两组的落叶时间不同。得出结论：前提差（空气）→结果差（落叶时间）。	
第三步	分析选项，寻找与题干论证方式一致的选项作为正确答案。	
选项	解释	结果
A	价格“越”高卖得“越”火，该选项使用共变法，与题干论证方式不一致。	淘汰
B	选项使用求异法；一组食用大量味精，另一组不食用，结果认知能力有差别。得出结论：前提差（味精）→结果差（认知）。和题干论证方式一致。	正确
C	该选项是对可能情况进行分析，和题干不同。	淘汰

（续）

选项	解释	结果
D	选项使用归纳法，对获三好学生的特征进行归纳得出结论。	淘汰
E	和题干信息论证明显不同。	淘汰

16. 答案 A

题干信息	①孟荀与韩瑾同组； ②孔睿在第一天值班→张珊在第二天值班； ③孙珊在第三天值班→李思在第二天值班； ④韩瑾在第二天值班（确定信息）； ⑤每人每 3 天值班一次，每天安排 2 人值班。
第一步	观察题干，发现本题属于有确定信息的分组题，故可使用第 6 招（“题干确定”一马当先）进行解题。
第二步	将确定信息④代入题干可得：韩瑾在第二天值班 $\xrightarrow{①}$ 孟荀在第二天值班。 此时第二天值班的人选已经确定，故其余四人均不能在第二天值班。
第三步	由上一步可知：张珊和李思均不在第二天值班，代入题干信息可得： 张珊不在第二天值班 $\xrightarrow{②}$ 孔睿不在第一天值班→孔睿在第三天值班。 李思不在第二天值班 $\xrightarrow{③}$ 孙珊不在第三天值班→孙珊在第一天值班。 此时，可排除 B、C、D、E 四个选项，故 A 选项为正确答案。

17. 答案 D

题干信息	①孟荀与韩瑾同组； ②孔睿在第一天值班→张珊在第二天值班； ③孙珊在第三天值班→李思在第二天值班； ④张珊和孔睿在同一天值班； ⑤每人每 3 天值班一次，每天安排 2 人值班。
第一步	观察题干，发现本题属于没有确定信息的分组题，可使用第 11 招（假言串联，找矛盾）进行解题。
第二步	条件②④同时提到张珊和孔睿的信息，可优先考虑。假设孔睿在第一天值班，则张珊在第二天值班，此时张珊和孔睿不在同一天值班，与条件④矛盾，根据第 11 招（假言串联，找矛盾）可知：张珊和孔睿不能在第一天值班。 联合条件①④考虑题干的分组情况可得：⑥孙珊和李思在同一天值班。 联合条件③⑥可得：假设孙珊在第三天值班，则李思在第二天值班，与条件⑥矛盾，根据第 11 招（假言串联，找矛盾）可知：孙珊和李思不在第三天值班。故 D 选项为正确答案。

18. 答案 A

	解题步骤
第一步	观察题干特征，锁定技巧。问题中存在单件“P”表述的确定信息，故可采用第 6 招（“题干确定”一马当先）进行解题。
第二步	符号化题干条件： ①选音乐课→选艺术课∧不选舞蹈课；②选艺术课∨选舞蹈课→不选厨艺课； ③选健身课∨选厨艺课；④选音乐课（确定信息）。

（续）

解题步骤	
第三步	将确定信息④代入①中，并联合②③可得：选音乐课 $\xrightarrow{①}$ 选艺术课∧不选舞蹈课→选艺术课→选艺术课∨选舞蹈课 $\xrightarrow{②}$ 不选厨艺课 $\xrightarrow{③}$ 选健身课。
第四步	整理上述信息，要选的是音乐课、艺术课和健身课，故答案选 A。

19. 答案 C

题干信息	①每名演员只能试镜一个角色； ②李不试镜周朴园∨孙不试镜周朴园→周试镜周朴园∧赵试镜周朴园； ③赵不试镜蘩漪∨吴不试镜蘩漪∨郑不试镜蘩漪→周试镜周冲∧孙试镜蘩漪。
第一步	本题属于分组题型，由于题干和问题均无确定信息，而题干条件中存在“假言判断”表述，故可利用第 11 招（假言串联，找矛盾）。
第二步	由于问题问“可以得出哪项=一定真”，发现假言自身不矛盾，条件②和③有相同的话题，故考虑将假言串联寻找矛盾。
第三步	若李不试镜周朴园∨孙不试镜周朴园，联合①②③可推得：李不试镜周朴园∨孙不试镜周朴园 $\xrightarrow{②}$ 周试镜周朴园∧赵试镜周朴园 $\xrightarrow{①}$ 赵不试镜蘩漪→赵不试镜蘩漪∨吴不试镜蘩漪∨郑不试镜蘩漪 $\xrightarrow{③}$ 周试镜周冲∧孙试镜蘩漪。 根据上述推理链条可知，周既试镜周朴园又试镜周冲，与每名演员只能试镜一个角色矛盾，可知前提假，故李试镜周朴园∧孙试镜周朴园，比对选项，答案选 C。

20. 答案 A

21. 答案 C

题干信息	①选绿色→不选蓝色∧不选灰色； ②选蓝色→不选棕色∧不选黄色； ③选红色→选白色； ④选橙色→选黑色； ⑤选白色→不选黑色； ⑥红、橙、黄、绿、青、蓝、紫 7 种颜色中选择 4 种，从黑、白、灰、棕 4 种颜色中选择 2 种来作画。
第一步	由于第 20 题问题求解“可能真”，选项是确定、充分的，故可优先考虑第 7 招（选项代入排除）进行解题。
第二步	B 选项与④矛盾，C 选项与⑤矛盾，D 选项与⑥矛盾，E 选项与②矛盾，故第 20 题答案选 A。
第三步	由于第 21 题给出确定的附加条件，故可采用第 6 招（“题干确定”一马当先）进行解题。
第四步	将选蓝色代入①②中可推知：选蓝色 $\xrightarrow{①②}$ 不选棕色∧不选黄色∧不选绿色。 由③④⑤可得：选红色 $\xrightarrow{③}$ 选白色 $\xrightarrow{⑤}$ 不选黑色 $\xrightarrow{④}$ 不选橙色，即红色和橙色至少有 1 个不选。由于已经不选黄色和绿色，根据⑥可知剩下的青色和紫色都得选，故第 21 题答案选 C。

22. 答案 E

解题步骤	
第一步	观察题干特征，锁定技巧。题干条件均属于形式语言表达的不确定信息，而选项是确定的表述，故可优先采用“二难推理”或“假言串连，找矛盾”进行解题。
第二步	符号化题干条件： ①不用天蓝∨用铁青=用天蓝→用铁青（遇到相容选言条件时，可将“∨”变“→”）； ②用橙黄→不用天蓝； ③用铁青→用橙黄。
第三步	联合①②③可推得：用天蓝 $\xrightarrow{①}$ 用铁青 $\xrightarrow{③}$ 用橙黄 $\xrightarrow{②}$ 不用天蓝。 符合自相矛盾的结构，故可知“不用天蓝”为真，答案选 E。

23. 答案 C

题干信息	①赵队长：甲作案→乙作案=甲不作案∨乙作案。 ②钱副队长：甲作案→乙不作案=甲不作案∨乙不作案。 ③孙警员：丙作案→丁作案=丙不作案∨丁作案。 ④李警员：丁不作案→甲不作案∧乙不作案=丁作案∨（甲不作案∧乙不作案）。 真假情况：四个判断中一个为真，三个为假。
第一步	观察题干，发现本题是有确定真假个数的真话假话题目，并且题干信息均为形式逻辑语言，故可使用第 14 招（真话假话，找关系）进行解题。
第二步	根据题干的真假情况：一个为真，三个为假，故优先考虑找一组关系。
第三步	找关系：条件①②均提到甲和乙的情况，条件①和条件②为至少一真的关系，由于总共只有一真，故条件①和条件②一定一真一假。
第四步	做减法：一真三假减去一真一假，剩下③和④两个判断都为假。 将③和④的假话找矛盾转化为真话，推出事实可得： 由③孙警员说的话为假，找矛盾可得：丙作案∧丁不作案。 由④李警员说的话为假，找矛盾可得：丁不作案∧（甲作案∨乙作案）。 无法断定条件①和条件②的真假。 比对选项，C 选项为正确答案。

24. 答案 D

25. 答案 C

题干信息	①七位同学甲、乙、丙、丁、戊、己和庚排队买演唱会门票，这七位同学恰好或者来自一班或者是二班，且每个班不超过 4 人。 ②同班同学都互不相邻。 ③庚在 2 号位置（确定信息）。 ④戊身后至少有一位同班同学。 ⑤庚丙同班。 ⑥庚在丙之前→丙在 4 号位置。
第一步	观察题干，发现本题为有确定信息的排序题目，故可使用第 6 招（“题干确定”一马当先）进行解题。

（续）

第二步	根据条件①②可知：七位同学中一个班有3人，一个班有4人，且同班同学互不相邻，一个班的同学占据1、3、5、7四个奇数位置，另一个班的同学占据2、4、6三个偶数位置。
第三步	将条件③代入条件②⑤可得： 庚在2号位置 $\xrightarrow{②⑤}$ 丙在偶数位→庚在丙之前 $\xrightarrow{⑥}$ 丙在4号位置。
24题	发现问题问“戊可能的位置”，即存在具体的指向，故可优先考虑与“戊”相关条件，条件④与戊直接相关，故可从条件④入手。 戊身后至少有一位同班同学，说明戊不在6号位置，也不在7号位置，戊和庚不是同班，由第三步结论可知戊不在2号位置和4号位置。故答案为D。
25题	问题处给出附加信息“庚和戊的间隔数等于庚和甲的间隔数”，由于庚在2号位置，故甲和戊只能在1号位置和3号位置，但顺序不能确定。故可排除A、B、D三个选项。 由于丁可以在剩余的任意位置，故C选项为正确答案。

26. 答案 A

解题步骤	
第一步	观察题干特征，锁定技巧。观察题干和选项均为“直言判断”表述，并且存在互为矛盾的概念，故可优先采用第3招（“有的”串联）进行解题。
第二步	符号化题干条件： ①能干的管理人员→关心下属的福利； ②在满足个人需求方面不开明的管理人员→无法得到下属的支持； ③有的关心下属福利的管理人员⇒在满足个人需求方面很开明； ④有的得到下属支持的管理人员⇒不能干。
第三步	联合②④可得：⑤有的不能干的管理人员（S1）⇒得到下属支持（P1/S2）⇒在满足个人需求方面开明（P2）。
第四步	题干条件中含有“有的”，故优先寻找表述为“有的”，同时含有⑤中“首”“尾”的选项，即A和C。A选项=有的S1⇒P2，与⑤推理一致，一定为真。答案选A。

27. 答案 B

解题步骤		
第一步	观察题目特征，锁定技巧。问题要求“论证结构不相似”的选项作为正确答案，故可采用第5招（结构比较）进行解题。	
第二步	整理题干推理结构：P→Q，因为P，所以Q。	
第三步	分析选项，寻找与题干推理结构不一致的选项作为正确答案。	
选项	**解释**	**结果**
A	P→Q，因为P，所以Q。与题干推理一致。	淘汰
B	P→Q，因为¬P，所以¬Q。与题干推理不一致。	正确
C	P→Q，因为P，所以Q。与题干推理一致。	淘汰
D	P→Q，因为P，所以Q。与题干推理一致。	淘汰
E	P→Q，因为P，所以Q。与题干推理一致。	淘汰

28. 答案 B

题干信息	题干的推理关系无法串联，采用第 1 招（准确定位 P、Q）解题。 题干有两条逻辑关系： ①高管不参与→政策不成功=政策成功→高管参与； ②更多管理者参与∧告诉他们→政策更加有效。	
选项	**解释**	**结果**
A	否定了推理②的前件，什么都推不出，排除。	淘汰
B	政策成功→高管参与=政策不成功∨高管参与，是①的等价变化，为正确答案。	正确
C	肯定了推理①的后件，什么都推不出，排除。	淘汰
D	只是肯定了推理②前件的一部分，无法得出后面结论，排除。	淘汰
E	否定了推理①的前件，什么都推不出，排除。	淘汰

29. 答案 C

30. 答案 C

题干信息	①B 第三个上场（确定信息），B 与 C 上场顺序不相邻；②哈士奇第四个上场（确定信息）；③E 养贵宾，A 不养哈士奇（确定信息）；④边牧和哈士奇之间隔了 1 只狗。
第一步	本题属于“对应+排序”综合题型，由于题干存在确定信息，故可优先采用第 6 招（“题干确定”一马当先）进行解题。
第二步	根据①可知，由于 B 第三个上场且 B 和 C 的上场顺序不相邻，故 C 第一个上场或者 C 第五个上场。根据①②可知，哈士奇的主人不是 B，也不是 C，结合③进一步可知，哈士奇的主人不是 E，也不是 A，故根据剩余法可知，哈士奇的主人是 D。根据②④可知，由于哈士奇第四个上场，故边牧第二个上场。新得到的信息填入下表：（见下表一）
第三步	观察上一步得到的表格，结合③可知，E 只能第一个上场，或者第五个上场；联合①可得，“C 和 E 分别选择第一个或第五个中的一个上场”，根据剩余法可知，A 第二个上场，故第 29 题答案选 C。
第四步	根据③可知，E 养贵宾，联合上题得到的信息“C 和 E 分别选择第一个或第五个中的一个上场”，再结合第 30 题给出的附加条件“金毛第五个上场”可得，E 第一个上场，C 第五个上场。进一步可知，贵宾第一个上场，柴犬第三个上场，补全表格信息如下：（见下表二） 比对选项，第 30 题答案选 C。

表一：

上场顺序	1	2	3	4	5
主人			B	D	
宠物狗		边牧		哈士奇	

表二：

上场顺序	1	2	3	4	5
主人	E	A	B	D	C
宠物狗	贵宾	边牧	柴犬	哈士奇	金毛

逻辑模拟试卷（九）答案与解析

1	2	3	4	5	6	7	8	9	10
D	E	B	E	D	D	A	A	B	C
11	12	13	14	15	16	17	18	19	20
D	E	B	C	D	A	E	C	C	B
21	22	23	24	25	26	27	28	29	30
C	D	B	A	C	E	D	C	D	A

1. 答案 **D**

解题步骤		
第一步	观察题干特征，锁定技巧。题干大多为“假言判断”表述，而选项均为“假言判断”表述，题干条件无法有效串联，问题求解“一定真”，故可采用第1招（准确定位P、Q）进行解题。	
第二步	①携号转网（P1）→有利于消费者∧有利于优化市场结构（Q1）； ②携号转网（P2）→可以实现市场有效竞争∧可以提高消费者福利（Q2）； ③携号转网得不到贯彻落实（P3）→电信行业会形成寡头垄断的局面（Q3）； ④电信行业市场能更快更好地发展（P4）→关注消费者的真正需求（Q4）。	
第三步	由于题干既有肯定也有否定形式，无优选项，故需逐一验证选项。	
选项	**解释**	**结果**
A	选项＝Q2→Q1，由于①②无法串联，故选项无法得出。	淘汰
B	选项＝Q4→P4，肯定Q位，无法进行有效推理，故选项无法得出。	淘汰
C	选项＝Q1→Q2，由于①②无法串联，故选项无法得出。	淘汰
D	选项＝¬ Q3→¬ P3，与③互为逆否等价，一定为真。	**正确**
E	选项＝Q2→¬ Q1，由于①②无法串联，故选项无法得出。	淘汰

2. 答案 **E**

3. 答案 **B**

题干信息	①甲参加围棋社→乙参加篮球社∧丙参加网球社； ②甲不参加围棋社→丁参加足球社∧戊参加话剧社； ③丙参加篮球社∨已参加网球社； ④丁参加足球社→庚参加篮球社； ⑤每个人只能参加一个社团，并且每个社团只有一个人参加。
第一步	本题属于对应题型，题干中没有确定信息，虽然涉及“甲”“丙”和“丁”的信息均重复了2次，但无法联合重复信息得出确定的结论，故此时可考虑从重复的元素“甲”“丙”和“丁”入手进行假设，本题从涉及“甲”的信息入手，考生也可尝试从涉及“丙”和“丁”的信息入手解题。

（续）

第二步	若甲参加围棋社，联合①③⑤可推得：甲参加围棋社 $\xrightarrow{①}$ 乙参加篮球社∧丙参加网球社 $\xrightarrow{⑤}$ 丙不参加篮球社 $\xrightarrow{③}$ 己参加网球社。此时丙和己均参加网球社，与⑤矛盾，根据第 11 招（假言串联，找矛盾）可知，假设错误，甲不参加围棋社。
第三步	将“甲不参加围棋社”代入②中，并联合③④⑤进一步可推得：甲不参加围棋社 $\xrightarrow{②}$ 丁参加足球社∧戊参加话剧社→丁参加足球社 $\xrightarrow{④}$ 庚参加篮球社 $\xrightarrow{⑤}$ 丙不参加篮球社 $\xrightarrow{③}$ 己参加网球社。故第 2 题答案选 E。
第四步	整理上一步中得到的确定信息，即丁参加足球社、戊参加话剧社、庚参加篮球社、己参加网球社，又因为第 3 题给出附加条件“丙参加象棋社”，故根据⑤可知，剩余的甲和乙参加围棋社和排球社。由上一步可知，甲不参加围棋社，故甲参加排球社，乙参加围棋社，因此第 3 题答案选 B。

4. 答案 E

解题步骤	
第一步	观察题干特征，锁定技巧。题干和选项均为“假言判断”表述且题干条件无法有效串联，问题求解“一定真”，故可采用第 1 招（准确定位 P、Q）进行解题。
第二步	符号化题干条件： ①得到不该得到的得到（P1）→失去不该失去的失去（Q1）。 ②享受别人不能享受的享受（P2）→忍受别人不能忍受的忍受（Q2）。
第三步	题干表述为“两肯”，故优先考虑“两否”的结构，即优先考虑 A 选项。A 选项，从左向右推理时，没有得到不该得到的得到（即¬ P1），无须看后面内容，快速淘汰；由于选项中已没有“两否”的结构，此时可考虑“两肯”的结构，即 C 选项。C 选项，从右向左推理时，忍受别人不能忍受的忍受（即 Q2），无须看后面内容，快速淘汰。
第四步	由于符合“两否”和“两肯”结构的选项均被淘汰，此时只能逐一验证其他选项，即 B、D 和 E。

选项	解释	结果
B	选项 = Q1→P1，肯定 Q 位时，无法有效推理。	淘汰
D	由于①②无法串联，故选项得不出。	淘汰
E	选项 = ¬ P2∨Q2 = P2→Q2，与②推理一致，故一定为真。	正确

5. 答案 D

解题步骤	
第一步	观察题干特征，锁定技巧。题干均属于“假言判断”表述，选项大多为“假言判断表述”，题干条件无法有效串联，并且问题求解“除哪项外，一定为真”，故可第 1 招（准确定位 P、Q）进行解题。
第二步	符号化题干条件： 鼓励广大青年投身艺术事业中（P1）→是伟大的艺术家（Q1）∧懂得发现奇葩作品中的美（Q2）。

（续）

解题步骤	
第三步	由于问题求解“除哪项外，一定为真”，而题干表述为“两肯”，故优先寻找“一肯一否”的结构。观察选项发现，A 选项的表述为“两肯”，而 B 和 C 选项表述为“两否”，故此时可优先验证 D 和 E 选项。D=¬（Q1∧¬P1∧Q2）=¬Q1∨P1∨¬Q2=¬P1→¬Q1∨¬Q2，由于从左向右推理时，否定 P 位，无法进行有效推理，故 D 选项的真假无法判断，答案选 D。
第四步	考生若没有发现上述技巧，也可通过逐一验证，排除 A、B、C、E 一定真的选项。

选项	解释	结果
A	选项=P1→Q1，与题干推理一致，一定真，故排除。	淘汰
B	选项=¬Q1→¬P1，属于题干的逆否等价，与题干推理一致，一定真，故排除。（考生注意：题干 Q 位为：Q1∧Q2，且判断有一假即为假，故¬Q1 即可以满足否后）。	淘汰
C	选项=Q1∧¬Q2→¬P1，属于题干的逆否等价，与题干推理一致，一定真，故排除。（考生注意：题干 Q 位为 Q1∧Q2，且判断有一假即为假，故¬Q2 即可以满足否后）。	淘汰
E	选项=¬（Q1∧P1∧¬Q2）=¬Q1∨¬P1∨Q2=P1→¬Q1∨Q2，与题干推理一致，一定真，故排除（考生注意：根据题干满足 P 位肯前可得出 Q1∧Q2 位真，当 Q1∧Q2 位真时，可推出 Q2 为真，可推出选项¬Q1∨Q2 为真）。	淘汰

6. 答案 D

题干信息	根据结构词“因为”“所以”可确定此题为“因果关系”结构：老年人往往有血管硬化、狭窄（因）→老年人在血压高于 90/60 毫米汞柱的情况下，也会出现低血压症状（果）。采用第 17 招（特殊结构——因果关系）。	
选项	**解释**	**结果**
A	虽是“老年人因病服用降压药”引起低血压，但“病”也可能是由血管硬化、狭窄引起的，所以该项可能为支持。	淘汰
B	“动脉硬化”最终诱发体位性低血压，也建立了“血管硬化”与“低血压”关系，可支持。	淘汰
C	“血管壁弹性丧失”导致体质性低血压，也建立了“血管硬化”与“低血压”关系，可支持。	淘汰
D	无关选项。题干论述对象为“老年人”，而该项论述对象为“成年人”，而且进行了男女比较，与题干论证关系和论证结构无关。	正确
E	“老年高血压病人”，只要是老年人，往往有血管硬化、狭窄的问题，因此该选项依然体现了“血管硬化、狭窄”与“低血压”的关系，可以支持。	淘汰

7. 答案 A

解题步骤	
第一步	本题并未出现明显的论证结构指示词，所以可以考虑通过“事实→事实评价”的方式寻找论证结构，再根据“但是”锁定本题关键信息，得到论证关系：吸毒从来没有在大多数中产阶级分子和其他一些守法的美国人中成为一种被广泛接受的社会性的行为→吸毒和酗酒有本质区别。
第二步	解题预判：吸毒不被人接受，便得到吸毒和酗酒有本质区别。可采用第 15 招（梳理关系，紧盯概念）思路来保证吸毒和酗酒的差异确实存在，即酗酒被人认为可接受，迅速锁定 A 项。

（续）

解题步骤	
第三步	B 项、D 项既未提到吸毒，也未提到酗酒，与本题论证无关。 C 项，并未指出吸毒和酗酒的差异，显然不是题干论证的假设。 E 项，与本题论证无关。

8. 答案 **A**

题干信息	对话焦点题。解题重点要先明确两人的态度，再梳理双方的论证结构，找到差异。 王华：高铁上吸烟影响公众→在高铁等公共场所应当禁烟。 张丽：中国烟民数量世界第一→中国烟民本身就是公众→在高铁等公共场所不应当禁烟。
第一步	解题预判：通过分析两人论证结构可知，张丽对王华之所以反驳并得到截然不同的结论，是因为对于“公众”这个核心概念的界定与前者不同，所以选项必须从张丽认为的“公众”，即中国的烟民入手，指出张丽认为的“公众”并非真正的“公众”，秒选 A 项。
第二步	A 项指出了中国烟民虽绝对数量多，但所占比例并不高，所以不等于“公众”。 B、C、D、E 四项均未指出“公众”这个概念问题，并未切入二者分歧点。

9. 答案 **B**

题干信息	分析题干论证关系，采用第 17 招（特殊结构——方法可行）分析选项：（方法）通过观察处于不同生长阶段的许多棵树，植物学家就能拼凑出一棵树的生长过程→（目的）用这一方法对天文学的星团发展过程进行研究，研究其历史和过程。	
选项	解释	结果
A	保证方法可行，但是过度假设，没必要保证“都适用于其他领域”。	淘汰
B	必要假设，方法找得到。如果事实上天文学的发展并不具备对恒星聚集体的不同发展阶段进行研究的条件，那么就不可能基于对星团不同发展阶段的研究而对其总体的发展过程进行有效的研究，题干的方法便不可行。	正确
C	“有时不可能”，对此题论证构成了削弱。	淘汰
D	与题干论证无关。	淘汰
E	与题干论证无关。	淘汰

10. 答案 **C**

解题步骤	
第一步	评价题。先梳理两人的观点。 史密斯的观点是：执行死刑是可取的，因为它能够减少犯罪。 苏珊的观点是：执行死刑是否可取，首先不取决于是否能减少恶性犯罪，而是取决于一个国家或者社会是否有权利剥夺一个人的生命。
第二步	如果执行死刑可以减少恶性犯罪，则说明史密斯的观点所依赖的前提成立，史密斯的观点得到加强。由题干无法判断苏珊观点是否成立，所以苏珊的观点未受影响。C 项正确。

11. 答案 **D**

解题步骤	
第一步	观察题干特征，锁定技巧。问题要求寻找“与上面诗句最为相似”的选项作为答案，故可采用第 5 招（结构比较）进行解题。

（续）

解题步骤		
第二步	整理题干推理结构：P→Q，因为¬ P，所以¬ Q。	
第三步	分析选项，寻找与题干推理结构一致的选项作为正确答案。	
选项	**解释**	**结果**
A	选项 = P1→Q1。P2→Q2。与题干推理不一致。	淘汰
B	选项 = P→Q，所以¬ P，与题干推理不一致。	淘汰
C	选项不属于假言判断表述，故与题干推理不一致。	淘汰
D	选项 = P→Q，因为¬ P，所以¬ Q，与题干推理一致。	**正确**
E	选项 = P→Q，因为¬ Q，所以¬ P，与题干推理不一致。	淘汰

12. 答案 E

题干信息	①甲去上海→乙去成都∧丙去南京； ②甲不去上海→丁去西安∧戊去深圳； ③丙去成都∨己去南京； ④丁去西安→庚去成都； ⑤边界条件：每个人只去一个城市考察，每个城市只考察一次。
第一步	观察题干，发现本题属于没有确定信息的对应题目，由于题干信息均为假言判断，并且首尾存在重复或矛盾，故可将假言判断串联后，通过假设法进行解题。
第二步	联合条件①③⑤可得： 甲去上海 $\xrightarrow{①}$ 乙去成都∧丙去南京 $\xrightarrow{⑤}$ 丙不去成都 $\xrightarrow{③}$ 己去南京。 此时，若甲去上海，可推出“丙去南京和己去南京”，与⑤矛盾，故假设错误，可得甲不去上海。此处思路可参考第 11 招（假言串联，找矛盾）。
第三步	将“甲不去上海”代入题干信息可得： 甲不去上海 $\xrightarrow{②}$ 丁去西安∧戊去深圳→丁去西安 $\xrightarrow{④}$ 庚去成都（丙不去成都）$\xrightarrow{③}$ 己去南京。 整理推理结果：丁去西安、戊去深圳、庚去成都、己去南京。 比对选项，E 选项为正确答案。

13. 答案 B

题干信息	①甲去上海→乙去成都∧丙去南京。 ②甲不去上海→丁去西安∧戊去深圳。 ③丙去成都∨己去南京。 ④丁去西安→庚去成都。 ⑤边界条件：每个人只去一个城市考察，每个城市只考察一次。 ⑥丙去北京（确定信息）。
第一步	观察题干，发现本题属于有确定信息的对应题目，故可通过第 6 招（“题干确定”一马当先）进行解题。
第二步	由于丙、丁、戊、己、庚均已确定分配的城市，根据排除剩余法可知甲和乙分别去上海和广州，结合上一题的推理结果“甲不去上海”，可得：乙去上海，甲去广州。B 选项为正确答案。

14. 答案 C

题干信息

①杀手飞鹰的体型比杀手戊强壮。
②杀手丁是杀手白猴、杀手黑狗的前辈。
③杀手乙总是和杀手白猴和黑狗互认为是知音，从未闹过矛盾。
④杀手丁香和杀手飞鹰是杀手甲的徒弟。
⑤杀手白猴的枪法远比杀手甲、杀手戊的准。
⑥杀手雪豹和杀手丁香都曾与杀手戊有过过节。

第一步

观察题干，发现本题属于对应题，由于题干信息涉及“人物”“代号”两类事物的对应关系，信息较为抽象、复杂，故可考虑将抽象的关系具体化，采用列表法进行解题。

第二步

根据题干信息可知：
飞鹰不是戊；丁不是白猴和黑狗；乙不是白猴和黑狗；丁香不是甲，飞鹰也不是甲；甲和戊都不是白猴；戊不是雪豹也不是丁香。
将上述信息填入表格并补全如下：

	甲	乙	丙	丁	戊
飞鹰	×		×		×
白猴	×	×	√	×	×
黑狗	×	×	×	×	√
雪豹	√	×	×	×	×
丁香	×		×		×

第三步

根据表格，联合条件③⑥可知：丁香一定不是乙，填入表格并补全如下：

	甲	乙	丙	丁	戊
飞鹰	×	√	×	×	×
白猴	×	×	√	×	×
黑狗	×	×	×	×	√
雪豹	√	×	×	×	×
丁香	×	×	×	√	×

比对选项，C 选项为正确答案。

15. 答案 D

解题步骤

第一步

观察题目特征，锁定技巧。题干和选项大多为“直言判断”表述，并且存在重复的概念，故可优先采用第 3 招（“有的”串联）进行解题。

第二步

将题干信息符号化为：
①参加游泳的中学生→参加足球；
②参加足球的中学生→体力和耐力水平一流；
③有的马拉松爱好者⇒参加足球的中学生；
④马拉松爱好者→爱运动的阳光男孩。

第三步

先串联含“所有”的条件，故联合①②可得：
⑤参加游泳→参加足球→体力和耐力水平一流。
再联合“所有+有的”，可先联合条件②③可得：
⑥有的马拉松爱好者⇒参加足球的中学生⇒体力和耐力水平一流。
再将条件⑥换位后，联合条件④可得：
⑦体力和耐力水平一流的中学生⇒参加足球的中学生⇒马拉松爱好者⇒爱运动的阳光男孩。

（续）

	解题步骤
第四步	寻找直言判断的矛盾，即寻找“有的 S⇒¬ P”或者“S→¬ P”，基于联合得出的结论⑤和⑦，此时可优先考虑含有“首”“尾”的选项，同时符合“S”和“¬ P”的选项，即优先验证 D 选项，观察选项可知，D 选项＝体力和耐力水平一流的中学生→不是爱运动的阳光男孩，与⑦互为矛盾关系，故一定为假，答案选 D。

16. 答案 A

题干信息	削弱题。先根据结构词“这说明”梳理本题论证关系：①当今人类的寿命和健康水平比以往高；②当代人的肥胖者比例比以往高→控制体重对于当今延长寿命和提高健康水平并不必要。	
解题预判	题干根据两个同时发生的现象“寿命和健康水平比以往高”“肥胖者比例比以往高”便得到“控制体重对于当今延长寿命和提高健康水平并“不必要”。削弱思路为指出“有必要”，并建立“控制体重”和“延长寿命、提高健康水平”的关系即可。可以迅速锁定 A 项。	
选项	**解释**	**结果**
A	说明“降低肥胖者比例可以延长平均预期寿命”，建立了关系，说明“有必要”，为正确选项。	正确
B	论证对象为“以往年代”，与题干论证对象不一致。况且，“可能”力度较弱。	淘汰
C	无关项。选项指出的是“肥胖者比例低的原因”，与题干论证无关。	淘汰
D	“人口总量”与题干论证无关。考生注意：“人口总量多”≠“预期寿命长”。	淘汰
E	与题干论证无关。	淘汰

17. 答案 E

题干信息	解释矛盾题，先根据“但”找到此题矛盾点。 矛盾点 1：新的高仿合成皮草用于家居制造并获得广泛的好评。 矛盾点 2：各地为获取皮毛而对珍稀动物进行捕杀的活动并没有减少。	
解题预判	解释矛盾题型往往需要“引入第三要素”来化解矛盾。对于此题来说，最好的解释就是引入家居饰品以外的其他对珍稀动物皮毛的需求，来化解题干矛盾。迅速锁定 E 选项，E 选项指出了“绝大多数珍稀动物皮毛用在了皮草服饰上（引入第三要素）”，恰恰是这个需求导致的捕杀活动没有减少，可以解释。	
选项	**解释**	**结果**
A	做法遭到“抗议”，与此题矛盾点无关。	淘汰
B	家居饰品是否作为赠品免费赠给购买者，与此题矛盾点无关。	淘汰
C	选项重点说的是“成本”，与珍稀动物的捕杀为何没有减少无关。	淘汰
D	质地相似，很难区分，支持了矛盾点 1，无法化解矛盾。	淘汰
E	绝大多数珍惜动物皮毛用在了皮草服饰上（引入第三要素），说明可能恰恰是这个需求导致的捕杀活动没有减少，可以解释。	正确

18. 答案 C

题干信息	先梳理本题论证关系。“不削果皮，有杀虫剂残余物；削果皮，损失维生素”→最终建议不削果皮。采用第 15 招（梳理关系，紧盯概念）分析不削果皮与削果皮之间的利弊。

（续）

解题预判	两种做法都有利有弊，最终建议不削果皮，即认为补充的维生素的益处大于了杀虫剂残余物的危害。要削弱，只需反过来，指出皮果皮上杀虫剂残余物的危害超过了维生素的益处即可，迅速锁定 C 项。	
选项	**解释**	**结果**
A	可削弱，但力度弱。杀虫剂残余物不能被洗掉，说明还是会带来危害，但其带来危害与维生素带来益处相比如何？未明确提到，削弱力度弱。	淘汰
B	可削弱，但力度弱。“不能被人体充分消化吸收”≠“不被人吸收”，只要有部分被人体吸收，就说明该建议对人有益处。	淘汰
C	直接说明此举“害处大于益处”，从而说明该建议对人体有害，且态度明确，力度较强。	正确
D	支持。若果皮上杀虫剂残余物数量少，不会对人体带来危害，更加说明“不削果皮”可行。	淘汰
E	“维生素可不可以用人工方式合成”与“该建议能否对人体健康有益”无关。况且，“可能”本身力度较弱。	淘汰

19. 答案 C

题干信息	削弱题。根据结构词“由于”初步梳理论证结构：受烟熏是房屋火灾最通常的致命因素→安装声音感应报警器来替代烟雾探测器将使房屋火灾不再是导致死亡的主要原因。可采用第 17 招（特殊结构——方法可行）分析选项。 论证结构：安装声音感应报警器来替代烟雾探测器（方法）→避免烟熏（目的）。	
选项	**解释**	**结果**
A	该选项论述的是“成本”，与能否“避免烟熏”无关。	淘汰
B	无关项。题干所论述的声音报警器是探测房屋建筑材料在高温还未燃烧时发出的声音，而该项说的是“完全燃烧”时的声音，与题干论证无关。	淘汰
C	室内火灾往往开始于床垫和坐垫，会产生烟雾却不发出声音，那也就说明，在这些情况下烟雾报警器可以发出警报但声音报警器不行，如果取代，无法避免烟熏。可以削弱。	正确
D	支持项。存在需要多个报警器达到足够保护的目的情况，讨论的是量的问题，而且多个报警器能达到足够保护的目的说明声音报警器确实可以起到效果。	淘汰
E	无关项。题干讨论的是声音探测器替代烟雾探测器后能否避免烟熏，拯救生命。	淘汰

20. 答案 B

题干信息	削弱题。现根据“因此”梳理论证结构。 论证关系：让患儿停止进食母乳而改用牛乳，神经性皮炎未消失→神经性皮炎不是母乳过敏引起，而是别的原因引起的。采用第 17 招（特殊结构——因果关系）。
解题预判	将母乳换为牛乳，皮炎没消失就能说明不是母乳过敏引起的，而是别的原因引起的神经性皮炎吗？注意，换为牛乳之前，患儿已经进食过母乳了。如果母乳所引起的皮炎症状一旦有了就很难治愈的话，那么即便换为牛乳后症状没有消失，我们依然无法否认“母乳过敏”与“神经性皮炎”的关系，因此可迅速锁定 B 项。

（续）

选项	解释	结果
A	该项支持了此题结论“别的原因引起小儿神经性皮炎”，且“有时”力度较弱。	淘汰
B	“小儿神经性皮炎属顽症，一旦发生，很难在短期内治愈”说明之所以换为牛乳后皮炎症状未消失，是因为症状只要发生，很难短期治愈，这还是母乳喂养所导致的结果。该项说明并不是别的原因引起的神经性皮炎，削弱了题干论证。	正确
C	支持项。该项说明了遗传对神经性皮炎的影响，支持了此题结论“别的原因引起小儿神经性皮炎”。	淘汰
D	无关项。是否容易被“吸收”与题干论证无关。	淘汰
E	支持项。该项说明了过敏体质对神经性皮炎的影响，支持了题干结论“别的原因引起小儿神经性皮炎”。	淘汰

21. 答案 **C**

题干信息	支持题。基于上题所分析的论证关系，可迅速确定本题的解题重点。采用第 17 招（特殊结构——因果关系）。	
解题预判	题干结论为“神经性皮炎不是母乳过敏引起，而是别的原因引起的”，要对题干结论进行支持，只需要进一步割裂“母乳”和“神经性皮炎”的关系即可，由此可以迅速锁定 C 项。	
选项	解释	结果
A	无关项。题干目的在于割裂“母乳”与“神经性皮炎”的关系，是否为婴儿“最理想食料”，与题干论证无关。	淘汰
B	首先，“医学不能揭示”不代表事实上不是母乳导致的神经性皮炎。况且，该项指出的只是“不能揭示病理机制”，不等于否定“母乳”与“神经性皮炎”的关系。	淘汰
C	“有小儿神经性皮炎的患儿从未进食过母乳”，以“无因有果”的方式割裂了“母乳”与“神经性皮炎”的关系，可以对题干结论进行支持。	正确
D	无关项。该项指出的是“母乳过敏”与“突发性窒息”的关系，与题干论证无关。	淘汰
E	无关项。“小儿神经性皮炎的患儿并没有表现出对母乳的拒斥”无法说明“是否是母乳导致了神经性皮炎”。	淘汰

22. 答案 **D**

题干信息	支持题。此题依据实验结果（事实）得到了事实评价，且事实评价为明显的因果关系。因此本题可采用第 17 招（特殊结构——因果关系）分析选项。 因果关系：玩电脑游戏（因）→大脑中的“腹侧纹状体”更大（果）。	
选项	解释	结果
A	无关项。该项指出的是“腹侧纹状体”的作用，与题干因果无关。	淘汰
B	无关项。该项指出的是长期玩游戏对儿童产生的影响，与题干因果无关。	淘汰
C	无关项。该项指出的是“追求新鲜与未知”对人“进化”的影响，与题干因果无关。	淘汰
D	“因果不倒置”的支持。该项指出了“大脑结构不同（果）不会导致部分人更喜欢玩电脑游戏（因）。”	正确
E	该项指出的是开发智力的方式，与题干因果关系无关。	淘汰

23. 答案 B

题干信息	解释矛盾题。先找到本题要解释的矛盾点。 矛盾点 1：国家降低药价的政策不断出台。 矛盾点 2：诸多常用药价格不断上涨。	
解题预判	解释矛盾题型，通常需要引入两个矛盾点之外的第三要素来化解矛盾。 即：虽然国家始终出台降低药价的政策，但是有别的原因导致了常用药价格不断上涨。	
选项	**解释**	**结果**
A	该项中提到的"价格上涨的药品占少数""整体药品价格在下降"，无法解释"诸多常用药价格上涨"。	淘汰
B	选项引入了他因化解题干矛盾，紧扣限定词"绝大多数"，可知"进口药"几乎可以等同"常用药"，由于国内的相关政策无法控制"进口药"价格的上涨，进而国内的相关政策也无法控制"常用药"的价格，是很好的解释。	**正确**
C	降低药价的政策所产生的作用需要经过一段时间才能显现出来，该项只能解释为何药品价格短期没有下降，却无法解释诸多常用药为何价格不断上涨。	淘汰
D	无法解释。该项说明的是降低药价的政策是通过什么方法控制药价上涨的，但依然无法解释为何常用药价格不断上涨。	淘汰
E	该项依然无法说明为何常用药价格会不断上涨。	淘汰

24. 答案 A

题干信息	①甲说 B>C。 ②乙说 A<C。 ③丙说 A<B。 ④教练的话为假，即甲、乙、丙三人中至少有两人说假话。
第一步	观察题干，发现本题属于没有确定真假个数的真话假话题目，由于选项为"确定+穷举所有可能"，同时问题求解"可能真"，故可优先使用第 7 招（选项代入排除），优先考虑"下代上"进行解题。
第二步	A 项：代入可知甲是真的，乙是假的，丙是假的，符合题干条件，为正确答案。

25. 答案 C

	解题步骤
第一步	题干信息涉及"汉字"与"位置"之间的对应关系，属于"数独对应"模型，题目中虽没有给出确定信息，但可利用第 9 招（剩余思想，将不确定转确定），结合边界条件"每行每列的汉字不能重复也不能遗漏"，将不确定的信息转化为确定信息。
第二步	观察题干表格，结合边界条件可推知：第 1 行第 1 列不能填入"师""高""名""徒"，此时根据剩余法可知，第 1 行第 1 列应填入"出"；第 1 行第 4 列不能填入"高""名""徒""出"，故根据剩余法可知，第 1 行第 4 列应填入"师"；同理可知，第 5 行第 4 列应填入"名"，第 4 行第 4 列应填入"高"，整理可得，第 2 行第 4 列应填入"出"，故答案选 C。

26. 答案 E

	解题步骤
第一步	观察题干特征，锁定技巧。问题要求寻找"推理最为相似"的选项作为答案，故可采用第 5 招（结构比较）进行解题。

（续）

解题步骤		
第二步	整理题干推理结构：有的 A⇒B，所有 C→B。因此，有的 A⇒C。	
第三步	分析选项，寻找与题干推理一致的选项作为正确答案。	
选项	**解释**	**结果**
A	选项＝有的 A⇒B，所有 C→¬ B。因此，有的 A⇒¬ C。与题干推理结构不一致。	淘汰
B	选项＝有的 A⇒B，这个 C→A。因此，这个 C→B。与题干推理结构不一致。	淘汰
C	选项＝有的 A⇒B，所有 A→C。因此，有的 C⇒B。与题干推理结构不一致。	淘汰
D	选项＝有的 A⇒B，所有 C→A。因此，有的 C⇒B。与题干推理结构不一致。	淘汰
E	选项＝有的 A⇒B，所有 C→B。因此，有的 A⇒C。与题干推理结构一致。	**正确**

27. 答案 D

解题步骤	
第一步	观察题干特征，锁定技巧。题干和选项均为“假言判断”表述，并且存在相同的概念，故可优先采用第 2 招（串联递推）进行解题。
第二步	符号化题干条件： ①为经济发展注入更多活力与动力→持续释放消费潜力。 ②持续释放消费潜力→继续深化供给侧结构性改革∧加快收入分配改革。
第三步	联合①②可得：为经济发展注入更多活力与动力（P1）$\xrightarrow{①}$持续释放消费潜力（Q1/P2）$\xrightarrow{②}$继续深化供给侧结构性改革（Q2）∧加快收入分配改革（Q3）。
第四步	优先验证含有“首”和“尾”的选项，即优先验证 A 和 D。A 选项，从右向左推理时，深化供给侧结构性改革（即 Q2），由于 Q2 为真时，无法判断“Q2∧Q3”的真假，故 A 选项得不出。D 选项＝P1→Q3，与题干推理一致，故一定为真，答案选 D。

28. 答案 C

题干信息	①7 人中只有 6 人入选（剩余 1 个人不选）； ②甲、乙、丙三人至多入选两人（至少剩余 1 个人不选）； ③丙入选∧丁入选→戊不选∨庚不入选。
第一步	本题属于分组题型，由于题干条件均涉及“选”和“剩”，故可优先考虑第 9 招（剩余思想，将不确定转确定），利用剩余法进行解题。
第二步	根据①可知，7 人中选 6 人，说明“剩余 1 人不选”；再结合②可推知，甲、乙和丙三人中有 2 人入选，有 1 人不入选，也就说不入选的人只能是甲、乙、丙三人中的一个，进而可知：丁、戊、已和庚都入选。
第三步	将“戊和庚都要入选”代入③中可推得“丙不入选∨丁不入选”，而由上步可知丁入选，故可得丙不入选，因此答案选 C。

29. 答案 D

30. 答案 A

题干信息

①甲或乙入选最佳管理或最佳客服→乙、丙入选的都是最佳管理和最佳客服。
②乙或丁入选最佳管理或最佳营销→乙、丁、戊入选的均是最佳销售和最佳客服。
③丁入选最佳销售或最佳头脑→甲、己入选的均在最佳销售、最佳管理和最佳头脑之中。
④边界条件：6 个团队均有 2 个员工入选不同门类的奖项，且每个门类的奖项有 2~3 个员工入选。

第一步

观察题干，发现本题属于没有确定信息的多对多的二维对应题目，由于题干信息均为假言判断，并且题干信息中存在重复的内容，故可通过假言判断之间的关系进行解题。

第二步

联合①②可推得：甲或乙入选最佳管理或最佳客服 $\xrightarrow{\text{①}}$ 乙、丙入选的都是最佳管理和最佳客服→乙、丁、戊入选的不均是最佳销售和最佳客服 $\xrightarrow{\text{②}}$ 乙和丁均不入选最佳管理，也均不入选最佳营销。

观察上述推理，由“甲或乙入选最佳管理或最佳客服”，同时推出了“乙入选最佳管理”和“乙不入选最佳管理”，故甲和乙既不入选最佳管理，也不入选最佳客服。此处思路可参考第 11 招（假言串联，找矛盾）。

第三步

同理，联合②①可推得：乙或丁入选最佳管理或最佳营销 $\xrightarrow{\text{②}}$ 乙、丁、戊入选的均是最佳销售和最佳客服→乙和丙入选的不都是最佳管理和最佳客服 $\xrightarrow{\text{①}}$ 甲和乙均不入选最佳管理，也均不入选最佳客服。

观察上述推理，由“乙或丁入选最佳管理或最佳营销”，同时推出了“乙入选最佳客服”和“乙不入选最佳客服”，故乙和丁既不入选最佳管理，也不入选最佳营销。此处思路可参考第 11 招（假言串联，找矛盾）。

第四步

将上述得到的信息填入表格，并根据表格的“√”“×”限制进一步推理如下：

	最佳销售	最佳管理	最佳营销	最佳头脑	最佳客服
甲		×			×
乙	√	×	×	√	×
丙					
丁		×	×		
戊					
己					

（每行 2√3×，每列 2~3√）

（续）

<table>
<tr><td>第五步</td><td>
观察上述表格，联合④可知，丁需在“最佳销售、最佳头脑和最佳客服”中入选 2 个，也即丁一定入选了“最佳销售和最佳头脑”中的一个，故结合③可知，甲、己入选的均在最佳销售、最佳管理和最佳头脑之中，将该信息填入上述表格中，并根据表格的“√”“×”限制进一步推理如下：
<table>
<tr><th></th><th>最佳销售</th><th>最佳管理</th><th>最佳营销</th><th>最佳头脑</th><th>最佳客服</th></tr>
<tr><td>甲</td><td>√</td><td>×</td><td>×</td><td>√</td><td>×</td></tr>
<tr><td>乙</td><td>√</td><td>×</td><td>×</td><td>√</td><td>×</td></tr>
<tr><td>丙</td><td></td><td></td><td>√</td><td></td><td></td></tr>
<tr><td>丁</td><td></td><td>×</td><td>×</td><td></td><td></td></tr>
<tr><td>戊</td><td></td><td></td><td>√</td><td></td><td></td></tr>
<tr><td>己</td><td></td><td></td><td>×</td><td></td><td>×</td></tr>
</table>
（每行 2√3×，每列 2～3√）
观察上述表格可知，戊入选最佳营销，故第 29 题答案选 D。
</td></tr>
<tr><td>第六步</td><td>
将第 30 题给出的确定信息“己入选最佳头脑”填入上述表格，并根据表格的“√”“×”限制进一步推理如下：
<table>
<tr><th></th><th>最佳销售</th><th>最佳管理</th><th>最佳营销</th><th>最佳头脑</th><th>最佳客服</th></tr>
<tr><td>甲</td><td>√</td><td>×</td><td>×</td><td>√</td><td>×</td></tr>
<tr><td>乙</td><td>√</td><td>×</td><td>×</td><td>√</td><td>×</td></tr>
<tr><td>丙</td><td>×</td><td></td><td>√</td><td>×</td><td></td></tr>
<tr><td>丁</td><td>√</td><td>×</td><td>×</td><td>×</td><td>√</td></tr>
<tr><td>戊</td><td>×</td><td></td><td>√</td><td>×</td><td></td></tr>
<tr><td>己</td><td>×</td><td>√</td><td>×</td><td>√</td><td>×</td></tr>
</table>
（每行 2√3×，每列 2～3√）
观察上述表格可知，己入选最佳管理，故第 30 题答案选 A。
</td></tr>
</table>

逻辑模拟试卷（十）答案与解析

1	2	3	4	5	6	7	8	9	10
E	D	C	E	A	C	C	D	E	B
11	12	13	14	15	16	17	18	19	20
E	E	E	D	C	D	E	C	D	E
21	22	23	24	25	26	27	28	29	30
A	D	A	D	B	B	A	E	A	E

1. 答案 E

解题步骤	
第一步	分析题干。军事专家认为歼-10 战斗机在未来仍是我国空军重要力量，主要依据其优异性能。
第二步	解题预判：本题采用第 16 招（把握态度，速选速行）分析选项。选项 E 指出歼-10 经过技术改进，航电和武器系统适应现代作战环境需求，直接支持了专家观点，说明其性能能满足未来作战要求。
第三步	选项 A、C、D 虽涉及歼-10 的特点或作战需求，但与专家观点的直接关联性不如 E 强，选项 B 则暗示了歼-10 面临的技术挑战，与专家观点相悖。

2. 答案 D

题干信息	①选“清水源”→不选“云天化”； ②选“诚邦股份”→不选择“双良节能”； ③选“延华智能”→选“德业股份”； ④7 只股票中选择 4 只。
第一步	本题属于分组题型，从 7 只股票中选择 4 只，即剩 3 只。由于题干条件均涉及“选”和“剩”，故可优先采用第 9 招（剩余思想，将不确定转确定）进行解题。
第二步	由①可知，不选“清水源”∨不选“云天化”，即“清水源”和“云天化”至少剩 1 只；由②可知，不选“诚邦股份”∨不选“双良节能”，即“诚邦股份”和“双良节能”至少剩 1 只；由③可推得，若不选“德业股份”，则也不能选“延华智能”，此时至少剩 4 只，与④矛盾，故“德业股份”一定被选择，答案选 D。

3. 答案 C

解题步骤	
第一步	观察题干特征，锁定技巧。题干条件均属于形式语言表达的不确定信息，并且选项大多为确定的表述，故可优先采用“两难推理”进行解题。
第二步	符号化题干条件： ①小王不吃披萨→小李吃炒面； ②小张吃汉堡→小王不吃披萨； ③小李吃炒面→小赵不吃鸡排饭； ④小张吃汉堡→小赵吃鸡排饭。

（续）

解题步骤	
第三步	联合①②③④可推得：小张吃汉堡 $\xrightarrow{②}$ 小王不吃披萨 $\xrightarrow{①}$ 小李吃炒面 $\xrightarrow{③}$ 小赵不吃鸡排饭 $\xrightarrow{④}$ 小张不吃汉堡。
第四步	观察上述推理链条发现，若小张吃汉堡，则推出了小张不吃汉堡，符合自相矛盾的结构，故可知“小张不吃汉堡”为真，因此答案选 C。

4. 答案 E

题干信息	①某位居民本周休息→下一周是监督员。 ②某位居民出省游玩→下一周不是监督员。 ③赵是监督员→钱不是监督员∧孙不是监督员。 ④李是监督员→钱是监督员。 ⑤监督员每周安排一名∨两名。 ⑥钱不是监督员（确定信息）。
第一步	观察题干，发现本题是有确定信息的分组题，故可使用第 6 招（“题干确定”一马当先）进行解题。
第二步	将条件⑥代入题干信息可得： 钱不是监督员 $\xrightarrow{④}$ 李不是监督员 $\xrightarrow{⑤}$ 赵和孙至少有一名是监督员。 观察选项，发现 E 选项与推理出的结论矛盾，故 E 选项为正确答案。

5. 答案 A

解题步骤	
第一步	观察题目特征，锁定技巧。题干和选项均为“假言判断”表述，并且存在重复的概念，故可优先采用第 2 招（串联递推）进行解题。
第二步	符号化题干信息： ①有节目获得连续两次以上的谢幕→成功的音乐演出； ②成功的音乐演出→台下有具备专业欣赏水平的听众； ③台下有具备专业欣赏水平的听众→了解自己的音乐功底。
第三步	串联得出：④有节目获得连续两次以上的谢幕（P1）$\xrightarrow{①}$ 成功的音乐演出（Q1/P2）$\xrightarrow{②}$ 台下有具备专业欣赏水平的听众（Q2/P3）$\xrightarrow{③}$ 了解自己的音乐功底（Q3）
第四步	优先验证含有“首”和“尾”的选项，即优先验证 C 选项。 C 选项从左向右推理时，听众中有人了解自己的音乐功底（即 Q3），无须看后面内容，快速淘汰。 由于其余选项均不是含有“首”和“尾”概念的选项，故需依次验证。 A 选项 =¬ Q2→¬ P1，与信息④逆否等价，故一定为真，为正确答案。

6. 答案 C

解题步骤	
第一步	观察题目特征，锁定技巧。问题中存在单件“P”表述的确定信息，故可采用第 6 招（“题干确定”一马当先）进行解题。
第二步	整理题干条件： ①种梭梭∨种柠条； ②种梭梭→不种沙拐枣∧不种胡杨； ③不种胡杨→不种红柳∨不种花棒； ④不种柠条→种花棒； ⑤种胡杨（确定信息）。
第三步	将确定信息⑤代入条件①②中，可得： 种胡杨 $\xrightarrow{②}$ 不种梭梭 $\xrightarrow{①}$ 种柠条。 比对选项，C 选项一定为假，故 C 选项为正确答案。

7. 答案 C

题干信息	①（甲）□□（乙）；②丙只在偶数点位；③丁、庚<甲、丙。
第一步	观察题干，发现本题属于排序题，由于问题问“可能真”，并且观察选项属于“确定+穷举所有的可能”，故可使用第 7 招（选项代入排除），利用“上代下”，进行解题。
第二步	由①可排除 E 选项，由②可排除 D 选项，由③可排除 A、B 选项，故 C 选项为正确答案。

8. 答案 D

<table>
<tr><td>题干信息</td><td>①（甲）□□（乙）；
②丙只在偶数点位；
③丁、庚<甲、丙；
④丁在 1 号点位，庚在 3 号点位。（确定信息）</td></tr>
<tr><td>第一步</td><td>观察题干，发现本题属于排序题，由于问题处给出的附加条件为确定信息，但确定信息无法直接代入题干进行推理，故可使用“分情况讨论”进行解题。</td></tr>
<tr><td>第二步</td><td>此时联合条件①③④可知，甲、乙存在以下两种可能：
情况Ⅰ：甲在 5 号点位，乙在 2 号点位。
情况Ⅱ：甲和乙在 4 号点位和 7 号点位，但甲、乙位置不确定。
（注：若甲在 2 号点位，则与条件③矛盾，因此甲乙在 2、5 号点位时，位置确定：甲在 5 号点位，乙在 2 号点位）</td></tr>
<tr><td>第三步</td><td>将以上两种可能逐个分析如下。由于直接分析题干信息较为复杂，故可使用列表法辅助进行解题。
情况Ⅰ：甲在 5 号点位，乙在 2 号点位：
将确定信息填入表格如下：
<table>
<tr><td>1</td><td>2</td><td>3</td><td>4</td><td>5</td><td>6</td><td>7</td></tr>
<tr><td>丁</td><td>乙</td><td>庚</td><td></td><td>甲</td><td></td><td></td></tr>
</table>
根据表格联合条件②③可得：丙的位置存在 2 种情况，剩余的戊、己为 2 种情况，此时可能性为 4 种。</td></tr>
</table>

（续）

第三步	情况Ⅱ：甲和乙在 4 号点位和 7 号点位，但甲、乙位置不确定。 根据条件②③得知：丙只能在 6 号点位。 将确定信息填入表格如下： 1：丁；2：（空）；3：庚；4：乙（甲）；5：（空）；6：丙；7：甲（乙） 观察表格，此时不确定位置的为甲、乙和戊、己。 此时甲和乙有 2 种情况，戊、己有 2 种情况，此时可能性为 4 种。
第四步	综上可得，总可能性为 4+4=8 种，D 选项为正确答案。

1	2	3	4	5	6	7
丁		庚	乙（甲）		丙	甲（乙）

9. 答案 E

解题步骤	
第一步	根据“因此”“所以”梳理本题论证结构：新手术比传统手术有优势，病人强烈要求→不再需要传统手术的培训。观察选项，可采用第 16 招（把握态度，速选速行）分析。
第二步	解题预判：题干出现“因为某些原因认为不再需要”，正确选项往往会构造“因为其他原因而依然需要”，即传统的切除盲肠手术的培训基于某些别的原因依然是必要的。

选项	解释	结果
A	指出了最新的盲肠切除手术的“优”，支持了题干的态度，排除。	淘汰
B	该项论证主体与题干不一致，题干论证的是“盲肠切除手术”。	淘汰
C	与题干论证完全无关。	淘汰
D	“落后的手术技术不是手术培训任务的一部分”，支持了题干的态度，排除。	淘汰
E	卡准了本题核心词“传统盲肠切除方法”，并且表达了“没它……不行”的必要性，与题干态度相反，为正确选项。	**正确**

10. 答案 B

题干信息	张教授：收益不足以补偿由此带来生态破坏的风险→建设新油井的计划不足取。 李研究员：新建的防护林不能在一夜之间消灭北京的沙尘暴→不能反对实施防护林计划。 李研究员意图构造一个与张教授类似的论证来反驳其论证，但却并未谈到防护林的副作用及应对。

选项	解释	结果
A	李研究员试图反驳张教授的观点，并没有为了支持张教授观点而提出更有力论据。	淘汰
B	与题干最为相符。	**正确**
C	张教授并没有得到一般性结论，只是在论述建设新油井的具体问题。	淘汰
D	题干并没有出现关键性概念，也不存在混淆概念的问题，排除。	淘汰
E	李研究员并没有针对张教授 0.1%的数量增加进行质疑，而是构造了一个类似的论证。而且，0.1%这个数据本身是否正确，题干也并未提及。	淘汰

11. 答案 E

解题步骤	
第一步	此题李研究员试图构造一个类比论证。 解题预判：对类比论证最有效的削弱方法就是指出二者的区别，从而证明类比不当。

（续）

第二步	此题可以迅速秒选 E 选项，因为只有 E 选项提到了类比的双方，并且指出了类比双方的区别，那就是“建防护林不会产生类似于建海上油井所带来的风险”，从而说明，建防护林计划可行（无风险），但建海上油井未必可行（有风险）。注意 C 项，虽也提到了二者的区别，但李研究员观点并没有具体涉及经济效益的分析。 A、B、D 三项皆未针对题干的论证关系。

12. 答案 E

题干信息	先根据“这说明”找到题干的论证关系： A 省“民告官”案件 65%原告胜诉→A 省的“民告官”案件并未出现“官官相护”。 采用第 15 招（梳理关系，紧盯概念）分析选项。	
选项	**解释**	**结果**
A	支持了题干的结论。	淘汰
B	选项说的是 A 省收到司法审理不公正投诉数量与周边省份的比较，与题干论证无关。	淘汰
C	无关项。“民告官”案件本身所占比例，与题干论证无关。	淘汰
D	无关项。题干未提到“司法公正”问题。	淘汰
E	说明在“民告官”案件中，原告都是掌握了能胜诉的确凿证据后才起诉的，所以理论上他们胜诉的概率要达到 100%才对，而实际只有 65%，远没有达到理论水平，因此削弱了题干结论。65%的原告胜诉率不能说明没有“官官相护”，割裂关系。	正确

13. 答案 E

题干信息	解释矛盾题型，首先找到矛盾点。矛盾点①：非自花授粉樱草的繁殖条件比自花授粉的要差。矛盾点②：游人在植物园多见的是非自花授粉樱草而不是自花授粉樱草。 “最无助于解释”，即找加剧矛盾的选项或无关项。迅速锁定 E 项，E 项加剧了矛盾。A、B、C、D 皆引入了其他要素化解了矛盾。	
选项	**解释**	**结果**
A	非自花授粉的种子比自花授粉樱草发芽率高，所以即使非自花授粉的樱草所结的种子比自花授粉的要少，但最终能够发芽长大的非自花授粉的种子未必会少，所以能够解释植物园中多见的是非自花授粉樱草而不是自花授粉樱草。	淘汰
B	非自花授粉是本地植物，也就是适合在本地生长，而自花授粉樱草是从国外引进，不一定适合在当地生长，所以即使非自花授粉樱草的繁殖条件比自花授粉的要差，但最终存活下来的更多可能是适合在本地生长的非自花授粉樱草，因此更多见，可以解释题干现象。	淘汰
C	前几年，植物园中非自花授粉樱草在樱草总数中所占比例较高，也就是非自花授粉樱草数量本来就多，所以即使繁殖条件比自花授粉的要差，但最终存活下来的数量仍然更多，因此更多见，可以解释题干现象。	淘汰
D	土壤中的养分更易于被非自花授粉樱草吸收，这又往往导致自花授粉樱草的枯萎，所以即便非自花授粉樱草的繁殖条件比自花授粉的要差，也可能会导致非自花授粉的樱草长势好，而自花授粉的樱草会枯萎，解释了题干的矛盾。	淘汰
E	加剧了矛盾，如果非自花授粉樱草多植于园林深处，游人在植物园怎么会多见的是非自花授粉樱草而不是自花授粉樱草呢？	正确

14. 答案 D

题干信息	解释题。先明确要解释的现象：艺术品成交价会高于底价几十倍乃至数百倍，使得艺术品在一次“流通”中实现大幅度增值。	
选项	**解释**	**结果**
A	“不可再造性”“超过其自身价值”，可以解释艺术品为何会大幅度增值。	淘汰
B	“买家喜好收藏”“抬高了艺术品交易价格”，可以解释艺术品为何会高于底价，大幅度增值。	淘汰
C	“炒作艺术品”“以期获得高额利润”，可以解释增值。	淘汰
D	该项只是说“对交易价格没什么影响”，但并未解释艺术品为何会增值。	正确
E	“国外资金进入”“对价格攀升起到了拉动作用”，可以解释艺术品为何增值。	淘汰

15. 答案 C

题干信息	对话焦点题，首先梳理司机和交警的论证结构。 司机：前提①最高时速的修改会降低高速公路的使用效率；前提②最高时速的修改会使一些有经验的司机违反交规。结论：高速公路上的最高时速不应由 120 公里改为现在的 110 公里。 交警：最高时速的修改不会导致有经验的司机违反交规。	
解题预判	根据对两人对话论证结构的梳理可发现，交警反驳了司机的前提②，在最高时速的修改是否会导致有经验的司机违反交规上存在分歧，可以迅速锁定 C 项。	
选项	**解释**	**结果**
A	交警并未提出“是否应该对高速公路最高时速进行修改”的观点，非焦点。	淘汰
B	交警并未提到“有经验的司机是否有能力以 120 公里的速度行驶”，非焦点。	淘汰
C	为双方对话焦点，上面已有分析。	正确
D	混淆性极强，考生注意，交警说的是“只要司机愿意，就可以在规定的时速内行驶”，并没有说“有经验的司机是否会以合法的速度行驶”，二者意思不同，考生细细体会。	淘汰
E	交警并没有对“是否会降低高速公路的使用效率”进行反驳，非焦点。	淘汰

16. 答案 D

题干信息	①甲不会报考理科专业 = 甲报考播音主持 ∨ 甲报考法语。 ②甲报考播音主持→乙报考有机化学。 ③丙报考应用数学 ∨ 丙报考自动化。 ④丁不报考法语→乙报考自动化。 ⑤边界条件：每个人只能报考一个专业，并且没有两个人报考的专业相同。
第一步	观察题干，本题属于没有确定信息的对应题目，由于问题问“一致”，即符合题干信息，故可使用第 7 招（选项代入排除）进行解题，利用“下代上”，进行解题。
第二步	将选项代入题干信息： A 选项：将“甲报考播音主持”代入条件②可得“乙报考有机化学”，由于每个人只能报考一个专业，此时可知，乙没报考自动化，再代入条件④可得“丁报考法语”，与丁报考应用数学矛盾，故选项不符合。 B 选项：若“甲报考应用数学”，与条件①矛盾。 C 选项：将“乙报考了播音主持”代入条件④可得“丁报考法语”，再代入①可得“甲报考播音主持”，此时有两个人报考了播音主持，与条件⑤矛盾。 D 选项：将“甲报考播音主持”代入条件②可得“乙报考有机化学”，再代入条件④可得“丁报考法语”，此时丙和戊一个报考应用数学、一个报考自动化，符合题干要求，为正确答案。

17. 答案 E

解题步骤	
第一步	观察题干特征，锁定技巧。题干和选项均为“假言判断”表述，并且存在相同的概念和互为矛盾的概念，故可优先采用第 2 招（串联递推）进行解题。
第二步	符号化题干条件： ①全面建成小康社会（P1）→全面深化改革开放（Q1）； ②全面深化改革开放（P2）→实现有效的依法治国（Q2）； ③实现有效的依法治国（P3）→加强党的全面建设（Q3）； ④党的全面建设（P4）∧确保党的坚强领导（P5）→能进一步搞好经济建设（Q4）。
第三步	联合①②③推得：⑤全面建成小康社会（P1）→全面深化改革开放（Q1/P2）→实现有效的依法治国（Q2/P3）→加强党的全面建设（Q3）。 （考生注意：“且”判断中肢判断都真才真，故“加强党的全面建设”为真时，无法推出“党的全面建设∧确保党的坚强领导”的真假。因此条件③与④无法进行串联）。
第四步	优先验证含有“首”和“尾”概念的选项，即优先验证 E。E 选项 = P1→Q3，与⑤推理一致，故一定为真。答案选 E。

18. 答案 C

解题步骤	
第一步	观察题目特征，锁定技巧。题干条件中存在单件“P”表述的确定信息，故可采用第 6 招（“题干确定”一马当先）进行解题。
第二步	整理题干条件： ①不在国家机关工作→会失去今后晋职深造的机会； ②不在民营企业工作→不能提高自己的工资收入； ③不在国家机关工作∨不在民营企业工作； ④不能提高自己的工资收入→买不起婚房； ⑤买不起婚房→不结婚； ⑥小张结婚了（确定信息）。
第三步	将确定信息⑥代入⑤，并结合①②③④可得：小张结婚 $\xrightarrow{⑤}$ 买得起婚房 $\xrightarrow{④}$ 能提高自己的工资收入 $\xrightarrow{②}$ 在民营企业工作 $\xrightarrow{③}$ 不在国家机关工作 $\xrightarrow{①}$ 会失去今后晋职深造的机会。比对选项，答案选 C。

19. 答案 D

20. 答案 E

题干信息	①张明没有借阅《围城》∨王林没有借阅《白鹿原》→刘华就不会借阅《平凡的世界》。 ②刘华借阅《平凡的世界》→张明就会借阅《白鹿原》∧王林借阅《围城》。 ③三人中有两人借阅《平凡的世界》，并且《围城》和《白鹿原》都有人借阅。 ④边界条件：每人借阅一本或两本，每本书至多两人借阅。
第一步	观察题干，发现本题属于没有确定信息的对应题，由于题干存在“刘华借阅《平凡的世界》”和“刘华不借阅《平凡的世界》”这组矛盾关系，故可考虑通过假设法进行解题。

（续）

第二步	若“刘华借阅《平凡的世界》”，结合①和②可得，张明会借阅《白鹿原》和《围城》，王林会借阅《白鹿原》和《围城》，此时张明和王林都已经借阅了2本，根据边界条件④可知，张明和王林无法继续借阅其他图书，故此时与③有两个人借阅《平凡的世界》矛盾，故刘华一定没有借阅《平凡的世界》。此处思路可参考第8招（以“重复元素”为突破口（做假设））和第11招（假言串联，找矛盾）。 比对选项，第19题答案选D。
第三步	由上一题可知，刘华没有借阅《平凡的世界》，结合③可知，张明和王林一定借阅了《平凡的世界》，因此刘华和张明、刘华和王林借阅的图书不可能都相同，故第20题答案选E。

21. 答案 A

解题步骤	
第一步	由于三人都判断对了5道题，判断错了2道题，则说明表格中的真假情况为三个人共判断对了15道题，判断错了6道题。故题干属于真话假话题目，可采用第8招（以“重复元素”为突破口（确定真假））进行解题。
第二步	可优先考虑题干重复答案的真假情况，对于第一题，乙、丙两人的答案均是“√”，如果正确答案恰好是“√”，则说明乙、丙两人均回答正确，故两个人回答正确，如果正确答案是“×”，则只有甲一人回答正确，故一个正确。综上所述，第一题最多两个人回答正确；同理，第二题甲、乙的答案相同，则最多两个人回答正确；第三题甲、丙的答案相同，则最多两个人回答正确；第四题甲、乙的答案相同，则最多两个人回答正确；第五题三个人答案均是“×”，如果正确答案是“×”，则最多可达到三个人回答正确；第六题乙、丙的答案相同，则最多两个人回答正确；第七题甲、丙的答案相同，则最多两个人回答正确。
第三步	综上所述：题目最多可达到的正确数为：第一题2个+第二题2个+第三题2个+第四题2个+第五题3个+第六题2个+第七题2个=15个正确，题干刚好15个正确，这说明要满足题干的真假情况，需要正确数达到最多的程度，则说明重复的均是正确答案。所以，这7道题的正确答案如下： <table><tr><td>1</td><td>2</td><td>3</td><td>4</td><td>5</td><td>6</td><td>7</td></tr><tr><td>√</td><td>×</td><td>√</td><td>×</td><td>×</td><td>√</td><td>√</td></tr></table>
第四步	比对选项，答案选A。

22. 答案 D

解题步骤	
第一步	观察题目特征，锁定技巧。问题要求“反驳方式最相似”的选项作为正确答案，故可采用第5招（结构比较）进行解题。
第二步	整理题干推理结构。甲：A具有B，这说明A有助于B。乙：因为有B，导致A。
第三步	分析选项，寻找与题干推理结构一致的选项作为正确答案。

选项	解释	结果
A	选项推理形式为：甲：A具有B，说明A增加B。乙：A导致C，C导致B。与题干推理不一致。	淘汰
B	选项推理形式为：甲：A具有B，说明A导致B。乙：C导致A，C导致B。与题干推理不一致。	淘汰
C	选项推理形式为：甲：A具有B，说明A导致B。乙：A具有¬B，¬A具有B。与题干推理不一致。	淘汰

（续）

选项	解释	结果
D	选项推理形式为：甲：A 具有 B，因此 A 有助于 B。乙：因为有 B，导致 A。与题干推理一致。	正确
E	选项推理形式为：甲：A 具有 B，说明 B 帮助 A。乙：B 导致部分 A，但 C 导致更多 A，与题干推理不一致。	淘汰

23. 答案 **A**

24. 答案 **D**

<table>
<tr><th colspan="2">解题步骤</th></tr>
<tr><td>第一步</td><td>观察发现，本题属于“对应题”。明确边界条件：从人的维度出发，每人对应 2 种象；从象的维度出发，每种象对应 2~5 人。</td></tr>
<tr><td>第二步</td><td>符号化题干条件：
①丁=戊；②己=庚；③甲（青龙）→丁（青龙）；④仅乙∧丙（白虎）。</td></tr>
<tr><td>第三步</td><td>将第 23 题问题中给出的确定信息以及题干中的确定信息填入表格，并结合边界条件推理如下：
<table>
<tr><th></th><th>青龙</th><th>白虎</th><th>玄武</th><th>朱雀</th></tr>
<tr><td>甲</td><td>√</td><td>×</td><td>√</td><td>×</td></tr>
<tr><td>乙</td><td></td><td>√</td><td></td><td>×</td></tr>
<tr><td>丙</td><td></td><td>√</td><td></td><td>×</td></tr>
<tr><td>丁</td><td>√</td><td>×</td><td>√</td><td>×</td></tr>
<tr><td>戊</td><td>√</td><td>×</td><td>√</td><td>×</td></tr>
<tr><td>己</td><td></td><td>×</td><td></td><td>√</td></tr>
<tr><td>庚</td><td></td><td>×</td><td></td><td>√</td></tr>
</table>
（每行 2√2×，每列 2~5√）
观察表格可知，第 23 题答案选 A。</td></tr>
<tr><td>第四步</td><td>将第 24 题问题中给出的确定信息以及题干中的确定信息填入表格，并结合①②③，以及边界条件推理如下：
<table>
<tr><th></th><th>青龙</th><th>白虎</th><th>玄武</th><th>朱雀</th></tr>
<tr><td>甲</td><td>×</td><td>×</td><td>√</td><td>√</td></tr>
<tr><td>乙</td><td>×</td><td>√</td><td></td><td></td></tr>
<tr><td>丙</td><td></td><td>√</td><td></td><td></td></tr>
<tr><td>丁</td><td>×</td><td>×</td><td>√</td><td>√</td></tr>
<tr><td>戊</td><td>×</td><td>×</td><td>√</td><td>√</td></tr>
<tr><td>己</td><td>√</td><td>×</td><td></td><td></td></tr>
<tr><td>庚</td><td>√</td><td>×</td><td></td><td></td></tr>
</table>
（每行 2√2×，每列 2~5√）</td></tr>
<tr><td>第五步</td><td>由于此时题干条件均已用完且答案未出，而选项均为“假言判断”表述，故可考虑采用代入选项排除法进行解题。
观察上步表格发现：己（青龙）、庚（青龙）、甲（玄武）均为表格中已有的确定信息，无法进一步推理得出新的确定信息，故排除 A、B 和 C 选项。
若乙（玄武），填入上述表格中可推得：己朱雀。故第 24 题答案选 D。</td></tr>
</table>

25. 答案 **B**

题干信息	本题由调查（事实）得到了事实评价，且事实评价为明显的“因果关系”结构：缺乏锻炼→肥胖。可采用第 17 招（特殊结构——因果关系）分析选项。	
选项	解释	结果
A	支持项。肥胖者的食物摄入平均量总体上和正常体重者基本持平，那就说明不是因为摄入过多的热量导致肥胖。“节食”不影响前面“肥胖者食物摄入平均量与正常者基本持平”这个事实，此句话并无意义。	淘汰
B	“因果倒置”的削弱。该选项说明并不是缺乏锻炼导致肥胖，而是先肥胖才导致不乐意参加体育锻炼，因果倒置，力度较强。	正确
C	削弱，但力度较弱。“某些肥胖者体育锻炼的平均量，要大于正常体重者”，说明不是缺乏锻炼导致的肥胖，属于“有果无因”的削弱。但根据“量度改变力度”的原则，“有的”力度较弱，不如 B 项。	淘汰
D	无关项。该项说明的是“体育锻炼”和“食物摄入量”的关系，与题干因果关系无关。	淘汰
E	无关项。“是否有损健康”与题干论证无关。	淘汰

26. 答案 **B**

题干信息	问题为“除了哪一项，都可支持气候周期派的观点”，采用第 16 招（把握态度，速选速行）。先找到气候周期派观点：全球气候变暖已经停止，目前正处于向“寒冷期”转变的过程中。	
选项	解释	结果
A	“全球平均气温没有继续上升”，指出全球变暖停止，与题干态度一致，可以支持。	淘汰
B	无关项。“暴雨”和“洪水”与全球气候变暖并无必然关系。	正确
C	该项的“寒流”“大雪”说明全球气候正在变寒冷，支持了题干观点。	淘汰
D	选项说明实际情况为“大堡礁面积目前正在扩大”，意味着海平面下降，间接说明全球变暖停止，与题干态度一致，可以支持。	淘汰
E	该项“海平面逐步下降”，间接说明全球变暖停止，可以支持。	淘汰

27. 答案 **A**

题干信息	解释矛盾题，先找到题干的矛盾点。 矛盾点 1：早期农作物提供的营养远不如猎物。 矛盾点 2：农耕人群并没有因此退回狩猎。	
解题预判	解释矛盾题型通常需要引入“第三要素”去化解矛盾。对于此题来说，要想化解矛盾，需要指出农耕的“优”或狩猎的“劣”。	
选项	解释	结果
A	首先，题干未提到亚洲东北部和西南部的对比；况且，是否拥有相应的自然条件与是否要从事农耕活动二者未必有必然的关系。此项态度不明确，无法解释。	正确
B	指出农耕更为稳定，危险也较少，指出了农耕与狩猎相比的优势，态度明确，能解释。	淘汰
C	选项指出了狩猎不足以维持生存，即狩猎的“劣”，态度明确，能解释。	淘汰
D	指出农耕带来的营养不良没有引起人们的注意，态度明确，能解释。	淘汰
E	指出早期人类可以解决农耕带来的营养不良，态度明确，能解释。	淘汰

28. 答案 E

题干信息	削弱题。根据结构词“为了”“建议”“以”确定本题为“方法可行”结构，可采用第 17 招（特殊结构——方法可行）。 论证结构：飞机上为乘客提供防毒面罩（方法）→防止瓦斯的吸入而死亡（目的）。
解题预判	“方法可行”结构题目，削弱首选思路为方法无效（方法无法达到目的）。本题认为提供防毒面罩，就可防止瓦斯的吸入而死亡，若对其进行削弱，应当预判思路：虽然有防毒面罩，但会因为别的原因导致对乘客不利。迅速锁定 E 项。

选项	**解释**	**结果**
A	支持项。题干论证的目的就是“防止吸入瓦斯而死亡”，说明方法有效。	淘汰
B	无关项。“价格昂贵”不代表“无法提供”，不影响方法是否有效。	淘汰
C	支持项。即便不是“唯一方式”，只要使用防毒面罩是能够防止吸入瓦斯的方式之一，方法就有效。	淘汰
D	支持项。若大多数航空事故，乘客是死于瓦斯中毒而非瓦斯爆炸，那么就说明大多数情况下，只要防止了瓦斯吸入（中毒），乘客就不会死，说明方法有效。	淘汰
E	该项指出了方法会产生对目的不利的恶果，即延长了乘客撤离机舱的时间。即便有防毒面罩，若撤离时间过长，就会产生更大的风险，如瓦斯爆炸等，那么方法就无法达到目的。注意：题干明确指出“乘客必须尽快撤离飞机”。	正确

29. 答案 A

题干信息	对话焦点问题。解题核心在于明确双方的态度，以及分析双方的论证结构。 根据结构词“因为”“但是”“并且”等结构词，梳理两人的论证结构。 张先生：吸烟导致很多严重疾病→向吸烟者征税，用以缓解医疗保健事业的投入不足是合理的。(X→Y) 李女士：①吃奶油蛋糕或者肥猪肉也会导致严重疾病→但对其收税却不合理；(X→非 Y) ②危害健康的习惯太多，都对其征税无法操作→向吸烟者征税，用以缓解医疗保健事业的投入不足是不合理的。(X→非 Y)

选项	**解释**	**结果**
A	通过梳理双方论证关系可知，李女士反驳了张先生的结论（Y）。双方的主要分歧在于结论：对吸烟征税，用以缓解医疗保健事业的投入不足，是否合理。紧扣“是否合理”，迅速锁定 A 项。	正确
B	张先生的建议中包含“有不良习惯的人应当对由此种习惯造成的社会后果负责”的意思，但李女士对张先生的反驳并未针对此处，因此此处不可能成为对话焦点。	淘汰
C	李女士只是指出食用高脂肪、高胆固醇也会导致严重疾病，但并未对其严重程度与吸烟进行比较，所以此处不是对话焦点。	淘汰
D	偷换概念。题干双方分歧涉及的核心概念为“医疗保健事业”，而非“社会公共事业”。	淘汰
E	“通过征税来纠正不良习惯”，双方都未提到，不可能为双方的对话焦点。	淘汰

30. 答案 E

题干信息	通过梳理题干信息可以发现本题并无论证关系，只给出了观点，因此本题为典型的态度型支持题。题干叙述较为繁琐，可总结提炼题干的观点：伤害自己，会影响别人。可采用第 16 招（把握态度，速选速行）分析选项。	
解题预判	态度型支持题要紧扣态度和话题相关度。题干明确认为伤害自己是不利于他人和社会的，要选择紧扣这一话题并且态度一致的选项。	
选项	**解释**	**结果**
A	无态度选项。选项未体现伤害自己是否会影响别人。	淘汰
B	该项指出伤害自己能够给别人带来好处，与题干态度相反，削弱。	淘汰
C	无关项。未提及“伤害自己”。	淘汰
D	该项指出了这些伤害自己的行为主要由自己承受，即只影响自己，与他人关系不大，与此题态度相反，削弱。	淘汰
E	指出了对自己的伤害，也会对他人产生不利影响（增加每个人的健康保险金），与题干话题一致、态度一致，为支持项。	**正确**

逻辑模拟试卷（十一）答案与解析

1	2	3	4	5	6	7	8	9	10
D	A	B	A	D	B	D	D	D	A
11	12	13	14	15	16	17	18	19	20
B	D	E	C	B	D	D	C	E	C
21	22	23	24	25	26	27	28	29	30
A	D	C	E	B	A	E	E	D	A

1. 答案 **D**

题干信息	削弱题。根据结构词“因此”“由……决定”可发现，本题由事实（数据）得到了事实评价，且事实评价为因果关系，因此本题解题重点在于此因果关系。可采用第 17 招（特殊结构——因果关系）分析选项。 因果关系：遗传（因）→个人素质（果）。	
选项	**解释**	**结果**
A	支持项。该项说明了遗传比教育更能决定人的素质，支持了题干论证，排除。	淘汰
B	无关项。该项“才能出众也避免不了兴衰轮回的规律”，并未说明是否是遗传决定人的素质。	淘汰
C	该项质疑了衡量才能出众的规则，但并未对题干的因果关系进行反驳。	淘汰
D	“另有他因”的削弱。给出了名人家族才能出众者比例高的“遗传”以外的其他原因，那就是名人家族中的人后天接受教育和才能培养的环境要比普通人好得多，所以容易出众，而不是遗传，削弱了题干论证。	正确
E	支持项。“名人与普通人结合，下一代才能出众人数并不如名人家族中的比例高”，反而说明了遗传能够影响人的素质，支持了题干的因果关系。	淘汰

2. 答案 **A**

题干信息	削弱题。根据结构词“据此”梳理题干论证关系。 论证关系：45 岁的退役足球运动员和 30 岁的正在服役的运动员在马拉松比赛中成绩没有什么差别→一个职业球员到了 45 岁时运动水平和耐力不会明显降低。	
解题预判	题干由“马拉松”比赛的成绩，即“马拉松”所体现出的运动水平和耐力得到了“足球运动员”的运动水平和耐力，显然前后论证的核心概念不一致。因此，可采用第 15 招（梳理关系，紧盯概念）分析选项。此题考生应当首先想到指出论证前后核心概念不一致，来割裂由论据到论点的关系。	
选项	**解释**	**结果**
A	“马拉松运动不能充分反映足球运动员的耐力和运动水平”，恰好指出了前后核心概念不一致。	正确

（续）

选项	解释	结果
B	无态度选项。选项没有说明“45 岁的职业球员运动水平和耐力是否会降低”，对结论无指向性。	淘汰
C	无态度选项。选项没有说明“45 岁的职业球员运动水平和耐力是否会降低”，对结论无指向性。	淘汰
D	“不惜冒超出自己体能的风险”，该项试图说明 45 岁退役球员在马拉松比赛中的成绩并不是其常规水平，进而说明 45 岁的球员运动水平和耐力会下降，但该项只是在针对论据，力度不如 A 项直接指出前后核心概念不一致。况且，选项指出冒险是可以实现“马拉松比赛的成绩”不差，那说明运动水平和耐力很可能没有降低。	淘汰
E	支持项。该项恰好说明一个球员的年龄并不会直接影响运动员的水平和耐力，与题干态度一致。	淘汰

3. 答案 **B**

题干信息	支持题。根据结构词“据此”梳理题干论证关系。 论证关系：45 岁的退役足球运动员和 30 岁的正在服役的运动员在马拉松比赛中成绩没有什么差别→一个职业球员到了 45 岁时运动水平和耐力不会明显降低。	
解题预判	前提强调的是“45 岁退役”比“30 岁的现役”，属于横向比较的结果；结论强调的是“45 岁的退役”比“自己年轻时”，属于纵向比较的结果。支持时，优先考虑结构与题干一致的选项，即可迅速锁定 B 项。	
选项	**解释**	**结果**
A	该项对题干背景信息进行了支持，力度较弱。而且，机构的权威性不代表结果的权威性。	淘汰
B	该项是纵向比较，优先考虑。30 岁左右的现役职业足球运动员的运动水平和耐力高于上一代职业足球运动员（即现在 45 岁已退役的球员），那么说明现在 30 岁的现役球员的运动和耐力高于现在 45 岁已退役球员在其 30 岁时的水平，又因为现在 45 岁的退役足球运动员和 30 岁的正在服役的运动员在运动和耐力水平没有差别，那么就说明现役 45 岁已退役球员的运动水平和耐力跟其 30 岁时状态相比，不但没有下降，反而提高了。	正确
C	无关选项。“是否担任足球教练”，与题干论证无关。	淘汰
D	首先，“在一定限度内”，具体范围是多少，是 30~45 吗？题干未给出明确数值。况且，不必然导致=可能不导致，根据“量度改变力度原则”，该项力度也较弱。	淘汰
E	“青年时期可以延续到 45 岁”不意味着“运动能力和耐力能够延续到 45 岁”，而且后半句本身说的就是运动水平和耐力“应该”能够保持，并非确定态度。	淘汰

4. 答案 **A**

题干信息	此题问题为“除了哪项，都能削弱”，此种问法多为态度题，选择选项时优选支持项，次选无关项。“紧扣态度”为解题关键。根据“因此”找到本题的论证结构及态度。采用第 16 招（把握态度，速选速行）分析选项。 论证关系：医生很难确定会把检查进行到何种程度→没有感觉不适就去医院检查不明智。
解题预判	题干的态度为“不应该去检查”，因此只需将态度为“应该去检查”的选项排除即可，选择支持“不应该去检查”的选项或者无关项。

（续）

选项	解释	结果
A	支持项。早期就能察觉再去医院即可，说明没有不适去医院不明智。	正确
B	该项说明，有的严重疾病病人难以察觉，而医生却不难发现，表明了“应当去检查”的态度，与题干态度相反，可削弱。	淘汰
C	“有的严重疾病只有经过彻底检查才可被发现”，说明了检查是必要的，即表明“应当去检查”，与题干态度相反，可削弱。	淘汰
D	“有的医生可以恰如其分地把握检查的彻底程度”，削弱了题干的论据，质疑了题干。	淘汰
E	该项也说明了及时检查和治疗是十分必要的，表明“应当检查”，与题干态度相反，可削弱。	淘汰

5. 答案 **D**

题干信息	削弱题。根据标志词“导致”可确定研究人员的假设是个典型的因果关系。 因果关系：失眠（因）→周围神经系统功能障碍（果）。采用第 17 招（特殊结构——因果关系）分析选项。	
选项	**解释**	**结果**
A	无关项。该项说明的是周围神经系统功能障碍的表现，未提到“失眠”，与题干因果关系无关。	淘汰
B	无关项。未提到“周围神经系统功能障碍”。	淘汰
C	诉诸权威，不由权威人士组织实施不能说明研究不可信。	淘汰
D	“因果倒置”的削弱。该项指出了本身患有“周围神经系统功能障碍”的人（果）更容易严重失眠（因），力度较强。	正确
E	无关项，迷惑性较强。考生一定要区分“另有他因”和“无关选项”的区别。一个选项是“另有他因”还是“无关选项”，只需要看该因素是否对结果有影响。若有影响，那就是“另有他因”；若没有影响，那就是无关选项。而该项所提到的“年龄”和“性别”与“失眠”并没有必然关系，因此该项为“无关选项”。	淘汰

6. 答案 **B**

解题步骤	
第一步	对话焦点问题。此类题型要首先找准二者的态度，再分析两人的论证结构。 根据二人对话中的结构词“但是”“由于”“因此”找到双方态度及论证结构。 张教授：立法和执法不应当排斥考虑道德因素。 李研究员：立法和执法时，如果考虑道德因素，那么就会弱化法律对于社会的功能。
第二步	分析二者的态度发现，争论的焦点主要是在立法和执法时考虑道德因素的结果，是否会弱化法律的社会功能，因此答案选 B。 另外，“道德因素”显然是两人论证过程中的核心，所以首先考虑提到“道德因素”的选项。 A 项、C 项，李研究员论述过程将“道德水准”作为前提而非结果，因此该处不是对话的焦点。 D 项与 E 项明显没有涉及到二者论证关系。

7. 答案 D

题干信息	对话焦点问题。首先看双方态度，再梳理双方论证关系。 通过分析双方的论述，可发现伦理学家的结论为“毫无疑问”后面内容，作家的结论为第一句话，后面内容仅仅是对本句话的解释，因此可以确定双方的结论。 伦理学家：这样的文艺作品（小说或电影）对目前社会日益严重的道德问题有不可推卸的责任。 作家：要对此（社会日益严重的道德问题）负责的也不应是小说或电影。	
解题预判	本题结构较为简单，他们的分歧点就在于“小说或电影是否应当为目前严重的道德问题负责”，选 D 项。	
选项	**解释**	**结果**
A	伦理学家确实指出了社会存在严重道德问题，但是作家说的是“如果目前社会确实存在日益严重的道德问题”，并未对此事做出判断，因此该项不是焦点。	淘汰
B	伦理学家并未提到该项所述问题是否应当有节制，因此该项不是焦点。	淘汰
C	伦理学家并未提及“违背文学艺术发展规律”，该项不是焦点。	淘汰
E	作家并未提及“小说或电影是否是商品”。	淘汰

8. 答案 D

题干信息	根据问题中“质疑模式的有效性”，本题可采用第 17 招（特殊结构——方法可行）分析选项。 论证关系：（方法）研发防沉迷系统，使用青少年模式→（目的）防止青少年沉迷短视频。	
选项	**解释**	**结果**
A	该项指出题干方法有缺陷，增加了泄露个人隐私的风险，但该缺陷与能否“防止青少年沉迷短视频”这个目的无关。	淘汰
B	首先，题干并未提到“视频内容”，而且即便对价值观产生负面影响，也与题干目的“防止青少年沉迷短视频”无关。	淘汰
C	是否会“误伤”成年人，与题干目的无关。	淘汰
D	方法找不到。该项指出“青少年模式”无法识别使用者身份，那么防沉迷系统中的青少年模式这一方法就没有可操作性，也就达不到防止青少年沉迷短视频的目的。	**正确**
E	“减压”“提升学习效率”与题干目的无关。	淘汰

9. 答案 D

题干信息	假设题。此题给出了 K 国和 H 国的粮食收成的对比，并出现了结构词“造成了”，可确定本题为典型的“差比关系”结构。	
解题预判	“差比关系”结构，既可从差比关系入手，也可从最终得到的因果关系入手。 差比关系：两国经济模式（差）→粮食收成（差）。 因果关系：过于集中的经济模式（因），而不是气候→H 国粮食收成糟糕（果）。 选项可从差比关系假设，也可从因果关系假设。	
选项	**解释**	**结果**
I	H 国气候不比 K 国差，而粮食收成却糟糕，说明了并不是气候的区别导致了收成的区别，从而保障了经济模式和粮食收成的关系。	保证无他差

（续）

选项	解释	结果
Ⅱ	该项明确了 K 国不实行过于集中的经济模式，而 H 国实行过于集中的经济模式，该项保证了经济模式（差）确实存在。	保差 （差确实存在）
Ⅲ	即便“气候状况是影响粮食收成的重要原因”，那么对 K 国以及 H 国的影响也是一样的、无差别的。但是有“集中的经济模式”这个差别，两个国家的收成也就有了差别，此时经济模式就是结果差异的原因。因此，该项并不影响题干论证关系的成立。	无须假设

10. 答案 A

题干信息	削弱题。论证关系：两国经济模式（差）→粮食收成（差）。	
选项	解释	结果
A	该项指出了 H 国和 K 国存在“谷物品种（差）”，从而说明实行过于集中的经济模式只是表面上的差异，真正的差异是所种植的主要谷物品种不同，削弱。	正确
B	他因削弱。说明存在“谷物品种（差）”，另见 C 选项。	淘汰
C	他因削弱。说明“谷物品种（差）”，“一些”力度弱，A 项包含 B、C 项，力度更强。	淘汰
D	无关项。题干并未提到 J 国。	淘汰
E	转移论题。该项说的是“粮食分配”问题，而题干说的则是“粮食收成”。	淘汰

11. 答案 B

解题步骤	
第一步	整理题干论证。题干从两个现象①人口稠密的城市中，警察占比最大；②人口稠密的城市中，“无目击证人犯罪”的犯罪率也最低，归纳出结论：高比例的警察(因)→降低“无目击证人犯罪”的犯罪率。
第二步	分析题干论证。题干显然犯了“强加因果”的谬误，考生试想 X→Y，同时 X→Z，那么 Y 和 Z 之间可能未必存在因果关系，可能是 X→Y∧Z，因此 B 选项直接割裂题干的论证关系，力度最强。其他选项均不涉及题干的论证关系，考生可复习《逻辑精点》强化篇相关内容来加强对“因果关系”的理解。

12. 答案 D

题干信息	前提：锐进轿车购买保险的数量比飞鸟轿车多，出现问题的反馈表也多。→结论：锐进轿车比飞鸟轿车的质量差。 前提差异导致结果差异的差比关系题目，支持的关键是保证前提差异确实存在。	
选项	解释	结果
A	与题干论证无关。	淘汰
B	反馈表需要更多时间填写导致出现反馈表的数量少，削弱了题干论证。	淘汰
C	削弱题干论证，飞鸟轿车有更多投诉信，说明质量有问题。	淘汰

（续）

选项	解释	结果
D	飞鸟轿车的客户数量多，问题反馈表少，说明飞鸟轿车的质量比锐进轿车的质量好，加强题干论证。	正确
E	广告数量多，与汽车质量无关，即便能够说明飞鸟轿车的质量好，也不能说明锐进轿车的质量不好。	淘汰

13. 答案 **E**

题干信息	前提：做笔记能够对文章的主要内容进行标注。→结论：与单纯的浏览相比，做笔记能够取得更优的阅读效果。采用第 15 招（梳理关系，紧盯概念）分析选项。	
选项	**解释**	**结果**
A	选项削弱题干论证，说明做笔记不能取得更优的阅读效果。	淘汰
B	选项不涉及“阅读”的效果，故无法支持。	淘汰
C	选项不涉及“阅读”的效果，故无法支持。	淘汰
D	选项不涉及“阅读”的效果，故无法支持。	淘汰
E	选项直接搭桥，建立“主要内容（要点）”和“阅读效果”的关系，最能支持。	正确

14. 答案 **C**

题干信息	① 陈没评优秀→张没评优秀； ②（王评优秀∧刘评优秀∧陈评优秀）∀（王没评优秀∧刘没评优秀∧陈没评优秀）（王、刘、陈三人情况相同）； ③ 李评优秀→王评优秀。 ④ 真假情况：3 个判断均为假。
第一步	观察题干，发现题干 3 个判断均为假话，假话是不能直接做题的，故采用第 4 招（矛盾变形），将假话找矛盾转化为真话进行解题。
第二步	将题干信息转化为矛盾如下： ① 矛盾为：陈没评优秀∧张评优秀 ② 矛盾为：王、刘、陈三人情况不相同。 ③ 矛盾为：李评优秀∧王没评优秀。 由①和③的矛盾可得：张评优秀、李评优秀；陈没评优秀、王没评优秀。要想满足条件②王、刘、陈三人情况不相同，则刘一定评为优秀。因此，答案选 C。

15. 答案 **B**

解题步骤		
第一步	观察题目特征，锁定技巧。题干属于“表格类确定信息”，选项均为对表格信息的描述，故可逐个验证选项进行解题。	
第二步	将选项逐一代入题干表格进行验证，排除一定真的选项后即可得出正确答案。	
选项	**解释**	**结果**
A	由表格可知，在“男性”中，“家务忙，缺少时间”这一原因的占比为 17.6%，排名第二位，符合选项表述，故选项可以得出。	淘汰
B	由表格可知，在“城镇”中，“没兴趣”这一原因的占比为 1.4%，排名第八位，不符合选项描述，故选项无法得出。	正确

（续）

选项	解释	结果
C	由表格可知，在“女性”中，“惰性”这一原因的占比为 6.7%，在“男性”中，“惰性”这一原因的占比为 15.9%，符合选项表述，故选项可以得出。	淘汰
D	由表格可知，“城镇”“农村”“男性”“女性”中，占比最高的原因均是“工作忙，缺少时间”，符合选项表述，故选项可以得出。	淘汰
E	由表格可知，在“女性”中，“工作忙，缺少时间”这一原因的占比为 24.6%，在“男性”中，“工作忙，缺少时间”这一原因的占比为 32.7%，符合选项表述，故选项可以得出。	淘汰

16. 答案 D

解题步骤	
第一步	本题属于真话假话题，由于题干有确定的真假个数，且各个条件之间存在明确的真假关系，故可采用第 14 招（真话假话，找关系）进行解题。
第二步	真假情况：四个判断中一个为真，三个为假。
第三步	判断真假： Ⅰ. 标准化题干信息： ①甲不是罪犯∧乙是罪犯；②乙是罪犯→甲是罪犯=乙不是罪犯∨甲是罪犯； ③乙是罪犯→丙不是罪犯=乙不是罪犯∨丙不是罪犯；④丁不是罪犯。 Ⅱ. 找关系：①和②为矛盾关系，必一真一假。 Ⅲ. 做减法：一真三假减去一真一假，剩下两个判断都为假。
第四步	推出事实： ③假可得，乙是罪犯且丙是罪犯为真； ④假可得，丁是罪犯为真。 根据事实不能确定条件①和条件②的真假，故无法确定甲的情况。 比对选项，D 选项为正确答案。

17. 答案 D

解题步骤	
第一步	观察题干特征，锁定技巧。题干属于“形式语言”表达，并且问题求解“一定假”，故可采用第 4 招（矛盾变形）进行解题。
第二步	符号化题干条件： ①选爵士乐∨选古典乐； ②不选民族乐→选流行乐； ③选爵士乐→选摇滚乐； ④不选摇滚乐∨不选流行乐。
第三步	联合①②③④可推得：不选古典乐（P1）$\xrightarrow{①}$选爵士乐（Q1/P2）$\xrightarrow{③}$选摇滚乐（Q2/P3）$\xrightarrow{④}$不选流行乐（Q3/P4）$\xrightarrow{②}$选民族乐（Q4）。
第四步	寻找假言判断的矛盾，即“P∧¬Q”的选项，考生可优先验证含有“首”和“尾”，同时符合“P”和“¬Q”的选项，即 D 选项；D 选项=P1∧¬Q4，与题干信息矛盾，一定为假。答案选 D。

18. 答案 C

解题步骤		
第一步	观察题目特征，锁定技巧。问题要求“推理结构最相似”的选项作为正确答案，故可采用第 5 招（结构比较）进行解题。	
第二步	整理题干推理结构：A→B，¬ A→C，因为 A∨¬ A，所以 B∨C。	
第三步	分析选项，寻找与题干推理结构一致的选项作为正确答案。	
选项	**解释**	**结果**
A	推理形式为：A→B，A→C，因为¬ B∨¬ C，所以¬ A。与题干推理不一致。	淘汰
B	推理形式为：A→B，C→B，因为 A∨C，所以 B。与题干推理不一致。	淘汰
C	推理形式为：A→B，¬ A→C，因为 A∨¬ A，所以 B∨C。与题干推理一致。	**正确**
D	推理形式为：A→B，¬ A→B，因为 A∨¬ A，所以 B。与题干推理不一致。	淘汰
E	推理形式为：A→B，C→D，因为¬ A∨¬ C，所以¬ B∨¬ D。与题干推理不一致。	淘汰

19. 答案 E

题干信息	①不丙→丁 ②不甲∧丙→戊 ③不戊∨不己 ④己（确定信息）
第一步	观察题干信息，发现本题是有确定信息的对应题目，故可使用第 6 招（“题干确定”一马当先）进行解题。
第二步	将确定信息④代入题干信息可得： 己 $\xrightarrow{③}$ 不戊 $\xrightarrow{②}$ ⑤甲∨不丙。 由于此时已无法继续进行推理，并且选项充分且确定，故可使用第 7 招（选项代入排除）进行解题。
第三步	将选项代入题干信息： A 选项与条件①矛盾，排除； B 选项与条件⑤矛盾，排除； C 选项与条件②矛盾，排除； D 选项与条件⑤矛盾，排除； E 选项不与题干信息矛盾，因此 E 选项为正确答案。

20. 答案 C

题干信息	①选择的食材不能都是肉类； ②只选一种蔬菜→选菜花； ③不选牛肉∨不选青椒； ④肉类：猪肉、鱼肉、牛肉。蔬菜：菠菜、青椒、菜花。每天选其中三种食材。 ⑤不选菜花（确定信息）。
第一步	本题属于分组题型，由于存在确定信息，故可优先采用第 6 招（“题干确定”一马当先）进行解题。
第二步	将确定信息⑤代入②中，并联合①③④可得：不选菜花 $\xrightarrow{②}$ 不只选一种蔬菜 $\xrightarrow{④}$ 选青椒∧选菠菜→选青椒 $\xrightarrow{③}$ 不选牛肉。比对选项，答案选 C。

21. 答案 A

解题步骤	
第一步	分析题干。题目中的研究者认为体育锻炼可以降低患心血管疾病的风险，这是一个因果关系结论。
第二步	解题预判。本题采用第 17 招（特殊结构——因果关系），分析选项。选项 A 直接说明了体育锻炼如何通过具体的生理机制（降低血压、改善血脂水平）来减少心血管疾病的风险，为因果关系提供了直接的生理学支持。
第三步	选项解析。选项 B 提出了一个可能的混杂因素（健康生活习惯），这可能削弱因果关系的直接性；选项 C 提及遗传因素，但与体育锻炼的因果关系无关；选项 D 指出研究方法的局限性，可能削弱结论的可靠性；选项 E 提到心理健康的影响，虽然有一定关联，但不如 A 直接支持因果关系。

22. 答案 D

23. 答案 C

题干信息

①夫妇之间不点相同的乐曲；
②3 位男士所点的乐曲各不相同；
③李点的乐曲是《月光曲》（确定信息）；
④甲和丙不点含曲字的乐曲（确定信息）；
⑤孙点的乐曲是《致爱丽丝》（确定信息）；
⑥每人只点一首。

第一步

本题属于对应题型，虽然题干中存在确定信息，但由于存在“人”和“音乐”之间的对应匹配关系，信息较为抽象、复杂，故可采用第 6 招（“题干确定”一马当先）和列表法进行解题。

第二步

将确定信息放入表格分析，并根据①②⑥进一步推理如下：

		天空之城	致爱丽丝	月光曲	夜曲	卡农
夫妇	甲（男）			×	×	
	赵（女）					
夫妇	乙（男）			×		
	李（女）	×	×	√	×	×
夫妇	丙（男）		×	×	×	
	孙（女）	×	√	×	×	×

（每行 1√4×）
观察表格可知，第 22 题答案选 D。

第三步

将第 23 题给出的附加条件“6 人都不点《天空之城》”填入表格，并结合①②以及表格的“√”“×”个数进一步推理如下：

		天空之城	致爱丽丝	月光曲	夜曲	卡农
夫妇	甲（男）	×	√	×	×	×
	赵（女）	×	×			
夫妇	乙（男）	×	×	×	√	×
	李（女）	×	×	√	×	×
夫妇	丙（男）	×	×	×	×	√
	孙（女）	×	√	×	×	×

（每行 1√4×）
观察表格可知，第 23 题答案选 C。

24. 答案 E

解题步骤	
第一步	观察题目特征，锁定技巧。题干均为“假言判断”表述，并且存在重复的和互为矛盾的概念，而选项大多为假言判断表述，故可优先采用第 2 招（串联递推）进行解题。
第二步	符号化题干信息： ①扭转“逃离纽约”的现象→减轻纽约市民的生活压力； ②不能遏制目前高昂的物价和房租→不能减轻纽约市民的生活压力； ③不改变目前的高税收以及新的联邦税收政策→不能遏制目前高昂的物价和房租。
第三步	串联得出：④扭转“逃离纽约”的现象（P1）$\xrightarrow{①}$减轻纽约市民的生活压力（Q1/P2）$\xrightarrow{②}$遏制目前高昂的物价和房租（Q2/P3）$\xrightarrow{③}$改变目前的高税收以及新的联邦税收政策（Q3）。
第四步	优先验证含有“首”和“尾”的选项，即优先验证 C、E 两个选项。 C 选项，从左向右推理时，改变了目前的高税收以及新的联邦税收政策（即 Q3），无须看后面内容，快速淘汰； E 选项 = ¬ Q3→¬ P1，与条件④互为逆否等价，故一定为真，为正确答案。

25. 答案 B

题干信息	观察题干特征，锁定技巧。问题中存在单件“P”表述的确定信息，故可采用第 6 招（“题干确定”一马当先）进行解题。 符号化题干条件： ①各条地铁线每一站运行加停靠所需时间均彼此相同； ②换乘一次的时间相当于地铁运行一站加停靠的时间； ③赶上早高峰→赵小亮坐 4 站，然后换乘 4 号线坐 5 站到北京大学东门站； ④没有赶上晚高峰→钱小华坐 3 站，然后换乘 10 号线坐 6 站后，再换乘 4 号线坐 2 站到北京大学东门站； ⑤没赶上早高峰→孙小东就坐 1 站，然后换乘 6 号线坐 3 站后，再换乘 9 号线坐 1 站后，再换乘 4 号线坐 5 站后到北京大学东门站； ⑥李小峰坐 2 站，然后换乘 13 号线坐 2 站后，再换乘 10 号线坐 3 站后，再换乘 4 号线坐 2 站后到达北京大学东门站→赶上晚高峰； ⑦四个人都是选择非早晚高峰时间出行（确定信息）； ⑧四个人步行时间均相同（确定信息）。
第一步	结合①②⑧可知，地铁运行加停靠、四人步行时间均相同，即考生只需比较四人坐的站数即可。
第二步	观察题干发现，确定信息⑦肯定了④⑤两个条件的 P 位，否定了③的 P 位，否定了⑥的 Q 位。
第三步	根据上一步分析可知，根据肯定 P 可以推出肯定 Q 的规则，将⑦分别代入到④⑤中可推出：钱小华坐 3 站，然后换乘 10 号线坐 6 站后，再换乘 4 号线坐 2 站到北京大学东门站；孙小东坐 1 站，然后换乘 6 号线坐 3 站后，再换乘 9 号线坐 1 站后，再换乘 4 号线坐 5 站后到北京大学东门站。 而根据③否定 P 什么也推不出，根据⑥否定 Q 位推出李小峰不会“坐 2 站，然后换乘 13 号线坐 2 站后，再换乘 10 号线坐 3 站后，再换乘 4 号线坐 2 站后到达北京大学东门站”，但推不出具体是怎样的乘车路线。
第四步	整理上步得到的信息： 钱小华坐的站的数量及换乘次数为：3+1+6+1+2=13。 孙小东坐的站的数量及换乘次数为：1+1+3+1+1+1+5=13。
第五步	钱小华和孙小东坐的站数与换乘次数之和一样，所以应同时到达北京大学东门，答案为 B。

26. 答案 A

解题步骤	
第一步	分析题干条件可见，题干各个信息都为假言推理条件，没有确定信息，故优先考虑第 11 招（假言串联，找矛盾）的思路。
第二步	假设（3）的前件为真，依次串联（3）（2）（1）可得，王华和李明均被分配到市场部。与“李明和王华不能被分配到一个部门”矛盾，故王华不被分配到市场部，结合（4）可知，陈刚和周慧均被分配到人事部，张强和赵丽分别被分配到研发部和市场部中的一个。此时，（1）的前件为真，故李明被分配到市场部，选项 A 当选。

27. 答案 E

解题步骤	
第一步	此题附加信息给出了确定信息，故优先考虑第 6 招（“题干确定”一马当先）的思路。
第二步	若王华被分配到人事部，则此时刘芳只能被分配到研发部，这样三个部门的人数才能满足 2、2、3。进而结合（2）可知，张强被分配到市场部，赵丽被分配到研发部。故选项 E 当选。

研发部	市场部	人事部
赵丽、刘芳	张强、李明	陈刚、周慧

28. 答案 E

解题步骤	
第一步	由于 7 位小朋友选择 3 个游乐项目，且每个项目至少有 2 位小朋友选择，所以本题的分组情况为：3，2，2。题干只给了两个假言推理条件，故优先考虑第 11 招（假言串联，找矛盾）的思路。
第二步	观察可见，（1）（2）可串联： 小明、小红、小刚至多 2 人选择旋转木马→小丽、小强、小芳选择过山车→小明不选过山车→小亮、小强选择摩天轮。观察可见：“小强选择过山车”和“小强选择摩天轮”自相矛盾，因此推理起点为假。得到事实：小明、小红、小刚都选择旋转木马。
第三步	再将此事实代入（2）可得：小亮、小强选择摩天轮，那么剩余的小丽、小芳选择过山车。 故 E 项一定为假。

29. 答案 D

解题步骤	
第一步	条件（1）为确定信息，故优先考虑第 6 招（“题干确定”一马当先）的思路。Alice 不参加王者荣耀，根据每位选手都参加其中三项赛事，得出 Alice 在另外四项赛事中选择三项，故 Alice 参加绝地求生或者刀塔一定为真，结合条件（2）得，Charlie 参加王者荣耀且 Eve 参加英雄联盟。
第二步	条件（1）中 Bob 不参加堡垒之夜，根据每项赛事都有三位选手参加，说明另外四位选手中有三位参加堡垒之夜，故 Charlie 或者 Diana 参加堡垒之夜一定为真，结合条件（3）可得，Alice 参加英雄联盟且 Bob 参加绝地求生。
第三步	条件（1）中 Bob 不参加堡垒之夜，根据每位选手都参加其中三项赛事”得出 Bob 在另外四项赛事中选择三项，故 Bob 参加英雄联盟或者刀塔一定为真，结合条件（4）得，Diana 参加英雄联盟且 Alice 参加堡垒之夜。

（续）

解题步骤

第四步 条件（1）中 Bob 不参加堡垒之夜，根据第 12 招（假言联动数量，找矛盾）的思路及条件（5）可得，若 Charlie 不参加堡垒之夜，则 Diana 不参加堡垒之夜，此时堡垒之夜无法有三位选手参赛，与题干条件矛盾，故 Charlie 参加堡垒之夜；同理可得，Diana 参加王者荣耀。

第五步 将前几步推理结果整理进表格，结合数量关系完善表格，可得：

	英雄联盟	绝地求生	刀塔	堡垒之夜	王者荣耀
Alice	√			√	×
Bob	×	√	√	×	√
Charlie	×			√	√
Diana	√			×	√
Eve	√	×	√	√	×

观察表格可得，答案为 D。

30. 答案 A

解题步骤

第一步 沿用上一问推理结果：

	英雄联盟	绝地求生	刀塔	堡垒之夜	王者荣耀
Alice	√			√	×
Bob	×	√	√	×	√
Charlie	×			√	√
Diana	√			×	√
Eve	√	×	√	√	×

第二步 补充条件所有选手参加的赛事均不完全相同，Alice 与 Eve 均参加英雄联盟与堡垒之夜，故 Alice 不参加刀塔，此时 Alice 参加英雄联盟、绝地求生、堡垒之夜，故答案为 A。

逻辑模拟试卷（十二）答案与解析

1	2	3	4	5	6	7	8	9	10
D	D	E	C	E	C	C	B	A	B
11	12	13	14	15	16	17	18	19	20
D	B	B	B	D	D	D	D	A	B
21	22	23	24	25	26	27	28	29	30
B	D	E	A	E	E	D	E	A	C

1. 答案 D

题干信息	解释矛盾题型。根据结构词“尽管”“但”找到本题矛盾点。 矛盾点 1：中国制造的成本已接近美国，中国人力成本有所上升。 矛盾点 2：中国工人的收入明显低于美国同行业工人的收入。	
解题预判	解释矛盾题目，通常需要引入其他原因来化解矛盾。对于本题来说，要想化解矛盾，必须指出虽然中国人力成本有所上升，但可能其他成本变高或者别的原因导致中国工人的收入明显低于美国同行业工人的收入。	
选项	**解释**	**结果**
A	比较的是中国和美国的“物价水平”，与此题矛盾点无关。	淘汰
B	该项指出的是在中国人力成本上升后，制造业如何应对这一问题，与此题矛盾点无关。	淘汰
C	该项干扰性很大。考生注意，利润不等于利润率，利润低可能与总的体量有关；况且，工人的收入更直接的与总成本支出相关。工人收入减少，最好的解释应该是其他成本上升，因此力度不如 D 项。	淘汰
D	该项指出了虽然中国人力成本上升，但由于制造业其他成本也不断上升，从而导致了中国工人的收入被压缩，低于美国工人，该项可以为化解矛盾提供有效的解释。	正确
E	具有迷惑性，该项试图以关税增加化解题干矛盾，但有两点导致该项力度较弱： ①只是提到了受到欧盟这一个区域的反倾销政策影响，力度不够。 ②未提到美国，美国有无受到某区域的反倾销政策？态度不明。	淘汰

2. 答案 D

题干信息	支持题。题干是“现象→结论”的结构，此类结构的结论处为解题重点。 再根据“造成”可确定结论为因果关系：打屁股（因）→智商低、攻击性行为高等负面影响（果）。可采用第 17 招（特殊结构——因果关系）分析选项。	
选项	**解释**	**结果**
A	态度不明确。该项仅仅指出了“智商低”和“打屁股”两个现象会同时出现，但难以说明二者存在因果关系，也难以说明谁是因、谁是果。	淘汰

（续）

选项	解释	结果
B	无关项。该项指出的是题干两个结果“攻击性行为”和“智商低”之间因果关系，并未出现“打屁股”，未针对题干的因果关系。	淘汰
C	态度不明确，只提到了“打屁股”，未提到造成的后果。	淘汰
D	“被打屁股的孩子”成长中“只懂得按家长要求做”“不会独立思考”，该项保障了“打屁股”和“智商低”因果关系的成立，且“只懂得”力度较强。	正确
E	扩大了论证对象的范围，题干说的是“打屁股”，而该项说的是“体罚儿童”，话题不一致，且“有时”力度较弱。	淘汰

3. 答案 E

题干信息	解释矛盾题，先找到此题的两个矛盾点。 矛盾点 1：今年夏季来疗养的教职工占全校教职工比例下降。 矛盾点 2：该疗养院入住率却上升了。	
解题预判	先明确两个概念，入住职工比例＝入住职工人数/职工总数；入住率＝入住人数/疗养院总的床位数。明确这两个概念后，要化解“入住职工比例下降”和“入住率”上升的矛盾，可以从以下两个角度入手：①职工总数提高了，入住的绝对人数增多；②可住的床位变少了。	
选项	**解释**	**结果**
A	指出了职工总数增加，那么即便入住职工比例下降，有可能入住绝对人数增多，从而带来入住率的上升，可以解释。	淘汰
B	指出了“第一次对外开放”，既然对外开放，那么即便入住职工比例下降，也可能有社会人士来此疗养，从而增加入住率，可以解释。	淘汰
C	客房总数不变，而单人间和双人间的比例上升，那么多人间的比例会随之下降，就会导致客房总床位数变少，从而导致入住率上升，可以解释。	淘汰
D	部分客房改为保健室和娱乐室，也说明了客房总的床位数变少，从而导致入住率上升，可以解释。	淘汰
E	与矛盾点 1 产生冲突，无法解释。如果设施质量提高，增加了对疗养者吸引力，那么按理说入住职工占全体职工的比例应该上升才对。	正确

4. 答案 C

	解题步骤
第一步	确定题型，本题属于“推理漏洞题”。题干表述使用形式语言，故可优先采用第 4 招（矛盾变形）来分析推理结构，寻找漏洞。
第二步	整理题干推理。前提：①李明像绝大多数资深的逻辑学教师一样，熟悉哥德尔的完全性定理和不完全性定理；②绝大多数不是资深的逻辑学教师的人并不熟悉这些定理。→结论：李明极有可能是一位资深的逻辑学教师。

（续）

解题步骤	
第三步	为更好指出漏洞，特作图说明： 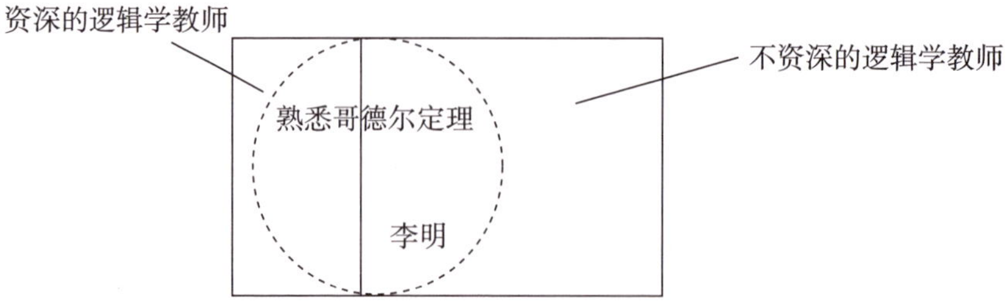 题干从李明像大多数资深的逻辑学教师一样“熟悉定理（看作 P）”，得出李明是资深的逻辑学教师（看作 Q），由图可知，显然漏洞是存在有的熟悉定理的不是资深的逻辑学教师，因此答案选 C。考生可参考第 4 招（矛盾变形）来加强理解本题。

5. 答案 **E**

题干信息	支持题。根据结构词“所以”“引入……有助于减少”可确定题干论证的重点在结论处，且结论为“方法可行”结构。可采用第 17 招（特殊结构——方法可行）分析。 论证关系：重新引入对销售该设备的严格限制（方法）→减少 L 国的盗窃发生率（目的）。	
解题预判	要支持题干论证，首选思路为方法有效，指出确实可以减少 L 国盗窃发生率，紧扣目的。	
选项	**解释**	**结果**
A	扩大了论证范围。该项说的是“总体犯罪率”，题干论述仅是“盗窃发生率”。	淘汰
B	无态度选项。即便得到了广泛支持，是否能够达到“减少盗窃发生率”的目的呢？	淘汰
C	该项依然无法说明此法是否可达到“减少盗窃发生率”的目的。	淘汰
D	无法支持。“更严厉的惩罚”这种方法没用，无法说明题干“引入对拆锁设备的严格限制”这种方法有用。	淘汰
E	方法有效。该项说明了之前合法购置的拆锁设备很快无法使用，再加上现在对拆锁设备进行严格限制，就可以确保盗窃发生率的降低，确保达到目的。	正确

6. 答案 **C**

解题步骤	
第一步	推论题，先梳理题干关键信息。 ①直到最近培育出此种棉花的长纤维品种后，它们才具备了机纺的条件，才具有了商业价值。 ②由于此种棉花不需要染色，加工企业就省去了染色的开销，并且避免了由染色工艺流程带来的环境污染。
第二步	解题预判：①句中的第一个“才”说明了长纤维品种是机纺的必要条件，也就是说短纤维的棉花只能手纺，Ⅱ正确。①句中的第二个“才”说明了机纺是具有商业价值的必要条件，即只能手纺的棉花不具有商业价值，Ⅰ正确。 Ⅲ的结论是推不出的，根据②可知这只能避免由染色工艺流程带来的环境污染，至于其他流程是否会污染，未知。因此，该项推不出。 故本题选 C。

7. 答案 C

	解题步骤	
第一步	确定题型，本题属于“数据分析题”。	
第二步	整理题干信息： ①左撇子的人比右撇子的人更经常患有免疫功能失调症，比如过敏。 ②左撇子往往在完成由大脑右半球控制的任务上比右撇子具有优势，并且大多数人的数学推理能力都受到大脑右半球的强烈影响。即：左撇子数学推理能力比右撇子强。	
选项	**解释**	**结果**
A	题干仅仅知道左撇子的人中患有过敏或其他免疫功能失调症的人比例要大，题干是一个相对量，患有过敏或其他免疫功能失调症的人中左撇子多还是右撇子多，还需要看左撇子和右撇子的总人数多少。试想即便左撇子100%都患有过敏或其他免疫功能失调症，而右撇子只有10%患有过敏或其他免疫功能失调症，但左撇子只有一个人，右撇子有一万人，那还是右撇子患有过敏或其他免疫功能失调症的人多。	淘汰
B	无法推出。	淘汰
C	该选项是一个相对量（比例），可优先考虑，证明方法如下： 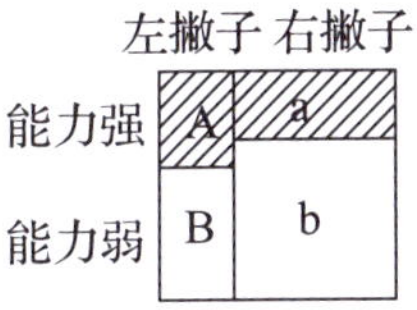 $\frac{A}{A+a}>\frac{B}{B+b}$	**正确**
D	题干并未涉及患有过敏症的人中有多大比例的人擅长数学，所以无法得出结论。	淘汰
E	无法比较数学推理能力不寻常地好的人和患有过敏等免疫功能失调症的人谁的比例更大。	淘汰

8. 答案 B

题干信息	整理题干论证：性别平等程度越高（因）→女性选择数学和科学的可能性越小（果）。	
解题预判	本题采用第17招（特殊结构——因果关系）分析选项。B选项指出“因果无关”，直接割裂题干的论证关系，削弱力度最强。	
选项	**解释**	**结果**
A	选项指出“存在他因”，即：教授课程的方式→女性不选择数学和科学等课程，有削弱的作用。	淘汰
C	选项指出“性别平等程度和寻找高薪工作的难度→女性选择数学和科学”，有削弱的作用（考生注意，由于此时无法排除“性别平等程度→女性选择数学和科学”的可能性，故该项削弱力度极弱）。	淘汰
D	题干论证对象为“大学毕业生”，而选项论证对象为“高中生”，由于论证对象不一致，故选项与题干论证无关。	淘汰
E	选项指出“无因有果”，削弱了题干论证，但力度弱于B。	淘汰

9. 答案 A

题干信息	前提：发生事故时，司机都存在酒后驾驶或疲劳驾驶的情况。 结论：汽车的设计不存在缺陷。	
选项	解释	结果
A	选项不涉及题干的论证关系，考生注意“安全性能良好”≠“设计不存在缺陷”，并且“公司宣称”的内容和实际情况是否有出入也不得而知，因此选项不能支持。	正确
B	选项直接支持题干论证的背景信息，支持力度有限。	淘汰
C	选项指出酒后驾驶和疲劳驾驶会严重影响司机，进而可能会导致交通事故，故可以支持。	淘汰
D	选项直接支持题干论证的结论，支持力度有限。	淘汰
E	选项直接支持题干论证的结论，支持力度有限。	淘汰

10. 答案 B

题干信息	整理题干论证：环境差（前提差）→肿瘤差（结果差）。	
选项	解释	结果
A	选项指出“他差”，即：纷争和挑战差→肿瘤差。有削弱的作用。	淘汰
B	选项“补同”，即指出“前提差唯一”，支持力度最强。	正确
C	选项指出“他差”，即：激素差→肿瘤差。有削弱的作用。	淘汰
D	选项指出“他差”，即：肾上腺素差→肿瘤差。有削弱的作用。	淘汰
E	选项指出“他差”，即：睡眠状态差→肿瘤差。有削弱的作用。	淘汰

11. 答案 D

解题步骤	
第一步	整理题干论证。前提：网贷平台的贷款额度下降。→结论：“双十一”活动的未来销售额下降。
第二步	分析题干论证。前提强调“网贷额度”，而结论强调“销售额”，故此时需要搭桥，建立“网贷额度”和“销售额”之间的关系，D 选项恰好符合搭桥建立关系的思路，故答案选 D。

12. 答案 B

题干信息	前提：不同群落雄性园丁鸟构筑凉棚的建筑和装饰风格不同。 结论：雄性园丁鸟的筑巢风格是后天习得的，而不是基因遗传的。	
选项	解释	结果
A	“共同特征多于区别”，无法确定是“后天习得”，还是“基因遗传”。	淘汰
B	幼年观看老年构筑凉棚，说明构筑凉棚不是雄性园丁鸟天生的，而是后天习得的，支持结论。	正确
C	未提及本题的核心论证“雄性园丁鸟”，“构筑凉棚”与论证无关。	淘汰
D	未提及本题的论证对象“雄性园丁鸟”，与论证无关。	淘汰
E	题干未涉及“一些鸣禽的鸣唱方法”，选项也未涉及“雄性园丁鸟”，属无关选项。	淘汰

13. 答案 B

题干信息	题干论断：手机比电脑对人体健康伤害更大。	
选项	解释	结果
A	选项不涉及“手机比电脑……”，不能削弱。	淘汰
B	选项直接说明电脑比手机更伤人，直接削弱结论。	正确
C	选项不涉及“手机比电脑……”，不能削弱。	淘汰
D	选项不涉及“手机比电脑……”，不能削弱。	淘汰
E	选项不涉及“手机比电脑……”，不能削弱。	淘汰

14. 答案 B

解题步骤	
第一步	本题给出的条件都为假言条件，未出现确定信息，且明显假言存在公共项，可以串联。故优先考虑第 2 招（串联递推）的思路。
第二步	将题干信息公式化，串联可得： 提升教学质量→提高师资质量→加强培训→激励机制∧考核机制→打破传统观念束缚 观察可见：B 项对上述推理取了逆否等价，为正确答案。 解题技巧：否定表达的选项优先验证。但是 D 项否定了教学质量，无法继续否定后件。

15. 答案 D

解题步骤	
第一步	本题为对应匹配题目，并未出现确定信息，但出现了条件（4）“或”形式的条件。故优先考虑第 9 招（剩余思想，将不确定转确定）的思路，将该条件转化为确定信息。
第二步	由（4）可得：其他人不品尝“素食拼盘”，代入（2）可得：黄和陈都不品尝“麻辣火锅”，再代入（1）得到：杨品尝“烤肉串”且“甜品拼盘”，再代入（3）可得：林只品尝“麻辣火锅”，最后代入（4）可得：陈品尝“素食拼盘”。因此 D 为正确选项。

16. 答案 D

解题步骤	
第一步	本题属于真话假话题型，观察发现，题干给出了确定的真假个数（各人意见都恰有一半正确：每人 4 真 4 假×4 个人＝16 真 16 假），题干条件均用日常语言表达，条件之间无明显的真假关系，但存在重复的元素，故可优先采用第 8 招（以“重复元素”为突破口（确定真假））进行解题。
第二步	观察题干，题干每行均提到了 8 个景点，均无明显关系。因此，观察每列，优先考虑重复项，第一列中重复最多的是“香山”，若是“香山”则甲和丙回答正确，其他人均错误；若是“天安门”则只有乙回答正确，因此只有一人回答正确。
第三步	根据上一步可知，重复最多则为正确可能性最多的情况，可优先考虑。故第一个重复项为香山，有 2 人提到，则最多 2 个正确；同理，第二个重复项为天坛，有 2 人提到，则最多 2 个正确；第三个重复项为鸟巢，有 2 人提到，则最多 2 个正确；第四个重复项为故宫，有 3 人提到，则最多 3 个正确；第五个没有任何重复，若其中一人正确，其他三人均错误，则最多 1 个正确；第六个重复项为长城，有 2 人提到，则最多 2 个正确；第七个重复项为天安门，有 2 人提到，则最多 2 个正确；第 8 个重复项为动物园，有 2 人提到，则最多 2 个正确。

（续）

解题步骤	
第四步	综上，上述 8 个景点最多正确的个数为：2 个+2 个+2 个+3 个+1 个+2 个+2 个+2 个 = 16 个，刚好等于题干的真假个数，则说明要想满足题干需要让重复项均正确。
第五步	8 个景点先后顺序为：香山、天坛、鸟巢、故宫、（　　）、长城、天安门、动物园。只有颐和园没有提到，故第五个为颐和园，丙说对了。故正确答案选 D。

17. 答案 D

解题步骤	
第一步	观察题干特征，锁定技巧。题干属于“形式语言”表述，并且问题求解“不可能符合上述断定=一定为假”，故可采用第 4 招（矛盾变形）进行解题。
第二步	符号化题干条件： ①游玩阳光港→游玩欢乐时光； ②游玩金矿镇 ∨ 游玩飓风湾； ③不游玩香格里拉 ∨ 不游玩飓风湾； ④游玩欢乐时光→游玩香格里拉。
第三步	联合①②③④可推得：游玩阳光港（P1）$\xrightarrow{①}$ 游玩欢乐时光（Q1/P2）$\xrightarrow{④}$ 游玩香格里拉（Q2/P3）$\xrightarrow{③}$ 不游玩飓风湾（Q3/P4）$\xrightarrow{②}$ 游玩金矿镇（Q4）。
第四步	寻找假言判断的矛盾，即“P ∧ ¬ Q”的选项，考生可优先验证含有“首”和“尾”，同时符合“P”和“¬ Q”的选项，即 D 选项。D 选项 = P1 ∧ ¬ Q4，与题干信息矛盾，一定为假，故答案选 D。

18. 答案 D

19. 答案 A

解题步骤	
第一步	观察题干特征，锁定技巧。问题中存在单件“P”表述的确定信息，故可采用第 6 招（“题干确定”一马当先）进行解题。
第二步	符号化题干条件： ①狗吃得最多→两只猫之间便会和平 ∧ 两只猫都会与狗发生战争； ②狗吃得最少→两只猫会发生战争 ∧ 狗与两只猫都和平； ③白猫吃得比黑猫多→狗与黑猫和平； ④黑猫吃得比白猫多→狗与黑猫发生战争； ⑤三只动物吃得都不一样多。
第三步	第 18 题问题中的确定信息为“狗与黑猫发生战争”，将之代入到②③可推得：狗与黑猫发生战争 $\xrightarrow{②③}$ 白猫吃得不比黑猫多 ∧ 狗吃得不是最少。由于⑤“三只动物吃得都不一样多”，所以黑猫吃得比白猫多，因此，黑猫吃得比白猫多+狗吃得不是最少，分析可知：白猫吃得最少。故第 18 题答案选 D。
第四步	第 19 题问题中的确定信息为“狗与黑猫和平”，将之代入到①④可推得：狗与黑猫和平 $\xrightarrow{①④}$ 狗吃得不是最多 ∧ 黑猫吃得不比白猫多。由于⑤“三只动物吃得都不一样多”，所以白猫吃得比黑猫多，因此，白猫吃得比黑猫多+狗吃得不是最多，分析可知：白猫吃得最多，即白猫吃得不可能比狗少。故第 19 题答案选 A。

20. 答案 B

解题步骤	
第一步	本题属于排序题型，由于问题给出确定的附加条件“庄聪在星期二工作”，故可优先采用第 6 招（“题干确定”一马当先）进行解题。
第二步	将问题中的附加条件“庄聪在星期二工作”代入条件（2）可推知孔智在星期三工作，再代入条件（4）可推知墨灵在周六工作；联合（1）由于孟睿到韩敏之间间隔 2 天可推知，孟睿只能在星期一，而韩敏在星期四工作；再联合（3）可知，荀慧只能在星期五工作。整理顺序如下： 星期一：孟睿；星期二：庄聪；星期三：孔智；星期四：韩敏；星期五：荀慧；星期六：墨灵 比对选项，答案选 B。

星期一	星期二	星期三	星期四	星期五	星期六
孟睿	庄聪	孔智	韩敏	荀慧	墨灵

21. 答案 B

解题步骤	
第一步	由于问题给出确定的附加条件“墨灵在星期五工作”，故可采用第 6 招（“题干确定”一马当先）进行解题。
第二步	将问题中的附加条件“墨灵在周五工作”代入条件（4）可推知，孔智不在星期三工作；联合（2）可得，庄聪在星期三工作。再联合（1）由于孟睿到韩敏之间间隔 2 天，因此孟睿和韩敏两人只能在星期一、星期四工作，即孟睿在星期一、韩敏在星期四。再联合（3）可得：荀慧不在星期六，故荀慧在星期二，孔智在星期六。列表如下： 比对选项，答案选 B。

星期一	星期二	星期三	星期四	星期五	星期六
孟睿	荀慧	庄聪	韩敏	墨灵	孔智

22. 答案 D

题干信息	观察题干特征，锁定技巧。观察题干属于“表格类确定信息”，并且选项大多为假言判断表述，“P 位”属于特例表达，故可优先采用逐个验证选项进行解题。	
选项	**解释**	**结果**
A	由表可知，电脑Ⅲ的重量超过了 2kg，但没用“i”系处理器，淘汰。	淘汰
B	由表可知，电脑Ⅴ既没有超过 13.3 英寸的屏幕，功率又不超过 80W，淘汰。	淘汰
C	由表可知，电脑Ⅰ的显卡为“RTX”系列，但功率没超过 100W，淘汰。	淘汰
D	选项与题干中的信息相符合，为正确答案。	**正确**
E	由表可知，电脑Ⅴ没有使用“RTX”显卡，但电脑尺寸没超过 12.6 英寸，淘汰。	淘汰

23. 答案 E

题干信息	①丁□甲（跨度=3）； ②丙□□乙（跨度=4）； ③戊第二个完成（确定信息）。
第一步	本题属于排序题型，题干中虽存在确定信息，但无法直接代入其他条件，故优先考虑“跨度最大”的条件入手。

（续）

第二步	联合②③可知，丙和乙有两种可能的位置：（1）丙第一、乙第四；（2）丙第三、乙第六。由于出现了两种可能的位置，故可考虑第 13 招（假设无矛盾，考虑分情况）的思路。 （1）若丙第一、乙第四，结合①可知，丁第三，甲第五，此时有 5 人的位置已确定，故根据剩余法可知，己第六。 （2）若丙第三、乙第六，此时无法满足①丁和甲隔着一个工作，故此种可能排除。 整理上述信息，己第六个完成，故正确答案选 E。

24. 答案 A

题干信息	①丁□甲（跨度=3）； ②丙□□乙（跨度=4）； ③甲和乙不相邻。
第一步	由于题干和附加条件中没有确定信息，故可从“跨度最大”的条件入手做假设。
第二步	根据②可知，丙和乙有三种可能的位置：（1）丙第一、乙第四；（2）丙第二、乙第五；（3）丙第三、乙第六。 （1）若丙第一、乙第四，根据①可知，丁第三，甲第五，此时甲和乙相邻，故此种可能性排除。 （2）若丙第二、乙第五，根据①可知，丁第一，甲第三，此种可能性与题干条件均不矛盾。或丁第四，甲第六，此时甲乙相邻，排除。 （3）若丙第三、乙第六，根据①可知，丁第二，甲第四，此种可能性与题干条件均不矛盾。
第三步	观察可能性（2）和（3），此时甲均在乙之前。故甲一定在乙之前，答案选 A。考生可参考第 13 招（假设无矛盾，考虑分情况）中的相关内容。

25. 答案 E

解题步骤	
第一步	题干既有“所有”，又有“有的”，考虑第 3 招（“有的”串联）的思路。 整理题干条件： ①会计师→思维强大→处事严密； ②有的会计师→善于设计； ③有的艺术家→善于设计； ④艺术家→处事不严密。
第二步	①+②，有的善于设计→会计师→思维强大→处事严密； ③+④，有的善于设计→艺术家→处事不严密。 分析选项，A、B、C、D 都可由上述推理得到。
第三步	①+④可得：会计师→思维强大→处事严密→非艺术家，即：所有会计师都不是艺术家，E 项表达与其是矛盾关系，本题选 E。

26. 答案 E

题干信息	①黄茶在 2 号∨4 号； ②白茶在 3 号→绿茶在 5 号； ③红茶在 1 号∨2 号=黑茶在 5 号； ④黄茶不在 4 号； ⑤边界条件：每个盒子只装 1 种茶叶，每种茶叶只装在 1 个盒子里。

（续）

第一步	本题属于“对应题”中的补前提题型，是最近几年考查的重点题型。题干存在假言条件，故优先验证含有“肯定P”或“否定Q”的选项。
第二步	联合①④可得，黄茶在2号；此时即可快速排除C、D选项。分析剩余选项，E项黑茶装在5号盒子中，那么绿茶一定不在5号，恰好符合条件②的“否定Q位”，可优先验证。将之当作“确定信息”，结合其他条件推理：若黑茶在5号，根据③可推得，红茶在1号∨2号，联合①④进一步可知黄茶在2号、红茶在1号。将“黑茶在5号”代入到②中可得白茶不在3号，故白茶在4号，根据剩余法思想可知绿茶在3号。满足问题的要求确定绿茶装在3号盒子中。故正确答案选E。

27. 答案 D

解题步骤	
第一步	分析题干信息。本题采用第17招（特殊结构——方法可行）分析选项。题目中的方法基于微生物群落与古代人类活动之间的相关性。选项D直接说明古代人类迁徙会携带特定微生物群落，且这些微生物群落能在新定居点的遗迹中被检测到，直接支持了方法的可行性。
第三步	分析选项。选项C提到微生物群落的遗传特征可以被精确分析并长期保存，虽然支持了技术可行性，但与微生物群落与人类迁徙的直接关联性相比，支持力度稍弱。选项A和B提及微生物群落的遗传特征和地域特征，但未直接关联到人类迁徙。选项E提到其他研究方法的成功案例，但与微生物群落方法的直接关联性较低。

28. 答案 E

解题步骤		
第一步	观察题目特征，锁定技巧。问题要求“推理结构最相似”的选项作为正确答案，故可采用第5招（结构比较）进行解题。	
第二步	整理题干推理结构：A∧B→C，¬C，因此¬A∨¬B。	
第三步	分析选项，寻找与题干推理结构一致的选项作为正确答案。	
选项	**解释**	**结果**
A	选项推理形式为：A∧B→C，¬B，因此¬A∨¬C。与题干推理不一致。	淘汰
B	选项推理形式为：A∧B→C，¬C，因此¬B。与题干推理不一致。	淘汰
C	选项推理形式为：A∧B→C，¬C，因此¬A∧¬B。与题干推理不一致。	淘汰
D	选项推理形式为：A∧B→C，D，因此¬A∨¬B。与题干推理不一致。 （考生注意：“必须受到查处”和“受到查处”并不是相同的概念，前者表示发生的概率，后者表示实际发生的事实，并不一致）	淘汰
E	选项推理形式为：A∧B→C，¬C，因此¬A∨¬B。与题干推理一致。	正确

29. 答案 A

题干信息	①5部电影中，每家影院只放映3部电影（每个电影院放映3部电影，有2部电影不放映）。 ②放映《纸飞机》→不能放映《山河》。 ③丁影院放映《山河》∨《岁月》→甲影院放映《山河》∧《岁月》。 ④丁影院放映《极寒之城》→戊影院放映《岁月》∧《极寒之城》∧《呼吸之野》。 ⑤《纸飞机》∨《山河》∨《岁月》至少有2部电影在甲影院放映→乙影院放映《纸飞机》∧《山河》∧《岁月》。

（续）

<table>
<tr><td>第一步</td><td>本题属于对应题型。由于本题没有确定信息，故此时可以优先考虑采用第 8 招（以“重复元素”为突破口）进行解题，即从重复出现的信息《纸飞机》和《山河》入手。</td></tr>
<tr><td>第二步</td><td>根据②，并结合①③④⑤进行推理：乙影院不能同时放映《纸飞机》和《山河》$\xrightarrow{⑤}$《纸飞机》∨《山河》∨《岁月》至多有 1 部在甲影院放映→甲影院不放映《山河》∨甲影院不放映《岁月》$\xrightarrow{③}$丁影院不放映《山河》∧丁影院不放映《岁月》$\xrightarrow{①}$丁影院放映《纸飞机》∧《极寒之城》∧《呼吸之野》→丁影院放映《极寒之城》$\xrightarrow{④}$戊影院放映《岁月》∧《极寒之城》∧《呼吸之野》。</td></tr>
<tr><td>第三步</td><td>由上述推理链条可知，戊影院放映《岁月》∧《极寒之城》∧《呼吸之野》，此时戊已放映 3 部电影，根据①可知，戊影院不放映《纸飞机》和《山河》，故答案选 A。</td></tr>
</table>

30. 答案 C

<table>
<tr><th colspan="2">解题步骤</th></tr>
<tr><td>第一步</td><td>由上一题可得“《纸飞机》∨《山河》∨《岁月》至多有 1 部在甲影院放映”，结合①可知，甲影院一定会放映《极寒之城》和《呼吸之野》，再联合上一题的推理结果，可列表如下：
<table>
<tr><th></th><th>《纸飞机》</th><th>《山河》</th><th>《岁月》</th><th>《极寒之城》</th><th>《呼吸之野》</th></tr>
<tr><td>甲影院</td><td></td><td></td><td></td><td>√</td><td>√</td></tr>
<tr><td>乙影院</td><td></td><td></td><td></td><td></td><td></td></tr>
<tr><td>丙影院</td><td></td><td></td><td></td><td></td><td></td></tr>
<tr><td>丁影院</td><td>√</td><td>×</td><td>×</td><td>√</td><td>√</td></tr>
<tr><td>戊影院</td><td>×</td><td>×</td><td>√</td><td>√</td><td>√</td></tr>
</table>
（每行对应 3√）</td></tr>
<tr><td>第二步</td><td>由于本题中给出的附加条件“没有电影可以在所有影院都放映”，无法直接代入题干进行推理，故此时可借助“√”数量进一步分析表格，进一步推理。</td></tr>
<tr><td>第三步</td><td>分析上述表格可知，乙和丙两家影院均放映 3 部电影，故乙和丙的对应关系应该是 6 个√和 4 个×；根据②，由于放映《纸飞机》的影院不放映《山河》，故针对乙影院和丙影院这两行，《纸飞机》和《山河》的放映情况有两种可能：
（1）《纸飞机》和《山河》都不放映（此时 4 个×）；
（2）两部电影一个放映一个不放映，即至少有 2 个×。
由于没有电影可以在所有影院都放映，故针对乙影院和丙影院这两行，《极寒之城》和《呼吸之野》的放映情况有三种可能：
（1）两部电影分别在两个影院中放映（2 个×）；
（2）两部电影在其中一个电影院都不放映（2~3 个×）；
（3）两个电影院均不放映上述两部电影（4 个×），即至少有 2×。
此时利用剩余思想，已经确定了 4 个×的位置，那么剩余的都是√，即乙影院和丙影院都放映《岁月》。此时的对应关系如下表：
<table>
<tr><th></th><th>《纸飞机》</th><th>《山河》</th><th>《岁月》</th><th>《极寒之城》</th><th>《呼吸之野》</th></tr>
<tr><td>甲影院</td><td></td><td></td><td></td><td>√</td><td>√</td></tr>
<tr><td>乙影院</td><td colspan="2" rowspan="2">至少 2×</td><td>√</td><td colspan="2" rowspan="2">至少 2×</td></tr>
<tr><td>丙影院</td><td>√</td></tr>
<tr><td>丁影院</td><td>√</td><td>×</td><td>×</td><td>√</td><td>√</td></tr>
<tr><td>戊影院</td><td>×</td><td>×</td><td>√</td><td>√</td><td>√</td></tr>
</table>
故答案选 C。</td></tr>
</table>

逻辑模拟试卷（十三）答案与解析

1	2	3	4	5	6	7	8	9	10
C	B	A	D	B	D	C	C	C	E
11	12	13	14	15	16	17	18	19	20
C	A	D	E	B	B	B	A	D	E
21	22	23	24	25	26	27	28	29	30
C	D	B	E	C	B	B	D	B	C

1. 答案 **C**

解题步骤	
第一步	分析题干信息。题目中的矛盾现象是健康生活方式普及率上升，但肥胖率和慢性病发病率却上升。
第二步	解题预判。选项 C 指出现代社会的工作压力和快节奏生活导致许多人难以避免不健康的饮食和久坐习惯，解释了为何健康生活方式的推广未能有效降低肥胖率和慢性病发病率。
第三步	分析选项。选项 A、B、D、E 虽然提供了一定的解释，但 C 选项更直接地解释了矛盾现象的根源。

2. 答案 **B**

题干信息	支持题。找到考古学家猜想：蒙科云城的破坏是这个地区公元 365 年的一次地震所致，根据“所致”可确定该猜想为因果关系结构。可采用第 17 招（特殊结构——因果关系）识别选项。 因果关系：公元 365 年的一次地震（因）→蒙科云城的破坏（果）。	
解题预判	因果关系支持题首选思路是保障因果，所以观察哪个选项保障了“公元 365 年的地震”和“蒙科云城破坏”二者的关系。	
选项	**解释**	**结果**
A	未提及地震和蒙科云城的破坏，该项与题干因果关系无关。	淘汰
B	蒙科云城废墟以公元 365 年为界限，废墟里有公元 365 年之前的铸币，却没有公元 365 年之后的铸币，该项说明蒙科云城确是在公元 365 年被破坏。建立了“公元 365 年的地震”和“蒙科云城破坏”的关系，有力支持了题干的因果关系。	**正确**
C	该项仅指出了公元 365 年前后有地震，但是无法证明蒙科云城是被地震破坏，无法支持。	淘汰
D	均与题干的因果关系无关。	淘汰
E	均与题干的因果关系无关。	淘汰

3. 答案 A

题干信息	解释题。先回文定位科学家的困惑：地球可通过板块构造运动产生的火山喷发释放内部热量，而金星却没有这种现象。	
解题预判	此题要解释的困惑本质上就是金星和地球的差异，因此选项必须也要从金星和地球的差异入手来解释（结构一致原则），且必须态度明确地指示出金星为什么没有板块构造运动造成的火山喷发现象。	
选项	**解释**	**结果**
A	该项指出了金星和地球的差异"外壳比地球薄"，且明确提到了"便于内部热量向外释放"，既符合结构一致原则，也态度明确地说明了金星不易出现火山喷发的原因。	**正确**
B	首先，该项没有出现金星和地球的比较；其次，也未提到"热量释放"，无法解释。	淘汰
C	无关项。该项未提到是否会"热量释放"，无法解释。	淘汰
D	态度不明确，无法解释。该项只是指出了金星曾经有过更剧烈的温度波动，但并未明确指出是否会喷发，或者如何释放热量，不能解释。	淘汰
E	迷惑性较强。注意：熔岩性质稳定，不易喷发，不代表一定不喷发。但题干态度明确地提到了"金星从未出现过火山喷发现象"，因此该选项对题干的解释力度弱于 A 项。	淘汰

4. 答案 D

题干信息	支持题。根据结构词"导致"可确定专家的预测为"因果关系"结构。可采用第 17 招（特殊结构——因果关系）分析选项。 因果关系：3 种神经递质的浓度失衡（因）→抑郁症（果）。	
选项	**解释**	**结果**
A	无关项。该项指出了抑郁症对人的严重性，与题干因果关系无关。	淘汰
B	"因果倒置"的削弱。可能是抑郁症（果）导致了大脑内上述 3 种神经递质的浓度失衡（因）。	淘汰
C	该项指出的是抑郁症的高发人群，与题干因果关系无关。	淘汰
D	"无因无果"的支持。该项指出"研制药物平衡了 3 种神经递质浓度（无因），药物对治疗抑郁症起到作用（无果）"，保证了因果关系的相关性。	**正确**
E	无关项。该项指出的是抑郁症会导致什么危害，与题干因果关系无关。	淘汰

5. 答案 B

	解题步骤
第一步	评价题。先明确"正方"和"反方"的态度及论证结构。 正方的结论显然是支持"安乐死合法化"。而"但是"后面内容给出了支持"安乐死合法化"的论据，即不能设想干任何事都排除所有风险。"让我提一个问题……"又对前面论据用"汽车"的例子进行了佐证，即"即便把汽车时速限制为不超过自行车会使交通事故率降为零，也不可这样做（不可因噎废食）"。
第二步	正方论证关系：即便把汽车时速限制为不超过自行车会使交通事故率降为零，也不可这样做（不可因噎废食）→不能设想干任何事都排除所有风险→安乐死应当合法化。 其论证本质为：汽车带来的便利远大于其事故风险，即便有风险，若收益更大，也不能因噎废食地限制其车速不超过自行车，即无法做事情排除所有风险，"安乐死合法化"就是这个道理，所以即便有风险，也应当支持。

（续）

解题步骤	
第三步	反方看似想削弱正方论证，而实际上却也认为：如果汽车行驶得和自行车一样慢，汽车就无意义了。 根据上述论证关系的梳理可发现，反方实际上支持了正方的关于“汽车”的论据，认为若限制汽车车速不超过自行车，就会弊大于利，就无意义了，就支持了“不能设想做任何事情都排除风险”这个观点，双方态度是一致的。因此选 B。
第四步	注意 D 和 E 两个选项。 D 项，反方的言论依然是在正方论证关系内，支持了正方的论据，并没有提出新的论题，所以并没有离开正方论题。 E 项，反方仅是在正方的论证关系内做评价，并未对正方的身份、地位、年龄等进行攻击，何谈“人身攻击”呢？

6. 答案 D

题干信息	可采用第 15 招（梳理关系，紧盯概念）识别正确选项。 论证关系：即便把汽车时速限制为不超过自行车会使交通事故率降为零，也不可这样做→不能设想干任何事都排除所有风险→安乐死应当合法化。 题干正方以“汽车”的例子指出不可因噎废食（汽车带来的便利远大于其事故风险），因此只要事情有价值，即便有风险，只要收益大，就该支持，所以要支持安乐死合法化。 注意：由于此题为多选项的假设题，可采用“加非验证法”分析选项。	
选项	**解释**	**结果**
Ⅰ	加非验证，若“实施安乐死带来的收益小于可能产生的风险损失”，那么正方论证的论据就难以成立，“安乐死合法化”这件事情就弊大于利，无法支持了。所以Ⅰ必须成立，才可支持正方的结论。	必须假设
Ⅱ	加非验证，若“尽可能地延长病人的生命是医疗事业的绝对宗旨”，那么“安乐死合法化”这种提前结束病人寿命的方法就显然违背了这一宗旨，就不应该被支持了。	必须假设
Ⅲ	反方辩友反对“安乐死合法化”的根据主要是在什么条件下方可实施安乐死的标准不易掌握，可知该项是反方观点，正方无须假设。	无须假设

7. 答案 C

解题步骤	
第一步	解释题。先明确要解释的现象：在新开通网上银行业务的人群中开展宣传和促销活动。但是三个月后，效果并不理想。
第二步	解题预判：在解释该现象时，有 3 个点需要注意：①人群为“新开通网上银行业务的人”；②时间是“三个月后”；③往往需要引入“他因”。这样即可迅速锁定 C 项。 C 项指出了并不是该方法完全无效，而是需要时间，这就呼应了题干中的“三个月”，该项对上述结果进行了有效的解释。
第三步	A 项、B 项，题干已经说明是在新开通网上银行业务的人群中开展宣传和促销活动，而此两项说明的是消费者对于开通网上银行态度谨慎，无法解释题干现象。 D 项，态度不明确。即便是必须有特色才能打动消费者的心，那么新开通网上银行业务的人所关注“网上商店”是否有特色呢，以及是否是这个原因导致效果不理想呢？态度不明确，无法解释。 E 项，同 D 项一样，态度不明确。

8. 答案 C

题干信息	因：缺乏睡眠。→果：使人变得肥胖。	
选项	解释	结果
A	选项指出存在他因的削弱，说明由于糖尿病造成肥胖。	淘汰
B	选项没有明确指出“肥胖”，故支持力度弱。	淘汰
C	选项属于“补同”的思路，指出在饮食和运动习惯方面相同，那么导致肥胖的差异的原因就是睡眠时间的差异，支持力度最强。	正确
D	选项没有明确指出“肥胖”，故支持力度弱。	淘汰
E	选项没有明确指出“肥胖”，故支持力度弱。	淘汰

9. 答案 C

题干信息	前提：久坐的时间过长与大脑内侧颞叶缩小密切相关。→结论：久坐对人的记忆力产生影响。	
解题预判	本题采用第 15 招（梳理关系，紧盯概念），紧扣核心概念，锁定选项。C 选项直接搭桥建立关系，说明颞叶缩小与人的记忆力有关，符合题干隐含的假设。	
选项	解释	结果
A	久坐未必需要保证一定是“宅在家里”，上班的白领在办公室一样会“久坐”。	淘汰
B	选项割裂题干关系，很可能是帕金森病症导致了“记忆力衰退”和“颞叶缩小”，削弱。	淘汰
D	题干没有涉及年龄层次，不需要保证“久坐”对于年轻人记忆力的影响大于中老年人，考生试想，倘若是久坐对于中老年人记忆力的影响大于年轻人是否也可以呢？	淘汰
E	选项构建的论证关系是：年龄大→久坐→记忆力退化，说明是年龄大对记忆力退化的影响最大，而非久坐，削弱题干论证。	淘汰

10. 答案 E

题干信息	差异：陶器是完整的，而陶人是破碎的，二者存在差异。	
选项	解释	结果
A	选项削弱，不能解释，如果陶器都打碎，那么发现的陶器应该是碎片居多。	淘汰
B	选项不涉及二者之间的差异，不能解释。	淘汰
C	选项不涉及二者之间的差异，不能解释。	淘汰
D	制作的时间一样多，与题干“是否完整”无关，不能解释。	淘汰
E	选项直接指出差异，祭祀时打碎陶人是差异原因，能解释。	正确

11. 答案 C

题干信息	结论：阅读使人思想开放。
解题预判	本题采用第 16 招（把握态度，速选速行），锁定选项。C 选项说明阅读使得人们更偏执，禁锢了思想，直接削弱结论。

（续）

选项	解释	结果
A	成为诗人的思想一般是开放的，选项支持题干中的结论。	淘汰
B	不同的道理在脑子中打架，说明阅读使人思想开放，支持。	淘汰
D	将自己想象成书中的人物，说明阅读使人思想开放，支持。	淘汰
E	吸引了思想不太开放的粉丝的关注，说明阅读使人思想开放，支持。	淘汰

12. 答案 **A**

题干信息	根据结构词“导致”，可确定本题属于“因果关系”的论证结构。 长期独居，即单身（因）→心理问题，即社交能力逐渐退化，性格孤僻（果）。	
解题预判	本题采用第 17 招（特殊结构——因果关系）分析选项。A 选项直接指出“因果倒置”，削弱力度最强。	
选项	解释	结果
B	选项强调的是单身的原因，不涉及单身导致的结果，属于无关选项。	淘汰
C	选项强调的是单身的原因，不涉及单身导致的结果，属于无关选项。	淘汰
D	选项强调的是单身的原因，不涉及单身导致的结果，属于无关选项。	淘汰
E	选项属于“存在他因”的削弱，但没有否认“单身”的本因，削弱力度弱于 A。	淘汰

13. 答案 **D**

解题步骤	
第一步	要求解释赤麻鸭数量平均下降的速度远低于天鹅数量平均下降的速度，指出两者不同是最好的解释方式。
第二步	分析选项。A 选项是两者的不同，但每窝的数量差不能解释数量的差，因为平均每窝所需的时间等因素还没确定；B 选项是两者的同；C 选项说明赤麻鸭数量平均下降的速度远高于天鹅数量平均下降的速度，与题干矛盾；D 选项是两者的不同，且和题干话题最相关，为正确答案；E 选项同 C 选项。

14. 答案 **E**

题干信息	①回答时代和实践问题（P）→与中国实际结合（Q1）∧与传统文化结合（Q2）∧坚持唯物主义（Q3） ②推进马克思主义发展（P）→开展理论实践结合工作（Q）→人民至上（M1）∧自信自立（M2）∧守正创新（M3）	
选项	解释	结果
A	根据逆否等价公式，否定 M1 可以推出否定 P，推理正确。	淘汰
B	除非 Q2，否则非 P＝P→Q2，推理正确。	淘汰
C	非 P∨Q＝P→Q，推理正确。	淘汰
D	若要 P，除非 M3＝P→M3，推理正确。	淘汰
E	无法建立①中的 P 和②中的各个 M 的关系，推不出。	**正确**

15. 答案 B

题干信息	①甲∨丙。②乙∨戊。③不乙∨不丙。④不甲∨不丁。 ⑤戊不能参赛（确定信息）。⑥从 6 名学生中选 3 名。
第一步	观察题干发现，本题属于有确定信息的分组题，故可使用第 6 招（“题干确定”一马当先）进行解题。
第二步	将条件⑤代入题干信息： 戊不参赛 $\xrightarrow{②}$ 乙参赛 $\xrightarrow{③}$ 丙不参赛 $\xrightarrow{①}$ 甲参赛 $\xrightarrow{④}$ 丁不参赛。 整理推理结果： 不选戊，不选丙，不选丁，结合⑥可知，选甲、乙、己。 比对选项，B 选项为正确答案。

16. 答案 B

解题步骤		
第一步	观察题目特征，锁定技巧。问题要求“论证结构最相似”的选项作为正确答案，故可采用第 5 招（结构比较）进行解题。	
第二步	整理题干推理结构： 甲：A→B，¬ A→¬ B。乙：不对！C→D，C∧¬ D。	
第三步	分析选项，寻找与题干推理结构一致的选项作为正确答案。	
选项	解释	结果
A	甲：A→B，¬ A→¬ B。乙：不对！C→D，¬ C→¬ D。与题干推理不一致。	淘汰
B	甲：A→B，¬ A→¬ B。乙：不对！C→D，C∧¬ D。与题干推理一致。	正确
C	甲：A→B，¬ A→¬ B。乙：不对！C→D，D∧¬ C。与题干推理不一致。	淘汰
D	甲：A→B，¬ B→¬ A。乙：不对！C→D，C∧¬ D。与题干推理不一致。	淘汰
E	该选项“态度”和“态度不好”，“命运”和“命运不好”，“战略”和“战略好”，“决策”和“决策也不会好”之间不是矛盾概念，和题干结构不一致。	淘汰

17. 答案 B

解题步骤	
第一步	题干所给信息多为假言，未出现确定信息，并且假言可以串联。因此可迅速锁定第 11 招（假言串联，找矛盾）的思路。
第二步	（2）（3）可串联，得到：丁、丙至少一个未到丑→戊、甲都到丑→戊不到寅→甲、己、庚都到卯。 “甲到丑”和“甲到卯”自相矛盾，故（2）前件为假。 事实：丁、丙都到丑。
第三步	（3）（2）可串联，得到：甲、己、庚至少一个未到卯→戊到寅且丙到卯 。 “丙到卯”和“丙到丑”自相矛盾，故（3）前件为假。 事实：甲、己、庚都到卯。
第四步	又因为（1）每个子公司吸收 2~3 个部门，每个部门只能合并到一个子公司。 所以剩余的 乙、戊到寅。选 B。

18. 答案 A

解析	（1）+（3）+（2）可得：智能手机→智能手表∧非智能音箱→无人机→智能眼镜； （3）+（2）可得：非智能手机∨非智能音箱→无人机→智能眼镜 观察上面两条推理，发现，无论智能手机能否成为亮点，都可得到无人机和智能眼镜，选 A。 （考生可参考第 13 招（假设无矛盾，考虑分情况））

19. 答案 D

解析	此题给出了附加信息，且附加信息与数量相关。因此可结合题干假言与本题数量构造第 12 招（假言联动数量，找矛盾）的思路。 根据上题可知，无人机必然亮点，智能眼镜必然亮点。故此时成为亮点的数量还剩余 1。 假设智能手机成为亮点，结合（1）可知，智能手表也必然成为亮点，此时数量超出，故智能手机必然不成为亮点。 故选项 D 必然为假。

20. 答案 E

解题步骤	
第一步	观察题干特征，锁定技巧。题干和选项均为“假言判断”表述且题干条件无法有效串联，问题求解“确切表述李磊的看法=一定为真”，故可采用第 1 招（准确定位 P、Q）进行解题。
第二步	符号化题干条件： 所有食物安全导致的纠纷必然可以避免（P）→所有食品生产者都必然遵守食品安全的规定（Q）
第三步	由于题干为假言判断表述，问题求一定真，故可优先选择“→”和“∨”的形式，直接排除 C 选项。
第四步	题干表述为“两肯”，故优先验证“两否”或者“两肯”的结构，观察选项发现，D 选项的表述为“一肯一否”，故此时优先验证 A、B 和 E 选项。A 选项=¬ P→Q，否定 P 位时，无法有效推理；B 选项=¬ P→Q，否定 P 位时无法有效推理；E 选项=¬ P∨Q=P→Q，与题干推理一致，一定为真，因此答案选 E。

21. 答案 C

解题步骤	
第一步	观察题干，发现问题问“谁符合李娜的全部条件=谁是高个子、相貌英俊的博士”，即存在具体的指向，故可优先从以上条件进行切入进行解题。
第二步	问题求解“高个子、相貌英俊和博士”，故优先寻找涉及这 3 点的题干信息。 由②知王威和吴刚都是博士，再由条件①知只有 2 名博士，因此可知李强、刘大伟不是博士，故可快速排除 A 和 B 选项。 由③知刘大伟和李强身高相同，加上条件①“4 位男士中有 3 位高个子”，故可知刘大伟和李强不可能是矮个子，则他俩都是高个子。 由④可推得，既然李强是高个子，那王威一定是矮个子（注：涉及选言判断的含义，虽简单，但也要弄清楚），故可快速排除 D 和 E 选项，因此答案选 C。

22. 答案 D

解题步骤	
第一步	本题属于数据分析题型，由于题干中存在数据划分相关条件，故可优先考虑使用列表法进行解题。
第二步	根据题干划分标准可画表格如下： <table><tr><td></td><td>实习护士</td><td>实习医生</td></tr><tr><td>男性</td><td>X</td><td>Y</td></tr><tr><td>女性</td><td>Z</td><td>N</td></tr></table>
第三步	根据表格整理题干信息： ①X+Z=50，②Y+N=28，③X+Y=30，④Z+N=48。
第四步	观察题干信息，根据条件①和条件④可知： X+Z>Z+N，故可得 X>N，即实习男护士多于实习女医生。 D 选项为正确答案。

23. 答案 B

解题步骤		
第一步	观察题目特征，锁定技巧。题干属于"表格类确定信息"，并且选项为假言判断表述，"P 位"属于特例表达，故可优先采用逐个代入选项进行解题。	
第二步	观察发现选项均属于假言判断表述，故可将"P 位"当作事实，验证是否存在矛盾。	
选项	**解释**	**结果**
A	由表可知，80 后对于"医疗能力"的评分为 10 分，是五种能力评分中的最高分，故选项与题干信息符合，淘汰。	淘汰
B	由表可知，10 后相比 00 后与 90 后对于"娱乐场所"的评分更低，即评分为降低的趋势，故选项与题干信息并不符合，为正确答案。	正确
C	由表可知，任意年龄段的人对于"城市环境"的评分均在 6 以上，并且在五种能力评分中，均处于中上游的水平，故选项与题干信息符合，淘汰。	淘汰
D	由表可知，10 后对于"教育环境"的评分为 9 分，是五种能力评分中的最高分，故选项与题干信息符合，淘汰。	淘汰
E	由表可知，90 后和 00 后的人对于"娱乐场所"的评分均在 6 以上，并且在五种能力评分中，均处于中上游的水平，故选项与题干信息符合，淘汰。	淘汰

24. 答案 E

题干信息	①《喜剧之王》=周三； ②（《密室逃脱》）____（《流浪地球》）； ③《飞驰人生》<《白蛇：缘起》《流浪地球》； ④（《疯狂外星人》）｜（《白蛇：缘起》）； ⑤《疯狂外星人》=周五（确定信息）。
第一步	观察题干，发现本题属于有确定信息的排序题，并且问题处存在具体的指向，故可使用第 6 招（"题干确定"一马当先）进行解题。

（续）

第二步	将条件⑤代入条件④可知：《白蛇：缘起》在周四或者周六上演，故周日不会上演《白蛇：缘起》。 根据条件③可知：《飞驰人生》不会在周日上演。 根据条件①⑤可知：《喜剧之王》和《疯狂外星人》不会在周日上演。 根据排除剩余法可知，可能在周日上演的为《密室逃脱》《大黄蜂》和《流浪地球》，故 E 选项为正确答案。

25. 答案 **C**

题干信息	①《喜剧之王》=周三（确定信息）； ②（《密室逃脱》）____（《流浪地球》）； ③《飞驰人生》<《白蛇：缘起》《流浪地球》； ④（《疯狂外星人》）｜（《白蛇：缘起》）； ⑤《密室逃脱》｜《白蛇：缘起》。
第一步	观察题干，由于确定信息①无法直接代入题干进行推理，而题干条件均涉及“位置关系”，故可从“跨度最大的条件”入手进行解题。
第二步	联合条件③④⑤可知：《飞驰人生》<《密室逃脱》｜《白蛇：缘起》｜《疯狂外星人》《流浪地球》，此时这一序列跨度≥5。 由于《密室逃脱》《白蛇：缘起》《疯狂外星人》三部电影必须连续上演，即必须占据三个相邻的位置，故将上述长序列联合条件①可知，《密室逃脱》《白蛇：缘起》《疯狂外星人》《流浪地球》在周四~周日，《飞驰人生》在周一或者周二，因此 C 选项为正确答案。

26. 答案 **B**

	解题步骤	
第一步	题干属于“形式语言”表述，并且问题要求“不可能=一定为假”，故可采用第 4 招（矛盾变形）进行解题。	
第二步	将题干信息符号化： ①去农产品展区→去食品展区； ②去消费品展区→去汽车展区； ③去汽车展区→去服务贸易展区； ④去技术装备展区→去汽车展区； ⑤一共有农产品、食品、汽车、消费品、服务贸易、技术装备 6 个展区，并且小王至少去 3 个展区。	
第三步	观察发现，题干条件虽然可以进行串联，但无法得出确定结果，正向推理困难；而问题求解“一定为假”，选项是确定的表述，故只能逐一验证选项是否与题干存在矛盾。	
选项	**解释**	**结果**
A	若只去汽车展区、服务贸易区、食品展区、消费品展区，此时与题干信息均不产生矛盾，故选项可能为真。	淘汰
B	若不去汽车展区且不去农产品展区，则结合条件②和④可知不去技术装备产区也不去消费品展区，此时已有四个展区不去，与条件⑤矛盾，故选项一定为假。	**正确**
C	若不去食品展区且不去消费品展区，则结合条件①可知不去农产品展区，此时与题干信息不产生矛盾，故选项可能为真。	淘汰

（续）

选项	解释	结果
D	若去服务贸易区和汽车展区，此时与题干信息均不产生矛盾，故选项可能为真。	淘汰
E	若只去汽车展区、服务贸易展区、农产品展区和食品展区，此时与题干信息均不产生矛盾，故选项可能为真。	淘汰

27. 答案 B

<table>
<tr><td>题干信息</td><td>①甲参加跳远 ∨ 甲参加铅球；
②乙参加了短跑、铅球、标枪中的两个项目；
③丙没有参加铅球和标枪（确定信息）。</td></tr>
<tr><td>第一步</td><td>观察题干，发现本题属于一对多的对应题，由于确定信息无法代入题干信息进行推理，并且信息之间不能直接进行联合推理，故可通过“列表法”整理题干条件进行解题。</td></tr>
<tr><td>第二步</td><td>将题干信息填入表格如下：
<table>
<tr><td></td><td>跳远</td><td>短跑</td><td>铅球</td><td>标枪</td></tr>
<tr><td>甲</td><td></td><td>×</td><td></td><td>×</td></tr>
<tr><td>乙</td><td>×</td><td></td><td></td><td>√</td></tr>
<tr><td>丙</td><td></td><td></td><td>×</td><td>×</td></tr>
</table>
比对选项，B 选项为正确答案。</td></tr>
</table>

28. 答案 D

题干信息	①李星当选 ∨ 宋明当选； ②陈月不当选 ∨ 王天不当选； ③李星当选→林宇当选； ④刘玄不当选→王天不当选； ⑤陈月当选→宋明不当选 ∧ 林宇不当选； ⑥陈月不当选→杨阳当选班长。
第一步	本题属于对应题型，题干没有确定信息，虽然涉及“陈月”的信息重复了 3 次，但无法联合重复信息得出确定的结论，故此时可考虑从重复的信息“陈月”入手进行假设。
第二步	联合①⑤可得： 陈月当选 $\xrightarrow{⑤}$ 宋明不当选 ∧ 林宇不当选→宋明不当选 $\xrightarrow{①}$ 李星当选。 联合③⑤可得： 陈月当选 $\xrightarrow{⑤}$ 宋明不当选 ∧ 林宇不当选→林宇不当选 $\xrightarrow{③}$ 李星不当选。 根据第 11 招（假言串联，找矛盾）可知，陈月不当选。
第三步	题干要求从 7 人中选 5 人，即有 2 人不当选。由上一步可知陈月不当选，此时只能再有一个人不当选，结合③“林宇不当选→李星不当选”可得：林宇一定当选。结合④“刘玄不当选→王天不当选”可得：刘玄一定当选。观察选项可知，答案选 D。

29. 答案 B

解题步骤	
第一步	根据题干数量要求，7 人共去 10 人次，每人去 1~2 个语言中心，即：10=2+2+2+1+1+1+1，也就是有 3 人去 2 个语言中心，4 人分别去 1 个语言中心。

（续）

解题步骤	
第二步	由于题干所给条件都为假言推理条件，未给到确定信息，且可以串联。所以优先考虑第 11 招（假言串联，找矛盾）的思路。 （1）（3）（4）串联得：甲∨乙∨丁西班牙语→丙西班牙语∧己德语→丁∨己德语→甲英语∧丁法语→丁英语∨法语→戊英语∧¬己法语。 逆否可知，丁 4 种语言中心都不去，矛盾，所以戊英语∧¬己法语一定成立。 根据戊英语，结合 2 人去英语，否定（2）的后件，得¬己法语∧庚德语，所以答案为 B。

30. 答案 C

解析	根据乙去西班牙语，结合（1），可知丙去西班牙语且己去德语，结合（3），可知甲去英语∧丁去法语，又因为戊去英语，庚去德语，此时英语、德语已经满员，则乙去的另一个语言中心只能是法语，所以 C 正确。

逻辑模拟试卷（十四）答案与解析

1	2	3	4	5	6	7	8	9	10
B	D	D	E	B	A	B	C	B	B
11	12	13	14	15	16	17	18	19	20
B	C	E	D	C	A	E	C	B	D
21	22	23	24	25	26	27	28	29	30
D	C	D	C	A	C	E	B	C	B

1. 答案 B

题干信息	削弱题。根据结构词“可见”梳理题干论证关系。 论证关系：实施严格枪支管控的这些州的平均暴力犯罪率却是其他州平均暴力犯罪率的 1.5 倍→严格的枪支管控无助于减少暴力犯罪。	
解题预判	①此题由事实得到了事实评价，削弱重点在于事实评价。 ②管控枪支的州与不管控枪支的州平均暴力犯罪率的横向比（事实），得到了管控枪支前后能否减少暴力犯罪的纵向比（评价）。 因此，本题解题重点在于削弱本题的事实评价，即纵向比。题干的结论为：严格的枪支管控无助于减少犯罪。削弱思路为建立枪支管控和减少犯罪的关系即可。通过此预判思路，即可迅速锁定 B 项。	
选项	**解释**	**结果**
A	无关项。只是说有枪支比例的家庭下降，但未说明所导致的犯罪率上升还是下降。	淘汰
B	实施枪支管控的州，暴力犯罪持续下降。通过纵向比，建立了枪支管控与减少暴力犯罪的关系，削弱了题干结论。	正确
C	无关项。该项指出的是很少有人触犯枪支管控的法律，并未说明枪支管控与犯罪率的关系。注意：有无触犯枪支管控法律≠有无暴力犯罪。	淘汰
D	支持项。该项说明了管控枪支与枪支暴力犯罪没有必然关系，支持了题干的结论。	淘汰
E	枪支管控是否是讨论度极高的话题，与题干论证无关。	淘汰

2. 答案 D

题干信息	解释现象题。先明确要解释的反例：任意一组动物中，用“左手”的和用“右手”的各占一半，但长期以来人们注意到狗总是用右爪子与人“握手”。	
解题预判	只需要对狗握手的这个反例提供合理的原因，指出为何这样即可。	
选项	**解释**	**结果**
A	无关项。此题要解释的是狗“握手”，而不是“抓挠”。	淘汰
B	无关项。此题要解释的重点是狗为何用右爪子握手，而不在于前爪。	淘汰

C	与题干现象产生冲突，无法解释。若“左撇子的狗”不会遇到人一样的麻烦，那么这部分狗应该用左爪与人握手才对。	淘汰
D	该项明确指出了为何狗握手用右爪，即“受训练者行为的影响”，为这一行为提供了合理的解释。	正确
E	该项仅仅是支持了“狗握手用右爪”这个现象，但未提供解释。	淘汰

3. 答案 **D**

题干信息	削弱题。先梳理题干的论证结构。注意：根据关键词“计划”“用以”可确定此题为“方法可行”结构，可采用第 17 招（特殊结构——方法可行）分析选项。但此题出现了两个计划和两个目的，但“缓解沿线包括高速公路上机动车的拥堵”显然是本题主要的目的。 论证关系：全面改造地铁，提高地铁客运量，同时增收高速路机动车过路费（方法）→缓解沿线包括高速公路上机动车的拥堵，同时用过路费弥补上述改造的费用（目的）。	
解题预判	“方法目的”结构的削弱题，首先看各个选项能否说明方法无法达到目的，即无法缓解高速公路的拥堵，或者过路费无法弥补地铁改造费用。	
选项	**解释**	**结果**
A	削弱力度较弱。即便无权支配“全部”过路费，只要支配部分，便可适当弥补改造费用。	淘汰
B	地铁乘客是否也是直接受益者，与题干方法能否达到目的无关。	淘汰
C	各种机动车收取的过路费是否有区别，与题干方法能否达到目的无关。	淘汰
D	“机动车绕开收费站”，说明题干方法既无法缓解沿线的拥堵，也无法用过路费弥补地铁改造，说明无法达到题干的两个目的，力度较强。	正确
E	比较普通公路和高速公路拥堵的严重程度，与题干方法能否达到目的无关。	淘汰

4. 答案 **E**

解题预判	支持题。可采用第 17 招（特殊结构——方法可行）分析选项。 根据上题对论证结构的分析，材料认为对地铁进行改造便可提高客运量，并缓解公路包括高速公路的拥堵现象。考生试想，这其中包含了一个假设前提，即过去人们开车，现在改造完之后大量的人就乘坐地铁了。换句话来说，就是地铁改造后的乘客中，相当数量的人是有车的，以前是开车通勤的，这样便可迅速锁定 E 项。	
选项	**解释**	**结果**
A	有“诉诸众人”之嫌，通过市民听证会的审议并不意味着方法可行并且有效，众人的观点未必正确。	淘汰
B	无关项。题干并未提到该市与相邻城市的比较。考生试想，比相邻城市严重并不意味着该市的拥堵就很严重。	淘汰
C	首先该项有“诉诸权威”之嫌，经过专家论证，未必意味着数额正确。况且，该项所述内容与题干论证无关。	淘汰
D	市政府是否有足够财力完成改造并不意味着题干方法可行。筹集改造资金有多种方法。	淘汰
E	地铁改造后的乘客中，相当数量的人是有车的，以前是开车通勤的。	正确

5. 答案 B

题干信息	假设题。先根据“导致”“因为”等结构词梳理陈先生和贾女士的观点。可采用第 17 招（特殊结构——因果关系）分析选项。 陈先生：北欧人长寿（因）→北欧人有乐观精神（果）。 贾女士：陈先生的论证只能说明“北欧的老年人”为何具备乐观精神。	
解题预判	两人争论的核心是“北欧人”和“北欧老年人”为何具备乐观精神，所以，贾女士的反驳采用了因果倒置的削弱方法，认为并非像陈先生所认为的那样，因为长寿所以乐观，而是老年人之所以长寿，是因为他们乐观。	
选项	**解释**	**结果**
A	无关项。该项讨论的是“中青年人”，而非贾女士关注的“老年人”。	淘汰
B	指出了长寿是乐观的必要而非充分条件，即只有老年人才会因为寿命长而具备乐观精神，是最合理的假设。	正确
C	该项中的“都有”过于绝对，且“福利制度”是题干未提及的信息，贾女士无须作此假设。	淘汰
D	该项中的“成熟的理解自然、社会和人生的哲学理念”只是乐观精神的某一种具体体现，并不是贾女士反驳的必要假设。	淘汰
E	该项指出“北欧人实际上并不具有明显乐观精神”，这与贾女士的观点矛盾。显然，并非贾女士反驳的假设。	淘汰

6. 答案 A

题干信息	陈先生：北欧人长寿（因）→北欧人有乐观精神（果）。 贾女士：陈先生的论证只能说明“北欧的老年人”为何具备乐观精神。 可采用第 17 招（特殊结构——因果关系）分析选项。	
解题预判	根据前面对陈先生和贾女士观点的梳理，要加强陈先生的观点并削弱贾女士的反驳，只需建立寿命到乐观的因果关系即可，并且适用于所有人，而不仅仅是老年人。即可迅速锁定 A 项。	
选项	**解释**	**结果**
A	选项说明长寿是促进需求和生产（因而促进经济发展）的原因，经济发展是产生民族乐观情绪的原因，因而长寿和乐观之间有因果联系，这就加强了陈先生的观点。由于经济发展带来的乐观是不分年龄段的，所以该项也削弱了贾女士的反驳。	正确
B	对陈先生观点进行了“有果无因”的削弱，该项指出“北非的一些国家人均寿命不高（无因），但并不缺乏乐观的民族精神（有果）”，而且该项说的是“北非”，而题干说的是“北欧”。	淘汰
C	对陈先生观点进行了“因果倒置”的削弱，“乐观精神（果）有利于长寿（因）”。	淘汰
D	陈先生论述的是“寿命”和“乐观”之间的因果关系，而该项指出了经济发展既影响寿命也影响情绪（乐观），该项将二者理解为了并列关系。	淘汰
E	该项说的是“日本”，与“北欧”无关。	淘汰

7. 答案 B

<table>
<tr><td>题干信息</td><td colspan="2">削弱题。先梳理本题论证结构。根据结构词“研究显示”可发现，题干第一句话为结论，而后面内容为具体的研究内容（事实），此类题目解题的重点在于结论。
再根据结论中的“更”可发现题干建立了“脸孔对称”和“美、吸引力、健康”的关系。可采用第 15 招（梳理关系，紧盯概念）分析选项。</td></tr>
<tr><td>解题预判</td><td colspan="2">要削弱题干论证，首先考虑割裂“脸孔对称”和“美、吸引力、健康”的关系，因此可迅速锁定 A 项、B 项。</td></tr>
<tr><td>选项</td><td>解释</td><td>结果</td></tr>
<tr><td>A</td><td>力度较弱。该项试图割裂“脸孔对称”和“健康”的关系，但“有些”力度较弱。</td><td>淘汰</td></tr>
<tr><td>B</td><td>该项割裂了“脸孔对称”和“吸引力”的关系，且“一般来说”说明是普遍情况，力度较强。</td><td>正确</td></tr>
<tr><td>C</td><td>无关项。“主观是否在意”与“客观是否对称”无必然关系。</td><td>淘汰</td></tr>
<tr><td>D</td><td>无关项。“生活是否幸福”与题干论证无关。</td><td>淘汰</td></tr>
<tr><td>E</td><td>该选项试图构造“先天遗传”这个决定“吸引力”的他因，但未否认本因，力度弱。</td><td>淘汰</td></tr>
</table>

8. 答案 C

<table>
<tr><td>题干信息</td><td colspan="2">①（甲□ □ □丙）⊖，共有 1-5、2-6、3-7、4-8 四种可能。
②（乙□ □己），共有 1-4、2-5、3-6、4-7、5-8 五种可能。
③ 丁 □ □ 庚，共有 1-4、2-5、3-6、4-7、5-8 五种可能。
④（辛□戊），共有 1-3、2-4、3-5、4-6、5-7、6-8 六种可能。
本题属于排序题目，由于题干没有确定信息，正向推理困难，观察问题求一定为假，因此可考虑代入选项排除法。这也是近几年命题中的热点。</td></tr>
<tr><td>选项</td><td>解释</td><td>结果</td></tr>
<tr><td>A</td><td>若丁在第一个房间，结合题干条件，可能存在的排序情况如下：
<table>
<tr><td>1</td><td>2</td><td>3</td><td>4</td><td>5</td><td>6</td><td>7</td><td>8</td></tr>
<tr><td>丁</td><td>乙</td><td>甲</td><td>庚</td><td>己</td><td>辛</td><td>丙</td><td>戊</td></tr>
</table>
与题干不矛盾，可能为真。</td><td>淘汰</td></tr>
<tr><td>B</td><td>若丁在第二个房间，结合题干条件，可能存在的排序情况如下：
<table>
<tr><td>1</td><td>2</td><td>3</td><td>4</td><td>5</td><td>6</td><td>7</td><td>8</td></tr>
<tr><td>乙</td><td>丁</td><td>甲</td><td>己</td><td>庚</td><td>辛</td><td>丙</td><td>戊</td></tr>
</table>
与题干不矛盾，可能为真。</td><td>淘汰</td></tr>
<tr><td>C</td><td>丁在第三个房间，结合题干条件，此时甲和丙只剩两种可能：
Ⅰ. 若甲和丙是 1-5，此时乙和己就只能是 4-7 的位置，那么辛和戊只剩 2 和 8 的位置，没法满足只隔一个人，与题干信息④矛盾：
<table>
<tr><td>1</td><td>2</td><td>3</td><td>4</td><td>5</td><td>6</td><td>7</td><td>8</td></tr>
<tr><td>甲</td><td></td><td>丁</td><td>乙</td><td>丙</td><td>庚</td><td>己</td><td></td></tr>
</table>
Ⅱ. 若甲和丙是 4-8，此时乙和己就只能是 2-5 的位置，那么辛和戊只剩下 1 和 7 的位置，没法满足只隔一个人，与题干信息④矛盾：
<table>
<tr><td>1</td><td>2</td><td>3</td><td>4</td><td>5</td><td>6</td><td>7</td><td>8</td></tr>
<tr><td></td><td>乙</td><td>丁</td><td>甲</td><td>己</td><td>庚</td><td></td><td>丙</td></tr>
</table>
</td><td>正确</td></tr>
</table>

⊖“（）”表示两者的左右位置不确定，可以互换位置。余同。

（续）

<table>
<tr><th>选项</th><th>解释</th><th>结果</th></tr>
<tr><td>D</td><td>若丁在第四个房间，结合题干条件，可能存在的排序情况如下：
<table><tr><td>1</td><td>2</td><td>3</td><td>4</td><td>5</td><td>6</td><td>7</td><td>8</td></tr><tr><td>辛</td><td>甲</td><td>戊</td><td>丁</td><td>乙</td><td>丙</td><td>庚</td><td>己</td></tr></table>与题干不矛盾，可能为真。</td><td>淘汰</td></tr>
<tr><td>E</td><td>若丁在第五个房间，结合题干条件，可能存在的排序情况如下：
<table><tr><td>1</td><td>2</td><td>3</td><td>4</td><td>5</td><td>6</td><td>7</td><td>8</td></tr><tr><td>辛</td><td>甲</td><td>戊</td><td>乙</td><td>丁</td><td>丙</td><td>己</td><td>庚</td></tr></table>与题干不矛盾，可能为真。</td><td>淘汰</td></tr>
</table>

9. 答案 **B**

题干信息	前提：医院研究表明，酒后立即被询问的对象往往低估他们恢复驾驶能力所需要的时间。 结论：驾驶前饮酒的人很难在感到能安全驾驶的时候才开车。	
选项	**解释**	**结果**
A	选项不能支持，题干强调的是“酒后开车”，而不是“酒后不开车”。	淘汰
B	选项说明，若研究的对象在估计他们能力时，比其他饮酒的人更保守，那么其他人在估计自己恢复驾驶能力所需要的时间会采取更冒险的态度，进而更加不会遵循建议。比如：事实上需要 4 小时，研究对象低估恢复驾驶能力所需要的时间，可能会认为自己需要 2 小时，其他人更冒险，就可能会认为自己只需要 1 小时。考生注意，此时低估的是时间，而非能力。	正确
C	选项不能支持，不饮酒就无法判断酒后驾车的情况。	淘汰
D	选项不能支持，恢复对安全驾驶不起重要作用的能力所需要的时间，不能反映恢复安全驾驶所需要的时间。	淘汰
E	选项不能支持，对广告的警觉性与广告内容反映的真实性无关。	淘汰

10. 答案 **B**

题干信息	根据“而”找到矛盾的双方： ① 省商业许可办公室声称，采用新的方式可以将手续时间减少一星期； ② 商人们反驳说，现在得到一个许可证平均要多花一个星期时间。	
选项	**解释**	**结果**
A	题干差异的核心是“时间”问题，该项讲“收入”不能解释题干的差异。	淘汰
B	该项指出许可办公室和商人所使用的“时间”标准不同，是标准不同导致了认为手续办理的时间不同，是很好的解释。	正确
C	“申请人数”多少与题干无关。	淘汰
D	解释题，应找“他因解释”，支持或削弱矛盾的任何一方都会激化矛盾，该项表示缩短了面谈时间，支持①，不能解释。	淘汰
E	“申请格式”是否改变与题干无关。	淘汰

11. 答案 B

题干信息	找到结论，即：恢复书报亭十分必要。采用第 16 招（把握态度，速选速行）分析选项。	
选项	解释	结果
A	选项强调的是书报亭退出的原因，与题干强调的恢复书报亭无关，不能支持。	淘汰
B	选项指出“书报亭”存在的必要性，能够方便社区居民获取信息和知识，说明恢复书报亭确实存在必要性，支持。	正确
C	选项迷惑性较大，考生试想“报纸杂志”是青少年学习文化的必需品，但不等于“书报亭”是必需的，完全可以订阅相关的书报杂志送到家里或学校来方便青少年学习。考生一定要紧扣论证对象来进行分析。	淘汰
D	选项同 C 类似，纸质的报纸和杂志对于青少年很必要，不等于“书报亭”很必要，无法支持。	淘汰
E	选项指出书报亭的功能已经丧失，没必要恢复，削弱。	淘汰

12. 答案 C

解题步骤	
第一步	整理题干论证。前提：人每天都摄取这些毒素（自然药物）却没有中毒→结论：喷洒在作物上的人工合成农药所导致的新增危害非常小。
第二步	A、B、D、E 选项均指出了自然药物和人工合成农药之间的不同点，且都指出人工合成农药对人的伤害更大，属于直接拆桥的方式来削弱题干论证。C 选项虽然也指出了两者的不同点，但人工合成农药的化学结构更简单不能说明它比自然药物对人的伤害更大。

13. 答案 E

解题步骤	
第一步	整理题干论证。前提：改变家蝇的某单个基因，克隆出的家蝇不具有紫外视觉；而不改变基因，克隆出的家蝇视觉正常。→结论：不具有紫外视觉的这种家蝇必定在这个基因上有某种缺陷或损坏。
第二步	分析题干论证。求异法的假设一般有两个思路：一是保证前提差存在，二是保证前提差唯一。E 选项恰好符合保证前提差唯一的思想，即没有其他差异影响视觉，只受唯一的“某单个基因”影响，否则如果受其他基因影响，就无法说明是受“某单个基因影响”。
第三步	分析其他选项。A 选项不涉及紫外视觉与基因的关系，无关；B 选项易错选，考生注意，B 选项属于过度假设，题干论证的核心词是“紫外视觉”和“某单个基因”的关系，而 B 选项强调的是“视觉”和“基因”的关系，显然扩大了范围；C 选项易错选，C 选项指出“有因有果”，但却不能保证题干的“基因”的这个差是唯一的前提差，因此不需要假设；D 选项，是否有其他影响与题干论证无关。

14. 答案 D

解题步骤	
第一步	观察题目特征，锁定技巧。题干和选项均属于“假言判断”表述，同时题干中没有重复/矛盾的概念，无法有效串联，问题求解“可以得出以下哪项”，故可采用第 1 招（准确定位 P、Q）来进行解题。

（续）

解题步骤	
第二步	符号化题干条件： ①不能以攻坚克难、敢为人先的态度攻克航空难题（P1）→无法进入创新发展的“快车道”（Q1）； ②不能以攻坚克难、敢为人先的态度攻克航空难题（P1）→会被“卡脖子”（Q2）； ③以中国智慧不断书写新的太空传奇（P2）→将空间科学、空间技术、空间应用组成的“一体两翼”全面发展（Q3）。
第三步	由于题干信息存在多种“肯否”情况，无法寻找优选项，故需逐一验证选项。

选项	解释	结果
A	选项＝P2→¬ Q2，由于条件②③无法串联，故选项得不出。	淘汰
B	题干信息不涉及“‘慧眼’成功观测黑洞爆发”，故选项得不出。	淘汰
C	选项＝Q3→P2，肯定 Q 位时，无法进行有效推理，故淘汰。	淘汰
D	选项＝¬ Q2→¬ P1，与条件②互为逆否等价，为正确选项。	正确
E	题干信息不涉及“实现航天技术的创新突破”，故选项得不出。	淘汰

15. 答案 C

题干信息	①1 楼是舞蹈室和电工室（确定信息）； ②航模室上面是棋类室，下面是书法室； ③美术室和书法室在同一层楼上，美术室的上面是音乐室； ④音乐室和舞蹈室都设在单号房间。
第一步	观察题干，发现本题属于有确定信息的方位排序题，但由于确定信息无法代入题干进行推理，并且题干中存在重复元素，故可使用第 8 招（以“重复元素”为突破口）进行解题。
第二步	联合条件①④可得：舞蹈室在 1 号，电工室在 2 号。 联合条件②③④可知，美术室、音乐室、生物室都是单号，即 3、5、7 号，故剩余的航模室、书法室和棋类室都是在双号房间，即 4、6、8 号。
第三步	根据上一步结论，结合②可得，航模室在 6 号、棋类室在 8 号、书法室在 4 号。C 选项为正确答案。

16. 答案 A

解题步骤	
第一步	观察题目特征，锁定技巧。题干和选项大多为“直言判断”表述，并且存在重复和互为矛盾的概念，故可优先采用第 3 招（“有的”串联）进行解题。
第二步	整理题干信息： ①有的志愿者协会的成员⇒校学生会干部； ②班级团支书→同意决定； ③志愿者协会成员→不同意决定。
第三步	先串联含“所有”的条件，故联合②③可得： ④志愿者协会成员→不同意决定→不是班级团支书。 再联合“所有+有的”进行串联，即联合条件①④可得： ⑤有的校学生会干部⇒志愿者协会成员⇒不同意决定⇒不是班级团支书。

（续）

解题步骤	
第四步	题干条件中含有“有的”，故优先寻找表述为“有的”，同时含有“首”“尾”的选项，即 A、D 两个选项。 A 选项 = 有些校学生会干部⇒不是班级团支书，由⑤可直接得出，故一定为真。故答案选 A。

17. 答案 E

解题步骤	
第一步	观察题目特征，锁定技巧。题干和选项均属于“假言判断”表述，并且存在重复的概念，问题求解“可以得出以下哪项”，故可采用第 2 招（串联递推）来进行解题。
第二步	符号化题干信息： ①组织管理形态进化（P1）→数字化与透明型组织∨混沌化与智能型组织∨动态化与成长型组织（Q1）； ②数字化与透明型组织（P2）→组织内成员共享同源信息（Q2）； ③混沌化与智能型组织（P3）→做到放权（Q3）； ④动态化与成长型组织（P4）→在管理中抛开完美和不出错的心态，更多关注动态成长、持续调优（Q4）。
第三步	优先联合条件①和④，根据“P→A∨B∨C = ¬ P∨A∨B∨C = P∧¬ A∧¬ B→C”，由①可得：组织管理形态进化∧没有实现混沌化与智能型组织∧没有实现数字化与透明型组织→动态化与成长型组织。联合条件④可得： ⑤组织管理形态进化∧没有实现混沌化与智能型组织∧没有实现数字化与透明型组织 $\xrightarrow{①}$ 动态化与成长型组织 $\xrightarrow{④}$ 管理中抛开完美和不出错的心态，更多关注动态成长、持续调优。
第四步	观察选项发现，E 选项恰好符合条件⑤的推理，故 E 选项为正确答案。

18. 答案 C

题干信息	①明天刮风∨明天下雨。 ②明天刮风→甲选择火车。 ③明天下雨→乙选择火车。 ④丙不选择火车∧丁不选择火车→（丙不选择飞机∧丙不选择汽车）∧（乙不选择飞机∧乙不选择汽车）。 ⑤边界条件：甲、乙、丙、丁分别选择飞机、汽车、轮船和火车 4 种不同的出行方式。
第一步	观察题干信息，发现本题属于没有确定信息的对应题，由于题干信息存在重复项可以联合，故可使用第 8 招（以“重复元素”为突破口）进行解题。
第二步	联合条件①②③可得：甲选择火车∨乙选择火车。 根据条件⑤可知每人的出行方式不同，故可得：甲选择火车∀乙选择火车。进而可以得出丙和丁均不能选择火车。此处思路可参考第 9 招（剩余思想，将不确定转确定）。 将“丙和丁均不能选择火车”代入题干信息可得： 丙和丁均不能选择火车 $\xrightarrow{④}$（丙不选择飞机∧丙不选择汽车）∧（乙不选择飞机∧乙不选择汽车）。 整体推理结果可知：丙不选飞机，不选汽车，也不能选火车。根据排除剩余法可知丙选轮船，C 选项为正确答案。

19. 答案 **B**

题干信息	①不赵∨不李； ②李∀孙； ③赵∨钱； ④李、钱、吴三人中至少有两人被选中； ⑤钱=孙（要么都选中，要么都不选中，就意味着充要条件）； ⑥周→李。
第一步	观察题干，发现本题属于没有确定信息的分组题，由于涉及“李”的信息重复次数最多，故可从涉及“李”的信息出发进行假设。
第二步	若李被选中，代入①②③⑤可得： 李 $\xrightarrow{①②}$ 不赵∧不孙→不赵 $\xrightarrow{③}$ 钱 $\xrightarrow{⑤}$ 孙。 根据上述推理链条，若李被选中，就会同时出现了“选孙”和“不选孙”这组矛盾关系，故李一定不被选中。此处思路可参考第 11 招（假言串联，找矛盾）。
第三步	将“李不选中”代入题干信息可得： 李不被选中 $\xrightarrow{②}$ 孙被选中；李不被选中 $\xrightarrow{④}$ 钱、吴被选中；李不被选中 $\xrightarrow{⑥}$ 周不被选中。 比对选项，B 选项为正确答案。

20. 答案 **D**

题干信息	①小赵在自立组∨小钱在自立组； ②小赵、小周、小吴，3 选 2 在自立组； ③小钱和小孙，要么两人都在自立组，要么两人都在自强组（小钱和小孙同组）； ④小赵、小李不同组； ⑤小孙、小李不同组； ⑥小李不在自立组→小周不在自立组。
第一步	本题属于分组题型，题干信息存在重复的元素，可优先利用第 8 招（以“重复元素”为突破口），搭桥得出确定的分组情况。
第二步	由于“小李”重复了 3 次，故可从“小李”入手，搭桥得出确定的分组关系。结合④和⑤，由于小李和小赵不同组，小李和小孙也不同组，在分两组的前提下，只能是小赵和小孙同组。再结合③可知小赵、小钱、小孙三个人同组。
第三步	从重复的“小赵”和“小钱”出发，结合①可知小赵、小钱、小孙三个人都在自立组。联合④可知小李在自强组（即小李不在自立组）；将其代入到⑥中可推知小周不在自立组（即小周在自强组）。再结合②可得小吴在自立组。
第四步	此时分组情况如下：自立组有小赵、小钱、小孙、小吴；自强组有小李、小周。观察选项可知答案选 D。

21. 答案 **D**

题干信息	①红、橙、黄、绿、青、蓝、紫七种颜色； ②上部采用红色∨蓝色→中部不能采用橙色∧不能采用绿色； ③中部不采用青色∨不采用紫色→下部不采用黄色； ④中部不采用绿色→下部采用紫色∧采用黄色； ⑤上部采用青色和蓝色（确定信息）； ⑥边界条件：雕塑的上、中、下任何一个部位使用颜色不能超过两种，并且任何一种颜色不能在雕塑两处以上部位使用。

（续）

第一步	观察题干，发现本题属于有确定信息的对应题，故可使用第 6 招（“题干确定”一马当先）进行解题。
第二步	将确定信息代入题干可得： 上部采用蓝色 $\xrightarrow{②}$ 中部不能采用橙色∧不能采用绿色→中部不采用绿色 $\xrightarrow{④}$ 下部采用紫色∧采用黄色→下部采用黄色 $\xrightarrow{③}$ 中部采用青色∧采用紫色。
第三步	整理推理结果如下： 上部采用青色和蓝色、中部采用青色和紫色、下部采用紫色和黄色。 比对选项，D 选项为正确答案。

22. 答案 C

题干信息	①红、橙、黄、绿、青、蓝、紫七种颜色； ②上部采用红色∨蓝色→中部不能采用橙色∧不能采用绿色； ③中部不采用青色∨不采用紫色→下部不采用黄色； ④中部不采用绿色→下部采用紫色∧采用黄色； ⑤中部采用了绿色（确定信息）； ⑥雕塑的上、中、下任何一个部位使用颜色不能超过两种，并且任何一种颜色不能在雕塑两处以上部位使用。
第一步	观察题干，发现本题属于有确定信息的对应题，故可使用第 6 招（“题干确定”一马当先）进行解题。
第二步	将确定信息代入题干可得： 中部采用了绿色 $\xrightarrow{②}$ 上部不采用红色∧不采用蓝色。 中部采用了绿色 $\xrightarrow{⑥}$ 中部不采用青色∨不采用紫色 $\xrightarrow{③}$ 下部不采用黄色。 比对选项，C 选项为正确答案。

23. 答案 D

解题步骤	
第一步	观察题目特征，锁定技巧。题干属于“假言判断”表述，并且问题要求“不可能为真＝一定假”，故可采用第 4 招（矛盾变形）进行解题。
第二步	符号化题干条件： ①得到年终奖→得到个人先进奖∨得到见义勇为奖； ②获得见义勇为奖→不获得年终奖∨不获得个人先进奖。
第三步	由于题干求“以下哪项情况不可能出现”，故取题干信息的矛盾。 信息①矛盾：得到年终奖∧没有得到个人先进奖∧没有得到见义勇为奖。 信息②矛盾：获得见义勇为奖∧获得年终奖∧获得个人先进奖。
第四步	比对选项，D 选项与信息②矛盾相符，故 D 选项为正确答案。

24. 答案 C

题干信息	①所有球员都已递交了转会申请； ②大刘递交了转会申请→小王就没有递交转会申请＝大刘没有递交转会申请∨小王没有递交转会申请； ③大刘递交了转会申请； ④有的球员没有递交转会申请。
第一步	观察题干，发现本题为真话假话题目，由于题干信息给出确定的真假个数，并且题干信息均为“形式逻辑”语言，故可使用第 14 招（真话假话，找关系）进行解题。
第二步	观察题干信息，发现①和④属于矛盾关系，必一真一假；根据题干只有一句为假，可知②和③都为真。
第三步	根据②和③都为真可得：大刘递交了转会申请，小王没递交转会申请。可判断出④为真，①为假。因此答案选 C。

25. 答案 A

解题步骤		
第一步	观察题干特征，锁定技巧。问题要求寻找“逻辑错误最为类似”的选项作为答案，故可采用第 5 招（结构比较）进行解题。	
第二步	整理题干推理结构：P→Q，Q，因此 P。	
第三步	分析选项，寻找与题干逻辑错误一致的选项作为正确答案。	
选项	**解释**	**结果**
A	选项＝P→Q，Q，因此 P。与题干逻辑错误一致。	正确
B	选项＝P→Q，¬ Q，因此¬ P。与题干逻辑错误不一致。	淘汰
C	选项＝许多 P⇒Q，许多 M，因此 M→Q。与题干逻辑错误不一致。	淘汰
D	选项＝P→Q，¬ Q，所以¬ P。与题干逻辑错误不一致。	淘汰
E	选项＝有的 P⇒Q，Q，因此 P。与题干逻辑错误不一致。	淘汰

26. 答案 C

解析	根据（1）可得：小菊、小竹不选择雕塑。（参考第 9 招（剩余思想，将不确定转确定）） （2）＋（3）可得：小菊不选择音乐。（参考《逻辑精点》“二难推理”） 因此，小菊选择绘画或舞蹈，代入（4）可得：小竹不选择绘画和舞蹈，又已知小竹不选择雕塑，所以小竹选择音乐。

27. 答案 E

解题步骤	
第一步	第三行第一列是信息量最大的空格，根据第三行和第一列已有必、考、上、研，则此处只能是“能”。
第二步	第三行第四列是接下来信息量最大的空格，根据第三行和第四列已有必、能、考、研，则只能是“上”。
第三步	由上述结论可知，第三行第二列只能是“研”。根据现有信息可知，“研”出现最多，又因为第一行第一个格到第四个格都不是“研”，所以①处必须是“研”。

28. 答案 B

解题步骤	
第一步	观察题干信息，发现题干信息都为假言条件，并无确定信息，因此考虑第 11 招（假言串联，找矛盾）的思路。
第二步	（1）（2）串联可得：张伟参与市场营销 ∨ 李强参与市场营销 → 赵敏参与财务管理 ∧ 刘洋不参与财务管理 → 刘洋参与财务管理 ∧ 张伟不参与客户服务项目 在此推理过程中得到了“刘洋不参与财务管理”与“刘洋参与财务管理”这一组矛盾概念，所以推理的前件为假。可得到事实：张伟不参与市场营销∧李强不参与市场营销。
第三步	再将“张伟不参与市场营销”这一事实代入条件（3），得到“赵敏参与财务管理∧刘洋参与财务管理”，再代入（2），可得“刘洋参与财务管理项目∧张伟不参与客户服务项目”，进而推出：张伟只能参与产品研发项目，那么李强只能参与客户服务项目，进而得到王芳只能是参与市场营销项目。选 B。

29. 答案 C

<table>
<tr><td>题干信息</td><td>①丙∨戊∨己入围（最佳女主∨最佳美术）→甲入围的作品均在最佳导演、最佳美术、最佳摄影之中。
②丙∨己入围（最佳编剧∨最佳男主∨最佳摄影）→甲、丁、戊入围的作品均在最佳导演、最佳编剧、最佳摄影之中。
③甲∨丙∨戊入围（最佳导演∨最佳女主）→甲、丙、戊、己入围的均是最佳编剧与最佳美术。
④每人有 2 个作品入围，每个类别有 2~3 个作品入围。</td></tr>
<tr><td>第二步</td><td>根据④可知，每个类别最多有 3 个作品入围，因此“甲、丙、戊、己入围的均是最佳编剧与最佳美术”一定为假，代入③可得：甲、丙、戊均不入围最佳导演，也不入围最佳女主。（参考第 10 招（边界条件代入））</td></tr>
<tr><td>第三步</td><td>由于丙不入围最佳导演，也不入围最佳女主，此时剩余的 4 项奖项，丙一定入围其中 2 个，由此可知，丙在最佳编剧、最佳男主、最佳摄影中，至少入围 1 个，代入条件②可得：甲、丁、戊入围的作品均在最佳导演、最佳编剧、最佳摄影之中。</td></tr>
<tr><td>第四步</td><td>联合第二步、第三步的结论可知，甲和戊均入围最佳编剧和最佳摄影。由于甲入围最佳编剧，否定了条件①的 Q 位，可得出丙、戊、己均不入围最佳女主和最佳美术。</td></tr>
<tr><td>第五步</td><td>由于题干较为复杂，故可使用“列表法”将得出的结论填入表格当中，列表如下：
<table>
<tr><td></td><td>最佳导演</td><td>最佳编剧</td><td>最佳男主</td><td>最佳女主</td><td>最佳美术</td><td>最佳摄影</td></tr>
<tr><td>甲</td><td>×</td><td>√</td><td>×</td><td>×</td><td>×</td><td>√</td></tr>
<tr><td>乙</td><td>×</td><td>×</td><td>×</td><td>√</td><td>√</td><td>×</td></tr>
<tr><td>丙</td><td>×</td><td></td><td>√</td><td>×</td><td>×</td><td></td></tr>
<tr><td>丁</td><td>√</td><td></td><td>×</td><td>×</td><td>×</td><td></td></tr>
<tr><td>戊</td><td>×</td><td>√</td><td>×</td><td>×</td><td>×</td><td>√</td></tr>
<tr><td>己</td><td>√</td><td>×</td><td>√</td><td>×</td><td>×</td><td>×</td></tr>
<tr><td>庚</td><td>×</td><td>×</td><td>×</td><td>√</td><td>√</td><td>×</td></tr>
</table>
比对选项，C 选项为正确答案。</td></tr>
</table>

30. 答案 **B**

题干信息

①丙∨戊∨己入围（最佳女主∨最佳美术）→甲入围的作品均在最佳导演、最佳美术、最佳摄影之中。

②丙∨己入围（最佳编剧∨最佳男主∨最佳摄影）→甲、丁、戊入围的作品均在最佳导演、最佳编剧、最佳摄影之中。

③甲∨丙∨戊入围（最佳导演∨最佳女主）→甲、丙、戊、己入围的均是最佳编剧与最佳美术。

④每人有 2 个作品入围，每个类别有 2~3 个作品入围。

⑤丙有作品入围最佳摄影（确定信息）。

第一步

观察题干信息，发现本题题干给出的附加条件为确定信息，因此可以将附加条件代入上题表格进行解题。

第二步

将条件⑤代入表格可得：

	最佳导演	最佳编剧	最佳男主	最佳女主	最佳美术	最佳摄影
甲	×	√	×	×	×	√
乙	×	×	×	√	√	×
丙	×	×	√	×	×	√
丁	√	√	×	×	×	×
戊	×	√	×	×	×	√
己	√	×	√	×	×	×
庚	×	×	×	√	√	×

比对选项，B 选项为正确答案。

逻辑模拟试卷（十五）答案与解析

1	2	3	4	5	6	7	8	9	10
D	B	A	B	E	C	C	D	B	C
11	12	13	14	15	16	17	18	19	20
E	C	A	A	A	C	A	B	D	D
21	22	23	24	25	26	27	28	29	30
D	A	E	E	C	A	B	A	E	D

1. 答案 **D**

解题步骤	
第一步	观察题干特征，锁定技巧。题干和选项均为“假言判断”表述且题干条件无法有效串联，问题求解“一定真”，故可采用第 4 招（矛盾变形）进行解题。
第二步	符号化题干条件： ①一个政党有了远大理想和崇高追求（P1）→会坚强有力，无坚不摧，无往不胜（Q1）； ②一个政党有了远大理想和崇高追求（P1）→能经受一次次挫折而又一次次奋起（Q2）； ③党员干部能经得住各种考验，走得稳、走得远（P2）→有坚定的理想信念（Q3）。
第三步	题干表述为“两肯”，故优先寻找“两否”的结构，即优先验证 A 和 C；由于①③无法串联，故 A 选项得不出；C 选项，从左向右推理时，一个政党没有远大理想和崇高追求（即¬ P1），无须看后面内容，快速淘汰。
第四步	由于“两否”没有找到正确答案，故可再寻找“两肯”的结构，即 B、D 和 E；B 选项，从右向左推理时，有坚定的理想信念（即 Q3），无须看后面内容，快速淘汰；D 选项 = P1→Q1，与①推理一致，故一定为真。答案选 D。

2. 答案 **B**

解题步骤	
第一步	观察题干特征，锁定技巧。问题中存在单件“P”表述的确定信息，故可采用第 6 招（“题干确定”一马当先）进行解题。
第二步	符号化题干条件： ①2 日去颐和园 ∨ 6 日去颐和园； ②1 日去天安门→3 日去雍和宫 ∧ 5 日去长城； ③1 日不去天安门→4 日去鸟巢 ∧ 5 日去妙峰山； ④2 日去颐和园→6 日去鸟巢； ⑤7 日去雍和宫（确定信息）。
第三步	将确定信息⑤代入②中，并联合①③④可得：7 日去雍和宫→3 日不去雍和宫 $\xrightarrow{②}$ 1 日不去天安门 $\xrightarrow{③}$ 4 日去鸟巢 ∧ 5 日去妙峰山→6 日不去鸟巢 $\xrightarrow{④}$ 2 日不去颐和园 $\xrightarrow{①}$ 6 日去颐和园。观察选项可知，答案选 B。

3. 答案 A

4. 答案 B

题干信息

①孔嘉选颐和园→李兵不选长城；

②孟仪选长城∨孟仪选雍和宫→孟仪选故宫；

③庄鼎选颐和园→庄鼎选故宫∧雍和宫；

④孟仪选天坛→庄鼎不选长城；

⑤孔嘉没去长城，孟仪没去故宫，李兵没去颐和园，庄鼎没去天坛，墨武没去雍和宫（确定信息）；

⑥边界条件：每个人只能从五个景点中选择两个，并且每个景点恰好有两人选择。

第一步

本题属于对应题型，由于题干中存在确定信息，故可采用第 6 招（“题干确定”一马当先）进行解题。

第二步

结合②和⑤可知，由于孟仪没去故宫，则孟仪不选长城，也不选雍和宫；根据边界条件⑥每人需选两个景点可知：孟仪选的是天坛和颐和园。将“孟仪选天坛”代入④中可知庄鼎不选长城；又由于⑤孔嘉没去长城，此时不去长城的已有 3 人，根据边界条件⑥每个景点有两人选择可推知，选长城的是李兵和墨武；将“李兵选长城”代入①中可知孔嘉不选颐和园；再联合③⑥可推得，因为每人只能选两个景点，因此庄鼎不选颐和园（若选颐和园，就选了 3 个，矛盾）。由于此时对应关系较为复杂，抽象，故可使用“列表法”，将抽象的信息具体化：（每行 2√3×，每列 2√3×）

	长城	故宫	颐和园	天坛	雍和宫
孔嘉	×		×		
孟仪	×	×	√	√	×
李兵	√		×		
庄鼎	×	√	×	×	√
墨武	√	×	√	×	×

比对选项，第 3 题答案选 A。

第三步

第 4 题给出了附加条件“李兵去了雍和宫”，此时结合边界条件⑥将上表补充完整：

	长城	故宫	颐和园	天坛	雍和宫
孔嘉	×	√	×	√	×
孟仪	×	×	√	√	×
李兵	√	×	×	×	√
庄鼎	×	√	×	×	√
墨武	√	×	√	×	×

比对选项可知，第 4 题答案选 B。

5. 答案 E

解题步骤

第一步

观察题干特征，锁定技巧。题干和选项均为“假言判断”表述且题干条件无法有效串联，问题求解“一定真”，故可采用第 1 招（准确定位 P、Q）进行解题。

第二步

符号化题干条件：

对于东方商学院的在校学生：可能获得国家励志奖学金（P1）∧获得优秀毕业生推荐资格（P2）→每门专业课都及格（Q）。

（续）

	解题步骤
第三步	题干表述为“两肯”，故优先寻找“两否”的结构，即优先验证 A、D 和 E 选项。由于“东方商学院的学生”≠“东方商学院的在校学生”，故 A 选项得不出；D 选项，从左向右推理时，必然没获得国家励志奖学金或没获得优秀毕业生推荐资格（¬ P1∨¬ P2），无须看后面内容，快速淘汰；E 选项 =¬ Q→¬ P1∨¬ P2，与题干互为逆否等价，故选项一定真，答案选 E。

6. 答案 C

	解题步骤
第一步	分析题干条件发现，书房出现的次数较多，因此可考虑第 8 招（以“重复元素”为突破口）的思路，将思考重点放在书房。
第二步	联立（1）+（2）可得：书房不是乙负责，也不是丙负责。 根据（3）可得：书房不是甲负责，也不是戊负责，所以书房由丁负责。 再考虑位置 2 客厅，根据条件（1）位置 2 不是丙，也不是戊，故位置 2 负责客厅的是甲。 正确答案是 C。

	1	2	3	4	5
工人		甲	乙	丁	
房间		客厅		书房	

7. 答案 C

解析

结合上题所得结论，由（3）知戊在 1 或 5。

又已知餐厅在 5，而由（3）知戊粉刷厨房，而不是餐厅，所以由（3）知戊在 1，丙在 5。

所以乙粉刷的只能卧室。

	1	2	3	4	5
工人	戊	甲	乙	丁	丙
房间	厨房	客厅	卧室	书房	餐厅

8. 答案 D

	解题步骤
第一步	观察题目特征，锁定技巧。题干和选项均属于“假言判断”表述，同时题干中没有重复/矛盾的概念，无法有效串联，问题求解“一定真”，故可采用第 1 招（准确定位 P、Q）来进行解题。
第二步	符号化题干条件： ①人民币没有持续不断地加息（P1）→不能从根本上抑制经济扩张的冲动（M）∧不能避免资产泡沫的出现和破灭（N）。 ②人民币没有加快升值（P2）→人民币的流动性就无法根治，利润偏低的状况就无法纠正，资产泡沫就有可能越吹越大（Q2）。
第三步	题干表述为“两否”，故优先寻找“两肯”的结构，即优先验证 A 和 C。 A 选项，从左向右推理时，人民币加快升值（即¬ P2），无须看后面内容，快速淘汰。 C 选项，从左向右推理时，人民币持续不断地加息（即¬ P1），无须看后面内容，快速淘汰。 由于“两肯”结构均被淘汰，故优先验证“两否”结构，即 B 和 D 选项。 B 选项，题干信息不涉及“人民币流动性无法根治”和“利率偏低的状况就无法纠正”之间的关系，故选项不能确定真假。 D 选项 = 人民币不能持续不断地加息（P1）→不可能从根本上抑制经济扩张的冲动（M），当“P1→M∧N”为真时，可得“P1→M”为真，故 D 选项一定为真，为正确答案。

9. 答案 B

解题步骤	
第一步	观察题目特征，锁定技巧。题干均为“假言判断”表述，并且存在矛盾的概念，而选项大多为形式语言表述，故可优先采用第 2 招（串联递推）进行解题。
第二步	符号化题干信息： ①H 国经济发展→英美等国支援→打击宗教极端势力； ②H 国社会政治稳定→不打击宗教极端势力。
第三步	串联得出③：H 国经济发展→英美等国支援→打击宗教极端势力→H 国社会政治不稳定。
第四步	优先验证含有“首”和“尾”的选项，即优先验证 B 和 C。B 选项 = 经济不发展 ∨ 社会政治不稳定 = 经济发展→社会政治不稳定，与题干推理一致，故答案选 B。

10. 答案 C

题干信息	对话焦点题。解题重点在于明确对话双方的态度以及论证结构。根据张教授对话中的“例如”“因此”及李研究员对话中的“因为”“如果”梳理双方论证结构。 张教授：一个人和其克隆复制品完全相同→使克隆人具有破坏社会和谐的潜在风险。(X→Y) 李研究员：①一个人和其克隆复制品不会完全相同（此非潜在风险的原因）；(非 X) ②把克隆复制品当成“器官银行”→克隆人具有破坏社会和谐的潜在风险。(Z→Y)	
解题预判	通过以上论证结构的梳理可以发现，李研究员认可张教授的论点（Y），但反驳了张教授的论据（X），并提出了新的论据（Z），证明其论点成立。因此，双方对话的分歧点在于张教授的论据（X）是否成立，即“一个人和其克隆复制品是否完全相同”，迅速锁定 C 项。	
选项	**解释**	**结果**
A	双方的论点都为“克隆人具有破坏社会和谐的潜在风险”，该项不存在分歧。	淘汰
B	李研究员明确提到了“一个人和他的克隆复制品完全相同的仅仅是遗传基因”，在此处双方不存在分歧。	淘汰
C	该项为双方分歧点，上面已做分析。	正确
D	李研究员未提到“和谐的本质是否为多样性的统一”，该项不是双方分歧点。	淘汰
E	该项为李研究员提出的新论据，并非双方的分歧点。	淘汰

11. 答案 E

题干信息	假设题。根据“结果发现”“由此得出结论”梳理本题论证关系。 论证关系：小脑参与了这两种短期记忆过程→小脑对短期记忆的高级认识功能有支持作用。	
解题预判	根据上述论证关系可发现，论据和论点出现了若干相同的概念和不同的概念，此种情况为明显的“搭桥”结构。只需建立论据和论点不同概念或话题的关系即可，即建立“参与记忆过程”和“支持作用”，从而秒选 E 项。本题采用第 15 招（梳理关系，紧盯概念）明确选项。	
选项	**解释**	**结果**
A	“协调运动、维持机体平衡”显然与题干论证无关。	淘汰
B	该项侧重强调高级认知如何实现，与题干论证无关。	淘汰
C	该项强调的是“长期记忆过程”，而题干论述的是“短期记忆过程”，无关。	淘汰
D	与本题主要论证无关，该项支持的是研究人员先前的看法，而不是针对杜塞尔多夫医学院研究人员的论证。	淘汰
E	建立了论据“参与两种短期记忆过程”和论点“有支持作用”的关系，为“搭桥”项，正确。	正确

12. 答案 C

题干信息	支持题。根据结构词“为了”可以确定研究人员的推断为“方法可行”结构。可采用第 17 招（特殊结构——方法可行）分析选项。 论证关系：筑起石墙（方法）→避免海水上涨后淹没村庄（目的）。	
解题预判	“方法可行”结构的支持题，首先考虑方法有效，即选项要体现出方法能够达到“避免海水上涨淹没村庄”目的，可迅速锁定 C 项。	
选项	**解释**	**结果**
A	无关项。与题干方法能否达到目的无关。	淘汰
B	无关项。题干论述的是 7000 年前人们的做法能否达到当时的目的，而该项说的是“现在”，与题干论证无关。	淘汰
C	该项明确说明“石墙长度足够包围定居点”，保证了方法有效，可达到目的。	正确
D	无关项。“今天的人类”面临问题和采取方法与“7000 年前的人类”无关。	淘汰
E	态度不明确，“50 米处有被海水腐蚀过的痕迹”难以说明石墙能否避免海水淹没村庄。	淘汰

13. 答案 A

题干信息	解释题。根据结构词“然而”确定要解释的现象：生物以一种令人惊奇的确定的方式灭绝，很多种群同时消失。	
解题预判	要对题干现象给出合理的解释，必须要找到一个广泛的、能同时影响“很多种群”的因素，才可解释题干现象，即可快速锁定 A 项。注意，选项要能解释上述现象，必须体现出“很多种群”。	
选项	**解释**	**结果**
A	给出了影响范围广、能同时影响很多不同种群的“环境变化”这个因素，可以解释为何很多种群同时消失。	正确
B	针对小范围物种灭绝的解释，无法解释很多种群同时消失，排除。	淘汰
C	针对小范围物种灭绝的解释，无法解释很多种群同时消失，排除。	淘汰
D	所阐述的话题，与题干要解释的现象“为何很多种群同时消失”无关。	淘汰
E	所阐述的话题，与题干要解释的现象“为何很多种群同时消失”无关。	淘汰

14. 答案 A

题干信息	削弱题。根据“但是”“因为”找到本题论证结构。 论证结构：每年填埋的塑料垃圾比例增加→努力没有成效（塑料垃圾数量没有减少）。	
解题预判	前提强调的核心概念是“比例”，结论强调的核心概念是“数量”，此题涉及数量关系，可从数量关系的角度构思选项。可采用第 15 招（梳理关系，紧盯概念）确定正确选项。 每年填埋的垃圾中塑料垃圾的比例=填埋塑料垃圾的数量/填埋的垃圾总量。 题干依据填埋垃圾中塑料垃圾的比例增加，便认为努力没有成效，即认为塑料垃圾数量没有减少。要削弱题干论证，说明努力有成效（塑料垃圾数量确实减少了），只需让分母（填埋的垃圾总量）变小即可，可秒选 A 项。	
选项	**解释**	**结果**
A	说明回收利用的垃圾越来越多，那么填埋的垃圾总量就会变小，总量变小的话，即便塑料垃圾所占比例增大，那么填埋的塑料垃圾数量可能也是减少的，此时说明努力有成效。该项直接针对关系进行削弱，力度最强。	正确

（续）

选项	解释	结果
B	无态度选项。塑料代用品生产商缺乏投资的积极性，无法说明塑料垃圾能否减少，二者没有必然关系。	淘汰
C	首先，品种增长≠数量增长，塑料垃圾是否增加不明；“一部分改用塑料代用品”包装，可能会使得塑料垃圾变少，削弱了题干结论，但力度较小。	淘汰
D	与题干论证关系无关。	淘汰
E	与题干论证关系无关。	淘汰

15. 答案 A

题干信息	削弱题。根据关键词“有人认为”和结构词“造成”可确定题干为因果关系结构。 因果关系：境外的投资性行为（因）→北京房价的暴涨（果）。 可采用第 17 招（特殊结构——因果关系）分析选项。	
选项	解释	结果
A	“有因无果”削弱。“境外投资北京楼市的需求继续增加（有因），但是北京楼市价格明显回调（无果）”，割裂题干的因果关系，说明境外投资需求与北京房价暴涨无关，同时选项指出“与上半年非常类似的 7~10 月”，说明 7~10 月的情况可以反映 1~6 月的问题，排除类比，削弱力度最强。	正确
B	态度不明确。该项试图用“常住人口的增加”这个他因来削弱题干因果，但后半句中只提到了“住房需求增长”，但有“住房需求”未必会购房，也未必会使房价暴涨。	淘汰
C	首先，该项只是提到了“高端商品房”，而题干说的是整体楼市，论证对象不一致。其次，该项只是说“可以这样实现”，而不是“只能这样实现”，说明房价暴涨不一定是需求带来的。	淘汰
D	力度较弱，未割裂本因。该项说国内其他地区有钱人“也”对北京房价推波助澜，但并未否认境外投资者（本因）对房价攀升的影响，力度较弱。	淘汰
E	与题干因果关系无关。	淘汰

16. 答案 C

题干信息	①月季和玫瑰被同一个人购买。 ②百合没有被单独购买。 ③甲购买牡丹。 ④甲或丁购买丁香。 ⑤丁不购买月季。 ⑥6 盆花被 4 人购买，每盆花都有人购买，且每人至少购买 1 盆花。
第一步	观察题干信息，发现本题属于没有确定信息的分组题，由于题干正向推理困难且问题问“可能真”，故可使用第 7 招（选项代入排除）进行解题。
第二步	将选项代入题干信息验证： A 选项：若甲购买玫瑰，则联合①③可知，甲还需购买牡丹和月季，甲购买 3 盆花，则其余人均只买 1 盆，与②矛盾，排除。 B 选项：若甲购买月季，则联合①③可知，甲还需购买牡丹和玫瑰，甲购买 3 盆花，则其余人均只买 1 盆，与②矛盾，排除。 C 选项：若乙购买月季，则根据①可知，乙还需购买玫瑰，此时若甲购买牡丹和百合，丁购买丁香，丙购买雏菊，则与题干不矛盾，故选项可能为真。C 选项为正确答案。

17. 答案 A

题干信息

①月季和玫瑰被同一个人购买。
②百合没有被单独购买。
③甲购买牡丹。
④甲或丁购买丁香。
⑤丁不购买月季。
⑥6 盆花被 4 人购买，每盆花都有人购买，且每人至少购买 1 盆花。
⑦丙没有购买玫瑰（确定信息）。

第一步

观察题干信息，发现本题的附加条件为确定信息，但无法代入题干进行推理，并且根据条件⑥可知可能的分组情况为：3-1-1-1 和 2-2-1-1。故可通过假设进行解题。

第二步

若分组情况为 3-1-1-1，结合①②可知，月季、玫瑰和百合被同一个人购买，其余人均只买一种花。联合①③⑤⑦可知，买月季、玫瑰和百合的人不是甲、不是丁、不是丙，故买月季、玫瑰和百合的人是乙。又因为甲、丙、丁三人均只购买了一盆花，结合④可知，丁购买丁香，丙购买雏菊。

整理推理结果如下：

甲	乙	丙	丁
牡丹	月季、玫瑰、百合	雏菊	丁香

第三步

若分组情况为 2-2-1-1，结合①②可知，月季和玫瑰被同一个人购买，百合和另一种花被同一个人购买，其余两人均只买一种花。联合①③⑤⑦可知，买月季和玫瑰的人不是甲、不是丁、不是丙，故乙购买了月季和玫瑰。联合③④可推得，若甲购买丁香，则与分组情况矛盾（甲购买丁香和牡丹，此时无论甲是否购买百合，均与分组情况矛盾），故甲不购买丁香，丁购买丁香。结合剩余法可知，此时还剩雏菊和百合两种花，因此丙购买雏菊，甲、丙、丁中的某一人购买百合，如下图所示：

甲	乙	丙	丁
牡丹、（百合）	月季、玫瑰	雏菊、（百合）	丁香、（百合）

第四步

根据第 13 招（假设无矛盾，考虑分情况）可得：甲一定购买牡丹，乙一定购买月季、玫瑰，丙一定购买雏菊，丁一定购买丁香。A 选项为正确答案。

18. 答案 B

解题步骤

第一步

观察题目特征，锁定技巧。题干和选项大多属于“假言判断”表述，同时题干中没有重复/矛盾的概念，无法有效串联，问题求解“除哪项外都可能为假 = 一定真”，故可采用第 1 招（准确定位 P、Q）来进行解题。

第二步

符号化题干条件：
①应对发展环境变化（P1）→实施创新驱动发展战略（Q）；
②加快转变经济发展方式（P2）→实施创新驱动发展战略（Q）；
③更好引领我国经济发展新常态（P3）→实施创新驱动发展战略（Q）。

第三步

题干表述为“两肯”，故优先寻找“两否”的结构，即优先验证 B 选项。
B 选项 = 不实施创新驱动发展战略（¬ Q）→不加快转变经济发展方式（¬ P2），与条件②为等价关系，故 B 选项为正确答案。

19. 答案 D

解题步骤		
第一步	观察题目特征，锁定技巧。题干属于"表格类确定信息"，并且选项多为假言判断表述，"P 位"属于特例表达，故可优先采用逐个验证选项进行解题。	
第二步	分析选项。	
选项	**解释**	**结果**
A	由表格可知，沈阳是"位于东北地域的城市"，但其"游客期待指数"为 83.2，低于 90，故淘汰。	淘汰
B	由表格可知，长春是"位于东北地域的城市"，但其"传播影响力"为 85.8，低于 86，故淘汰。	淘汰
C	由表格可知，沈阳的"美誉度、核心竞争力和传播影响力"三个方面的指数均高于 85，但其"游客期待指数"为 83.2，低于 85，故淘汰。	淘汰
D	选项与题干信息符合，为正确答案。	正确
E	由表格可知，呼伦贝尔的"美誉度和核心竞争力"均低于 95，但其"传播影响力"为 78.5，低于 85，故淘汰。	淘汰

20. 答案 D

解题步骤	
第一步	整理某官员的观点：①重点大学→在大城市→不是医科大学；②有自己独立实验室的大学→是综合性大学；③有些重点大学⇒具有自己独立的实验室。
第二步	要质疑某官员的观点，就需要质疑全部的信息，因此优先考虑将题干信息联合推理得出结论后，再寻找矛盾关系去进行质疑。
第三步	根据"从有的出发，构成首尾相连"的原则，结合②③可得：④有些重点大学⇒具有自己独立的实验室⇒是综合性大学。
第四步	结合④（④需先换位）①可得：有些综合性大学⇒具有自己独立的实验室⇒是重点大学⇒在大城市⇒不是医科大学。
第五步	最强的质疑，只要找到矛盾即可：所有综合性大学都是医科大学。答案为 D。

21. 答案 D

解题步骤	
第一步	题干的推理既有"所有"，也有"有的"，所以本题优先考虑第 3 招（"有的"串联）的思路。 将题干信息进行公式化： ①非专业书评人→不是分享会主讲人 =分享会主讲人→专业书评人 ②非专业书评人→现场互动 ③有的分享会主讲人→捐赠图书
第二步	换位③，串联①可得：有的捐赠图书→分享会主讲人→专业书评人 对上述串联取矛盾：所有捐赠图书的都不是专业书评人。 答案选 D。

22. 答案 A

解题步骤	
第一步	7 名运动员在 5 个项目中展现专长，每名运动员只专注一个项目，每个项目都有至少一名运动员专长，那么 5 个项目所对应的人数为 2，2，1，1，1 或者 3，1，1，1，1。（此题难度在于数量）。由于本题出现的（4）为确定信息，因此优先考虑第 6 招（“题干确定”一马当先）的思路。
第二步	若周和吴专长于羽毛球，那么（2）的前件必真。否则将出现“篮球、足球、乒乓球从李和吴两人中挑选的情况”，人数少于项目，一定为假，所以得到：李专长羽毛球。从而确定本题各项目对应人数为：3，1，1，1，1。羽毛球三人，其余项目都对应一个人。
第三步	此时又可以说明（3）的前件必真。否则将出现“足球、网球、乒乓球从赵和钱两人中挑选的情况”，人数少于项目，一定为假，所以得到：赵专长网球。此题选 A。

23. 答案 E

解析

结合上题结论，如表所示。又因为钱和孙分别从篮球和足球里各专长一个。
可得：郑不专长篮球和足球，那么郑只能专长乒乓球。此题选 E。

	篮球	足球	网球	羽毛球	乒乓球
赵	×	×	√	×	×
钱	1√1×	1√1×	×	×	×
孙			×	×	×
李	×	×	×	√	×
周	×	×	×	√	×
吴	×	×	×	√	×
郑	×	×	×	×	√

24. 答案 E

题干信息	削弱题。先明确此题论断：科学家无法准确地预测日常天气→科学家对核冬季的预测也不可信。可采用第 15 招（梳理关系，紧盯概念）分析选项。	
解题预判	此题论据与论点所描述的话题接近，但出现了两个名词的变化，即“日常天气”和“核冬季”，因此此处极有可能成为命题点。	
选项	**解释**	**结果**
A	支持项。该项建立了“日常天气数据”和“核冬季理论”的关系，支持了题干论证关系。	淘汰
B	支持项。该项指出对核冬季的预测只能是“凭空构想”，支持了题干核冬季的预测“不可信”这一态度。	淘汰
C	无态度选项。该项无法说明“科学家对核冬季预测是否可信”这一观点的态度。	淘汰
D	无关项。未提到对“核冬季”的预测。	淘汰
E	削弱项。该项说明了“核冬季”与“日常天气变化”无关，题干论证关系不成立。	**正确**

25. 答案 C

解题步骤	
第一步	整理题干信息。题目中的现象是尽管保护资金增加，但传统文化遗产的消失速度并未减缓。
第二步	分析选项。C 指出保护项目缺乏有效规划和管理，资金使用效率低下，这解释了为何资金投入未能有效保护传统文化遗产。选项 A、B、D、E 虽然提到了一些相关因素，但 C 选项更直接地解释了资金投入与保护效果之间的矛盾。

26. 答案 A

解题步骤	
第一步	分析题干信息。题目观点认为 DeepSeek 在处理复杂任务时，通过多轮对话的上下文跟踪和信息整合，能提供比单轮对话更高质量的解决方案。
第二步	解题预判。本题采用第 15 招（梳理关系，紧盯概念），分析选项。选项 A 直接指出其多轮对话能够减少信息丢失和误解，这正是提高解决方案质量的关键，直接支持了题干观点。
第三步	分析选项。选项 C、D、E 虽涉及 DeepSeek 的能力或特点，但与题干论证的直接关联性不如 A 强。选项 B 则暗示了单轮对话的局限性，间接支持了题干观点，但力度不如 A。

27. 答案 B

题干信息	整理题干论证。前提：“净菜”能够节省高级知识分子的家务时间→结论：“净菜”会受到高级知识分子的欢迎。	
选项	解释	结果
A	选项对题干有一定支持，“净菜”与一般蔬菜价格没有较大差异，而“净菜”又有其他优势，因此可能会受到欢迎。	淘汰
B	直接削弱题干论证。选项推翻题干“净菜”受欢迎的理由，即“节约家务时间”非目标顾客选择的理由，起到割裂题干论证关系作用。	正确
C	选项支持题干论证，说明“净菜”有优势。	淘汰
D	选项削弱题干论证，但力度较弱。虽不能满足所有人的口味，但即便部分人愿意选择，有一定的消费量，项目亦可实施。	淘汰
E	“有一个适应的过程”，并不意味着不接受项目。	淘汰

28. 答案 A

解题步骤	
第一步	分析题干信息。题目观点认为歼-10 战斗机在应对现代空中威胁方面仍具竞争力，能发挥重要作用。
第二步	解题预判。本题采用第 16 招（把握态度，速选速行）分析选项。选项 A 直接强调了其鸭式气动布局带来的卓越机动性，这是其在近距离空战中的关键优势，有力支持了题干观点。
第三步	分析选项。选项 E 也提供了一定支持，但侧重于体系协同而非歼-10 本身性能。选项 B、C 提及新型战斗机的优势和歼-10 的不足，削弱了题干观点。选项 D 虽然正确，但与题干论证关联性不强。A 选项直接针对歼-10 的性能优势，支持力度最强。

29. 答案 **E**

题干信息	题干观点：工具的使用→人类咀嚼肌退化→人类脸型变小。可采用第 17 招（特殊结构——因果关系）分析选项。	
选项	**解释**	**结果**
A	选项属于“无因无果”的支持，表明“未使用工具”，进而口腔肌肉没退化，脸型也没变小。	淘汰
B	选项指出“存在他因”，强调“食物类型”会影响“人类脸型的变化”，但没有否定题干的“本因”，也就是没有否定工具的作用。	淘汰
C	选项支持题干论证关系，说明工具的使用导致了咀嚼肌的退化。	淘汰
D	选项表达的论证关系是“咀嚼肌”与“其他变化”之间的关系，而非题干强调的“脸型的变化”。	淘汰
E	选项属于“因果倒置”的削弱，说明是“咀嚼肌退化”导致“使用工具”，削弱力度最强。	正确

30. 答案 **D**

题干信息	知识共享：企业内部员工通过彼此之间相互交流知识，使得知识由个人的经验扩散到整个组织的层面。	
选项	**解释**	**结果**
A	选项不涉及“企业内部员工之间相互交流知识”，不属于知识共享。	淘汰
B	题干的论证主体是“企业内部员工”，而非“学生”，不属于知识共享。	淘汰
C	选项不涉及“企业内部员工之间相互交流知识”，不属于知识共享。	淘汰
D	“举行部门会议进行交流”符合“企业内部员工之间相互交流知识”，“参与销售人员讲授技巧”符合“知识由个人的经验扩散到整个组织的层面”，因此属于知识共享。	正确
E	选项不涉及“企业内部员工之间相互交流知识”，不属于知识共享。	淘汰

逻辑模拟试卷（十六）答案与解析

1	2	3	4	5	6	7	8	9	10
B	C	D	C	D	D	B	C	D	A
11	12	13	14	15	16	17	18	19	20
B	E	E	B	D	B	A	E	B	E
21	22	23	24	25	26	27	28	29	30
A	B	E	D	C	D	D	B	A	C

1. 答案 **B**

题干信息	假设题。根据“因此”梳理论证结构。 董事会解雇张先生的决定是正确的→在专业技术方面出现了重要失误∨在行政管理方面出现了重要失误。
第一步	题干根据“张先生在任职期间从未出现技术失误”，便得到“在行政管理方面出现了失误”，说明题干默认了后件“在专业技术方面出现了重要失误∨在行政管理方面出现了重要失误”是正确的。
第二步	后件需由前件推得，因此此题需要假设前件成立，即“解雇张先生的决定是正确的”，补漏思路，答案选 B。

2. 答案 **C**

题干信息	削弱题。根据“因此”“影响”等结构词梳理结构，发现本题为“事实（测试）→评价”结构，且结论（评价）处为典型的因果关系，因此本题采用第 17 招（特殊结构——因果关系）确定选项。 因果关系：慢波睡眠时间缩短（因）→影响老年人记忆力（变差）（果）。	
选项	**解释**	**结果**
A	无关项。该选项强调的是睡眠质量的取决因素，并未提到“老年人记忆力”，与题干因果关系无关。	淘汰
B	迷惑性较强。考生注意，题干的重要关键词为“慢波睡眠的时间”，即时间的长短，而不仅仅是该项所说的“慢波睡眠”。考生解题时务必注意核心词。	淘汰
C	“有果无因”，割裂关系。“即便延长慢波睡眠时间（无因），也很难改善记忆力（有果）”，该项构造了“有果无因”，并且指出了主要与大脑功能减退有关，以此割裂了二者的关系。注意“大多数”这个量度词，力度较强。	**正确**
D	削弱力度较弱。该选项虽然也能从某种程度上割裂“慢波睡眠时间”和“老年人记忆力”的关系，但“一些”这个词使得样本数量不确定，不具备足够说服力，力度较弱。	淘汰
E	无关项。题干论证的是对“老年人”的影响，而该项说的是“年轻人”，无关。	淘汰

3. 答案 D

题干信息	解释矛盾题。根据“然而”快速找到要解释的矛盾点，即两种调查结果数据不一致，具体为： 矛盾点1：一种结果显示全职工作的妇女的收入是全职工作的男人的收入的80%。 矛盾点2：其他结果显示受雇妇女的平均年收入只是所有受雇男性的平均年收入的65%。	
解题预判	此题实际上是寻找两种结果数据不一致的原因，从而化解矛盾。解释矛盾题往往需要引入第三要素。此题两种调查结果虽然数据不一致，但“然而”的前后论述的对象显然不一致。前面说的是“全职工作”的妇女和男性，后面说的是“受雇”的妇女和男性。受雇群体=全职工作群体+兼职工作群体，因此要解释这一现象，必然要从“兼职工作”这一第三要素出发，可迅速锁定D项。注意：此题还出现了男女间的比较。	
选项	**解释**	**结果**
A	该项只提到了“受雇的”女性和男性，未提到全职工作，仅支持了矛盾点2，无法化解矛盾。	淘汰
B	该项只提到了“全职工作”男女比较，且与矛盾点1的信息存在冲突，该项有削弱的作用。	淘汰
C	仅提到了女性，未体现男女比较，显然无法解释两种结果的不一致。	淘汰
D	引入了“兼职工作”这一第三要素，指出了女性兼职工作的比例比男性高，同时，兼职工作赚的钱较少，从而说明两种调查结果“受雇男女收入比较”和“全职工作男女收入比较”都是合理的，为题干看似矛盾的两种结果提供了合理的解释。	**正确**
E	题干论述的只是H国，与其他国家无关，无法解释。	淘汰

4. 答案 C

题干信息	支持题。根据结构词“从而”“就能”确定本题为“方法可行”结构。可采用**第17招（特殊结构——方法可行）**分析选项。 论证结构：培育一种基因改造的蚊子（①不再具备感染疟疾的能力；②能妨碍野生蚊子繁衍）（方法）→有效切断人与蚊子的疟疾传播途径，根绝疟疾（目的）。	
解题预判	方法可行结构题目，首选思路为方法有效，即选项要体现出这种转基因蚊子确实可以切断传播途径，根绝疟疾，可迅速锁定C项。	
选项	**解释**	**结果**
A	削弱。该项指出转基因蚊子体质差，在野外难存活，说明了方法不具有可行性。	淘汰
B	削弱。转基因蚊子只有在疟疾存在情况下才有生存优势，说明转基因蚊子的存活是有条件的，而疟疾存在的情况并不多见，说明使用转基因蚊子抵抗疟疾的可操作性不强。	淘汰
C	该项指出了转基因蚊子生殖能力增强，而且会带来野生蚊子种群死亡，由于转基因蚊子本身不会感染疟疾，此时就完全切断了疟疾的传播途径，从而根绝疟疾。该项说明了方法的确可以达到目的。	**正确**
D	方法无效，削弱。转基因蚊子与野生蚊子的后代不都具有抗疟疾基因，而且还会基因突变形成新型蚊子，此时抗疟疾的能力就极其有限了，无法根绝疟疾。	淘汰
E	无态度选项，不涉及疟疾是否能够被根除。	淘汰

5. 答案 D

题干信息	问题为“最不能削弱上述论证的结论”，此种问法需要考生优选支持项，次选无关项。总体浏览题干信息会发现，题干后面部分为研究人员所做的具体测试，第一句话为题干结论。根据结构词“有助于”可判断本题为典型的因果关系。可采用第 17 招（特殊结构——因果关系）分析选项。 因果关系：放松体操和机能反馈疗法（因）→治疗头痛（果）。	
选项	解释	结果
A	“另有他因”削弱。该项指出“治疗有效的暗示”这个他因缓解了头痛。	淘汰
B	“另有他因”削弱。该项说明了报告说“感觉变好”的参加者是因为“有意迎合”（他因）的结果。	淘汰
C	“另有他因”削弱。该项说明了是压力减轻（他因）缓解了头痛。	淘汰
D	态度不明确。注意，该项迷惑性较强，有些考生或许会认为该项是“样本人数不相等”这个他因导致了结果的不同，其实不然，因为结果给的也不是绝对数，而是比例。并且，患者人数是否相等不意味着样本是否具有代表性。	正确
E	“另有他因”削弱。该项说明是“工作时间的减少”这个他因让患者自我感觉有所改善。	淘汰

6. 答案 D

解题步骤	
第一步	观察题目特征，锁定技巧。题干均为“假言判断”表述，并且存在重复的概念，而选项均为假言判断表述，故可优先采用第 2 招（串联递推）进行解题。
第二步	符号化题干信息： ①实现经济高质量发展（P1）→促进经济的转型升级（Q1）； ②促进经济转型升级（P2）→提升金融机构服务实体经济的能力（Q2）； ③金融立业之本（P3）→金融业为实体经济服务（Q3）。
第三步	联合①②可得：④实现经济高质量发展（P1）$\xrightarrow{①}$促进经济的转型升级（Q1/P2）$\xrightarrow{②}$提升金融机构服务实体经济的能力（Q2）。
第四步	优先验证含有“首”“尾”概念的选项，即优先验证 D 选项。 D 选项=P1→Q2，与条件④等价，故选项可以得出，为正确答案。

7. 答案 B

题干信息	①西施→四人都说真话=非西施∨四人都说真话（条件有真有假时，优先将“推”变“或”）； ②非貂蝉∧非大乔； ③貂蝉→西施=非貂蝉∨西施； ④西施∨大乔。 以上四句话只有一真。
第一步	本题属于真话假话题，由于各个条件间无明显真假关系，但存在重复元素“西施”，故可利用第 8 招（以“重复元素”为突破口（确定真假））进行解题，即从涉及“西施”的信息进行解题。
第二步	若西施捐款，则③④均为真，与题干四句话只有一真矛盾，所以“非西施”一定为真。由此可知①一定为真，②③④一定为假，根据④为假可知，非西施∧非大乔；根据②为假可知，貂蝉∨大乔为真。然后将“非大乔”代入可得：是貂蝉捐的款。因此答案选 B。

8. 答案 C

解题步骤	
第一步	观察题干特征，锁定技巧。题干存在“传递关系”（即信任关系），故可优先从“关系判断”着手进行解题。
第二步	符号化题干条件： ①甲→☐→×→丙；②丁→×→丙；③丙→☐→甲。
第三步	问题中的确定信息为“乙不信任丙”，此时乙在①的☐里，故将“乙不信任丙”代入①中可得甲信任乙；同理，结合①②可推得甲信任丁，故答案选 C。

9. 答案 D

解题步骤	
第一步	观察题干特征，锁定技巧。题干属于“形式语言”表达，并且问题求解“承诺没有兑现＝一定为假”，故可采用第 4 招（矛盾变形）进行解题。
第二步	符号化题干条件： P：航班晚点 24 小时以上→Q：（全额退票∧得到原票价 20%的补偿）∨安排三星级以上的宾馆休息。
第三步	寻找假言判断的矛盾，即寻找“P∧¬Q”的选项，故优先考虑同时符合“P”及“¬Q”的选项。观察发现，选项Ⅲ＝P∧¬Q，与题干构成矛盾关系，可说明航空公司的承诺没有兑现，故答案选 D。

10. 答案 A

题干信息	①如果第一年做领队，第二年不能参与素质拓展； ②在第二年做领队的人在第一年必须参与过素质拓展； ③钱和甲不能一起参与素质拓展； ④孙和乙不能一起参与素质拓展； ⑤每一年，李和甲中有且只有一位参与素质拓展； ⑥医师：赵、钱、孙和李，选两人。抓药师傅：甲、乙和丙，选两人。
第一步	本题属于分组题型，由于问题中存在确定的附加条件，故可采用第 6 招（“题干确定”一马当先）进行解题。
第二步	孙如果在第一年做了领队，联合③④⑤⑥可推得：孙第一年做领队 $\xrightarrow{④}$ 乙第一年不参与素质拓展 $\xrightarrow{⑥}$ 甲和丙第一年参与素质拓展 $\xrightarrow{③⑤}$ 钱和李第一年不参与素质拓展 $\xrightarrow{⑥}$ 赵第一年参与素质拓展。 整理上述推理链条可知：第一年的素质拓展队员有孙、赵、甲、丙，再结合②，所以第二年的领队一定在赵、甲、丙之间产生。故答案选 A。

11. 答案 B

解题步骤	
第一步	观察题干特征，锁定技巧。问题要求寻找“推理错误最为相似”的选项作为答案，故可采用第 5 招（结构比较）进行解题。
第二步	整理题干推理结构：大多数 A 是 B，大多数 A 是 C，所以大多数 A 是 B∧C。
第三步	分析选项，寻找与题干推理一致的选项作为正确答案。

（续）

选项	解释	结果
A	选项=A→B，A→C，所以 A→B∧C。与题干推理错误不一致。	淘汰
B	选项=大多数 A 是 B，大多数 A 是 C，所以大多数 A 是 B∧C。与题干推理错误一致。	正确
C	选项=A→B，C→A，因为 B，所以 A∧C。与题干推理错误不一致。	淘汰
D	选项=大多数 A 是 B∧C，所以 B∧C 是 D。与题干推理错误不一致。	淘汰
E	选项=大多数 A 是 B，大多数 A 是 C，所以大多数 D 是 E。与题干推理错误不一致。	淘汰

12. 答案 E

解题步骤	
第一步	观察题目特征，锁定技巧。题干中存在直言判断表述，并且存在重复的概念，故可优先采用第 3 招（“有的”串联）进行解题。
第二步	根据标志词，将题干信息符号化： ①君子→喻于义。 ②小人→喻于利。 ③小人→不喻于义。 ④有的君子⇒喻于利。
第三步	联合条件①④可得：⑤有的喻于利⇒君子⇒喻于义。（条件④需先换位）
第四步	寻找题干信息的矛盾：条件⑤的矛盾=所有喻于利的都不喻于义。 观察选项，E 选项恰好符合，故 E 选项为正确答案。

13. 答案 E

解题步骤	
第一步	使用第 9 招（剩余思想，将不确定转确定）解题。
第二步	根据条件（1）可得：小强、小杰至少一个获得了参赛资格。 根据条件（2）可得：小丽、小红至少一个获得了参赛资格。 所以小强、小杰、小丽、小红至少 2 个获得了参赛资格。 那么小华、小芳、小刚、小明至少 2 个没获得参赛资格。 所以小华、小芳、小刚至少 1 个没获得参赛资格为真。 带入（3）可得：小明没有获得参赛资格。 故 E 选项为正确答案。

14. 答案 B

解题步骤	
第一步	本题题干信息不充分，但问题问的是“可能”，且选项信息充分，因此考虑第 7 招（选项代入排除）。
第二步	根据条件（2）排除 A 项、E 项。 根据条件（3）排除 D 项。 根据条件（4）排除 C 项。 答案选 B。

15. 答案 D

解题步骤	
第一步	题干信息都为假言条件，未出现确定信息，且各个假言可以串联。因此优先考虑第 11 招（假言串联，找矛盾）的思路。
第二步	（1）+（3）吴＝旭日 或 新月 → 赵＝ 新月→ 赵≠旭日 → 吴＝星辰 ∧ 郑＝星辰 显然“吴＝旭日 或 新月”与“吴＝星辰”自相矛盾。 得到事实：吴≠旭日 ∧ 吴≠新月，则吴＝星辰。D 不符合要求，为正确答案。

16. 答案 B

解析	根据上题得到结论“吴＝星辰”，又已知“张＝星辰”，再根据条件（2）“周和王也有一个在星辰”，此时项目星辰已满员（3 个），那么其他人一定不在项目星辰。 （3）的前件为真，推出（3）后件为真，即“赵＝旭日”。 又根据（2）周和王有一个在旭日，所以剩下的李和郑一定在项目新月。答案选 B。

17. 答案 A

解题步骤	
第一步	题干信息都为假言条件，未出现确定信息，且各个假言可以串联。因此优先考虑第 11 招（假言串联，找矛盾）的思路。
第二步	串联（2）（4）（3）可得：李不客户服务∨李不研发 → 王运营∧赵财务 → 赵财务∨赵市场→ 李人力∧赵运营 → 赵不人力∨赵不客户服务 → 李客户服务∧张研发。 观察上述链条可见，由“李不客户服务”推出“李客户服务”，自相矛盾，故：李去客户服务部。选 A。

18. 答案 E

解题步骤	
第一步	根据上题结论：李去客户服务部，代入（1）得到张不去客户服务部。
第二步	赵去财务部，代入（4）得到：李去人力资源部∧赵去运营部，由于每人去 2 个项目组，故赵不去其他部门，（3）前件为真，代入（3）得到：李去客户服务部∧张去研发部。
第三步	此时李去的 2 个部门也已满，则（2）的前件也为真，进一步得到：王去运营部∧赵去财务部。答案选 E。

19. 答案 B

题干信息	①评选了台湾电影金马奖→不能再评选大众电影百花奖∧不能评选中国电影金鸡奖。 ②评选了中国电影华表奖→不能再获得香港电影金像奖。 ③评选了中国电影金鸡奖→不能再获得中国电影华表奖。 ④每个人最多获得两个奖项。 ⑤已知演员周小东获得了台湾电影金马奖，演员吴小南和演员郑小北二人之间有人获得了香港电影金像奖（确定信息）。
第一步	本题属于分组题型，首先明确分组情况：结合④，由于飞天公司一共 3 位演员，囊括了所有奖项，每个人都获奖，每个奖项只有一人获得，因此分组情况为 2-2-1。因为本题存在确定信息，故可优先采用第 6 招（“题干确定”一马当先）进行解题。

（续）

第二步	将确定信息⑤“周小东获得台湾电影金马奖”代入①中可得：周小东不能再评选大众电影百花奖，也不能评选中国电影金鸡奖。再根据⑤可知，香港电影金像奖只能由吴小南和郑小北获得，因此周小东不能获得香港电影金像奖。
第三步	还剩下一个中国电影华表奖，如果吴小南获得了，那么演员周小东只能获得一个奖项。
第四步	根据题干分组情况可知吴小南和郑小北各获得两个奖项。答案为 B。

20. 答案 E

解题步骤	
第一步	观察题干特征，锁定技巧。问题要求寻找“推理最为相似”的选项作为答案，故可采用第 5 招（结构比较）进行解题。
第二步	整理题干推理结构：¬ A∨¬ B∨C∨D，因为¬ D∧A，所以¬ C→¬ B。（考生注意，“如果 P，就 Q，除非 M” =P∧¬ Q→M=¬ P∨Q∨M）
第三步	分析选项，寻找与题干推理一致的选项作为正确答案。

选项	解释	结果
A	选项=¬ A∨¬ B∨C∨D，因为 D∧A，所以 B→¬ C。与题干推理结构不一致。	淘汰
B	选项=¬ A∨（B∧C）∨D，因为 B∧C，所以¬ A→D。与题干推理结构不一致。	淘汰
C	选项=¬ A∨¬ B∨C∨D，因为¬ D∧A，所以¬ C∨¬ B。与题干推理结构不一致。	淘汰
D	选项=¬ A∨B∨C，因为¬ A，所以 B→¬ C。与题干推理结构不一致。	淘汰
E	选项=¬ A∨¬ B∨C∨D，因为¬ D∧A，所以¬ C→¬ B。与题干推理结构一致。	正确

21. 答案 A

题干信息	①甲∨乙=¬ 甲→乙（当题目条件均为真时，优先将“或”变“推”）； ②¬ 乙∨¬ 丙=乙→¬ 丙；③¬ 甲∨¬ 丁=甲→¬ 丁；④丁→丙∧戊。
第一步	虽然题干没有确定信息，但涉及互为矛盾的概念“甲和¬ 甲”，故可考虑通过假设进行解题。
第二步	若不挑选甲，联合①②④可得：¬ 甲 $\xrightarrow{①}$ 乙 $\xrightarrow{②}$ ¬ 丙 $\xrightarrow{④}$ ¬ 丁。 若挑选甲，根据③可得：甲→¬ 丁。 根据第 13 招（假设无矛盾，考虑分情况）可得不挑选丁，故答案选 A。

22. 答案 B

解题步骤	
第一步	观察题目特征，锁定技巧。问题的附加条件中存在单件“P”表述的确定信息，故可采用第 6 招（“题干确定”一马当先）进行解题。
第二步	符号化题干条件： ①这个节日期间零售商店的销售额下降（P1）→人们对赠送奢侈品的态度发生了变化∨物价上涨到了大多数人难以承受的程度（Q1）。 ②送礼的态度发生了变化（P2）→这个节日期间零售商店的销售额会下降（Q2）。 ③物价上涨到了大多数人难以承受的程度（P3）→去年工资上升的步伐肯定没有跟上物价的上涨（Q3）。 ④去年工资的上升跟上了价格上涨的步伐（确定信息）。

（续）

解题步骤	
第三步	从确定为真的条件④，结合③可得：⑤“物价没有上涨到了大多数人难以承受的程度”一定为真。此时观察选项，A、D、E 均未涉及“物价没有上涨到了大多数人难以承受的程度”，因此排除。
第四步	观察剩余选项 B 和 C 都属于假言判断，故可将假言判断的“P 位”当作事实去验证。验证 B 选项可得“人们对赠送奢侈品的态度没发生变化 ∧ 物价没有上涨到了大多数人难以承受的程度（¬ Q1）→这个节日期间零售商店的销售额不下降（P1/¬ Q2）→送礼的态度没有发生变化（¬ P2）”，符合假言判断的推理规则，因此正确答案为 B。

23. 答案 E

题干信息	削弱题。先梳理题干结构，题干由三组对照实验（差比关系）得到了因果结论，考生解题时既可针对“差比关系”，也可针对“因果关系”。 差比关系：聆听莫扎特音乐（差）→空间推理能力（差）。 因果关系：聆听莫扎特音乐（因）→提高空间推理能力（果）。	
选项	**解释**	**结果**
A	无关项。该项强调的是“逻辑推理能力”，与题干“空间推理能力”无关。	淘汰
B	无关项。能否反映被试者的“智力水平”与题干论证无关。	淘汰
C	无关项。迷惑性较强，很多考生误认为该项为“他差”，但“他差”必须要对推理的结果有影响方可称为“他差”，而本题是否是莫扎特音乐的爱好者与他们空间推理能力是无关的。	淘汰
D	无关项。是否能够获得“愉悦感”与“空间推理能力”无关。	淘汰
E	该项指出“有他差”，即第一组男性比例较高，且对题干“空间推理能力”这个结果有影响，选项态度明确，为正确选项。	正确

24. 答案 D

题干信息	指出逻辑谬误题。根据结构词“断言”“显然”“因为”梳理题干论证结构。 论据：很容易找到一些错误的历史论著，这些论著表现出作者在思想观念上或其他方面的先入之见。 论点：许多历史学家在论述历史问题的时候自己会受到先入之见的影响（不能接受断言）。	
解题预判	材料由“一些错误的历史论著表现出了作者的先入之见”便得到“声称自己很少受到先入之见影响的历史学家”的断言错误，这个论述过程存在一个问题：那些客观上确实受到先入之见影响的错误的历史论著，未必是那些声称自己不会受到先入之见影响的历史学家所写，二者未必是对应的，也可能是互斥的。既然如此，就不能武断地认为其断言就是错误的。想清楚这个问题，考生可迅速锁定 D 项。	
选项	**解释**	**结果**
A	不恰当。题干论述只是指出了前后可能存在的矛盾，并未提到“消除先入之见”。	淘汰
B	不恰当。题干并未涉及“是否适用于其他领域”的问题。	淘汰
C	不恰当。题干的结论只是讨论“历史学家是否会受到先入之见的影响”，并未界定带有意识形态的历史著作是否错误。	淘汰
E	不恰当。题干并未出现“评论者”的先入之见，更未涉及“评论者”与“历史学家”先入之见的关系。	淘汰

25. 答案 C

解题步骤	
第一步	解释题。先确定要解释的现象：北美的雄性棕熊通常会攻击并杀死不是由它交配的雌熊产下的幼崽。然而，在每年 7 至 8 月间鲑鱼洄游的季节里，雄性棕熊却很少攻击并杀死幼崽。
第二步	解题预判："然而"前面内容强调的是普遍现象，而"然而"后面内容则是"7 至 8 月间鲑鱼洄游"时的特殊现象，因此解题突破口在于后半句，而且要解释题干现象，必须要引入"鲑鱼洄游"和"雄性棕熊减少杀幼崽"这两件事情的因果关联，可迅速秒选 C 项。
第三步	A 项，虽然提到了"鲑鱼洄游"，但该项重点是"保护领地而大打出手"，与题干要解释的"雄性棕熊减少杀死幼崽"无关，无法解释。 B 项、D 项、E 项均未提到"鲑鱼洄游"这一特殊季节，因此无法解释题干这一"鲑鱼洄游"季雄性棕熊减少杀死幼崽这一特殊季节的特殊现象。 C 项，指出"鲑鱼"是北美雄性棕熊过冬必备的食物来源，北美棕熊主要行为集中在捕食鲑鱼，进而减少了杀幼崽的行为，可以解释。

26. 答案 D

题干信息	假设题。此题题干并未出现明显的论证，但整个题干前面内容都是为了引出最后的结论，即：禁放花炮不仅暗含着文化歧视，而且将春节的最后一点节日气氛清除殆尽。可采用第 16 招（把握态度，速选速行）分析选项。	
解题预判	针对结论的题目，往往在结论中会出现关键词，考生在解题时要紧扣关键词，可事半功倍。题干结论的关键词为"最后一点"，这是关于数量的限定词。 既然是将春节的"最后一点"节日气氛消除殆尽，那么需要补必要前提：除了放花炮以外，目前已经没有其他的能烘托气氛的习俗了。可秒选 D 项。	
选项	**解释**	**结果**
A	削弱项。"吃饺子""送压岁钱"依然兴盛不衰，说明"放花炮"不是最后一点能烘托节日气氛的习俗。	淘汰
B	无关项。该项并未体现"春节"。	淘汰
C	无关项。该项并未体现"春节"。	淘汰
D	既然贴春联、祭祖、迎送财神等习俗在城里的春节中已经消失，说明放花炮确实是最后一点能烘托气氛的习俗，该项为题干结论补充了必要前提。	正确
E	与题干结论无关。	淘汰

27. 答案 D

题干信息	目的：阻止台风前进。 方法：向空中喷洒海水水滴，增加云层反射，使台风不能聚集足够的能量。本题采用第 17 招（特殊结构——方法可行）分析选项。	
选项	**解释**	**结果**
A	选项迷惑性较大，考生可能考虑本选项属于保前提成立，但基于论证的假设一定要与题干结论（本题就是与目的）直接相关才行。	淘汰
B	选项与题干论证无关。	淘汰
C	选项与题干论证无关。	淘汰

（续）

选项	解释	结果
D	选项直接说明题干方法可行，直接说明海水反射日光能够影响台风产生动力的能量，进而影响台风前进。	正确
E	选项属于过度假设，选项并不涉及题干具体的目的“台风”和方法“喷洒海水水滴形成云层”。考生注意做假设时，紧扣“核心词”。	淘汰

28. 答案 B

题干信息	CEO 的决定：通过适度降价不能提高 A 品牌的销售业绩。	
选项	**解释**	**结果**
A	选项能支持，但力度较弱。试想，虽然会引起一些老顾客不满，但如果能吸引新的顾客购买，进而增加销量呢？	淘汰
B	选项直接指出“销量”与“价格”无关，那么降价就无法提高销售业绩。	正确
C	选项不涉及“降价”是否能增加销量，无关选项。	淘汰
D	选项试图利用 B 品牌进行类比，指出 B 品牌使用其他手段提高了销量，却与 A 品牌关系不大。	淘汰
E	选项不涉及“降价”是否能增加销量，无关选项。	淘汰

29. 答案 A

	解题步骤
第一步	本题属于“态度题”，锁定题干观点：拍摄“怀旧类农村生活”短视频会深受都市人的欢迎。考生需紧扣态度，寻找态度明确的选项进行支持即可。
第二步	分析选项。A 选项直接说明“观看乡村短视频”可以“缓解压力”，与题干态度最相关，其余选项均与题干态度无关，故淘汰。（考生注意，D 选项仅说明乡村信息化程度不断提高，那都市人是否会观看短视频呢？选项并未明确表态。）

30. 答案 C

	解题步骤
第一步	整理题干信息。题目中的矛盾现象是城市绿化面积增加但空气质量下降。
第二步	解题预判。选项 C 指出城市周边重工业企业的扩张导致污染物排放量增加，直接解释了空气质量下降的原因，与绿化面积增加形成矛盾的表象。
第三步	分析选项。B 也提供了一定的解释，但 C 选项更直接地关联到外部因素对空气质量的影响，支持力度更强。选项 A、D、E 虽涉及绿化或监测方面的因素，但解释力度不如 C。

逻辑模拟试卷（十七）答案与解析

1	2	3	4	5	6	7	8	9	10
A	C	B	B	B	E	A	E	D	B
11	12	13	14	15	16	17	18	19	20
A	D	C	E	E	D	C	E	D	B
21	22	23	24	25	26	27	28	29	30
D	B	C	E	D	B	D	C	B	A

1. 答案 A

题干信息	结论：编码人类嗅觉受体的基因不断突变（X1）+人类嗅觉受体的总体数目变少（X2）→人类嗅觉退化（Y）。	
选项	解释	结果
A	选项直接指出 X1 变弱+X2 变少导致了 Y，直接建立关系，支持力度最强。	正确
B	选项不涉及人类嗅觉是否会退化，属于无关选项。	淘汰
C	选项不涉及人类嗅觉是否会退化，属于无关选项。	淘汰
D	选项强调的是人类个体之间嗅觉的比较，而题干论证强调的是人类群体之前和现在的嗅觉比较，故选项无法支持。	淘汰
E	选项强调的是嗅觉退化导致的恶果，不涉及人类嗅觉是否会退化，属于无关选项。	淘汰

2. 答案 C

题干信息	前提差：第一组，“一名志愿者带一只狗前去探望病人”； 第二组，“一名志愿者前去探望病人”； 第三组，“没有志愿者”。 结果差：第一种情况下病人的焦虑程度下降了 24%； 第二种情况下病人的焦虑程度只下降了 10%； 第三种情况下病人的焦虑程度仍保持原来的水平。 科学家的观点：狗能帮助心脏病人降低焦虑情绪。	
选项	解释	结果
A	选项虽然指出了存在时间的差异，但是探视的时间是否一定会影响心脏病人的焦虑情绪，不得而知，因此削弱力度较弱。	淘汰
B	题干论证主体是“被探视的心脏病人”，而并不是“志愿者”。	淘汰
C	选项指出是被探视的心脏病人主观上对宠物狗的情绪降低了焦虑的情绪，而不是客观上狗能降低焦虑的情绪，削弱力度最强。	正确
D	狗的性情是否能够影响心脏病人的情绪，不得而知，因此不能削弱。	淘汰
E	狗的性情是否能够影响心脏病人的情绪，不得而知，因此不能削弱。	淘汰

3. 答案 B

题干信息	假设题。根据“这说明”“忽视……事实”先梳理两人论证结构。可采用第 15 招（梳理关系，紧盯概念）确定选项。 张教授：诊治癌症的医疗水平的提高是癌症病人平均生存年限上升的原因。 李研究员：“至少忽视了这样一个事实”意指后面的内容也是至关重要，也是其原因，即：早期确诊率的提高也是癌症病人的平均生存年限上升的原因。而这个原因被张教授忽略了。可快速锁定 B 项。

选项	解释	结果
A	无须假设。即便不完全正确，只要能说明 20 世纪末的癌症病人平均生存年限与 50 年代相比，确实上升了即可。	淘汰
B	是必须假设的。否则，如果癌症的早期确诊并不有利于延长患者的生存年限，那么早期确诊率的提高不可能是癌症病人平均生存年限上升的原因，那么李研究员的论证就不成立了。	正确
C	无须假设。题干论述的是癌症病人从确诊到死亡这个区间的时间年限，与平均寿命无关。	淘汰
D	“癌症是否是威胁生命的头号杀手”与李研究员论证无关。	淘汰
E	“癌症是否可治愈”与李研究员论证无关。	淘汰

4. 答案 B

解题步骤	
第一步	削弱题。根据上题梳理的论证结构，可采用第 15 招（梳理关系，紧盯概念）确定选项。 张教授：诊治癌症的医疗水平的提高是癌症病人平均生存年限上升的原因。 李研究员：早期确诊率的提高才是癌症病人的平均生存年限上升的原因。
第二步	解题重点（预判）：两人的分歧在于癌症病人平均生存年限上升原因的不同，李研究员给出了新的原因（早期确诊），并认为是新的原因导致了癌症平均生存年限的提高。
第三步	B 选项构建“早期确诊”和“诊治水平”关系，削弱李研究员对于张教授的反驳。“早期确诊”成为“诊治水平”的一项重要内容，李研究员观点恰恰说明了张教授观点：“世界范围内诊治癌症的医疗水平总体上有了显著的提高”这一结论是正确的。

5. 答案 B

题干信息	支持题。根据“所以”后面的结论处的结构词“由于”“所致”可确定题干结论为“因果关系”结构，可采用第 17 招（特殊结构——因果关系）分析选项。 因果关系：血液中污染性物质的含量较高（因）→波罗的海中海豹的死亡率较高（果）。

选项	解释	结果
A	无关项。题干因果关系论述的是“波罗的海海豹”，而非该项的“苏格兰海豹”。	淘汰
B	排除他因支持。排除气候和自然条件造成海豹死亡这个原因，直接支持论证关系。	正确
C	无态度选项。该项无法说明是否是污染性物质含量高导致的海豹死亡。	淘汰
D	另有他因削弱。选项说明很可能并不是污染性物质的“含量高”而是污染性物质“种类不同”使得海豹死亡数量有差异。	淘汰
E	“海豹之外的海洋哺乳动物”，与题干论证对象“海豹”无关。	淘汰

6. 答案 E

题干信息	解释矛盾题。根据结构词“令人惊讶”“因为”找到要解释的两个矛盾点。 矛盾点 1：尼古丁和一氧化碳一直被认为是促发心脏病的原因。 矛盾点 2：改吸能产生较少尼古丁和一氧化碳的“低量型”烟却没有减少诱发心脏病的机会。	
解题预判	题干论证的核心为“改吸低量型烟”，要紧扣这一核心概念，并且为不减少诱发心脏病的机会提供合理解释。	
选项	**解释**	**结果**
A	无态度选项。该项仅仅指出了吸“低量型”烟成为时尚、被普及，但并未解释出对诱发心脏病的作用。	淘汰
B	无关项。该项并未提到吸“低量型”烟对心脏病的影响，而是强调“吸进其他人抽的烟”，与要解释的矛盾点无关。	淘汰
C	无关项。对尼古丁和一氧化碳的危害进行对比，与解释题干矛盾点无关。	淘汰
D	与题干矛盾点无关。	淘汰
E	该项指出虽然单位数量的烟造成的尼古丁减少，但由于抽烟习惯使得整个尼古丁水平并未下降，进而没有减少诱发心脏病的机会，可以化解题干两个矛盾点的冲突。	正确

7. 答案 A

题干信息	支持题。考生注意，题干要支持的是李工程师最后的观点。 根据李工程师最后一句话中的“因为”梳理本题论证结构。可采用第 15 招（梳理关系，紧盯概念）分析选项。 前提：我们之所以要保护益虫，就在于它能消灭危害农作物的害虫，而我们的杀虫剂起到了这个作用。 结论：该杀虫剂可以保护农作物生长。	
解题预判	杀虫剂既能杀死害虫，也可杀死益虫，而益虫能消灭害虫，所以从理性思维的角度，决定要不要使用该杀虫剂，取决于杀虫剂杀死害虫带来的“利”大，还是杀死益虫带来的“弊”大。李工程师的观点既然是支持使用杀虫剂，那么考生所选选项应当要体现出“杀死害虫的利大于杀死益虫的弊”。	
选项	**解释**	**结果**
A	害虫生长繁殖能力和速度高于益虫，说明农作物中害虫比益虫要多，仅靠益虫可能无法消灭全部害虫，益虫作用有限，此时用杀虫剂杀死害虫的利就大于了杀死益虫的弊。支持了李工程师的观点。	正确
B	无关选项。对人畜是否有害与能否保护农作物无关，论题不一致，无法支持。	淘汰
C	增加了反面论据，削弱项。“害虫比益虫更容易获得对于杀虫剂的抗药性”，说明杀虫剂杀死的害虫比益虫少，此时说明使用杀虫剂杀死益虫的弊大于了杀死害虫的利，此时新杀虫剂不能保护农作物。	淘汰
D	无关选项。与其他同类产品的比较与新杀虫剂能否保护农作物生长无关。	淘汰
E	无关选项。害虫的种类比益虫多≠害虫的数量比益虫多，所以无法说明使用杀虫剂利大于弊。	淘汰

8. 答案 E

题干信息	支持题。先梳理题干论证结构。 论证关系：狗与主人的心率变化能够同步→狗和主人之间能发生“情绪传染”。
解题预判	本题论证的前提和结论出现了重复概念——“狗和主人”，但前后论述的话题并不一致，遇到此种结构考生应当首先考虑“搭桥法”，建立两个不同话题“心率变化”和“情绪传染”的关系，即可快速锁定 E 项。可采用第 15 招（梳理关系，紧盯概念）分析选项。

选项	解释	结果
A	“智商高”与题干论证无关。	淘汰
B	题干说的是“狗和人”，而非“人和人”。	淘汰
C	“心跳同步”“用餐周期同步”都与题干论证无关。	淘汰
D	“雄性”和“雌性”的比较，与题干论证无关。	淘汰
E	建立了“心率变化”和“情绪传染”的关系，搭桥项。	**正确**

9. 答案 D

题干信息	解释矛盾题。先根据“然而”找到此题要解释的矛盾点：收取费用后晚接孩子的家长数量并未因此减少，反而增加了。
解题预判	选项只需指出“收费后”，有其他原因导致“晚接孩子的家长数量增加”即可。可迅速锁定 D 项。

选项	解释	结果
A	无态度选项。该项只是提到收费对“原本晚来的家长”没有约束力，但无法解释为什么增多。	淘汰
B	无态度选项。首先，“个别”力度较弱。另外，“个别”的家长是原本就晚接的人还是之前没有晚接的人，并不确定，无法解释为什么增多。	淘汰
C	该项未能指出“收费”前后家长接孩子数量的变化，无法解释。	淘汰
D	该项引入了其他原因来解释矛盾现象，即幼儿园对晚接孩子进行收费后，将这种行为合理化，更多的家长心安理得地晚来接孩子，可以解释为什么晚接孩子的人不减反增。力度较强。	**正确**
E	未能体现出“收费”前后数量的变化，无法解释。	淘汰

10. 答案 B

	解题步骤
第一步	本题属于补前提的题目，故先将题干论证结构整理如下： 前提：①所有捷径→弯路。 ②所有弯路→必经之路。 结论：③依附强者→非捷径。

（续）

解题步骤	
第二步	分析题干论证结构。 前提：捷径→弯路→必经之路（将条件①②进行首尾相连） 补前提：必经之路→不依附强者＝依附强者→不是必经之路（左对齐，补上推下） 结论：捷径→不依附强者（将条件③进行逆否等价） 观察选项可知，答案选 B。

11. 答案 A

题干信息	假设题。根据“但是”“因此”找到本题论证结构。 论证关系：①发现工具的地方是热带草原；②热带草原居住过史前人类，类人猿只生活在森林中。→发现的工具是史前人类而不是类人猿使用过的。
解题预判	热带草原居住过史前人类，类人猿“只”生活在森林，工具出现在热带草原，就一定能得到在热带草原发现的工具是史前人类用的而不是类人猿用的吗？首先，考生明确一个问题，题干所说的“热带草原”指的是现在的状态，但是在史前未必是热带草原。倘若现在的“热带草原”在史前是“森林”的话，那么工具完全也有可能是类人猿用的。 因此，此题必须要“补漏”，保证现在的“热带草原”在史前也是“热带草原”，即 A 选项：即使在相当长的环境生态变化过程中，森林也不会演变成为草原。

选项	解释	结果
B	无须假设。因为工具是在热带草原出现的，所以无须保证史前人类从未在森林生活过，只需保证类人猿从未在热带草原活动过即可。	淘汰
C	是否能熟练使用工具，与题干论证无关。	淘汰
D	无须假设。因为类人猿只在森林里，所以即便史前人类在迁移时携带工具，只要在热带草原发现工具，依然可以判断出工具是史前人类使用的，该项并不影响论证的成立性。	淘汰
E	该项所述话题与题干论证无关。	淘汰

12. 答案 D

题干信息	削弱题。根据“因此”找到题干论证结构。 25 岁之前大脑前额叶皮层发育不完全→25 岁之前的人们不理智。
解题预判	论证前后都出现了“25 岁之前”，且都是否定表达，但是前后发生了话题的变化，前面的话题为“大脑前额叶皮层发育不完全”，后面的话题为“不理智”，遇到此种结构考生应立刻考虑“拆桥”的思路。可采用第 15 招（梳理关系，紧盯概念）分析选项，即指出：前额叶皮层发育完全≠理智，即可快选 D 项。

选项	解释	结果
A	无关项。该项讨论的是“多巴胺”和“喜欢新鲜刺激”的关系，而题干讨论的是“大脑前额叶皮层”和“理智”的关系，话题不一致。	淘汰
B	同 A 项，未涉及“大脑前额叶皮层”和“理智”的关系，话题不一致，无关。	淘汰
C	促其成熟≠促其理性，无法削弱。	淘汰

（续）

选项	解释	结果
D	“前额叶皮层发育完全也并不意味着就一定很理智”，该项割裂了“前额叶皮层”和“理智”的关系，可以削弱，且力度最强。	正确
E	构建了 X+Z→Y 的结构，属于存在他因（Z）的削弱，但是没有否定题干的本因（X），故削弱力度较弱。	淘汰

13. 答案 C

题干信息	解释矛盾题。先找到题干要解释的矛盾双方。 矛盾点 1：一般来讲，某种产品价格的上升会减少其销量。 矛盾点 2：葡萄酒价格上升往往会导致其销量的增加，尽管葡萄酒本身没有变化。	
解题预判	选项需要针对葡萄酒，引入关于葡萄酒的特殊原因来为葡萄酒价格和销量成正比提供合理解释。	
选项	**解释**	**结果**
A	无态度选项。无法说明为何价格和销量成正比。	淘汰
B	该项论述的话题与“价格”和“销量”无关。	淘汰
C	该项说明消费者选购葡萄酒的原则就是只看价格而忽视了价格高并不代表质量好的事实。这就使得葡萄酒价格上升被消费者当成是质量提高，从而增加购买量，所以销量会增加，该项给出了合理的解释。	正确
D	该项说明“价格”和“销量”成反比，与题干信息不符，排除。	淘汰
E	“定期购买”，无法解释销量增加。	淘汰

14. 答案 E

解题步骤	
第一步	观察题目特征，锁定技巧。题干和选项均为“假言判断”表述，并且存在重复的概念，故可优先采用第 2 招（串联递推）进行解题。
第二步	符号化题干信息： ①基本依赖传统能源向逐步实现能源清洁化转变的过程（P1）→可靠的技术支持（Q1） ②可靠的技术（P2）→各种研究机构的建立和发展（Q2） ③各种研究机构的建立和发展（P3）→获得政府的政策和资金支持（Q3）
第三步	串联得出：④基本依赖传统能源向逐步实现能源清洁化转变的过程（P1）$\xrightarrow{①}$可靠的技术支持（Q1/P2）$\xrightarrow{②}$各种研究机构的建立和发展（Q2/P3）$\xrightarrow{③}$政策和资金支持（Q3）。
第四步	优先验证含有“首”和“尾”的选项，即优先验证 C、E 选项。 C 选项：从左向右推理时，获得政府的大力支持（即 Q3），无须看后面内容，快速淘汰。 E 选项：¬ Q3→¬ P1，选项与条件④互为逆否等价，故选项一定为真，为正确选项。

15. 答案 E

	解题步骤
第一步	本题属于真话假话题，由于题干有确定的真假个数，且各个条件之间存在明确的真假关系，故可采用第 14 招（真话假话，找关系）进行解题。
第二步	真假情况：三个判断中一个为真，两个为假。
第三步	判断真假： Ⅰ. 标准化题干信息： ①甲队获得第三名∨乙队不能进入前两名；②江河队没获得第一∨海洋队获得第二；③甲队没获得第三∨乙队获得第二。 Ⅱ. 找关系：①和③为至少一真的关系，但由于题干限定只有一个为真，故①和③为一真一假的关系。 Ⅲ. 做减法：一真两假减去一真一假，因此②为假。
第四步	推出事实：由②假可知：江河队获得第一∧海洋队没获得第二。
第五步	由上步可知，江河队获得第一∧海洋队没获得第二，此时甲队和乙队中一定有一支队伍是第二名。假设甲队是第二名，则③真①假，由①假可知“甲队没有获得第三名且乙队进入前两名”，与已知信息矛盾（江河队第一，甲队第二，故乙队不可能是前两名），故乙队是第二名。 由“乙队是第二名”可知③真①假，由①假可推得“甲队没有获得第三名且乙队进入前两名”，即甲队获得第四名，海洋队获得第三名，故答案选 E。

16. 答案 D

17. 答案 C

题干信息	①六个城市共出现了四种天气情况，按照恶劣程度由低到高排序，分别为晴、多云、小雨、暴雨。 ②最多只有两个城市出现同一种天气。 ③济南与合肥的天气情况一样。 ④郑州与武汉将会下雨。 ⑤武汉与南京和长沙的天气情况不一样。 ⑥郑州与另五个城市的天气情况都不一样。
第一步	本题属于分组题型，首先明确分组情况：6 个城市，4 种天气，由②可知分组情况为 2-2-1-1。题干虽然没有确定信息，但涉及“天气情况”的信息重复了 3 次，故可优先采用第 8 招（以“重复元素”为突破口）进行解题，即优先从涉及“天气情况”的信息入手进行解题。
第二步	联合③⑤⑥可推知：济南与合肥同组、郑州单独一组，武汉单独一组。根据题干的分组情况可得南京和长沙同组，故第 16 题答案为 D。
第三步	第 17 题给出确定的附加条件“武汉的天气不是最恶劣的”，即武汉不是暴雨，此时可采用第 6 招（“题干确定”一马当先）进行解题。
第四步	由于武汉不是暴雨，联合④可知，郑州是暴雨，武汉是小雨。根据第 17 题的问题，此时可快速淘汰 B、D、E。而由上一题可知，南京和长沙同组，即南京和长沙的天气相同，故可淘汰 A 选项，因此第 17 题答案选 C。

18. 答案 E

解题步骤	
第一步	观察题目特征，锁定技巧。问题要求“推理结构最相似”的选项作为正确答案，故可采用第 5 招（结构比较）进行解题。
第二步	整理题干推理结构：P→Q，Q→M。因此，P→M。
第三步	分析选项，寻找与题干推理结构一致的选项作为正确答案。

选项	解释	结果
A	选项推理形式为：P→Q，M→Q。所以，N→Q。与题干推理不一致。	淘汰
B	选项推理形式为：P→Q，P。因此 Q。与题干推理不一致。	淘汰
C	选项推理形式为：P→Q，Q→M。因此，¬ M→¬ P。与题干推理不一致。	淘汰
D	选项推理形式为：与 P 相比，M 更高效。因此，M 很有意义。与题干推理不一致。	淘汰
E	选项推理形式为：P→Q，Q→M。因此，P→M。与题干推理一致。	正确

19. 答案 D

题干信息	①钱不辅导乙→赵辅导甲； ②孙辅导丙→赵辅导乙； ③李辅导丁∨孙辅导丙； ④孙辅导乙→钱辅导甲； ⑤每位辅导员负责一位留学生，每位留学生只有一位辅导员辅导。
第一步	本题属于对应题型，虽然题干没有确定信息，但各个条件之间存在关联，可构造递推关系，故可优先采用第 11 招（假言串联，找矛盾）进行解题。
第二步	联合①②③④⑤可得：孙辅导乙 $\xrightarrow{④}$ 钱辅导甲 $\xrightarrow{⑤}$ 钱不辅导乙 $\xrightarrow{①}$ 赵辅导甲 $\xrightarrow{⑤}$ 赵不辅导乙 $\xrightarrow{②}$ 孙不辅导丙 $\xrightarrow{③}$ 李辅导丁。
第三步	观察上述推理链条可知，孙不辅导乙，钱不辅导甲，钱辅导乙，故答案选 D。（若孙辅导乙、钱辅导甲、钱不辅导乙，则赵辅导甲，此时有两位辅导员负责甲，与⑤矛盾。）

20. 答案 B

解题步骤	
第一步	观察题目特征，锁定技巧。题干属于“假言判断”表述，并且问题要求“以下哪项情况不可能出现=一定假”，故可采用第 4 招（矛盾变形）进行解题。
第二步	根据“M，必须 N，除非 Q”＝“¬（M→N）→Q”＝“（M∧¬ N）→Q”，将题干信息符号化： （获得减刑∧服刑年限少于判刑年限的三分之二）→适逢特赦。
第三步	寻找题干信息的矛盾，即： 获得减刑∧服刑年限少于判刑年限的三分之二∧没有适逢特赦。
第四步	比对选项，B 选项为正确答案。

21. 答案 D

解题步骤	
第一步	观察题目特征，锁定技巧。题干均为“假言判断”表述，并且存在重复的概念，而选项均为假言判断表述，故可优先采用第 2 招（串联递推）进行解题。
第二步	符号化题干信息： ①发展中国家向发达国家前进（P1）→大量资本支持（Q1）； ②大量资本支持（P2）→高储蓄率（Q2）。
第三步	串联得出：③发展中国家向发达国家前进（P1）$\xrightarrow{①}$大量资本支持（Q1/P2）$\xrightarrow{②}$高储蓄率（Q2）。
第四步	优先验证含有“首”和“尾”概念的选项，即优先验证 D 和 E 选项。 D 选项 =¬（P1∧¬Q2）= P1→Q2，选项与③推理一致，D 为正确答案。

22. 答案 B

解题步骤	
第一步	本题属于“补前提”题型，由于题干均为“形式语言”表述，且存在重复和矛盾的元素，故可考虑先将题干条件符号化后串联，再联合选项进行推理即可。
第二步	符号化题干条件： ①选商法实务∨选战略管理； ②不选供应链管理∨不选战略管理； ③选物流管理→选企业管理； ④不选供应链管理→选物流管理； ⑤物流管理、供应链管理和企业管理在周末两天均开课，战略管理仅在周六开课，商法实务仅在周日开课。
第三步	联合①②③④可得：不选商法实务$\xrightarrow{①}$选战略管理$\xrightarrow{②}$不选供应链管理$\xrightarrow{④}$选物流管理$\xrightarrow{③}$选企业管理。此时观察选项发现，若小周周日没有选课（B 选项），根据⑤可得：小周一定不选商法实务。结合上述推理链条即可得出：小周选了物流管理。故答案选 B。

23. 答案 C

解题步骤	
第一步	观察发现，本题属于“分组”题，首先明确边界条件：从 6 种乐器中选 3 种，剩 3 种。由于题干正向推理困难，而选项是充分、确定的，故可考虑采用第 7 招（选项代入排除）进行解题。
第二步	符号化题干条件： ①唢呐∨三弦→古筝∧不箫； ②琵琶∨二胡→唢呐∧不古筝。
第三步	由①可排除 A、D、E；由②可排除 B；故答案选 C。

24. 答案 E

题干信息	①每个处室恰好选择其中一个地方，各不重复。 ②甲选幸福街道∀乙选幸福街道。 ③甲选红星乡∀丙选永丰街道。 ④丙选永丰街道→丁选幸福街道。
第一步	观察题干条件发现，本题表面上没有确定信息，此时可优先考虑第 8 招（以“重复元素”为突破口），将重复出现的信息“幸福街道”作为切入点，由②知选幸福街道的人一定不能是丁。
第二步	将“丁不选幸福街道”代入④可得丙不选永丰街道，进而再代入③可得甲选红星乡；进而再代入②可得乙选幸福街道。
第三步	由于丙不选永丰街道，进而可知丙选朝阳乡，结合剩余法可知丁选永丰街道。观察选项可知，答案选 E。

25. 答案 D

解题步骤	
第一步	观察发现，本题属于“三维对应+1 对 1”的题目。由于题干都是日常语言表述，可先将信息整理如下： ①四个留学生甲、乙、丙、丁，分别来自英、法、德、美四个国家，他们入学前的职业也各不相同。 ②德国人是医生。 ③美国人年龄最小且是警察。 ④丙比德国人年纪大。 ⑤乙是法官且与英国人是好朋友。 ⑥丁从未学过医。
第二步	题干信息存在重复的元素，可优先利用第 8 招（以“重复元素”为突破口），搭桥得出确定的对应关系。由于德国人出现了 2 次，故可从“德国人”入手。根据②可知德国人是医生，根据④可知德国人不是丙，根据⑤可知德国人不是乙，根据⑥可知德国人不是丁，因此德国人是甲。
第三步	此时利用相同的话题“年龄的大小”进一步进行推理；根据③可知美国人年龄最小且是警察，根据④可知美国人不是丙，根据⑤可知美国人不是乙，而根据上一步可知德国人是甲，因此美国人是丁。
第四步	根据⑤乙和英国人是朋友，因此法国人是乙，英国人是丙。答案选 D。

26. 答案 B

题干信息	①张宜参加∀杜涛参加； ②王武参加∀孙柳参加； ③王武参加→李山参加； ④方起参加→杜涛参加； ⑤边界条件：在 7 名在职干部中挑选 4 名。
第一步	观察题干，发现本题属于没有确定信息的分组题。
第二步	根据条件①②可知，张宜、杜涛、王武、孙柳 4 人中，有 2 人参加，2 人不参加，故剩余的 3 人中有 2 人参加，1 人不参加，即李山、赵思、方起中有 2 人参加，1 人不参加；进而可知李山、赵思至少选 1 个，或者赵思、方起至少选 1 个，或者李山、方起至少选 1 个，故 B 选项为正确答案。

27. 答案 D

	解题步骤
第一步	观察题目特征，锁定技巧。题干和选项均为“直言判断”表述，并且存在重复和互为矛盾的概念，而问题求解“必然为假”，故可优先采用第 3 招（“有的”串联）和第 4 招（矛盾变形）进行解题。
第二步	将题干信息符号化为： ①不爱岗敬业的人→不是一名品德高尚的人 ②严于律己的人→值得信赖的人 ③做事有头没尾的人→不值得信赖的人 ④有的做事有头没尾⇒品德高尚的人
第三步	先串联含“所有”的条件，故联合②③可得： ⑤严于律己的人→值得信赖的人→做事不是有头没尾的人。 再联合“所有+有的”进行串联，即将④换位，联合条件⑤可得： ⑥有的品德高尚的人⇒做事有头没尾⇒不值得信赖的人⇒不是严于律己的人。 将⑥整体换位后联合条件①可得： ⑦有的不是严于律己的人⇒不值得信赖的人⇒做事有头没尾⇒品德高尚的人⇒爱岗敬业的人。
第四步	问题求解⑦的矛盾，即“S→¬ P（所有不严于律己的人都不是爱岗敬业的）”，故可优先验证含有“首”和“尾”的选项，同时符合“S”和“¬ P”的选项，即优先验证 D 和 E。D 选项=爱岗敬业的人→严于律己，与⑦的矛盾逆否等价，一定为假，故答案选 D。

28. 答案 C

题干信息	①每次颁发一个奖，每个奖项只有 1 位获奖者（最佳影片奖没有获奖者）。 ②最佳导演奖不是第一个颁发。 ③最佳影片奖最后一个颁发。 ④相邻奖项的获奖人性别不同。 ⑤最佳男主角奖与最佳导演奖为同一位获奖者。 本题属于排序题，由于题干正向推理时可能性较多，推理困难，且问题问“可能真”，因此可考虑第 7 招（选项代入排除）。	
选项	解释	结果
A	若第 1 个颁发最佳女主角奖，第 3 个颁发最佳导演奖，根据条件④可知，第 3 个和第 5 个奖的获奖者均为女性，此时与题干条件⑤相矛盾（最佳导演奖的获奖者为男性），排除。	淘汰
B	若第 2 个颁发最佳男配角奖，根据条件④可推知，第 1 个和第 3 个获奖者都为女性，此时第 4 个获奖者就不能是女性，选项与条件④矛盾，排除。	淘汰
C	若第 3 个颁发最佳编剧奖，第 6 个颁发最佳导演奖，根据条件⑤可知，最佳导演奖的获奖者为男性，结合条件④可推知，最佳编剧奖的获奖者为女性，此时与题干条件均不矛盾，可能为真。	正确
D	若第 2 个颁发最佳女配角奖，第 5 个颁发最佳女主角奖，则与题干条件④相矛盾，排除。	淘汰
E	若第 3 个颁发最佳导演奖，第 5 个颁发最佳女配角奖，根据条件⑤可知，最佳导演奖的获奖者为男性，此时与题干条件④相矛盾，排除。	淘汰

29. 答案 B

题干信息

①赵≠钱≠孙；
②钱、孙、李、周≥3 人，各参加 3 项；
③赵（文明）∨赵（记录）→赵（应急）；
④孙、李≤1 人应急、文化→钱≠李≠周；
⑤5 个人，6 项服务，每人参加 1~3 项，每项 2 人参加。

第一步

根据 29 题题干附加条件，可知，孙=2 项。本题为多对多的对应问题，故可优先考虑画表。先明确每行每列√和×的个数，根据⑤每项 2 人参加，一共 6 项，故：一共 12√；根据 29 题题干附加条件，孙=2 项结合条件②可知：钱、李、周各参加 3 项，则赵=12-3-3-3-2=1 项。

根据赵能只能参加 1 项，可代入条件③优先考虑，当赵参加文明∨赵参加记录→赵参加应急，与赵 1 项产生矛盾，因此，赵不参加文明∧赵不参加记录。

根据钱、李、周各参加 3 项，不可能参加的完全不相同（若完全不相同需要 9 项服务，而题干只有 6 项），因此，满足条件④否后，逆否可得：孙和李都参加应急和文化，结合√/×的个数，补充表格。将上述信息填入下方表格中：

	赵（1√）	钱（3√）	孙（2√）	李（3√）	周（3√）
信息（2√）			×		
人员（2√）			×		
文明（2√）	×		×		
应急（2√）	×	×	√	√	×
记录（2√）	×		×		
文化（2√）	×	×	√	√	×

第二步

结合条件①可知，赵、钱、孙完全不相同，故赵（1 项）+钱（3 项）+孙（2 项）=6 项，所以赵、钱、孙三人参加了 6 项服务不重复也不遗漏，因此结合上述表格可知，钱一定参加了赵和孙都没有参加的文明和记录，整理表格如下：

	赵（1√）	钱（3√）	孙（2√）	李（3√）	周（3√）
信息（2√）			×		
人员（2√）			×		
文明（2√）	×	√	×		
应急（2√）	×	×	√	√	×
记录（2√）	×	√	×		
文化（2√）	×	×	√	√	×

由表格可知，答案选 B。

30. 答案 A

题干信息

①赵≠钱≠孙；
②钱、孙、李、周≥3 人，各参加 3 项；
③赵（文明）∨赵（记录）→赵（应急）；
④孙、李≤1 人应急、文化→钱≠李≠周；
⑤5 个人，6 项服务，每人参加 1~3 项，每项 2 人参加。

（续）

第一步

由 30 题附加条件可知，钱、李均参加“信息咨询”可代入条件④逆否等价可得：孙和李都参加“应急救助”“文化传播”；结合√/×的个数，可得其他人在“信息咨询”“应急救助”“文化传播”都打×；根据条件⑤可知，每人最多 3 项，可知，李已经参加“信息咨询”“应急救助”“文化传播”，故李的其他位置打×，将上述信息整理如下表格：

	赵	钱	孙	李	周
信息（2√）	×	√	×	√	×
人员（2√）				×	
文明（2√）				×	
应急（2√）	×	×	√	√	×
记录（2√）				×	
文化（2√）	×	×	√	√	×

第二步

根据上一步可知，赵没有参加“应急”，结合条件③逆否等价可得：赵不参加“文明”和“记录”，根据条件⑤可知，每人至少参加一项可知，赵参加“人员”，结合条件①可知，钱和孙都不参加“人员”，根据每项 2 人参加，可推知周参加“人员”。答案选 A。

	赵	钱	孙	李	周
信息（2√）	×	√	×	√	×
人员（2√）	√	×	×	×	√
文明（2√）	×			×	
应急（2√）	×	×	√	√	×
记录（2√）	×			×	
文化（2√）	×	×	√	√	×

逻辑模拟试卷（十八）答案与解析

1	2	3	4	5	6	7	8	9	10
D	D	B	B	C	E	A	B	B	A
11	12	13	14	15	16	17	18	19	20
A	A	C	B	C	B	B	C	C	B
21	22	23	24	25	26	27	28	29	30
D	B	D	D	B	A	C	D	D	C

1. 答案 **D**

解题步骤	
第一步	确定论证结构。前提：脑部血流量增加会显著提升老年痴呆症患者的记忆能力。→结论：唱歌可以帮助患有老年痴呆症的人更好地克服记忆障碍。本题采用第 15 招（梳理关系，紧盯概念）分析选项。
第二步	分析论证关系。要想使论证关系成立，就必须要建立“唱歌”和“脑部血流量增加”二者之间的关系，D 选项恰好符合“搭桥”的思路，故答案选 D。A 选项迷惑性较大，考生注意“血液流速变快”≠“血液流量增加”。

2. 答案 **D**

题干信息	根据问题判断本题属于“削弱—方法可行类”题目。目的：使所有的有 4 岁以下儿童的低收入家庭能获得比原来更多的儿童资助。方法：退还低收入家庭所支付的收入税。本题采用第 17 招（特殊结构——方法可行）。	
选项	**解释**	**结果**
A	选项支持题干论证。考生试想，不管实际花费多少，只要能退还一部分，那么对于低收入家庭而言，儿童资助的金额仍然是增加的。	淘汰
B	选项不能削弱，选项干扰性很大，考生注意，是否获得资助与这些资助是否用于抚养儿童是不同的论题，注意细节，找准目的很重要。	淘汰
C	选项不能削弱，政府削减的是高等教育的投入，儿童的资助可能并没有减少。	淘汰
D	直接削弱，说明方法不可行。低收入家庭本就达不到交税的标准，那么退税所带来的儿童资助增加就无从谈起，考生体会，选项直接否定了题干的假设。	**正确**
E	选项支持题干论证，考生试想，收入税显著增加，那么退税的金额也就越高，那么儿童获得的资助也更多。注意，家庭实际用于儿童的金额与获得的儿童资助不是相同概念，不能混淆。	淘汰

3. 答案 **B**

题干信息	支持题。题干并未出现论证结构，只是给出了反对者的观点，是一道典型的“态度型支持题”。先找到反对者的看法：数学能力没有天赋，只能是文化的产物。可采用第 16 招（把握态度，速选速行）分析选项。

（续）

解题预判	紧扣态度和核心词“没有天赋”。选项要对这一态度进行支持，必须要强调出“没有后天训练，就没有数学能力”或与之相类似的意思。	
选项	**解释**	**结果**
A	削弱项。不到一岁的婴儿就可知道 3 和 4 的区别，说明婴儿的这种数学能力可能就是天赋，与题干态度相反，可削弱。	淘汰
B	原始部落的居民，没有文化，没有后期训练，所以“只能表示 5 以下数量”，说明了数学能力差、没有天赋，与题干态度相同，支持。	正确
C	无态度选项。经过训练后能处理数学问题，无法说明若不训练是否有数学能力、是否有天赋，无法支持。	淘汰
D	削弱项。“数学是大脑的产物，大脑已被基因预设”，也就是说数学能力是基因自带的，是有天赋的，与题干态度相反，削弱。	淘汰
E	削弱项。“数学家的父母也是大学教授”，说明其很多数学能力是被遗传的，是有天赋的，与题干态度相反，削弱。	淘汰

4. 答案 B

	解题步骤	
第一步	观察题目特征，锁定技巧。问题要求“同样推理方法”的选项作为正确答案，故可采用第 5 招（结构比较）进行解题。	
第二步	观察题干，发现题干的前提是一些特例，结论是普遍性结论，故题干的推理方法为归纳推理。但由于前提并没有列出所有看得见和看不见的事物，所以属于不完全归纳推理。	
第三步	分析选项，寻找与题干推理一致的选项作为正确答案。	
选项	**解释**	**结果**
A	该选项也是由特例推普遍性结论，属于归纳推理，但由于直角三角形、钝角三角形和锐角三角形构成了所有的三角形，所以属于完全归纳推理。	淘汰
B	该选项属于不完全归纳推理，与题干推理方法一致。	正确
C	该选项是类比推理。	淘汰
D	该选项由普遍性结论推出特例，属于演绎推理。	淘汰
E	选项不属于归纳推理。	淘汰

5. 答案 C

	解题步骤
第一步	观察题干特征，锁定技巧。题干条件均属于“直言判断”表述，且题干中存在明显的“前提”和“结论”，问题要求“削弱”，故可优先采用补充前提进行解题。
第二步	符号化题干条件： ①无法自负盈亏的企业→传统棉纺织加工型企业； ②有的初创型科技企业⇒获得风险投资⇒有融资经验。 题干的结论： ③传统棉纺织加工型企业→没有融资经验。

（续）

解题步骤	
第三步	观察发现，前提是“有的”，而结论是“所有”，无法直接补前提，故可采取先否定结论，再补前提的思路进行求解。
第四步	先否定结论，结论的矛盾为：④有的传统棉纺织加工型企业⇒有融资经验。
第五步	前提：②有的初创型科技企业⇒有融资经验。 补前提：⑤初创型科技企业→无法自负盈亏。（C 选项） 前提：①无法自负盈亏的企业→传统棉纺织加工型企业。 结论：④有的传统棉纺织加工型企业⇒有融资经验。 考生注意，此时推理结构为：②+⑤+①得出④，考生结合本题认真理解补前提时“左对齐”的思想。

6. 答案 E

题干信息	论证关系：近一年，林教授给校长写信，不是这不舒服，就是那里有毛病→林教授身体状况差→不宜继续担任校长助理职务。	
解题预判	多选项假设题，可以考虑“搭桥”，也可以考虑“加非验证”。	
选项	**解释**	**结果**
Ⅰ	建立了“身体条件”和“校长助理职务”的关系，搭桥。Ⅰ必须成立，否则题干的论证也无法成立。	必要假设
Ⅱ	可加非验证，若信的内容不真实，则无法得到林教授身体状况欠佳而不宜担任校长助理的职务。因此，这个前提必须保证。	必要假设
Ⅲ	“只要……就……”，必须保证多次，频率高。	必要假设

7. 答案 A

题干信息	支持题。题干并未出现论证关系，只是在“研究表明”后面给出了结论，所以本题为典型的态度型支持题，可采用第 16 招（把握态度，速选速行）分析选项。 研究结论：群体比个体更富有冒险精神，群体倾向于获利大但成功率小的行为。	
解题预判	态度型支持题，紧扣“态度”和“关键词”。另外，题干结论出现了“群体”和“个体”的比较，根据“结构一致”原则，优先选择出现“群体”和“个体”比较的选项。	
选项	**解释**	**结果**
A	出现了“群体决策”和“个体决策”的比较，且态度明确地指出了“群体决策”严重背离最佳决策（即成功率小），与题干态度一致，支持了题干结论。	**正确**
B	无态度选项。“个体往往会顺从群体的一般意见”，未明确指出群体决策的成功率如何。	淘汰
C	无态度选项。“群体决策为个体或子群体所左右”，未明确指出群体决策成功率如何。	淘汰
D	削弱项。“成员的广泛参与有利于提高群体群策的科学性”，该项说明群体决策更具科学性，与题干结论态度相反。	淘汰
E	“往往都听从群体意见”，也无法说明群体意见决策成功率如何。	淘汰

8. 答案 B

题干信息	削弱题。根据关键词“能够”“实现……愿望”确定本题采用第 17 招（特殊结构——方法可行）分析选项。 论证结构：提供“一对一”的个性化服务（方法）→在课余帮助学生实现进一步提高各科成绩的愿望，从而考上更好的大学（目的）。	
选项	解释	结果
A	无关项。“收费多少”与题干要达到的目的“提高成绩”无关。	淘汰
B	该项指出了“大部分”学生都已经聘请了有经验的家庭教师，且价格便宜。可想而知，“有经验的家庭教师”其效果可能好于“高三冲刺一对一”。既然有更好的方式，那么题干所述“高三冲刺一对一”辅导可能就难以帮助进一步提升成绩，达到题干目的。	正确
C	无态度选项。“没经过市场检验”无法说明效果是好还是坏。	淘汰
D	题干并没有表明要满足两所学校所有学生的需求，只需满足有需求学生即可。	淘汰
E	指出题干所述方法要被接受“还需要适应过程”，考生注意，此类表达经常在削弱题中出现，往往不选，因为“要有一个适应过程”并不能说明方法不可行，可能当前不行，以后能行，无法削弱。	淘汰

9. 答案 B

题干信息	支持题。本题为明显的“事实”推“结论”的题目，此类题目解题重点往往在于结论，即“因此”后面内容。可采用第 16 招（把握态度，速选速行）分析选项。 结论：吸烟不仅有害吸烟者的健康，也通过污染空气而对吸二手烟的人的健康造成威胁。	
选项	解释	结果
A	无态度选项。侧流烟和吸烟者呼出的烟气在题干中是并列关系，对二者进行比较是无意义的，态度不明确，无法支持题干的结论。	淘汰
B	“烟雾中的铅和镉会沉积在肺组织的深处”，该项指出了吸烟不仅有害吸烟者的健康，也对吸二手烟的人的健康造成威胁，态度明确，支持了题干的结论。	正确
C	“无因有果”削弱。从未吸过烟的人也患上了肺癌，该项割裂了“吸烟”和“肺癌”的关系。	淘汰
D	该项未提到“吸烟”，无关项。	淘汰
E	无态度选项。该项只是提到了“吸二手烟”，并未指出其危害。	淘汰

10. 答案 A

题干信息	假设题。根据结构词“因为”找到题干论证结构。 论证关系：汽车在开着发动机不行驶的状态下，每分钟所排出的尾气比在其他任何行驶状态下排出的尾气都多→对桥梁征收通行费能减少汽车行驶里程，但不能减少总的污染水平。可采用第 15 招（梳理关系，紧盯概念）明确选项。
解题预判	收费使得汽车排队时产生了比行驶状态下更多的尾气，就能说明无法减少总的污染水平吗？考生不要忽略一点，收通行费也可以减少汽车行驶里程，能够减少污染。既然最终得到的结论是不能减少总的污染水平，那就必须假设排队时汽车尾气造成污染的增加量多于或者等于减少行驶里程的尾气污染减少量，即可迅速锁定 A 项。

（续）

选项	解释	结果
B	无须假设。比较“开发动机而不行驶的时间”和“其他状态的时间”是没有意义的，重点要比较的是排队时汽车尾气造成污染的增加量和减少行驶里程的尾气污染减少量的关系。	淘汰
C	削弱项。既然“大桥处汽车尾气的增加量不会显著影响空气污染”，说明该方法只会减少里程，从而减少污染量，与题干态度相反。	淘汰
D	该项论述的是减少空气污染的措施，与题干论证无关。	淘汰
E	无态度选项。改变行车路线会导致污染增加还是减少？选项并未言明。	淘汰

11. 答案 A

题干信息	推论题。先梳理题干信息：①萧条期，失业人数会增加；②萧条之后的复苏，企业主会尽可能推迟雇佣新的职工。 联立①②两个信息，即可迅速得到 A 项。	
选项	解释	结果
A	根据题干信息，复苏期企业主会推迟雇佣新的职工，因此即使经济复苏，失业人数也不一定能迅速减少。 注意，该项的“不一定能迅速”和题干中的“尽可能地推迟”恰好是对应的。	正确
B	题干未提及复苏具体需要的时间。	淘汰
C	题干未提及失业大军的构成。	淘汰
D	题干并未说明导致萧条的原因，论述的都是萧条后所引发的结果。	淘汰
E	同 D 项分析。	淘汰

12. 答案 A

解题步骤	
第一步	确定题型，本题属于“推结论”，但题干大多采用“形式语言表达”，同时存在相同的概念，故可采用第 2 招（串联递推），先符号化题干信息，再比对选项，寻找正确答案。
第二步	符号化题干信息： ①过度工作和压力（P）→失眠症（Q）。 ②森达公司所有的管理人员（P）→有压力（Q）。 ③森达公司的管理人员分为两部分，一部分每周工作超过 60 小时，另一部分每周工作 40 小时。 ④得到一定的奖金（P）→每周工作不少于 40 小时（Q）。
第三步	联合①和②可得：森达公司所有的管理人员→有压力→失眠症。A 选项“得到一定奖金的森达公司管理人员”，一定是森达公司的管理人员，即可得出有失眠症，故答案选 A。

13. 答案 C

题干信息	假设题。根据结构词“理由是”确定题干论证结构。 论证关系：根据该急救中心现有的医护人员和医疗设施的规模和综合能力，现有的救护车足够了→否决购买申请。

（续）

解题预判	现有的救护车数量能够匹配现有医护人员和医疗设施的规模和综合能力，难道就不需要再购买了吗？显然此题需要补漏：①该急救中心现有的医护人员和医疗设施的规模和综合能力不会变化；②救护车的数量不会变化。	
选项	**解释**	**结果**
A	无关项。题干中“救护车是否足够”是基于“和急救中心规模和综合能力相配套”的，而不是基于“急救对象的数量”。	淘汰
B	无关项。该项说的“有没有能力购置”，而题干论述的是“应不应该购置”。	淘汰
C	符合补漏②的思路，且该选项强调的“近期内”，与题干论证的时间范围也一致。	**正确**
D	“救护车是否足够”是基于“和急救中心规模和综合能力相配套”的，与其他医院无关。	淘汰
E	虽然符合补漏①的思路，但是“五年内”这个时间范围与题干不一致。	淘汰

14. 答案 B

解题步骤	
第一步	观察题目特征，锁定技巧。题干和选项大多属于“假言判断”表述，问题求解“一定真”，故可采用第 2 招（串联递推）来进行解题。
第二步	符号化题干条件： ①能保持健硕迷人的身材∧不能控制高脂肪和高热量食物的摄入量→能坚持一套科学合理的健身计划； ②能控制高脂肪和高热量食物的摄入量∧能保持科学合理的作息规律→能拥有一个令人嫉妒的健康体魄。 （注：如果 A，那么 B，除非 C＝A∧¬B→C；如果 A，如果 B，那么 C＝A∧B→C）
第三步	由于题干假言判断较为复杂，故可将题干信息转化为“或判断”进行处理。 ①不能保持健硕迷人的身材（M）∨能控制高脂肪和高热量食物的摄入量（N）∨能坚持一套科学合理的健身计划（R） ②不能控制高脂肪和高热量食物的摄入量（¬N）∨不能保持科学合理的作息规律（S）∨能拥有一个令人嫉妒的健康体魄（Q）。
第四步	将条件①②转化为假言判断后进行串联： ①不能保持健硕迷人的身材（M）∨能控制高脂肪和高热量食物的摄入量（N）∨能坚持一套科学合理的健身计划（R）＝不能控制高脂肪和高热量食物的摄入量（¬N）→不能保持健硕迷人的身材（M）∨能坚持一套科学合理的健身计划（R）； ②不能控制高脂肪和高热量食物的摄入量（¬N）∨不能保持科学合理的作息规律（S）∨能拥有一个令人嫉妒的健康体魄（Q）＝能保持科学合理的作息规律（¬S）∧不能拥有一个令人嫉妒的健康体魄（¬Q）→不能控制高脂肪和高热量食物的摄入量（¬N）。 联合条件①②可得： ③能保持科学合理的作息规律（¬S）∧不能拥有一个令人嫉妒的健康体魄（¬Q）$\xrightarrow{②}$不能控制高脂肪和高热量食物的摄入量（¬N）$\xrightarrow{①}$不能保持健硕迷人的身材（M）∨能坚持一套科学合理的健身计划（R）。
第五步	观察选项发现，B 选项恰好符合条件③的推理，故 B 选项一定为真，为正确答案。

15. 答案 C

	解题步骤
第一步	本题属于真话假话题，由于题干有确定的真假个数，且各个条件之间存在明确的真假关系，故可采用第 14 招（真话假话，找关系）进行解题。
第二步	真假情况：四个判断中两个为真，两个为假。
第三步	判断真假： Ⅰ. 标准化题干信息： ①该宿舍有的女生被录取了。 ②该宿舍有的女生没有被录取。 ③该宿舍所有女生都被录取了。 ④该宿舍的王玲以优异成绩被录取了。 Ⅱ. 找关系：②和③为矛盾关系，必一真一假。 Ⅲ. 做减法：两真两假减去一真一假，故①和④一真一假，而①和④为包含关系，若④为真，则①为真，所以④为假，①为真。
第四步	推出事实： 由①真可知：该宿舍有的女生被录取了。 由④假可知：王玲没有以优异成绩被录取，则可能没录取也可能低分录取。 故答案选 C。

16. 答案 B

17. 答案 B

题干信息	①甲≠庚。 ②乙比庚所在岗位位置靠外。 ③丙、丁、戊中只有一人为信息采集人员。 ④甲、乙、丙中只有一人为维持秩序人员。 ⑤边界条件：由外至内为：维持秩序（2 人）、信息采集（2 人）、咽拭子采样（3 人）。 ⑥边界条件：每名工作人员只在其中 1 种岗位，同一岗位的人员不存在内外之分。
第一步	观察题干，发现本题属于有确定信息的分组+对应的综合题目，故可使用第 6 招（“题干确定”一马当先）甲为维持秩序人员∧乙为信息采集人员进行解题。
第二步	将第 16 题附加的确定信息⑦甲为维持秩序的人员∧乙为信息采集人员代入题干可得： 甲为维持秩序人员 $\xrightarrow{④}$ 乙∧丙不是维持秩序人员。 乙为信息采集人员 $\xrightarrow{②}$ 庚为咽拭子采样人员； 比对选项，第 16 题正确答案为 B 选项。
第三步	将第 17 题附加的确定信息⑧庚为信息采集人员代入题干可得； 庚为信息采集人员 $\xrightarrow{②⑤}$ 乙是维持秩序人员 $\xrightarrow{④}$ 甲∧丙不是维持秩序人员，故 B 选项一定为假，为第 17 题的正确答案。

18. 答案 C

19. 答案 C

题干信息	①J>O；②O>K；③K>M；④N≠7（确定信息）；⑤L>P>N、O。

（续）

第一步	观察题干，发现本题属于有确定信息的排序题，但确定信息无法代入题干进行推理，并且题干存在“重复的元素”，故可采用第 8 招（以“重复元素”为突破口）进行解题。
第二步	联合条件①②③可得：⑥J>O>K>M。 联合条件②③⑤可得：⑦L>P>（O>K>M）、N。 联合⑥⑦可知，最受喜爱的可能是 L、P、J 或 L、P、N，因此有 4 种可能，所以第 18 题选 C。
第三步	第 19 题附加条件 P>J，联合①②③⑤⑥可得：⑧L>P>（J>O>K>M）、N。此时跨度为 7。 根据条件④和条件⑧可得：N 在 P 和 M 中间，但位置不能确定，故只能确定 L、P 分别排在第一、二位，M 排在最后一位，因此只有 3 个名字可被确定位置，所以第 19 题选 C。

20. 答案 B

解题步骤	
第一步	观察题干特征，锁定技巧。题干和选项均为“直言判断”表述，并且存在互为矛盾的概念，故可优先采用第 2 招（串联递推）进行解题。
第二步	符号化题干条件： ①保障群众基本生活需要的项目→投入超过 1000 万元。 ②政府核心的项目：保障群众基本生活需要 ∨ 保障群众就业发展。 ③有些政府核心的项目⇒没超过 1000 万元。
第三步	根据“P→M ∨ N+¬ M，可得结论：P→N”，由此可先通过互为矛盾的概念“超过 1000 万元”和“没超过 1000 万元”将③和①进行联合，再联合②可得：有的政府核心项目⇒没超过 1000 万⇒没有保障群众的基本生活需要⇒保障群众就业发展。
第四步	根据“有的”只能换位、不能逆否的原则，可快速锁定答案为 B。

21. 答案 D

解题步骤	
第一步	本题属于真话假话题，由于题干有确定的真假个数，且各个条件之间存在明确的真假关系，故可采用第 14 招（真话假话，找关系）进行解题。
第二步	真假情况：四个判断中两个为真，两个为假。
第三步	判断真假： Ⅰ. 标准化题干信息： ①甲没有作案； ②甲作案→乙作案＝甲不作案 ∨ 乙作案（注意：要将假言判断转换为选言判断）； ③丙作案→丁作案＝丙不作案 ∨ 丁作案； ④丙作案 ∧ 丁不作案。 Ⅱ. 找关系：③和④为矛盾关系，必一真一假。 Ⅲ. 做减法：两真两假减去一真一假，剩下两个判断为一真一假。而由①为真，可推知②为真，故①和②的真假关系为：①假②真。
第四步	推出事实： 由①假可知：甲作案。 由②真+“甲作案”可推知：乙作案。 故答案选 D。

22. 答案 B

题干信息	①甲、乙、丙、丁 4 人，他们的籍贯分别为北京、上海、天津、南京。 ②甲：甲不是上海人、乙不是上海人、丙是天津人。 ③乙：乙是上海人、丙是天津人、丁不是北京人。 ④丙：甲不是上海人、丙是南京人、丁是北京人。 ⑤丁：丁不是北京人、丙不是北京人、甲是南京人。 ⑥假定他们每个人都说了两句真话，一句假话。
第一步	比对条件②③可知，“乙不是上海人”和“乙是上海人”必定一真一假，由于条件⑥每人都是两真一假，那么②③都涉及的“丙是天津人”为真。
第二步	因为丙是天津人，所以根据条件④可知丁为北京人，将该结果代入③可知，乙是上海人；代入⑤可知，甲是南京人。比对选项可知，正确答案为 B。

23. 答案 D

	解题步骤
第一步	整理题干信息： ①李强∨贾义→没有郝仁； ②赵忠→郝仁； ③没有王亮∨有贾义=王亮→贾义。
第二步	根据重复的概念在不同方向以及矛盾的概念在同一方向，可将题干信息联合起来，故联合①②③可得：王亮→贾义→没有郝仁→没有赵忠。
第三步	观察选项可知，D 选项与题干矛盾，故答案选 D。

24. 答案 D

	解题步骤
第一步	观察发现，本题属于“分组”题，首先明确边界条件：从 8 种蔬菜中选 4 种，剩 4 种。故可优先考虑第 9 招（剩余思想，将不确定转确定）进行解题。
第二步	符号化题干条件： ①青椒→冬瓜∧黄椒； ②红椒∨冬瓜→青椒； ③芹菜∨菠菜∨韭菜→青椒∧红椒∧黄椒∧黄瓜。
第三步	观察发现，若不选青椒，结合②③可得：不青椒 $\xrightarrow{②}$ 不红椒∧不冬瓜 $\xrightarrow{③}$ 不芹菜∧不菠菜∧不韭菜。此时有 6 种蔬菜不选，与边界条件矛盾，故购买青椒；将其代入①中可得：购买冬瓜∧购买黄椒。故答案选 D。

25. 答案 B

题干信息	①施行“末位淘汰管理法”∧使留下来的人愿意雇佣比自己强的人→第二年考核中自己就会垫底（根据如果 A，那么 B，否则 C=A∧¬B→C）； ②留下来的人不愿意雇佣比自己强的人→使企业的创造力衰退； ③企业不丧失活力→企业的创造力不会衰退； ④没有人想在第二年考核中垫底。

（续）

第一步	观察题干信息发现，信息④属于确定信息，故可优先考虑从它入手。联合①④可得：⑤不施行“末位淘汰管理法”∨留下来的人不愿意雇佣比自己强的人。即：留下来的人愿意雇佣比自己强的人→不施行“末位淘汰管理法”。	
第二步	将②逆否联合③可得：⑥企业不丧失活力→企业的创造力不会衰退→使留下来的人愿意雇佣比自己强的人。	
第三步	联合⑤⑥可得：⑦企业不丧失活力（P1）→企业的创造力不会衰退（Q1/P2）→使留下来的人愿意雇佣比自己强的人（Q2/P3）→不施行“末位淘汰管理法”（Q3）。	
选项	**解释**	**结果**
A	选项=¬ P2→¬ Q2，不符合假言判断推理规则，无法确定。	淘汰
B	选项=¬ Q3→¬ P1，选项符合⑦的逆否等价，一定真。	**正确**
C	选项=¬ P1→¬ Q3，不符合假言判断推理规则，无法确定。	淘汰
D	选项=P2∧¬ Q3，为信息⑦的矛盾形式，一定假。	淘汰
E	选项=Q2→P2，不符合假言判断推理规则，无法确定。	淘汰

26. 答案 A

题干信息	①紫薯种植面积最大∨南瓜种植面积最大。 ②紫薯种植面积最大→红薯种植面积最小。 ③红薯种植面积>玉米种植面积。（确定信息）
解释	由确定信息③可知，由于红薯的种植面积比玉米大，因此红薯的种植面积不是最小的，结合②可推得，紫薯的种植面积不是最大，将其代入①可推出，南瓜种植面积最大，故答案选 A。

27. 答案 C

题干信息	题干推理为：缺少 A 会导致 B；富有 A 会导致 C；因此 C 不会导致 B。采用第 5 招（结构比较）解题。	
选项	**解释**	**结果**
A	选项不涉及具体的量词，显然与题干推理不一致。	淘汰
B	选项推理为：没有 A 就没有 B，因此，有 A 就有 B。与题干推理不一致。	淘汰
C	选项推理为：缺少 A 会导致 B；富有 A 会导致 C；因此 C 不会导致 B。与题干推理一致。	**正确**
D	选项推理为：如果 A，那么 B，非 A，因此非 B。与题干推理不一致。	淘汰
E	选项显然与题干推理不一致。	淘汰

28. 答案 D

题干信息	①有的网红⇒有超过一百万粉丝。 ②有超过一百万粉丝的人→是情商高的。 ③网红→消费水平不低的人。 ④消费水平不低的人→会挣钱。 根据题干，采用第 3 招（“有的”串联）。
第一步	联合①②可得：⑤有的网红⇒有超过一百万粉丝⇒是情商高的。

（续）

第二步	联合③④可得：⑥所有网红→消费水平不低的人→会挣钱。
第三步	联合⑤（⑤需先换位）⑥可得：⑦有的情商高的⇒有超过一百万粉丝⇒网红⇒消费水平不低的人⇒会挣钱。D 选项恰好与之矛盾，最能削弱。

29. 答案 D

30. 答案 C

<table>
<tr><td>题干信息</td><td>①秦兰不学习秦水→秦兰不学习夏木∧秦兰不学习周火；
②夏树学习商金→秦兰不学习虞土；
③不学习虞土∨不学习秦水；
④夏树学习周火→夏树学习虞土；
⑤虞姬学习夏木→周洁学习夏木；
⑥虞姬不学习商金→周洁不学习商金；
⑦周洁学习商金→商芷也学习商金；
⑧边界条件：六个人分别至少学习了这五种学说中的两种，每种学说只有三个人学习。
⑨每人所学习的学说的名称的第一个字与自己的姓氏均不相同（确定信息）。</td></tr>
<tr><td>第一步</td><td>本题属于对应题型，由于存在确定信息，故可利用第 6 招（“题干确定”一马当先）进行解题。</td></tr>
<tr><td>第二步</td><td>根据⑨可知，虞姬不学习虞土、夏树不学习夏木、商芷不学习商金、周洁不学习周火、秦兰不学习秦水，将“秦兰不学习秦水”代入①中，并联合②⑦⑧⑨可得：秦兰不学习秦水 $\xrightarrow{①}$ 秦兰不学习夏木∧秦兰不学习周火 $\xrightarrow{⑧}$ 秦兰学习虞土∧秦兰学习商金 $\xrightarrow{②}$ 夏树不学习商金+⑨商芷不学习商金 $\xrightarrow{⑦⑧}$ 周洁不学习商金∧虞姬学习商金∧秦兰学习商金∧邹妍学习商金。
比对选项可知，第 29 题答案选 D。</td></tr>
<tr><td>第三步</td><td>由上一题可知“夏树不学夏木和商金”，结合④可推得，若夏树不学虞土，则也不能学习周火，此时就只能学习一个学说，与⑧矛盾，故可知“夏树一定要学虞土”，将其代入③中可知“夏树不学秦水”，此时夏树已经不学习 3 个学说，根据⑧可推知“夏树要学周火”。</td></tr>
<tr><td>第四步</td><td>由于此时需要对应的关系较多，较复杂，故此时可利用列表法，结合上述新得到的信息、第 30 题给出的附加条件、条件③以及边界条件⑧列表如下：
<table>
<tr><td></td><td>虞姬</td><td>夏树</td><td>商芷</td><td>周洁</td><td>秦兰</td><td>邹妍</td></tr>
<tr><td>虞土</td><td>×</td><td>√</td><td>×</td><td>√</td><td>√</td><td>×</td></tr>
<tr><td>夏木</td><td>√</td><td>×</td><td>√</td><td>√</td><td>×</td><td>×</td></tr>
<tr><td>商金</td><td>√</td><td>×</td><td>×</td><td>×</td><td>√</td><td>√</td></tr>
<tr><td>周火</td><td>√</td><td>√</td><td>√</td><td>×</td><td>×</td><td>×</td></tr>
<tr><td>秦水</td><td>√</td><td>×</td><td>√</td><td>×</td><td>×</td><td>√</td></tr>
</table>
（每行 3√3×，每列至少 2√）
比对选项，故第 30 题答案选 C。</td></tr>
</table>

逻辑模拟试卷（十九）答案与解析

1	2	3	4	5	6	7	8	9	10
E	E	C	C	D	E	A	D	B	B
11	12	13	14	15	16	17	18	19	20
C	C	C	E	E	E	D	E	C	D
21	22	23	24	25	26	27	28	29	30
B	E	B	D	C	B	A	C	E	B

1. 答案 E

题干信息	前提：一根大麻香烟在吸食者肺部沉积的焦油量是一根烟草香烟的 4 倍多。→结论：大麻香烟吸食者比烟草香烟吸食者更有可能患上由焦油导致的肺癌。 题干隐含的论证关系便是：一根香烟的焦油量=全部的焦油量。显然忽视了吸食香烟的数量。	
选项	**解释**	**结果**
A	“小很多”不涉及具体的焦油量，不能削弱。	淘汰
B	题干论证的对象是“大麻香烟”和“烟草香烟”，而不是“大麻”和“烟草”。	淘汰
C	选项力度较弱，“五年后”都没得肺癌，很难说明是否与吸食香烟有关，也可能无关。	淘汰
D	题干论证的对象是“大麻香烟”和“烟草香烟”，而不是研究中的“烟草香烟”和“典型烟草香烟”。	淘汰
E	直接针对论证关系进行质疑，如果吸食大麻香烟的频率低很多，就说明吸食的数量少，即便单支大麻香烟的焦油含量高，但焦油总量未必就高，削弱力度很强。	正确

2. 答案 E

题干信息	前提：①糖尿病患者与正常人的差异；②脑灰质体积、脑皮层厚度和脑皮层表面积的差异。→结论：认知和记忆能力的差异。	
选项	**解释**	**结果**
A	选项构建的论证关系是：压力→认知受损。指出有他因，但是没有否定题干的本因，故削弱力度弱。	淘汰
B	选项与题干论证无关。	淘汰
C	选项类比的对象是“糖尿病患者比糖尿病患者”，而题干类比的对象是“糖尿病患者比正常人”，故选项与题干论证无关。	淘汰
D	选项迷惑性较大，考生试想，需要保证没有参与过“任何训练”吗？是不是只需要保证没参加过某些即可。注意量度词，不要犯过度假设的错误。	淘汰
E	选项保证前提差异是唯一的，患病前的面积差不多，进而就保证了是糖尿病的差异导致认知和记忆能力的差异，保证了求异法成立，是必要的假设。	正确

3. 答案 C

解题步骤		
D 型带的黏附时间是目前使用的线带的两倍长	⟶	D 型带将会提高治疗功效

选项	解释	结果
A	“伤口愈合”与“伤口缝合”不同，因此选项与题干无关。	淘汰
B	选项与销售人员的声明无关。	淘汰
C	选项正确，说明销售人员的声明将没有实际意义，也就无法谈论其是否具有提高功效的作用。（考生注意揣摩“提高”一词在该论证中的作用）	正确
D	“还不清楚”对销售人员的声明亦无法做出判断，即便反驳，力度也较弱。	淘汰
E	“已经预先涂上一层药物的皮肤”，考生注意当论证范围由“一般”缩小为“特殊”时，其反驳力度较小。	淘汰

4. 答案 C

题干信息	评价题。先根据结构词“因此”梳理本题论证结构。 常用疗法：痊愈的数量 44%，明显改善的数量未知；新疗法：痊愈的数量 61%，明显改善的数量 80%。→这种新疗法显然在疗效方面比最常用的疗法更显著。	
解题预判	题干的结构实际上就是通过对新疗法和常用疗法在治愈率和改善率两个指标作比较，从而得到新疗法和常用疗法孰优孰劣。要客观地比较常用疗法和新疗法的优劣，必须知道通过常用疗法明显改善的患者的数量，如果明显改善的数量远远超过 80%，那么结论就不能成立，如果不到 80%，则结论能够成立。所以可以秒选 C 项。	
选项	**解释**	**结果**
A	无关项。两种疗法使用的“具体方法”与题干论证无关。	淘汰
B	无关项。两种疗法“使用成本”是否有区别与题干论证无关。	淘汰
D	无关项。该项未提到“新疗法”，也未提到“常用疗法”，显然无法对题干论证进行评价。	淘汰
E	无关项。人们是否满意≠疗法是否显著。况且，题干缺失的是常用疗法的“明显改善”的数据，而不是新疗法的数据。	淘汰

5. 答案 D

题干信息	支持题。根据结构词“对此”确定本题论证关系。 前提：只有地球与火星夹角为 70°时发射探测器才能如期抵达火星。 结论：合适的发射时间间隔两年多（如果没抓住 2020 年这个机会，那么下一次合适的发射时间至少要推迟到 2022 年之后）。	
解题预判	题干论据说地球与火星夹角为 70°发射探测器能如期抵达火星，结论说的是合适的发射时间间隔两年多，前后论述的话题不一致，因此考生可立刻想到建立这个话题的相关性，即把地球火星“夹角”和“发射时间间隔”进行搭桥。	
选项	**解释**	**结果**
A	无关项。该项说明的是火星探测器需要多长时间到达火星轨道，没说明地球火星夹角与发射探测器周期的关系，与论证关系无关。	淘汰

（续）

选项	解释	结果
B	“能否缩小与西方航天大国的差距”，与题干论证话题无关。	淘汰
C	无关项。该项讨论的是每 15 年会出现登陆火星的最佳时机，而题干讨论的是火星探测器发射周期问题。	淘汰
D	支持项，同时也是必要假设。该项建立了地球火星“夹角”和“发射时间间隔”的关系。注意，该项的“26 个月”约等于题干所述的 2 年多的时间间隔，支持了航天专家的评论。	正确
E	该项只是支持了题干的论据，而没有建立论据“夹角”到“发射时间间隔”的关系，力度不如 D 项。	淘汰

6. 答案 E

解题步骤	
第一步	观察题目特征，锁定技巧。问题虽求“评价”，但选项大多数表述了“类似的推理”，故本题可归为“结构相似”的题型，可采用第 5 招（结构比较）进行解题。
第二步	整理题干推理结构： 前提：①有足够丰富的菜肴和上档次的酒水∧合客人口味∧正式邀请的客人都能出席→一个宴会虽然难免有不尽人意之处，但总的来说一定是成功的； ②张总举办的这次家宴有足够丰富的菜肴和上档次的酒水∧正式邀请的客人悉数到场； 结论：③张总举办这次家宴是成功的。 显然题干在推理的过程中忽略了一个前提条件“合客人口味”。
第三步	分析选项，寻找与题干推理漏洞一致的选项作为正确答案。

选项	解释	结果
A	题干推理有漏洞。	淘汰
B	选项推理结构为：良好心情（M）∧坚持适当的锻炼（N）→免疫力增强（Q）。良好心情（M）∧没坚持锻炼（¬ N），因此，免疫力下降（¬ Q）。与题干推理不一致。	淘汰
C	选项推理结构为：有名厨掌勺（M）∧广告到位（N）→有名气（Q）。有名气（Q），因此名厨掌勺（M）。与题干推理不一致。	淘汰
D	选项推理结构为：有能力（M）∧善于抓住机会（N）→成功（Q）。创业没成功（¬ Q），因此不善于抓住机会（¬ N）。与题干推理不一致。	淘汰
E	选项推理结构为：①来自西部∧家庭贫困→获得特别助学贷款；②张珊确实来自西部，因此③他一定能获得助学贷款。显然也忽略了一个前提条件“家庭贫困”，和题干的推理漏洞一致。	正确

7. 答案 A

题干信息	支持题。根据医生假设中的“导致”可确定题干为“因果关系”结构，可采用第 17 招（特殊结构——因果关系）分析选项。 因果关系：抑郁症（因）→慢性疲劳综合征（果）。	
选项	解释	结果
A	“无因无果”支持。患慢性疲劳综合征的病人在抑郁症被治愈后不久（无因），他们的慢性疲劳综合征的症状也消失了（无果）。	正确

（续）

选项	解释	结果
B	“因果倒置”削弱。抑郁病人经历精疲力竭的症状时（果），他们倾向于更严重的抑郁（因）。	淘汰
C	该项论述的是“疲劳”和“感冒”的关系，并未针对题干因果关系。	淘汰
D	与题干因果论证无关。	淘汰
E	“另有他因”削弱。该项指出了有可能是他因（慢性贫血症）导致了慢性疲劳综合征的症状，削弱了题干的因果关系。	淘汰

8. 答案 D

题干信息	支持题。定位专家断定，发现专家断定为“方法可行”结构。可采用第 17 招（特殊结构——方法可行）分析选项。 论证结构：“随手拍交通违法”小程序（方法）→有效扩大交通监督的范围，形成警民共治的局面（目的）。	
解题预判	紧扣态度（“随手拍交通违法”小程序是有利的），指向目的（扩大交通监督范围，形成警民共治的局面）。	
选项	**解释**	**结果**
A	该项不涉及“随手拍交通违法”小程序的作用，态度不明确。	淘汰
B	“引起车主不满”，该项指出了小程序的弊端，但与此题目的无关。	淘汰
C	“泄露个人隐私”，该项指出了小程序的弊端，但与此题目的无关。	淘汰
D	该项说明了“随手拍交通违法”小程序对于扩大监督范围的积极效果，说明方法可行，能达到目的。	**正确**
E	该项不涉及“随手拍交通违法”小程序的作用，态度不明确。	淘汰

9. 答案 B

	解题步骤
第一步	评价题。根据结构词“因此”梳理本题论证结构。 论据：每 100 个未饮酒的被测试者中，平均有 5 个会被测定为酒驾；而每 100 个饮酒的被测试者中，平均有 99 个被测定为酒驾。 论点：被测定为酒驾的人中，绝大多数确实喝了酒。
第二步	解题预判：显然，这是一道关于比例的数据论证题目。 此题比较抽象，可以举特例分析。为了使考生更能明白原理，我举两个数字差别大的特值。 比如：有 10 万个未饮酒测试者，那么被误测为酒驾而实际没饮酒的有 5000 人。 有 100 个饮酒测试者，那么被测为酒驾而实际也是喝了酒的有 99 人。 此时共有 5099 个被测为酒驾的人，而其中只有 99 人喝了酒，其余 5000 人都没喝。所以此时被测为酒驾的人，大部分实际没喝酒，这就说明了此题论证的结论是错误的。之所以出现这个结论错误的情况，是因为酒驾者在所有驾车人中所占比例极低。 因此本题的漏洞就在于忽略了酒驾者在所有驾车者中的比例。答案选 B。

10. 答案 B

题干信息	削弱题。根据结构词“因此”确定论证结构，可采用第 15 招（梳理关系，紧盯概念）明确选项。 论证结构：购入《猎杀》游戏一个月的人并没有增加暴力行为→暴力游戏不会让玩游戏的人增加暴力倾向。
解题预判	购入《猎杀》游戏一个月的人并没有增加暴力行为，就能说明暴力游戏不会让玩游戏的人增加暴力倾向吗？要想削弱上述论证，必须要指出即便“一个月”的时间没有暴力行为，也并不能说明暴力游戏不会让人增加暴力倾向。也就是说，“一个月”的时间内虽然没有暴力倾向，但以后可能会有，也就是说存在时间上的滞后性，需要一定时间才表现出来。 考生想到这个思路，即可快选 B。

选项	解释	结果
A	该项没有明确指出游戏与暴力倾向之间的关系。	淘汰
B	该项说明了“暴力倾向”有滞后性。说明了短期可能还没体现出相应的心理或者倾向，但是经过一段时间之后就会显现。所以，即便短期没有出现暴力行为，也无法说明暴力游戏就不会增加暴力倾向，削弱了题干的论证关系。	正确
C	有没有标注“提示语”，与题干论证无关。	淘汰
D	题干论述的只是暴力游戏，不涉及其他游戏。	淘汰
E	“开发智力”“让大脑灵活”，与题干“暴力行为”无关。	淘汰

11. 答案 C

题干信息	支持题。根据“为了”“应该”可以确定专家的观点为“方法可行”结构，可采用第 17 招（特殊结构——方法可行）分析选项。 论证结构：在海滨浴场应该禁止使用防晒霜（方法）→保护珊瑚（目的）。

选项	解释	结果
A	题干强调的是“海滨浴场”，而不是“远离海岸的大洋”，论证范围与题干不一致。更何况选项也不涉及对“珊瑚”的影响。	淘汰
B	题干强调的是“羟苯甲酮”对“珊瑚”的影响，而不是对“人”的影响，故无法支持。	淘汰
C	该项指出方法可行，“羟苯甲酮”会影响“珊瑚”的正常发育，如此一来，禁止了羟苯甲酮的使用，就能有效地保护珊瑚。	正确
D	该项不涉及防晒霜对“珊瑚”的影响。	淘汰
E	该项干扰性较大，题干强调的对象如果是“化妆品”，那么该选项力度很强。但此时题干强调的是“防晒霜”，那么“其他日用化妆品”的影响就关系不大了。	淘汰

12. 答案 C

题干信息	支持题。根据结构词“可以……从而”确定本题为“方法可行”结构。可采用第 17 招（特殊结构——方法可行）分析选项。 论证结构：利用弹性超强的材料，制成人工肌肉替代人体肌肉（方法）→帮助肌肉损伤后无法恢复功能的患者恢复健康（目的）。

（续）

解题预判	“不能支持研究者的观点”，此类问法优选削弱项，次选无关项。	
选项	解释	结果
A	“立即启动修复机制，比正常肌肉的康复速度快”，说明方法有效，可支持。	淘汰
B	“具有良好的柔韧性，与正常肌肉十分接近”，说明方法有效，可支持。	淘汰
C	削弱项。“不能与人体神经很好地契合，无法实现精准抓取物体等动作”，说明题干的方法无法帮助那些肌肉损伤后无法恢复功能的患者，指出方法无效。	正确
D	“该材料在室温下就自行恢复”，说明该材料可以自我修复，说明方法有效，可支持。	淘汰
E	“很好地控制动作，使它们能够与人体肌肉的活动机理一致”，说明方法有效，可支持。	淘汰

13. 答案 **C**

题干信息	假设题。根据结构词“这说明”确定本题的论证结构。 论证结构：①新石器时代，农业刚刚出现；②新石器时代之前从未发现战争题材的绘画和雕像→人类最早的战争发生于人类社会向农耕社会转变时期。	
解题预判	要求解本题论证的假设，必须紧扣结论中的核心词“最早的战争”。 新石器时代之前（农业出现之前），从未发现战争题材的绘画和雕塑，便得到人类最早的战争发生于人类社会向农耕社会转变时期。这一论证要想成立，需要“补漏”：在绘画和雕塑出现以前人类未发生过战争。否则，即便农业社会出现之后发现战争题材的绘画和雕塑，也无法说明人类社会向农耕社会转变时期发生了“最早的战争”，因为绘画和雕塑还没出现时，就已经出现战争了。	
选项	解释	结果
A	无须假设。只要绘画和雕塑是新石器时代的艺术形式之一，题干的论证关系就可成立。	淘汰
B	题干论述的重点是人类战争的出现时间，至于“战争的起因”，与论证关系无关。	淘汰
C	必要假设。若在绘画和雕塑出现以前人类已发生过战争，即便新石器时代发现了战争题材的绘画和雕塑，也难以说明是“最早的战争”。	正确
D	与题干论证关系无关。	淘汰
E	与题干论证关系无关。	淘汰

14. 答案 **E**

解题步骤	
第一步	观察题目特征，锁定技巧。题干和选项均属于“假言判断”表述，同时题干中没有重复/矛盾的概念，无法有效串联，问题求解“可以得出以下哪项”，故可采用第 1 招（准确定位 P、Q）来进行解题。
第二步	①未经明示且未经用户同意（P1）→不得实施收集使用用户个人信息、开启应用软件、捆绑推广其他应用软件等侵害用户合法权益或危害网络安全的行为（Q1） ②不能提升内容质量（P2）→无法提高用户粘性（Q2）

（续）

解题步骤	
第三步	题干表述为“两否”，故优先寻找“两肯”的结构，即优先验证 A 和 C。 A 选项，从左向右推理时，经过明示（即¬ P1），无须看后面内容，快速淘汰。 C 选项，从左向右推理时，提升内容质量（即¬ P2），无须看后面内容，快速淘汰。 由于“两肯”选项均被淘汰，故验证两否选项，即验证 B 和 D。 B 选项，“未经用户同意”不能推出条件①中的“未经明示且未经用户同意”为真，故选项不能确定真假。 D 选项，由于题干不涉及“未经明示且未经用户同意就收集用户个人信息的行为”和“违法行为”之间的关系，故选项无法得出。
第四步	排除选项 A、B、C、D，故答案为 E 选项。

15. 答案 E

第一步	观察题目特征，锁定技巧。题干属于“假言判断”表述，并且要求“对上述断定提出质疑=寻找一定为假的选项”，故可采用第 4 招（矛盾变形）进行解题。
第二步	根据标志词将题干信息符号化： 人们会来这个城市生活 ∨ 即使来了也不会想办法尽快离开→一个城市有和谐稳定的治安环境 ∨ 合适的人居环境。
第三步	由于题干求“质疑上述观点”，故取题干信息的矛盾，即： （人们会来这个城市生活 ∨ 即使来了也不会想办法尽快离开）∧（一个城市没有和谐稳定的治安环境 ∧ 没有合适的人居环境）
第四步	比对选项，E 选项符合矛盾，故 E 选项为正确答案。

16. 答案 E

题干信息	前提：①朱利>陈文>李强>宋颖；②朱利>王平>宋颖。 结论：陈文>张明。	
解题预判	本题属于排序题型，选项是“确定+仅列举部分可能”，而问题问“能够推出=符合题干要求”，故可优先考虑采用第 7 招（选项代入排除）进行解题。	
选项	**解释**	**结果**
A	选项不涉及张明，故推不出。	淘汰
B	即便王平=张明，但仍然无法判断陈文和张明的分数高低关系。	淘汰
C	即便张明比宋颖分数高，但还是无法判断陈文和张明的分数高低关系。	淘汰
D	即便张明比朱利分数低，但是张明和陈文的分数高低关系无法判断。	淘汰
E	补充李强>张明，结合①可得：陈文>李强>张明。故选项正确。	正确

17. 答案 D

解题步骤	
第一步	观察题目特征，锁定技巧。题干属于“假言判断”表述，条件中存在重复和互为反对的概念，并且题目求“不可能为真=一定为假”，故可采用第 2 招（串联递推）和第 4 招（矛盾变形）进行解题。

（续）

解题步骤	
第二步	根据标志词将题干信息符号化： ①马西西：爱奇葩公司盈利∧股票没上涨→人民币贬值。 ②罗胖胖：爱奇葩公司进出口的数额持续加大→人民币就会升值。 ③蔡团团：爱奇葩公司持续进行产业结构升级→进出口贸易数额将会持续加大。
第三步	串联得出：④爱奇葩公司持续进行产业结构升级 $\xrightarrow{③}$ 进出口贸易数额将会持续加大 $\xrightarrow{②}$ 人民币就会升值 $\xrightarrow{①}$ 爱奇葩公司没盈利∨股票上涨。
第四步	寻找假言判断的矛盾，即寻找“P∧¬Q”的选项。基于联合得出的结论④，此时可优先考虑含有“首”“尾”的选项，同时符合“P”和“¬Q”的选项，即D选项。观察发现D选项恰好与④矛盾，故答案选D。

18. 答案 E

解题步骤		
第一步	观察题目特征，锁定技巧。题干和选项均含有“直言”“模态”的表述，问题要求“最符合题干的断定”的选项，故可采用《逻辑精点》中“直言+模态”负判断等价变形进行解题。	
第二步	不 可能 有的 方法 能做出来 书上 所有 的题。 可能↓必然；有的↓所有；能做出来↓不能做出来；所有↓有的	“不”作为否定词，否定了“可能”“有的”“能做出来”“所有”，均变成对立面。
第三步	不可能有的方法能做出来书上所有的题=必然所有方法不能做出来书上有的题。 比对选项，E选项为正确答案。	

19. 答案 C

解题步骤	
第一步	观察题干特征，锁定技巧。题干和选项属于“直言判断”表述，并且存在相同的概念和互为矛盾的概念，问题求解“最能反驳上述发现=一定假”，此类试题一般需要利用串联递推规则和矛盾规则下手分析，故可采用第3招（“有的”串联）和第4招（矛盾变形）进行解题。
第二步	符号化题干条件： ①品德高尚的人→孝顺父母；②总是为他人着想的人→不会成为以自我为中心的人； ③缺乏社会化训练的人→以自我为中心；④有的缺乏社会化训练的人⇒品德高尚。
第三步	联合②③可得：⑤缺乏社会化训练的人→以自我为中心→不总为他人着想。 联合①④可得：⑥有的缺乏社会化训练的人⇒品德高尚⇒孝顺父母。 将⑥整体换位后联合⑤可得：⑦有的孝顺父母的人⇒品德高尚⇒缺乏社会化训练⇒以自我为中心⇒不总为他人着想。
第四步	问题问“一定假”，即寻找⑦的矛盾：所有孝顺父母的人都总是为他人着想。观察选项可知，答案选C。

20. 答案 D

解题步骤	
第一步	观察题干，发现本题属于有确定真假个数的真话假话题，题干信息存在明确的真假关系，故可使用第 14 招（真话假话，找关系）进行解题。
第二步	真假情况：六个判断中三个为真，三个为假。
第三步	判断真假： Ⅰ. 标准化题干信息： ①红衣服女会计≥5；②男生→会计；③红衣服∨男会计；④有的男生不是会计； ⑤男会计∨不穿红衣服；⑥红衣服女会计≥7。 Ⅱ. 找关系：②和④是矛盾关系，必一真一假；③和⑤是至少一真的关系，可能一真，也可能两真。 Ⅲ. 做减法：结合前两组关系，并且六句话三真三假，可得①和⑥至少一假。
第四步	观察发现，条件①和条件⑥为包含关系，⑥真→①真，结合①和⑥至少一假可得：条件⑥一定为假，即红衣女会计不足 7 人，D 选项为正确答案。

21. 答案 B

解题步骤	
第一步	观察题干特征，锁定技巧。题干条件中存在单件“P”表述的确定信息，故可采用第 6 招（“题干确定”一马当先）进行解题。
第二步	符号化题干条件： ①爱斯基摩土著人→穿黑衣服； ②北婆罗洲土著人→穿白衣服； ③不穿白衣服∨不穿黑衣服； ④H 穿白衣服（确定信息）。
第三步	将确定信息④代入③，并联合①可推得：H 穿白衣服 $\xrightarrow{③}$ 不穿黑衣服 $\xrightarrow{①}$ 不是爱斯基摩土著人。
第四步	比对选项，答案选 B。

22. 答案 E

解题步骤	
第一步	本题问题虽求解“评价”，但选项却是“结构相似”的表述，故可采用第 5 招（结构比较），来分析题干和选项的漏洞是否相同。
第二步	分析题干的推理漏洞。题干论证的错误在于，粘在牙齿上的时间与引起蛀牙的风险只能纵向比较（即 A 比 A），而不能横向比较（即 A 比 B），因此题干犯了不当类比的错误。
第三步	分析选项。D 选项与题干不一致，题干不能横向比较，而选项却可以横向比较。E 选项与题干一致，火灾和地震造成的损失都只能纵向比［即火灾自己（A）跟自己（A）比，地震自己（B）跟自己（B）比］，不能横向比较。故答案选 E。

23. 答案 B

24. 答案 D

<table>
<tr><td>题干信息</td><td>①每一个师中的装甲旅不是比导弹旅组建得早就是和导弹旅在同一年组建；
②二师装甲旅 = 一师导弹旅；
③三师装甲旅 = 四师导弹旅；
④二师装甲旅 ≠ 三师装甲旅；
⑤一师装甲旅 = 三师导弹旅 = 1968。</td></tr>
<tr><td>第一步</td><td>由于第 23 题问题中给出确定的附加条件“四师装甲旅 = 1968”，故可考虑采用第 6 招（“题干确定”一马当先）进行解题。</td></tr>
<tr><td>第二步</td><td>根据附加条件和⑤可知，四师装甲旅 = 三师导弹旅 = 1968，根据①③可知，三师装甲旅 = 四师导弹旅 = 1968，根据④可知二师装甲旅 = 一师导弹旅 ≠ 1968，再结合①可知二师装甲旅 = 一师导弹旅 = 1969，故第 23 题答案选 B。</td></tr>
<tr><td>第三步</td><td>第 24 题问题中给出确定的附加条件“三师装甲旅 = 1968”，同时由于本题中的对应关系较复杂，抽象，故可优先考虑采用第 6 招（“题干确定”一马当先）+列表法进行解题。</td></tr>
<tr><td>第四步</td><td>联合附加条件和③可知，三师装甲旅 = 四师导弹旅 = 1968；结合④可知，二师装甲旅 = 1967 ∨ 1969，再结合①②可推知，二师装甲旅 = 一师导弹旅 = 1969（若二师装甲旅 = 一师导弹旅 = 1967，则与①⑤矛盾）。此时根据①进一步可知，二师装甲旅 = 二师导弹旅 = 1969，将已得到的信息填入到下表中：
<table><tr><td></td><td>装甲旅</td><td>导弹旅</td></tr><tr><td>一师</td><td>1968</td><td>1969</td></tr><tr><td>二师</td><td>1969</td><td>1969</td></tr><tr><td>三师</td><td>1968</td><td>1968</td></tr><tr><td>四师</td><td></td><td>1968</td></tr></table>观察上述表格可知，第 24 题答案选 D。</td></tr>
</table>

25. 答案 C

<table>
<tr><th colspan="2">解题步骤</th></tr>
<tr><td>第一步</td><td>观察题干特征，锁定技巧。题干条件中存在联言判断“P ∧ Q”表述的确定信息，故可采用第 6 招（“题干确定”一马当先）进行解题。</td></tr>
<tr><td>第二步</td><td>符号化题干条件：
①接种新冠疫苗→无癫痫发病史 ∧ 无抗生素药物过敏。
②参加本次高级论坛→接种新冠疫苗 ∨ 持有 7 天之内核酸检测合格证明 ∨ 持有论坛主席团的特别邀请函。
③张教授无癫痫发病史 ∧ 张教授未被允许接种新冠疫苗 ∧ 张教授参加本次高级论坛（确定信息）。</td></tr>
<tr><td>第三步</td><td>将确定信息③中的“张教授参加本次高级论坛”代入②中可得张教授“接种新冠疫苗 ∨ 持有 7 天之内核酸检测合格证明 ∨ 持有论坛主席团的特别邀请函”为真；再结合③中的“张教授未被允许接种新冠疫苗”可知：④张教授“持有 7 天之内核酸检测合格证明 ∨ 持有论坛主席团的特别邀请函”为真。</td></tr>
<tr><td>第四步</td><td>由于④属于不确定信息，而 A 选项、B 选项和 E 选项均为确定信息，故可排除，直接验证 C 和 D 选项即可。C 选项 = 张教授未做核酸检测→持有论坛主席团的特别邀请函，与④推理一致，故一定真。（考生注意，未做核酸检测，自然也不会有 7 天内的核酸检测合格证明，选项符合相容选言判断的“否定必肯定”原则）答案选 C。</td></tr>
</table>

26. 答案 B

解题步骤	
第一步	数字推论题。先整理题干信息： ①全日制学生数量，东江是西海的 70%； ②总学生数量（全日制+成人），东江是西海的 120%。
第二步	解题预判：由于题干给出的所有数字都是比例，比例不可推具体数量，只可得到比例，因此直接秒选 B 项。
第三步	具体方法：根据题干可知，学生总数量只有两部分（全日制和成人教育），东江的全日制学生比西海少，但总数比西海多，于是可得东江全日制学生占总学生数的比例就低于西海，即：1-东江成人教育比例<1-西海成人教育比例。也就是，东江成人教育比例>西海成人教育比例，B 项正确。 A 项，“教学质量”显然与题干信息无关。 C、D、E 三项可以直接排除，因为这三项进行了具体数量的比较，题干给出的都是比例，无法得到具体数量。

27. 答案 A

解题步骤	
第一步	观察题干特征，锁定技巧。问题中存在联言判断“P∧Q”表述的确定信息，故可采用第 6 招（“题干确定”一马当先）进行解题。
第二步	符号化题干条件： ①含有谷薯类∧蔬菜水果类→含有畜禽鱼蛋奶类； ②含有大豆坚果类→含有蔬菜水果类； ③不含畜禽鱼蛋奶类∧吃了大豆坚果类（确定信息）。
第三步	将确定信息③分别代入①②中可得：不含畜禽鱼蛋奶类∧吃了大豆坚果类 $\xrightarrow{①②}$ 不含有谷薯类。
第四步	比对选项，答案选 A。

28. 答案 C

解题步骤	
第一步	观察题干，发现本题属于数独类型的对应题目，由于选项属于“确定+穷举所有的可能”，故可使用第 7 招（选项代入排除），利用“下代上”进行解题。 （注：由于数独问题比较特殊，故需将所有选项进行验证，逐一排除后才能确定正确答案。）
第二步	将选项代入题干表格： A 选项，由于第六行中已存在菊，故第六行第一列的位置不能是菊，故排除； B 选项，由于第六行中已存在兰，故第六行第一列的位置不能是兰，故排除； C 选项与题干信息并不矛盾； D 选项，由于第五行中已存在荷，故第五行第一列的位置不能是荷，故排除； E 选项与题干信息并不矛盾。
第三步	由于剩余 C 和 E 选项不能确定，故需将题干表格补充部分后，进行验证。 观察表格可发现，第三行第五列的位置，不能为菊、桂、桃、梅、荷，故根据排除剩余法，只能为兰，故可排除 E 选项，C 选项为正确答案。

29. 答案 E

题干信息

① 甲选法语∨丙选法语∨戊选法语→丁选法语∧戊选韩语；
② (乙不选韩语∨戊不选韩语)∨丁选绘画→乙和丁选择的课程相同；
③ 丙不选德语∨戊不选德语→己选韩语；
④ 丁只在艺术类课程中进行选择；
⑤ 边界条件：每人选择 2 门课程，每门课程只有 2 人选择。

第一步

观察题干，发现本题属于没有确定信息的对应题目，由于题干中存在重复的元素，故可从重复的元素出发进行解题。

第二步

根据条件④可知丁不选法语，此处思路可参考第 9 招（剩余思想，将不确定转确定），代入题干信息可得：

丁不选法语 $\xrightarrow{\text{①}}$ 甲、丙和戊都不选择法语+丁不选法语 $\xrightarrow{\text{⑤}}$ 乙和己选择法语→乙和丁选择的课程不同 $\xrightarrow{\text{②}}$ 乙和戊选择韩语，丁不选择绘画→丁不选择绘画 $\xrightarrow{\text{④⑤}}$ 丁选择舞蹈和音乐。

由上述推理链条可知乙和戊选择韩语，将其代入⑤中可推得：乙和戊选择韩语 $\xrightarrow{\text{⑤}}$ 己不能选择韩语 $\xrightarrow{\text{③}}$ 丙和戊均选择德语。

第三步

由于推理结果较为复杂，故可使用列表法，将推理结果填入表格如下：（每行 2√4×，每列 2√4×）

	语言类课程			艺术类课程		
	法语	德语	韩语	绘画	舞蹈	音乐
甲	×	×	×			
乙	√	×	√	×	×	×
丙	×	√	×			
丁	×	×	×	×	√	√
戊	×	√	√	×	×	×
己	√	×	×			

比对选项，E 选项为正确答案。

30. 答案 B

解题步骤

第一步

根据上题得出的表格，结合本题给出的附加条件可推得，由于丙和丁选择的课程完全不相同，故丙选择德语和绘画；由于甲和丁选择的课程不完全相同，故甲选择绘画以及舞蹈和音乐中的一门，将上述表格补充完整：

第二步

	语言类课程			艺术类课程		
	法语	德语	韩语	绘画	舞蹈	音乐
甲	×	×	×	√		
乙	√	×	√	×	×	×
丙	×	√	×	√	×	×
丁	×	×	×	×	√	√
戊	×	√	√	×	×	×
己	√	×	×	×		

（每行 2√4×，每列 2√4×）

比对选项，B 选项为正确答案。

逻辑模拟试卷（二十）答案与解析

1	2	3	4	5	6	7	8	9	10
B	D	A	E	D	E	E	D	C	A
11	12	13	14	15	16	17	18	19	20
D	A	C	C	B	A	E	D	D	B
21	22	23	24	25	26	27	28	29	30
E	D	D	D	B	B	B	D	E	D

1. 答案 **B**

题干信息	整理题干观点：靶向药物递送（将药物递送至人体目标部位而不影响其他非目标组织的过程）与微型机器人的主动运动相结合可提高细菌性肺炎的治疗效果。	
选项	**解释**	**结果**
A	选项属于特例支持，但没有指出靶向药物递送对治疗细菌性肺炎效果的影响，态度不明确，支持力度较弱。	淘汰
B	选项直接指出，微型机器人能够实现靶向药物递送，进而更加有利于将药物递送至能起到治疗效果的区域，同时能不影响其他身体部位的健康，态度最明确，支持力度最强。	**正确**
C	选项没有指出靶向药物递送对治疗细菌性肺炎效果的影响，态度不明确。	淘汰
D	选项没有指出靶向药物递送对治疗细菌性肺炎效果的影响，态度不明确。	淘汰
E	选项迷惑性较大，仅仅是不改变移动路径，那能否准确递送至关键区域，能否对治疗肺炎起到积极作用呢？不得而知，故支持力度不如 B 选项。	淘汰

2. 答案 **D**

	解题步骤
第一步	整理二者论证。 张教授：对人类价值最大的濒危物种→应该享有最优先的被保护权利。 李研究员：物种的未来价值无法预测∧间接贡献的物种的目前价值也无法估计→不能确定濒危物种的优先保护权利。
第二步	李研究员论述主要针对“价值”来论述，表明价值的不可测来反驳张教授提出的观点。因此答案选 D。

3. 答案 **A**

题干信息	前提：80%的被调查者对“如果被查出患有癌症，你是否希望被告之真相”这一问题作了肯定回答。→结论：当人们被查出患有癌症时，大多数都希望被告之真相。

（续）

选项	解释	结果
A	考生注意，一般直接否定“调查”设计，通常很难削弱论证，本题论证实际涉及的是“社会学”领域而非“医学”领域。	正确
B	选项说明调查样本选择有问题，如果被调查者原本都是坚强的人，那就无法得出“大多数人”，能削弱。	淘汰
C	直接削弱，说明该调查未必具有代表性。	淘汰
D	说明调查对象影响了结论，结论很可能并没有反映相关事实，削弱了论证。	淘汰
E	说明结论的得出未必是真实的，削弱了论证。	淘汰

4. 答案 E

题干信息	支持题。根据结构词“问题产生的根源”可确定题干为“因果关系”结构，可采用第 17 招（特殊结构——因果关系）分析选项。 因果关系：房产商和业主炒房（因）→房价不断上涨（果）。	
选项	**解释**	**结果**
A	无态度选项。经济学家关注炒房对房价上涨的影响，不能说明炒房客观上导致了房价上涨。	淘汰
B	无关项。该项说明的是如何抑制炒房，未体现炒房对房价的影响。	淘汰
C	“无因有果”的削弱，炒房现象不突出（无因），房价仍居高不下（有果）。	淘汰
D	“有因无果”的削弱，炒房（有因）的最终结果必然导致房产崩盘（无果）。	淘汰
E	“无因无果”的支持。未发生炒房现象（无因），房价比较平稳（无果）。	正确

5. 答案 D

题干信息	削弱题。根据结构词“很明显”梳理题干论证结构。 前提：美国，遭遇汽车事故的乘客所受的伤害通常比在欧洲严重，美国安全带与欧洲不同。 结论：美国需要采用更严厉的安全带设计标准来更好地保护汽车司机。 通过题干的论证不难分析，此论证强调的内核（隐含假设）其实就是安全带的不同导致乘客受伤程度的不同。 差比关系：安全带种类（差）→乘客受伤害严重程度（差）。	
解题预判	差比关系结构有两种固定的削弱方法：①前提差本质上不存在；②前提有他差。此外，题干问“除了……都能削弱”，此时考生优选支持项，次选无关项。	
选项	**解释**	**结果**
A	该项指出存在他差，是系不系安全带的差异导致受伤害程度的差异，可削弱。	淘汰
B	该项指出存在他差，是司机接受培训的差异导致受伤害程度的差异，可削弱。	淘汰
C	该项指出存在他差，是有无安全带的差异导致受伤害程度的差异，可削弱。	淘汰
D	该项指出的是“有更高可能性”，说的是概率。但“遭遇汽车事故的概率”≠“受伤害的严重程度”，核心概念与题干不一致，不能削弱。	正确
E	采用欧洲安全带，受伤害程度也未减少，该项割裂了安全带种类与受伤害程度的关系，可削弱。	淘汰

6. 答案 E

	解题步骤
第一步	观察题干特征，锁定技巧。 题干属于“形式语言”表达，并且存在相同的概念和互为矛盾的概念，问题求解“最能反驳上述观点=一定假”，此类试题一般需要利用串联递推规则和矛盾规则下手分析，故可采用第 3 招（“有的”串联）和第 4 招（矛盾变形）进行解题。
第二步	符号化题干条件： ①成为一名令人神往的雅士→擅长琴棋书画； ②懂得五行八卦的术士→不痴迷于现代科学； ③从小开始进行科学启蒙的人→痴迷于现代科学； ④专利发明家→从小开始进行科学启蒙； ⑤有的专利发明家⇒令人神往的雅士。
第三步	先串联含“所有”的条件： 联合②③④可得：⑥专利发明家→从小开始进行科学启蒙→痴迷于现代科学→不是懂五行八卦的术士。 再联合“有的+所有”进行串联： 联合①⑤可得：⑦有的专利发明家⇒令人神往的雅士⇒擅长琴棋书画； 联合⑥⑦可得：⑧有的擅长琴棋书画⇒令人神往的雅士⇒专利发明家⇒从小开始进行科学启蒙⇒痴迷于现代科学⇒不是懂五行八卦的术士。
第四步	寻找题干的矛盾命题，即寻找⑧的矛盾：所有擅长琴棋书画的人都是懂得五行八卦的术士。观察选项可知，答案选 E。

7. 答案 E

	解题步骤
第一步	假设题。现根据“然而”“这证实了”梳理论证结构。 论证关系：高级经理使用直觉比大多数中级或低级经理多得多→直觉更有效。可采用第 15 招（梳理关系，紧盯概念）分析选项。
第二步	解题预判：从上述论证关系不难看出，前提和结论都出现了“直觉”这一重复概念。此时，考生应该立刻想到用“搭桥法”建立另外两个不同概念的关系，即建立“高级经理”和“决策有效”的关系，可快选 E 项。 A、B、C、D 四个选项均未针对题干论证关系，并非必要假设。

8. 答案 D

题干信息	削弱题。根据结构词“因而可以说明”可发现，此题为“事实（研究发现）”推“结论”的结构，且“结论”为“因果关系”，因此本题解题重点就在此“因果关系”上。可采用第 17 招（特殊结构——因果关系）分析选项。 因果关系：试管婴儿技术（因）→新生婴儿出生缺陷率高（果）。	
选项	解释	结果
A	支持项，保障因果。该项说明试管婴儿技术在操作过程中的确会加大风险，加强了题干观点。	淘汰
B	无关项。该项指出了“试管婴儿技术”容易失败，与“新生婴儿缺陷率高”无关。考生注意，“失败”指的是受精失败，即无法生出婴儿。考生勿错误理解为“失败”=“缺陷”。	淘汰

（续）

选项	解释	结果
C	该项指出试管婴儿的受精卵是最优质的，与题干论证无关。	淘汰
D	另有他因，可削弱。该项指出试管婴儿的父母年龄较大导致新生儿缺陷率高，削弱了题干观点。	正确
E	力度较弱。该项试图构造“营养状况”这一他因，但是并未排除“受孕方式”这一本因，力度不如D项。	淘汰

9. 答案 C

题干信息	支持题。本题并未出现论证关系，因此直接锁定张教授观点。 结论：代表不同文化背景的语言，会对人们大脑处理数学信息的方式产生影响。	
解题预判	紧扣态度，且必须紧扣“不同文化背景的语言”和“处理数学信息的方式”。可采用第16招（把握态度，速选速行）分析选项。	
选项	**解释**	**结果**
A	只提到了亚洲，而且指出的是亚洲地区不同的人大脑活跃程度的不同。未体现出不同文化背景处理数学信息方式的区别，无法支持。	淘汰
B	该项说的是“同一国家的不同方言区”，并非“不同文化背景”，无法支持。	淘汰
C	该项说明“不同文化背景的语言”（英语和汉语），“处理数学信息的大脑区域”也是不同的，直接建立关系，支持力度最强。	正确
D	该项说的是“不同专业背景”，而不是“不同文化背景”，无法支持。	淘汰
E	“不同语言”不代表“不同文化背景的语言”，并且该项说的是“接受数学信息的效率”，而不是“处理数学信息的方式”，无法支持。	淘汰

10. 答案 A

题干信息	定义判断题。先将题干的定义条件化简，然后逐一比对选项，寻找最符合题干要求的选项。 红利：实际上是指一个国家或地区在特定发展阶段所具有的发展优势，以及利用这种发展优势所带来的好处。	
选项	**解释**	**结果**
A	题干定义要求对象为某个国家或地区，而A选项对象为企业，与题干不一致。	正确
B	乙国在“劳动年龄人口占比大”的特定阶段取得经济优势，并带来了高储蓄、高投资、高增长的局面，符合红利的定义。	淘汰
C	丙市在“改革”的特定阶段释放了发展潜力，并使经济较快发展，符合红利的定义。	淘汰
D	丁省利用“拥有的大量资源”，发展了经济，符合红利的定义。	淘汰
E	戊县在“政策的扶持下”吸引企业入驻，摆脱了贫困县的帽子，符合红利的定义。	淘汰

11. 答案 D

题干信息	根据结构词“他们认为”“有利于”可确定导师们的观点为“因果关系”结构。可采用第17招（特殊结构——因果关系）分析选项。 因果关系：取消“研究生论文发表与学位获得资格挂钩”（因）→有利于培养该校研究生的学术能力（果）。

（续）

选项	解释	结果
A	无态度选项。该项只能说明取消此规定没坏处，但未体现出“是否有利于培养该校研究生的学术能力”。	淘汰
B	该项仅仅针对的是“极少数”，因此支持力度较弱。	淘汰
C	无态度选项。该项不涉及取消规定对研究生的学术能力的影响。	淘汰
D	“无因无果”支持。选项指出“过去”有规定时，学生很难沉下心来研究学问，与“现在”取消规定后有利于培养学生的学术能力进行对比，建立了“取消规定”和“有利于培养该校研究生的学术能力”的关系。	正确
E	“研究生导师认为”是主观，不能说明客观上“取消规定是否利于培养研究生学术能力”。	淘汰

12. 答案 A

题干信息	支持题。本题并未出现论证关系，因此锁定结论即可，结论具有明显的态度，本题为典型的“态度型支持题”。可采用第 16 招（把握态度，速选速行）分析选项。	
解题预判	①选项必须强调出军队的管理对企业管理的效用。 ②题干出现了军队和企业关系，选项往往也需同时出现。	
选项	解释	结果
A	该项直接建立“军队”和“企业”的关系，指出“军队管理”与“现代企业管理”的原则相同，进而保证结论成立。	正确
B	态度不明确。注意，军队的“高效”与管理的“效率”未必是一个概念。军队的高效，可以是军队管理的效率，也可能是战争的效率。而且，“管理理论”指的也未必是企业。	淘汰
C	题干说的是“两次世界大战后，军队的管理为现代企业组织管理提供了非常好的人员、实践和理论准备”，并不意味着现代企业管理思想就诞生于这个时期，无法支持。	淘汰
D	与此题结论无关。	淘汰
E	与此题结论无关。	淘汰

13. 答案 C

题干信息	支持题。反对者的观点并未出现论证，但体现出了明显的态度，本题属于“态度型支持题”。可采用第 16 招（把握态度，速选速行）分析选项。 反对者观点：对于“斜杠青年”，社会可给予更多的理解和支持，但不能成为多数人的盲目追捧。 （重点强调的是“但”后面的内容）。	
选项	解释	结果
A	态度不明确。该项强调的是主观感觉，而非客观事实，无法说明事实究竟如何。	淘汰
B	该项指出“人要专注”，但斜杠青年“拥有多重职业和身份”不代表不专注，二者话题不一致，无法加强。	淘汰

（续）

选项	解释	结果
C	增加论据。该项指出“斜杠青年”本身具有一定的实力，是自控力强且有核心竞争力的，并不是所有人都可以满足的，所以要理性对待，可以理解与支持，但不能盲目追捧，可以加强。	正确
D	该项指出斜杠与年龄无关，越成熟的人成为斜杠的可能性越大，与论点说的社会对“斜杠青年”的看法无关，无法加强。	淘汰
E	该项只是强调要包容多元化的价值观，并没有对“不能盲目追捧”进行支持，无法加强。	淘汰

14. 答案 C

解题步骤	
第一步	观察题目特征，锁定技巧。题干和选项均属于“假言判断”表述，同时题干中没有重复/矛盾的概念，无法有效串联，问题求解“可以得出以下哪项结论”，故可采用第 1 招（准确定位 P、Q）来进行解题。
第二步	符号化题干条件： ①在确保粮食供给的同时，保障肉类、蔬菜、水果、水产品等各类食物有效供给（P1）→树立“大食物观”，从更好地满足人民美好生活的需要出发，掌握人民群众食物结构变化趋势（Q1）； ②要把“大食物观”落实好（P2）→要持之以恒，久久为功（Q2）。
第三步	题干表述为“两肯”，故优先寻找“两否”的结构，即优先验证 E。 E 选项：从左向右推理时，不能确保粮食供给（即¬ P1），无须看后面内容，快速淘汰。 由于“两否”选项均被淘汰，故验证“两肯”选项，即验证 A、B、C 和 D。 A 选项：选项并没有肯定 P1，故无法得出 Q1 的真假情况，故选项不能确定真假。 B 选项：由于题干不涉及“能够持之以恒地研究饮食结构观念的转变”的信息，故无法判断真假。 C 选项 =“在确保粮食供给的同时，保障肉类、蔬菜、水果、水产品等各类食物有效供给”→树立“大食物观”。由条件①可知，选项一定为真。（$P \to Q \wedge M$ 为真时，可得出 $P \to Q$ 为真。）

15. 答案 B

解题步骤	
第一步	附加条件给出钱缪选修的是音乐鉴赏类课程，那么就只能是“流行音乐鉴赏”“古典音乐鉴赏”“《大提琴协奏曲》鉴赏”3 个中的一个，要想得出选修的是“《大提琴协奏曲》鉴赏”，便需要排除剩余两种可能。此时可考虑第 7 招（选项代入排除），优先验证含有“流行音乐鉴赏”“古典音乐鉴赏”的选项。
第二步	尝试代入 B 选项验证，若孙达选修的是“流行音乐鉴赏”，则可列表如下： （见下表） （每行 1√3×，每列 1√3×） 此时，可得出赵伟只能选修“古典音乐鉴赏”，因此可得出钱缪选修的是“《大提琴协奏曲》鉴赏”。

	赵伟	张华	钱缪	孙达
流行音乐鉴赏	×	×	×	√
国学经典诵读	×	√	×	×
古典音乐鉴赏	√	×	×	×
《大提琴协奏曲》鉴赏	×	×	√	×

16. 答案 A

17. 答案 E

题干信息

①H 和 F 加入同一个小组。
②恰有一个人（此人不是 L）和 L 加入同一个小组。
③G 加入的是恰恰舞小组（确定信息）。
④J 加入的是恰恰舞小组或古筝小组。
⑤H 没加入古筝小组（确定信息）。
⑥边界条件：每人恰加入一个小组，每个小组至少有一人加入。

第一步

观察题干，发现本题属于有确定信息的分组+对应的综合题目，由于确定信息无法直接代入题干信息推理，并且题干信息较为抽象、复杂，故可考虑将抽象的关系具体化，利用列表法进行解题。

第二步

分析分组情况：六个人分到四个组，每组至少一人，每人只能加入一个组，并且 H 和 F 一组，有一人和 L 一组，因此，分组情况为：⑦各组人数应为 2、2、1、1。

第三步

根据题干信息和第 16 题附加条件“L 加入绘画小组”列表如下：

	恰恰舞	排球	绘画	古筝
F				
G	√	×	×	×
H				×
J		×	×	
K				
L	×	×	√	×

联合条件①⑦可知 H 和 F 不可能在绘画组和恰恰舞组，若 H 和 F 在绘画组，那么此时绘画组有 3 人，与条件⑦矛盾，故 H 和 F 不能再绘画组，同理不能在恰恰舞组。

将推理结果填入并补齐表格如下：

	恰恰舞	排球	绘画	古筝
F	×	√	×	×
G	√	×	×	×
H	×	√	×	×
J	×	×	×	√
K	×	×	√	×
L	×	×	√	×

比对选项，第 16 题正确答案为 A 选项。

第四步

由第 17 题条件“K 没加入绘画小组”，结合题干信息可作如下表格：

	恰恰舞	排球	绘画	古筝
F				
G	√	×	×	×
H				×
J		×	×	
K			×	
L				

根据上面表格，结合条件①H 和 F 必须加入同一个小组，又因为条件⑦可知，每个小组人数不可能超过 2，因此 L 不可能加入绘画小组，那么由于每个小组都有人参加，所以 H 和 F 一定加入了绘画小组，因此第 17 题正确答案为 E 选项。

18. 答案 D

题干信息	①甲：乙+丙=5。 ②乙：丙+丁=5。 ③丙：丁+甲=5。 ④丁：甲+乙=4。 ⑤事实：甲+乙+丙+丁=10。 真假判定标准：有 2 朵花的说假话，其余人都是真话，说假话的至少一个人。
第一步	本题属于真话假话题型，由于题干正向推理困难，且选项充分、确定（从每个选项中均可推出四人拥有的花朵数），故可优先采用第 7 招（选项代入排除）进行解题。
第二步	由于题干至少有一个人说假话，此时说假话的人有 2 朵花，影响真假的要素是“2 朵花”，故可优先验证非 2 朵花的选项（因为不是 2 朵花的人一定说真话），即 A 和 C 选项。
第三步	A 选项，若甲和乙都是 3 朵花，则甲和乙说的都是真话，因此可得丙是 2 朵花，丁是 3 朵花，此时四个人一共 11 朵花，矛盾，故排除 A。 C 选项，若乙和丁都是 3 朵花，则乙和丁说的都是真话，因此可得丙 2 朵花，甲 1 朵花，此时四个人一共是 9 朵花，矛盾，故排除 C。
第四步	由于 A 和 C 选项均被排除，故此时只能逐一对其他选项进行验证： B 选项，若乙有 4 朵花，则可知乙说的是真话，进而可得丙+丁=5 朵花；由丁是 2 朵花，可知丙是 3 朵花，那么丙的话也为真，进而可知，甲+丁=5 朵花，由此可得甲是 3 朵花，此时四个人一共是 12 朵花，矛盾，故排除 B。 D 选项，若丁有 4 朵花，由此可知丁的话为真，也就是甲和乙一共是 4 朵花，由于甲有 2 朵花，那么乙也应该是 2 朵花，此时会发现甲和丁加起来是 6 朵花，可知丙说的也是假话，丙应该是 2 朵花。此时四个人一共是 10 朵花，不矛盾，故可得答案选 D。

19. 答案 D

解题步骤	
第一步	题干属于“假言判断”表述，问题求解“一定假”，故可采用第 4 招（矛盾变形）来进行解题。
第二步	符号化题干条件： ①一个发展中国家具备有利的自然要素资源条件（M）∧实行符合国情和外部环境需要的合理的经济制度与政策（N）→能抓住机遇，实现长期较快经济增长，逐步缩小与发达国家之间的差距（Q1）； ②形成在竞争中合作和共同发展局面（P）→发达国家尊重发展中国家的发展成就（Q2）。
第三步	由于问题求“一定为假”，故取题干信息的矛盾，即： ③一个发展中国家具备有利的自然要素资源条件（M）∧实行符合国情和外部环境需要的合理的经济制度与政策（N）∧不能抓住机遇，实现长期较快经济增长，逐步缩小与发达国家之间的差距（¬ Q1）； ④形成在竞争中合作和共同发展局面（P）∧发达国家不尊重发展中国家的发展成就（¬ Q2）。
第四步	比对选项，发现 D 选项与条件③为等价关系，故 D 选项一定为假，为正确选项。

20. 答案 B

解题步骤	
第一步	观察题干特征，锁定技巧。问题要求寻找“推理方式最为相似”的选项作为答案，故可采用第 5 招（结构比较）进行解题。

（续）

解题步骤		
第二步	整理题干推理结构：P→M∨N，但¬ M→¬ P∀N。	
第三步	分析选项，寻找与题干推理一致的选项作为正确答案。	
选项	解释	结果
A	选项=P→M∧N，但¬ M→¬ P∀N。与题干推理不一致。	淘汰
B	选项=P→M∨N，但¬ M→¬ P∀N。与题干推理一致。	正确
C	选项=P→M∨N，但¬ M→¬ P∨N。与题干推理不一致。	淘汰
D	选项=P→M∨N，但¬ P→¬ M∧¬ N。与题干推理不一致。	淘汰
E	选项=P→M∨N，¬ M∧¬ N→¬ P。与题干推理不一致。	淘汰

21. 答案 E

题干信息	①每人获得一枚奖章，每人获得的奖章均不相同； ②甲获得诗歌奖章∨甲获得散文奖章； ③乙获得童话奖章→丁不获得小说奖章； ④丙获得小说奖章→甲获得科幻奖章； ⑤戊不获得科幻奖章→丁获得诗歌奖章； ⑥丙不获得小说奖章→乙获得童话奖章。
第一步	本题属于对应题型，题干没有确定信息，但根据②可知，“甲不获得科幻奖章”与④中“甲获得科幻奖章”构成矛盾，故可采用第 8 招（以“重复元素”为突破口），从关于“甲”的信息出发进行推理。
第二步	联合②③④⑥可得，甲获得诗歌奖章∨甲获得散文奖章→甲不获得科幻奖章 $\xrightarrow{④}$ 丙不获得小说奖章 $\xrightarrow{⑥}$ 乙获得童话奖章 $\xrightarrow{③}$ 丁不获得小说奖章。由于题干中无可用确定信息且正确答案未出，故结合排除剩余法：获得小说奖章的不是甲、不是乙、不是丙、不是丁，因此戊获得小说奖章。进一步可知，戊一定不获得科幻奖章，代入⑤中可知丁获得诗歌奖章。
第三步	整理信息如下：乙获得童话奖章，戊获得小说奖章，丁获得诗歌奖章。联合②可知甲获得散文奖章、丙获得科幻奖章。答案选 E。

22. 答案 D

解题步骤	
第一步	题干和选项均为“假言判断”表述，并且存在重复的概念，故可优先采用第 2 招（串联递推）进行解题。
第二步	符号化题干信息： ①把握未来发展主动权（P1）→加快构建新发展格局（Q1） ②在各种可以预见和难以预见的惊涛骇浪中增强我们的生存力、竞争力、发展力、持续力（P2）→加快构建新发展格局（Q1） ③加快构建新发展格局（P3）→更加坚定的思想自觉、精准务实的举措、真抓实干的劲头（Q2） ④谋划和推进自由贸易试验区高质量发展（P4）→实行高水平对外开放，充分运用国际国内两个市场、两种资源（Q3）

（续）

解题步骤	
第三步	联合①③可得：⑤把握未来发展主动权（P1）$\xrightarrow{①}$加快构建新发展格局（Q1/P3）$\xrightarrow{③}$更加坚定的思想自觉、精准务实的举措、真抓实干的劲头（Q2） 联合②③可得：⑥在各种可以预见和难以预见的惊涛骇浪中增强我们的生存力、竞争力、发展力、持续力（P2）$\xrightarrow{②}$加快构建新发展格局（Q1/P3）$\xrightarrow{③}$更加坚定的思想自觉、精准务实的举措、真抓实干的劲头（Q2）
第四步	注意比对选项，寻找与题干推理一致的选项作为正确答案。

选项	解释	结果
A	选项=¬ P1→¬ Q1，否定 P 位，无法进行有效推理。	淘汰
B	题干不涉及“把握住未来发展主动权”和“在各种可以预见和难以预见的惊涛骇浪中增强我们的生存力、竞争力、发展力、持续力”之间的关系，选项可能为真，故选项无法得出。	淘汰
C	选项=Q3→P4，肯定 Q 位时，无法进行有效推理。	淘汰
D	选项=¬ Q2→¬ P2，与条件⑥互为逆否等价关系，故选项一定为真。	**正确**
E	题干不涉及“加快构建新发展格局”和“实行高水平对外开放，充分运用国际国内两个市场、两种资源”之间的关系，选项可能为真，故选项无法得出。	淘汰

23. 答案 D

题干信息

接受过高等教育的丈夫要多于妻子。所以，我们可以得到以下几种组合。

	组合 A	组合 B	组合 C	组合 D
男	接受过高等教育的丈夫	接受过高等教育的丈夫	未接受过高等教育的丈夫	未接受过高等教育的丈夫
女	接受过高等教育的妻子	未接受过高等教育的妻子	接受过高等教育的妻子	未接受过高等教育的丈夫

因此，由题干信息可得出 A+B>A+C，所以，B>C。

选项	解释	结果
Ⅰ	由于 A+C>A+B，因此，C>B，故该项得不出。	不能推出
Ⅱ	与未接受过高等教育的女性结婚的男性为 B+D，与未接受过高等教育的男性结婚的女性为 C+D，由于 B+D>C+D，故该项能推出。	**能推出**
Ⅲ	与未接受过高等教育的女性结婚的接受过高等教育的男性为 B，与未接受过高等教育的男性结婚的接受过高等教育的女性为 C，由于 B>C，故该项能推出。	**能推出**

24. 答案 D

解题步骤	
第一步	观察题目特征，锁定技巧。题干和选项大多为“直言判断”表述，并且存在重复和互为矛盾的概念，故可优先采用第 3 招（“有的”串联）进行解题。

（续）

解题步骤	
第二步	将题干信息符号化为： ①初中生→要学习《青少年法治教育大纲》。 ②优秀三好学生→要学习《青少年法治教育大纲》。 ③优秀少先队员→不是初中生。 ④获得“未来希望星”称号的学生→优秀少先队员。
第三步	先串联含“所有”的条件，故联合③④可得： ⑤获得“未来希望星”称号的学生→优秀少先队员→不是初中生。 由①可得：⑥有的要学习《青少年法治教育大纲》⇒初中生。 联合③⑥可得：⑦有的要学习《青少年法治教育大纲》⇒初中生⇒不是优秀少先队员。
第四步	联合⑤⑦可得：⑧有的要学习《青少年法治教育大纲》⇒初中生⇒不是优秀少先队员⇒没有获得“未来希望星”称号的学生。
第五步	由于题干求“不一定为真”，故需要逐一验证选项，将选项与题干信息进行比较。

选项	解释	结果
A	选项=获得“未来希望星”称号的学生→不是初中生。选项与条件⑤推理一致，故一定为真。	淘汰
B	选项=有的学习《青少年法治教育大纲》的学生⇒不是优秀少先队员。选项与条件⑦推理一致，故一定为真。	淘汰
C	选项=有的学习《青少年法治教育大纲》的学生⇒没有获得了“未来希望星”称号。选项与条件⑧推理一致，故一定为真。	淘汰
D	选项=有些获得“未来希望星”称号的学生⇒不学习《青少年法治教育大纲》。有的不能逆否，故不能确定真假，为正确选项。	正确
E	选项=不学习《青少年法治教育大纲》的学生→不是优秀三好学生。选项与条件②互为逆否等价关系，故选项一定为真。	淘汰

25. 答案 **B**

解题步骤	
第一步	观察题目特征，锁定技巧。问题要求“推理错误相似”的选项作为正确答案，故可采用第 5 招（结构比较）进行解题。
第二步	整理题干推理结构：所有 P 都是 Q，因为¬ P，所以¬ Q。 题干的逻辑谬误为混淆充分必要条件。
第三步	分析选项，寻找与题干谬误一致的选项作为正确答案。

选项	解释	结果
A	选项推理结构为：所有的 P 都是 Q，因为 P，所以 Q。与题干推理不一致。	淘汰
B	选项推理结构为：所有 P 都是 Q，因为¬ P，所以¬ Q。与题干推理一致。	正确
C	选项推理结构为：所有的 P 都是 Q，因为 P，所以 Q。与题干推理不一致。	淘汰
D	选项推理结构为：所有的 P 都是 Q，因为 Q，所以 P。与题干推理不一致。	淘汰
E	选项推理结构为：所有的 P 都是 Q，因为 P，所以 Q。与题干推理不一致。	淘汰

26. 答案 B

题干信息	①获得诺贝尔奖的人→精通数学 ②爱好广泛的人→不能成为物理学家 ③企业首席经济师→爱好广泛的人 ④有的企业首席经济师⇒获得了诺贝尔奖 联合①④可得：⑤有的企业首席经济师⇒获得了诺贝尔奖⇒精通数学 联合②③可得：⑥企业首席经济师→爱好广泛的人→不能成为物理学家 联合⑤⑥可得：⑦有的精通数学⇒获得了诺贝尔奖⇒企业首席经济师⇒爱好广泛的人⇒不能成为物理学家。 “以下各项均可能为真，除了？”=一定假

选项	解释	结果
A	选项=有的企业首席经济师⇒没有获得诺贝尔奖，与④构成至少有一真的关系，故无法判断真假。	可能真
B	选项=精通数学→物理学家，与⑦矛盾，故选项一定为假。	**一定假**
C	选项=有的精通数学⇒不能成为物理学家，与⑦等价，一定为真。	一定真
D	选项=成为物理学家→不精通数学=精通数学→不能成为物理学家，与⑦构成包含关系，故无法判断真假。	可能真
E	选项=物理学家→精通数学，与⑦不矛盾，故无法判断真假。	可能真

27. 答案 B

题干信息	① 密码最短为两个数字，可以重复。 ② 1 不能为首。 ③ 在某一密码数字中有 2→2 就得出现两次或两次以上。 ④ 3 不是最后一个数字∧3 不是倒数第二个数字。 ⑤ 某一密码数字中有 1→有 4。 ⑥ 某一密码数字中没有 2→5 不是最后一个数字。
第一步	观察题干，发现问题问“哪一个数字可以放在 2 与 5 后面形成一个由三个数字组成的密码”，即存在具体的指向，故可优先从问题出发进行解题。
第二步	根据问题可知：该 3 位数字的密码中一定要有 2，即给出“确定信息”，故可采用第 6 招（“题干确定”一马当先）进行推理： 密码中一定有 2 $\xrightarrow{③}$ 2 就得出现两次或两次以上，由于密码总数为 3 位数，故最后一位只能为 2，B 选项为正确答案。

28. 答案 D

题干信息	①每个系有三位领导管理，每位领导至少管理两个系，并且甲和丁不会管理相同的系； ②甲去汉语言系∨乙去汉语言系→甲去管理系∧乙去管理系； ③甲、丙、丁至少有两人去化学系→甲去管理系∧丙去管理系∧丁去管理系； ④乙去汉语言系→甲去数学系∧丙去数学系∧戊去数学系； ⑤乙去汉语言系。（确定信息）

（续）

第一步

观察题干发现，本题属于有确定信息的对应题，故可采用第 6 招（“题干确定”一马当先）。

第二步

将条件⑤代入题干信息可得：

乙去汉语言系→甲去汉语言系 ∨ 乙去汉语言系 $\xrightarrow{②}$ 甲去管理系 ∧ 乙去管理系→甲去管理系 $\xrightarrow{①}$ 丁不去管理系 $\xrightarrow{③}$ 甲、丙和丁三人中至多有一人去化学系 $\xrightarrow{①}$ 乙和戊去化学系

乙去汉语言系 $\xrightarrow{④}$ 甲去数学系 ∧ 丙去数学系 ∧ 戊去数学系→甲去数学系 $\xrightarrow{①}$ 丁不去数学系

由于题干信息较为复杂，故可使用列表法将推理结果填入表格：

	物理系	化学系	管理系	数学系	汉语言系
甲			√	√	
乙		√	√	×	√
丙				√	
丁			×	×	
戊		√		√	

第三步

由于题干条件均已用完但答案并未得出，且观察可发现，选项均为假言判断，故此时可使用第 7 招（选项代入排除）进行解题。

若甲去汉语言系，则结合表格可知，无法得到确定信息，故排除 A 和 B。

若丁去汉语言系，则结合表格可知，无法得到确定信息，故排除 C。

若丙去化学系，由①可知，化学系一列共 3√2×，结合表格可知，甲和丁都不去化学系；此时丁行已有 3×，由①可知丁行至少有 2√，则丁一定会去物理系和汉语言系，故答案选 D。

29. 答案 E

30. 答案 D

解题步骤

第一步

本题属于对应题型，由于题干信息中存在确定信息，故可优先采用第 6 招（“题干确定”一马当先）进行解题。

第二步

整理题干中的确定信息如下：

根据（2）可知赵甲穿了橙袜子，没有戴黄帽子；根据（3）可知李丁穿了红外套；据（5）可知，因为赵甲没戴黄帽子，所以周武没穿红外套；根据（6）（2）可知，赵甲、李丁和周武穿了橙袜子，钱乙没穿橙袜子。由于此时新得到的确定信息较多，较抽象，故可采用列表法，将抽象的信息具体化：

	赵甲（2 种）	钱乙（1 种）	孙丙（2 种）	李丁（3 种）	周武（2 种）
黄帽子	×				
橙袜子	√	×		√	√
红外套				√	×
紫裤子					

（续）

<table>
<tr><th colspan="2">解题步骤</th></tr>
<tr><td>第三步</td><td>
据（7）和（4）可知，孙丙与周武、钱乙之间都没有共同装备，因此有相同穿戴的 4 人中一定不包括孙丙。依据上表已列情况，可知 4 人相同的穿戴只能是紫裤子。由于周武穿橙袜子，再根据信息（4）可知孙丙不穿橙袜子，不穿紫裤子，将表格补充如下：
<table>
<tr><th></th><th>赵甲（2 种）</th><th>钱乙（1 种）</th><th>孙丙（2 种）</th><th>李丁（3 种）</th><th>周武（2 种）</th></tr>
<tr><td>黄帽子</td><td>×</td><td>×</td><td>√</td><td>×</td><td>×</td></tr>
<tr><td>橙袜子</td><td>√</td><td>×</td><td>×</td><td>√</td><td>√</td></tr>
<tr><td>红外套</td><td>×</td><td>×</td><td>√</td><td>√</td><td>×</td></tr>
<tr><td>紫裤子</td><td>√</td><td>√</td><td>×</td><td>√</td><td>√</td></tr>
</table>
比照选项，故第 29 题答案选 E。
</td></tr>
<tr><td>第四步</td><td>
第 30 题给出附加条件“孙丙只穿戴了其中一件”，但不能确定是黄帽子还是红外套，故列表如下：
<table>
<tr><th></th><th>赵甲（2 种）</th><th>钱乙（1 种）</th><th>孙丙（1 种）</th><th>李丁（3 种）</th><th>周武（2 种）</th></tr>
<tr><td>黄帽子</td><td>×</td><td>×</td><td></td><td>×</td><td>×</td></tr>
<tr><td>橙袜子</td><td>√</td><td>×</td><td>×</td><td>√</td><td>√</td></tr>
<tr><td>红外套</td><td>×</td><td>×</td><td></td><td>√</td><td>×</td></tr>
<tr><td>紫裤子</td><td>√</td><td>√</td><td>×</td><td>√</td><td>√</td></tr>
</table>
比对选项，故第 30 题答案选 D。
</td></tr>
</table>

逻辑模拟试卷（二十一）答案与解析

1	2	3	4	5	6	7	8	9	10
A	C	E	D	C	C	E	B	C	C
11	12	13	14	15	16	17	18	19	20
C	B	B	B	C	D	E	D	D	C
21	22	23	24	25	26	27	28	29	30
C	D	D	C	C	E	B	B	B	D

1. 答案 A

解题步骤		
第一步	观察题干特征，锁定技巧。题干和选项均为“假言判断”表述且题干条件无法有效串联，问题求解“不可能为假=一定真”，故可采用第 1 招（准确定位 P、Q）进行解题。	
第二步	符号化题干条件： ①法国及其他多国没有采取积极的搜救行动（P1）→不会尽早发现失事飞机的残骸（Q1）。 ②失事飞机设计公司提供技术支持（P2）∧派专家参与失事原因分析（P3）→关于失事事件的调查报告会更客观（Q2）。	
第三步	由于题干信息存在多种“肯否”结构，故只能逐一验证选项。	
选项	**解释**	**结果**
A	选项=¬ P1∨Q1=P1→Q1，与①推理一致，故一定为真。	正确
B	由于①②无法串联，故选项得不出。	淘汰
C	选项=¬ P1→¬ Q1，否定 P 位时，无法有效推理。	淘汰
D	选项=P2→Q2，由于 P2 为真时，推不出 P2∧P3 的真假，故选项得不出。	淘汰
E	选项=P3→Q2，由于 P3 为真时，推不出 P2∧P3 的真假，故选项得不出。	淘汰

2. 答案 C

题干信息	①甲校稿→甲不去广播台主持。 ②丙做课题→甲去广播台主持∨丁去广播台主持。 ③丙不做课题→丙去广播台主持。 ④丙不去广播台主持∨甲去广播台主持。 ⑤甲只去校稿（确定信息）。
第一步	观察题干，本题属于有确定信息的假言判断推理，将确定信息代入题干推理即可得出答案。
第二步	将确定信息⑤代入①可得“甲不去广播台主持”；进而将“甲不去广播台主持”代入④可得“丙不去广播台主持”；再将“丙不去广播台主持”代入③可得“丙做课题”；再将“丙做课题”代入②可得：甲去广播台主持∨丁去广播台主持。由于甲不去广播台主持，进一步可知：丁去广播台主持。
第三步	观察选项可知，答案选 C。

3. 答案 E

题干信息	①入围华北区≤5 人（P）； ②入围东北区<10 人（Q）； ③入围华北区≤5 人（P）→入围东北区≥10 人（¬ Q）= 入围华北区>5 人（¬ P）∨入围东北区≥10 人（¬ Q）（P→¬ Q=¬ P∨¬ Q）； ④边界条件：上述三句话中 1 真 2 假。
第一步	本题属于真话假话题型，由于题干条件间存在明显的真假关系，故可采用第 14 招（真话假话，找关系）进行解题。
第二步	分析三个条件间的关系。由于 P 与¬ P 必有一真，因此，①P 和③¬ P∨¬ Q 二者属于至少有一真的关系（二者不可同假，但却可同真，考生可复习《逻辑精点》强化篇“真话假话解题技巧”相关内容），因此②必假，可知¬ Q 一定为真，由此可知入围东北区的人数至少 10 人。
第三步	根据上一步可知，东北区的人数至少 10 人，因此③为真（“或”判断有一真即为真），根据条件④可知三句话只有一真，因此①假，可得入围华北区的有 5 人以上。由于一共 29 人参加，入围的人数大于 15 人，那么落选的人数应该小于 14 人，因此答案选 E。

4. 答案 D

解题步骤	
第一步	观察发现，本题属于“分组题”，故可使用“占位、剩余”思想解题。首先明确边界条件：从 10 人中选 5 人，剩 5 人。由于问题处存在确定信息，故可使用第 6 招（“题干确定”一马当先），将确定信息代入题干条件进行推理。
第二步	将题干信息符号化为： ①甲∨乙∨丙→不丁∧不戊； ②已→乙； ③癸∀庚； ④丁参加（确定信息）。
第三步	将确定信息“丁参加”代入①中，并结合②可推得：丁参加 $\xrightarrow{①}$ 不甲∧不乙∧不丙 $\xrightarrow{②}$ 不已。此时，不参加的已经有 4 人，结合条件③可知，癸和庚选 1 人，剩 1 人，此时不参加的已经满足 5 人，则剩余没提到的戊、辛、壬均要参加。 观察选项可知，D 为正确答案。

5. 答案 C

解题步骤		
第一步	观察题干特征，锁定技巧。问题要求寻找“与题干的最为类似”的选项作为答案，故可采用第 5 招（结构比较）进行解题。	
第二步	题干推理形式为：如果 P，那么 Q，Q，因此 P。属于推理一致的考点。	
第三步	分析选项，寻找与题干推理结构一致的选项作为正确答案。	
选项	**解释**	**结果**
A	选项推理形式为：P∨Q，¬ P，因此 Q。与题干推理不一致。	淘汰
B	选项推理形式为：如果 P，那么 Q，¬ Q，因此¬ P。与题干推理不一致。	淘汰

（续）

选项	解释	结果
C	选项推理形式为：如果 P，那么 Q，Q，因此 P。与题干推理一致。	正确
D	选项推理形式为：如果 P，那么 Q，P，因此 Q。与题干推理不一致。	淘汰
E	选项推理形式为：如果 P，那么 Q，¬ P，因此¬ Q。与题干推理不一致。	淘汰

6. 答案 **C**

题干信息	因：有促销作用的评论→果：销量上升，本题采用第 17 招（特殊结构——因果关系）分析选项。	
选项	解释	结果
A	选项不涉及销量是否会上升，削弱力度较弱。	淘汰
B	选项说明不是因为看了评论而购买图书，属于无因有果的削弱，但削弱力度不如 C 选项。	淘汰
C	选项割裂了评论与销量的关系，属于有因无果的削弱，力度较强。考生注意割裂“评论”与“销量”之间的关系，力度最强。	正确
D	评论作者的身份与评论是否会有益于销量无关，因此不能削弱。	淘汰
E	评论作者本身的形象与评论是否会有益于销量无关，即便能影响，那也只是特例，不能代表整体的评论对于销量的影响。	淘汰

7. 答案 **E**

解题步骤	
第一步	整理题干论证。前提：①草率的人→不可以统领全局的；②圣约翰大学的毕业生→可以统领全局。→结论：圣约翰大学的毕业生→没有接受过所谓风暴式训练方法的训练。
第二步	分析题干论证。题干两个前提共同作为结论的前提，可先将①和②联合推出：③圣约翰大学的毕业生→不草率。
第三步	根据直言判断综合推理的基本模型，重复的项“圣约翰大学的毕业生”左对齐，补“上推下”即可，也就是“不草率→没有接受过所谓风暴式训练方法的训练”。答案选 E。

8. 答案 **B**

解题步骤	
第一步	整理题干论证。前提：爱慈老人院医生与住院老人的比率最小。→结论：医生数量不足是造成爱慈老人院在疾病治疗水平方面评价偏低的原因。
第二步	分析题干论证。前提涉及的是“医生的比例”，结论涉及的是“医生的数量”，显然支持需要涉及“数量”。由于老人院疾病治疗水平 = 医生的数量+医务护理人员的数量。因此，B 选项直接指出医务护理人员最多，而前提各老人院规模大致相当，直接说明爱慈老人医院的医生数量最少，因此导致疾病治疗水平评价低，支持论证。

9. 答案 **C**

题干信息	削弱题。此题解题主要针对研究人员的结论，因为结论出现了明显的态度。 研究人员：放射性低的贫铀弹不会对人类的健康造成影响。

（续）

解题预判	态度型削弱题，要紧扣“态度”和“关键词”。可采用第 16 招（把握态度，速选速行）分析选项。 题干的态度为“放射性低的贫铀弹不会对人类的健康造成影响”，要对其进行削弱，选项必须体现出“放射性低的贫铀弹会对人类的健康造成影响”。要寻找与题干态度相反的选项，可快速锁定 C 项。	
选项	**解释**	**结果**
A	“声称”“很可能”表示这只是人们认为，但人们认为≠客观发生，无法削弱。	淘汰
B	无态度选项。该项未能体现出是否对人类的健康状况造成影响。	淘汰
C	该项指出了贫铀弹虽然暂时对本人无明显影响，但是会对“后代”的健康造成较大影响，反驳了题干的态度。	**正确**
D	无关项。没接触也会患肿瘤和癌症，说明不了贫铀弹对健康无影响，贫铀弹完全也有可能加大患肿瘤和癌症的几率。题干强调的是“接触过贫铀弹的人”和“健康状况”的关系。	淘汰
E	无态度选项。容易忽视放射性低的贫铀弹对人类造成的影响，无法说明贫铀弹究竟对人的健康状况有无影响。	淘汰

10. 答案 C

题干信息	解释矛盾题。根据结构词“然而”“但是”找到题干矛盾点。 矛盾点 1：黄金的下跌使得装饰行业的成本大大降低。 矛盾点 2：装饰业务没有明显降低，整个行业利润却显示为亏损。	
解题预判	紧扣态度，并寻找合理的他因来化解矛盾。	
选项	**解释**	**结果**
A	该项仅仅是在强调成本，而题干已经说了“装饰行业的成本大大降低”，无法解释。	淘汰
B	该项也只是说明了装饰成本降低，无法解释为何利润显示亏损。	淘汰
C	说明虽然装饰业务没有明显降低，但黄金的下跌使得投资收益降低甚至亏损，导致行业利润变低，为题干的矛盾给出了合理的他因解释。	**正确**
D	该项也只是说明了装饰成本降低，无法解释为何利润显示亏损。	淘汰
E	与题干要解释的矛盾无关。	淘汰

11. 答案 C

题干信息	题干并未出现论证关系，是由“事实”推“结论”的结构，且结论带有明显的“态度”，通常可采用第 16 招（把握态度，速选速行）分析选项。 结论：再过若干年，制造传统手表的工厂最终会倒闭。	
解题预判	紧扣态度和核心词“工厂会倒闭”。注意，结论强调的是“工厂”。	
选项	**解释**	**结果**
A	态度不明确。“一些消费者不会购买智能手表”，但他们是否会购买传统手表，并不明确。且“智能手表贵”也无法说明“传统手表工厂”是否会倒闭。无法削弱。	淘汰
B	态度不明确。“戴传统手表习惯了的人不愿意改戴智能手表”，虽然能够说明传统手表还有市场，但未说明这部分人究竟有多少，因此这部分市场是否能够支持传统手表工厂继续运营下去也并不明确。	淘汰

（续）

选项	解释	结果
C	“大多数传统手表制造厂不仅制造传统手表也制造智能手表”，所以即使越来越多的人购买智能手表，这些制造传统手表的工厂也不会倒闭，与题干态度相反，可削弱。	正确
D	该项说明的是“智能手表”的劣势，无法说明“传统手表工厂”的情况。	淘汰
E	态度不明确。该项指出了“传统手表”的优势，虽可削弱，但“商务人士”未必能代表所有消费者，他们的需求能否使得传统手表工厂不倒闭，不得而知，故削弱力度有限。	淘汰

12. 答案 **B**

题干信息	支持题。题干未出现论证关系，只出现了结论，且有明显的态度，可采用第 16 招（把握态度，速选速行）分析选项。 结论：检验该司机走直线的能力比检验该司机血液中的酒精水平更能可靠地检验该司机是否适于驾车。	
选项	解释	结果
A	削弱项。该项说明很难准确判断一个人是否走直线，说明该方法未必可靠，与题干态度相反。	淘汰
B	支持项。该项说明人们对酒精的抵抗力有差别，那么检验酒精水平就未必能完全检验每一个人的驾车能力。而一些酒精水平高的人受的运动肌肉损伤比其他人多，那么检测这些人的运动能力更能判断是否适于驾车，与题干态度一致。	正确
C	削弱项。该项说明检测血液中的酒精水平更准确，也更有可操作性，与题干态度相反。	淘汰
D	该项话题未提到“检测酒精含量”，与结论无关。	淘汰
E	削弱项。“酒精含量明明很高，却可以走直线”，说明“检验走直线的能力”并不可靠。	淘汰

13. 答案 **B**

解题步骤	
第一步	观察题干特征，锁定技巧。题干中存在单件“P”表述的确定信息，故可采用第 6 招（“题干确定”一马当先）进行解题。
第二步	符号化题干条件： ①方明参加男子 100 米→马亮参加男子 100 米； ②参加男子 100 米→提前进行尿检∧经邀请赛的专家审查通过； ③3 人中至少有一人参加男子 100 米； ④丹尼斯是在赛前尿检工作结束后才赶来报名的（确定信息）。
第三步	由确定信息④可知丹尼斯没有提前进行尿检，结合②可推得丹尼斯没有参加男子 100 米；再联合③可知方明和马亮至少有一个人参加男子 100 米。若马亮不参加男子 100 米，结合①可知方明也不参加男子 100 米，此时与题干矛盾，故马亮参加男子 100 米，答案选 B。

14. 答案 B

题干信息	①新加坡香烟的消耗上升了3.4%； ②咀嚼烟草的销量上升了18%； ③新加坡的人口上升了5%。
第一步	观察题干，发现本题属于数据分析中的比例问题，故可借助“比例公式”进行解题。
第二步	由题干可知，2013年新加坡平均每人消耗的香烟量=新加坡香烟消耗总量/新加坡的人口总数，而到2016年时，新加坡平均每人消耗的香烟量=2013年新加坡香烟消耗总量×（1+3.4%）/2013年新加坡的人口总数×（1+5%），由于分子上升的幅度小于分母上升的幅度，故分数值应变小，故可得答案为B选项。

15. 答案 C

16. 答案 D

解题步骤	
第一步	本题属于对应题型，题干均为假言判断，没有确定信息，故可使用第11招（假言串联，找矛盾）进行求解。
第二步	符号化题干信息： ①张（桃花源）→李（日月潭）∧赵（古铜斋）； ②刘（牡丹亭）=李（不日月潭）； ③王（梅园）→刘（丝竹林）∧朱（莲花洞）； ④张（桃花源）∀王（梅园）； ⑤赵（古铜斋∨牡丹亭）→杨（芙蓉苑）； ⑥边界条件：每个包厢对应1个客人，每个客人对应1个包厢。
第三步	观察发现，题干存在重复和矛盾的元素，故可将题干条件进行串联，联合①②③④可得：假设李（不日月潭）$\xrightarrow{\text{①②}}$刘（牡丹亭）∧张（不桃花源）$\xrightarrow{\text{④}}$王（梅园）$\xrightarrow{\text{③}}$刘（丝竹林）∧朱（莲花洞）。此时发现，刘（牡丹亭∧丝竹林），与⑥边界条件（每个客人对应一个包厢）矛盾，故可得：李（日月潭）。第15题答案选C。
第四步	由于第16题问题处存在附加条件，故可优先从问题中的附加条件入手进行解题： 由“王和胡（丝竹林∨莲花洞）”可得王（不梅园），将其代入④中，并结合①②⑤可得：王（不梅园）$\xrightarrow{\text{④}}$张（桃花源）$\xrightarrow{\text{①}}$李（日月潭）∧赵（古铜斋）$\xrightarrow{\text{②⑤}}$刘（不牡丹亭）∧杨（芙蓉苑）。此时结合“王和胡（丝竹林∨莲花洞）”可知，已有6组对应关系，再联合“刘（不牡丹亭）”进一步可推得：朱（牡丹亭）、刘（梅园）。因此第16题答案选D。

17. 答案 E

解题步骤	
第一步	观察题干特征，锁定技巧。题干和选项均为“假言判断”表述且题干条件无法有效串联，问题求解“除了哪项外都可能为假=一定为真”，故可采用第1招（准确定位P、Q）进行解题。
第二步	符号化题干条件： 丰硕成果（M）∧获得认可（N）→团队成员会对他们的成绩感到愉悦（Q）。
第三步	题干表述为“两肯”，故优先验证“两否”的结构，即优先验证A和E。A选项=¬Q→¬M∨N，与题干的逆否结构不一致，故A选项可能为假。E选项=¬Q→（¬M∨¬N），与题干互为逆否等价，一定为真，答案选E。

18. 答案 D

解题步骤	
第一步	观察题干特征，锁定技巧。题干条件均属于形式语言表达的不确定信息，而选项是确定的表述，故可优先采用第 8 招（以“重复元素”为突破口）及两难推理进行解题。
第二步	符号化题干信息： ①去北京→去上海；②北京∨重庆； ③不成都→不上海；④重庆→成都； ⑤成都→南京。
第三步	题干存在重复和矛盾的元素，故可先将条件串联，联合①②③④可得：不成都 $\xrightarrow{\text{③}}$ 不上海 $\xrightarrow{\text{①}}$ 不北京 $\xrightarrow{\text{②}}$ 重庆 $\xrightarrow{\text{④}}$ 成都。此时发现符合自相矛盾的结构，故可知去成都。将“去成都”代入条件⑤中可知去南京，故答案选 D。

19. 答案 D

<table>
<tr><th colspan="2">解题步骤</th></tr>
<tr><td>第一步</td><td>观察题干，发现本题属于没有确定信息的分组题目，但题干信息中存在重复的概念，故可通过第 8 招（以“重复元素”为突破口）进行解题。</td></tr>
<tr><td>第二步</td><td>观察题干信息，发现条件（1）和条件（3）存在重复概念“戊”，故可尝试联合推理。
联合条件（1）和（3）可知分组情况如下：
<table>
<tr><td>城市 1</td><td>甲、乙、丙、丁、戊</td></tr>
<tr><td>城市 2</td><td>己</td></tr>
<tr><td>城市 3</td><td>庚</td></tr>
<tr><td>城市 4</td><td></td></tr>
</table>
此时，只剩余辛一人无法确定，根据条件（3）可知，辛只能去第四个城市，辛一人在城市 4。</td></tr>
<tr><td>第三步</td><td>整体推理结果：
<table>
<tr><td>城市 1</td><td>甲、乙、丙、丁、戊</td></tr>
<tr><td>城市 2</td><td>己</td></tr>
<tr><td>城市 3</td><td>庚</td></tr>
<tr><td>城市 4</td><td>辛</td></tr>
</table>
比对选项，D 选项为正确答案。</td></tr>
</table>

20. 答案 C

解题步骤	
第一步	确定题型，本题属于“削弱题”。锁定结论，根据结构词“如果……就……”，可确定技巧第 4 招（矛盾变形），先将题干信息符号化，然后寻找矛盾进行削弱。 结论：我们能有效杜绝餐桌上的食物浪费（P）。→能够救活千百万的饥民（Q）。
第二步	分析选项。C 选项说明“只是……的有利条件”，说明条件不充分，可能还存在其他因素，也就是杜绝食物浪费并不必然能解决饥饿问题，即 $P \wedge \neg Q$，故答案选 C。E 选项迷惑性较大，题干论证的是“杜绝食物浪费”，用节约的食物救活饥民，而不是将已经浪费的食物给饥民，所以哪里来的“残羹冷炙”呢？

21. 答案 C

解题步骤	
第一步	观察题干特征，锁定技巧。题干条件均属于形式语言表达的不确定信息，而选项是确定的表述，故可优先采用第 8 招（以“重复元素”为突破口）及两难推理进行解题。
第二步	符号化题干条件： ①张兰→周萍∧不刘琴；②周萍∨刘琴→不王林； ③不张兰→刘琴；④赵煦∨王林；⑤不王林→不张兰。
第三步	题干存在重复和矛盾的元素，故可先将条件串联，联合①②⑤可得：张兰 $\xrightarrow{①⑤}$ 周萍∧不刘琴∧王林→王林 $\xrightarrow{②}$ 不周萍∧不刘琴。此时发现存在“他相矛盾”，故可得：不安排张兰。
第四步	“不安排张兰”代入③中，并结合②④可得：不张兰 $\xrightarrow{③}$ 刘琴 $\xrightarrow{②}$ 不王林 $\xrightarrow{④}$ 赵煦。故一定要安排刘琴和赵煦，答案选 C。

22. 答案 D

解题步骤	
第一步	观察题干特征，锁定技巧。问题要求寻找“推理方式最为相似”的选项作为答案，故可采用第 5 招（结构比较）进行解题。
第二步	整理题干推理结构：①使用类比推理，即用做菜肴类比抗药菌；②使用共变法，即数量越大，效果越好。
第三步	分析选项，寻找与题干推理方式一致的选项作为正确答案。

选项	解释	结果
A	选项＝P→Q，Q→M，所以 P→M。与题干推理不一致。	淘汰
B	选项＝P→Q，因为¬ Q，所以¬ P。与题干推理不一致。	淘汰
C	选项仅属于共变法，不涉及类比，因此与题干推理不一致。	淘汰
D	选项用电流通过导线类比水流通过管道，管道口径的大小直接决定输送的流量，也属于共变法，因此与题干推理一致。	**正确**
E	选项＝P→Q，因为 P，所以 Q。与题干推理不一致。	淘汰

23. 答案 D

24. 答案 C

题干信息	①方中不去中岳→方中不去西岳∧方中不去北岳； ②泽西去南岳→方中不去东岳； ③不去东岳∨不去中岳； ④泽西不去东岳→泽西不去北岳； ⑤文东去西岳→北凯去西岳； ⑥文东不去南岳→北凯不去南岳； ⑦北凯去南岳→殿南去南岳； ⑧除小嵩以外，每人所去的山的名称中的方位与自己名字中的方位均不相同（确定信息）； ⑨边界条件：六个人分别至少去了五岳中的两座（至少 2√），每座山只有三个人去（3√3×）。

（续）

<table>
<tr><td>第一步</td><td>本题属于对应题型，由于题干存在确定信息，故可优先采用第 6 招（“题干确定”一马当先）进行解题。</td></tr>
<tr><td>第二步</td><td>根据确定信息⑧可知，殷南一定不去南岳、方中一定不去中岳，代入题干条件①⑦可得：方中不去西岳、方中不去北岳、北凯不去南岳。根据边界条件⑨，由于每人至少去两座山，因此方中一定去东岳和南岳。由方中去东岳联合②可得泽西不去南岳，此时不去南岳的有泽西、殷南和北凯，根据边界条件⑨可得：文东和小嵩一定去南岳。</td></tr>
<tr><td>第三步</td><td>由于上步中新得到的信息较多，较为抽象，此时可结合列表法，将新得到的信息填入到下表中：（每行 3√3×，每列至少 2√）
<table>
<tr><td></td><td>文东</td><td>泽西</td><td>殷南</td><td>北凯</td><td>方中</td><td>小嵩</td></tr>
<tr><td>东岳</td><td>×</td><td></td><td></td><td></td><td>√</td><td></td></tr>
<tr><td>西岳</td><td></td><td>×</td><td></td><td></td><td>×</td><td></td></tr>
<tr><td>南岳</td><td>√</td><td>×</td><td>×</td><td>×</td><td>√</td><td>√</td></tr>
<tr><td>北岳</td><td></td><td></td><td></td><td>×</td><td>×</td><td></td></tr>
<tr><td>中岳</td><td></td><td></td><td></td><td></td><td>×</td><td></td></tr>
</table>
观察上述表格，第 23 题答案选 D。</td></tr>
<tr><td>第四步</td><td>第 24 题给出附加条件“北凯去了东岳”，联合③可得北凯不去中岳，由于每人至少去了两座山，北凯不去南岳、北岳、中岳，北凯一定去东岳和西岳。
由上题可知，泽西不去西岳和南岳，结合④，若泽西不去东岳，那么也一定不去北岳，此时便只能去一座山，与边界条件⑨矛盾，因此泽西一定去东岳。再联合③可得泽西一定不去中岳，进而可得泽西一定去北岳。</td></tr>
<tr><td>第五步</td><td>由此根据边界条件⑨，以及第 24 题给出的附加条件“小嵩只去了其中两座山”，补齐表格如下：（每行 3√3×，每列至少 2√）
<table>
<tr><td></td><td>文东</td><td>泽西</td><td>殷南</td><td>北凯</td><td>方中</td><td>小嵩</td></tr>
<tr><td>东岳</td><td>×</td><td>√</td><td>×</td><td>√</td><td>√</td><td>×</td></tr>
<tr><td>西岳</td><td>√</td><td>×</td><td>√</td><td>√</td><td>×</td><td>×</td></tr>
<tr><td>南岳</td><td>√</td><td>×</td><td>×</td><td>×</td><td>√</td><td>√</td></tr>
<tr><td>北岳</td><td>√</td><td>√</td><td>√</td><td>×</td><td>×</td><td>×</td></tr>
<tr><td>中岳</td><td>√</td><td>×</td><td>√</td><td>×</td><td>×</td><td>√</td></tr>
</table>
故第 24 题答案选 C。</td></tr>
</table>

25. 答案 C

题干信息	题干推理结构为：A→B∧C，有的¬C⇒D，所以有的 A⇒D。	
选项	**解释**	**结果**
A	选项推理结构为：A→B∧C，有的¬C⇒D，所以有的 A⇒¬D。与题干推理不一致。	淘汰
B	选项推理结构为：有的 A⇒B∧C，有的¬C⇒D，所以有的 A⇒D。与题干推理不一致。	淘汰
C	选项推理结构为：A→B∧C，有的¬C⇒D，所以有的 A⇒D。与题干推理一致。	正确
D	选项推理结构为：A→B∧C，有的¬C⇒D，所以有的 A⇒¬D。与题干推理不一致。	淘汰
E	选项推理结构为：A→B∧C，有的¬C⇒D，所以 A→D。与题干推理不一致。	淘汰

26. 答案 E

解题步骤	
第一步	确定题型，本题属于“评价题”。先整理二者的论证结构。 赵亮：一个国家的经济要发展，人民富裕（P）→社会稳定（Q）。 王宜：你的断定不成立。老挝稳定（Q）但贫穷（¬ P）。
第二步	题干属于形式语言表达的推理漏洞题，故可确定技巧第 4 招（矛盾变形）来分析题干和选项。P→Q 的矛盾应该是 P∧¬ Q，此时王宜犯了“混淆充分必要条件”，把 P→Q 误认为是 Q→P，也就说王宜事实上反驳的是“稳定→富裕”。E 选项恰好指出了漏洞，故答案选 E。

27. 答案 B

题干信息	支持题。根据结构词“是……的原因”可确定本题为“因果关系”结构。可采用第 17 招（特殊结构——因果关系）分析选项。 因果关系：9 世纪的气候变化（降水量减少，气候变干旱）（因）→玛雅文明消亡（果）。	
选项	解释	结果
A	首先，“衰退”≠“消亡”。其次，题干讨论的是气候变化和玛雅文明消亡之间的关系，选项说的是使用木材进行的建造活动也大大减少，属于无关项。	淘汰
B	保障因果。直接说明“干旱”导致了“玛雅文明”消亡。	正确
C	力度较弱。大多数玛雅城市衰落期间和干旱发生的时间高度重合，即在干旱发生期间，大多数玛雅城市都走向了衰落，有一定的加强作用，但即使时间重合也不表明一定是导致消亡的原因，力度较弱。	淘汰
D	无关项。选项的范围是“11 世纪”，而非题干论证的“9 世纪”，时间段不一样。	淘汰
E	“另有他因”削弱。该项指出是由于战争的原因导致玛雅文明消亡，削弱了题干因果。	淘汰

28. 答案 B

题干信息	削弱题。根据结构词“这正是因为”可确定本题为“因果关系”结构。可采用第 17 招（特殊结构——因果关系）分析选项。 因果关系：西方国家的女性社会地位比中国女性的社会地位低（因）→西方国家的女性信仰宗教（果）。	
选项	解释	结果
A	“无因无果”支持。该项直接指出社会地位不比中国女性低（无因），也不信仰宗教（无果），支持题干论证。	淘汰
B	“另有他因”削弱。该项指出了“家庭教育”“社会历史传统”这些影响宗教信仰的他因，“极大程度”保障了该选项的力度。	正确
C	题干因果关系论述的是“西方女性”，而该项说的是“中国女性”，无关。	淘汰
D	“对宗教信仰的理解”，与题干因果关系无关。	淘汰
E	态度不明确。“没读过宗教信仰的相关书籍”≠“不信仰宗教”，无法削弱。	淘汰

29. 答案 B

题干信息	此题为明显的“事实”推“结论”的题目，此类题目解题重点在于结论。 根据结论处“让”可确定结论为“因果关系”结构，可采用第 17 招（特殊结构——因果关系）分析选项。 结论：智人的出现（因）→使得地球一半的大型兽类灭绝（果）。	
解题预判	问题为“不能支持上面论述”，优选削弱项，次选无关项。	
选项	**解释**	**结果**
A	该项说明可能是人类狩猎能力提升，使得大型兽类数量减少，关系与题干一致，支持。	淘汰
B	该项说明可能是地球变化这一他因导致的大型兽类灭绝，而不是智人出现导致的。注意该项的“变化幅度较大”，增强了力度。	正确
C	该项说明存在人类捕杀大型动物的可能，关系与题干一致，支持。	淘汰
D	该项说明人类直接导致了大型动物的灭绝，关系与题干一致，支持。	淘汰
E	选项构建了“人类→减少了大型动物的食物→大型动物灭绝”，说明人类间接地导致了大型动物的灭绝。关系与题干一致，支持。	淘汰

30. 答案 D

题干信息	解释矛盾题。根据结构词“不但……反而”确定要解释的矛盾双方。 矛盾点 1：有先进的辅助诊断设备。 矛盾点 2：误诊率反而上升。	
解题预判	寻找态度明确的“合理他因”使得“误诊率上升”即可，此类题目只针对矛盾一方往往无法解释，如 A 项、B 项、E 项。	
选项	**解释**	**结果**
A	“设备存在严重的质量问题”，削弱了矛盾点 1，不能解释。	淘汰
B	“对设备操作不熟练”不代表就会“误诊”，无法解释。	淘汰
C	题干说的是“误诊率”上升，与“患者人数”无关。	淘汰
D	引入了“医生缺少必要的经验判断和会诊”这一他因，态度明确，可以解释。	正确
E	“不是最好的”不代表“不准确”，无法解释。	淘汰

逻辑模拟试卷（二十二）答案与解析

1	2	3	4	5	6	7	8	9	10
C	A	D	C	C	D	A	B	E	C
11	12	13	14	15	16	17	18	19	20
C	C	B	B	E	B	C	D	C	C
21	22	23	24	25	26	27	28	29	30
C	B	E	E	C	C	C	C	A	C

1. 答案 C

解题步骤	
第一步	根据结构词“据此”，确定论证结构。 前提：①18 个月大时，两组孩子的平均的认知、语言及运动评分之间没有差别；②4 岁时，两组孩子对认知、从事复杂思维处理、语言及执行功能的检测结果在两组间没有显著差异。→结论：母亲妊娠期补充 DHA 不能使孩子更聪明。
第二步	分析论证关系。题干试图通过“18 个月大”和“4 岁时”两组孩子的具体表现，来验证母亲妊娠期补充 DHA 对孩子聪明度是否有影响，但这两个年龄段孩子的表现能否反应孩子的聪明程度，即便能反映，那么这两个年龄段所反映的聪明程度能否代表孩子的聪明程度呢？

选项	解释	结果
A	选项不涉及“胎儿的聪明程度”，属于无关选项。	淘汰
B	选项不涉及“胎儿的聪明程度”，属于无关选项。	淘汰
C	选项直接割裂关系，削弱力度最强。	正确
D	选项说明孩子出生后补充 DHA 也能提升孩子的认知能力，但不涉及孕妇补充 DHA 对孩子聪明程度的影响，无法削弱。	淘汰
E	选项属于“排除他因”的支持。	淘汰

2. 答案 A

题干信息	整理研究者的观点，可采用第 17 招（特殊结构——方法可行），分析选项论证关系。 方法：使用 DNA 甲基化作为癌症检测筛查标志物。→目的：有效识别结直肠癌、肺癌、乳腺癌和肝癌等肿瘤。

选项	解释	结果
A	选项直接说明方法有效，通过 DNA 甲基化的高低可以识别癌症和肿瘤，支持。	正确
B	选项态度不明确，无法判断是否能够检测肿瘤和癌症，不能支持。	淘汰
C	选项虽然指出 DNA 甲基化检测方法有优势，但态度不明确，无法判断是否能够检测肿瘤和癌症，不能支持。	淘汰
D	人类疾病≠癌症、肿瘤，属于无关选项。	淘汰
E	选项态度不明确，有待临床检验，也未必就不能实现目的，无法支持。	淘汰

3. 答案 D

解题步骤	
第一步	整理题干的论证： 前提：在兵马俑战阵的布局上，骑兵数量相对很少，且被布置在远离主阵的侧面角落里。→结论：在秦代以前，骑兵的作用只是侦察、侧翼包抄、骚扰遮断、偷袭和追击，不能成为作战主力，也不能独立承担整个战役。
第二步	题干前提的论证对象为“兵马俑中的骑兵”，结论的论证对象为“秦代以前的骑兵”，故要想保证题干论证成立，则需采用“补漏”思想，保证前提和结论的论证对象具有可比性，即“兵马俑中骑兵”的情况可代表“秦代以前骑兵”的情况，故答案选 D。

4. 答案 C

题干信息	削弱题。根据结构词“因此”“有利于”可确定题干结论为典型的因果关系结构，解题重点在于此因果关系。	
解题预判	本题解题的核心就在于割裂跆拳道运动和健康这组因果关系，采用第 17 招（特殊结构——因果关系），分析选项。常见削弱方式有： 因果倒置：先健康，才会参加跆拳道运动。 另有他因：是其他的原因，而不是跆拳道，增进了人们健康。 有因无果：经常参加跆拳道运动，却不健康。 有果无因：很少参加跆拳道运动，却很健康。 通过预判发现，此题正确选项为 C，因果倒置。	
选项	**解释**	**结果**
A	该项试图指出跆拳道使人受伤（不健康），但只是“少数人”，力度较弱。	淘汰
B	支持项。该项指出了跆拳道对人们健康的好处。	淘汰
C	因果倒置，前面已有分析。	**正确**
D	无关项。此题不涉及男子与女子的对比。	淘汰
E	无关项。与题干因果论证无关。	淘汰

5. 答案 C

题干信息	支持题。根据“可以解释”确定本题的论证结构。 论证关系：若有一次厌食，会对这次膳食中有特殊味道的食物持续产生强烈厌恶→小孩更易于对某些食物产生强烈的厌食。	
解题预判	注意，题干强调的是“更易于厌食”，并不是“厌食持续的时间长短”或者“厌食食物的种类多少”。	
选项	**解释**	**结果**
A	该项未指出“易于厌食”，说明的是“厌食食物种类多”，无关项。	淘汰
B	首先，题干说的是对已经尝试过的食物产生抗拒，而不是对未尝过的食物。况且，题干体现的是成年人比小孩更容易厌食，有削弱的意思。	淘汰
C	小孩的嗅觉和味觉比成年人敏锐，即更容易感受到特殊味道，更易产生厌食，加强了解释。	**正确**
D	该项所述话题与“厌食”无关。	淘汰
E	该项未指出“易于厌食”，说明的是“厌食持续时间长”，无关项。	淘汰

6. 答案 D

题干信息	假设题。根据结构词“但是”“毕竟”找到题干论证结构。 论证结构：核电厂经营导致的危害不及其他电力来源的燃煤和燃油发电厂产生的污染导致的危害大→根据继续经营现有的核电厂可能会导致严重危害就关闭是不合理的。	
解题预判	①题干出现了比较结构，而且是核电厂与燃煤发电厂、燃油发电厂的横向比，选项要保持比较对象一致。 ②目前核电厂经营的危害不及燃煤和燃油发电厂，但是继续运营可能会产生更严重的危害，以后产生的危害能否根据以前的危害进行准确预测呢？如果能预测，其危害是否依然比燃煤和燃油发电厂产生的危害小呢？这一点如果能保证的话，此题结论就能够成立。	
选项	解释	结果
A	比较对象不对。题干是将核电厂与燃煤、燃油发电厂进行横向比，而该项是将继续运行的危害和目前的危害进行纵向比，比较双方与题干不一致，不是必要假设。	淘汰
B	“关闭核电厂会大量增加对燃煤发电厂或燃油发电厂的依靠性”，无法说明是否应该关闭核电厂，不是必要假设。	淘汰
C	“燃煤发电厂和燃油发电厂的运营产生的危害已相当大”，那与核电厂的危害相比呢？该项未涉及与“核电厂”的比较，不是必要假设。	淘汰
D	必要假设。目前核电厂的危害虽不如其他电厂，但如果继续经营，能否根据以前的危害进行可靠的预测，预测出以后与燃煤和燃油发电厂危害谁高谁低呢？如此才能为关闭是否合理提供依据，因此该项为必要假设。	正确
E	题干论证重点在于危害谁大谁小，而不是具体危害是什么。况且，该项也未出现“核电厂”，不是必要假设。	淘汰

7. 答案 A

题干信息	削弱题。研究者认为：白噪音→对睡眠不利。	
解题预判	“不能支持研究者的观点”，优选削弱项，次选无关项。 要削弱研究者观点，必须紧扣态度，紧扣“白噪音”和“睡眠”两个核心词。可采用第16招（把握态度，速选速行）分析选项。	
选项	解释	结果
A	该项指出“对生活甚至是生命”造成威胁，不涉及“睡眠质量改善”的问题，态度不明确，无法支持。	正确
B	“白噪音”使“大脑持续保持活跃”“无法充分休息”，说明不利于睡眠，支持了题干态度。	淘汰
C	“持续的白噪音”导致“失眠或嗜睡”，说明会对睡眠产生影响，支持了题干态度。	淘汰
D	“白噪音”使“睡眠期间脑电波发生改变”“睡眠结构受到干扰”，支持了题干态度。	淘汰
E	“没有白噪音”会让人“入睡时间短”“容易进入深度睡眠”，说明了白噪音对睡眠不利，支持了题干态度。	淘汰

8. 答案 B

题干信息	削弱题。根据分析人士解释中的结构词“原因是”可确定本题为“因果关系”结构，可采用第 17 招（特殊结构——因果关系）分析选项。 因果关系：价格低和成本低（因）→德国折扣连锁模式在食品涨价潮中逆市走俏（果）。	
选项	**解释**	**结果**
A	支持项。肯定了“德国折扣连锁模式走俏”这一事实。	淘汰
B	“有因无果”削弱。该项指出了所有超市都采用低成本和低价战略（有因），但其他超市却没有在逆市中走俏（无果）。另外，考生也可这样理解，当所有超市都在采用低成本和低价战略时，德国折扣连锁店的优势就不复存在，那么说明低价和低成本就不是其成功的原因。	正确
C	与题干因果关系无关。	淘汰
D	与题干因果关系无关。	淘汰
E	该项指出了该德国折扣连锁商店在中国市场不如往年，但“中国市场”只是特例，无法说明总体情况，削弱力度较弱。	淘汰

9. 答案 E

题干信息	支持题。先梳理卫生部官员的论证结构，可采用第 15 招（梳理关系，紧盯概念）明确选项。 论证关系：成年人中患肺结核的病例逐年减少→肺结核发病率可能没有逐年下降。	
解题预判	分析上述论证关系可发现，前后推理的过程中有两组关系存在问题。 ①前提说的只是“成年人”，后面说的是一般性情况，显然存在“以偏概全”之嫌。考生应迅速反应“青少年”群体发病人数越来越多，即可锁定 E 项。 ②前提说的是“病例数”，结论说的是“发病率”，二者变化也未必同向，还跟“基数”有关。但此题由于论证对象并不一致，所以此条暂不优先考虑。	
选项	**解释**	**结果**
A	无态度选项。农村情况究竟如何呢？发病人数变多了还是变少了？该项无法支持。	淘汰
B	所述话题与题干无关。	淘汰
C	所述话题与题干无关。	淘汰
D	无关项。题干并未出现东部地区和西部地区医疗条件的对比。	淘汰
E	支持了题干的论证关系。说明即便成年人病例减少，但如果青少年发病人数越来越多，也无法说明发病率会下降。注意量度词“主要人群”，力度较强。	正确

10. 答案 C

题干信息	削弱题。先梳理本题结构，本题由分组实验（差比关系）得到“身体适度受损的中风幸存者仅通过简单廉价的运动就能获得更有效的效果”这一结论。结论是否正确，取决于前面差比关系是否正确。 差比关系：步行与按摩（差）→步行距离（差）。	
选项	**解释**	**结果**
A	该项支持题干论证，年龄更大反而走得更远，更加说明户外健步走效果更好。	淘汰
B	无关项。题干不涉及生活质量如何。	淘汰

（续）

选项	解释	结果
C	“存在他差”削弱。步行组服用了治疗药物，而按摩组未服用药物，可能是步行组因服用药物影响了实验结果，因此无法说明步行效果更好。	正确
D	该项说的是“严重受损的中风幸存者”，而题干说的是“身体适度受损的中风幸存者”，论证对象不一致，无法削弱。	淘汰
E	无关选项。“心理状态”≠“生理健康”，题干治疗效果更多体现为“生理健康”。	淘汰

11. 答案 C

解题步骤	
第一步	削弱题。根据结构词“因此”找到本题论证结构。 论证结构：几乎所有的公司都同意遵守这项法规→没必要采用更严格的法规管理或者执行机制保证这些公司的道德行为。
第二步	解题重点（预判）：分析以上论证关系可发现，前面论述的话题与后面并不完全一致。本题采用第 15 招（梳理关系，紧盯概念）明确选项。前提中说的是“同意遵守”，主观的；而结论强调的是保证“实际遵守”，客观的。要想削弱上述论证，只需割裂二者关系，指出即便“同意遵守”，也未必“实际遵守”即可。可快选 C 项。 其余选项所述话题均与论证关系无关，无须考虑。

12. 答案 C

题干信息	解释矛盾题。先确定要解释的矛盾双方。 矛盾点 1：汽车尾气排放量的污染物在探测水平之下。 矛盾点 2：仍然要消除所有的汽车，来消除空气污染。	
解题预判	解释矛盾题目往往需要引入他因。对此题来说，需要引入汽车能够导致空气污染的其他方面的要素。	
选项	解释	结果
A	态度不明确。该项不涉及“污染状况”的改变，无法解释。	淘汰
B	该项说明污染物情况比之前有所改善，那为何环保组织仍然要消除所有的汽车呢？无法解释。	淘汰
C	该项为真，说明汽车产生的空气污染不仅仅是尾气污染，汽车制造过程也会产生空气污染，所以即便尾气排放达标，也要消除所有汽车，很好地解释了题干中的矛盾。	正确
D	“保养不当的废旧汽车”的尾气含有大量污染物，那只需要消除“保养不当的废旧汽车”，为何要消除“所有的汽车”，该项的核心概念与题干不一致。	淘汰
E	选项不涉及“污染状况没有改善”的原因，态度不明确，无法解释。	淘汰

13. 答案 B

题干信息	削弱题。根据结构词“通过……以达到……”可确定本题为“方法可行”结构。可采用第 17 招（特殊结构——方法可行）分析选项。 论证结构：修正性格和行为特征（方法）→防治疾病（目的）。

（续）

选项	解释	结果
A	支持项。某种性格导致某种疾病，一个人具有多种不同的性格，所以患有多种不同的疾病，与题干前面信息态度一致。	淘汰
B	方法无效。该项指出性格与其相关疾病都是由某种生理因素所导致。该项的意思是，相同的生理因素为原因，导致了某种性格与其相关的疾病，而性格与其相关的疾病二者之间并不存在因果关系。既然二者并无因果关联，那么通过主动修正行为和调整性格特征以防治疾病的设想就不具有可行性。	正确
C	可削弱，但力度较弱。量度词“可能”使得该项力度较弱，不如 B 项。	淘汰
D	选项强调的是“行为”和“疾病”的关系，而题干更多在强调“性格特征”和“疾病”的关系。	淘汰
E	与题干论证无关。	淘汰

14. 答案 B

解题步骤	
第一步	观察题干特征，锁定技巧。题干和选项均为“假言判断”表述且题干条件无法有效串联，问题求解“一定真”，故可采用第 1 招（准确定位 P、Q）进行解题。
第二步	符号化题干条件： ①后续空间站顺利建造运营（P1）→神舟十二号载人飞行任务圆满成功（Q1）； ②中国人进入了自己的空间站（P2）∧太空驻留 3 个月时间（P3）→中国载人航天事业已全面进入空间站阶段∧正向着既定的探索目标稳步前进（Q2）。
第三步	题干表述为“两肯”，故优先寻找“两否”的结构，即优先验证 A 和 B。A 选项，从左向右推理时，中国人没有在太空驻留 3 个月（即¬ P3），无须看后面内容，快速淘汰；B 选项 =¬ Q2∧P2→¬ P3 = Q2∨¬ P2∨¬ P3 = P2∧P3→Q2，与②推理一致，故一定为真。答案选 B。

15. 答案 E

题干信息	①王华既不排在队伍的前端，也不排在队伍的末尾 = 王华的可选位置是 2、3、4、5； ②王伟不在队伍的最后面，在她和队伍末尾之间有两个人，王伟的位置是 3（确定信息）； ③位于队伍末尾的不是李伟 = 李伟的可选位置是 1、2、3、4、5； ④赵华没有排在队伍的最前面，他前面和后面都至少各有两个人 = 赵华的可选位置是 3、4； ⑤张华前面至少有 4 个人，但张华也不在队伍的最后面 = 张华的位置是 5（确定信息）。
第一步	本题属于排序题，由于题干信息中存在确定信息，故可采用第 6 招（“题干确定”一马当先）进行解题。
第二步	联合②④可知，由于王伟的位置是 3，故赵华的位置是 4；再联合⑤①③可推知，因为张华的位置是 5，故王华的位置是 2，李伟的位置是 1；根据剩余法思想可知，李华的位置是 6，故答案选 E。

16. 答案 B

题干信息	①语文+化学 = 物理+生物； ②语文+生物>物理+化学； ③化学>语文+物理。

（续）

第一步	本题属于数据分析题，由于题干中存在“比较大小”相关条件，故可优先考虑数据间关系进行解题。
第二步	根据不等式的运算规则，将①+②可得：2 语文+化学+生物>2 物理+化学+生物。进而可得：2 语文>2 物理，即“语文>物理”。
第三步	将②-①可得：生物-化学>化学-生物，即“生物>化学”。
第四步	由此再结合③可得：生物>化学>语文>物理。答案选 B。
提示	由于本题选项是确定、充分的，考生还可考虑采用第 7 招（选项代入排除）进行解题。

17. 答案 C

解题步骤		
第一步	观察题目特征，锁定技巧。问题要求“推理结构最相似”的选项作为正确答案，故可采用第 5 招（结构比较）进行解题。	
第二步	题干推理形式为：P→Q1∨Q2，由于¬ Q2，所以 P→Q1。	
第三步	分析选项，寻找与题干推理结构一致的选项作为正确答案。	
选项	**解释**	**结果**
A	选项的推理形式为：P→Q1∧Q2，由于¬ Q2，所以¬ P。与题干推理不一致。	淘汰
B	选项的推理形式为：P→Q，由于¬ P，所以¬ Q。与题干推理不一致。	淘汰
C	选项的推理形式为：P→Q1∨Q2，由于¬ Q2，所以 P→Q1。与题干推理一致。	**正确**
D	选项的推理形式为：P→Q1∨Q2，由于¬ Q2∧¬ Q1，所以¬ P。与题干推理不一致。	淘汰
E	选项的推理形式为：P→Q，由于¬ Q，所以¬ P。与题干推理不一致。	淘汰

18. 答案 D

题干信息	①红色∧蓝色→红色溶液； ②蓝色∧绿色→橙色溶液； ③绿色∧（红色∨橙色）→蓝色溶液； ④橙色∧（红色∨蓝色）→绿色溶液； ⑤1、2、3、4 号的瓶中溶液的颜色依次是红、蓝、绿、橙。	
解题预判	观察题干，发现本题属于没有确定信息的综合推理题目，由于选项为“确定+穷举所有可能”，同时问题求解“可能真”，故可优先使用第 7 招（选项代入排除），优先考虑“下代上”进行解题。	
选项	**解释**	**结果**
A	观察选项发现有两个蓝色，根据题干信息③，要得到蓝色，必须用到绿色，因此蓝色和绿色不可能同时存在。	淘汰
B	根据题干信息②，要得到橙色，必须用到蓝色，因此蓝色和橙色不可能同时存在。	淘汰
C	如果采用①，则得出的颜色是红、绿、橙；如果采用②，则得出的颜色是红、橙、橙；如果采用③，则得出的颜色是蓝、蓝、橙或红、蓝、蓝；如果采用④，则得出的颜色是绿、蓝、绿或红、绿、绿。因此选项不可能得出。	淘汰
D	可能存在，根据题干信息④，将橙色加蓝色得到绿色溶液，剩下的绿色和红色不变，就能得到绿色、绿色、红色。	**正确**
E	根据题干信息①，要得到红色，需要红色和蓝色，不能得到两个红色。	淘汰

19. 答案 C

题干信息	①红色∧蓝色→红色溶液； ②蓝色∧绿色→橙色溶液； ③绿色∧（红色∨橙色）→蓝色溶液； ④橙色∧（红色∨蓝色）→绿色溶液； ⑤1、2、3、4 号的瓶中溶液的颜色依次是红、蓝、绿、橙。	
解题预判	观察题干，发现本题属于没有确定信息的综合推理题目，由于选项为“确定+穷举所有可能”，同时问题求解“可能真”，故可优先使用第 7 招（选项代入排除），优先考虑“下代上”进行解题。	
选项	**解释**	**结果**
A	如果绿色和红色混合，则可以得到一个蓝色，但是剩下的蓝色和橙色只能得到绿色；如果绿色和橙色混合，则可以得到一个蓝色，但是剩下的蓝色和红色只能得到红色。因此不能得到两个蓝色。	淘汰
B	根据题干信息③得到蓝色需要绿色，再根据题干信息②可得，剩下的三种颜色不论怎么组合都不能得到橙色，因此选项不可能真。	淘汰
C	红色混合蓝色可得到红色，绿色混合橙色可得到蓝色，因此选项可能真。	正确
D	根据题干信息①，要得到红色，需要红色和蓝色混合，缺一不可，那么再根据题干信息④，就不能得到绿色，因此选项不可能真。	淘汰
E	只有一种情况能得到红色，因此不可能两个红色。	淘汰

20. 答案 C

解题步骤	
第一步	观察题干特征，锁定技巧。题干条件均属于“直言判断”表述，且题干中存在明显的“前提”和“结论”，问题要求“补充前提支持”，故可优先采用补充前提进行解题。
第二步	整理题干的前提： 前提①：有的练习跳远的⇒练习跳高。 前提②：不练习长跑的→不练习铅球。 结论③：有的练习跳高的⇒练习长跑。
第三步	由于前提无法进行联合，故可优先考虑补充前提后联合①②，进而得出结论③。 前提①：有的练习跳远的⇒练习跳高＝有的练习跳高的⇒练习跳远。 补前提：④练习跳远的→练习铅球（C 选项）。 前提②：不练习长跑的→不练习铅球＝练习铅球的→练习长跑。 结论③：有的练习跳高的⇒练习长跑。
提示	此时推理结构为：①+②+④得出③。

21. 答案 C

解题步骤	
第一步	观察题干特征，锁定技巧。题干和选项均含有“直言”“模态”的表述，问题要求“最接近题干含义”的选项，故可采用第 4 招（矛盾变形）进行解题。

（续）

解题步骤		
第二步	不 可能 所有物质现象的原因 都 能 被人类认识。 可能↓必然；都↓有的；能↓不能	解释："可能""都""能"前面只有一个否定词，要变对立面。
第三步	不可能所有物质现象的原因都能被人类认识＝必然有的物质现象的原因不能被人类认识。因此答案选 C。	

22. 答案 B

题干信息	①七人分成三组，每组人数都不同； ②甲和丁都在人数最多的一组； ③乙和丁不在同一组→乙仅和另外一个人在一组； ④乙、戊、己互不同组∧戊和甲同组； ⑤己不和任何人一组→戊和庚一组。
第一步	本题属于分组题型，根据①可知，分组情况为：1、2、4（按照人数从少到多分别记为第一组、第二组和第三组）。由于题干信息均涉及"同组"和"不同组"，故可优先考虑"占位、剩余"思想进行解题。
第二步	根据分组情况，联合②④可推得，甲、丁、戊在第三组，乙、丁不同组。将"乙、丁不同组"代入③可得：乙仅和另外一个人在一组，因此乙在第二组。再由④乙、戊、己互不同组，可知己在第一组。由于"己一人一组"，此时可代入⑤中进一步可得：戊和庚一组，且在第三组。因此剩余的丙在第二组。故答案选 B。

23. 答案 E

解题步骤	
第一步	观察题干特征，锁定技巧。观察题干和选项均为"直言判断"表述，并且存在相同的概念和互为矛盾的概念，故可优先采用第 3 招（"有的"串联）进行解题。
第二步	符号化题干条件： ①不满足现状的人→追求生活品质； ②不满足现状的人→没有旅游的习惯； ③有些朝九晚六的上班族⇒不追求生活品质； ④有些朝九晚六的上班族⇒有旅游的习惯； ⑤有些朝九晚六的上班族⇒不满足现状。
第三步	由于题干中涉及"朝九晚六的上班族"的信息均为"有的"，"有的"为真时，不能推出"所有"为真，故可快速淘汰 C 和 D 选项。
第四步	先串联含"所有"的条件，联合①②，根据"A→B+A→C，可得有的 B⇒A⇒C"可推得：有的追求生活品质⇒不满足现状的人⇒没有旅游的习惯，故可快速淘汰 A 和 B 选项。 再联合"有的+所有"进行串联，故联合④②可得：有些朝九晚六的上班族⇒有旅游的习惯⇒满足现状。故 E 选项一定为真。

24. 答案 E

25. 答案 C

题干信息	①（西土城） | （劲松） ② 太阳宫≠1 ③（牡丹园） ____ （双井） ∧牡丹园和双井间隔数=大红门和草桥间隔数。
第一步	本题属于方位排序题型，由于题干信息给出相邻/不相邻条件，故可优先考虑从排序出发进行解题。
第二步	根据①可知：西土城和劲松两车站一定在 1 奇 1 偶的位置。 根据③可知：牡丹园、双井、大红门、草桥四个车站一定在 2 奇 2 偶的位置。 此时剩余位置只有 1 个奇数位，即 1、3、5、7 中的一个位置。再结合②太阳宫≠1，故太阳宫的位置有如下几种可能：3、5、7。比对选项，第 24 题答案选 E。
第三步	第 25 题给出附加条件：（牡丹园）□□□□（双井）。联合③可推知，牡丹园和双井、大红门和草桥的跨度均为 6，此时四个车站的位置只能在 1、2、6、7 当中。（注：跨度为 6 的序列，在 7 个位置只有两种可能，第一种为 1 和 6，第二种为 2 和 7，由于本题有两个跨度为 6 的序列，因此上述 4 个位置均被占位）
第四步	由上步得出的结论可知，剩余站点的位置为 3、4、5。比对选项，第 25 题答案选 C。

26. 答案 C

解题步骤	
第一步	观察题干，发现本题属于没有确定信息的三维对应题目，由于选项为“确定+穷举所有可能”，同时问题求解“可能真”，故可优先使用第 7 招（选项代入排除），优先考虑“上代下”进行解题。
第二步	根据条件（1）可知，只有 1 个人的名字与自己上衣的颜色相同，A 选项没有名字与上衣颜色相同，排除；B 选项有 2 个人的名字与自己上衣颜色相同，排除。 根据条件（4）可知，D 选项穿红色上衣的是小红，而小蓝并没有穿红裤子，产生矛盾，排除；E 选项穿红色上衣的是小紫，而小蓝穿的并不是紫裤子，产生矛盾，排除。 故 C 选项为正确答案。

27. 答案 C

解题步骤		
第一步	观察题干特征，锁定技巧。问题要求寻找“推理方式都相似，除了”的选项作为答案，故可采用第 5 招（结构比较）进行解题。	
第二步	整理题干推理结构：P→Q，Q，所以 P。	
第三步	分析选项，排除与题干推理方式一致的选项即可锁定正确答案。	
选项	**解释**	**结果**
A	选项=P→Q，Q，所以 P。与题干推理结构一致。	淘汰
B	选项=P→Q，Q，所以 P。与题干推理结构一致。	淘汰
C	选项=P→Q，¬Q，所以¬P。与题干推理结构不一致。	正确
D	选项=P→Q，Q，所以 P。与题干推理结构一致。	淘汰
E	选项=P→Q，Q，所以 P。与题干推理结构一致。	淘汰

28. 答案 C

解题步骤	
第一步	观察题干，发现本题属于没有确定真假个数的真话假话题目，但题干给出决定真假的要素，故可通过分析决定真假的要素情况进行解题。
第二步	根据题干信息可知：说假话的不及格，说真话的及格。由此可知：五人不会承认自己不及格。（及格的人说真话，会说自己是及格的；不及格的人说假话，会说自己是及格的。故所有人都会说自己是及格的。） 由此可知：老大不会承认自己不及格，故老五说假话，即老五不及格。 由老五说假话可知：老三考试及格，即老三说真话。
第三步	由老三说真话可知："老四说过，我们兄弟五个都考试及格了"为真。但由于老五不及格，故老四说的是假话，即老四不及格。 （考生注意，老三所说的内容为转述老四的话，即老四说过这句话，但老四这句话的真假不能由此确定。） 由老四说假话可知：老大和老二至少一人及格。
第四步	由于此时不能确定老大和老二的情况，故需分析老大和老二所说的话。 老大："老三说过，我的四个兄弟中，只有一个考试没及格。" 由于第二步和第三步已经确定老五和老四不及格，老三及格，即已有两人不及格，并且老三说真话，故老三不可能说出"只有一个考试没及格"，因此老大说的是假话，即老大不及格，进而可知，老二及格。
第五步	整理推理结果： 及格：老二、老三。 不及格：老大、老四、老五。 比对选项，C 选项为正确答案。

29. 答案 A

30. 答案 C

题干信息	①14 种寿司分七天出售（共 14 个分七组）。 ②周四=2 种军舰卷；周一、周二、周三、周五、周六、周日这六天相同类型的寿司不同组。 ③五目散卷=周日。 ④军舰卷和稻荷卷不同组。 ⑤箱寿卷和江户卷不同组。
第一步	本题属于分组题型，由于题干的确定信息无法直接代入推理，但题干大多为"同组/不同组"条件，故可优先考虑采用"占位、剩余"思想进行解题。
第二步	结合①和②可知，周一、周二、周三、周五、周六、周日这六天应该是 12 种寿司（3 种军舰卷+3 种稻荷卷+3 种箱寿卷+2 种江户卷+1 种五目散卷）分 6 组。
第三步	结合②和④可知，军舰卷与军舰卷不同组+稻荷卷与稻荷卷不同组+军舰卷和稻荷卷不同组，也就意味着"3 种军舰卷和 3 种稻荷卷互不同组"，此时恰好满足互不同组时，寿司数=组数的特殊情况，也就是周一、周二、周三、周五、周六、周日这六天每一天都要出售军舰卷或者稻荷卷中的一种。

（续）

<table>
<tr><td>第四步</td><td>此时由于上述信息比较抽象、复杂，故可采用列表法将抽象信息具体化：
<table>
<tr><th></th><th>周一</th><th>周二</th><th>周三</th><th>周四</th><th>周五</th><th>周六</th><th>周日</th></tr>
<tr><td>上午</td><td></td><td></td><td></td><td>军舰卷</td><td></td><td></td><td>五目散卷</td></tr>
<tr><td>下午</td><td></td><td></td><td></td><td>军舰卷</td><td></td><td></td><td></td></tr>
</table>
观赏上表可知，周日只能是五目散卷+军舰卷，或者是五目散卷+稻荷卷，一定不可能是五目散卷+箱寿卷，故第 29 题答案选 A。</td></tr>
<tr><td>第五步</td><td>根据第 30 题给出的附加信息“同类型的寿司连续特价出售”，结合②和④和上题得到的表格可知，剩下的 3 种军舰卷和 3 种稻荷卷，一个组合是周一、周二、周三连续，一个组合是周五、周六、周日连续，故 3 种箱寿卷应该安排在周一、周二、周三，剩下的 2 种江户卷应该安排在周五和周六。</td></tr>
<tr><td>第六步</td><td>由上一步分析可知周六一定安排一种江户卷，另一种可以是军舰卷，也可以是稻荷卷，故第 30 题答案为 C。</td></tr>
</table>

逻辑模拟试卷（二十三）答案与解析

1	2	3	4	5	6	7	8	9	10
C	A	E	B	E	E	C	B	E	E
11	12	13	14	15	16	17	18	19	20
C	A	D	A	D	D	C	D	D	B
21	22	23	24	25	26	27	28	29	30
A	D	E	D	B	C	C	E	E	B

1. 答案 C

题干信息	前提：但直到今天，这个离地球最近的星球上的任何资源都尚未在人类生活中得到直接应用。 结论：探月没有意义。	
选项	解释	结果
A	起到削弱作用，但力度不如 C 选项大。	淘汰
B	直接针对结论，起到削弱作用，但力度不如 C 选项大。	淘汰
C	涉及了题干的论证关系，即针对得到直接应用和是否有意义之间的关系。削弱力度最大。	正确
D	并未涉及题干论证关系，是无关选项。	淘汰
E	针对结论削弱，力度较小。	淘汰

2. 答案 A

题干信息	整理题干论证：免疫功能的性别差异（前提差）→出现临床表现的差异（结果差）。	
选项	解释	结果
A	选项指出“他差”，即：住院差异→肝炎的死亡差异，直接割裂题干的论证关系，削弱力度最强。	正确
B	选项指出“前提差存在”，直接支持了题干论证，故排除。	淘汰
C	选项指出“致病原理类似”的疾病中，性别的死亡差异确实存在，支持了题干结论，故排除。	淘汰
D	选项看似指出“他差”，但由于没有指出“女性”的情况，故削弱力度有限。	淘汰
E	选项通过“儿童”例证，支持了题干的论证。	淘汰

3. 答案 E

题干信息	整理题干矛盾双方：“①聪明的人会在社会上获得更多的资源和获取更大的成就”与“②在与经济相关的纠纷和官司中，聪明的人反而更容易选择妥协让步而吃亏”。 解释矛盾的原则是不能够支持一方，也不能够反驳一方，而应该找一个合理的原因使得矛盾双方可同时成立。

（续）

选项	解释	结果
A	选项削弱①，不能解释。	淘汰
B	选项支持②，不能解释。	淘汰
C	题干要解释的主体是“聪明的人”，而非“不够聪明的人”。	淘汰
D	题干论证不涉及“聪明”与“傻”的比较。	淘汰
E	社会上的成就可能有很多种表现，而经济纠纷和官司中的收益只是其中一部分，只要这部分亏比其他方面的利益少就可以，选项恰好指出“利大于弊”，故是最好的解释。	正确

4. 答案 B

题干信息	解释矛盾题。先根据结构词“但是”找到此题的矛盾点。 矛盾点 1：两年前，浣熊狂犬病感染率低于 25%，目前上升至 50%。 矛盾点 2：两年前，有 32 例浣熊感染狂犬病，最近仅有 18 例。	
解题预判	观察两个矛盾点便可发现，矛盾点 1 描述的是感染率，矛盾点 2 描述的是感染数量。感染率升高的同时，感染数量却下降，只要能指出“总基数（浣熊数量）”减少就可解释，可秒选 B 项。	
选项	解释	结果
A	感染狂犬病的“其他野生动物”，与题干要解释的“浣熊”无关。	淘汰
B	指出了前年有大量浣熊死于狂犬病，说明目前浣熊总数与两年前相比明显下降。因此，在浣熊总数下降的情况下，即便浣熊狂犬病的感染率上升，浣熊狂犬病感染数量也可能会下降。	正确
C	该项迷惑性较强。注意，题干已经明确指出是感染“狂犬病”的浣熊数量，即便瘟热与狂犬病症状相同，也无法说明任何问题。	淘汰
D	首先，题干说的仅是“狂犬病”，而选项说的是传染病；其次，浣熊在白天出没也无法解释题干结果。	淘汰
E	题干说的始终是“这个地区”，与相邻地区无关。	淘汰

5. 答案 E

解题步骤	
第一步	观察发现，本题属于“分组”题，首先明确边界条件：从 10 人中选 6 人，剩 4 人。由于题干正向推理困难，问题求解“可能真”，而选项是充分、确定的，故可考虑采用代入选项排除法进行解题。
第二步	符号化题干条件： ①李路 ∨ 张俊→刘芬+赵佳+贾涛+周文≤2 人入围； ②刘芬 ∨ 周文→沈彤+曹瑞+王阳≥2 人入围。
第三步	由①可排除 A、B、D，由②可排除 C，故答案选 E。

6. 答案 E

题干信息	支持题。根据结构词“可以应用于”可确定本题为“方法可行”结构。可采用第 17 招（特殊结构——方法可行）分析选项。 此题根据得到的因果关系（基因不同导致了慢性疲劳综合征）得到了后面的方法：利用基因的不同来诊断和治疗慢性疲劳综合征。此时可将解题重点放在后面得到的结论上。 论证结构：利用“慢性疲劳综合征患者的某些基因与同年龄、同性别健康人的基因的差别”（研究成果）（方法）→应用于慢性疲劳综合征的诊断和治疗（目的）。	
选项	**解释**	**结果**
A	态度不明确。能应用于“一些疾病”不等于能应用于“慢性疲劳综合征”。	淘汰
B	该项未涉及“诊断和治疗”，与题干论证无关。	淘汰
C	削弱项。“目前尚无诊断和治疗慢性疲劳综合征的方法”，说明方法找不到。	淘汰
D	该项迷惑性很大，即便有一种独特的基因，但不意味着能够有效地识别这种基因，并且将它成功地转化成为实际临床应用，无法支持。	淘汰
E	保证了方法找得到。若无法准确地鉴别基因，那么将此研究成果用于临床诊断和治疗就无从谈起了，该项属于必要的假设支持，力度最强。	**正确**

7. 答案 C

题干信息	削弱题。根据结构词“因此”找到题干论证结构。根据结构分析选项。 论证关系：果蔬由固态变液态，会减少营养素→应吃固态果蔬，而非液态。	
解题预判	①要削弱题干论证，选项需要指出固态果蔬的劣势，或者液态果蔬的优势。 ②题干存在“固态”和“液态”的比较结构，选项一般也要有。 根据上述两条，可以迅速锁定 C 项。	
选项	**解释**	**结果**
A	无态度选项。“更喜欢”喝液态果汁，不代表液态果汁营养素多。	淘汰
B	支持项。该项指出的是“固态果蔬”的优势，与题干态度相同。	淘汰
C	削弱项。该项指出了液态果蔬与固态果蔬相比的优势，即“营养素更易被人体吸收”，与题干的结构一致，态度相反。	**正确**
D	支持项。即便“微乎其微”，那么与固态果蔬相比，液态果蔬也是有营养流失的，该项支持了题干论证的前提。	淘汰
E	无关项。与题干论述话题无关。	淘汰

8. 答案 B

解题步骤	
第一步	削弱题。根据结构词“由此认为”找到本题论证关系，可采用第 15 招（梳理关系，紧盯概念）明确选项。 论证关系：从该洞穴中挖掘出工具、陶器、黑曜石、银质和铜质器具→曾经有数百人在该洞穴生活过。

（续）

解题步骤	
第二步	解题预判：前提指的是洞穴中有“工具和器具”，结论说的是洞穴“曾有人居住”，前提和结论话题不一致，且缺乏必然联系。考生可从此出发，直接割裂两个话题的关系即可迅速锁定 B 项。该项指出了这些“工具和器具”并不是“活人居住时用的”，而是给“死人陪葬”的。其余各项均与题干论证关系无关，无须进一步逐个分析。

9. 答案 E

题干信息	解释矛盾题。先根据结构词“令人费解的是”找到矛盾双方。 矛盾点 1：某国际卫生机构在去年 10 月将该年第三季度全球病毒性感冒评为 A 等级。 矛盾点 2：同其他三个季度相比，该年第三季度全球病毒性感冒的发病率并不是最高的，而该机构做出的其他季度的评价等级均为正常。	
解题预判	第三季度明明发病率不是最高的，为何还被评为 A 等级呢？看似矛盾，实际上考生试想，有可能第三季度发病率的绝对数本来就应该很低，本来就应该低于另外三个季度，但是第三季度发病率虽然与另外三个季度横向对比不是最高的，但是与前面年度的第三季度进行纵向比数值较高，可能就比较危险。 举个例子，其他三个季度都是正常等级下的 20%的概率，而第三季度由于本身就是发病率最低的季度，一般可能在 10%以下，但现在第三季度可能是 15%，虽然比其他季度低，但依然是个值得关注的危险等级。考生注意，本题其实考查的就是一个相对值和绝对值的区别。 想到这个问题，即可迅速锁定 E 项。	
选项	解释	结果
A	只针对了矛盾点 1，无法解释。	淘汰
B	选项中“欧洲向亚洲转移”所述话题与题干要解释的矛盾点无关。	淘汰
C	无态度选项。“世界卫生组织要求加大对流行病包括病毒性感冒的关注”，无法解释第三季度的特殊情况。	淘汰
D	选项中“SARS”所述话题与题干要解释的矛盾点无关。	淘汰
E	“和其他季度相比，一年中第三季度全球病毒性感冒的发病率最低”，该项说明第三季度的发病率本来就是最低的。但是如果去年第三季度的发病率与往年同期相比，变化较大，数值相对较高，那可能也是极为危险的。该项化解了两个矛盾点的冲突。	正确

10. 答案 E

题干信息	削弱题。先根据结构词“因此”梳理论证关系。可采用第 15 招（梳理关系，紧盯概念）分析选项。 论证关系：这种化学物质已经作为制冷剂存在于数百万台冰箱中，一旦到达臭氧层，反应就无法停止→没有办法来阻止冰箱中的制冷剂进一步破坏臭氧层。	
解题预判	解题时要紧扣“有无办法来阻止冰箱中的制冷剂破坏臭氧层”这个态度来分析选项。虽然这种化学物质已经作为制冷剂存在于冰箱中，但是未必就肯定无法阻止其破坏臭氧层。要对以上论证进行削弱，选项只需指出有办法让这种化学物质到达不了臭氧层即可。可快速锁定 E 项。	
选项	解释	结果
A	无态度选项。化学物质的具体数量能否被准确测出，与阻止这些化学物质破坏臭氧层无关。	淘汰

（续）

选项	解释	结果
B	无关项。既未提到“这种化学物质”，也未明确“是否可以阻止破坏臭氧层”，与题干论证无关。	淘汰
C	支持项。指出目前还没有这种化学物质的替代品，且价格昂贵，支持了题干结论“无法阻止”。	淘汰
D	支持项。“放弃使用冰箱，制冷剂也会威胁臭氧层”，支持了题干结论“无法阻止”。	淘汰
E	该项指出冰箱里的制冷剂可以完全回收并且重复利用，说明它们将不会到达臭氧层中，因此利用这种方式“可以阻止”对臭氧层的破坏，可以削弱。	正确

11. 答案 C

题干信息	削弱题。梳理题干信息，可针对论证结构分析选项。 论证结构：糖和糖替代物二者有差异，但孩子在思想和行为上没有出现明显不同→吃糖不会加剧多动症。	
解题预判	吃糖和吃糖替代物并没有导致孩子思想和行为上的明显不同，难道一定意味着吃糖不会加剧多动症吗？考生试想，存在一种情况，即便两组孩子行为没有明显不同，也能说明吃糖会加剧多动症，那就是“吃糖替代品也会加剧多动症”。也就是说，之所以两组孩子行为没有明显区别，是因为吃糖和糖替代物已经同时加剧了他们的多动症，之所以没区别，是两组孩子同时加剧多动症以后的结果。想到这个思路，可迅速锁定 C 项。 考生在此注意题干中“没有出现明显的不同”的意思，指的是两组孩子横向对比没区别，而不是吃之后和吃之前的纵向对比没区别。	
选项	**解释**	**结果**
A	削弱力度弱。只有一种会加剧多动症，具体是哪种不得而知。况且“被认为”更多表达的是主观认识，未必一定能代表客观事实。	淘汰
B	所述话题与题干论证无关。	淘汰
C	选项说“摄入糖替代物会极大加剧多动症状”，而且题干说“摄入糖”和“摄入糖替代物”的两组孩子没有明显的行为区别，那就说明“摄入糖”也会加剧孩子的多动症状，否则行为上就有区别了，可削弱。	正确
D	保证实验无他差，支持了题干的论证。	淘汰
E	选项与题干论证无关。	淘汰

12. 答案 A

	解题步骤
第一步	假设题。根据结构词“由于”确定本题论证关系。 论证关系：苹果收获前被喷洒过有害的农药，如不清洗会对消费者有害。→欣欣超市肯定在卖表皮上有农药的水果，这样会危害他的顾客。 可采用第 15 招（梳理关系，紧盯概念）明确选项。
第二步	解题预判：分析由前提到结论过程，题干由“收获前”喷洒过农药便得到“欣欣超市”卖的水果一定有农药，会危害它的顾客。这里面其实包含重要的隐含假设：水果从“收获后”到“运到欣欣超市前”这个过程，未得到彻底清洗。若这个过程清洗过的话，就无法得到“欣欣超市肯定在卖表皮上有农药的水果”了。可迅速锁定 A 项。其他选项均未针对此论证关系。

13. 答案 D

题干信息	削弱题。根据结构词"因此"确定论证结构。 论证结构：78%的儿童中耳炎均来自二手烟家庭→父母等家人吸烟导致儿童罹患中耳炎。
解题预判	本题为典型的用"比例"得到"因果关系"的结构，也是典型的"同比削弱，差比加强"的问题。 此类题型有固定的解题方法，就是找"吸烟家庭"占"所有家庭"的比例。78%的儿童中耳炎均来自二手烟家庭就可得到父母等家人吸烟容易导致儿童患中耳炎吗？考生试想，当吸烟家庭所占比例也是 78%时，说明 78%的儿童中耳炎来自吸烟家庭正好达到了一个平均分布水平，吸烟对儿童中耳炎无影响；当吸烟家庭所占比例小于 78%时，二手烟家庭的患者比例高于其基数比例，说明吸烟容易引起中耳炎；当吸烟家庭所占比例大于 78%时，二手烟家庭的儿童中耳炎患者比例低于其基数比例，说明吸烟反而不容易引起中耳炎。 以上即为求解"同比削弱，差比加强"问题的最重要思路，本题为削弱题，考生若想到这个点，即可直接预判 D 项。

选项	解释	结果
A	该项只说明无烟家庭的比率上升，与题干讨论的儿童罹患中耳炎原因无直接关系，论题不一致。	淘汰
B	该项讨论的是治愈率，题干讨论的是患病率，论题不一致。	淘汰
C	该项只说明就诊人数比例的变化，与儿童患中耳炎的原因无关，论题不一致。	淘汰
D	增加反向论据。该项说明调查对象 80%来自二手烟家庭，来自二手烟家庭的患者比例低于其基数比例，意味着二手烟家庭的孩子更不容易患中耳炎，具有削弱作用。	正确
E	题干的论据是"比例"，不是绝对数，因此样本规模不影响题干论证的成立性。况且，即便样本规模过小，也只能说明题干调查样本不足够具有代表性，无法削弱其结论。	淘汰

14. 答案 A

解题步骤	
第一步	观察题干特征，锁定技巧。题干和选项均为"假言判断"表述，并且存在相同的概念和互为矛盾的概念，故可优先采用第 2 招（串联递推）进行解题。
第二步	符号化题干条件： ①适应生产力的发展要求→充分尊重经济规律； ②没有发挥市场作用∨没有扫除人为障碍→无法实现贸易畅通； ③发挥市场作用→适应生产力的发展要求。
第三步	联合①②③推得：④实现贸易畅通 $\xrightarrow{②}$ 发挥市场作用∧扫除人为障碍 $\xrightarrow{③}$ 适应生产力的发展要求 $\xrightarrow{①}$ 充分尊重经济规律。
第四步	优先验证含有"首"和"尾"的选项，即优先验证 A、D 选项，A 选项=实现贸易畅通→充分尊重经济规律，与④推理一致，故一定为真，答案选 A。

15. 答案 D

解题步骤	
第一步	观察题干特征，锁定技巧。题干条件均属于"形式语言"表述，且题干中存在明显的"前提"和"结论"，问题要求"补充前提得出结论"，故可优先采用补充前提进行解题。

（续）

解题步骤	
第二步	整理题干的前提： 前提①：B 是鸟→A 不是哺乳动物。②：C 是哺乳动物 ∨ A 是哺乳动物。③：B 不是鸟→D 不是鱼。④：D 是鱼 ∨ E 不是昆虫。 整理题干的结论：结论⑤：C 是哺乳动物。
第三步	联合①②③④可得：⑥E 是昆虫 $\xrightarrow{④}$ D 是鱼 $\xrightarrow{③}$ B 是鸟 $\xrightarrow{①}$ A 不是哺乳动物 $\xrightarrow{②}$ C 是哺乳动物。
第四步	此时运用假言三段论将题干推理补充完整： 前提⑥：E 是昆虫→C 是哺乳动物。 补前提：E 是昆虫（D 选项）。 结论⑤：C 是哺乳动物。

16. 答案 D

解题步骤		
第一步	观察题干特征，锁定技巧。问题要求寻找“推理结构最相似”的选项作为答案，故可采用第 5 招（结构比较）进行解题。	
第二步	整理题干推理结构：A→B，C→¬ B，因此，A→¬ C。	
第三步	分析选项，寻找与题干推理结构一致的选项作为正确答案。	
选项	**解释**	**结果**
A	选项＝A→B，C→B，因此 C→A。与题干推理结构不一致。	淘汰
B	选项＝A→B，C→D，因此许多 A⇒E。与题干推理结构不一致。	淘汰
C	选项＝A→B，许多 C⇒¬ B，因此许多 C⇒¬ A。与题干推理结构不一致。	淘汰
D	选项＝A→B，C→¬ B，因此，A→¬ C。与题干推理结构一致。	**正确**
E	选项＝A→B，B→C，因此，A→C，与题干推理结构不一致。	淘汰

17. 答案 C

题干信息	①大多数参加棕榈国际电影节的影片是欧洲电影。 ②大多数在此次棕榈电影节获奖的影片是亚洲电影。 ③大多数在此次棕榈电影节获奖的影片都曾在雪松国际电影节获奖。
第一步	本题属于数据分析题型，观察发现题干中存在“比例”表述的逻辑关系（即大多数），故可优先考虑使用分析数据关系进行解题。
第二步	分析条件②和③，由于比例修饰的对象均为“在此次棕榈电影节获奖的影片”，且②+③>100%，则说明亚洲电影和曾在雪松国际电影节获奖的电影之间存在重合，故答案选 C。

18. 答案 D

题干信息	①吴选择 3 号房间（确定信息）； ②选 4 号房间的家庭有两个孩子； ③钱和李两个家庭均只有一个孩子； ④赵家庭选择的房间号数字比李家庭选择的房间号数字大。

（续）

第一步	本题属于对应题型，虽然题干确定信息无法代入进行推理，但涉及“孩子”的话题重复了 2 次，故可优先采用第 8 招（以“重复元素”为突破口）进行解题，即优先从涉及“孩子”的信息入手进行解题。
第二步	联合条件②③可知钱和李均没有选择 4 号房间，由④可知李没有选择 5 号房间，再结合①进一步可推得：李能选择的房间只有 1 号和 2 号。
第三步	根据①，结合上步得出的结论可知：吴选择的房间号一定大于李选择的房间号。比对选项，D 选项为正确答案。

19. 答案 **D**

题干信息	①从冬瓜、土豆、鸡蛋、豆腐、白菜、山药、菠菜、花菜 8 种食材中选择 5 种，且不能重复； ②选冬瓜→选豆腐（冬瓜<豆腐）； ③选白菜→选土豆（白菜<土豆）； ④选鸡蛋→不选白菜； ⑤第五个 = 山药 ∀ 菠菜。
第一步	本题属于分组题型，从 8 种食材中选 5 种，剩 3 种。由于问题求解“可能真”，且选项是充分、确定的，故可优先考虑第 7 招（选项代入排除）进行解题。
第二步	由问题中的附加条件可知，甲第一天选择了冬瓜、花菜，则还需要选 3 种，代入②中可知一定有豆腐。因此，选项一定有豆腐，故可排除 C、E。 根据⑤可知，第五个要么是山药，要么是菠菜，可知选项中一定要有山药、菠菜中的一个，故可排除 A、B，答案选 D。

20. 答案 **B**

解题步骤	
第一步	观察题干特征，锁定技巧。题干属于“形式语言”表述，并且问题求解“均不与题干矛盾，除了 = 一定为假”，故可采用第 4 招（矛盾变形）进行解题。
第二步	符号化题干条件： ①朝阳区开展该活动→东风区开展该活动 ∧ 长虹区开展该活动； ②东风区不开展该活动 ∨ 长虹区不开展该活动； ③长虹区不开展该活动 ∨ 闸北区不开展该活动→朝阳区开展该活动 ∧ 武当区开展该活动。
第三步	由于②与①中的 Q 位互为矛盾关系，故将②代入①中可推知朝阳区不开展该活动，再结合③可推得，长虹区开展该活动 ∧ 闸北区开展该活动。将“长虹区开展该活动”代入②中可知东风区不开展该活动。 整理新得出的信息如下： 朝阳区不开展该活动 ∧ 长虹区开展该活动 ∧ 闸北区开展该活动 ∧ 东风区不开展该活动。
第四步	问题问一定假，即寻找“P ∧ Q”的矛盾。观察发现，B 选项与题干互为矛盾关系，一定为假，故答案选 B。

21. 答案 A

题干信息

①名次相邻的运动员不来自同一城市；
②赵<（钱|孙）；
③郑州<赵∧只有一位来自郑州；
④周第四∨周第五；
⑤钱来自广州→孙不来自徐州；
⑥孙第四（确定信息）。

第一步

本题属于对应+排序题型，由于问题的附加条件中存在确定信息，故优先采用第6招（“题干确定”一马当先）进行解题。

第二步

将确定信息⑥代入④中可知周第五。由于此时确定信息无法继续代入推理，故可考虑从跨度大的信息入手解题。联合②③可得：郑州<赵<（钱|孙）。

第三步

整理上述信息，周第五、孙第四，根据上步得到的跨度信息可知钱第三、赵第二，来自郑州的运动员第一（即吴第一），由于此时答案未出且涉及“人”和“城市”的对应匹配关系，信息较为抽象、复杂，故可采用列表法将抽象的关系具体化：

名次	1	2	3	4	5
运动员	吴	赵	钱	孙	周
城市	郑州				

第四步

观察上述表格，联合①③⑤可知钱来自徐州、孙来自广州，答案选A（若钱来自广州，则孙不来自徐州，根据③可知孙也不来自郑州，此时孙来自广州，那么钱和孙均来自广州，与①矛盾）。

22. 答案 D

题干信息

①名次相邻的运动员不来自同一城市；
②赵<（钱|孙）；
③郑州<赵∧只有一位来自郑州；
④周第四∨周第五；
⑤钱来自广州→孙不来自徐州；
⑥钱来自广州（确定信息）。

第一步

由于问题的附加条件中存在确定信息，故优先采用第6招（“题干确定”一马当先）进行解题。将确定信息⑥代入到⑤中可知孙不来自徐州，并联合③可知孙也不来自郑州，因此可以推得：孙来自广州。再结合⑥钱来自广州，根据①可知钱和孙不能相邻。

第二步

由于此时确定信息无法继续代入推理，故可考虑从跨度大的信息入手解题。联合②③可得：郑州<赵<（钱|孙），再联合“钱和孙不能相邻”，故钱和孙中间有且只有一人，即：周。将信息填入并结合①④补全表格如下：

名次	1	2	3	4	5
运动员	吴	赵	（钱/孙）	周	（钱/孙）
城市	郑州	徐州	广州	徐州	广州

比对选项，D选项一定为假，为正确答案。

23. 答案 E

题干信息

前提：子门遗址距今开封市的前子门村、后子门村很近。→结论：这两个村是依据当时的城门起名的。

（续）

选项	解释	结果
A	选项不能削弱，很久以前就有名字，不确定是否根据城门起名。	淘汰
B	选项与题干论证无关。	淘汰
C	选项与题干论证无关。	淘汰
D	选项支持题干断定，说明就是根据城门起名的。	淘汰
E	选项直接削弱题干断定，说明起名与当时城门无关。	**正确**

24. 答案 D

25. 答案 B

解题步骤	
第一步	本题属于对应题型，题干均为假言判断，没有确定信息，故可使用第 11 招（假言串联，找矛盾）进行求解。
第二步	符号化题干信息： ①甲（上海）→乙（成都）∧丙（南京）； ②甲（不上海）→丁（西安）∧戊（深圳）； ③丙（成都）∨己（南京）； ④丁（西安）→庚（成都）； ⑤边界条件：每个城市对应 1 人，每人对应 1 个城市。
第三步	观察发现，题干存在重复和矛盾的元素，故可将题干条件进行串联，联合①②③④可得：假设己（不南京）$\xrightarrow{③}$丙（成都）$\xrightarrow{①}$甲（不上海）$\xrightarrow{②}$丁（西安）∧戊（深圳）$\xrightarrow{④}$庚（成都）$\xrightarrow{③}$己（南京）。此时根据第 11 招（假言串联，找矛盾）发现存在“自相矛盾”（P→¬P，可得¬P）结构，故可得：己（南京）。因此，第 24 题答案选 D。
第四步	将上一步得到的确定信息“己（南京）”代入到①中，再联合②④可得：己（南京）$\xrightarrow{①}$甲（不上海）$\xrightarrow{②}$丁（西安）∧戊（深圳）$\xrightarrow{④}$庚（成都）。此时联合第 25 题给出的附加确定信息“丙（北京）”，并结合剩余法可知：甲（广州）、乙（上海）。因此，第 25 题答案选 B。

26. 答案 C

解题步骤	
第一步	观察题干特征，锁定技巧。题干和选项均为“假言判断”表述，并且存在互为矛盾的概念，故可优先采用第 2 招（串联递推）进行解题。
第二步	符号化题干条件： ①公司股票上涨∧公司盈利（P1）→董事长请员工吃饭（Q1）= 公司股票不上涨∨公司没盈利∨董事长请员工吃饭 ②公司债券下跌∧公司亏损（P2）→总经理辞职（Q2）= 公司债券不下跌∨公司没亏损∨总经理辞职 ③大华公司的股票下跌（P3）→大华公司的债券下跌（Q3）
第三步	由于题干信息联合起来较为复杂，故可结合选项来锁定正确答案。

（续）

选项	解释	结果
A	结合②可得：总经理不辞职∧公司亏损→公司债券不下跌。代入③可得大华公司的股票不下跌。考生注意，公司股票不下跌不等于上涨，可能持平。因此，选项可能为真。	淘汰
B	结合①可得：董事长不请员工吃饭∧公司盈利→公司股票不上涨。考生注意，公司股票不上涨不等于下跌，既不能肯定 P3，也不能否定 P3，因此只能得出债券可能会下跌，而推不出一定下跌。	淘汰
C	结合②可得：总经理不辞职∧公司亏损→公司债券不下跌。结合③，根据¬ Q3→¬ P3，可得公司股票一定不下跌。	正确
D	结合①，选项肯定“公司不盈利”，什么也推不出，故“股票是否上涨”无法判断。	淘汰
E	选项不涉及大华公司是否盈利以及股票和债券信息，因此推不出董事长是否请吃饭和总经理是否辞职。	淘汰

27. 答案 C

解题步骤		
第一步	观察题干特征，锁定技巧。问题要求寻找“推理最相似”的选项作为答案，故可采用第 5 招（结构比较）进行解题。	
第二步	整理题干推理结构：题干为两难推理：P→Q1；¬ P→Q2。	
第三步	分析选项，寻找与题干推理一致的选项作为正确答案。	
选项	解释	结果
A	选项＝P→Q；¬ P→¬ Q。与题干推理不一致。	淘汰
B	选项不属于两难推理。与题干推理不一致。	淘汰
C	选项＝P→Q1；¬ P→Q2。与题干推理一致。	正确
D	选项＝¬ P1∧P2→¬ Q；P1∧P2→Q，尽管 P2，但¬ Q。与题干推理不一致。	淘汰
E	选项＝P→Q；¬ Q→¬ P。与题干推理不一致。	淘汰

28. 答案 E

解题步骤	
第一步	观察题干特征，锁定技巧。题干属于“形式语言”表述，且问题求解“必然为假”，故可采用第 4 招（矛盾变形）进行解题。
第二步	符号化题干条件： ①欲明明德于天下者（P1）→治其国（Q1）； ②治其国（P2）→齐其家（Q2）； ③齐其家（P3）→修其身（Q3）； ④修其身（P4）→正其心（Q4）； ⑤正其心（P5）→诚其意（Q5）； ⑥诚其意（P6）→致其知（Q6）。
第三步	联合①②③④⑤⑥可得：欲明明德于天下者（P1）→治其国（Q1/P2）→齐其家（Q2/P3）→修其身（Q3/P4）→正其心（Q4/P5）→诚其意（Q5/P6）→致其知（Q6）。
第四步	寻找假言判断的矛盾，即寻找“P∧¬ Q”的选项，故优先考虑同时符合“P”及“¬ Q”的选项。观察发现 E 选项恰好是题干的矛盾，故答案选 E。

29. 答案 E

解题步骤

第一步

观察题干，发现本题属于没有确定信息的对应题目，由于题干中存在重复的元素，故可从重复的元素出发进行解题。采用第 8 招（以“重复元素”为突破口）。

第二步

由条件（4）可知，赵敏不选人工智能开发，代入题干信息可得：

赵敏不选人工智能开发→张磊、李娜和刘洋都不选择人工智能开发+赵敏不选人工智能开发→王伟和陈刚选择人工智能开发→王伟和赵敏选择的项目不同→王伟和刘洋选择区块链技术∧赵敏不选择智能硬件设计→赵敏选择嵌入式系统和物联网应用。

第三步

由上述推理链条可知王伟和刘洋选择区块链技术，根据边界条件每个项目只能有两个人选择，可知陈刚不能选择区块链技术，代入（3）得李娜和刘洋均选择大数据分析。

将推理结果填入表格：

	人工智能开发	大数据分析	区块链技术	智能硬件设计	嵌入式系统	物联网应用
张磊	×	×	×			
王伟	√	×	√	×	×	×
李娜	×	√	×			
赵敏	×	×	×	×	√	√
刘洋	×	√	√	×	×	×
陈刚	√	×	×			

E 项为正确答案。

30. 答案 B

解析

根据上题得出的表格，结合本题给出的附加条件，由于李娜和赵敏选择的项目完全不相同，故李娜选择大数据分析和智能硬件设计；由于张磊和赵敏选择的项目不完全相同，故张磊选择智能硬件设计以及嵌入式系统和物联网应用中的一项，将上述表格继续补充完整：

	人工智能开发	大数据分析	区块链技术	智能硬件设计	嵌入式系统	物联网应用
张磊	×	×	×	√		
王伟	√	×	√	×	×	×
李娜	×	√	×	√	×	×
赵敏	×	×	×	×	√	√
刘洋	×	√	√	×	×	×
陈刚	√	×	×	×		

B 项为正确答案。

逻辑模拟试卷（二十四）答案与解析

1	2	3	4	5	6	7	8	9	10
D	C	C	A	B	C	D	D	D	C
11	12	13	14	15	16	17	18	19	20
C	C	B	B	C	C	D	A	D	B
21	22	23	24	25	26	27	28	29	30
D	B	B	E	C	C	C	C	A	E

1. 答案 **D**

解题步骤	
第一步	题干结论是差异“小朱腹泻，而其他人没有症状”，属于结果有差异，因此需要前提存在差异方能弥补论证，故寻找题干前提差异即可。
第二步	小朱与其他人之间的相同点：所有菜品都吃了。小朱与其他人之间的差异：①小朱吃了鸡蛋，而其他人没有；②小朱吃得最多，而其他人相对少。要解释小朱腹泻，就可能是食物多少的差异，或者是鸡蛋的差异，因此答案选 D。

2. 答案 **C**

题干信息	题干论证：张教授是发起者且持反对态度→张教授的加入会影响听证会的代表性与合理性→张教授不能是听证会的成员	
选项	解释	结果
A	选项直接削弱结论，力度较弱。	淘汰
B	选项支持题干结论。	淘汰
C	考生试想，题干论证隐含的关系是发起者的观点鲜明会影响听证会的代表性与合理性，选项直接说明观点鲜明的成员组成的听证会更能体现代表性与合理性，选项直接削弱题干论证关系，削弱力度最强。	正确
D	选项不能削弱，题干仅仅是讨论方案，而不涉及“决策”。	淘汰
E	选项不能削弱，题干仅仅是讨论方案，而不涉及“决策”。	淘汰

3. 答案 **C**

题干信息	研究人员的观点：杨柳飞絮虽然会使呼吸道产生不适，但它不是过敏原，许多声称对杨柳飞絮过敏的人实际上是对花粉过敏。	
选项	解释	结果
A	选项直接指出杨柳飞絮让人出现类似过敏的症状，说明杨柳飞絮没有产生过敏反应，不是过敏原，直接支持。	淘汰

（续）

选项	解释	结果
B	选项直接指出杨柳飞絮和树开花产生的花粉在时间上存在着重叠，说明引起人过敏的可能不是杨柳飞絮而是花粉，能支持。	淘汰
C	选项直接指出杨柳飞絮可通过一系列反应变成一种过敏原，可以致敏，削弱研究人员的观点。	正确
D	选项直接指出花粉被杨柳飞絮包裹携带更容易引起过敏反应，说明引起人过敏的可能不是杨柳飞絮而是花粉，能支持。	淘汰
E	选项直接指出可能是气温骤降引起过敏，未必是杨柳飞絮引起过敏，故能支持。	淘汰

4. 答案 **A**

题干信息	假设题。根据结构词“因此”，可发现本题的论据和论点都在进行白班和夜班的比较，所以本题为典型的差比关系结构。可利用论证结构分析选项。 差比关系：白班与夜班检查员警觉程度（差）→发现蛋糕存在质量问题（差）。	
解题预判	6%夜班制作的蛋糕被夜班检查员检查出问题，而白班则没有，就能说明夜班检查员比白班检查员更警觉吗？考生试想，检查出问题来的前提是蛋糕本来就有问题。若白天制作的蛋糕本来就没问题，那么检查不出问题也就理所应当了，也就无法说明夜班检查员比白班检查员更警觉了。因此，要保证得到夜班检查员比白班检查员更警觉，必须要假设白班检查的蛋糕确实有问题，只是没检查出来而已，即可快速锁定 A 项。	
选项	解释	结果
A	保证差存在，必要假设。白班制作的蛋糕至少有一些存在问题，说明蛋糕本身确实有问题，而白班检查员没能检查出来，从而可以保障夜班检查员确实比白班检查员更警觉这个差异确实存在。	正确
B	夜班检查出有质量问题的蛋糕有一些实际上却没问题，此时非但说明不了夜班更警觉，反而说明夜班检查员检查错误，削弱了题干的结论。	淘汰
C	该项虽支持了题干的结论，但并非必要假设。此题只需要说明夜班检查员比白班检查员更警觉即可，不需要保证夜班检查员质量控制程序培训比白班检查员多，题干也未提及。	淘汰
D	对本题给出的数据前提进行了质疑。	淘汰
E	与题干论证无关。	淘汰

5. 答案 **B**

题干信息	解释矛盾题。根据“但是”先找到本题矛盾点。 矛盾点 1：抽烟的人数显著下降。 矛盾点 2：死于家庭火灾的人数并没有相应地下降。	
选项	解释	结果
A	如果由床上抽烟引起的家庭火灾在被扑灭之前造成的破坏相对较小，则说明由床上抽烟引起的火灾而死亡的人数在整个由于家庭火灾而死亡的人数中所占的比例本来就不高。所以尽管抽烟的人数在显著下降，但死于家庭火灾的人数并没有相应下降，可以解释。	淘汰

（续）

选项	解释	结果
B	如果由床上抽烟引起的火灾“通常”发生在房主人睡着以后，那么说明之前和现在都发生在房主人睡着以后。而现在抽烟人数减少，在正常情况下，死亡人数也应该减少，而题干指出死于家庭火灾的人数却并未因此下降，无法解释题干矛盾。	正确
C	如果在床上抽烟的人更不容易戒烟，那么尽管抽烟的总人数下降，但是在床上抽烟的人的数量可能并没有下降，由于在床上抽烟是导致家庭火灾的主要原因，因此家庭火灾的数量可能没有下降，相应的造成死于家庭火灾的人数没有下降，可以解释。	淘汰
D	该项引入了他因“其他形式的家庭火灾”导致的死亡人数增加，可以解释。	淘汰
E	该项引入了他因“人口密度上升”导致的死亡人数增加，可以解释。	淘汰

6. 答案 **C**

题干信息	解释矛盾题。根据结构词“但是”锁定要解释的矛盾双方。 矛盾点 1：虾中含有的镁对人体健康有利。 矛盾点 2：市民吃虾后出现严重不适反应，甚至生命危险。	
解题预判	本题较为简单，要化解此题两个矛盾点，只需要引入“他因”，指出“虾会从别的方面”危害人的生命健康即可，要紧扣这一态度，也要紧扣“虾”和“严重不适、生命危险”这两个关键词。	
选项	**解释**	**结果**
A	力度较弱。首先，该项说的只是“对虾过敏者”，不能代表多数市民；此外，该项只是说会出现“不适症状”，但题干“会产生严重不适，甚至生命危险”，该项解释力度不足。	淘汰
B	该项说的是“变质的虾”，与题干论述对象不一致。	淘汰
C	引入了“维生素”与“三氧化二砷”这个他因来化解题干矛盾，可以解释。此外，该项强调了“致命”，与题干的“生命危险”对应，“大多数市民”也与题干需解释的对象一致，力度较强。	正确
D	该项说的仅是“体质虚弱者”，不是“市民”；而且该项说的是“海鲜”，并不是“虾”。	淘汰
E	该项说的是“核泄漏污染的虾”，与题干论证对象不一致。	淘汰

7. 答案 **D**

	解题步骤
第一步	支持题。此题为典型的“事实”推“结论”的题目，解题重点在结论，而结论处体现了明显的态度，所以本题为典型“态度型支持题”。可采用第 16 招（把握态度，速选速行）分析选项。 结论：密集管理型农业系统（农田利用方式的改变）对熊蜂的生存威胁更大。
第二步	解题预判：紧扣题干结论的态度，并且体现出“密集管理型农业系统”和“熊蜂”这两个核心词。可迅速锁定 D 项。 A 项、B 项、C 项均为无态度选项，未体现出“密集管理型农业系统”对熊蜂的影响。 D 项，该项解释出了为什么密集管理型农业会威胁熊蜂的生存，紧扣了题干核心词和态度，可以支持。 E 项，该项只是说“蜜蜂”，未体现密集型农田对“熊蜂”的影响。

8. 答案 D

题干信息	支持题。本题为由“试验”推“结论”的结构，此类题目解题重点往往在于结论。根据“通过……方法”可确定研究人员的结论为“方法可行”结构。可采用第 17 招（特殊结构——方法可行）分析选项。 论证结构：咖啡因替代胰岛素（方法）→控制糖尿病人血糖浓度（目的）。	
选项	**解释**	**结果**
A	无关选项。研究成果在顶尖期刊上发表，不能证明论点就是正确的，论题不一致。	淘汰
B	无关选项。注射胰岛素这种方法比较麻烦，只能说明现有方法的确存在着缺陷，但与是否会被摄入咖啡因替代无关，论题不一致。	淘汰
C	无关选项。咖啡因降低直肠癌和黑色素瘤的发病风险，与论点所说的摄入咖啡因是否可以代替注射胰岛素控制血糖无关，论题不一致。	淘汰
D	选项指出方法能达到目的，如果摄入“咖啡因”可以促进胰岛素的产生，进而控制血糖浓度，则不需要再注射“胰岛素”，说明了胰岛素“可以被替代”。	正确
E	无关选项。该项只是指出能很好吸收咖啡因，未说明能不能替代胰岛素而控制血糖，与题干论证无关。	淘汰

9. 答案 D

题干信息	削弱题。本题为明显的“调查（事实）”推“结论”的结构，此种结构解题重点往往在结论位置，而本题结论为明显的因果关系，可采用第 17 招（特殊结构——因果关系）明确选项。 因果关系：食用谷物（因）→保护糖尿病患者的胰岛细胞（果）。	
选项	**解释**	**结果**
A	无关项。该项指出的是“消渴症状”由何导致，与题干因果关系无关。	淘汰
B	他因削弱，指出可能是“改变了其他饮食习惯”导致消渴症状向好，但由于未排除本因，故削弱力度较弱。	淘汰
C	有因无果的削弱，但出现量度词“有些”，故削弱力度较弱。	淘汰
D	因果倒置的削弱，指出是因为“胰岛细胞的自我修复”导致“放开谷物”，力度较强。	正确
E	有因无果的削弱，但“可能”降低了削弱力度。	淘汰

10. 答案 C

题干信息	削弱题。根据结构词“据此”找到题干论证结构，并找到科学家的观点。可采用第 15 招（梳理关系，紧盯概念）分析选项。 论证结构：①大多数星系都有红移现象；②星系距离地球越远红移越大→宇宙一定在不断膨胀。	
解题预判	题干由天文观察到的大多数星系的情况，得到了宇宙在不断膨胀，显然有“以偏概全”之嫌。观察到的星系显然只占整个宇宙很微小的一部分。要对其进行削弱，只需要指出所观察到的星系难以代表整个宇宙的情况，或者样本不具有代表性即可。想到这个思路，即可迅速锁定 C 项。	
选项	**解释**	**结果**
A	有一定削弱作用，但“个别天体”力度太弱。	淘汰
B	该项有一定迷惑性。考生试想，即便地球不在宇宙中心，从地球观察到的结果也能从一定程度上说明宇宙的膨胀变化。	淘汰

（续）

选项	解释	结果
C	该项说明观察到的星体不能代表整个宇宙，指出了“以偏概全”。	**正确**
D	支持项。“红移占绝对优势”，说明了宇宙在膨胀，加强了题干观点。	淘汰
E	该项所述话题与题干论证无关。	淘汰

11. 答案 C

解题步骤	
第一步	观察发现，本题属于“对应问题”，故可考虑使用“整体思想”进行解题。
第二步	符号化题干条件： ①赵-乙（第一轮∨第二轮）； ②与甲第二轮组队的人=与乙第三轮组队的人； ③钱-乙（第二轮）（确定信息）； ④边界条件：从男选手的维度出发，每名男选手对应1名女选手；从女选手的维度出发，每名女选手对应1名男选手；3轮比赛中每轮比赛的组合均不相同。
第三步	将确定信息③代入①中可得：赵-乙（第一轮组队）。结合④边界条件“每轮比赛的组合均不相同”可得：孙-乙（第三轮组队）。将其代入②中可推知：孙-甲（第二轮组队）。将新得到的信息填入到如下表格： 第一轮 / 第二轮 / 第三轮 赵-乙 / 钱-乙 / 孙-乙 （空） / 孙-甲 / （空）
第四步	观察上步表格，结合边界条件“每轮比赛的组合均不相同”可得：赵-丙（第二轮组队）。由于孙在第二轮和第三轮分别和甲、乙组队，故：孙-丙（第一轮组队）、钱-甲（第一轮组队）、赵-甲（第三轮组队）、钱-丙（第三轮组队）。将新得到的信息填入到如下表格： 第一轮 / 第二轮 / 第三轮 赵-乙 / 钱-乙 / 孙-乙 钱-甲 / 孙-甲 / 赵-甲 孙-丙 / 赵-丙 / 钱-丙 观察选项发现，答案选C。

第三步表格：

第一轮	第二轮	第三轮
赵-乙	钱-乙	孙-乙
	孙-甲	

第四步表格：

第一轮	第二轮	第三轮
赵-乙	钱-乙	孙-乙
钱-甲	孙-甲	赵-甲
孙-丙	赵-丙	钱-丙

12. 答案 C

解题步骤	
第一步	问题要求得出“一定为真”，选项属于“假言判断”表述，故可优先将题干信息符号化，然后逐一比对选项寻找正确答案。
第二步	符号化题干条件： ①更好地满足人民对美好生活向往（P1）→促进消费高质量增长（Q1）； ②根据不同领域消费的特点采取差异化措施（P2）∧保证国内有效供给能力的提升（P3）→促进消费高质量增长（Q1）； ③国内有效供给能力的提升（P3）→加快补齐产品和服务供给短板（Q2）。

选项	解释	结果
A	选项=Q2→P3，与③不符，故选项得不出。	淘汰

（续）

选项	解释	结果
B	选项 = P2→Q1，由于无法判断“P3”的真假，根据②可知，无法判断 Q1 的真假，故选项得不出。	淘汰
C	选项 = ¬ Q1 ∧ P2→¬ P3 = Q1 ∨ ¬ P2 ∨ ¬ P3 = P2 ∧ P3→Q1，与②推理一致，故一定为真。	正确
D	选项 = ¬ Q1→P1，与①不符，故选项得不出。	淘汰
E	选项 = Q2→Q1，由于③与①②均无法串联，故选项得不出。	淘汰

13. 答案 **B**

题干信息	要么是参，要么是蜂蜜，含有的某些化学成分能帮助他更快更好地进行手术。	
选项	解释	结果
Ⅰ	选项至多只能说明柠檬比参茶更有效果，但不能否认蜂蜜效果，不能削弱。	淘汰
Ⅱ	白开水的效果与高浓度加蜂蜜的热参茶效果一样，属于无因有果的削弱，直接割裂题干论证关系。	正确
Ⅲ	马医生的结论建立在马医生的个体身上（考生注意题干结论：帮助“他”更快更好地进行手术），与其他人无关，不能削弱。	淘汰

14. 答案 **B**

解题步骤	
第一步	观察题干特征，锁定技巧。题干和选项均为“假言判断”表述且题干条件无法有效串联，问题求解“一定真”，故可采用第 1 招（准确定位 P、Q）进行解题。
第二步	符号化题干条件： ①有臻于完美的产品质量（P1）→匠人匠心的精益求精（Q1）。 ②有舞台上的惊艳亮相（P2）→废寝忘食的刻苦排练（Q2）。 ③高出一筹、卓尔不凡的背后（P3）→无比寂寞的勤奋与坚持（Q3）。
第三步	题干表述为“两肯”，故优先寻找“两否”的结构，即优先验证 E。由于②③无法串联，故 E 选项得不出。因为选项中已没有“两否”结构，故再考虑“两肯”的结构，即 A、B、C 和 D。A 选项，从右往左推理时，匠人匠心的精益求精（即 Q1），无须看后面内容，快速淘汰。B 选项 = P2→Q2，与②推理一致，故一定为真，答案选 B。

15. 答案 **C**

题干信息	①小王选上→小张选上； ②小王选不上→小李选上； ③小张选上→小李选上； ④小王选不上 ∨ 小李选不上。
第一步	观察题干，发现题干信息均为形式语言表达的不确定信息，条件之间存在相同的概念，并且选项均为确定信息，故可优先采用第 11 招（假言串联，找矛盾）进行解题。

（续）

第二步	由于涉及“小王”的信息重复了 3 次，故可从涉及“小王”的信息入手进行假设。若小王选上，则根据①③④可推得：小王选上 $\xrightarrow{①}$ 小张选上 $\xrightarrow{③}$ 小李选上 $\xrightarrow{④}$ 小王选不上，此时前后矛盾，假设错误，因此小王一定选不上。
第三步	将“小王选不上”代入②可推知小李选上，故答案选 C。

16. 答案 C

解题步骤	
第一步	观察题干特征，锁定技巧。问题要求寻找“推理模式最相似”的选项作为答案，故可采用第 5 招（结构比较）进行解题。
第二步	整理题干推理结构： 张珊朋友的结论：所有雏菊都是不可口的。反驳张珊朋友的结论，即：有的雏菊是可口的。由此整理题干推理：有些雏菊是菊花，有些菊花是可口的，因此有些雏菊是可口的。显然犯了三段论前提中两个“有些”推出结论的错误。
第三步	分析选项，寻找与题干推理模式一致的选项作为正确答案。

选项	解释	结果
A	选项显然犯了集合体性质误用的错误，与题干不一致。	淘汰
B	选项是一个正确的推理。	淘汰
C	选项两个前提都是“有些”推出结论“有些”，与题干推理一致。	**正确**
D	选项前提是一个“有些”和一个“所有”，与题干不一致。	淘汰
E	选项前提是一个“所有”和一个“有些”，与题干不一致。	淘汰

17. 答案 D

解题步骤	
第一步	观察题干特征，锁定技巧。观察题干和选项均为“直言判断”表述，并且存在相同的概念，故可优先采用第 3 招（“有的”串联）进行解题。
第二步	符号化题干条件： ①有的成功的影视导演⇒经过正规的专业学习。 ②有的影视导演⇒未经过正规的专业学习。 ③没有一个忽视大众心理需求的影视导演能够获得成功＝忽视大众心理需求的影视导演→不会获得成功＝获得成功的影视导演→不忽视大众心理需求。
第三步	联合①③可得：有的经过正规的专业学习⇒成功的影视导演⇒不忽视大众心理需求（先将①换位）。
第四步	优先验证含有“首”和“尾”的选项，即优先验证 D 选项，D 选项＝有的经过正规专业学习的影视导演⇒不忽视大众心理需求，与题干推理一致，故一定为真，答案选 D。

18. 答案 A

题干信息	①甲第一∀甲第七；②（乙）□□□（丙）； ③丁□□□戊；④丁<乙。

（续）

第一步	本题属于排序题型，由于题目正向推理可能的情况较多，即正向推理困难，且问题求解“可能真”，故考生可优先尝试第 7 招（选项代入排除），利用“下代上”进行解题。
第二步	A 选项，若丙在第二个朗诵，则根据题干要求可列表如下： 1：甲；2：丙；3：丁；4：（己）；5：（庚）；6：乙；7：戊 与题干条件均不矛盾，故可能为真，因此答案选 A。
第三步	为帮助考生强化推理能力，剩余的选项推理过程如下： B 选项：若乙在第四个朗诵，则根据②可知，此时丙没有位置可以安排，故 B 选项一定为假。 C 选项：若庚第二个朗诵，根据②③可知，乙丙和丁戊可能的位置为 1、5 和 3、7，此时与①矛盾，一定为假。 D 选项：若丁第四个朗诵，则与③矛盾，一定为假。 E 选项：若戊第四个朗诵，则与③矛盾，一定为假。

第二步表格：

1	2	3	4	5	6	7
甲	丙	丁	（己）	（庚）	乙	戊

19. 答案 D

解题步骤	
第一步	观察题干，发现本题属于有确定真假个数的真话假话，题干信息存在明确的真假关系，故可使用第 14 招（真话假话，找关系）进行解题。
第二步	真假情况：两个判断一真一假。
第三步	判断真假： Ⅰ. 标准化题干信息： ①所有演出没有失误的人员训练时间不少于三个月 ∨ 没有演出人员留有遗憾。（真话假话题目优先将“推”转化为“或”） ②所有演出没有失误的人员训练时间不少于三个月 ∀ 没有演出人员留有遗憾。 Ⅱ. 找关系：条件①和条件②为包含关系，②真→①真。 Ⅲ. 做减法： 由于条件①②只有一真，故条件②一定为假，结合条件①真可得： 所有演出没有失误的人员训练时间不少于三个月 ∧ 没有演出人员留有遗憾，一定为真。
第四步	比对选项，由于“没留遗憾”和“没有失误”二者为不同概念，故不可等价，由此可知Ⅰ两个肢判断均为真，一定为真，Ⅱ、Ⅳ一个肢判断为真，另一个无法判断真假，故选项无法判断真假，Ⅲ有一个肢判断为假，一定为假。因此答案选 D。

20. 答案 B

解题步骤	
第一步	观察题干特征，锁定技巧。题干和选项均为“形式语言”表述，并且存在互为矛盾的概念，故可优先采用第 2 招（串联递推）进行解题。
第二步	符号化题干条件： ①雅士→擅长琴棋书画； ②俗人→离不开柴米油盐； ③离开柴米油盐→不擅长琴棋书画。
第三步	联合①③可得：雅士 $\xrightarrow{①}$ 擅长琴棋书画 $\xrightarrow{③}$ 离不开柴米油盐。
第四步	优先验证含有“首”和“尾”的选项，即优先验证 B 选项。观察发现，B 选项与题干推理一致，故一定为真，答案选 B。

21. 答案 D

题干信息	①A 去∨B 去； ②A 不去∨D 不去； ③A、E、F 三人中要派两人去； ④B、C 情况相同； ⑤C 去∀D 去； ⑥D 不去→E 不去。
第一步	由于问题求解“符合题干要求”，选项是确定、充分的，故可优先考虑第 7 招（选项代入排除）进行解题。
第二步	由条件①可知，A、B 两人至少去一个人，则排除 A、B 选项； 由条件②可知，A、D 不能一起去，则 A、D 至少要剩一个人，因此不会六个人都去，排除 E 选项； 由条件③可知，A、E、F 三人中派两人去，而 C 选项只派一人，与之矛盾，故排除 C 选项。 因此，答案选 D。

22. 答案 B

题干信息	①一般原则：价格变化导致总收入与价格反向变化（P）→需求有弹性（Q）。 ②2020 年 W 大学：学费降低 20%∧学费总额比 2019 年增加→需求有弹性。
第一步	本题属于数据分析题型，故可优先采用分析数据关系进行解题。
第二步	根据公式“学费总额（M）= 学费 × 学生总人数”，已知今年的学费总额高于去年，此时今年的学费总额（M1）= 0.8 × 学费 × X × 学生总人数，要想保证 M1 比去年要高，此时只能 X 大于 1.25，也就是学生总人数至少比去年增长 25%。由于大于 25%一定大于 20%，故答案选 B。

23. 答案 B

题干信息	①评选了明星奖→不能评选创意奖∧不能评选敬业奖。 ②评选了协作奖→不能获得写作奖。 ③评选了敬业奖→不能获得协作奖。 ④甲获得了明星奖（确定信息）。 ⑤员工乙和员工丙二人之间有人获得了写作奖。 ⑥边界条件：每个人最多获得两个奖项。
第一步	观察题干，发现本题属于有确定信息的对应题目，故可使用第 6 招（“题干确定”一马当先）进行解题。
第二步	将条件④代入题干信息可得：甲获得了明星奖 $\xrightarrow{①}$ 甲不能评选创意奖∧甲不能评选敬业奖。 由于此时无法继续进行推理，并且选项均为假言判断，故可使用第 7 招（选项代入排除）将选项中的 P 位代入题干信息中进行验证
第三步	A 选项：乙获得了写作奖代入条件②可得没有评选协作奖，肯定了条件③的 Q 位，推不出是否获得敬业奖，淘汰。 B 选项：乙获得了协作奖，代入条件②可得乙没获得写作奖，再结合⑤可得丙获得了写作奖；乙获得协作奖代入③可得乙没获得敬业奖；再结合第三步结论“甲不能评选创意奖∧甲不能评选敬业奖”，综合可得，丙获得写作奖和敬业奖，乙获得协作奖和最佳创意奖。因此 B 选项一定为真，为正确答案。

24. 答案 E

解题步骤		
第一步	观察题干特征，锁定技巧。题干和选项均为“假言判断”表述且题干条件无法有效串联，问题求解“一定真”，故可采用第 1 招（准确定位 P、Q）进行解题。	
第二步	符号化题干条件： 掌握了正确的学习方法∧养成良好的学习习惯∧有端正的学习态度→没有保障学习时间。	
第三步	由于题干推理关系较复杂，故可优先利用“P→Q=¬P∨Q”将题干等价变形。可将题干进一步转化为： 没有掌握了正确的学习方法（¬P）∨没有养成良好的学习习惯（¬Q）∨没有端正的学习态度（¬M）∨没有保障学习时间（¬N）。	
第四步	利用相容选言判断“否定必肯定”的推理规则，逐一验证选项。	
选项	**解释**	**结果**
A	选项=¬P∧Q→¬M∧¬N=P∨¬Q∨（¬M∧¬N），与题干推理不一致，故选项得不出。	淘汰
B	选项=P∧Q→¬M∧¬N=¬P∨¬Q∨（¬M∧¬N），与题干推理不一致，故选项得不出。	淘汰
C	选项=M→¬P∨¬N=¬M∨¬P∨¬N，与题干推理不一致，故选项得不出。	淘汰
D	选项=¬N→M∧Q∧¬P=N∨（M∧Q∧¬P），与题干推理不一致，故选项得不出。	淘汰
E	选项=M∧Q∧N→¬P=¬M∨¬Q∨¬N∨¬P，与题干推理一致，故选项一定为真。	正确

25. 答案 C

26. 答案 C

题干信息	①董嘉（国家博物馆）→董嘉（环球影城∧长城）； ②向明（国家博物馆）→董嘉（国家博物馆）； ③李璐（国家博物馆）→李璐（鸟巢）； ④向明≠李璐； ⑤边界条件：每位游客对应 2 个景点，每个景点对应 2 位游客（分析题干条件：由于每位游客对应 2 个景点，共 4 位游客，8 个景点，又由于每个景点也至多有 2 位游客游玩，共有 4 个景点，因此只能是每个景点对应 2 位游客）。
第一步	观察发现，本题属于“对应题”，故可考虑结合“整体思想”和列表法进行解题。
第二步	将条件①结合边界条件⑤可转化为确定信息，即董嘉（不国家博物馆）。将其代入②中，并联合③④可推得：董嘉（不国家博物馆）$\xrightarrow{②}$向明（不国家博物馆）$\xrightarrow{④}$李璐（国家博物馆）$\xrightarrow{③}$李璐（鸟巢）。将得到的确定信息填入表格并结合④以及边界条件进一步推理：

	国家博物馆	环球影城	长城	鸟巢
董嘉	×			
施飞	√			
向明	×	√	√	×
李璐	√	×	×	√

（每行 2√2×，每列 2√2×）

观察上述表格可得：向明（环球影城∧长城）。故第 25 题答案选 C。

（续）

<table>
<tr><td>第三步</td><td>将第 26 题给出的确定信息“董嘉（不长城）”填入上步中的表格并结合边界条件进一步推理如下：

	国家博物馆	环球影城	长城	鸟巢
董嘉	×	√	×	√
施飞	√	×	√	×
向明	×	√	√	×
李璐	√	×	×	√

（每行 2√2×，每列 2√2×）
观察上述表格可知，第 26 题答案选 C。</td></tr>
</table>

27. 答案 C

题干信息	① 买甲∨买乙→买丙∧买丁； ② 买甲∧（不买乙∨不买丙∨不买丁）； ③ 买甲∧买乙→不买丙∧不买丁。
第一步	由条件②可知买甲，代入题干信息①可得买丙∧买丁。
第二步	“买丙且买丁”，代入②可推出“不买乙”。因此答案选 C。

28. 答案 C

解题步骤	
第一步	观察题干特征，锁定技巧。题干条件均属于形式语言表达的不确定信息，而选项是确定的表述，故可优先采用两难推理进行解题。
第二步	符号化题干条件： ①选择围棋∀选择象棋； ②选择象棋→选择武术； ③不选择编程∨不选择武术； ④选择编程∨选择围棋。
第三步	联合①②③④可推得：选择象棋 $\xrightarrow{②}$ 选择武术 $\xrightarrow{③}$ 不选择编程 $\xrightarrow{④}$ 选择围棋 $\xrightarrow{①}$ 不选择象棋。符合自相矛盾的结构，故可知“不选择象棋”为真。
第四步	将“不选择象棋”代入①中可得选择围棋。观察选项可知，答案选 C。

29. 答案 A

30. 答案 E

题干信息	①甲和丙不相邻→丙和丁相邻； ②丙和戊相对→甲和乙相邻； ③丁和丙相邻∨甲和丙相邻→甲在丁的对面； ④甲在丁的对面→甲和丙相邻。
第一步	观察题干，发现本题属于没有确定信息的方位排序题，问题求一定真，故可使用假设法。

（续）

第二步	联合条件①③④可得： 甲和丙不相邻 $\xrightarrow{\text{①}}$ 丙和丁相邻→丁和丙相邻∨甲和丙相邻 $\xrightarrow{\text{③}}$ 甲在丁的对面 $\xrightarrow{\text{④}}$ 甲和丙相邻。 假设甲和丙不相邻，根据上述推理可得甲和丙相邻，符合“自相矛盾”的情况，故可得：甲和丙相邻。第 29 题选 A 选项。此处思路可参考第 11 招（假言串联，找矛盾）。
第三步	将上题得出的结论“甲和丙相邻”代入条件③可得甲在丁的对面，此时可画图： 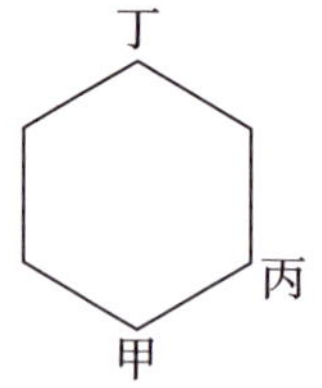
第四步	联合第 30 题附加条件⑤丙和乙、己的座位都不相对可知，与丙相对的只能为戊，此时代入条件②，可得甲和乙相邻，此时补全图示为： 比对选项，第 30 题正确答案为选项 E。 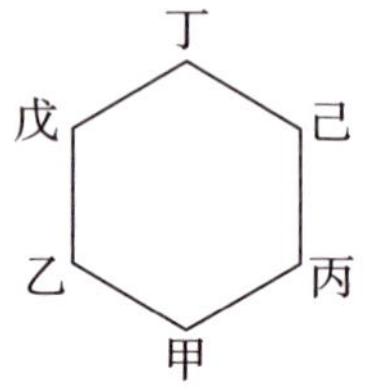

逻辑模拟试卷（二十五）答案与解析

1	2	3	4	5	6	7	8	9	10
D	A	D	C	B	B	C	D	A	E
11	12	13	14	15	16	17	18	19	20
A	D	E	C	B	D	B	E	A	E
21	22	23	24	25	26	27	28	29	30
D	D	C	C	E	D	E	B	B	B

1. 答案 D

	解题步骤
第一步	整理题干观点，根据结构词“据此认为”，确定论证结构。 前提：传统卫星会产生氧化铝微粒，会造成危险。→结论：研发木制人造卫星。
第二步	分析选项。只有 D 选项指出木质卫星不会产生危险物质，能够确保安全性，符合题干的论证关系，其余选项均不涉及“是否会造成危险”，态度不明确，故答案选 D。

2. 答案 A

题干信息	前提：参与活动的上万市民多数赞同上调地铁和公交票价。→结论：他们事实上支持了损害他们利益的提案，网友判断是假的。	
选项	解释	结果
A	选项支持题干论证，说明题干犯了以偏概全的错误，参与活动的人不能代表全部的市民，那么统计的结果就可能是造假的。	正确
B	选项直接削弱结论，市民支持的是对自己有利（改善乘车环境）的提案。	淘汰
C	选项直接削弱结论，市民支持的是对自己有利（缓解高峰时段的拥挤状况）的提案。	淘汰
D	选项直接削弱结论，很少乘坐，并且不损害他们的利益。	淘汰
E	选项直接削弱结论，市民随意填写，那么结果可能就是真实的，与损害利益无关。	淘汰

3. 答案 D

题干信息	前提：现代人接触日光(合成维生素 D)的机会变少。 结论：现代人更易患因缺钙(维生素 D 促进钙吸收)引起的疾病。	
选项	解释	结果
A	选项不能削弱，考生试想，题干论证的是“引发疾病”，而不是“缓解和治愈疾病”。近几年考试考查核心谓语动词是常见易错点。	淘汰
B	该项削弱力度较弱，尽管含钙食品丰富，但并不能确定人体对钙的吸收量，因此，是否会抵消因缺乏接触日光减少的吸收的钙不能确定。	淘汰

（续）

选项	解释	结果
C	该项与题干无关，现代人是否大量食用口服维生素 D 片不得而知。	淘汰
D	该项表明，接触日光的时长与患骨质疏松无关，直接割裂题干的论证关系，削弱力度最强。	正确
E	选项削弱力度较弱，不运动会导致患病并不能否认因缺钙导致的患病，二者有可能同时为真。如果没有更好的割裂关系的选项，才考虑这类选项。考生一定注意这类干扰项，最近几年常出现。	淘汰

4. 答案 **C**

题干信息	对话焦点问题。解题关键在于，通过分析论证结构明确两人态度。此外，对话焦点问题中所出现的例子往往不是重点，而是辅助说明问题，因此考生要找到例子所指向的观点。对于此题来说，“赤狼”只是个例子，不是重点，赤狼要说明的是杂种动物，所以两人论证的观点一定都针对“杂种动物”，考生切记。 根据“由于”“所以”“因为”等结构词梳理双方论证结构。 史密斯：赤狼可以通过杂交来重新获得，而它们明显需要保护→条例应当修改，使其也保护杂种动物。 张大中：赤狼灭绝后依然可以通过杂交来获得→条例不需要保护杂种动物（张大中虽然未明确提到此观点，但是出现了“您的观点不能成立”，所以该处并非过度延伸）。	
解题预判	根据上面论证关系的梳理，可发现两人的观点明显不同，属于观点之争，即两人对于“条例是否应该保护杂种动物”存在分歧，迅速锁定 C 项。	
选项	**解释**	**结果**
A	两人都提到了“可通过山狗和灰狼杂交得到赤狼”，没有分歧。	淘汰
B	“赤狼”在此题中只是为了论述“杂种动物是否应该被保护”的例子，不是争论焦点。	淘汰
D	两人均未讨论山狗和灰狼是否是纯种动物，非焦点。	淘汰
E	两人均未提到赤狼是否有灭绝的风险，非焦点。	淘汰

5. 答案 **B**

解题步骤	
第一步	先找到张大中的论证关系：赤狼灭绝后依然可以通过杂交来获得→条例不需要保护杂种动物（张大中虽然未明确提到此观点，但是出现了“您的观点不能成立”，所以该处并非主观臆造）。
第二步	解题预判：张大中由赤狼灭绝依然可以通过杂交获得便得到条例不需要保护杂种动物。 论证过程包含了隐藏假设：所有杂种动物都可以由现存纯种动物杂交而成，即 B 项。这也是张大中论证中最重要的一个假设点。本题可采用第 15 招（梳理关系，紧盯概念）分析选项。

6. 答案 **B**

题干信息	解释差异题。先根据结构词“而”找到需要解释的差异双方。 差异双方：北美的鸭类数量显著下降，而天鹅和鹅的数量却未受明显的影响。
解题预判	紧扣态度，引入导致鸭类数量下降而天鹅数量不受影响的“其他差异”，即可快速锁定 B 项。

（续）

选项	解释	结果
A	无关项。该项未提到“鸭类”以及“鹅类”。	淘汰
B	可以解释。该项说明鹅类、天鹅筑巢和孵化的地区在更靠北部未被开发的地区，说明开发地并不是它们原本的筑巢及孵化地，对它们几乎无影响；而鸭类更接近开发的地区，开发会更影响鸭类的筑巢和孵化，进而影响它们的生存，所以才导致题干出现的差异。	正确
C	该项未能体现“鸭类”和“鹅类”的差异，无法解释。	淘汰
D	该项未能体现“鸭类”和“鹅类”的差异，无法解释。	淘汰
E	“鹅类和天鹅比鸭类更大”“更难以发现受保护的筑巢点”，该项反而说明应该是天鹅和鹅类的数量下降，而不是鸭类数量下降，与题干信息冲突。	淘汰

7. 答案 C

题干信息	①上线云计算∧上线广告推广→不上线数字百科。 ②不上线电子商务→上线出版物零售∨上线游戏开发。 ③上线电子商务→上线云计算。 ④上线数字百科∨上线电子商务=不上线数字百科→上线电子商务。 ⑤没上线数字百科。
解释	将确定信息⑤“没上线数字百科”代入条件④，可得“上线电子商务”，将其代入条件③，可知“上线云计算”，答案选 C。

8. 答案 D

题干信息	①上线云计算∧上线广告推广→不上线数字百科。 ②不上线电子商务→上线出版物零售∨上线游戏开发。 ③上线电子商务→上线云计算。 ④上线数字百科∨上线电子商务=不上线数字百科→上线电子商务。 ⑤上线数字百科∧上线电子商务。
解释	将确定信息⑤“上线电子商务”代入条件③中，可知⑥“上线云计算”；将确定信息⑤“上线数字百科”代入条件①中，可知“不上线云计算∨不上线广告推广”，结合新得出的确定信息⑥“上线云计算”，可知“不上线广告推广”，答案选 D。

9. 答案 A

题干信息	①足球比赛中：不是赢家→是输家。 ②在球迷眼中：要么是勇敢者，要么是懦弱者。 ③在球迷眼中：前提：赢家→是勇敢者。结论：输家→是懦弱者。
第一步	根据题干的论证范围（限定词）“在球迷眼里”，淘汰 D、E。考生注意，假设题目一般需要保证选项的论证范围与题干的论证范围一致，范围过大就可能过度假设。
第二步	根据题干的论证关系淘汰 B、C 选项，题干没有涉及关于球迷判断能力和判断准确性的论证，所以 B、C 显然扩大了题干的论证范围。故可快速确定答案选 A。

（续）

第三步	考生注意，“你不是赢家就是输家……”“你要么是勇敢者，要么是懦弱者……”应该有四种情况组合：勇敢者-赢家，勇敢者-输家，懦弱者-赢家，懦弱者-输家。选项 A，一个“必”字，说明“勇敢者”与“赢家”间的必然性。 在这里，再深入讲解一下。题干前提：“在球迷眼里，所有的赢家都是勇敢者”，就是说赢家是勇敢者的子集（考生想一想，利用假言判断的相关知识），那样，输家也可能是勇敢者，增加条件选项 A，“勇敢者”与“赢家”便互为充要条件，赢家只可能是勇敢者，那么“输家”只能是“懦弱者”。

10. 答案 **E**

题干信息	本题属于解释现象，矛盾点：非自花授粉的樱草比自花授粉的樱草繁殖条件差（具体表现为：①授粉昆虫少；②所结的种子少）与非自花授粉比自花授粉的樱草更常见的矛盾。	
选项	**解释**	**结果**
A	发芽率高，说明非自花授粉的樱草比自花授粉的樱草成活率高，“他因”解释非自花授粉的樱草更常见，有助于解释矛盾。	淘汰
B	自花授粉的樱草引进来的时间短，相比较非自花授粉的樱草游客接触的时间短，自然更不常见，“他因”解释，有助于解释矛盾。	淘汰
C	数量关系比值差异大，看见多的非自花授粉的樱草是由于数量基数更大，“他因”解释非自花授粉的樱草更常见，有助于解释矛盾。	淘汰
D	非自花授粉樱草比自花授粉的樱草成活率高，“他因”解释非自花授粉的樱草更常见，有助于解释矛盾。	淘汰
E	园林深处为非自花授粉的樱草，那么游客应该更少见非自花授粉的樱草，加剧了题干的矛盾，不能解释。	正确

11. 答案 **A**

题干信息	①胆固醇和脂肪越多，血清胆固醇指标越高。 ②界限内，二者成正比，界限外胆固醇和脂肪急剧增加，血清胆固醇指标缓慢增加。 ③界限对于各个人种是一样，是欧洲人均胆固醇和脂肪摄入量的 1/4。	
选项	**解释**	**结果**
A	直接支持，说明二者之间未必是正相关的关系，界限内成立，界限外就未必。	正确
B	不能支持，界限对于所有人是固定的，至于是否能够改变，题干缺少相关信息。	淘汰
C	不能支持，欧洲人的胆固醇含量是一个参照的指标，至于欧洲人的胆固醇实际上是否超标，无法判断。	淘汰
D	不能支持，题干不涉及胆固醇的指标是否正常的相关信息。	淘汰
E	不能支持，题干没有影响胆固醇含量因素的相关信息。	淘汰

12. 答案 **D**

题干信息	论证一：方法一：全面改造地铁，提高客运量。目的一：缓解沿线包括高速公路拥堵。 论证二：方法二：增收高速公路机动车过路费。目的二：补贴改造费用。 论证三：理由：机动车主是受益者。结论：承担部分开支。 本题使用第 17 招（特殊结构——方法可行）分析选项。

（续）

选项	解释	结果
A	选项针对论证二，市政府无权支配全部过路费收入，不意味不能支配部分收入，故方法依旧可行。	淘汰
B	说明方法有缺陷（违背理由："同比公平性"），但不能说明方法达到目的的不可行性，力度较弱。	淘汰
C	收过路费的标准是否合理与论证二方法能否达到目的，无关。	淘汰
D	机动车绕开高速公路会加剧沿线普通公路的拥堵；选项针对论证一，说明方法无效。对于细节的考查是这些年命题的一个重点。考生注意论证一，缓解"沿线"包括"高速公路"拥堵。	正确
E	题干不涉及高速公路与普通公路拥堵的对比。	淘汰

13. 答案 **E**

题干信息	论证一：方法一：全面改造地铁，提高客运量。目的一：缓解沿线包括高速公路拥堵。 论证二：方法二：增收高速公路机动车过路费。目的二：补贴改造费用。 论证三：理由：机动车主是受益者。结论：承担部分开支。	
选项	**解释**	**结果**
A	诉诸权威，选项只能说明计划可行，而无法判断"合理"。	淘汰
B	选项只能说明计划的必要性或紧迫性，而非合理性。	淘汰
C	诉诸权威，支持计划"合理"性力度弱。	淘汰
D	题干方法不涉及是否用政府自有财力改造。	淘汰
E	相当数量的乘客拥有私人机动车，他们主动放弃开车而选择乘坐地铁，将使机动车数量减少，进而缓解交通，说明方法合理，支持论证。	正确

14. 答案 **C**

	解题步骤	
第一步	观察题干特征，锁定技巧。题干和选项均为"假言判断"表述且题干条件无法有效串联，问题求解"不必然为真"，故可采用第 1 招（准确定位 P、Q）进行解题。	
第二步	符号化题干条件： ①不想总是受他人摆布（P1）→必须用批判性思维来武装你的头脑（Q）； ②不想混混沌沌地度过一生（P2）→必须用批判性思维来武装你的头脑（Q）； ③想学会独立思考、理性决策（P3）→必须用批判性思维来武装你的头脑（Q）。	
第三步	由于题干同时具有"一肯一否"和"两肯"的表述，故只能逐一验证选项。	
选项	**解释**	**结果**
A	选项 = $\neg Q \to \neg P3$，与③互为逆否等价，故选项一定为真。	淘汰
B	选项 = $Q \vee \neg P2 = P2 \to Q$，与②推理一致，故选项一定为真。	淘汰
C	选项 = $\neg P3 \to \neg Q$，否定 P 位时，无法有效推理，故选项得不出。	正确
D	选项 = $P1 \to Q$，与①推理一致，故选项一定为真。	淘汰
E	选项 = $P3 \to Q$，与③推理一致，故选项一定为真。	淘汰

15. 答案 B

题干信息	①教育和财务由同一人分管； ②宣传和后勤由同一人分管； ③丙分管的部门比乙多； ④教育、工会中的一个部门由甲分管； ⑤工会、后勤中的一个部门由乙分管。	
解题预判	本题属于"分组题"，但选项是充分、确定的，可使用第 7 招（选项代入排除）来逐一分析选项。	
选项	**解释**	**结果**
A	选项与③矛盾，排除。	淘汰
B	选项与题干条件均不矛盾，故可能真。	正确
C	选项与②矛盾，排除。	淘汰
D	选项与④矛盾，排除。	淘汰
E	选项与⑤矛盾，排除。	淘汰

16. 答案 D

题干信息	①教育和财务由同一人分管； ②宣传和后勤由同一人分管； ③丙分管的部门比乙多； ④教育、工会中的一个部门由甲分管； ⑤工会、后勤中的一个部门由乙分管； ⑥甲分管的部门多于丙。
第一步	观察发现，本题属于"分组题"，可使用"占位、剩余"思想，根据题干信息可知，7 个部门分给 3 个人管，可能的分组情况为：5-1-1、4-2-1、3-3-1、3-2-2。联合③⑥可得分管的部门数量：甲>丙>乙。故不存在两个人分管部门数量相同的情况，因此本题的分组情况为：4（甲）-2（丙）-1（乙）。
第二步	根据⑤可知，由于乙需要分管工会和后勤其中一个，同时由②可知，后勤和宣传需要一个人分管，故联合题干分组情况，乙只能分管工会，故可排除 A、B、E 选项。再结合④可知甲分管教育，故可排除 C 选项，答案选 D。

17. 答案 B

	解题步骤
第一步	本题属于真话假话题型，由于题干条件间存在明显的真假关系，故可采用第 14 招（真话假话，找关系）进行解题。
第二步	判断真假： Ⅰ. 标准化题干信息： ①赵嘉→李芳=不赵嘉∨李芳； ②杨虹∀李芳； ③赵嘉∧不杨虹； ④杨虹=李芳。 ⑤边界条件：题干真假情况为 4 个意见 3 真 1 假。 Ⅱ. 找关系：②和④属于矛盾关系，必 1 真 1 假。 Ⅲ. 做减法：3 真 1 假减去 1 真 1 假，故①和③均为真。

（续）

解题步骤	
第三步	推出事实： 由③为真可得：赵嘉∧不杨虹。 由①为真可得：不赵嘉∨李芳。 将“赵嘉参加”代入到“不赵嘉∨李芳”可推得：李芳参加。再结合“杨虹不参加”可知②为真、④为假，即乙的意见被采纳，答案选B。

18. 答案 **E**

解题步骤	
第一步	观察题干特征，锁定技巧。问题中存在单件“P”表述的确定信息，故可采用第6招（“题干确定”一马当先）进行解题。
第二步	符号化题干条件： ①有鸡→有鱼。②没有鲍鱼→有海参。 ③没有甲鱼汤∨没有乌鸡汤。④没有鸡∧有鲍鱼→有甲鱼汤。 ⑤有乌鸡汤（确定信息）。
第三步	将确定信息⑤“有乌鸡汤”代入③中，并联合③④可得：有乌鸡汤 $\xrightarrow{③}$ 没有甲鱼汤 $\xrightarrow{④}$ 有鸡∨没有鲍鱼。
第四步	根据“P1∨P2+P1→Q1+P2→Q2可得Q1∨Q2”，将“有鸡∨没有鲍鱼”与①②结合可得：有鱼∨有海参。故答案选E。

19. 答案 **A**

解题步骤		
第一步	观察题干特征，锁定技巧。问题要求寻找“论证错误最为相似”的选项作为答案，故可采用第5招（结构比较）进行解题。	
第二步	整理题干推理结构发现，乙在论述中犯了“偷换概念”的错误，将甲论述中的“全职主妇”偷换为“生孩子的女性”。	
第三步	分析选项，寻找与题干逻辑错误一致的选项作为正确答案。	
选项	**解释**	**结果**
A	选项犯了“偷换概念”的错误，单身汉将“买房子送给老婆”理解成买房子就送一个结婚的对象，逻辑错误与题干一致，为正确选项。	**正确**
B	选项无逻辑谬误，排除。	淘汰
C	选项犯了“自相矛盾”的错误，在乙说的话中，“今年过节不收礼”与“收礼只收脑白金”自相矛盾，与题干谬误不一致，排除。	淘汰
D	小红用自己的怜悯之情阻止对方，犯了“诉诸情感”的错误。	淘汰
E	选项将殖民地与宗主国的关系类比为孩子和父母间的关系，两者有本质上的区别，不能进行类比推理，因此选项犯了“不当类比”的逻辑谬误，与题干谬误不一致，排除。	淘汰

20. 答案 E

解题步骤	
第一步	本题属于数据分析题，由于题干中存在“数据划分”相关条件，故可优先考虑分析数据关系进行解题。
第二步	根据题干划分标准可画表格如下：（见下表）
第三步	根据表格整理题干信息： 比南方女人更多的南方男人与北方人结了婚：A>B。
第四步	分析选项： Ⅰ. 与南方人结婚的北方女人多于北方男人=A>B，与题干要求一致，故一定为真。 Ⅱ. 与南方人结婚的人，女人比男人多=A+C>B+C=A>B，与题干要求一致，故一定为真。 Ⅲ. 与北方人结婚的人，男性比女性多=A+D>B+D=A>B，与题干要求一致，故一定为真。 比对选项，故答案选 E。

第二步表格：

	①	②	③	④
男	南方（A）	北方（B）	南方（C）	北方（D）
女	北方（A）	南方（B）	南方（C）	北方（D）

21. 答案 D

22. 答案 D

题干信息	①丁和戊没有购买同一种颜色的外套； ②甲和丁购买了同一种颜色的外套，乙和丙也仅购买了一种相同颜色的外套； ③甲没有购买蓝色外套，戊没有购买白色外套； ④丙购买了黑色外套（确定信息）； ⑤乙同时购买了有两人购买与有三人购买的外套； ⑥边界条件：每人购买了其中的 1~2 个颜色的外套，有一种颜色有三人购买，一种颜色有两人购买，另一种颜色有一人购买。
第一步	观察题干，发现本题属于有确定信息的对应+分组的综合题目，由于确定信息无法代入题干进行推理，且题干中的对应关系较复杂、抽象，故可使用列表法进行解题。
第二步	明确分组信息，6 件外套分给 5 人，故分组情况为 2、1、1、1、1，根据条件⑤可知，乙买了两件外套，故可确定分组情况为：乙（2）、甲（1）、丙（1）、丁（1）、戊（1）。 将题干信息填入表格如下：（见下表）

第二步表格：

	蓝色外套	白色外套	黑色外套
甲	×		
乙			
丙	×	×	√
丁			
戊		×	

（续）

<table>
<tr><td>第三步</td><td>观察表格，根据条件②可得：乙和丙同时购买的外套只能是黑色外套。
根据条件②，甲和丁只能同时购买白色或黑色外套；若甲和丁购买黑色外套，此时购买黑色外套的就有4个人，与边界条件⑥矛盾，因此甲和丁购买的外套颜色为白色，此处思路可参考第11招（假言串联，找矛盾）。
根据条件⑤，乙也购买白色外套，此时戊购买蓝色外套。
确定的信息如下表：
<table><tr><td></td><td>蓝色外套</td><td>白色外套</td><td>黑色外套</td></tr><tr><td>甲</td><td>×</td><td>√</td><td>×</td></tr><tr><td>乙</td><td>×</td><td>√</td><td>√</td></tr><tr><td>丙</td><td>×</td><td>×</td><td>√</td></tr><tr><td>丁</td><td>×</td><td>√</td><td>×</td></tr><tr><td>戊</td><td>√</td><td>×</td><td>×</td></tr></table>比对选项，第21题答案为D选项，第22题答案为D选项。</td></tr>
</table>

23. 答案 C

解题步骤	
第一步	观察题干特征，锁定技巧。题干和选项均为“假言判断”表述且题干条件无法有效串联，问题求解“一定真”，故可采用第1招（准确定位P、Q）进行解题。
第二步	符号化题干条件： ①谈恋爱（P1）→都会让男友感到迷茫（Q1）； ②谈一段永不分手的恋爱（P2）→男生能给女生安全感（Q2）； ③真正获得安全感（P3）→人确定自己是被偏爱的（Q3）； ④有恃无恐（P4）→都是过于蛮横的（Q4）。
第三步	题干表述为“两肯”，但由于选项中没有“两否”的结构，故优先考虑“两肯”的结构，即优先考虑A、C和E。由于②④无法串联，故A选项得不出。C选项=P1→Q1，与①推理一致，故一定为真，答案选C。

24. 答案 C

题干信息	①丙去∀丁去； ②丁去→乙去； ③甲、丙、己三人只有一人不去； ④甲不去→乙去； ⑤己去∨丁去。
第一步	本题属于分组题型，由于题干没有确定信息，故可通过重复项假设的思路进行解题。
第二步	观察题干信息，丁的重复次数最多，可假设丁的情况。 假设丁去，联合①②③可推得：丁去 $\xrightarrow{①②}$ 乙去∧丙不去 $\xrightarrow{③}$ 甲去∧己去。 假设丁不去，联合①③④⑤可推得：丁不去 $\xrightarrow{①⑤}$ 丙去∧己去 $\xrightarrow{③}$ 甲不去 $\xrightarrow{④}$ 乙去。
第三步	观察上述推理可知，己去∧乙去，故答案选C。考生可参考第13招（假设无矛盾，考虑分情况）中的相关内容。

25. 答案 E

26. 答案 D

题干信息	①赵彦是北方人∀孙玉是北方人； ②赵彦负责产品设计→李允负责程序开发； ③四人中仅有三人是南方人∧南方人不负责产品设计； ④孙玉和李允来自同一个城市； ⑤孙玉不是北方人→钱亭负责质保； ⑥四人来自哈尔滨、广州和上海；岗位分别是产品设计、质保、数据分析和程序开发。
第一步	本题属于对应题型，由于题干中涉及相同的话题“地域”，故可考虑采用第 8 招（以“重复元素”为突破口）进行解题。
第二步	联合①③⑥可知，四人中只有一人来自北方，即哈尔滨，且只能是赵彦和孙玉中的一个人；结合④，孙玉和李允不是北方人，那只能是赵彦来自哈尔滨。再结合③南方人不负责产品设计可知，赵彦负责产品设计。因此，第 25 题答案选 E。
第三步	由上一步可知，赵彦负责产品设计，结合②可得，李允负责程序开发。由赵彦来自哈尔滨，结合第 26 题给出的附加条件可得：孙玉是上海人。结合④可知，李允来自上海。结合⑤可得，钱亭负责质保，由于三个南方人得有来自广州的，故只能是钱亭来自广州。 综上所述：赵彦-产品设计-哈尔滨；孙玉-数据分析-上海；钱亭-质保-广州；李允-程序开发-上海。因此第 26 题答案选 D。

27. 答案 E

解题步骤	
第一步	观察题干特征，锁定技巧。题干和选项均为“假言判断”表述且题干条件无法有效串联，问题求解“一定真”，故可采用第 1 招（准确定位 P、Q）进行解题。
第二步	符号化题干条件： 人们能够适量摄入（P1）∧保证饮食多样性（P2）→意大利面对人们的身体健康大有裨益（Q）。
第三步	题干表述为“两肯”，故优先验证“两否”的结构，即优先验证 A 和 E。A 选项，从左向右推理时，没保证饮食多样性（即¬ P2），无须看后面内容，快速淘汰。E 选项 = P1∧¬ Q→¬ P2 = ¬ P1∨Q∨¬ P2 = P1∧P2→Q，与题干推理一致，故一定为真，答案选 E。

28. 答案 B

解题步骤	
第一步	观察题干特征，锁定技巧。题干和选项多为“假言判断”表述，并且存在相同的概念，故可优先采用第 2 招（串联递推）进行解题。
第二步	符号化题干条件： ①名不正→言不顺； ②言不顺→事不成； ③事不成→礼乐不兴； ④礼乐不兴→刑罚不中； ⑤刑罚不中→民无所措手足； ⑥君子名之→必可言； ⑦可言→必可行。

（续）

解题步骤	
第三步	联合①②③④⑤可得：名不正（P1）→言不顺（Q1/P2）→事不成（Q2/P3）→礼乐不兴（Q3/P4）→刑罚不中（Q4/P5）→民无所措手足（Q5）。 联合⑥⑦可得：君子名之→必可言→必可行。
第四步	优先验证含有“首”和“尾”的选项，即优先验证 B 和 E。B 选项 =¬ Q5→¬ P2，与题干信息互为逆否等价，故一定为真，答案选 B。

29. 答案 B

题干信息	①除了百合花和牡丹花外，同类的花卉必须相邻种植。 ②有 1 种百合花与其余 4 类花卉均相邻。 ③牡丹花种在 6 号地块。（确定信息）
第一步	观察题干，本题属于有确定信息的位置+对应的综合推理题，由于题干信息给出位置图示，故可使用列表法进行解题。
第二步	根据条件②可知：百合花的位置是 5。 根据条件①③可知：此时考虑相邻位置关系有 1、2/2、3/1、4/4、7/7、8/8、9 六个位置属于相邻。此时考虑假设特殊性，此处思路可参考第 11 招（假言串联，找矛盾）。 若百合在 1，此时 2、3/4、7/8、9 相邻完全满足剩下 3 类相邻。 若百合在 2，一定剩下 3 满足不了同类花卉相邻，即百合不能在 2。 同理，如果百合在 4 时，则 1、2、3 要剩下一个，7、8、9 要剩下一个，无法满足相邻，因此百合不能在 4。 同理，如果百合在 8 时，9 没有同类花卉可以满足相邻，因此排除。 综上，不可以种植百合的在 2、4、8。答案为 B。

30. 答案 B

解题步骤	
第一步	从附加信息入手可知，百合花 = 5，由于同类花卉不能相邻，故另一种百合花只可能是 1、3、7、9 四种可能。由于四种可能是均等的，故只考虑一种特殊情况，如：另一种百合花在 1。 由于 2 种百合花均既与兰花相邻，又与玫瑰花相邻，此时 2 和 4 的位置一定是一个兰花、一个玫瑰，具体是哪个无法判断。由于 5 号百合要与四种花卉相邻，因此 6 和 8 的位置只能是一个梅花、一个牡丹，具体是哪个无法判断。
第二步	由于相同的花卉不能相邻，故 9 不能是梅花，只可能是兰花和玫瑰中的一种。还剩一种梅花和玫瑰/兰花（2 选 1），分别在位置 3 和 7。此时的对应关系如下表： <table><tr><td>1 百合</td><td>2（兰花/ 玫瑰）</td><td>3</td></tr><tr><td>4（玫瑰/ 兰花）</td><td>5 百合</td><td>6（牡丹/ 梅花）</td></tr><tr><td>7</td><td>8（梅花/ 牡丹）</td><td>9（梅花/ 牡丹）</td></tr></table>但无论这种梅花是在 3，还是在 7，都一定与牡丹相邻，故答案选 B。

逻辑模拟试卷（二十六）答案与解析

1	2	3	4	5	6	7	8	9	10
A	C	D	C	E	B	D	A	E	B
11	12	13	14	15	16	17	18	19	20
E	B	B	A	B	A	D	D	D	C
21	22	23	24	25	26	27	28	29	30
D	E	B	D	C	B	C	A	D	A

1. 答案 A

解题步骤	
第一步	观察题干特征，锁定技巧。题干和选项均为“假言判断”表述，并且存在相同的概念，故可优先采用第 2 招（串联递推）进行解题。
第二步	符号化题干条件： ①社会持续发展→培养大量高素质人才； ②培养大量高素质人才→高校教育质量的提升； ③高校教育质量的提升→带来高校教师整体素养的提升。
第三步	联合①②③可得：社会持续发展（P1）$\xrightarrow{①}$培养大量高素质人才（Q1/P2）$\xrightarrow{②}$高校教育质量的提升（Q2/P3）$\xrightarrow{③}$带来高校教师整体素养的提升（Q3）。
第四步	优先验证含有“首”和“尾”的选项，即优先验证 A 和 D。A 选项＝P1→Q3，与题干推理一致，故一定为真，答案选 A。

2. 答案 C

解题步骤	
第一步	观察题干特征，锁定技巧。问题中存在单件“P”表述的确定信息，故可采用第 6 招（“题干确定”一马当先）进行解题。
第二步	符号化题干条件： ①带妻子∨带女儿→去商场； ②带妻子∧带儿子→不去游乐园； ③带儿子∧带女儿→去动物园； ④去游乐园（确定信息）。
第三步	将确定信息④代入①中可推得：去游乐园→不去商场$\xrightarrow{①}$不带妻子∧不带女儿。根据题干可知，小李带了家人，故小李带儿子去游乐园，答案选 C。

3. 答案 D

	解题步骤
第一步	本题属于“分组题”，可考虑使用“占位、剩余”思想明确边界条件：从 7 人中选 4 人，剩 3 人。由于题干中含有确定信息，故可先将题干条件符号化，然后使用第 6 招（“题干确定”一马当先）从确定信息出发代入题干条件，结合边界条件推理即可。
第二步	符号化题干信息： ①赵吉→孙智； ②赵吉∀钱华； ③不李倩∨不周兰； ④钱华→周兰； ⑤李倩上场（确定信息）。
第三步	根据第 6 招（“题干确定”一马当先），将问题中的确定信息“李倩上场”代入③中，并结合①②④可推得：李倩 $\xrightarrow{③}$ 不周兰 $\xrightarrow{④}$ 不钱华 $\xrightarrow{②}$ 赵吉 $\xrightarrow{①}$ 孙智。 由上述推理链条可知，李倩、赵吉、孙智上场，周兰和钱华不上场。无法判断吴苏和王佳是否上场，故答案选 D。

4. 答案 C

题干信息	①赵（不冰美式）→刘（焦糖玛奇朵）； ②王+赵（拿铁∨卡布奇诺）； ③王（拿铁）→刘（卡布奇诺）； ④张（摩卡）→刘（冰美式）； ⑤边界条件：每人点 1 种咖啡，每种咖啡 1 个人点。
第一步	本题属对应题型，题干没有确定信息，故可使用第 11 招（假言串联，找矛盾），涉及“拿铁”和“卡布奇诺”的信息重复 2 次，优先从涉及“拿铁”和“卡布奇诺”的信息入手： 根据条件③，假设王（拿铁）$\xrightarrow{③}$ 刘（卡布奇诺），此时与②矛盾（点拿铁和卡布奇诺的人只能从王和赵中选），根据第 11 招（假言串联，找矛盾）可知，假设的前提不能成立，故王（不拿铁）为确定信息，代入条件②中可得：王（卡布奇诺），赵（拿铁）。
第二步	将“赵（拿铁）”代入①中，并结合④⑤可推得：赵（拿铁）$\xrightarrow{⑤}$ 赵（不冰美式）$\xrightarrow{①}$ 刘（焦糖玛奇朵）$\xrightarrow{⑤}$ 刘（不冰美式）$\xrightarrow{④}$ 张（不摩卡）。 此时张（不摩卡∧不卡布奇诺∧不拿铁∧不焦糖玛奇朵），结合边界条件⑤可得：张（冰美式），李（摩卡）。故答案选 C。

5. 答案 E

解题预判	观察题目特征，锁定技巧。题干属于“表格类确定信息”，并且选项为假言判断表述，选项中“由于”的位置属于特例表达，故可优先采用逐个分析选项进行解题。	
选项	**解释**	**结果**
A	题干信息所列学校虽然并非是羊城的所有学校，但依旧有可能列出了全部的运动项目，因此排除 A 选项。	淘汰
B	题干信息所列学校虽然是羊城最好的 12 所学校，但依旧有可能并没有列出全部的运动项目，因此排除 B 选项。	淘汰

（续）

选项	解释	结果
C	“可能”不能推出“必然”，因此排除 C 选项。	淘汰
D	题干信息所列学校虽然处于羊城市的各个地区，但依旧有可能没有列出全部的运动项目，因此排除 D 选项。	淘汰
E	题干信息所列出的运动类型可能不是全部的运动类型，因此 E 选项的论断最为准确。	正确
注意	题干所列运动类型未必包含所有的运动类型，故只能选择“可能”模态判断，答案选 E。	

6. 答案 B

解题步骤		
第一步	观察题目特征，锁定技巧。问题要求“对话方式最相似”的选项作为正确答案，故可采用第 5 招（结构比较）进行解题。	
第二步	观察题干，发现题干的对话中存在偷换概念的谬误，甲强调的“饭碗”表示“工作”，而乙强调的“饭碗”表示“吃饭用的碗”。	
第三步	分析选项，寻找与题干谬误一致的选项作为正确答案。	
选项	**解释**	**结果**
A	选项的对话中存在“转移话题”的谬误，与题干不一致。	淘汰
B	学弟认为的“包袱”指的是“负担”，而学长认为的“包袱”指的是“行李包裹”，选项存在“偷换概念”的谬误，与题干一致。	正确
C	选项不存在逻辑谬误，与题干不一致。	淘汰
D	选项不存在逻辑谬误，与题干不一致。	淘汰
E	选项属于“转移话题”的逻辑谬误，与题干不一致。	淘汰

7. 答案 D

解题步骤	
第一步	观察发现，本题属于典型的“数独对应”题目，选项是确定的，但表格中的确定信息太少，故此时只能先求解出确定信息，然后逐步推理得出结果。要求解出确定信息，可使用第 8 招（以“重复元素”为突破口），在数独问题中，则是优先考虑从表格中信息量最大处出发进行推理。
第二步	第三行第一列是信息量最大的空格，第三行和第一列已有金、水、火、土，此处只能是木；第三行第四列是接下来信息量最大的空格，第三行和第四列已有金、木、水、土，此处只能是火；由上述结论可知，第三行第二列只能是土；根据现有信息可知，第一行第一个格不能是土，第二个格不能是土，第三格是木而不是土，第四格也不能是土，所以第五格必须是土。答案选 D。

8. 答案 A

解题步骤	
第一步	观察题干特征，锁定技巧。观察题干和选项均为“直言判断”表述，并且存在相同的概念和互为矛盾的概念，故可优先采用第 3 招（“有的”串联）进行解题。
第二步	符号化题干条件： ①“进博会”所展示的商品→具有地方特色∨科技含量高； ②科技含量高的商品→展示了国家的科技实力； ③有些“进博会”所展示的商品⇒并非展示了国家的科技实力。

（续）

解题步骤	
第三步	联合①③可得：有的并非展示了国家的科技实力⇒“进博会”所展示的商品⇒具有地方特色∨科技含量高。 联合①②③可得：有些“进博会”所展示的商品⇒并非展示了国家的科技实力⇒科技含量不高⇒具有地方特色。观察可知，答案选 A。
提示	“进博会”所展示的商品≠“商品”，故可快速淘汰 B、C、E 选项。

9. 答案 **E**

解题步骤	
第一步	观察发现，本题属于“分组题型”，可使用“占位、剩余”思想进行解题。
第二步	符号化题干条件： ①甲∨乙→不丙∧不丁=（不甲∧不乙）∨（不丙∧不丁）； ②戊∨己→不庚∧不辛=（不戊∧不己）∨（不庚∧不辛）； ③边界条件：10 人中选 6 人，剩 4 人。
第三步	根据题干边界条件可知，剩的人数更少一些，故可优先考虑用“剩余法思想”进行解题。由①可得：甲、乙、丙、丁中至少剩 2 人。由②可得：戊、己、庚、辛中至少剩 2 人，结合边界条件“10 人中剩 4 人”可得：甲、乙、丙、丁、戊、己、庚、辛中剩余 4 人，即一定报名的人为壬、癸。故 E 选项为正确答案。

10. 答案 **B**

题干信息	猜想：公元 365 年的一次地震导致古城被破坏。	
选项	**解释**	**结果**
A	选项指出蒙科云城也发现了公元 365 年前后花瓶，即存在发现 365 年后花瓶的可能，不能支持是公元 365 年的地震导致蒙科云城的破坏。	淘汰
B	选项通过求异法指出恰好是公元 365 年的差异，有公元 365 年前的铸币，而没有公元 365 年后的铸币，指出是公元 365 年的唯一差异导致结果差异，就直接支持了是公元 365 年的地震导致蒙科云城的破坏。	**正确**
C	选项不能支持，选项指出公元 365 年前后发生了地震，而未说明地震和蒙科云城的破坏有关。	淘汰
D	选项没有具体指出公元 365 年，不能支持。	淘汰
E	发现公元 365 年以后才使用的希腊字母的石刻，说明蒙科云城在公元 365 年以后还存在。削弱考古学家的猜想。	淘汰

11. 答案 **E**

解题步骤	
第一步	整理题干论证。前提：①作坊位于从遗址中心向外辐射的马路边上，且离中心有一定的距离；②贵族仅居住在中心地区。→结论：作坊制作的食品不是供给贵族的，而是供给中等阶级的。
第二步	题干论证显然缺一个“桥”，即食品供给范围与食品供给对象之间的关系，即需要保证没有其他原因会影响贵族购买食品，因此 E 选项属于“没有他因”的假设，如果提供送货，那么范围与身份之间的关系就不成立。因此答案选 E。

12. 答案 B

题干信息	需解释的发现：玩具种类越多，孩子的智力（即神经元的数量和连接的质量）越差。	
选项	解释	结果
A	选项强调的是玩具过多影响孩子的“注意力”，不涉及影响孩子的“智力”，无法解释。	淘汰
B	选项指出“玩具过多”阻碍“神经系统发育”，进而影响智力发育，导致智力变差，能解释。	正确
C	选项强调的“高难度的玩具”对孩子兴趣和探索欲的影响，不涉及孩子的“智力”，无法解释。	淘汰
D	选项强调的是“玩具过多”影响孩子的“性格”，不涉及影响孩子的“智力”，无法解释。	淘汰
E	选项强调的是“玩具过多”带来的恶果，而不涉及孩子的“智力”，无法解释。	淘汰

13. 答案 B

	解题步骤
第一步	假设题。先根据“因为”梳理论证结构。 解题预判：梳理论证结构时发现，题干前半部分和后半部分都出现了“如果……就……”形式逻辑特征明显的词，而且都出现了“接受外来资助”这一重复概念，所以本题为典型的“三段论补前提”假设题，所以先对其形式化。
第二步	前提：接受资助→不能保持对社会强势邪恶的巨大杀伤力 结论：保持强有力的社会影响力→不能接受资助 =接受资助→无法保持强有力的社会影响力 根据三段论补前提的基本模型，重复项“左对齐”时，补“上→下”即可。 即：不能保持对社会强势邪恶的巨大杀伤力→无法保持强有力的社会影响力 =保持强有力的社会影响力→保持对社会强势邪恶的巨大杀伤力 B 项正确。

14. 答案 A

题干信息	对话焦点题。先梳理论证结构。根据“因此”“为了”“应当”可以确定史密斯的论证是“方法可行”结构。 史密斯：在作品中去掉任何后来添加的东西（方法）→使作品能完全体现米开朗基罗本人的意图（目的）。 张教授：但那个时代的画家普遍都有在他们的作品完成后再在上面添加点什么的习惯。	
解题预判	张教授只表达一个观点，通常思路是分析其是否针对对方论证关系，特别是假设。 史密斯认为所有添加的东西都不体现米开朗基罗的意图，张教授表达“有的添加是意图”，明显针对对方假设。迅速锁定 A 项。	
选项	解释	结果
B	题干二人论证前后并没有出现关键概念的变化，也未出现概念的定义。	淘汰

（续）

选项	解释	结果
C	无法得出。题干只提到了去掉后期添加物，以体现米开朗基罗的意图，未提到这样做是否能恢复壁画的初始面貌，考生不要过度延伸。	淘汰
D	张教授并未否定史密斯前提，史密斯论证时也并未提到与张教授所相关的话题。	淘汰
E	史密斯在论述过程中，并未出现自相矛盾的前提。	淘汰

15. 答案 **B**

解题预判	考生注意，本题为推论题型，即不是以选项支持题干，而是以题干推选项的真假。 根据上题分析，若张教授观点为真，即“有的添加是意图”，那么去掉任何后来添加的东西所恢复的米开朗基罗壁画，很可能并不完全体现米开朗基罗本人的意图，迅速锁定 B 项。	
选项	**解释**	**结果**
A	推理错误。史密斯指出“有明显的在初始作品完成后添加的痕迹”，该句说明是可以准确区分的。	淘汰
C	无法得出。题干只提到了去掉后期添加物，以体现米开朗基罗的意图，未提到这样做是否能恢复壁画的初始面貌，考生不要过度延伸。	淘汰
D	无法得出。张教授的断定“有的添加是意图”，无法得出“所有添加是意图”。	淘汰
E	无法得出，题干未提及“是否满意”的问题。	淘汰

16. 答案 **A**

题干信息	削弱题。根据结构词“因此”梳理题干论证结构。 论证结构：击落敌机的命中率只有 4%→商船上架设高射炮是得不偿失的。	
解题预判	考生请注意“得不偿失”，意思是这样做的好处小于坏处。 要想对题干进行削弱，必须要从“其他角度”指出架设高射炮有好处，且好处大于坏处，即“得可偿失”，紧扣题干态度，可快选 A 项。可采用第 16 招（把握态度，速选速行）分析选项。	
选项	**解释**	**结果**
A	该项说明商船上架设高射炮被击沉的比例更低，说明高射炮所带来的益处大于损失，结构一致，态度与题干相反，削弱力度最强。	**正确**
B	无态度选项。首先，该项未指出这样做的“得失比较”，只是指出了好处，力度较弱。另外，只是“某些情况”，只是“可能”，无法说明“得可偿失”。	淘汰
C	无关项。注意，这项是在说“投入”和“费用”，而题干所说的“得失”并不是进行收入和成本的分析，而是与战争有关。所以该项与题干论证无关。	淘汰
D	同 C 项分析。	淘汰
E	支持项。该项补充了架设高射炮的“弊”，与题干态度相同。	淘汰

17. 答案 **D**

题干信息	根据“由于”“导致”，确定采用第 17 招（特殊结构——因果关系）进行分析。 论证结构：生物学上的差异（因）→亚裔人体内肿瘤不具有侵害性（果）。

（续）

选项	解释	结果
A	构造了“饮食习惯”这一他因，对题干论证进行了他因削弱。	淘汰
B	构造了“重视体检，早发现”这一他因，对题干论证进行了他因削弱。	淘汰
C	构造了“中医疗法”这一他因，对题干论证进行了他因削弱。	淘汰
D	“发病率”指的是是否会发病的概率，而题干的论证建立在已经发病之后对各个人种的存活率进行比较，若未发病，则无法比较，故对题干论证无影响。	正确
E	构造了“肠胃保护意识”这一他因，对题干论证进行了他因削弱。	淘汰

18. 答案 D

	解题步骤
第一步	本题属于“方位排序题”，但选项是充分、确定的，故可使用第 7 招（选项代入排除）来逐一分析选项。
第二步	符号化题干信息： ①针阔叶混交林<高山灌木林<高山草原； ②针叶林与高山草原不能相邻； ③常绿阔叶林<针叶林<高山草甸； ④高山灌木林<高山草甸。
第三步	分析选项。根据②排除 A 和 C 选项，根据③排除 B 选项，根据④排除 E 选项，故答案选 D。

19. 答案 D

20. 答案 C

题干信息	①甲（不秋实园）； ②乙≠丙； ③甲（春华园）→丁（春华园）； ④丙（秋实园）→丁（秋实园）； ⑤边界条件：每人对应 2 个楼盘，每个楼盘对应 2 人。
第一步	观察发现，本题属于“对应题”，故可考虑使用“整体思想”及列表法进行解题。
第二步	将确定信息①填入如下表格，并结合②以及边界条件进行推理：（每行 2√2×，每列 2√2×）

	春华园	夏泰园	秋实园	冬平园
甲			×	
乙 丙	1√1×	1√1×	1√1×	1√1×
丁			√	

观察上述表格，结合条件③和⑤可知，若甲（春华园）$\xrightarrow{③}$丁（春华园），此时春华园对应 3√，与边界条件矛盾，故甲（不春华园）、丁（春华园）；由于甲一行已有 2×，根据边界条件可知，甲（夏泰园∧冬平园），故第 19 题答案选 D。

（续）

第三步	将第20题给出的确定信息“乙（不春华园）”填入上步中的表格并结合上一步得到的确定信息，以及边界条件进行推理：（每行2√2×，每列2√2×） <table><tr><td></td><td>春华园</td><td>夏泰园</td><td>秋实园</td><td>冬平园</td></tr><tr><td>甲</td><td>×</td><td>√</td><td>×</td><td>√</td></tr><tr><td>乙</td><td>×</td><td></td><td></td><td></td></tr><tr><td>丙</td><td>√</td><td></td><td></td><td></td></tr><tr><td>丁</td><td>√</td><td>×</td><td>√</td><td>×</td></tr></table>观察上述表格，结合边界条件可知，由于每行均对应2√，故乙在夏泰园、秋实园、冬平园对应2√1×，即乙（夏泰园∨秋实园），因此第20题答案选C。

21. 答案 D

解题步骤	
第一步	观察题干特征，锁定技巧。题干条件中存在单件“P”表述的确定信息，故可采用第6招（“题干确定”一马当先）进行解题。
第二步	符号化题干条件： ①有百亿以上的流动资金∧（有自主制造车载软件的能力∨掌握汽车硬件制造的核心技术）→入局智能汽车的制造。 ②M公司不能入局智能汽车的制造（确定信息）。
第三步	将确定信息②代入①中可推知：没有百亿以上的流动资金∨（没有自主制造车载软件的能力∧没有掌握汽车硬件制造的核心技术）=¬P∨（¬Q∧¬M）。
第四步	分析选项，找到与题干推理一致的选项即为正确答案。

选项	解释	结果
A	选项=¬P→¬Q∧¬M，相容选言判断肯定不确定，故选项无法得出。	淘汰
B	选项=¬P∧¬Q→¬M，相容选言判断肯定不确定，故选项无法得出。	淘汰
C	选项=¬P→Q∨M，相容选言判断肯定不确定，故选项无法得出。	淘汰
D	选项=Q∨M→¬P，相容选言判断否定必肯定，故选项一定为真。	正确
E	选项=¬Q→¬P，相容选言判断肯定不确定，故选项无法得出。	淘汰

22. 答案 E

解题步骤	
第一步	观察题干特征，锁定技巧。问题要求寻找“论证结构最为相似”的选项作为答案，故可采用第5招（结构比较）进行解题。
第二步	整理题干推理结构：P→Q，Q，所以P。
第三步	分析选项，寻找与题干论证结构一致的选项作为正确答案。

选项	解释	结果
A	选项=P→Q，Q→¬P。M→N，N→¬M。与题干论证结构不一致。	淘汰
B	选项=P→Q，P，所以Q。与题干论证结构不一致。	淘汰
C	选项=P→Q，M→N。所以¬Q→¬P，¬N→¬M。与题干论证结构不一致。	淘汰

（续）

选项	解释	结果
D	选项＝P→Q，P，所以 Q。与题干论证结构不一致。	淘汰
E	选项＝P→Q，Q，所以 P。与题干论证结构一致。	正确

23. 答案 B

解题步骤	
第一步	观察题干特征，锁定技巧。题干条件均属于形式语言表达的不确定信息，而选项是确定的表述，故可优先采用两难推理进行解题。
第二步	符号化题干条件： ①张芳+吕伟+李龙（≥1 人参加）；②吕伟+陈明+李龙+赵雪（≤2 人参加）； ③吕伟→（张芳∧陈明）∀（不张芳∧不李龙）；④赵雪+吕伟+李龙（≥2 人参加）。
第三步	题干存在重复和矛盾的元素，故可先将条件串联，联合③④可得：若吕伟参加 $\xrightarrow{③}$ 不张芳∧不李龙（考生注意：“张芳∧陈明”代入推理后与题干条件矛盾，考生可自行代入尝试）$\xrightarrow{④}$ 赵雪；若吕伟不参加 $\xrightarrow{④}$ 赵雪∧李龙。此时发现存在“分情况讨论”（P→Q+¬ P→Q，可得 Q。不熟悉的考生可复习《逻辑精点》中两难推理结构），故可得：赵雪参加。答案选 B。

24. 答案 D

25. 答案 C

题干信息	①小茶（不茶子路）→小茶（不黄兴路∧不枫林路）。 ②小黄（中山路）→小茶（不玉兰路）。 ③玉兰路→不茶子路。 ④小黄（枫林路）→小黄（玉兰路）。 ⑤小枫（中山路）→小中（中山路）。 ⑥每名学生的名字与途经的车站名称的第一个字不相同，即小玉（不玉兰路）、小黄（不黄兴路）、小中（不中山路）、小枫（不枫林路）、小茶（不茶子路）。（确定信息） ⑦边界条件：从公交站的维度出发，每个公交车站对应 3 个人；从人的维度出发，每个人至少对应 2 个车站。
第一步	观察发现，本题属于有确定信息的“多对多”对应问题，有明确的边界条件。可通过第 6 招（“题干确定”一马当先）与“整体思想”进行解题。
第二步	从确定信息条件⑥出发代入推理，将确定信息⑥中的“小茶（不茶子路）”代入①可得：小茶（不黄兴路∧不枫林路）。根据边界条件每人至少对应 2 个车站可知小茶（玉兰路∧中山路），将之代入到②中可得小黄（不中山路）。将确定信息⑥中的“小中（不中山路）”代入⑤可得小枫（不中山路），再结合⑦边界条件每个公交车站对应 3 人可知：小玉、小茶、小红（中山路）。 题干信息复杂，使用列表法整理对应关系：（每行≥2√，每列 3√3×） （见下表） 观察选项可知，第 24 题答案选 D。

	玉兰路	黄兴路	中山路	枫林路	茶子路
小玉	×		√		
小黄		×	×		
小中			×		
小枫			×	×	
小茶	√	×	√	×	×
小红			√		

（续）

第三步	由于第25题问题存在附加的确定信息，故将问题中的确定信息代入题干条件进行推理。 将“小枫（玉兰路）”代入③可知小枫（不茶子路），观察上题表格可知小枫（不中山路∧不枫林路），结合题干边界条件每人至少对应2个车站可知小枫（黄兴路）。
第四步	此时无法继续推理，故可优先观察假言条件是否与边界条件存在矛盾。根据条件④可知，若小黄（不玉兰路）$\xrightarrow{④}$小黄（不枫林路），与边界条件每人至少对应2个车站矛盾［上题已得出小黄（不黄兴路∧不中山路）］，故可得小黄（玉兰路）。此时可结合条件⑦、条件③以及第25题给出的确定信息将表格整理如下：（每行≥2√，每列3√3×）

	玉兰路	黄兴路	中山路	枫林路	茶子路
小玉	×	√	√	√	√
小黄	√	×	×	√	×
小中	×	√	×	√	√
小枫	√	√	×	×	×
小茶	√	×	√	×	×
小红	×	×	√	×	√

观察选项可知，第25题答案选C。

26. 答案 B

题干信息	方法：论文尽早（6周前）发表。目的：这6周内许多这类患者将可以避免患病。本题采用第17招（特殊结构——方法可行）分析选项。

选项	**解释**	**结果**
A	削弱题干的背景信息，力度较弱。	淘汰
B	选项直接说明方法不可行，药物产生免疫抑制作用时间（2个月）大于发表间隔时间，所以虽然间隔了6周，也不会减少这6周内患者数量。	正确
C	削弱题干的背景信息，力度较弱。	淘汰
D	杂志本身是否权威与杂志发表的论文是否权威无关，因此削弱力度较弱。	淘汰
E	“消化系统不适”与题干“防止患病的目的”无关。	淘汰

27. 答案 C

题干信息	①新加坡人均预期寿命是世界上最高的。 ②新加坡心血管疾病发病率也逐年上升。

选项	**解释**	**结果**
A	前提推不出选项，即便是主要杀手，如果治疗水平高，仍旧不影响寿命。	淘汰
B	根据“治疗水平最高”淘汰本选项，题干信息②只涉及发病率，而不涉及心血管疾病的治疗水平高低的比较，题干无法推出该选项。	淘汰
C	可以推断出来，因为新加坡的人均寿命逐渐上升，说明死亡率下降，而死亡率下降要么就是主要导致死亡的疾病的发病率下降，要么就是导致死亡的主要疾病的治疗水平的提高。	正确

（续）

选项	解释	结果
D	题干只涉及新加坡发病率比之前高，只是自己跟自己纵向比，没有与日本进行横向比。	淘汰
E	题干不涉及心血管疾病发病率的原因信息，更无饮食结构的差异比较。	淘汰

28. 答案 A

解题步骤	
第一步	找到对话二者的态度，明确二者支持和反驳的观点。张先生：向吸烟者征税，用以缓解医疗保健事业的投入不足是合理的。李女士：向由于不良习惯而造成健康问题的人群征税，用以缓解医疗保健事业的投入是不合理的。
第二步	分析二者的焦点。显然二者争论的焦点是征税的手段是否合理、方法是否可行的问题，答案选 A。不选 B 选项是因为，李的观点也是同意要负责，只是负责的手段存在分歧；C 选项直接削弱的是张论证的背景信息，不是焦点；D 选项扩大了二者争论的范围，争论的范围只涉及医疗保健事业，而不是社会公共事业。

29. 答案 D

解题步骤	
第一步	张先生：向吸烟者征税，用以缓解医疗保健事业的投入不足是合理的。 李女士：列举吃奶油蛋糕和肥猪肉的例子说明上述手段不合理，并且这种不良习惯太多，无法实施。
第二步	李女士所使用的是“归谬”的思路。通过张先生的论据来进行类比推理，最后得出了一个无法实施的结论，答案选 D。 考生注意，李女士论证中“照你这么说”，相当于让步攻击，让步攻击的方法解释正如 D 选项。

30. 答案 A

题干信息	矛盾点 1：“零售商人力成本大幅提高”。矛盾点 2：“零售商的利润上升”。	
选项	解释	结果
A	基本顾客是领取最低工资的人，说明消费者的消费能力提高了，导致营业额上升。虽然其自身人力成本上升，但是总体利润存在其他的上升途径，很好解释了矛盾。	正确
B	即便只占零售商经营成本的一半，经营成本也会上升，利润减少，选项不能解释矛盾。	淘汰
C	其他成本也上升了，说明成本上升，利润应当减少，增加矛盾。	淘汰
D	都拿最低工资，说明人力成本增加了，利润应当减少，不能解释矛盾。	淘汰
E	降低的某些高薪雇员的工资不一定可以减轻人力成本的增加，即便是其意为人力成本下降，也应该淘汰该选项。“解释”题型的原则就是“不加强”“不反对”矛盾任何一方。该选项等于削弱矛盾点 1。	淘汰